“十三五”国家重点出版物出版规划项目

中 国 生 物 物 种 名 录

第二卷 动 物

昆虫(IV)

蜜蜂总科

(蜜蜂科 准蜂科 隧蜂科)

Apoidea

(Apidae, Melittidae, Halictidae)

牛泽清 袁 峰 朱朝东 编著

科 学 出 版 社

北 京

内 容 简 介

本书为蜜蜂总科的蜜蜂科、准蜂科及隧蜂科中国已知种的物种名录，包括中国分布的蜜蜂科、准蜂科及隧蜂科物种 766 种，其中蜜蜂科 412 种、准蜂科 26 种、隧蜂科 328 种。每一物种按现行分类系统归于相应的科、属及亚属内，同一属或亚属内的不同物种按其拉丁学名字母的先后顺序排列。

本书可供昆虫学教学、研究，以及农、林、牧等生产部门参考。

图书在版编目（CIP）数据

中国生物物种名录. 第二卷. 动物. 昆虫. Ⅳ，蜜蜂总科. 蜜蜂科、准蜂科、隧蜂科/牛泽清，袁峰，朱朝东编著. —北京：科学出版社，2018.6
"十三五"国家重点出版物出版规划项目　国家出版基金项目
ISBN 978-7-03-057611-8

Ⅰ. ①中…　Ⅱ. ①牛…　②袁…　③朱…　Ⅲ. ①生物–物种–中国–名录　②蜜蜂总科–物种–中国–名录　Ⅳ. ①Q152-62　②Q969.557.1-62

中国版本图书馆 CIP 数据核字（2018）第 116951 号

责任编辑：马　俊　王　静　付　聪 / 责任校对：郑金红
责任印制：张　伟 / 封面设计：刘新新

科学出版社 出版
北京东黄城根北街 16 号
邮政编码：100717
http://www.sciencep.com

北京教图印刷有限公司 印刷
科学出版社发行　各地新华书店经销
*
2018 年 6 月第 一 版　开本：889 × 1194 1/16
2018 年 6 月第一次印刷　印张：13
字数：459 000

定价：108.00 元

（如有印装质量问题，我社负责调换）

Species Catalogue of China

Volume 2 Animals

INSECTA (Ⅳ)

Apoidea

(Apidae, Melittidae, Halictidae)

Authors: Zeqing Niu   Feng Yuan   Chaodong Zhu

Science Press

Beijing

《中国生物物种名录》编委会

总　序

生物多样性保护研究、管理和监测等许多工作都需要翔实的物种名录作为基础。建立可靠的生物物种名录也是生物多样性信息学建设的首要工作。通过物种唯一的有效学名可查询关联到国内外相关数据库中该物种的所有资料，这一点在网络时代尤为重要，也是整合生物多样性信息最容易实现的一种方式。此外，“物种数目”也是一个国家生物多样性丰富程度的重要统计指标。然而，像中国这样生物种类非常丰富的国家，各生物类群研究基础不同，物种信息散见于不同的志书或不同时期的刊物中，加之分类系统及物种学名也在不断被修订。因此建立实时更新、资料翔实，且经过专家审订的全国性生物物种名录，对我国生物多样性保护具有重要的意义。

生物多样性信息学的发展推动了生物物种名录编研工作。比较有代表性的项目，如全球鱼类数据库（FishBase）、国际豆科数据库（ILDIS）、全球生物物种名录（CoL）、全球植物名录（TPL）和全球生物名称（GNA）等项目；最有影响的全球生物多样性信息网络（GBIF）也专门设立子项目处理生物物种名称（ECAT）。生物物种名录的核心是明确某个区域或某个类群的物种数量，处理分类学名称，厘清生物分类学上有效发表的拉丁学名的性质，即接受名还是异名及其演变过程；好的生物物种名录是生物分类学研究进展的重要标志，是各种志书编研必需的基础性工作。

自 2007 年以来，中国科学院生物多样性委员会组织国内外 100 多位分类学专家编辑中国生物物种名录；并于 2008 年 4 月正式发布《中国生物物种名录》光盘版和网络版（http://www.sp2000.org.cn/），此后，每年更新一次；2012 年版名录已于同年 9 月面世，包括 70 596 个物种（含种下等级）。该名录自发布受到广泛使用和好评，成为环境保护部物种普查和农业部作物野生近缘种普查的核心名录库，并为环境保护部中国年度环境公报物种数量的数据源，我国还是全球首个按年度连续发布全国生物物种名录的国家。

电子版名录发布以后，有大量的读者来信索取光盘或从网站上下载名录数据，取得了良好的社会效果。有很多读者和编者建议出版《中国生物物种名录》印刷版，以方便读者、扩大名录的影响。为此，在 2011 年 3 月 31 日中国科学院生物多样性委员会换届大会上正式征求委员的意见，与会者建议尽快编辑出版《中国生物物种名录》印刷版。该项工作得到原中国科学院生命科学与生物技术局的大力支持，设立专门项目，支持《中国生物物种名录》的编研，项目于 2013 年正式启动。

组织编研出版《中国生物物种名录》（印刷版）主要基于以下几点考虑。①及时反映和推动中国生物分类学工作。“三志”是本项工作的重要基础。从目前情况看，植物方面的基础相对较好，2004 年 10 月《中国植物志》80 卷 126 册全部正式出版，*Flora of China* 的编研也已完成；动物方面的基础相对薄弱，《中国动物志》虽已出版 130 余卷，但仍有很多类群没有出版；《中国孢子植物志》已出版 80 余卷，很多类群仍有待编研，且微生物名录数字化基础比较薄弱，在 2012 年版中国生物物种名录光盘版中仅收录 900 多种，而植物有 35 000 多种，动物有 24 000 多种。需要及时总结分类学研究成果，把新种和新的修订，包括分类系统修订的信息及时整合到生物物种名录中，以克服志书编写出版周期长的不足，让各个方面的读者和用户及时了解和使用新的分类学成果。②生物物种名称的审订和处理是志书编写的基础性工作，名录的编研出版可以推动生物志书的编研；相关学科如生物地理学、保护生物学、生态学等的研究工作需要及时更新的生物物种名录。③政府部门和社会团体等在生物多样性保护和可持续利用的实践中，希望及时得到中国物种多样性的统计信息。④全球生物物种名录等国际项目需要中国生物物种名录等区域性名录信息不断更新完善，因此，我们的工作也可以在一定程度上推动全球生物多样性编目与保护工作的进展。

编研出版《中国生物物种名录》（印刷版）是一项艰巨的任务，尽管不追求短期内涉及所有类群，也是难度很大的。衷心感谢各位参编人员的严谨奉献，感谢几位副主编和工作组的把关和协调，特别感谢不幸过世的副主编刘瑞玉院士的积极支持。感谢国家出版基金和科学出版社的资助和支持，保证了本系列丛书的顺利出版。在此，对所有为《中国生物物种名录》编研出版付出艰辛努力的同仁表示诚挚的谢意。

虽然我们在《中国生物物种名录》网络版和光盘版的基础上，组织有关专家重新审订和编写名录的印刷版。但限于资料和编研队伍等多方面因素，肯定会有诸多不尽如人意之处，恳请各位同行和专家批评指正，以便不断更新完善。

陈宜瑜

2013 年 1 月 30 日于北京

动物卷前言

《中国生物物种名录》（印刷版）动物卷是在该名录电子版的基础上，经编委会讨论协商，选择出部分关注度高、分类数据较完整、近年名录内容更新较多的动物类群，组织分类学专家再次进行审核修订，形成的中国动物名录的系列专著。它涵盖了在中国分布的脊椎动物全部类群、无脊椎动物的部分类群。目前计划出版 14 册，包括兽类（1 册）、鸟类（1 册）、爬行类（1 册）、两栖类（1 册）、鱼类（1 册）、无脊椎动物蜘蛛纲蜘蛛目（1 册）和部分昆虫（7 册）名录，以及脊椎动物总名录（1 册）。

动物卷各类群均列出了中文名、学名、异名、原始文献和国内分布，部分类群列出了国外分布和模式信息，还有部分类群将重要参考文献以其他文献的方式列出。在国内分布中，省级行政区按以下顺序排序：黑龙江、吉林、辽宁、内蒙古、河北、天津、北京、山西、山东、河南、陕西、宁夏、甘肃、青海、新疆、安徽、江苏、上海、浙江、江西、湖南、湖北、四川、重庆、贵州、云南、西藏、福建、台湾、广东、广西、海南、香港、澳门。为了便于国外读者阅读，将省级行政区英文缩写括注在中文名之后，缩写说明见前言后附表格。为规范和统一出版物中对系列书各分册的引用，我们还给出了引用方式的建议，见缩写词表格后的图书引用建议。

为了帮助各分册作者编辑名录内容，动物卷工作组建立了一个网络化的物种信息采集系统，先期将电子版的各分册内容导入，并为各作者开设了工作账号和工作空间。作者可以随时在网络平台上补充、修改和审定名录数据。在完成一个分册的名录内容后，按照名录印刷版的格式要求导出名录，形成完整规范的书稿。此平台极大地方便了作者的编撰工作，提高了印刷版名录的编辑效率。

据初步统计，共有 62 名动物分类学家参与了动物卷各分册的编写工作。编写分类学名录是一项繁琐、细致的工作，需要对研究的类群有充分了解，掌握本学科国内外的研究历史和最新动态。核对一个名称，查找一篇文献，都可能花费很多的时间精力。正是他们一丝不苟、精益求精的工作态度，不求名利的奉献精神，才使这套基础性、公益性的高质量成果得以面世。我们借此机会感谢各位专家学者默默无闻的贡献，向他们表示诚挚的敬意。

我们还要感谢丛书主编陈宜瑜，副主编洪德元、刘瑞玉、马克平、魏江春、郑光美给予动物卷编写工作的指导和支持，特别感谢马克平副主编大量具体细致的指导和帮助；感谢科学出版社编辑认真细致的编辑和联络工作。

随着分类学研究的进展，物种名录的内容也在不断更新。电子版名录在每年更新，印刷版名录也将在未来适当的时候再版。最新版的名录内容可以从物种 2000 中国节点的网站（http://www.sp2000.org.cn/）上获得。

《中国生物物种名录》动物卷工作组

2016 年 6 月

中国各省（自治区、直辖市和特区）名称和英文缩写

Abbreviations of provinces, autonomous regions and special administrative regions in China

Abb.	Regions	Abb.	Regions	Abb.	Regions	Abb.	Regions	Abb.	Regions	Abb.	Regions
AH	Anhui	GX	Guangxi	HK	Hong Kong	LN	Liaoning	SD	Shandong	XJ	Xinjiang
BJ	Beijing	GZ	Guizhou	HL	Heilongjiang	MC	Macau	SH	Shanghai	XZ	Xizang
CQ	Chongqing	HB	Hubei	HN	Hunan	NM	Inner Mongolia	SN	Shaanxi	YN	Yunnan
FJ	Fujian	HEB	Hebei	JL	Jilin	NX	Ningxia	SX	Shanxi	ZJ	Zhejiang
GD	Guangdong	HEN	Henan	JS	Jiangsu	QH	Qinghai	TJ	Tianjin		
GS	Gansu	HI	Hainan	JX	Jiangxi	SC	Sichuan	TW	Taiwan		

图书引用建议（以本书为例）

中文出版物引用：牛泽清，袁峰，朱朝东. 2018. 中国生物物种名录·第二卷动物·昆虫（IV）/蜜蜂总科（蜜蜂科，准蜂科，隧蜂科）. 北京：科学出版社：引用内容所在页码

Suggested Citation: Niu Z Q, Yuan F, Zhu C D. 2018. Species Catalogue of China. Vol. 2. Animals, Insecta (IV), Apoidea (Apidae, Melittidae, Halictidae). Beijing: Science Press: Page number for cited contents

前　言

蜜蜂类（bees）昆虫是膜翅目（Hymenoptera）蜜蜂总科（Apoidea）中除泥蜂类（sphecoid wasps）以外所有类元的总称。目前全世界包括 7 科 21 亚科，已记述的种类达 20 900 余种。

蜜蜂类成虫体小至大型，体长 2.0～39.0mm；头式下口式，具嚼吸式口器；大多数种类触角雌性 12 节，雄性 13 节；前胸不发达，前胸背板短，在背后侧方具前胸叶突，向后延伸但不达翅基片；中胸具两对膜质的翅，前后翅均具多个闭室，前翅上具一径褶，亚缘室 2 或 3 个（个别类群不具亚缘室），后翅具扇叶，通常臀叶也存在；腹部第 1 节与后胸合并，形成并胸腹节；腹部一般可见背板节数为 6 节（雌）或 7 节（雄）（隧蜂科雌性腹部外露背板 5 节）；除少数种类体光滑裸露或具金属光泽外，大多体被羽状绒毛或毛带；非寄生种类采粉器官发达，着生于后足或腹部腹板上。蜜蜂类在亲缘关系上与泥蜂类最为接近，二者共同构成蜜蜂总科的观点现已被多数学者所接受。两者的主要区别在于：蜜蜂类体具分叉或羽状的毛，后足基跗节宽于跗节其他各节；泥蜂类体毛简单、不分叉，后足基跗节与跗节其他各节几乎等宽。

根据 Michener（2007）的分类系统，截至 2014 年年底，中国已发现分布蜜蜂类 6 科 14 亚科 71 属，种类 2000～3000 种，已记述的种类达 1370 余种。

本名录包括中国分布的蜜蜂科、准蜂科及隧蜂科物种 766 种，其中蜜蜂科 412 种、准蜂科 26 种、隧蜂科 328 种。每一物种按现行分类系统归于相应的科、属及亚属内，同一属或亚属内的不同物种按其拉丁学名字母的先后顺序排列。正文部分条目含“?”，除一处为网址符号外，其余均表示该条目的地位目前在蜜蜂分类学界仍存在不确定性。引用参考文献发表时间截至 2014 年年底，蜜蜂科与准蜂科所引参考文献合一，隧蜂科所引参考文献另列。

在本名录的编写过程中，作者得到同行热情的帮助，尤其是 Dr. Michael Kuhlmann（Natural History Museum，United Kingdom，英国自然历史博物馆）、Dr. Claus Rasmussen（Aarhus University，Denmark，丹麦奥胡斯大学）、Dr. Maxium Yu. Proschalykin（Far Eastern Branch of Russian Academy of Sciences, Russia，俄罗斯科学院远东分院）及 Dr. John S. Ascher（National University of Singapore，Singapore，新加坡国立大学）无私提供部分参考文献；中国科学院动物研究所的吴燕如研究员、张彦周博士在部分属、种名录的编写中曾提出宝贵的建议及意见。同时，名录调研和准备过程得到马克平研究员、吴燕如研究员和纪力强研究员的鼓励和支持。该工作得到中国科学院重点部署项目[KSZD-EW-TZ-007-2（特支项目）]和国家自然科学基金委面上项目（31772487，31625024）的资助。编者在此一并表示衷心的谢意。

由于文献资料收集尚不够全面，加之编者能力水平有限，本名录中的物种信息不足之处在所难免，恳请读者批评、指正。

牛泽清　袁　峰　朱朝东

2017 年 12 月于北京

Preface

Bees cover all taxa of Apoidea (Hymenoptera) except for sphecoid wasps, including over 20 900 species (7 families, 21 subfamilies) currently in the world.

Adult bees are of small to medium size, 2.0-39.0mm in body length; the type of head is hypognathous, with chewing-lapping mouthparts; most males have 13 antennal segments while most females 12 segments; prothorax develops not well, with pronotum short. Pronotal lobe protruding dorso-laterally, usually well separated from and below the tegula. Mesothorax has two pairs of membranous wings with multi closed-cells, usually with 2 or 3 submarginal cells in fore wings (a few taxa without submarginal cells). Vannal lobe and jugal lobe present in hind wings. 1st abdomen segment connect with matathorax to form propodeum. 6 or 7 metasomal terga are exposed in female and male respectively (in female of Halictinae, 5 exposed metasomal terga); body always covered by plumose hairs or hair bands, some with metallic luster or smooth. Pollen transporting organs develop well in non-parasitic species, locating at hind legs or sterna. However, many taxonomist accept that both bees and sphecoid wasps should belong to Apoidea due to their very closely relationship. Bees are different from sphecoid wasps by the presence of branched, often plumose hairs and the hind basitarsi broader than the succeeding tarsal segments, while sphecoid wasps processed with simple hairs and the hind basitarsi as same broad as others.

By the end of 2014, following the classification system of Michener (2007), 6 families, 14 subfamilies and 71 genera have been reported in China, with over 1370 species described by taxonomists. We estimate 2000-3000 species could be in China.

The checklist covers 766 species of Apidae, Melittidae and Halictidae (Apidae: 412; Melittidae: 26; Halictidae: 328). Following the present system, all these species are arranged alphabetically, with family, genus and subgenus information. There are some "?" marks in this checklist. One of them is a mark of a website cited, and the others represent the uncertain taxonomic status of the species. All references were cited by the end of 2014, References, which were citied in Apidae and Melittidae, are combined and listed, and that of Halictidae are listed alone.

We are very grateful to Dr. Michael Kuhlmann (Natural History Museum, United Kingdom), Dr. Claus Rasmussen (Aarhus University, Denmark), Dr. Maxium Yu. Proschalykin (Far Eastern Branch of Russian Academy of Sciences, Russia) and Dr. John S. Ascher (National University of Singapore, Singapore) for offering many literatures on this list. We are also grateful to Prof. Yanru Wu, Prof. Keping Ma, Prof. Liqiang Ji and Dr. Yanzhou Zhang for their help and valuable suggestions to us. This research was supported by the Key Arranged Project, Chinese Academy of Sciences [KSZD-EW-TZ-007-2 (special project)] and the National Natural Science Foundation of China (31772487, 31625024).

Due to inadequent reference collection, limited ability of the authors, information of the species in the catalogue may be insufficient. Suggestions and comments of readers are welcome.

Zeqing Niu, Feng Yuan, Chaodong Zhu

December, 2017 in Beijing

目　　录

蜜蜂总科 Apoidea Latreille, 1802

Apiariae Latreille, 1802a: 425.
其他文献（Reference）：Ashmead, 1899; Michener, 1986; Engel, 2005.

一、蜜蜂科 Apidae Latreille, 1802

Apiariae Latreille, 1802a: 425.
其他文献（Reference）：Ashmead, 1899; Michener, 1944, 1965, 1986, 2000, 2007; Roig-Alsina *et* Michener, 1997; Wu, 2000; Engel, 2005.

蜜蜂亚科 Apinae Latreille, 1802

Apiariae Latreille, 1802a: 425.
其他文献（Reference）：Ashmead, 1899; Michener, 1944, 1965, 1986, 2000, 2007; Roig-Alsina *et* Michener, 1993; Wu, 2000; Engel, 2005.

条蜂族 Anthophorini Dahlbom, 1835

Anthophorini Dahlbom, 1835: 5.
异名（Synonym）：
Podalirii Latreille, 1802b: 377.
Megillina Thomson, 1869: 7.
Habropodini Marikovskaya, 1976: 688.
Anthophoridae Schmiedeknecht, 1884: 780.
Anthophoridae Ashmead, 1899: 58.
Anthophorinae Michener, 1944: 270.
Anthophorinae Michener, 1965: 10.
其他文献（Reference）：Michener, 1965, 1986, 2000, 2007; Roig-Alsina *et* Michener, 1993; Wu, 2000; Engel, 2005.

1. 无垫蜂属 *Amegilla* Friese, 1897

Podalirius (*Amegilla*) Friese, 1897: 18, 24. **Type species:** *Apis quadrifasciata* Villers, 1789, by designation of Cockerell, 1931a: 277.
Amegilla (*Aframegilla*) Popov, 1950: 260. **Type species:** *Anthophora nubica* Lepeletier, 1841, by original designation.
Amegilla (*Zonamegilla*) Popov, 1950: 260. **Type species:** *Apis zonata* Linnaeus, 1758, by original designation.
Amegilla (*Zebramegilla*) Brooks, 1988: 502. **Type species:** *Anthophora albigena* Lepeletier, 1841, by original designation.
Amegilla (*Dizonamegilla*) Brooks, 1988: 505. **Type species:** *Megilla sesquicincta* Erichson *et* Klug, 1842, by original designation.
Amegilla (*Megamegilla*) Brooks, 1988: 505. **Type species:** *Apis acraensis* Fabricius, 1793, by original designation.
Amegilla (*Ackmonopsis*) Brooks, 1988: 508. **Type species:** *Anthophora mimadvena* Cockerell, 1916, by original designation.
Amegilla (*Micramegilla*) Brooks, 1988: 508. **Type species:** *Anthophora niveata* Friese, 1905, by original designation.
Amegilla (*Notomegilla*) Brooks, 1988: 511. **Type species:** *Anthophora aeruginosa* Smith, 1854, by original designation.
Amegilla (*Glossamegilla*) Brooks, 1988: 512. **Type species:** *Anthophora mesopyrrha* Cockerell, 1930, by original designation.
其他文献（Reference）：Lieftinck, 1956, 1975; Brooks, 1988; Michener, 1997, 2000, 2007; Wu, 2000.

无垫蜂亚属 *Amegilla* / Subgenus *Amegilla* Friese s. str., 1897

Podalirius (*Amegilla*) Friese, 1897: 18, 24. **Type species:** *Apis quadrifasciata* Villers, 1789, by designation of Cockerell, 1931a: 277.
异名（Synonym）：
Alfkenella Börner, 1919: 168. **Type species:** *Apis quadrifasciata* Villers, 1789, by original designation.
Asaropoda Cockerell, 1926a: 216. **Type species:** *Saropoda bombiformis* Smith, 1854, by original designation.
其他文献（Reference）：Lieftinck, 1956, 1975; Brooks, 1988; Wu, 2000.

（1）杂无垫蜂 *Amegilla* (*Amegilla* s. str.) *confusa* (Smith, 1854)

Anthophora confusa Smith, 1854: 337, ♀.
分布（Distribution）：河北（HEB）、北京（BJ）、山西（SX）、山东（SD）、安徽（AH）、浙江（ZJ）、四川（SC）、云南（YN）、西藏（XZ）；朝鲜、缅甸、伊朗、印度、尼泊尔、斯里兰卡、越南
其他文献（Reference）：Lieftinck, 1975: 283 [*Amegilla* (*Amegilla*) *confusa* F. Smith], ♀, ♂, Figs. 5-10; Brooks, 1988: 504 [*Amegilla* (*Amegilla*) *confusa* Smith]; Wu *et al.*, 1988: 71 (*Amegilla confusa* Smith), ♀, ♂, Plate III-32; Wu, 1988c: 550 (*Amegilla confusa* Smith); Wu, 1993: 1405 (*Amegilla confusa* Smith, 1854); Wu, 2000: 306, ♀, ♂; Karunaratne *et* Edirisingle, 2006: 18 (list); Khut *et al.*, 2012 (distribution).

（2）蒙古无垫蜂 *Amegilla* (*Amegilla* s. str.) *mongolica* Wu, 1990

Amegilla mongolica Wu, 1990: 248, ♀, ♂. **Holotype:** ♂,

China: Inner Mongolia, Alxa Right B., Alxa L.; IZB.
分布（Distribution）：内蒙古（NM）
其他文献（Reference）：Wu, 2000: 309, ♀, ♂.

（3）四条无垫蜂 *Amegilla* (*Amegilla* s. str.) *quadrifasciata* (Villers, 1789)

Apis quadrifasciata Villers, 1789: 319.
异名（Synonym）：
Anthophora quadrifasciata var. *albescens* Dours, 1869: 66, ♀, ♂.
Anthophora maderae Sichel, 1868: 152, ♀, ♂.
Anthophora mervensis Radoszkowski, 1893a: 39, ♀.
Anthophora mediterranea Alfken, 1927a: 120-122, ♀, ♂.
Anthophora quadrifasciata r. n. *tenereffensis* Cockerell, 1930d: 19, ♂.
Anthophora klugi Priesner, 1957: 90.
Anthophora litorana Priesner, 1957: 93.
分布（Distribution）：内蒙古（NM）、河北（HEB）、北京（BJ）、山西（SX）、甘肃（GS）、新疆（XJ）；缅甸、印度、越南、斯里兰卡、埃及、西班牙，旧北区（南部）
其他文献（Reference）：Dours, 1869: 63, ♀, ♂ (*Anthophora 4-fasciata*); Dalla Torre, 1896: 284 (*Podalirius quadrifasciatus*); Baker, 1994: 1193 (Synonym list of *A. fasciata*); Westrich, 1999: 548 (*Anthophora mediterranea*); Wu, 1965b: 65 [*Amegilla 4-fasciata* (Villers)], ♀, ♂, Plate V-121, 122; Brooks, 1988: 505 [*Amegilla* (*Amegilla*) *quadrifasciata* (de Villers)]; Wu, 1996: 301 (*Amegilla quadrifasciata* Vill., 1789); Wu, 2000: 307, ♀, ♂; Karunaratne *et* Edirisingle, 2006: 18 (list); Khut *et al.*, 2012: 423 (distribution).

舌无垫蜂亚属 *Amegilla* / Subgenus *Glossamegilla* Brooks, 1988

Amegilla (*Glossamegilla*) Brooks, 1988: 512. **Type species:** *Anthophora mesopyrrha* Cockerell, 1930, by original designation.
其他文献（Reference）：Wu, 2000.

（4）布氏无垫蜂 *Amegilla* (*Glossamegilla*) *brookiae* (Bingham, 1890)

Anthophora brookiae Bingham, 1890: 250, ♀.
分布（Distribution）：台湾（TW）；日本、印度
其他文献（Reference）：Bingham, 1897: 532, ♀ (*Anthophora brookiae* Bingham); Matsumura *et* Uchida, 1926: 66 (*Anthophora brookiae* Bingham); Wu, 2000: 300, ♀; Brooks, 1988: 513 [*Amegilla* (*Glossamegilla*) *brookiae* (Bingham)].

（5）灰胸无垫蜂 *Amegilla* (*Glossamegilla*) *fimbriata* (Smith, 1879)

Anthophora fimbriata Smith, 1879: 122, ♀.
分布（Distribution）：云南（YN）；印度、日本、缅甸、孟加拉国
其他文献（Reference）：Wu *et al.*, 1988: 72 (*Amegilla fimbriata* Smith), ♀, ♂; Wu, 2000: 292, ♀, ♂, Plate VI-2; Brooks, 1988: 513 [*Amegilla* (*Glossamegilla*) *fimbriata* (Smith)].

（6）花无垫蜂 *Amegilla* (*Glossamegilla*) *florea* (Smith, 1879)

Anthophora florea Smith, 1879: 123, ♀.
异名（Synonym）：
Anthophora tsushimensis Cockerell, 1926b: 83, ♂.
分布（Distribution）：河北（HEB）、山东（SD）、安徽（AH）、江苏（JS）、浙江（ZJ）、江西（JX）、福建（FJ）、台湾（TW）、广东（GD）；日本、尼泊尔、俄罗斯
其他文献（Reference）：Cockerell, 1030c: 53 (*Anthophora tsushimensis* Cockerell, ♂); Popov, 1950: 259 [*Amegilla florea* (Smith)]; Lieftinck, 1956: 5, ♂ (key), 8, ♀ (key), 32 [*Amegilla florea* (Smith)], Figs. 28-33 (♂ struct.); Lieftinck, 1975: 281, Figs. 1-4 (*Amegilla* s. str.); Wu, 1983a: 224, ♀ (key), 225, ♂ (key) (*Amegilla florea* Sm.); Wu, 2000: 301, ♀, ♂, Fig. 156; Brooks, 1988: 513 [*Amegilla* (*Glossamegilla*) *florea* (Smith)].

（7）海南无垫蜂 *Amegilla* (*Glossamegilla*) *hainanensis* Wu, 2000

Amegilla (*Glossamegilla*) *hainanensis* Wu, 2000: 295, ♀.
Holotype: ♀, China: Hainan, Baoting; IZB.
分布（Distribution）：海南（HI）
其他文献（Reference）：Wu, 2000: 295, Fig. 152, Plate VI-9, 10.

（8）喜马无垫蜂 *Amegilla* (*Glossamegilla*) *himalajensis* (Radoszkowski, 1882)

Anthophora himalajensis Radoszkowski, 1882: 75, ♀.
异名（Synonym）：
Anthophora himalayensis var. *pachangensis* Meade-Waldo, 1914: 58, ♀.
分布（Distribution）：云南（YN）；缅甸、印度
其他文献（Reference）：Lieftinck, 1956: 5, ♂ (key), 14, ♀ (key), 16 [*Amegilla himalajensis* (Radoszkowski)], ♀, ♂, Figs. 11-15; Wu *et al.*, 1988: 75 [*Amegilla himalayaensis* Radozkovsky], ♀, ♂, Plate III-36 (incorrect subsequent spelling); Wu, 2000: 294, ♀, ♂; Brooks, 1988: 513 [*Amegilla* (*Glossamegilla*) *himalajensis* (Radoszkowsky)].

（9）雅无垫蜂 *Amegilla* (*Glossamegilla*) *jacobi* (Lieftinck, 1944)

Anthophora jacobi Lieftinck, 1944: 116, ♀, ♂.
分布（Distribution）：云南（YN）；印度尼西亚、马来西亚
其他文献（Reference）：Lieftinck, 1956: 5, ♂ (key), 8, ♀ (key), 25 [*Amegilla jacobi* (Lieftinck)]; Wu, 2000: 299, ♀, ♂, Fig. 155; Brooks, 1988: 513 [*Amegilla* (*Glossamegilla*) *jacobi* (Lieftinck)].

（10）黄黑无垫蜂 *Amegilla* (*Glossamegilla*) *malaccensis* (Friese, 1918)

Antophora villosula var. *malaccensis* Friese, 1918b: 511, ♀, ♂.

异名（Synonym）：

Amegilla leptocoma Lieftinck, 1956: 35, ♀, ♂.

分布（Distribution）：湖北（HB）、云南（YN）、台湾（TW）；泰国、马来西亚

其他文献（Reference）：Wu, 1983a: 224, ♀ (key), 225, ♂ (key) (*A. leptocoma*); Brooks, 1988: 513 [*Amegilla* (*Glossamegilla*) *malaccensis* (Friese)]; Wu *et al.*, 1988: 73 (*Amegilla leptocoma* Lieftinck), ♀, ♂, Plate III-33, 34; Wu, 1997: 1678, (*Amegilla leptocoma* Lieftinck, 1931), ♀, ♂ (incorrect subsequent time); Wu, 2000: 296 [*Amegilla* (*Glossamegilla*) *malaccensis* (Friese, 1853)], ♀, ♂ (incorrect subsequent time); Rasmussen *et* Ascher, 2008: 69.

（11）褐胸无垫蜂 *Amegilla* (*Glossamegilla*) *mesopyrrha* (Cockerell, 1930)

Anthophora mesopyrrha Cockerell, 1930c: 53, ♀, ♂.

分布（Distribution）：湖南（HN）、四川（SC）、贵州（GZ）、云南（YN）、福建（FJ）、广西（GX）

其他文献（Reference）：Popov, 1950: 259 [*Amegilla mesopyrrha* (Cockerell)]; Wu, 1965b: 64 [*Amegilla mesopyrrha* (Cockerell)], ♀, ♂, Plate V-116, 117; Wu, 1983a: 224, ♀ (key), 225, ♂ (key) (*Amegilla mesopyrrha* Ckll.); Wu, 2000: 302, ♀, ♂, Fig. 157; Brooks, 1988: 513 [*Amegilla* (*Glossamegilla*) *mesopyrrha* (Cockerell)].

（12）熊无垫蜂 *Amegilla* (*Glossamegilla*) *pseudobomboides* (Meade-Waldo, 1914)

Anthophora pseudobomboides Meade-Waldo, 1914: 53, ♀.

异名（Synonym）：

Amegilla bombiomorpha Wu, 1983a: 222, ♀, ♂.

分布（Distribution）：浙江（ZJ）、湖南（HN）、四川（SC）、云南（YN）、福建（FJ）；印度

其他文献（Reference）：Wu, 2000: 293, ♀, ♂, Fig. 150, Plate VI-11, 12; Brooks, 1988: 513 [*Amegilla* (*Glossamegilla*) *pseudobomboides* (Meade-Waldo)].

（13）熬无垫蜂 *Amegilla* (*Glossamegilla*) *urens* (Cockerell, 1911)

Anthophora urens Cockerell, 1911h: 341, ♂.

分布（Distribution）：四川（SC）、台湾（TW）

其他文献（Reference）：Strand, 1913: 49 (*Anthophora urens* Cockerell), ♀ (no descr.); Lieftinck, 1956: 5, ♂ (key), 8, ♀ (key), 34 [*Amegilla urens* (Cockerell)], Figs. 34-39; Wu, 1983a: 224, ♀ (key), 225, ♂ (key) (*Amegilla urens* Ckll.); Wu, 2000: 297, ♀, ♂; Brooks, 1988: 513 [*Amegilla* (*Glossamegilla*) *urens* (Cockerell)].

（14）云南无垫蜂 *Amegilla* (*Glossamegilla*) *yunnanensis* Wu, 1983

Amegilla yunnanensis Wu, 1983a: 223, ♀, ♂. **Holotype:** ♀, China: Yunnan, Xishuangbanna, Xiaomengyang; IZB.

分布（Distribution）：云南（YN）

其他文献（Reference）：Wu, 2000: 298, ♀, ♂, Fig. 154, Plate VI-5, 6; Brooks, 1988: 513 [*Amegilla* (*Glossamegilla*) *yunnanensis* Wu].

小无垫蜂亚属 *Amegilla* / Subgenus *Micramegilla* Brooks, 1988

Amegilla (*Micramegilla*) Brooks, 1988: 508. **Type species:** *Anthophora niveata* Friese, 1905, by original designation.

其他文献（Reference）：Wu, 2000.

（15）山无垫蜂 *Amegilla* (*Micramegilla*) *montivaga* (Fedtschenko, 1875)

Anthophora montivaga Fedtschenko, 1875: 34, ♂.

分布（Distribution）：内蒙古（NM）、甘肃（GS）；蒙古国

其他文献（Reference）：Dalla Torre, 1896: 277 [*Podalirlus montivagus* (Fedtsch.)]; Popov, 1950: 259 [*Amegilla montivaga* (Fedtschenko)]; Wu, 2000: 312, ♀, ♂; Brooks, 1988: 510 [*Amegilla* (*Micramegilla*) *montivaga* (Fedtschenko)].

（16）黑角无垫蜂 *Amegilla* (*Micramegilla*) *nigricornis* (Morawitz, 1872)

Anthophora nigricornis Morawitz, 1872b: 45, ♂.

异名（Synonym）：

Anthophora picicornis Fedtschenko, 1875: 34, ♀, ♂.

分布（Distribution）：内蒙古（NM）、甘肃（GS）、新疆（XJ）；土库曼斯坦、塔吉克斯坦、巴基斯坦、蒙古国、俄罗斯

其他文献（Reference）：Dalla Torre, 1896: 278 [*Podalirlus nigricornis* (Mor.)], 281 [*Podalirlus picicornis* (Fedtsch.)]; Popov, 1950: 259 [*Amegilla nigricornis* (Morawitz)]; Wu, 2000: 310 [*Amegilla* (*Micramegilla*) *nigricornis* (Morawitz, 1873)] (incorrect subsequent time), ♀, ♂, Fig. 163, Plate VI-3, 4; Brooks, 1988: 510 [*Amegilla* (*Micramegilla*) *nigricornis* (Morawitz)].

（17）捷无垫蜂 *Amegilla* (*Micramegilla*) *velocissima* (Fedtschenko, 1875)

Anthophora velocissima Fedtschenko, 1875: 33-34, ♀, ♂.

分布（Distribution）：内蒙古（NM）、甘肃（GS）、青海（QH）、新疆（XJ）；西班牙、意大利、匈牙利、伊朗、哈萨克斯坦、巴基斯坦

其他文献（Reference）：Dalla Torre, 1896: 294 [*Podalirlus velocissimus* (Fedtsch.)]; Popov, 1950: 259 [*Amegilla velocissima* (Fedtschenko)]; Wu, 2000: 311, ♀, ♂, Fig. 164; Brooks, 1988: 510 [*Amegilla* (*Micramegilla*) *velocissima* (Fedtschenko)].

斑马无垫蜂亚属 *Amegilla* / Subgenus *Zebramegilla* Brooks, 1988

Amegilla (*Zebramegilla*) Brooks, 1988: 502. **Type species:**

Anthophora albigena Lepeletier, 1841, by original designation.
其他文献（**Reference**）：Wu, 2000.

（18）白颊无垫蜂 *Amegilla* (*Zebramegilla*) *albigena* (Lepeletier, 1841)

Anthophora albigena Lepeletier, 1841: 28, ♀, ♂.
异名（**Synonym**）：
Megilla leucomelaena Illiger, 1806: 141, ♂.
Megilla moribunda Illiger, 1806: 141, ♂.
Anthophora binoata Lepeletier, 1841: 38, ♂.
Anthophora albigena var. *albida* Dours, 1869: 78, ♀, ♂.
Anthophora quadrifasciata var. *nana* Radoszkowski, 1869: 99.
Podalirius albigena var. *nigrithorax* Dalla Torre, 1877: 162, ♂.
Anthophora graeca Alfken, 1942: 40, ♀, ♂.
Anthophora albigena afra Priesner, 1957: 98.
分布（**Distribution**）：内蒙古（NM）、新疆（XJ）；越南；中亚、欧洲、北非
其他文献（**Reference**）：Dours, 1869: 63, 75, ♀, ♂ (*Anthophora albigena*); Dalla Torre, 1896: 256 [*Podalirius albigenus* (Lep.)]; Brooks, 1988: 504 [*Amegilla* (*Zebramegilla*) *albigena* (Lepeletier)]; Schwarz *et* Gusenleitner, 2001: 59 [*Amegilla albigena* (Lepeletier, 1841)]; Wu, 1996: 301 (*Amegilla albigena* Lepeletier, 1841); Wu, 2000: 303, ♀, ♂, Plate VI-7, 8; Khut *et al.*, 2012: 423 (distribution).

（19）鼠尾草无垫蜂 *Amegilla* (*Zebramegilla*) *salviae* (Morawitz, 1876)

Anthophora salviae Morawitz, 1876: 29, ♂.
异名（**Synonym**）：
Anthophora pipiens Mocsáry, 1879: 9, ♀, ♂.
分布（**Distribution**）：内蒙古（NM）、甘肃（GS）、新疆（XJ）；罗马尼亚、匈牙利、俄罗斯
其他文献（**Reference**）：Dalla Torre, 1896: 288 [*Podalirius salviae* (Mor.)]; Wu, 2000: 305, ♀, ♂, Fig. 159; Brooks, 1988: 504 [*Amegilla* (*Zebramegilla*) *salviae* (Morawitz)].

（20）宽唇无垫蜂 *Amegilla* (*Zebramegilla*) *savignyi* (Lepeletier, 1841)

Anthophora savignyi Lepeletier, 1841: 47, ♀.
异名（**Synonym**）：
Anthophora magnilabris Fedtschenko, 1875: 22, ♀, ♂.
分布（**Distribution**）：新疆（XJ）；土库曼斯坦
其他文献（**Reference**）：Dalla Torre, 1896: 288 [*Podalirius savignyi* (Lep.)]; Popov, 1950: 259 [*Amegilla savignyi* (Lepeletier)]; Wu, 2000: 304, ♀, ♂, Fig. 158; Brooks, 1988: 504 [*Amegilla* (*Zebramegilla*) *savignyi* (Lepeletier)].

带无垫蜂亚属 *Amegilla* / Subgenus *Zonamegilla* Popov, 1950

Amegilla (*Zonamegilla*) Popov, 1950: 260. **Type species:** *Apis zonata* Linnaeus, 1758, by original designation.
其他文献（**Reference**）：Lieftinck, 1975; Brooks, 1988; Wu, 2000.

（21）鞋斑无垫蜂 *Amegilla* (*Zonamegilla*) *calceifera* (Cockerell, 1911)

Anthophora calceifera Cockerell, 1911e: 491, ♀, ♂.
异名（**Synonym**）：
Anthophora calceifera var. *tainana* Strand, 1913: 49, ♂.
分布（**Distribution**）：河北（HEB）、北京（BJ）、山东（SD）、河南（HEN）、甘肃（GS）、安徽（AH）、江苏（JS）、浙江（ZJ）、江西（JX）、湖北（HB）、四川（SC）、云南（YN）、福建（FJ）、台湾（TW）、广东（GD）、广西（GX）、海南（HI）；朝鲜、尼泊尔、越南、印度尼西亚、印度、马来半岛
其他文献（**Reference**）：Popov, 1950: 258 [*Amegilla* (*Zonamegilla*) *calceifera* (Cockerell)]; Lieftinck, 1975: 289-291, Figs. 17-21; Brooks, 1988: 511 [*Amegilla* (*Zonamegilla*) *calceifera* (Cockerell)]; Wu *et al.*, 1988: 69 (*Amegilla calceifera* Cockerell), ♀, ♂, Plate III-28, 29; Wu, 1993: 1406 (*Amegilla calceifera* Cockerell, 1911); Wu, 1997: 1677 (*Amegilla calceifera* Cockerell, 1911), ♀, ♂; Wu, 2000: 291, ♀, ♂, Fig. 149, Plate VI-1.

（22）葫芦墩无垫蜂 *Amegilla* (*Zonamegilla*) *korotonensis* (Cockerell, 1911)

Anthophora korotonensis Cockerell, 1911e: 491, ♀.
异名(**Synonym**)：
Anthophora caldwelli Cockerell, 1911e: 492, ♀.
Anthophora korotonensis var. *anpingensis* Strand, 1913: 49, ♂.
分布（**Distribution**）：山东（SD）、江苏（JS）、浙江（ZJ）、江西（JX）、湖南（HN）、四川（SC）、贵州（GZ）、云南（YN）、福建（FJ）、台湾（TW）、广东（GD）、广西（GX）、海南（HI）；马来西亚
其他文献(**Reference**)：Cockerell, 1911k: 233, ♂ (*Anthophora caldwelli*); Popov, 1950: 258 [*Amegilla* (*Zonamegilla*) *caldwelli* (Cockerell)]; Wu, 2000: 289 [*Amegilla* (*Zonamegilla*) *caldwelli* (Cockerell, 1911)], ♀, ♂, Fig. 148; Taeger *et al.*, 2005: 154 (*Anthophora korotonensis* var. *anpingensis* Strand, 1913).

（23）领无垫蜂 *Amegilla* (*Zonamegilla*) *cingulifera* (Cockerell, 1910)

Anthophora cingulifera Cockerell, 1910b: 410, ♀.
分布（**Distribution**）：云南（YN）、西藏（XZ）、台湾（TW）；缅甸、印度、伊朗、斯里兰卡
其他文献（**Reference**）：Brooks, 1988: 511 [*Amegilla* (*Zonamegilla*) *cingulifera* (Cockerell)]; Wu *et al.*, 1988 (*Amegilla walkeri* Cockerell), ♀, ♂ (incorrect indetification); Wu, 2000: 285 [*Amegilla* (*Zonamegilla*) *cingulifera* (Cockerell, 1905)] (incorrect subsequent time), (incorrect synonym *Amegilla walkeri* Cockerell as *A. cingulifera*), ♀, ♂, Fig. 144; Wu, 2004: 122 (*Amegilla cingulifera* Cockerell, 1905) (incorrect subsequent time); Karunaratne *et* Edirisingle, 2006: 18 (list).

(24) 梳无垫蜂 *Amegilla (Zonamegilla) comberi* (Cockerell, 1911)

Anthophora comberi Cockerell, 1911e: 493, ♀, ♂.

分布(Distribution):湖南(HN)、贵州(GZ)、云南(YN)、广东(GD)、广西(GX);印度、巴基斯坦、斯里兰卡、越南

其他文献(Reference):Brooks, 1988: 511 [*Amegilla (Zonamegilla) comberi* (Cockerell)]; Wu *et al.*, 1988: 70 [*Amegilla comberi* (Cockerell)], ♀, ♂; Wu, 2000: 286, ♀, ♂, Fig. 145; Karunaratne *et* Edirisingle, 2006: 18 (list); Khut *et al.*, 2012: 423 (distribution).

(25) 东亚无垫蜂 *Amegilla (Zonamegilla) parhypate* Lieftinck, 1975

Amegilla (Zonamegilla) parhypate Lieftinck, 1975: 286-289, ♀, ♂.

分布(Distribution):辽宁(LN)、北京(BJ)、山东(SD)、甘肃(GS)、江苏(JS)、浙江(ZJ)、江西(JX)、湖南(HN)、四川(SC)、福建(FJ);朝鲜半岛

其他文献(Reference):Brooks, 1988: 511 [*Amegilla (Zonamegilla) parhypate* Lieftinck]; Wu, 2000: 288, ♀, ♂, Fig. 147.

(26) 白头无垫蜂 *Amegilla (Zonamegilla) whiteheadi* (Cockerell, 1910)

Anthophora zonata whiteheadi Cockerell, 1910b: 412, ♀.

分布(Distribution):四川(SC)、云南(YN)、福建(FJ);印度、马来西亚、菲律宾

其他文献(Reference):Brooks, 1988: 511 [*Amegilla (Zonamegilla) whiteheadi* (Cockerell)]; Wu *et al.*, 1988: 71 [*Amegilla whiteheadi* (Cockerell)], ♀; Wu, 1997: 1678 (*Amegilla whiteheadi* Cockerell, 1905) (incorrect subsequent time), ♀.

(27) 绿条无垫蜂 *Amegilla (Zonamegilla) zonata* (Linnaeus, 1758)

Apis zonata Linnaeus, 1758: 576.

分布(Distribution):辽宁(LN)、河北(HEB)、北京(BJ)、山东(SD)、安徽(AH)、江苏(JS)、浙江(ZJ)、江西(JX)、湖南(HN)、湖北(HB)、四川(SC)、贵州(GZ)、云南(YN)、福建(FJ)、台湾(TW)、广东(GD)、广西(GX)、海南(HI);越南、日本、缅甸、印度、斯里兰卡、马来西亚、菲律宾、澳大利亚

其他文献(Reference):Matsumura *et* Uchida, 1926: 66 (*Anthophora zonata*); Popov, 1950: 259 [*Amegilla (Zonamegilla) zonata* (L.)]; Wu, 1965: 65 [*Amegilla zonata* (Linnaeus)], ♀, ♂, Plate V-118, 119; Brooks, 1988: 511 [*Amegilla (Zonamegilla) zonata* (Linnaeus)]; Wu *et al.*, 1988: 72 (*Amegilla zonata* Linnaeus), ♀, ♂; Wu, 1997: 1677 (*Amegilla zonata* Linnaeus, 1758), ♀, ♂; Wu, 2000: 287, ♀, ♂, Fig. 146, Plate VI-15, 16; Karunaratne *et* Edirisingle, 2006: 18 (list); Khut *et al.*, 2012: 422, 423 (*Amegilla zonata*, Fig. 2-c, distribution).

未归亚属种类 *Amegilla* / None or uncertain

(28) 波氏无垫蜂 *Amegilla potanini* (Morawitz, 1890)

Anthophora potanini Morawitz, 1890: 353, ♀.

分布(Distribution):内蒙古(NM)、甘肃(GS)

其他文献(Reference):Brooks, 1988: 515 [*Amegilla potanini* (Morawitz)]; Wu, 2000: 207 [*Anthophora (Pyganthophora) potaninii* Morawitz, 1890] (incorrect subsequent spelling), ♀.

2. 条蜂属 *Anthophora* Latreille, 1803

Anthomegilla Marikovskaya, 1976: 688. **Type species:** *Anthophora arctica* Morawitz, 1883, by original designation.

Anthophora Latreille, 1803: 167, replacement for *Podalirius* Latreille, 1802. **Type species:** *Apis pilipes* Fabricius, 1775 = *Apis plumipes* Pallas, 1772, designated by Commission Opinion 151 (1944). [see Michener, 1997].

Anthophora (Caranthophora) Brooks, 1988: 470. **Type species:** *Anthophora dufourii* Lepeletier, 1841, by original designation.

Anthophoroides Cockerell *et* Cockerell, 1901: 48. **Type species:** *Podalirius vallorum* Cockerell, 1896, by original designation.

Clisodon Patton, 1879a: 479. **Type species:** *Anthophora terminalis* Cresson, 1869, by original designation.

Anthophora (Dasymegilla) Brooks, 1988: 486. **Type species:** *Apis quadrimaculata* Panzer, 1798, by original designation.

Heliophila Klug, 1807, in Illiger, 1807: 197; Klug, 1807b: 227. **Type species:** *Apis bimaculata* Panzer, 1798, monobasic. [For comments, see Michener, 1997].

Anthophora (Lophanthophora) Brooks, 1988: 464. **Type species:** *Anthophora porterae* Cockerell, 1900, by original designation.

Melea Sandhouse, 1943: 569, replacement for *Anthemoessa* Robertson, 1905. **Type species:** *Anthophora abrupta* Say, 1837, autobasic.

Anthophora (Mystacanthophora) Brooks, 1988: 466. **Type species:** *Anthophora montana* Cresson, 1869, by original designation.

Podalirius (Paramegilla) Friese, 1897: 18, 24. **Type species:** *Apis ireos* Pallas, 1773, designated by Sandhouse, 1943: 584.

Anthophora (Petalosternon) Brooks, 1988: 484. **Type species:** *Anthophora rivolleti* Pérez, 1895, by original designation.

Anthophora (Pyganthophora) Brooks, 1988: 460. **Type species:** *Apis retusa* Linnaeus, 1758, by original designation.

Anthophora (Rhinomegilla) Brooks, 1988: 482. **Type species:** *Anthophora megarrhina* Cockerell, 1910b, by original designation.

其他文献(Reference):Iuga, 1958; Lieftinck, 1966; Brooks, 1988; Michener, 1997, 2000, 2007; Wu, 2000.

花条蜂亚属 *Anthophora* / Subgenus *Anthomegilla* Marikovskaya, 1976

Anthomegilla Marikovskaya, 1976: 688. **Type species:** *Anthophora arctica* Morawitz, 1883, by original designation.
其他文献（Reference）：Brooks, 1988; Michener, 1997, 2000, 2007; Wu, 2000.

（29）北方花条蜂 *Anthophora* (*Anthomegilla*) *arctica* Morawitz, 1883

Anthophora arctica Morawitz, 1883a: 33, ♀, ♂. **Holotype:** ♀, Olenek River valley; ZISP.
分布（Distribution）：新疆（XJ），帕米尔高原；俄罗斯（西伯利亚）；中亚
其他文献（Reference）：Dalla Torre, 1896: 257 [*Podalirius arcticus* (Mor.)]; Marikovskaya, 1976: 688 [*Anthomegilla arctic* (Morawitz)] (incorrect subsequent spelling); Brooks, 1988: 482 [*Anthophora* (*Anthomegilla*) *arctica* Morawitz]; Wu, 1985a: 142 (*Anthomegilla arctic* Mor.) (incorrect subsequent spelling); Wu, 1986a: 209, ♂ (key), 210, ♀ (key) (*Anthomegilla arctica* Morawitz); Wu, 1996: 301 [*Anthomegilla arctica* (Morawitz), 1883]; Wu, 2000: 245 [*Anthophora* (*Anthomegilla*) *arctic* Morawitz, 1883] (incorrect subsequent spelling) ♀, ♂, Fig. 123, Plate V-5, 6; Proshchalykin et Lelej, 2013: 324 (*Anthophora arctica* Morawitz, 1883).

（30）黑足条蜂 *Anthophora* (*Anthomegilla*) *auripes* Morawitz, 1887

Anthophora auripes Morawitz, 1887: 207, ♀.
分布（Distribution）：西藏（XZ）
其他文献（Reference）：Brooks, 1988: 482 [*Anthophora* (*Anthomegilla*) *auripes* Morawitz]; Wu, 2000: 250 [*Anthophora* (*Anthomegilla*) *auripes* Morawitz, 1886], ♀.

（31）北京条蜂 *Anthophora* (*Anthomegilla*) *beijingensis* (Wu, 1986)

Anthomegilla beijingensis Wu, 1986a: 210, ♂. **Holotype:** ♂, China: Beijing; IZB.
分布（Distribution）：北京（BJ）
其他文献（Reference）：Brooks, 1988: 482 [*Anthophora* (*Anthomegilla*) *beijingensis* (Wu)]; Wu, 2000: 246, ♂, Fig. 124.

（32）黄黑条蜂 *Anthophora* (*Anthomegilla*) *flavonigra* (Wu, 1988)

Anthomegilla flavonigra Wu, 1988b: 70, ♀. **Holotype:** ♀, China: Xizang, Kanma; IZB.
分布（Distribution）：西藏（XZ）
其他文献（Reference）：Wu, 2000: 250, ♀, Fig. 127.

（33）宽颊条蜂 *Anthophora* (*Anthomegilla*) *latigena* Morawitz, 1887

Anthophora latigena Morawitz, 1887: 205, ♂.
异名（Synonym）：
Anthophora reinigi Hedicke, 1930b: 856, ♂.
分布（Distribution）：西藏（XZ）
其他文献（Reference）：Dalla Torre, 1896: 274 [*Podalirius latigena* (Mor.)]; Marikowskaya, 1976: 688 [*Anthomegilla latigena* (Morawitz)]; Brooks, 1988: 482 [*Anthophora* (*Anthomegilla*) *latigena* Morawitz]; Wu, 2000: 249, ♂ [*Anthophora* (*Anthomegilla*) *latigena* Morawitz, 1886].

（34）吴氏条蜂 *Anthophora* (*Anthomegilla*) *wuae* Brooks, 1988

Anthophora wuae Brooks, 1988: 575 (replacement for *Anthomegilla sinensis* Wu, 1982).
异名（Synonym）：
Anthomegilla sinensis Wu, 1982b: 412, ♀, ♂. (Homonym).
分布（Distribution）：新疆（XJ）、西藏（XZ）
其他文献（Reference）：Wu, 1982b: 412, ♀, ♂ (*Anthomegilla sinensis*, Fig. 36: a-e); Wu, 1996: 301 (*Anthomegilla sinensis* Wu, 1982); Wu, 2000: 247 [*Anthophora* (*Anthomegilla*) *wuae* Brooks, 1982] (incorrect subsequent time), ♀, ♂, Fig. 125.

（35）西藏条蜂 *Anthophora* (*Anthomegilla*) *xizangensis* (Wu, 1988)

Anthomegilla xizangensis Wu, 1988b: 69, ♂. **Holotype:** ♂, China: Xizang, Jilungzongga; IZB.
分布（Distribution）：甘肃（GS）、西藏（XZ）
其他文献（Reference）：Wu, 2000: 248, ♂, Fig. 126.

条蜂亚属 *Anthophora* / Subgenus *Anthophora* Latreille s. str., 1803

Anthophora Latreille, 1803: 167, replacement for *Podalirius* Latreille, 1802. **Type species:** *Apis pilipes* Fabricius, 1775 = *Apis plumipes* Pallas, 1772, designated by Commission Opinion 151 (1944). [see Michener, 1997].
异名（Synonym）：
Podalirius Latreille, 1802a: 430. **Type species:** *Apis pilipes* Fabricius, 1775 = *Apis plumipes* Pallas, 1772. *Polalirius* was suppressed by Commission Opinion 151 (1944) (Direction 4).
Lasius Panzer, 1804: tab. 16. **Type species:** *Lasius salviae* Panzer, 1804 = *Anthophora crinipes* Smith, 1854, monobasic. Suppressed by Commission Opinion 151 (1944) (Direction 4).
Megilla Fabricius, 1804: 328. **Type species:** *Apis pilipes* Fabricius, 1775 = *Apis plumipes* Pallas, 1772, designated by Commission Opinion 1383 (1986). [For previous type designations, see Sandhouse (1943) and Michener (1997)].
其他文献（Reference）：Iuga, 1958; Brooks, 1988; Michener, 1997, 2000, 2007; Wu, 2000.

（36）中国条蜂 *Anthophora* (*Anthophora* s. str.) *chinensis* Friese, 1919

Anthophora fulvitarsis var. *chinensis* Friese, 1919: 278, ♀, ♂.

分布（Distribution）：北京（BJ）、河南（HEN）、江苏（JS）、上海（SH）

其他文献（Reference）：Brooks, 1988: 460 [*Anthophora* (*Anthophora*) *chinensis* Friese]; Wu, 2000: 195 [*Anthophora* (s. str.) *fulvitarsis chinensis* Friese], ♂; Rasmussen *et* Ascher, 2008: 37.

（37）黄跗条蜂 *Anthophora* (*Anthophora* s. str.) *fulvitarsis* Brullé, 1832

Anthophora fulvitarsis Brullé, 1832, 329, ♀, ♂.

异名（Synonym）：

Megilla personata Illiger, 1806: 140, ♀.

Megilla personata Erichson, 1835: 109, ♀, ♂.

Anthophora nasuta Lepeletier, 1841: 66-67, ♀, ♂.

Anthophora personata var. *euris* Dours, 1869: 166, ♀, ♂.

Anthophora personata var. *arietina* Dours, 1869: 168, ♂.

分布（Distribution）：内蒙古（NM）、甘肃（GS）、青海（QH）、新疆（XJ）；欧洲、北非

其他文献（Reference）：Dalle Torre, 1896: 269 [*Podalirius fulvitarsis* (Brullé)]; Brooks, 1988: 460 [*Anthophora* (*Anthophora*) *fulvitarsis* Brullé]; Wu, 1985a: 143 (*Anthophora fulvitarsa* Brullé); Wu, 2000: 194, ♀, ♂, Fig. 93.

（38）黑颚条蜂 *Anthophora* (*Anthophora* s. str.) *melanognatha* Cockerell, 1911

Anthophora melanognatha Cockerell, 1911b: 263, ♂.

分布（Distribution）：辽宁（LN）、河北（HEB）、甘肃（GS）、青海（QH）、江苏（JS）、浙江（ZJ）

其他文献（Reference）：Cockerell, 1930a: 84 (*Anthophora melanognatha* Cockerell), ♀; Wu, 1965: 63 (*Anthophora melanognatha* Cockerell), ♀, ♂, Plate V-111, 112; Brooks, 1988: 460 [*Anthophora* (*Anthophora*) *melanognatha* Cockerell]; Wu, 2000: 195, ♀, ♂, Plate IV-1, 2.

（39）继条蜂 *Anthophora* (*Anthophora* s. str.) *patruelis* Cockerell, 1931

Anthophora patruelis Cockerell, 1931b: 2, ♂.

分布（Distribution）：山东（SD）、甘肃（GS）；日本

其他文献（Reference）：Yasumatsu, 1935: 374, ♀ [*Anthophora patruelis* Cockerell]; Brooks, 1988: 460 [*Anthophora* (*Anthophora*) *patruelis* Cockerell]; Wu, 2000: 198, ♀, ♂.

（40）毛跗黑条蜂 *Anthophora* (*Anthophora* s. str.) *plumipes* (Pallas, 1772)

Apis plumipes Pallas, 1772: 24.

异名（Synonym）：

Apis pilipes Fabricius, 1775: 383.

Andrena hirsuta Fabricius, 1787: 299.

Apis rufipes Christ, 1791: 132, ♀, ♂.

Apis palmipes Rossi, 1792: 141.

Anthophora nigrofulva Lepeletier, 1841: 88, ♀.

Anthophora pennata Lepeletier, 1841: 59-61, ♀, ♂.

Anthophora sicula Smith, 1854: 327, ♀, ♂.

Anthophora villosula Smith, 1854: 338, ♂.

Anthophora personata var. *squalens* Dours, 1869: 167, ♂.

Podalirius acervorum albipes Friese, 1897: 266, ♀.

Podalirius acervorum niger Friese, 1897: 266, ♀, ♂.

Podalirius acervorum nigripes Friese, 1897: 266, ♀.

Anthophora soror Pérez, 1911: 30.

Anthophora acervorum var. *dimidiata* Alfken, 1913: 117.

Anthophora acervorum var. *intermixta* Alfken, 1913: 117.

Anthophora pingshiangensis Strand, 1913: 105, ♀, ♂.

Anthophora acervorum varians Friese, 1922: 60, ♀.

Anthophora acervorum lisbonensis Cockerell, 1922c: 665-666, ♀, ♂.

Anthophora acervorum palestinensis Hedicke, 1936: 400.

Anthophora acervorum cypriaca Mavromoustakis, 1957: 331.

分布（Distribution）：辽宁（LN）、河北（HEB）、北京（BJ）、陕西（SN）、青海（QH）、新疆（XJ）、安徽（AH）、江苏（JS）、浙江（ZJ）、江西（JX）、湖北（HB）、四川（SC）、贵州（GZ）、云南（YN）、西藏（XZ）、福建（FJ）、广东（GD）、广西（GX）；日本、美国、土耳其、以色列；欧洲、北非

其他文献（Reference）：Brooks, 1988: 460 [*Anthophora* (*Anthophora*) *plumipes* (Pallas)]; Cockerell, 1930c: 52 (*Anthophora pingshiangensis* Strand); Wu, 1965: 64 (*Anthophora acervorum villosula* Smith), ♀, ♂, Plate V-113, 114; Wu, 1982b: 415 (*Anthophora acervorum villosula* Smith); Wu, 1997: 1676 (*Anthophora acervorum villosula* Smith, 1854), ♀, ♂; Wu, 2000: 198-200, ♀, ♂, Fig. 96; Schwarz *et* Gusenleitner, 2001: 68 (*Anthophora pingshiangensis* Strand, 1913).

（41）毛足条蜂 *Anthophora* (*Anthophora* s. str.) *salviae* (Panzer, 1804)

Lasius salviae Panzer, 1804: 86.

异名（Synonym）：

Anthophora ephippium Lepeletier, 1841: 67-69, ♀, ♂.

Anthophora crinipes Smith, 1854: 324, ♀, ♂.

分布（Distribution）：江苏（JS）；中亚、欧洲

其他文献（Reference）：Dalla Torre, 1896: 288 [*Podalirius salviae* (Panz.)]; Brooks, 1988: 460 [*Anthophora* (*Anthophora*) *salviae* (Panzer)]; Wu, 2000: 197 [*Anthophora* (s. str.) *salviae* (Panzer, 1805)] (incorrect subsequent time), ♀, ♂, Fig. 95.

（42）老条蜂 *Anthophora* (*Anthophora* s. str.) *senescens* Lepeletier, 1841

Anthophora senescens Lepeletier, 1841: 71, ♀, ♂.

异名（Synonym）：

Anthophora senescens var. *canescens* Dours, 1869: 175, ♀.

Anthophora senescens var. *ioidea* Dours, 1869: 175, ♀.

分布（Distribution）：甘肃（GS）；欧洲、北非

其他文献（Reference）：Dalla Torre, 1896: 289 [*Podalirius senescens* (Lep.)]; Brooks, 1988: 460 [*Anthophora* (*Anthophora*) *senescens* Lepeletier]; Wu, 2000: 200, ♀, ♂.

（43）乌亚条蜂 *Anthophora* (*Anthophora* s. str.) *uljanini* Fedtschenko, 1875

Anthophora uljanini Fedtschenko, 1875: 27, ♀, ♂.

分布（Distribution）：甘肃（GS）、青海（QH）、新疆（XJ）；中亚

其他文献（Reference）：Dalla Torre, 1896: 293 [*Podalirius uljanini* (Fedtsch.)]; Brooks, 1988: 460 [*Anthophora* (*Anthophora*) *uljanini* Fedtschenko]; Wu, 1985a: 142 (*Anthophora uljanini* Fedt.); Wu, 2000: 196-197, ♀, ♂, Fig. 94.

斑面条蜂亚属 *Anthophora* / Subgenus *Caranthophora* Brooks, 1988

Anthophora (*Caranthophora*) Brooks, 1988: 470. **Type species:** *Anthophora dufourii* Lepeletier, 1841, by original designation.

其他文献（Reference）：Michener, 1997, 2000, 2007; Wu, 2000.

（44）拟无垫条蜂 *Anthophora* (*Caranthophora*) *amegilloides* Wu, 2000

Anthophora amegilloides Wu, 2000: 219, ♀. **Holotype:** ♀, China: Xinjiang, Wusu; IZB.

分布（Distribution）：新疆（XJ）

其他文献（Reference）：Wu, 2000: 219, Fig. 107, Plate IV-10.

（45）宽跗条蜂 *Anthophora* (*Caranthophora*) *hedini* Alfken, 1936

Anthophora hedini Alfken, 1936: 19, ♀, ♂.

异名（Synonym）：

Heliophila latitarsalis Wu, 1985b: 417, ♀, ♂.

分布（Distribution）：甘肃（GS）、四川（SC）、云南（YN）

其他文献（Reference）：Brooks, 1988: 470 [*Anthophora* (*Caranthophora*) *hedini* Alfken]; Wu, 1993: 1407 [*Heliophila hedini* (Alfken) 1936]; Wu, 2000: 221, ♀, ♂, Fig. 108.

（46）刺条蜂 *Anthophora* (*Caranthophora*) *iole* Bingham, 1898

Anthophora iole Bingham, 1898: 128, ♂.

异名（Synonym）：

Heliophila unispina Wu, 1982b: 417, ♂.

分布（Distribution）：西藏（XZ）；印度

其他文献（Reference）：Brooks, 1988: 470 [*Anthophora* (*Caranthophora*) *iole* Bingham]; Wu, 2000: 223, ♂, Fig. 110.

（47）毛条蜂 *Anthophora* (*Caranthophora*) *pubescens* (Fabricius, 1781)

Apis pubescens Fabricius, 1781: 484.

异名（Synonym）：

Apis grisea Christ, 1791: 130.

Anthophora flabellifera Lepeletier, 1841: 40, ♂.

Anthophora flabellipes Lichtenstein, 1871: 76.

分布（Distribution）：新疆（XJ）；以色列；欧洲

其他文献（Reference）：Lepeletier, 1841: 54 (*Anthophora pubescens*, ♀); Dours, 1869: 176 (*Anthophora pubescens*, ♀, ♂); Dalla Torre, 1896: 283 [*Podalirius pubescens* (Fabr.)]; Brooks, 1988: 470 [*Anthophora* (*Caranthophora*) *pubescens* (Fabricius)]; Wu, 2000: 220, ♀, ♂.

（48）光条蜂 *Anthophora* (*Caranthophora*) *stilobia* Wu, 2000

Anthophora (*Caranthophora*) *stilobia* Wu, 2000: 222, ♀. **Holotype:** ♀, China: Xinjiang, Qinghe; IZB.

分布（Distribution）：新疆（XJ）

其他文献（Reference）：Wu, 2000: 222, Fig. 109.

矮面条蜂亚属 *Anthophora* / Subgenus *Clisodon* Patton, 1879

Clisodon Patton, 1879a: 479. **Type species:** *Anthophora terminalis* Cresson, 1869, by original designation.

其他文献（Reference）：Mitchell, 1962; Brooks, 1988; Michener, 1997, 2000, 2007; Wu, 2000.

（49）叉条蜂 *Anthophora* (*Clisodon*) *furcata* (Panzer, 1798)

Apis furcata Panzer, 1798: 56.

异名（Synonym）：

Apis dumetorum Panzer, 1798: 56.

Megilla furcata var. *norvegica* Nylander, 1852b: 267.

Podalirius furcata var. *caucasicus* Friese, 1897: 284, ♀, ♂.

Podalirius furcatus montislinguarum Schulz, 1906: 253.

Anthophora furcata atrata Hedicke, 1929: 68.

Anthophora furcata caucasicola Hedicke, 1929: 68.

分布（Distribution）：黑龙江（HL）、吉林（JL）、辽宁（LN）、河北（HEB）、北京（BJ）、青海（QH）、新疆（XJ）、湖北（HB）、云南（YN）、西藏（XZ）；蒙古国、俄罗斯；中亚

其他文献（Reference）：Dalla Torre, 1896: 270 [*Podalirius furcatus* (Panz.)]; Wu, 1982b: 418, ♀ (*Glisodon furcatus caucasicus* Friese); Wu, 1985a: 143 (*Glisodon furcatus caucasicus* Fr.); Brooks, 1988: 489 [*Anthophora* (*Clisodon*) *furcata* (Panzer)]; Wu, 1993: 1408 (*Glisodon furcatus caucasicus* Friese, 1897); Wu, 1997: 1679 (*Glisodon furcatus caucasicus* Friese, 1897), ♀, ♂; Wu, 2000: 269, ♀, ♂, Fig. 140; Rasmussen *et* Ascher, 2008: 36.

（50）黑尾条蜂 *Anthophora* (*Clisodon*) *nigrocaudata* Wu, 2000

Anthophora nigrocaudata Wu, 2000: 270, ♀, ♂. **Holotype:** ♀, China: Beijing, Donglinshan; IZB.

分布（Distribution）：北京（BJ）

其他文献（Reference）：Wu, 2000: 270, Fig. 141.

（51）中华条蜂 *Anthophora* (*Clisodon*) *sinensis* (Wu, 1982)

Clisodon sinensis Wu, 1982b: 419, ♀. **Holotype:** ♀, China: Xizang, Gyirong; IZB.

分布（Distribution）：西藏（XZ）

其他文献（Reference）：Brooks, 1988: 489 [*Anthophora* (*Clisodon*) *sinensis* (Wu)]; Wu, 2000: 272, ♀.

（52）顶条蜂 *Anthophora* (*Clisodon*) *terminalis* Cresson, 1869

Anthophora terminalis Cresson, 1869: 292, ♀, ♂.

异名（Synonym）：

Anthophora pernigra Cresson, 1879: 210, ♀.

Ceratina bidentata Provancher, 1882: 234, ♂.

Anthophora nudata Provancher, 1888: 336.

Anthophora subglobulosa Provancher, 1888: 297, ♂.

Podalirius syringae Cockerell, 1898: 54, ♂.

Anthophora nubiterrae Viereck, 1903: 45, ♂.

Clisodon neofurcata Sladen, 1919: 125.

Clisodon terminalis sperryi Cockerell, 1937: 107, ♂.

Anthophora furcata terminalis Cresson, 1869: 292, ♀, ♂.

分布（Distribution）：黑龙江（HL）、吉林（JL）、辽宁（LN）、北京（BJ）、甘肃（GS）、湖北（HB）、四川（SC）、云南（YN）、西藏（XZ）；俄罗斯、加拿大；北美洲

其他文献（Reference）：Dalla Torre, 1896: 292 [*Podalirius terminalis* (Cress.)]; Wu, 1982b: 418 (*Glisodon terminalis* Cress.); Brooks, 1988: 489 [*Anthophora* (*Clisodon*) *terminalis* Cresson]; Wu, 1988c: 550 (*Glisodon terminalis* Cress.); Wu, 1993: 1408 (*Glisodon terminalis* Cresson); Wu, 2000: 268, ♀, ♂, Fig. 139.

（53）新疆条蜂 *Anthophora* (*Clisodon*) *xinjiangensis* (Wu, 1985)

Clisodon xinjiangensis Wu, 1985a: 147, ♀. **Holotype:** ♀, China: Xinjiang, Zhaosu, Alasan; IZB.

分布（Distribution）：新疆（XJ）

其他文献（Reference）：Brooks, 1988: 489 [*Anthophora* (*Clisodon*) *xinjiangensis* (Wu)]; Wu, 2000: 272, ♀, Plate V-14.

多毛条蜂亚属 *Anthophora* / Subgenus *Dasymegilla* Brooks, 1988

Anthophora (*Dasymegilla*) Brooks, 1988: 486. **Type species:** *Apis quadrimaculata* Panzer, 1798, by original designation.

异名（Synonym）：

Lasius Jurine, 1801: 164. **Type species:** *Apis quadrimaculata* Panzer, 1798, monobasic. Suppressed by Commission Opinion 135 (1939).

其他文献（Reference）：Brooks, 1988; Michener, 1997, 2000, 2007; Wu, 2000.

（54）蝇条蜂 *Anthophora* (*Dasymegilla*) *muscaria* Fedtschenko, 1875

Anthophora muscaria Fedtschenko, 1875: 26, ♀, ♂.

分布（Distribution）：新疆（XJ）；中亚

其他文献（Reference）：Brooks, 1988: 486 [*Anthophora* (*Dasymegilla*) *muscaria* Fedtschenko]; Wu, 2000: 263, ♀, ♂.

（55）狐条蜂 *Anthophora* (*Dasymegilla*) *quadrimaculata* (Panzer, 1798)

Apis quadrimaculata Panzer, 1798: 56, ♂.

异名（Synonym）：

Apis vulpina Panzer, 1798: 56.

Apis subglobosa Kirby, 1802: 295, ♀.

Anthophora vara Lepeletier, 1841: 43, ♂.

Anthophora mixta Lepeletier, 1841: 85, ♀, ♂.

Anthophora segusinus Gribodo, 1873: 79, ♀.

Anthophora vulpina pachypoda Cockerell, 1924: 527, ♂.

Anthophora vulpina alticola Hedicke, 1930b: 848, ♀.

分布（Distribution）：内蒙古（NM）、河北（HEB）；欧洲、北非

其他文献（Reference）：Wu, 1982b: 417 (*Anthophora vulpina* Panzer), ♀, ♂; Brooks, 1988: 486 [*Anthophora* (*Dasymegilla*) *quadrimaculata* (Panzer)]; Wu, 1996: 301 (*Anthophora vulpina* Panzer, 1798); Wu, 2000: 263, ♀, ♂.

（56）瓦氏条蜂 *Anthophora* (*Dasymegilla*) *waltoni* Cockerell, 1910

Anthophora vulpina waltoni Cockerell, 1910b: 410, ♀, ♂.

分布（Distribution）：甘肃（GS）、四川（SC）、云南（YN）、西藏（XZ）

其他文献（Reference）：Brooks, 1988: 486 [*Anthophora* (*Dasymegilla*) *waltoni* Cockerell]; Wu, 1982b: 416 (*Anthophora vulpina waltoni* Cockerell), ♀, ♂; Wu, 1988c: 550 (*Anthophora vulpina waltoni* Cockerell); Wu, 1993: 1405 (*Anthophora vulpina waltoni* Cockerell, 1911); Wu, 2000: 264, ♀, ♂, Fig. 137.

泽条蜂亚属 *Anthophora* / Subgenus *Heliophila* Klug, 1807

Heliophila Klug, 1807, in Illiger, 1807: 197; Klug, 1807b: 227. **Type species:** *Apis bimaculata* Panzer, 1798, monobasic. [For comments, see Michener, 1997].

异名（Synonym）：

Saropoda Latreille, 1809: 177, unnecessary replacement for *Heliophila* Klug, 1807. **Type species:** *Apis bimaculata* Panzer, 1798, autobasic. [For comments, see Michener, 1997].

Micranthophora Cockerell, 1906: 66. **Type species:** *Anthophora curta* Provancher, 1895, by original designation.

其他文献（Reference）：Brooks, 1988; Michener, 1997, 2000, 2007; Wu, 2000.

（57）白脸条蜂 *Anthophora* (*Heliophila*) *albifronella* Brooks, 1988

Anthophora albifronella Brooks, 1988: 559 (replacement for *Helophila albifrons* Wu, 1985).

异名（Synonym）：

Helophila albifrons Wu, 1985a: 148, ♂. (Homonym).
分布（**Distribution**）：新疆（XJ）
其他文献（**Reference**）：Brooks, 1988: 491 [*Anthophora* (*Heliophila*) *albifronella* Brooks]; Wu, 2000: 275, ♂.

（58）双斑条蜂 *Anthophora* (*Heliophila*) *bimaculata* (Panzer, 1798)

Apis bimaculata Panzer, 1798: 55, ♀.
异名（**Synonym**）：
Apis rotundata Panzer, 1798: 56, ♂. (Homonym).
Anthophora saropoda Lamarck, 1817: 61.
Anthophora squalida Lepeletier, 1841: 53, ♀.
Anthophora albifrons Eversmann, 1852: 115, ♂.
Anthophora cognata Smith, 1854: 327, ♀.
分布（**Distribution**）：新疆（XJ）；欧洲
其他文献（**Reference**）：Dalla Torre, 1896: 259 [*Podalirius bimaculatus* (Panz.)]; Brooks, 1988: 491 [*Anthophora* (*Heliophila*) *bimaculata* (Panzer)]; Wu, 2000: 274, ♀, ♂.

（59）斑唇条蜂 *Anthophora* (*Heliophila*) *maculilabralis* Wu, 2000

Anthophora (*Heliophila*) *maculilabralis* Wu, 2000: 275, ♀.
Holotype: ♀, China: Yunnan, Xishuangbanna, Mengla; IZB.
分布（**Distribution**）：云南（YN）
其他文献（**Reference**）：Wu, 2000: 275, Fig. 142, Plate V-15.

（60）胫条蜂 *Anthophora* (*Heliophila*) *tibialis* Morawitz, 1894

Anthophora tibialis Morawitz, 1894: 22, ♀, ♂.
分布（**Distribution**）：新疆（XJ）；中亚
其他文献（**Reference**）：Brooks, 1988: 492 [*Anthophora* (*Heliophila*) *tibialis* Morawitz]; Wu, 1985a: 142 (*Heliophila tibialis* Mor.); Wu, 2000: 274, ♀, ♂, Plate V-11.

冠毛条蜂亚属 *Anthophora* / Subgenus *Lophanthophora* Brooks, 1988

Anthophora (*Lophanthophora*) Brooks, 1988: 464. **Type species:** *Anthophora porterae* Cockerell, 1900, by original designation.
其他文献（**Reference**）：Brooks, 1988; Michener, 1997, 2000, 2007; Wu, 2000.

（61）圆斑条蜂 *Anthophora* (*Lophanthophora*) *agama* Radoszkowski, 1869

Anthophora agama Radoszkowski, 1869: 101, ♀.
异名（**Synonym**）：
Anthophora kessleri Fedtschenko, 1875: 18, ♀.
分布（**Distribution**）：甘肃（GS）；欧洲
其他文献（**Reference**）：Brooks, 1988: 466 [*Anthophora* (*Lophanthophora*) *agama* Radoszkowski]; Wu, 2000: 212 [*Anthophora* (*Lophanthophora*) *agama* Radoszkowsky] (incorrect subsequent author spelling), ♀, ♂.

（62）腔条蜂 *Anthophora* (*Lophanthophora*) *atricilla* Eversmann, 1846

Anthophora atricilla Eversmann, 1846: 437, ♀.
异名（**Synonym**）：
Anthophora atricilla aegyptorum Priesner, 1957: 30, ♀, ♂.
分布（**Distribution**）：新疆（XJ）；中亚
其他文献（**Reference**）：Eversmann, 1852: 116 (*Anthophora atricilla* Eversmann), ♀, ♂ (new descr.); Baker, 1994: 1195 (synonym list of *A. cinerascens*); Brooks, 1988: 466 [*Anthophora* (*Lophanthophora*) *atricilla* Eversmann]; Wu, 2000: 212, ♀.

（63）双毛条蜂 *Anthophora* (*Lophanthophora*) *biciliata* Lepeletier, 1841

Anthophora biciliata Lepeletier, 1841: 83, ♀, ♂.
异名（**Synonym**）：
Anthophora liturata Lepeletier, 1841: 74, ♂.
Anthophora mucida Gribodo, 1873: 80, ♀.
Anthophora caucasica Radoszkowski, 1874: 190, ♀.
Anthidium morawitzi Alfken *et* Blüthgen, 1937: 102, ♀. (Homonym).
分布（**Distribution**）：新疆（XJ）；高加索地区；中亚、北非
其他文献（**Reference**）：Morawitz, 1879: 23 (*Anthophora caucasica* Radoszkowski, ♀, redescription); Dalla Torre, 1896: 258 [*Podalirius biciliatus* (Lep.)]; Cockerell, 1930b: 405 (*Anthidium caucascum* Radoszkowski); Brooks, 1988: 466 [*Anthophora* (*Lophanthophora*) *biciliata* Lepeletier]; Wu, 2000: 213, ♀, ♂.

（64）中亚条蜂 *Anthophora* (*Lophanthophora*) *freimuthi* Fedtschenko, 1875

Anthophora freimuthi Fedtschenko, 1875: 13, ♀.
异名（**Synonym**）：
Anthophora oschanini Fedtschenko, 1875: 15, ♂.
分布（**Distribution**）：新疆（XJ）；中亚
其他文献（**Reference**）：Brooks, 1988: 496 [*Anthophora freimuthi* Fedtschenko]; Wu, 2000: 208 [*Anthophora* (*Pyganthophora*) *freimuthi* Fedtschenko, 1875], ♀, ♂, Fig. 101.

蜜条蜂亚属 *Anthophora* / Subgenus *Melea* Sandhouse, 1905

Melea Sandhouse, 1943: 569, replacement for *Anthemoessa* Robertson, 1905. **Type species:** *Anthophora abrupta* Say, 1837, autobasic.
异名（**Synonym**）：
Anthemoessa Robertson, 1905: 372 (not Agassiz, 1847). **Type species:** *Anthophora abrupta* Say, 1837, by original designation.
其他文献（**Reference**）：Brooks, 1988; Michener, 1997, 2000, 2007; Wu, 2000.

（65）灰胸条蜂 *Anthophora* (*Melea*) *cinerithoracis* Wu, 1982

Anthophora cinerithoracis Wu, 1982b: 414, ♀. **Holotype:** ♀, China: Xizang, Gyirong; IZB.

分布（Distribution）：西藏（XZ）

其他文献（Reference）：Brooks, 1988: 478 [*Anthophora* (*Melea*) *cinerithoracis* Wu]; Wu, 2000: 238, ♀, Plate IV-6.

（66）红条蜂 *Anthophora* (*Melea*) *ferreola* Cockerell, 1931

Anthophora ferreola Cockerell, 1931c: 7-8, ♀, ♂.

分布（Distribution）：内蒙古（NM）、河北（HEB）、北京（BJ）、山东（SD）、青海（QH）、新疆（XJ）、江苏（JS）、湖北（HB）、四川（SC）

其他文献（Reference）：Brooks, 1988: 478 [*Anthophora* (*Melea*) *ferreola* Cockerell]; Wu, 1965: 62 [*Anthophora ferreola* Cockerell], ♀, ♂, Plate V-1-8; Wu, 2000: 238, ♀, ♂, Fig. 119.

（67）芒康条蜂 *Anthophora* (*Melea*) *mangkamensis* Wu, 1982

Anthophora mangkamensis Wu, 1982b: 415, ♀. **Holotype:** ♀, China: Xizang, Mangkam; IZB.

分布（Distribution）：云南（YN）、西藏（XZ）

其他文献（Reference）：Wu, 1984: 26, ♂ (new descr.); Brooks, 1988: 478 [*Anthophora* (*Melea*) *mangkamensis* Wu]; Wu, 1993: 1405 (*Anthophora mangkamensis* Wu, 1982); Wu, 2000: 240, ♀, ♂, Fig. 120.

（68）黑面条蜂 *Anthophora* (*Melea*) *nigrifrons* Cockerell, 1931

Anthophora nigrifrons Cockerell, 1931c: 7, ♀, ♂.

分布（Distribution）：江苏（JS）、浙江（ZJ）、湖北（HB）、福建（FJ）

其他文献（Reference）：Brooks, 1988: 478 [*Anthophora* (*Melea*) *nigrifrons* Cockerell]; Wu, 2000: 239, ♀, ♂.

（69）钝齿条蜂 *Anthophora* (*Melea*) *obtusispina* Wu, 1982

Anthophora obtusispina Wu, 1982b: 416, ♂. **Holotype:** ♂, China: Xizang, Zada; IZB (incorrect type sexation).

分布（Distribution）：四川（SC）、云南（YN）、西藏（XZ）

其他文献（Reference）：Brooks, 1988: 478 [*Anthophora* (*Melea*) *obtusispina* Wu]; Wu, 1993: 1404 (*Anthophora obtusispina* Wu); Wu, 2000: 242, ♂, Fig. 122.

（70）盗条蜂 *Anthophora* (*Melea*) *plagiata* (Illiger, 1806)

Megilla plagiata Illiger, 1806: 140, ♀.

异名（Synonym）：

Apis parietina Fabricius, 1793: 323. (Homonym).
Anthophora villosa Herrich-Schäffer, 1840: 73, ♂.
Anthophora parietina var. *fulvocinerea* Dours, 1869: 168, ♀, ♂.
Anthophora turanica Fedtschenko, 1875: 10, ♀.
Anthophora parietina var. *schenkii* Dalla Torre, 1877: 162.
Anthophora simplicipes Morawitz, 1880: 344, ♂.
Anthophora mlokosewitzi Radoszkowski, 1884b: 24-25, ♀.
Anthophora nigripes Morawitz, 1887: 205, ♀. (Homonym).
Podalirius simplicipes semiater Friese, 1897: 268, ♀.
Anthophora pulcherrima Bingham, 1897: 532-533, ♀, ♂.
Podalirius parietinus nigrescens Friese, 1897: 270, ♀.
Anthophora filchnerae Friese, 1908: 98, ♂.
Anthophora khambana Cockerell, 1910b: 415, ♀.
Anthophora khambana var. *atramentata* Cockerell, 1911i: 177, ♀.
Anthophora pilosella Friese, 1919: 278, ♀, ♂.
Anthophora semenovi Kuznetzov-Ugamsky, 1927: 329.
Anthophora parietina pamiricola Hedicke, 1930b: 853, ♀, ♂.
Anthophora khambana chodjana Hedicke, 1938: 195.
Anthophora parietina baltistanica Hedicke, 1940: 85.
Anthophora parietina ladakhana Hedicke, 1940: 86.
Anthophora pulcherrima himalayaensis Wu, 1982b: 413, ♀, ♂.

分布（Distribution）：吉林（JL）、内蒙古（NM）、河北（HEB）、北京（BJ）、甘肃（GS）、青海（QH）、新疆（XJ）、江苏（JS）、浙江（ZJ）、四川（SC）、云南（YN）、西藏（XZ）；中亚、欧洲

其他文献（Reference）：Brooks, 1988: 478 [*Anthophora* (*Melea*) *plagiata* (Illiger, 1806)]; Wu, 1982b: 413 (*Anthophora pulcherrima himalayaensis*, ♀, ♂, *Anthophora khambana* Cockerell, ♀, *Anthophora parietina schenkii* Dalla Torre); Wu, 1985a: 142 (*Anthophora parietina schenkii* D. T.; *Anthophora simplicipes semiater* Fr.); Wu, 1985a: 143 (*Anthophora turanica* Fedt.); Wu, 1993: 1405 (*Anthophora pulcherrima himalayaensis* Wu, 1982); Wu, 1996: 301 (*Anthophora turanica* Fedtschenko, 1875; *Anthophora plagiata* Ill., 1806); Wu, 2000: 241, ♀, ♂, Fig. 121, Plate V-8, 9.

鳞毛条蜂亚属 *Anthophora* / Subgenus *Mystacanthophora* Brooks, 1988

Anthophora (*Mystacanthophora*) Brooks, 1988: 466. **Type species:** *Anthophora montana* Cresson, 1869, by original designation.

其他文献（Reference）：Brooks, 1988; Michener, 1997, 2000, 2007; Wu, 2000.

（71）缘条蜂 *Anthophora* (*Mystacanthophora*) *borealis* Morawitz, 1865

Anthophora borealis Morawitz, 1865: 446, ♀, ♂.

分布（Distribution）：黑龙江（HL）、内蒙古（NM）、河北（HEB）、北京（BJ）、山西（SX）、甘肃（GS）、青海（QH）、新疆（XJ）；欧洲

其他文献（Reference）：Brooks, 1988: 468 [*Anthophora* (*Mystacanthophora*) *borealis* Morawitz]; Wu, 2000: 214 [*Anthophora* (*Mystacanthophora*) *borealis* Morawitz, 1864] (incorrect subsequent time), ♀, ♂.

（72）河北条蜂 *Anthophora* (*Mystacanthophora*) *hebeiensis* Wu, 2000

Anthophora (*Mystanthophora*) *hebeiense*_sic Wu, 2000: 215, ♀, ♂. **Holotype:** ♂, China: Ho-pe, Tapingti (Hebei); IZB.

分布（Distribution）：内蒙古（NM）、河北（HEB）

其他文献（Reference）：Ascher *et* Pickering, 2014.

（73）华山条蜂 *Anthophora* (*Mystacanthophora*) *huashanensis* Wu, 2000

Anthophora (*Mystanthophora*) *huashanense*_sic Wu, 2000: 216, ♂. **Holotype:** ♂, China: Shaanxi, Huashan; IZB.

分布（Distribution）：陕西（SN）

其他文献（Reference）：Ascher *et* Pickering, 2014.

（74）捷条蜂 *Anthophora* (*Mystacanthophora*) *badia* Wu, 2000

Anthophora (*Mystanthophora*) *badia*_sic Wu, 2000: 217, ♂. (Replacement for *Heliophila sichuanensis* Wu, 1993).

异名（Synonym）：

Heliophila sichuanensis Wu, 1993: 1406, ♂, Fig. 106.

分布（Distribution）：四川（SC）

其他文献（Reference）：Ascher *et* Pickering, 2014.

准条蜂亚属 *Anthophora* / Subgenus *Paramegilla* Friese, 1897

Podalirius (*Paramegilla*) Friese, 1897: 18, 24. **Type species:** *Apis ireos* Pallas, 1773, designated by Sandhouse, 1943: 584.

异名（Synonym）：

Solamegilla Marikovskaya, 1980: 650. **Type species:** *Anthophora prshewalskyi* Morawitz, 1880, by original designation.

其他文献（Reference）：Brooks, 1988; Michener, 1997, 2000, 2007; Wu, 2000.

（75）强条蜂 *Anthophora* (*Paramegilla*) *balneorum* Lepeletier, 1841

Anthophora balneorum Lepeletier, 1841: 81, ♀, ♂.

异名（Synonym）：

Anthophora obesa Giraud, 1863: 43, ♀, ♂.

Anthophora nigrovittata Dours, 1869: 98, ♀, ♂.

Anthophora balneorum var. *africana* Benoist, 1930: 120.

分布（Distribution）：北京（BJ）；意大利（包括西西里岛）、摩洛哥、西班牙、法国、德国

其他文献（Reference）：Dours, 1869 (*Anthophora nigrovittata* Dours); Brooks, 1988: 476 [*Anthophora* (*Paramegilla*) *balneorum* Lepeletier]; Wu, 2000: 236, ♀, ♂, Fig. 118.

（76）联齿条蜂 *Anthophora* (*Paramegilla*) *codentata* Wu, 2000

Anthophora (*Paramegilla*) *codentata* Wu, 2000: 233, ♂. **Holotype:** ♂, China: Gansu, Jiuquan; IZB.

分布（Distribution）：内蒙古（NM）、甘肃（GS）

其他文献（Reference）：Wu, 2000: 233, Fig. 116.

（77）沙漠条蜂 *Anthophora* (*Paramegilla*) *deserticola* Morawitz, 1872

Anthophora deserticola Morawitz, 1872b: 48, ♀, ♂.

分布（Distribution）：内蒙古（NM）、新疆（XJ）；蒙古国、哈萨克斯坦、以色列

其他文献（Reference）：Brooks, 1988: 476 [*Anthophora* (*Paramegilla*) *deserticola* Morawitz]; Wu, 1996: 301 (*Paramegilla deserticola* Morawitz, 1875); Wu, 2000: 230 [*Anthophora* (*Paramegilla*) *deserticola* Morawitz, 1873] (incorrect subsequent time), ♀, ♂, Fig. 113, Plate IV-11, 12.

（78）黄胸条蜂 *Anthophora* (*Paramegilla*) *dubia* Eversmann, 1852

Anthophora dubia Eversmann, 1852: 114, ♀, ♂.

异名（Synonym）：

Anthophora saussurei Fedtschenko, 1875: 30, ♂.

Anthophora semperi Fedtschenko, 1875: 41, ♀.

Anthophora albomaculata Radoszkowski, 1874: 190, ♀.

Anthophora carbonaria Morawitz, 1876: 154, ♀.

Anthophora faddei Radoszkowski, 1882: 75, ♀.

Anthophora semperi var. *cerberus* Friese, 1919: 280, ♀.

分布（Distribution）：黑龙江（HL）、内蒙古（NM）、陕西（SN）、甘肃（GS）、青海（QH）；蒙古国、吉尔吉斯斯坦、土库曼斯坦、哈萨克斯坦、阿塞拜疆、土耳其、希腊

其他文献（Reference）：Dalla Torre, 1896: 265 [*Podalirius dubius* (Ev.)]; Brooks, 1988: 476 [*Anthophora* (*Paramegilla*) *dubia* Eversmann]; Wu, 2000: 229, ♀, ♂, Fig. 112; Rasmussen *et* Ascher, 2008: 36.

（79）黄角条蜂 *Anthophora* (*Paramegilla*) *flavicornis* Morawitz, 1887

Anthophora flavicornis Morawitz, 1887: 210, ♀.

分布（Distribution）：新疆（XJ）、西藏（XZ）

其他文献（Reference）：Dalla Torre, 1896: 268 [*Podalirius dubius* (Mor.)]; Brooks, 1988: 476 [*Anthophora* (*Paramegilla*) *flavicornis* Morawitz]; Wu, 2000: 228 [*Anthophora* (*Paramegilla*) *flavicornis* Morawitz, 1886], ♀, Plate IV-7.

（80）黄足条蜂 *Anthophora* (*Paramegilla*) *fulvipes* Eversmann, 1846

Anthophora fulvipes Eversmann, 1846: 438, ♂.

分布（Distribution）：河北（HEB）、甘肃（GS）、青海（QH）、新疆（XJ）；意大利、乌克兰、土耳其、俄罗斯

其他文献（Reference）：Dalla Torre, 1896: 269 [*Podalirius fulvipes* (Ev.)]; Eversmann, 1852: 115 [*Anthophora fulvipes* Eversmann], ♀ (new descr.), ♂; Brooks, 1988: 476 [*Anthophora* (*Paramegilla*) *fulvipes* Eversmann]; Wu, 2000: 228, ♀, ♂.

（81）叉胫条蜂 *Anthophora* (*Paramegilla*) *furcotibialis* Wu, 1985

Anthophora furcotibialis Wu, 1985b: 418, ♂. **Holotype:** ♂, China: Sichuan, Xiangcheng; IZB.

分布（Distribution）：四川（SC）、西藏（XZ）

其他文献（Reference）：Brooks, 1988: 476 [*Anthophora* (*Paramegilla*) *furcotibialis* Wu]; Wu, 1993: 1405 (*Anthophora furcotibialis* Wu, 1985); Wu, 2000: 232, ♂, Fig. 115, Plate V-2.

（82）薄足条蜂 *Anthophora* (*Paramegilla*) *gracilipes* Morawitz, 1872

Anthophora gracilipes Morawitz, 1872b: 46, ♀, ♂.

分布（Distribution）：新疆（XJ）；土耳其、土库曼斯坦、乌兹别克斯坦、蒙古国、高加索地区

其他文献（Reference）：Dalla Torre, 1896: 271 [*Podalirius gracilipes* (Mor.)]; Brooks, 1988: 476 [*Anthophora* (*Paramegilla*) *gracilipes* Morawitz]; Wu, 2000: 231 [*Anthophora* (*Paramegilla*) *gracilipes* Morawitz, 1873] (incorrect subsequent time), ♂, Fig. 114, Plate V-1, 2.

（83）蒙古条蜂 *Anthophora* (*Paramegilla*) *mongolica* Morawitz, 1890

Anthophora mongolica Morawitz, 1890: 354, ♂.

分布（Distribution）：内蒙古（NM）、甘肃（GS）；蒙古国

其他文献（Reference）：Dalla Torre, 1896: 277 [*Podalirius mongolicus* (Mor.)]; Brooks, 1988: 496 [*Anthophora mongolica* Morawitz]; Wu, 2000: 235, ♀, ♂, Plate V-10.

（84）肿胫条蜂 *Anthophora* (*Paramegilla*) *podagra* Lepeletier, 1841

Anthophora podagra Lepeletier, 1841: 44, ♂.

异名（Synonym）：

Anthophora rufa Lepeletier, 1841: 48-49, ♀.

Anthophora segnis Eversmann, 1852: 113, ♀, ♂.

Anthophora cinerea Eversmann, 1852: 112, ♂.

Anthophora tomentosa Mocsáry, 1878: 17, ♀, ♂.

Anthophora taurica Friese, 1922: 59-60, ♂.

分布（Distribution）：甘肃（GS）、新疆（XJ）；摩洛哥、西班牙、法国、德国、意大利、匈牙利、土耳其、伊朗

其他文献（Reference）：Dalla Torre, 1896: 282 [*Podalirius podagrus* (Lep.)]; Brooks, 1988: 476 [*Anthophora* (*Paramegilla*) *podagra* Lepeletier]; Baker, 1994: 1194 [*Paramegilla podagra* (Lep., 1841)]; Wu, 2000: 227, ♀, ♂, Fig. 111; Schwarz *et* Gusenleitner, 2001: 73 (*A. podagra* Lepeletier); Rasmussen *et* Ascher, 2008: 102.

（85）黑距条蜂 *Anthophora* (*Paramegilla*) *prshewalskii* Morawitz, 1880

Anthophora prshewalskii Morawitz, 1880: 348, ♀.

异名（Synonym）：

Anthophora pilosa Morawitz, 1880: 351, ♂.

分布（Distribution）：新疆（XJ）、四川（SC）；土耳其

其他文献（Reference）：Dalla Torre, 1896: 282 [*Podalirius prshewalskii* (Mor.)]; Brooks, 1988: 476 [*Anthophora* (*Paramegilla*) *prshewalskii* Morawitz]; Wu, 2000: 227 [*Anthophora* (*Paramegilla*) *przewalskyi* Morawitz, 1880] (incorrect subsequent spelling), ♀, ♂.

（86）青海条蜂 *Anthophora* (*Paramegilla*) *qinghaiensis* Wu, 2000

Anthophora (*Paramegilla*) *qinghaiense*_sic Wu, 2000: 234, ♀, ♂. **Holotype:** ♂, China: Qinghai, Guide; IZB.

分布（Distribution）：青海（QH）

其他文献（Reference）：Ascher *et* Pickering, 2014.

齿足条蜂亚属 *Anthophora* / Subgenus *Petalosternon* Brooks, 1988

Anthophora (*Petalosternon*) Brooks, 1988: 484. **Type species:** *Anthophora rivolleti* Pérez, 1895, by original designation.

其他文献（Reference）：Brooks, 1988; Michener, 1997, 2000, 2007; Wu, 2000; Huang *et al.*, 2008.

（87）铜腹条蜂 *Anthophora* (*Petalosternon*) *aeneiventris* Hedicke, 1930

Anthophora aeneiventris Hedicke, 1930b: 850, ♀.

分布（Distribution）：内蒙古（NM）、北京（BJ）、甘肃（GS）、新疆（XJ）；蒙古国、哈萨克斯坦、俄罗斯

其他文献（Reference）：Ponamareva, 1966: 86 (*Anthophora aeneiventris* Hedicke), ♂; Brooks, 1988: 486 [*Anthophora* (*Petalosternon*) *aeneiventris* Hedicke]; Wu, 2000: 259 [*Anthophora* (*Petalosternon*) *aeneiventris* Hedicke, 1931] (incorrect subsequent time), ♀, ♂, Fig. 134; Huang *et al.*, 2008: 397 [*A.* (*P.*) *aeneiventris* Hedicke], ♂ (key).

（88）白颜条蜂 *Anthophora* (*Petalosternon*) *albifascies* Alfken, 1936

Anthophora albifascies Alfken, 1936: 18, ♀, ♂.

分布（Distribution）：内蒙古（NM）

其他文献（Reference）：Brooks, 1988: 486 [*Anthophora* (*Petalosternon*) *albifascies* Alfken]; Wu, 2000: 258, ♀, ♂; Huang *et al.*, 2008: 396, ♂ (key).

（89）无戎条蜂 *Anthophora* (*Petalosternon*) *anoplura* Wu, 2000

Anthophora (*Petalosternon*) *anoplura* Wu, 2000: 261, ♂. **Holotype:** ♂, China: Xinjiang, Artux; IZB.

分布（Distribution）：新疆（XJ）

其他文献（Reference）：Huang *et al.*, 2008: 397, ♂ (key).

（90）汉森条蜂 *Anthophora* (*Petalosternon*) *hanseni* Morawitz, 1883

Anthophora hanseni Morawitz, 1883a: 35, ♂.

分布（Distribution）：北京（BJ）、甘肃（GS）、青海（QH）；俄罗斯（西伯利亚）

其他文献（Reference）：Dalla Torre, 1896: 271 [*Podalirius hansenii* (Mor.)] (incorrect subsequent spelling); Brooks, 1988: 486 [*Anthophora* (*Petalosternon*) *hanseni* Morawitz]; Wu, 2000: 258 [*Anthophora* (*Petalosternon*) *hansenii* Morawitz, 1883] (incorrect subsequent spelling), ♂, Fig. 133, Plate V-12, 13; Huang *et al.*, 2008: 397, ♂ (key).

（91）纳赤台条蜂 *Anthophora* (*Petalosternon*) *nachitaiensis* Huang, Zhu *et* Wu, 2008

Anthophora (*Petalosternon*) *nachitaiensis* Huang, Zhu *et* Wu, 2008: 395, ♂. **Holotype:** China: Qinghai, Nachitai; IZB.

分布（Distribution）：青海（QH）

其他文献（Reference）：Huang *et al.*, 2008: 395, Figs. 1-8.

臀条蜂亚属 *Anthophora* / Subgenus *Pyganthophora* Brooks, 1988

Anthophora (*Pyganthophora*) Brooks, 1988: 460. **Type species:** *Apis retusa* Linnaeus, 1758, by original designation.

其他文献（Reference）：Brooks, 1988; Michener, 1997, 2000, 2007; Wu, 2000.

（92）白胫条蜂 *Anthophora* (*Pyganthophora*) *albotibialis* Wu, 2000

Anthophora (*Pyganthophora*) *albotibialis* Wu, 2000: 207, ♀. **Holotype:** ♀, China: Qinghai, Gonghe; IZB.

分布（Distribution）：内蒙古（NM）、青海（QH）

其他文献（Reference）：Wu, 2000: 207, Fig. 100.

（93）阿尔泰条蜂 *Anthophora* (*Pyganthophora*) *altaica* Radoszkowski, 1882

Anthophora altaica Radoszkowski, 1882: 76, ♀.

异名（Synonym）：

Megilla tersa Erichson, 1849: 306, ♀.

分布（Distribution）：内蒙古（NM）、甘肃（GS）；中亚

其他文献（Reference）：Dalla Torre, 1896: 256 [*Podalirius altaicus* (Rad.)]; Brooks, 1988: 462 [*Anthophora* (*Pyganthophora*) *altaica* Radoszkowsky]; Wu, 2000: 209, ♀, ♂, Plate IV-4, 5.

（94）黑白条蜂 *Anthophora* (*Pyganthophora*) *erschowi* Fedtschenko, 1875

Anthophora erschowi Fedtschenko, 1875: 39, ♀.

分布（Distribution）：内蒙古（NM）、河北（HEB）、北京（BJ）、山东（SD）、新疆（XJ）；阿富汗、以色列、西班牙、摩洛哥

其他文献（Reference）：Dalla Torre, 1896: 266 [*Podalirius erschowii* (Fedtsch.)] (incorrect subsequent spelling); Brooks, 1988: 462 [*Anthophora* (*Pyganthophora*) *erschowi* Fedtschenko]; Wu, 2000: 204, ♀, ♂, Fig. 98, Plate IV-3.

（95）弗尼条蜂 *Anthophora* (*Pyganthophora*) *finitima* Morawitz, 1894

Anthophora finitima Morawitz, 1894: 19, ♀.

分布（Distribution）：吉林（JL）、内蒙古（NM）、河北（HEB）、北京（BJ）、山西（SX）、甘肃（GS）、青海（QH）；中亚

其他文献（Reference）：Dalla Torre, 1896: 268 [*Podalirius finitimus* (Mor.)]; Brooks, 1988: 464 [*Anthophora* (*Pyganthophora*) *finitima* Morawitz]; Wu, 2000: 206, ♀, ♂, Fig. 99.

（96）足条蜂 *Anthophora* (*Pyganthophora*) *pedata* Eversmann, 1852

Anthophora pedata Eversmann, 1852: 116, ♀.

分布（Distribution）：甘肃（GS）；中亚

其他文献（Reference）：Dalla Torre, 1896: 281 [*Podalirius pedatus* (Ev.)]; Fedtschenko, 1875: 11 (*Anthophora pedata* Eversmann), ♀, ♂; Brooks, 1988: 462 [*Anthophora* (*Pyganthophora*) *pedata* Eversmann]; Wu, 2000: 205, ♀, ♂.

（97）粗条蜂 *Anthophora* (*Pyganthophora*) *retusa* (Linnaeus, 1758)

Apis retusa Linnaeus, 1758: 575.

异名（Synonym）：

Apis aestivalis Panzer, 1801: 81.

Apis haworthana Kirby, 1802: 307, ♂.

Anthophora intermedia Lepeletier, 1841: 64, ♀, ♂.

Megilla monacha Erichson, 1849: 306, ♀.

Anthophora ruthenica Morawitz, 1870b: 305, ♀, ♂.

Anthophora retusa var. *meridionalis* Pérez, 1879: 137.

Anthophora retusiformis Cockerell, 1911b: 262, ♂.

Anthophora retusa var. *fasciata* Alfken, 1913: 116.

Anthophora aestivalis baicalensis Hedicke, 1929: 70, ♂. (**Holotype:** ♂, Turan).

Anthophora retusa seminigra Benoist, 1930: 120.

Anthophora aestivalis alaica Hedicke, 1931: 863.

Anthophora monacha tschelcarica Ponomareva, 1966: 162.

Anthophora (*Pyganthophora*) *rudolphae* Romankova, 2003: 3, ♀, ♂.

分布（Distribution）：新疆（XJ）；中亚、欧洲、非洲

其他文献（Reference）：Dalla Torre, 1896: 285 [*Podalirius retusus* (L.)]; Brooks, 1988: 462 [*Anthophora* (*Pyganthophora*) *retusa* (Linnaeus, 1758)]; Wu, 1985a: 142 (*Anthophora retusa meridionalis* Per.); Wu, 1996: 300 (*Anthophora retusa meridionalis* Pérez, 1875); Wu, 2000: 202, ♀, ♂, Fig. 97; Romankova, 2003: 3, ♀, ♂ (descrption of *A. rudolphae*, Figs. 1-7); Proshchalykin *et* Lelej, 2013: 324 (*Anthophora aestivalis baicalensis* Hedicke, 1929).

（98）茜条蜂 *Anthophora* (*Pyganthophora*) *rubricrus* Dours, 1869

Anthophora rubricrus Dours, 1869: 171, ♀, ♂.

分布（Distribution）：甘肃（GS）；希腊

其他文献（Reference）：Brooks, 1988: 464 [*Anthophora* (*Pyganthophora*) *rubricus* Dours] (incorrect subsequent spelling); Wu, 2000: 205 [*Anthophora* (*Pyganthophora*) *rubricus* Dours, 1869] (incorrect subsequent spelling), ♀, ♂.

鼻条蜂亚属 *Anthophora* / Subgenus *Rhinomegilla* Brooks, 1988

Anthophora (*Rhinomegilla*) Brooks, 1988: 482. **Type species:** *Anthophora megarrhina* Cockerell, 1910b, by original designation.
其他文献（Reference）：Brooks, 1988; Michener, 1997, 2000, 2007; Wu, 2000.

（99）大条蜂 *Anthophora* (*Rhinomegilla*) *megarrhina* Cockerell, 1910

Anthophora megarrhina Cockerell, 1910b: 413, ♀, ♂.
异名（Synonym）：
Anthophora megarrhina soluta Cockerell, 1910b: 414, ♀, ♂.
分布（Distribution）：四川（SC）；印度
其他文献（Reference）：Brooks, 1988: 484 [*Anthophora* (*Rhinomegilla*) *megarrhina* Cockerell]; Wu, 2000: 252 [*Anthophora* (*Rhinomegilla*) *megarrhina soluta* Cockerell], ♀, ♂, Fig. 128.

（100）小鼻条蜂 *Anthophora* (*Rhinomegilla*) *microrhina* Wu, 2000

Anthophora (*Rhinomegilla*) *microrhina* Wu, 2000: 256, ♂. **Holotype:** ♂, China: Xizang, Zanda, Qusum; IZB.
分布（Distribution）：西藏（XZ）
其他文献（Reference）：Wu, 2000: 256, Fig. 132.

（101）褐胸条蜂 *Anthophora* (*Rhinomegilla*) *orophila* Cockerell, 1910

Anthophora orophila Cockerell, 1910b: 415, ♀.
异名（Synonym）：
Anthophora pseudorophila Wu, 1982b: 414, ♀.
分布（Distribution）：西藏（XZ）；印度
其他文献（Reference）：Brooks, 1988: 484 [*Anthophora* (*Rhinomegilla*) *orophila* Cockerell]; Wu, 1982b: 414, ♀, ♂ (*Anthophora orophila* Ckll., new description of ♂, Fig. 37: a-d); Wu, 1986a: 210 [*Anthomegilla orophila* (Cockerell)], ♂ (key), 211, ♀ (key); Wu, 2000: 254, ♀, ♂, Fig. 130, Plate V-3, 7.

（102）四川条蜂 *Anthophora* (*Rhinomegilla*) *sichuanensis* (Wu, 1986)

Anthomegilla sichuanensis Wu, 1986a: 210, ♂. **Holotype:** ♂, China: Sichuan, Xiangcheng; IZB.
分布（Distribution）：四川（SC）
其他文献（Reference）：Brooks, 1988: 484 [*Anthophora* (*Rhinomegilla*) *sichuanensis* (Wu)]; Wu, 1993: 1406 (*Anthomegilla sichuanensis* Wu, 1986); Wu, 2000: 255, ♂, Fig. 131.

（103）刺跗条蜂 *Anthophora* (*Rhinomegilla*) *spinitarsis* Wu, 1982

Anthophora spinitarsis Wu, 1982b: 415, ♀, ♂. **Holotype:** ♀, China: Xizang, Xigaze; IZB.
分布（Distribution）：四川（SC）、西藏（XZ）
其他文献（Reference）：Brooks, 1988: 484 [*Anthophora* (*Rhinomegilla*) *spinitarsis* Wu]; Wu, 2000: 253, ♂, Fig. 129.

未归亚属种类 *Anthophora* / None or Uncertain

（104）狐红条蜂 *Anthophora abjuncta* Cockerell, 1922

Anthophora abjuncta Cockerell, 1922a: 7, ♀.
分布（Distribution）：四川（SC）
其他文献（Reference）：Brooks, 1988: 496 [*Anthophora abjuncta* Cockerell]; Wu, 2000: 277, ♀.

（105）尖唇条蜂 *Anthophora acutilabris* Morawitz, 1880

Anthophora acutilabris Morawitz, 1880: 346, ♂.
分布（Distribution）：内蒙古（NM）、新疆（XJ）；中亚
其他文献（Reference）：Brooks, 1988: 496 [*Anthophora acutilabris* Morawitz]; Wu, 1985a: 142 (*Anthophora acutilabris* Mor.); Wu, 1996: 300 [*Anthophora acutilabrus* Morawitz, 1880] (incorrect subsequent spelling); Wu, 2000: 210 [*Anthophora* (*Pyganthophora*) *acutilabris* Morawitz, 1880], ♀, ♂, Plate IV-9.

（106）角条蜂 *Anthophora antennata* Wu, 1988

*Anthophora antennalis*_sic Wu, 1988d: 210, ♂. **Holotype:** ♂, China: Xinjiang, Yanqi; IZB.
分布（Distribution）：新疆（XJ）
其他文献（Reference）：Wu, 2000: 265-267 [*Anthophora* (*Dasymegilla*) *antennalis*_sic Wu, 1988], ♂, Fig. 138.

（107）棒跗条蜂 *Anthophora clavitarsa* Wu, 1990

Anthophora clavitarsa Wu, 1990: 247, ♂. **Holotype:** ♂, China: Inner Mongolia, Alxa Right B, Alxa; IZB.
分布（Distribution）：内蒙古（NM）
其他文献（Reference）：Wu, 2000: 260-261 [*Anthophora* (*Petalosternon*) *clavitarsis* Wu, 1990] (incorrect subsequent spelling) ♂, Fig. 135; Huang *et al.*, 2008: 397 [*Anthophora* (*Petalosternon*) *clavitarsis* Wu, 1990] (incorrect subsequent spelling), ♂ (key).

（108）转条蜂 *Anthophora eversa* Cockerell, 1911

Anthophora eversa Cockerell, 1911b: 260, ♀.
分布（Distribution）：甘肃（GS）
其他文献（Reference）：Brooks, 1988: 496 (*Anthophora eversa* Cockerell); Wu, 2000: 276, ♀.

（109）花园条蜂 *Anthophora hortensis* Morawitz, 1887

Anthophora hortensis Morawitz, 1887: 209, ♂.

分布（Distribution）：西藏（XZ）

其他文献（Reference）：Wu, 2000: 277 [*Anthophora hortensis* Morawitz, 1886] (incorrect subsequent time), ♂.

（110）罗条蜂 *Anthophora loczyi* Mocsáry, 1892

Anthophora loczyi Mocsáry, 1892: 130, ♀.

分布（Distribution）：西藏（XZ）

其他文献（Reference）：Dalla Torre, 1896: 275 [*Podalirius loczyi* (Mocs.)]; Brooks, 1988: 496 [*Anthophora loczyi* Morawitz] (incorrect subsequent author); Wu, 2000: 276, ♂.

（111）白毛条蜂 *Anthophora robbi* Cockerell, 1911

Anthophora robbi Cockerell, 1911b: 262, ♀.

分布（Distribution）：北京（BJ）

其他文献（Reference）：Brooks, 1988: 496 [*Anthophora robbi* Cockerell]; Wu, 2000: 277, ♀.

3. 长足条蜂属 *Elaphropoda* Lieftinck, 1966

Elaphropoda Lieftinck, 1966: 148. **Type species:** *Habropoda impatiens* Lieftinck, 1944, by original designation.

其他文献（Reference）：Lieftinck, 1966; Brooks, 1988; Michener, 1997, 2000, 2007; Wu, 1979, 1991, 2000.

（112）玛长足条蜂 *Elaphropoda magrettii* (Bingham, 1897)

Habropoda magrettii Bingham, 1897: 523, ♂.

异名（Synonym）：

Habropoda fletcheri Cockerell, 1920c: 201, ♂.

Elaphropoda yunnanensis He *et* Wu, 1990: 218, ♀.

分布（Distribution）：四川（SC）、云南（YN）、福建（FJ）；印度（北部）、尼泊尔

其他文献（Reference）：Lieftinck, 1966: 151, ♂; Brooks, 1988: 567; Wu, 1991: 218 (list), 220, ♀ (key), 221, ♂ (key); Wu, 1993: 1408 (*Elaphropoda magrettii* Bingham, 1897; *Elaphropoda yunnanensis* He *et* Wu); Wu, 2000: 340, ♀, ♂.

（113）黑跗长足条蜂 *Elaphropoda nigrotarsa* Wu, 1979

Elaphropoda nigrotarsa Wu, 1979: 347, ♀, ♂. **Holotype:** ♀, China: Beijing, Shangfangshan; IZB.

分布（Distribution）：北京（BJ）、浙江（ZJ）、福建（FJ）

其他文献（Reference）：Brooks, 1988: 569; Wu, 1991: 218 (list), 220, ♀ (key), 221, ♂ (key); Wu, 2000: 342, ♀, ♂, Fig. 191, Plate VII-10, 11.

（114）蜜色长足条蜂 *Elaphropoda nuda* (Radoszkowski, 1882)

Anthophora nuda Radoszkowski, 1882: 76, ♀.

异名（Synonym）：

Habropoda moelleri Bingham, 1897: 523, ♂.

分布（Distribution）：福建（FJ）；尼泊尔、印度

其他文献（Reference）：Brooks, 1988: 569 [*Elaphropoda nuda* (Radoszkowsky)] (incorrect subsequent spelling for author); Wu, 1991: 218 (list), 221 [*E. nuda* (Radoszkowsky)] (incorrect subsequent spelling for author), ♀ (key); Wu, 2000: 344, ♀, ♂.

（115）粗腿长足条蜂 *Elaphropoda percarinata* (Cockerell, 1930)

Habropoda percarinata Cockerell, 1930c: 51, ♂. **Holotype:** ♂, China: Fujian, Foochow; BML.

分布（Distribution）：湖南（HN）、西藏（XZ）、福建（FJ）、台湾（TW）、广西（GX）；越南

其他文献（Reference）：Lieftinck, 1966: 157, ♀, ♂; Brooks, 1988: 570; Wu, 1991: 218 (list), 220, ♀ (key), 221, ♂ (key); Wu, 2000: 344, ♀, ♂, Fig. 193; Wu, 2004: 122 (*Elaphropoda percarinata* Cockerell, 1930).

（116）丽长足条蜂 *Elaphropoda pulcherrima* Wu, 1985

Elaphropoda pulcherrima Wu, 1985c: 377, ♀. **Holotype:** ♀, China: Sichuan, Mt. Emei; IZB.

分布（Distribution）：四川（SC）

其他文献（Reference）：Brooks, 1988: 571; Wu, 1991: 218 (list), 220, ♀ (key); Wu, 2000: 339, ♀, Fig. 189, Plate VII-9.

（117）台湾长足条蜂 *Elaphropoda taiwanica* Wu, 2000

Elaphropoda taiwanica Wu, 2000: 341, ♀. **Holotype:** ♀, China: Taiwan, Taibei; USMW.

分布（Distribution）：台湾（TW）

其他文献（Reference）：Wu, 2000: 341, Fig. 190, Plate VII-12.

（118）天目山长足条蜂 *Elaphropoda tienmushanensis* Wu, 1979

Elaphropoda tienmushanensis Wu, 1979: 346, ♀, ♂. **Holotype:** ♀, China: Zhejiang, Tianmu Shan; IZB.

分布（Distribution）：浙江（ZJ）、西藏（XZ）、福建（FJ）、广西（GX）

其他文献（Reference）：Brooks, 1988: 574; Wu, 1988c: 550 (*Elaphropoda tienmushanensis* Wu); Wu, 1991: 218 (list), 220, ♀ (key), 221, ♂ (key); Wu, 2000: 343, ♀, ♂, Fig. 192, Plate VII-7, 8.

4. 细条蜂属 *Habrophorula* Lieftinck, 1974

Habrophorula Lieftinck, 1974: 217. **Type species:** *Habropoda nubilipennis* Cockerell, 1930, by original designation.

其他文献（Reference）：Lieftinck, 1974; Michener, 1997, 2000, 2007; Wu, 1979, 1991, 2000.

（119）锈足细条蜂 *Habrophorula ferruginipes* Wu, 1991

Habrophorula ferruginipes Wu, 1991: 224, ♂. **Holotype:** ♂, China: Guangxi, Longzhou, Daqingshan; IZB.

分布（Distribution）：广西（GX）

其他文献（Reference）：Wu, 2000: 334, ♂, Fig. 185.

（120）黑足细条蜂 *Habrophorula nigripes* Wu, 1991

Habrophorula nigripes Wu, 1991: 223, ♀, ♂. **Holotype:** ♂, China: Guizhou, Leishan, Leigongshan; IZB.

分布（Distribution）：贵州（GZ）

其他文献（Reference）：Wu, 2000: 335, ♀, ♂, Fig. 186, Plate VIII-9.

（121）云足细条蜂 *Habrophorula nubilipennis* (Cockerell, 1930)

Habropoda nubilipennis Cockerell, 1930c: 52, ♀. **Holotype:** ♀, China: Foochow, Kellogg; BML.

分布（Distribution）：湖南（HN）、福建（FJ）

其他文献（Reference）：Lieftinck, 1974: 218 [*Habrophorula nubilipennis* (Cockerell)], ♀, ♂; Brooks, 1988: 569; Wu, 1991: 218 (list), 221, ♂ (key); Wu, 2000: 333, ♀, ♂, Fig. 184.

（122）锈唇细条蜂 *Habrophorula rubigolabralis* Wu, 2000

Habrophorula rubigolabralis Wu, 2000: 336, ♀. **Holotype:** ♀, China: Jiangxi, Kuling; IZB.

分布（Distribution）：江西（JX）

其他文献（Reference）：Wu, 2000: 336, Fig. 187.

5. 回条蜂属 *Habropoda* Smith, 1854

Habrophora Smith, 1854: 318 (not Erichson, 1846). **Type species:** *Habrophora ezonata* Smith, 1854 = *Tetralonia tarsata* Spinola, 1838, inversed autobasic, because of type designation for replacement name, *Habropoda*, by Patton, 1879: 477.

Habropoda Smith, 1854: 320, replacement for *Habrophora* Smith, 1854. **Type species:** *Habrophora ezonata* Smith, 1854 = *Tetralonia tarsata* Spinola, 1838, by designation of Patton, 1879: 477.

Emphoropsis Ashmead, 1899: 60, no included species; Cockerell *et* Cockerell, 1901: 48, included species. **Type species:** *Anthophora floridana* Smith, 1854 = *Bombus laboriosus* Fabricius, 1804, by designation of Cockerell *et* Cockerell, 1901: 48.

Meliturgopsis Ashmead, 1899: 62, no included species; Cockerell, 1909: 414, included a species while synonymizing *Meliturgopsis* under *Emphoropsis*. **Type species:** *Emphoropsis murihirta murina* Cockerell, 1909, first included species, monobasic. [For a subsequent designation, see Michener 1997].

Psithyrus (*Laboriopsithyrus*) Frison, 1927: 69. **Type species:** *Bombus laboriosus* Fabricius, 1804, by original designation. [The specific name was misapplied by Frison and others, who considered it to be a species of *Psithyrus*, a subgenus of *Bombus*.]

其他文献（Reference）：Iuga, 1958; Lieftinck, 1966, 1974; Michener, 1997, 2000, 2007; Wu, 1991, 2000.

（123）颊回条蜂 *Habropoda bucconis* (Friese, 1911)

Anthophora bucconis Friese, 1911a: 127, ♀, ♂. **Lectotype:** ♂, China: Taiwan; designated by Lieftinck (1974: 201); MNB.

分布（Distribution）：台湾（TW）

其他文献（Reference）：Lieftinck, 1974: 201 [*Habropoda bucconis* (Friese)], ♀, ♂, Fig. 46-49; Brooks, 1988: 561; Wu, 1991: 216 [*Habropoda bucconis* Friese, 1911] (list), 220 (key), ♂; Wu, 2000: 316, ♀, ♂, Fig. 166; Dubitzky, 2007: 44, ♀, ♂, Figs. 2A, 2B, 4A, 4B, 5B; Rasmussen *et* Ascher, 2008: 34.

（124）拟颊回条蜂 *Habropoda bucconoides* Wu, 1991

Habropoda bucconoides Wu, 1991: 222, ♂. **Holotype:** ♂, China: Sichuan, Wenchuan; AMNH.

分布（Distribution）：四川（SC）

其他文献（Reference）：Wu, 2000: 317, ♂, Fig. 167.

（125）柯氏回条蜂 *Habropoda christineae* Dubitzky, 2007

Habropoda christineae Dubitzky, 2007: 47, ♀, ♂. **Holotype:** ♂, China: Taiwan; CHUT.

分布（Distribution）：台湾（TW）

其他文献（Reference）：Ascher *et* Pickering, 2014.

（126）宽头回条蜂 *Habropoda eurycephala* Wu, 1991

Habropoda eurycephala Wu, 1991: 222, ♀. **Holotype:** ♀, China: Guangdong, Guangzhou, Dinghushan; IZB.

分布（Distribution）：广东（GD）

其他文献（Reference）：Wu, 2000: 318, ♀, Fig. 168.

（127）海南回条蜂 *Habropoda hainanensis* Wu, 1991

Habropoda hainanensis Wu, 1991: 221, ♀. **Holotype:** ♀, China: Hainan, Jianfengling; IZB.

分布（Distribution）：海南（HI）

其他文献（Reference）：Wu, 2000: 319, ♀, Fig. 169.

（128）模仿回条蜂 *Habropoda imitatrix* Lieftinck, 1974

Habropoda imitatrix Lieftinck, 1974: 203, ♀, ♂. **Holotype:** ♂, China: Fukien, Shaowu; ML.

异名（Synonym）：

Habropoda zhejiangensis Wu, 1983b: 91, ♂. Synonymied by Brooks (1988: 566).

分布（Distribution）：云南（YN）、福建（FJ）

其他文献（Reference）：Brooks, 1988: 566; Wu, 1991: 216 (list), 220 (key), ♂; Wu, 2000: 319, ♂, Fig. 170 (incorrect subsequent spelling as *H. imitarix*).

（129）墨脱回条蜂 *Habropoda medogensis* Wu, 1988

Habropoda medogensis Wu, 1988c: 549, ♂. **Holotype:** ♂, China: Xizang, Medog; IZB.

分布（Distribution）：西藏（XZ）

其他文献（Reference）：Wu, 1991: 216 (list), 220, ♂(key); Wu, 2000: 320, ♂, Fig. 171.

（130）花回条蜂 *Habropoda mimetica* Cockerell, 1927

Habropoda mimetica Cockerell, 1927: 15, ♀.

分布（Distribution）：江西（JX）、四川（SC）、贵州（GZ）、云南（YN）、福建（FJ）、广西（GX）

其他文献（Reference）：Lieftinck, 1966: 146 (*H. mimetica* Cockerell, 1927); Lieftinck, 1974: 183 (*Habropoda mimetica* Cockerell), ♀, ♂, Figs. 4-7, 15-16; Brooks, 1988: 568; Wu, 1991: 216 (list), 219, ♀ (key) ♂ (key); Wu, 1993: 1407; Wu, 2000: 321, ♀, ♂, Fig. 172, Plate VII-4, 5.

（131）峨眉回条蜂 *Habropoda omeiensis* Wu, 1979

Habropoda omeiensis Wu, 1979: 345, ♀, ♂. **Holotype:** ♀, China: Sichuan, Mt. Omei; IZB.

分布（Distribution）：陕西（SN）、江苏（JS）、湖南（HN）、湖北（HB）、四川（SC）、西藏（XZ）

其他文献（Reference）：Brooks, 1988: 569; Wu, 1988c: 550 (*Habropoda omeiensis* Wu); Wu, 1991: 216 (list), 219, ♀ (key), ♂ (key); Wu, 1993: 1407; Wu, 1997: 1679, ♀, ♂; Wu, 2000: 322, ♀, ♂, Fig. 173, Plate VII-3, 6.

（132）北京回条蜂 *Habropoda pekinensis* Cockerell, 1911

Habropoda pekinensis Cockerell, 1911a: 642, ♀, ♂. **Holotype:** ♂, China: Peking; NMNH.

异名（Synonym）：

Habropoda alashanica Gussakovsky, 1935: 735, ♂.

分布（Distribution）：天津（TJ）、北京（BJ）、山东（SD）、甘肃（GS）、福建（FJ）

其他文献（Reference）：Cockerell, 1930a: 84 (*Habropoda pekinensis* Cockerell); Lieftinck, 1966: 144; Lieftinck, 1974: 179 (*Habropoda pekinensis* Cockerell); Brooks, 1988: 570; Wu, 1991: 217 (list), 219, ♀ (key), ♂ (key); Wu, 2000: 323, ♀, ♂, Fig. 174, Plate VII-1; Schwarz *et* Gusenleitner, 2001: 85.

（133）黄斑回条蜂 *Habropoda radoszkowskii* (Dalla Torre, 1896)

Podalirius radoszkowskii Dalla Torre, 1896: 285 (replacement for *Habropoda montana* Radoszkowski, 1882).

异名（Synonym）：

Habropoda montana Radoszkowski, 1882: 77, ♀, ♂. (Homonym).

分布（Distribution）：浙江（ZJ）、云南（YN）、西藏（XZ）；尼泊尔、印度

其他文献（Reference）：Lieftinck, 1966: 144 (*H. Radoszkowskii* Dalla Torre, 1896); Lieftinck, 1974: 205 [*Habropoda radoszkowskii* (Dalla Torre)], ♀, ♂, Fig. 56-62; Brooks, 1988: 571; Wu, 1988c: 550 (*Habropoda radoszkowski* Bingham), (incorrect subsequent spelling); Wu, 1991: 217 (list), 219, ♀ (key), 220, ♂, (key); Wu, 2000: 324, ♀, ♂, Fig. 175.

（134）红足回条蜂 *Habropoda rufipes* Wu, 1983

Habropoda rufipes Wu, 1983b: 91, ♀. **Holotype:** ♀, China: Beijing, Shangfangshan; IZB.

分布（Distribution）：北京（BJ）

其他文献（Reference）：Brooks, 1988: 572; Wu, 1991: 217 (list), 219, ♀ (key); Wu, 2000: 325, ♀, Fig. 176.

（135）四川回条蜂 *Habropoda sichuanensis* Wu, 1986

Habropoda sichuanensis Wu, 1986b: 215, ♀. **Holotype:** ♀, China: Sichuan, Luding, Xinxing; IZB.

分布（Distribution）：四川（SC）

其他文献（Reference）：Brooks, 1988: 573; Wu, 1991: 217 (list), 219, ♀ (key); Wu, 1993: 1407; Wu, 2000: 326, ♀, Fig. 177.

（136）中华回条蜂 *Habropoda sinensis* Alfken, 1937

Habropoda sinensis Alfken, 1937: 404, ♀, ♂.

异名（Synonym）：

Habropoda sinensis taiwana Dubitzky, 2007: 54, ♀, ♂.

分布（Distribution）：北京（BJ）、安徽（AH）、浙江（ZJ）、江西（JX）、湖南（HN）、湖北（HB）、四川（SC）、贵州（GZ）、云南（YN）、福建（FJ）、广西（GX）

其他文献（Reference）：Wu, 1965: 66 [*Habropoda sinensis* (Alfken)], ♀, ♂, Plate V-123, 124; Lieftinck, 1966: 147 (*H. sinensis* Alfken, 1937); Brooks, 1988: 573; Wu, 1991: 217 (list), 219, ♀ (key), ♂ (key); Wu, 1993: 1407; Wu, 2000: 327, ♀, ♂, Fig. 178; Dubitzky, 2007: 44, ♀ (key), ♂ (key), 50 (Fig. 2, G, H), 52 (Fig. 4, C, D, S7 *et* S8 of male), 53 (Fig. 5, D, genitalia of male), 54-56, ♀, ♂ (description); Ascher *et* Pickering, 2014.

（137）台湾回条蜂 *Habropoda tainanicola* (Strand, 1913)

Anthophora tainanicola tainanicola Strand, 1913: 51, ♀.

异名（Synonym）：

Habropoda tainanicola maiella Lieftinck, 1974: 193, ♀, ♂.

分布（Distribution）：江苏（JS）、浙江（ZJ）、湖北（HB）、四川（SC）、西藏（XZ）、福建（FJ）、台湾（TW）

其他文献（Reference）：Cockerell, 1931d: 7; Lieftinck, 1966: 146 (*H. tainanicola* Strand, 1913); Wu, 1982b: 419 (*Habropoda tainanicola* Strand); Brooks, 1988: 573; Wu, 1991: 217 (list), 219, ♀ (key), ♂ (key); Wu, 1997: 1679 (*Habropoda tainanicola maiella* Lieftinck, 1974), ♀, ♂; Wu, 2000: 328 (*Habropoda tainanicola tainanicola* Strand, 1913), ♀, ♂, Fig. 179; Wu, 2000: 329 (*Habropoda tainanicola maiella* Lieftinck, 1931) (incorrect subsequent time), ♀, ♂, Fig. 180, Plate VII-2; Dubitzky, 2007: 45, ♀, ♂ (*Habropoda tainanicola tainanicola*

Strand, 1913); Ascher *et* Pickering, 2014.

（138）腹毛刷回条蜂 *Habropoda ventiscopula* Wu, 1984

Habropoda ventiscopula Wu, 1984: 26, ♂. **Holotype:** ♂, China: Yunnan, Decen, Adong; IZB.

分布（Distribution）：云南（YN）

其他文献（Reference）: Brooks, 1988: 574; Wu, 1991: 218 (list), 220, ♂ (key); Wu, 1993: 1407; Wu, 2000: 331, ♂, Fig. 182.

（139）西藏回条蜂 *Habropoda xizangensis* Wu, 1979

Habropoda xizangensis Wu, 1979: 346, ♂. **Holotype:** ♂, China: Xizang, Gyirong; IZB.

分布（Distribution）：西藏（XZ）

其他文献（Reference）：Brooks, 1988: 575; Wu, 1982b: 419 (*Habropoda xizangensis* Wu), ♂; Wu, 1991: 218 (list), 219, ♂ (key); Wu, 2000: 331, ♂, Fig. 183.

（140）云南回条蜂 *Habropoda yunnanensis* Wu, 1983

Habropoda yunnanensis Wu, 1983b: 92, ♂. **Holotype:** ♂, China: Yunnan, Xishuangbanna, Xiaomengyang; IZB.

分布（Distribution）：云南（YN）

其他文献（Reference）：Brooks, 1988: 575; Wu, 1991: 218 (list), 220, ♂(key); Wu, 2000: 330, ♂, Fig. 181.

蜜蜂族 Apini Latreille, 1802

Apiariae Latreille, 1802a: 425.

异名（Synonym）：

Apinae Ashmead, 1899: 57.

其他文献（Reference）：Michener, 1944, 1965, 1986, 2000, 2007; Roig-Alsina *et* Michener, 1993; Wu, 2000.

6. 蜜蜂属 *Apis* Linnaeus, 1758

Apis Linnaeus, 1758: 343, 574. **Type species:** *Apis mellifica* Linnaeus, 1761 = *A. mellifera* Linnaeus, 1758, by designation of Latreille, 1810: 439.

Apicula Rafinesque-Schmaltz, 1814: 27, unjustified replacement for *Apis* Linnaeus, 1758. **Type species:** *Apis mellifera* Linnaeus, 1758, autobasic.

Apiarus Rafinesque-Schmaltz, 1815: 123, unjustified replacement for *Apis* Linnaeus, 1758. **Type species:** *Apis mellifera* Linnaeus, 1758, autobasic.

Megapis Ashmead, 1904: 120. **Type species:** *Apis dorsata* Fabricius, 1793, by original designation.

Micrapis Ashmead, 1904: 122. **Type species:** *Apis florae* Fabricius, 1787, by original designation.

Apis (*Synapis*) Cockerell, 1907: 229. **Type species:** *Apis henshawi* Cockerell, 1907 (fossil), monobasic.

Hauffapis Armbruster, 1938: 37. **Type species:** *Hauffapis scheuthlei* Armbruster, 1938 = *Apis armbrusteri* Zeuner, 1931 (fossil), by designation of Zeuner and Manning, 1976: 243. [*Hauffapis* is not a valid name; see Michener, 1997].

Apis (*Sigmatapis*) Maa, 1953: 556. **Type species:** *Apis cerana* Fabricius, 1793, by original designation.

Apis (*Cascapis*) Engel, 1999: 187. **Type species:** *Apis armbrusteri* Zeuner, 1931, by original designation. [Synonymied by Michener in 2007].

Apis (*Priorapis*) Engel, 1999: 188. **Type species:** *Apis retusa* Engel, 1998, by original designation. [Synonymied by Michener in 2007].

其他文献（Reference）：Michener, 1944, 1965, 1997, 2000, 2007; Mitchell, 1962; Engel, 1999; Wu, 2000.

蜜蜂亚属 *Apis* / Subgenus *Apis* Linnaeus s. str., 1758

Apis Linnaeus, 1758: 343, 574. **Type species:** *Apis mellifica* Linnaeus, 1761 = *A. mellifera* Linnaeus, 1758, by designation of Latreille, 1810: 439.

异名（Synonym）：

Apicula Rafinesque-Schmaltz, 1814: 27, unjustified replacement for *Apis* Linnaeus, 1758. **Type species:** *Apis mellifera* Linnaeus, 1758, autobasic.

Apiarus Rafinesque-Schmaltz, 1815: 123, unjustified replacement for *Apis* Linnaeus, 1758. **Type species:** *Apis mellifera* Linnaeus, 1758, autobasic.

Apis (*Synapis*) Cockerell, 1907: 229. **Type species:** *Apis henshawi* Cockerell, 1907 (fossil), monobasic.

Apis (*Sigmatapis*) Maa, 1953: 556. **Type species:** *Apis cerana* Fabricius, 1793, by original designation.

Hauffapis Armbruster, 1938: 37. **Type species:** *Hauffapis scheuthlei* Armbruster, 1938 = *Apis armbrusteri* Zeuner, 1931 (fossil), by designation of Zeuner and Manning, 1976: 243. [*Hauffapis* is not a valid name; see Michener, 1997].

Apis (*Cascapis*) Engel, 1999: 187. **Type species:** *Apis armbrusteri* Zeuner, 1931, by original designation. [Synonymied by Michener in 2007].

Apis (*Priorapis*) Engel, 1999: 188. **Type species:** *Apis retusa* Engel, 1998, by original designation. [Synonymied by Michener in 2007].

其他文献（Reference）：Michener, 1997, 2000, 2007; Engel, 1999; Wu, 2000.

（141）东方蜜蜂 *Apis* (*Apis* s. str.) *cerana* Fabricius, 1793

Apis cerana Fabricius, 1793: 327.

异名（Synonym）：

Apis indica Fabricius, 1798: 274.

Apis socialis Latreille, 1804a: 390.

Apis peroni Latreille, 1804b: 173.

Apis gronovii Guillou, 1841: 323.

Apis perrottetii Guérin-Méneville, 1844: 461.

Apis delessertii Guérin-Méneville, 1844: 461.

Apis sinensis Smith, 1865: 380.

Apis mellifica var. *japonica* Radoszkowski, 1887: 436.

Apis delesserti Buttel-Reepen, 1906: 168.
Apis indica var. *javana* Enderlein, 1906: 337.
Apis johni Skorikov, 1929: 251.
Apis indica philippina Skorikov, 1929: 252.
Apis indica skorikovi Maa, 1944: 4.
Apis mellifera gandhiana Muttoo, 1951: 153.
Apis (*Sigmatapis*) *lieftincki* Maa, 1953: 572.
Apis (*Sigmatapis*) *samarensis* Maa, 1953: 580.
Apis indica sinensis ussuriensis Goetze, 1964: 26.
Apis cerana himalaya Smith, 1991: 154.
Apis nuluensis Tingek *et al.*, 1996["1997"]: 116.
Apis cerana heimifeng Engel, 1999: 179.
Apis cerana skorikovi Engel, 1999: 180.
分布（Distribution）：除新疆（XJ）外，中国各省（自治区、直辖市）；朝鲜、巴基斯坦、斯里兰卡、阿富汗、印度、尼泊尔、泰国、缅甸、老挝、菲律宾、印度尼西亚、日本、俄罗斯、澳大利亚
其他文献（Reference）：Wu, 1965b: 65 (*Apis cerana* Fabricius), Plate V-106; Wu, 1988a: 13 [*Apis* (*Sigmatapis*) *cerana* Fabricius, 1793]; Wu, 1988c: 551 (*Apis cerana* Fabricius); Wu *et al.*, 1988: 102 (*Apis cerana* Fabricius), ♀, ♂, worker, Plate V-58; Wu, 1993: 1410 (*Apis cerana* Fabricius, 1783), (incorrect subsequent time); Wu, 1997: 1684 (*Apis cerana* Fabricius, 1793), ♀, ♂, worker; Engel, 1999: 170; Wu, 2000: 378 [*Apis* (*Sigmatapis*) *cerana cerana* Fabricius, 1865] (incorrect subsequent time), Fig. 212; Wu, 2004: 123 (*Apis cerana* Fabricius, 1865), (incorrect subsequent time).

（142）西方蜜蜂 *Apis* (*Apis* s. str.) *mellifera* Linnaeus, 1758

Apis mellifera Linnaeus, 1758: 576.
异名（Synonym）：
Apis mellifica Linnaeus, 1861: 421.
Apis gregaria Geoffroy, 1762: 407.
Apis cerifera Scopoli, 1770: 16.
Apis unicolor Latreille, 1804b: 168.
Apis fasciata Latreille, 1804b: 171.
Apis adansoni Latreille, 1804b: 172.
Apis ligustica Spinola, 1806: 35.
Apis capensis Eschscholtz, 1822: 97.
Apis caffra Lepeletier, 1835: 402.
Apis scutellata Lepeletier, 1835: 404.
Apis nigritarum Lepeletier, 1835: 406.
Apis daurica Fischer de Waldheim, 1843: 122.
Apis australis Kiesenwetter, 1860: 317.
Apis mellifera var. *cecropia* Kiesenwetter, 1860: 315.
Apis mellifera var. *remipes* Gerstäcker, 1862: 61.
Apis mellifica germanica Pollmann, 1879: 1.
Apis mellifera carnica Pollmann, 1879: 45
Apis mellifica hymettea Pollmann, 1879: 50.
Apis mellifera cypria Pollmann, 1879: 52.
Apis siciliana Grassi, 1881: 1.
Apis mellifica var. *nigrita* Lucas, 1882: 62.
Apis mellifera caucasia Pollmann, 1889: 90.
Apis mellifera lamarckii Cockerell, 1906: 166.
Apis mellifica var. *banatica* Grozdanic, 1926: 57.
Apis meda Skorikov, 1929: 253.
Apis remipes armeniaca Skorikov, 1929: 254.
Apis mellifera var. *sahariensis* Baldensperger, 1932: 829.
Apis mellifera taurica Alpatov, 1935: 665.
Apis mellifera intermissa Maa, 1953: 591.
Apis mellifera anatoliaca Maa, 1953: 599.
Apis mellifera monticola Smith, 1961: 258.
Apis mellifera litorea Smith, 1961: 259.
Apis mellifera adami Ruttner, 1975: 271.
Apis mellifera major Ruttner, 1976: 354.
Apis mellifera nubica Ruttner, 1976: 359.
Apis mellifera littorrea Ruttner, 1976: 361.
Apis mellifera jemenitica Ruttner, 1976: 366.
Apis mellifera carpatica Barac, 1977: 270.
Apis mellifera macedonica Ruttner, 1988: 249.
Apis mellifica rodopica Petrov, 1991: 17.
Apis mellifera ruttneri Sheppard *et al.*, 1998: 290.
Apis mellifera artemisia Engel, 1999: 181.
Apis mellifera iberiensis Engel, 1999: 182.
Apis mellifera sossimai Engel, 1999: 185.
分布（Distribution）：全球
其他文献（Reference）：Dalla Torre, 1896: 595 (*Apis mellifera* L.); Mitchell, 1962: 545 (*Apis mellifera* Linnaeus); Wu, 1965b: 62 (*Apis mellifera* Linnaeus), Plate V-107; Wu, 1985a: 142 (*Apis mellifera* L.); Wu, 1988a: 13 [*Apis* (*Apis*) *mellifera* L.]; Wu *et al.*, 1988: 102 (*Apis mellifera* L.), ♀, ♂, worker, Plate V-59; Wu, 1993: 1410; Wu, 1997: 1685 (*Apis mellifera* Linnaeus, 1758), ♀, ♂, worker; Engel, 1999: 172; Wu, 2000: 374 [*Apis* (s. str.) *mellifera* Linnaeus, 1758]; Khut *et al.*, 2012: 423 (distribution).

大蜜蜂亚属 *Apis* / Subgenus *Megapis* Ashmead, 1904

Megapis Ashmead, 1904: 120. **Type species:** *Apis dorsata* Fabricius, 1793, by original designation.
其他文献（Reference）：Michener, 1997, 2000, 2007; Engel, 1999; Wu, 2000.

（143）大蜜蜂 *Apis* (*Megapis*) *dorsata* Fabricius, 1793

Apis dorsata Fabricius, 1793: 328.
异名（Synonym）：
Apis nigripennis Latreille, 1804b: 170.
Apis bicolor Klug, 1807a: 264.
Apis testacea Smith, 1957: 49.
Apis zonata Smith, 1859: 8.
Apis laboriosa Smith *in* Moore *et al.*, 1871: 249.
Apis dorsata binghami Cockerell, 1906: 166.
Apis binghami sladeni Cockerell, 1914: 13.
Megapis breviligula Maa, 1953: 563.
Apis dorsatao Ruttner, 1988: 118.

Apis labortiosa Willis *et al.*, 1992: 169.

分布（Distribution）：除新疆（XJ）外，中国各省（自治区、直辖市）；越南、斯里兰卡、缅甸、不丹、尼泊尔、印度

其他文献（Reference）：Engel, 1999: 177; Karunaratne *et* Edirisingle, 2006: 19 (list); Khut *et al.*, 2012: 422, 423 (distribution); Wu, 1982b: 411 (*Megapis laboriosa* Smith); Wu *et al.*, 1988: 102 (*Apis laboriosa* Smith), worker, ♂, Plate V-60, (*Apis dorsata* Fabricius), worker, ♂, Plate V-61; Wu, 1988c: 551 (*Megapis laboriosa* Smith); Wu, 1993: 1411 (*Megapis laboriosa* Smith, 1871); Wu, 2000: 380, worker, ♂, 381 [*Apis* (*Megapis*) *laboriosa* Smith, 1871], worker, ♂, Plate VIII-6; 2004: 123 (*Apis laboriosa* Smith, 1871).

小蜜蜂亚属 *Apis* / Subgenus *Micrapis* Ashmead, 1904

Micrapis Ashmead, 1904: 122. **Type species:** *Apis florae* Fabricius, 1787, by original designation.

其他文献（Reference）：Michener, 1997, 2000, 2007; Engel, 1999; Wu, 2000.

（144）黑小蜜蜂 *Apis* (*Micrapis*) *andreniformis* Smith, 1957

Apis andreniformis Smith, 1957: 49, ♀.

异名（Synonym）：

Apis florea andreniformis var. *sumutrana* Enderlein, 1906: 339.

分布（Distribution）：云南（YN）；泰国、斯里兰卡、印度尼西亚、马来西亚、伊朗

其他文献（Reference）：Maa, 1953: 601 [*Micrapis andreniformis* (Smith)]; Wu, 1988a: 13 [*Micrapis andreniformis* (Smith), 1858]; Wu *et al.*, 1988: 103 (*Micrapis andreniformis* Smith), ♀, ♂; Engel, 1999: 177; Wu, 2000: 383, ♀, ♂.

（145）小蜜蜂 *Apis* (*Micrapis*) *florea* Fabricius, 1787

Apis florea Fabricius, 1787: 305.

异名（Synonym）：

Apis semirufa Hoffmannsegg, 1818: 60.

Apis lobata Smith, 1854: 416, ♂.

Apis floralis Horne *et* Smith, 1870: 181.

Apis testacea Bingham, 1898: 129, ♀.

Apis florea var. *rufiventris* Friese *in* Buttel-Reepen, 1906: 167, 170.

Apis florea florea var. *fuscata* Enderlein, 1906: 338.

Apis nursei Cockerell, 1911d: 319, ♀.

Apis florea nasicana Cockerell, 1911l: 241, worker.

分布（Distribution）：云南（YN）、广西（GX）；泰国、缅甸、越南、老挝、柬埔寨、印度、斯里兰卡、印度尼西亚、埃塞俄比亚

其他文献（Reference）：Dalla Torre, 1896: 591 (*Apis florea* Fabr.); Wu *et al.*, 1988: 104 (*Micrapis florea* Fabricius), ♀, ♂, worker, Plate V-62; Wu, 1993: 1411 (*Micrapis florea* Smith, 1787); Engel, 1999: 178; Wu, 2000: 381; Karunaratne *et* Edirisingle, 2006: 19 (list); Pauly *et* Hora, 2013: 32, Figs. 35-39.

熊蜂族 Bombini Latreille, 1802

Bombi Latreille, 1802b: 385.

异名（Synonym）：

Bombidae Ashmead, 1899: 57.

其他文献（Reference）：Michener, 1944, 1965, 1986, 2000, 2007; Richards, 1968; Roig-Alsina *et* Michener, 1993; Williams, 1998; Williams *et al.*, 2007, 2008, 2009, 2010; An *et al.*, 2008, 2011, 2014.

7. 熊蜂属 *Bombus* Latreille, 1802

Bombus Latreille, 1802a: 437. **Type species:** *Apis terrestris* Linnaeus, 1758, monobasic. [Westwood, 1840a: 86, designated *Apis muscorum* Linnaeus, 1758, as type species; it was not an originally included species.]

Alpigenobombus Skorikov, 1914a: 128. **Type species:** *Alpigenobombus pulcherrimus* Skorikov, 1914 = *Bombus kashmirensis* Friese, 1909, by designation of Williams, 1991.

Bombus (*Alpinobombus*) Skorikov, 1914a: 122. **Type species:** *Apis alpinus* Linnaeus, 1758, by designation of Frison, 1927: 66.

Bombias Robertson, 1903a: 176. **Type species:** *Bombias auricomus* Robertson, 1903, by original designation.

Bombus (*Brachycephalibombus*) Williams, 1985: 247. **Type species:** *Bombus brachycephalus* Handlirsch, 1888, by original designation.

Alpigenobombus (*Coccineobombus*) Skorikov, 1922b: 157. **Type species:** *Bombus coccineus* Friese, 1903, by designation of Sandhouse, 1943: 539.

Bombus (*Confusibombus*) Ball, 1914: 78. **Type species:** *Bombus confusus* Schenck, 1859, monobasic.

Bombus (*Crotchiibombus*) Franklin, 1954: 51. **Type species:** *Bombus crotchii* Cresson, 1878, by original designation.

Bombus (*Cullumanobombus*) Vogt, 1911: 57. **Type species:** *Apis cullumana* Kirby, 1802, by designation of Frison, 1927: 66.

Bombus (*Dasybombus*) Labougle *et* Ayala, 1985: 49. **Type species:** *Bombus macgregori* Labougle *et* Ayala, 1985, by original designation.

Bombus (*Diversobombus*) Skorikov, 1915: 406. **Type species:** *Bombus diversus* Smith, 1869, by designation of Sandhouse, 1943: 546.

Mucidobombus (*Exilobombus*) Skorikov, 1922b: 150. **Type species:** *Mucidobombus exil* [misprinted *exiln*] Skorikov, 1922, monobasic.

Fervidobombus Skorikov, 1922b: 123, 153. **Type species:** *Apis fervida* Fabricius, 1798, by designation of Frison, 1927: 69.

Pyrobombus (*Festivobombus*) Tkalců, 1972: 27. **Type species:** *Bombus festivus* Smith, 1861, by original designation.

Alpigenobombus (*Fraternobombus*) Skorikov, 1922b: 156. **Type species:** *Apathus fraternus* Smith, 1854, by designation of Frison, 1927: 63.
Alpigenobombus (*Funebribombus*) Skorikov, 1922b: 157. **Type species:** *Bombus funebris* Smith, 1854, monobasic.
Bombus (*Kallobombus*) Dalla Torre, 1880: 40. **Type species:** *Apis soroeensis* Fabricius, 1776, by designation of Sandhouse, 1943: 561.
Agrobombus (*Laesobombus*) Krüger, 1920: 350. **Type species:** *Bombus laesus* Morawitz, 1875, monobasic.
Bombus (*Megabombus*) Dalla Torre, 1880: 40. **Type species:** *Bombus ligusticus* Spinola, 1805 = *Apis argillacea* Scopoli, 1763, monobasic.
Bombus (*Melanobombus*) Dalla Torre, 1880: 40. **Type species:** *Apis lapidaria* Linnaeus, 1758, by designation of Sandhouse, 1943: 569.
Bombus (*Mendacibombus*) Skorikov, 1914a: 125. **Type species:** *Bombus mendax* Gerstäcker, 1869, by designation of Sandhouse, 1943: 572.
Mucidobombus Krüger, 1920: 350. **Type species:** *Bombus mucidus* Gerstaecher, 1869, monobasic. Kruger gave no subgeneric characters, but according to the Code, 3rd ed., art.12 (b) (5), the name is nonetheless valid.
Bombus (*Orientalibombus*) Richards, 1929b: 378. **Type species:** *Bombus orientalis* Smith, 1854 = *B. haemorrhoidalis* Smith, 1852, by original designation.
Bremus (*Pressibombus*) Frison, 1935: 342. **Type species:** *Bremus pressus* Frison, 1935, by original designation.
Psithyrus Lepeletier, 1833: 373. **Type species:** *Apis rupestris* Fabricius, 1793, by designation of Curtis, 1833: pl. 468.
Bombus (*Pyrobombus*) Dalla Torre, 1880: 40. **Type species:** *Apis hypnorum* Linnaeus, 1758, monobasic.
Bombus (*Rhodobombus*) Dalla Torre, 1880: 40. **Type species:** *Bremus pomorum* Panzer, 1804, by designation of Sandhouse, 1943: 596.
Alpigenobombus (*Robustobombus*) Skorikov, 1922b: 157. **Type species:** *Bombus robustus* Smith, 1854, by designation of Sandhouse, 1943: 597.
Fervidobombus (*Rubicundobombus*) Skorikov, 1922b: 154. **Type species:** *Bombus rubicundus* Smith, 1854, by designation of Sandhouse, 1943: 597.
Rufipedibombus Skorikov, 1922b: 156. **Type species:** *Bombus rufipes* Lepeletier, 1836, monobasic.
Bremus (*Senexibombus*) Frison, 1930: 3. **Type species:** *Bombus senex* Vollenhoven, 1873, by original designation.
Bremus (*Separatobombus*) Frison, 1927: 64. **Type species:** *Bombus separatus* Cresson, 1863 = *Apis griseocollis* DeGeer, 1773, by original designation.
Bombus (*Sibiricobombus*) Vogt, 1911: 60. **Type species:** *Apis sibirica* Fabricius, 1781, by designation of Sandhouse, 1943: 599.
Bombus (*Subterraneobombus*) Vogt, 1911: 62. **Type species:** *Apis subterranea* Linnaeus, 1758, by designation of Frison, 1927: 68.
Bombus (*Thoracobombus*) Dalla Torre, 1880: 40. **Type species:** *Apis sylvarum* Linnaeus, 1761, by designation of Sandhouse, 1943: 604.
Agrobombus (*Tricornibombus*) Skorikov, 1922b: 151. **Type species:** *Bombus tricornis* Radoszkowski, 1888, monobasic.
其他文献（Reference）: Williams, 1991; Michener, 1997, 2000, 2007.

高山熊蜂亚属 *Bombus* / Subgenus *Alpigenobombus* Skorikov, 1914

Alpigenobombus Skorikov, 1914a: 128. **Type species:** *Alpigenobombus pulcherrimus* Skorikov, 1914 = *Bombus kashmirensis* Friese, 1909, by designation of Williams, 1991.
异名（Synonym）:
Alpigenibombus Skorikov, 1938a: 145, unjustified emendation of *Alpigenobombus* Skorikov, 1914.
Bombus (*Mastrucatobombus*) Krüger, 1917: 66. **Type species:** *Bombus mastrucatus* Gerstäcker, 1869 = *Bombus wurflenii* Radoszkowski, 1859, monobasic.
Nobilibombus Skorikov, 1933a: 62. Invalid because no type species was designated. [For subsequent designations in synonym, see Michener (1997) and Williams (1991)].
Nobilibombus Richards, 1968: 216, 222. **Type species:** *Bombus nobilis* Friese, 1904, by original designation.
其他文献（Reference）: Williams, 1991; Michener, 1997, 2007.

（146）短颊熊蜂 *Bombus* (*Alpigenobombus*) *angustus* Chiu, 1948

Bombus angustus Chiu, 1948: 59.
分布（Distribution）：台湾（TW）
其他文献（Reference）：Starr, 1992: 142 (list), 145, ♀ (key), 147, ♂ (key), Figs. 4, 6, 7.

（147）短头熊蜂 *Bombus* (*Alpigenobombus*) *breviceps* Smith, 1852

Bombus breviceps Smith, 1852a: 44, worker.
异名（Synonym）:
Bombus nasutus Smith, 1852a: 44, ♀. **Lectotype:** ♀, designated by Williams *et al.* (2009: 168); BML.
Bombus channicus Gribodo, 1892: 116.
Bombus laticeps Friese, 1905a: 513, ♀.
Bombus rufocognitus Cockerell, 1922a: 4, ♀.
Bombus rufocognitus var. *nefandus* Cockerell, 1931d: 6, ♀, worker.
Bombus (*Alpigenobombus*) *channicus cantonensis* Bischoff, 1936: 14.
Bombus (*Alpigenobombus*) *dentatus pretiosus* Bischoff, 1936: 11.
Alpigenobombus breviceps coloricontrarius Tkalců, 1968b: 19.
Alpigenobombus breviceps colorilaetus Tkalců, 1968b: 19.
Alpigenobombus breviceps vicinus Tkalců, 1968b: 21.
分布（Distribution）：浙江（ZJ）、江西（JX）、湖南（HN）、

湖北（HB）、四川（SC）、贵州（GZ）、云南（YN）、西藏（XZ）、福建（FJ）、广东（GD）、广西（GX）；缅甸、印度、泰国、越南、老挝、尼泊尔、不丹、巴基斯坦、克什米尔地区

其他文献（Reference）：Dalla Torre, 1896: 512 (*Bombus breviceps* Smith); Wu *et al.*, 1988: 109, ♀, ♂, worker [*Bombus* (*Alpigenobombus*) *channicus* Gribodo]; Wu *et al.*, 1988: 111, ♀, worker [*Bombus* (*Alpigenobombus*) *pretiosus* Bischoff]; Wang, 1993: 1422 [*Bombus* (*Alpigenobombus*) *channicus* Gribodo, 1891, incorrect subsequent time]; Wang, 1993: 1422 [*Bombus* (*Alpigenobombus*) *rufocognitus* Cockerell, 1922]; Yao *et* Luo, 1997: 1688, ♀, ♂, worker, Fig. 6; Yang, 2004: 278; Rasmussen *et* Ascher, 2008; Williams *et al.*, 2009: 167, ♀, ♂, worker; Williams *et al.*, 2010: 129; An *et al.*, 2014: 69, Figs. 140, 141.

（148）颊熊蜂 *Bombus* (*Alpigenobombus*) *genalis* Friese, 1918

Bombus genalis Friese, 1918a: 84, ♀.

分布（Distribution）：云南（YN）、西藏（XZ）；印度、缅甸

其他文献（Reference）：Wu *et al.*, 1988: 110, ♀ [*Bombus* (*Alpigenobombus*) *genalis* Frison]; Wang, 1988: 553 [*Bombus* (*Alpigenobombus*) *genalis* Frison], ♀; Rasmussen *et* Ascher, 2008: 54.

（149）灰熊蜂 *Bombus* (*Alpigenobombus*) *grahami* (Frison, 1933)

Bremus grahami Frison, 1933: 334, ♀.

分布（Distribution）：陕西（SN）、甘肃（GS）、湖南（HN）、湖北（HB）、四川（SC）、云南（YN）、西藏（XZ）、海南（HI）；印度

其他文献（Reference）：Wu *et al.*, 1988: 111, ♀, worker [*Bombus* (*Alpigenobombus*) *grahami* Frison], Plate VI-65; Wang, 1982: 427 [*Bombus* (*Alpigenobombus*) *grahami* Frison]; Wang, 1993: 1422 [*Bombus* (*Alpigenobombus*) *grahami* Frison, 1933]; Yao *et* Luo, 1997: 1689, ♀, ♂, worker; Williams *et al.*, 2009: 169, ♀, ♂, worker; Williams *et al.*, 2010: 130; An *et al.*, 2011: 21, Fig. 44; An *et al.*, 2012: 1027; An *et al.*, 2014: 69, Figs. 138, 139.

（150）克什米尔熊蜂 *Bombus* (*Alpigenobombus*) *kashmirensis* Friese, 1909

Bombus mastrucatus kashmirensis Friese, 1909b: 673, ♀. **Lectotype:** ♀, designated by Tkalců (1974a: 327).

异名（Synonym）：

Bombus mastrucatus stramineus Friese, 1909b: 673, worker.

Bombus tetrachromus Cockerell, 1909: 397, ♀.

Alpigenobombus pulcherrimus Skorikov, 1914a: 128.

Bombus (*Mastrocatobombus*) *mastrucatus meinertzhageni* Richards, 1928: 335.

Alpigenobombus beresovskii Skorikov, 1933b: 248, ♀. **(Syntype)**.

分布（Distribution）：甘肃（GS）、青海（QH）、四川（SC）、云南（YN）、西藏（XZ）、广西（GX）；巴基斯坦、尼泊尔、印度、克什米尔地区

其他文献（Reference）：Wang, 1982: 427 [*Bombus* (*Alpigenobombus*) *meinertzhageni* Richards, ♀, worker]; Wang, 1982: 428 [*Bombus* (*Alpigenobombus*) *tetrachromus* Ckll., ♀, ♂, worker, new description of ♂, Figs. 1-6]; Wang, 1993: 1422 [*Bombus* (*Alpigenobombus*) *tetrachromus* Cockerell, 1909]; Wang *et* Yao, 1996: 303 [*Bombus* (*Alpigenobombus*) *meinertzhageni* Richards, 1928]; Rasmussen *et* Ascher, 2008; Williams *et al.*, 2009: 169, ♀, ♂, worker; Suhail *et al.*, 2009: 5; Williams *et al.*, 2010: 130; An *et al.*, 2011: 21, Fig. 45; An *et al.*, 2014: 67, Figs. 134, 135.

（151）颂杰熊蜂 *Bombus* (*Alpigenobombus*) *nobilis* Friese, 1905

Bombus nobilis Friese, 1905a: 513, ♀, worker.

异名（Synonym）：

Bombus sikkimi Friese, 1918a: 82, ♀. **(Syntype)**.

Nobilibombus morawitziides Skorikov, 1933a: 62, worker.

Bombus xizangensis Wang, 1979: 188, worker.

Bombus chayaensis Wang, 1979: 189, ♀.

分布（Distribution）：甘肃（GS）、青海（QH）、四川（SC）、云南（YN）、西藏（XZ）；印度、缅甸、尼泊尔、美国

其他文献（Reference）：Wang, 1979: 188 [*Bombus* (*Nobilibombus*) *xizangensis*, worker, Figs. 1-4]; Wang, 1979: 189 [*Bombus* (*Nobilibombus*) *chayaensis*, ♀, worker, Figs. 5-8]; Wang, 1982: 429 [*Bombus* (*Nobilibombus*) *chayaensis* Wang; *Bombus* (*Nobilibombus*) *xizangensis* Wang]; Wu *et al.*, 1988: 112 [*Bombus* (*Nobilibombus*) *chayaensis* Wang, ♀, worker, Fig. 67: a-c]; Wang, 1993: 1423 [*Bombus* (*Nobilibombus*) *chayaensis* Wang, 1977]; Yang, 2004: 278; Rasmussen *et* Ascher, 2008: 80; Williams *et al.*, 2009: 170, ♀, ♂, worker; Williams *et al.*, 2010: 130; An *et al.*, 2011: 22, Fig. 46.

（152）壮熊蜂 *Bombus* (*Alpigenobombus*) *validus* Friese, 1905

Bombus validus Friese, 1905a: 510, ♀. **(Syntype)**.

分布（Distribution）：甘肃（GS）、云南（YN）、西藏（XZ）

其他文献（Reference）：An *et al.*, 2014: 68, Figs. 136, 137.

熊蜂亚属 *Bombus* / Subgenus *Bombus* Laterille s. str., 1802

Bombus Latreille, 1802a: 437. **Type species:** *Apis terrestris* Linnaeus, 1758, monobasic. [Westwood, 1840a: 86, designated *Apis muscorum* Linnaeus, 1758, as type species; it was not an originally included species.]

异名（Synonym）：

Bremus Jurine, 1801: 164. **Type species:** *Apis terrestris* Linnaeus, 1758, by designation of Morice *et* Durrant, 1915: 428. Invalidated by Commission Opinion 135 (1939).

Bremus Panzer, 1804: 19. **Type species:** *Apis terrestris* Linnaeus, 1758, by designation of Benson *et al.*, 1937: 93.

[For other designations and a comment on the date, see Michener, 1997].

Bombus (*Leucobombus*) Dalla Torre, 1880: 40. **Type species:** *Apis terrestris* Linnaeus, 1758, by designation of Sandhouse, 1943: 564.

Bombus (*Terrestribombus*) Vogt, 1911: 55. **Type species:** *Apis terrestris* Linnaeus, 1758, by designation of Frison, 1927: 67.

其他文献（Reference）：Michener, 1997, 2000, 2007.

（153）隐熊蜂 *Bombus* (*Bombus* s. str.) *cryptarum* (Fabricius, 1775)

Apis cryptarum Fabricius, 1775: 379.

分布（Distribution）：陕西（SN）、新疆（XJ）；伊朗、尼泊尔、印度、吉尔吉斯斯坦、哈萨克斯坦、美国、朝鲜、日本、蒙古国、俄罗斯；欧洲

其他文献（Reference）：Williams, 1991: 82; Williams, 2011: 32; Kupianskaya *et al.*, 2014: 292.

（154）小峰熊蜂 *Bombus* (*Bombus* s. str.) *hypocrita* Pérez, 1905

Bombus ignitus var. *hypocrita* Pérez, 1905: 30, worker.

异名（Synonym）：

Bombus hypocrita sapporoensis Cockerell, 1911a: 641, ♀.

分布（Distribution）：黑龙江（HL）、吉林（JL）、辽宁（LN）、河北（HEB）、北京（BJ）、山西（SX）、陕西（SN）、甘肃（GS）、新疆（XJ）、四川（SC）、西藏（XZ）；美国、日本、朝鲜、韩国、俄罗斯

其他文献（Reference）：Wu *et al.*, 2009: 89; An *et al.*, 2008: 81; Peng *et al.*, 2009: 116; An *et al.*, 2010: 1544; An *et al.*, 2011: 21, Fig. 43; An *et al.*, 2012: 1027.

（155）红光熊蜂 *Bombus* (*Bombus* s. str.) *ignitus* Smith, 1869

Bombus ignitus Smith, 1869: 207, ♀. **Holotype:** ♀, Japan; BML.

分布（Distribution）：黑龙江（HL）、吉林（JL）、辽宁（LN）、河北（HEB）、天津（TJ）、北京（BJ）、山西（SX）、山东（SD）、河南（HEN）、陕西（SN）、甘肃（GS）、安徽（AH）、江苏（JS）、浙江（ZJ）、江西（JX）、四川（SC）、贵州（GZ）、云南（YN）、广东（GD）；德国、日本、朝鲜、韩国、俄罗斯

其他文献（Reference）：Dalla Torre, 1896: 526 (*Bombus ignitus* Smith); Yasumatsu, 1949: 17 [*Bombus* (*Pratobombus*) *ingnitus* Smith]; Wu *et al.*, 1988: 113 [*Bombus* (s. str.) *ingnitus* Smith, ♀, worker]; Yao *et* Luo, 1997: 1693, ♀, ♂, worker; Williams *et al.*, 2009: 165, ♀, ♂, worker; An *et al.*, 2008: 81; Wu *et al.*, 2009: 89; Peng *et al.*, 2009: 117; An *et al.*, 2010: 1544; An *et al.*, 2011: 19, Fig. 40; An *et al.*, 2014: 61, Figs. 120, 121.

（156）兰州熊蜂 *Bombus* (*Bombus* s. str.) *lantschouensis* Vogt, 1908

Bombus lucorum var. *lantschoutensis* Vogt, 1908: 101.

异名（Synonym）：

Bombus vasilievi Skorikov, 1913: 172.

Bombus beickianus Bischoff, 1936: 2.

Bombus (*Bombus*) *lucorum pseudosporadicus* Bischoff, 1936: 2.

分布（Distribution）：黑龙江（HL）、内蒙古（NM）、河北（HEB）、北京（BJ）、山西（SX）、陕西（SN）、宁夏（NX）、甘肃（GS）、青海（QH）；蒙古国

其他文献（Reference）：Williams *et al.*, 2012: 10 (*Bombus lantschoutensis* Vogt, 1908); An *et al.*, 2014: 63, Figs. 126, 127.

（157）长翼熊蜂 *Bombus* (*Bombus* s. str.) *longipennis* Friese, 1918

Bombus pratorum var. *longipennis* Friese, 1918a: 83, ♀, worker.

异名（Synonym）：

Bombus (*Bombus*) *terrestris minshanicola* Bischoff, 1936: 2.

Bombus reinigi Tkalců, 1974a: 322, ♀. Synonymied by Williams *et al.* (2012: 10).

分布（Distribution）：陕西（SN）、宁夏（NX）、甘肃（GS）、青海（QH）、四川（SC）、云南（YN）、西藏（XZ）；尼泊尔

其他文献（Reference）：Williams, 1991; Rasmussen *et* Ascher, 2008; Williams *et al.*, 2012: 10 (*Bombus longipennis* Friese, 1918); An *et al.*, 2014: 62, Figs. 122, 123.

（158）明亮熊蜂 *Bombus* (*Bombus* s. str.) *lucorum* (Linnaeus, 1761)

Apis lucorum Linnaeus, 1761: 425. **Lectotype:** ♂, designated by Day (1979: 66).

异名（Synonym）：

Bombus viduus Erichson, 1851: 65.

Bombus terrestris var. *schmiedenkechti* Verhoeff, 1892: 205.

Bombus monozonus Friese, 1909b: 674, worker.

Bombus terrestris var. *lycocryptarum* Ball, 1914: 82. **Lectotype:** ♀, designated by Rasmont (1981: 151).

Bombus (*Terrestribombus*) *lucorum* var. *alaiensis* Reinig, 1930a: 107. (**Syntype:** ♀, worker).

Bombus magnus mongolicus Krüger, 1954: 276. **Lectotype:** ♀, desinated by Williams (1991: 82).

分布（Distribution）：辽宁（LN）、内蒙古（NM）、河北（HEB）、北京（BJ）、山西（SX）、陕西（SN）、甘肃（GS）、新疆（XJ）、四川（SC）、云南（YN）、西藏（XZ）；蒙古国、俄罗斯、日本、尼泊尔、巴基斯坦、阿富汗、土耳其、德国、意大利、阿尔巴尼亚、克什米尔地区

其他文献（Reference）：Wang, 1982: 429 [*Bombus* (s. str.) *lucorum* Linnaeus]; Wang, 1985: 160 [*Bombus* (s. str.) *lucorum* L.]; Wang, 1988: 555 [*Bombus* (s. str.) *lucorum* Linnaeus]; Wu *et al.*, 1988: 114 [*Bombus* (s. str.) *lucorum* Linne., ♀, ♂, worker, Fig. 69: a-f]; Williams, 1991; Wang, 1993: 1423 [*Bombus* (s. str.) *lucorum* Linne., 1758]; Wang *et* Yao, 1996: 305 [*Bombus* (s. str.) *lucorum*

Linnaeus, 1758]; Yang, 2004: 279; An *et al.*, 2008: 81; Rasmussen *et* Ascher, 2008; Wu *et al.*, 2009: 89; Williams *et al.*, 2009: 166, ♀, ♂, worker; Peng *et al.*, 2009: 117; Suhail *et al.*, 2009: 5; An *et al.*, 2010: 1544; An *et al.*, 2011: 20, Fig. 41; An *et al.*, 2012: 1027; Kupianskaya *et al.*, 2013: 6; An *et al.*, 2014: 63, Figs. 124, 125.

（159）密林熊蜂 *Bombus* (*Bombus* s. str.) *patagiatus* Nylander, 1848

Bombus patagiatus Nylander, 1848: 234, ♀.

异名（Synonym）：

Bombus ganjsuensis Skorikov, 1913: 172, ♀.

Bombus patagiatus brevipilosus Bischoff, 1936: 4.

Bombus (*Bombus*) *patagiatus minshanensis* Bischoff, 1936: 3.

分布（Distribution）：黑龙江（HL）、吉林（JL）、辽宁（LN）、内蒙古（NM）、河北（HEB）、北京（BJ）、山西（SX）、陕西（SN）、宁夏（NX）、甘肃（GS）、青海（QH）、新疆（XJ）、浙江（ZJ）、湖南（HN）、湖北（HB）、四川（SC）、贵州（GZ）、西藏（XZ）、福建（FJ）、广西（GX）；德国、韩国、蒙古国、俄罗斯

其他文献（Reference）：Wang, 1982: 429 [*Bombus* (s. str.) *patagiatus minshanensis* Bischoff]; Wang, 1993: 1424 [*Bombus* (s. str.) *patagiatus minshanensis* Bischoff, 1936]; Proshchalykin *et* Kupianskaya, 2005: 20; An *et al.*, 2008: 81; Peng *et al.*, 2009: 117; Williams *et al.*, 2009: 166, ♀, ♂, worker; Wu *et al.*, 2009: 89; An *et al.*, 2010: 1544; An *et al.*, 2011: 20, Fig. 42; Kupianskaya *et al.*, 2013: 6; An *et al.*, 2014: 65, Figs. 130, 131; Kupianskaya *et al.*, 2014: 292.

（160）散熊蜂 *Bombus* (*Bombus* s. str.) *sporadicus* Nylander, 1848

Bombus sporadicus Nylander, 1848: 233, ♀, ♂.

异名（Synonym）：

Terrestribombus terrestris czerskianus Vogt, 1911: 56.

Bombus (*Terrestribombus*) *terrestris malaisei* Bischoff, 1930a: 4, ♀.

分布（Distribution）：黑龙江（HL）、吉林（JL）、辽宁（LN）、内蒙古（NM）、河北（HEB）、北京（BJ）、山西（SX）、新疆（XJ）；挪威、瑞典、芬兰、俄罗斯、蒙古国、朝鲜、日本、吉尔吉斯斯坦

其他文献（Reference）：Wang, 1985: 160 [*Bombus* (s. str.) *sporadicus* Nyl]; Wang *et* Yao, 1996: 305; Proshchalykin *et* Kupianskaya, 2005: 20 [*Bombus* (*Bombus*) *sporadicus czerskianus* Vogt, 1911], 21 [*Bombus* (*Bombus*) *sporadicus malaisei* (Bischoff, 1930)]; Wu *et al.*, 2009: 89; An *et al.*, 2010: 1544; An *et al.*, 2014: 60, Figs. 118, 119; Kupianskaya *et al.*, 2014: 293.

（161）短舌熊蜂 *Bombus* (*Bombus* s. str.) *terrestris* (Linnaeus, 1758)

Apis terrestris Linnaeus, 1758: 578.

异名（Synonym）：

Apis audax Harris, 1776: 130.

Bombus xanthopus Kriechbaumer, 1870: 157.

Bombus dalmatinus Dalla Torre, 1882: 26, worker, ♂.

Bombus canariensis Pérez, 1895: 191.

Bombus terrestriformis Vogt, 1911: 56.

Bombus lusitanicus Krüger, 1956: 78.

Bombus africanus Vogt in Krüger, 1956: 91.

Bombus maderensis Erlandsson, 1979: 191.

分布（Distribution）：新疆（XJ）；智利、巴西、美国、澳大利亚；古北区

其他文献（Reference）：Williams, 2011: 31; Williams *et al.*, 2012: 10 [*Bombus terrestris* (Linnaeus, 1758)].

小锯熊蜂亚属 *Bombus* / Subgenus *Cullumanobombus* Vogt, 1911

Bombus (*Cullumanobombus*) Vogt, 1911: 57. **Type species:** *Apis cullumana* Kirby, 1802, by designation of Frison, 1927: 66.

异名（Synonym）：

Cullumanibombus Skorikov, 1938a: 145, unjustified emendation of *Cullumanobombus* Vogt, 1911.

Bremus (*Rufocinctobombus*) Frison, 1927: 78. **Type species:** *Bombus rufocinctus* Cresson, 1863, monobasic.

其他文献（Reference）：Michener, 2000, 2007.

（162）小锯熊蜂 *Bombus* (*Cullumanobombus*) *cullumanus* (Kirby, 1802)

Apis cullumana Kirby, 1802: 359, ♂.

异名（Synonym）：

Bombus serrisquama Morawitz, 1888: 224, ♂.

Bombus silantjewi Morawitz, 1891: 132, ♀, ♂.

Bombus apollineus Skorikov, 1910b: 412.

分布（Distribution）：新疆（XJ）；古北区

其他文献（Reference）：Dalla Torre, 1896: 515 [*Bombus cullumanus* (Kby.)]; Wang, 1985: 161 [*Bombus* (*Cullumanobombus*) *serrisquama* Mor]; Williams, 2011: 33.

大熊蜂亚属 *Bombus* / Subgenus *Megabombus* Dalla Torre, 1880

Bombus (*Megabombus*) Dalla Torre, 1880: 40. **Type species:** *Bombus ligusticus* Spinola, 1805 = *Apis argillacea* Scopoli, 1763, monobasic.

异名（Synonym）：

Bombus (*Megalobombus*) Schulz, 1906: 267, unjustified emendation of *Megabombus* Dalla Torre, 1880.

Bombus (*Hortobombus*) Vogt, 1911: 56. **Type species:** *Apis hortorum* Linnaeus, 1761, by designation of Sandhouse, 1943: 559.

Hortibombus Skorikov, 1938a: 146, unjustified emendation of *Hortobombus* Vogt, 1911.

Bombus (*Odontobombus*) Krüger, 1917: 61. **Type species:** *Apis argillacea* Scopoli, 1763, by designation of Williams,

1994: 339. [A sectional name, to be treated as a subgenus according to the Code, 3rd ed., art. 10(e)].
其他文献（Reference）：Michener, 2000, 2007.

（163）双色熊蜂 *Bombus* (*Megabombus*) *bicoloratus* Smith, 1879

Bombus bicoloratus Smith, 1879: 132, ♀. **Holotype:** ♀, China: Taiwan; BML.
异名（Synonym）：
Bombus kulingensis Cockerell, 1917: 266, worker.
Bombus (*Senxibombus*) *tajushanensis* Pittioni, 1949: 244. Synonym with *Bombus kulingensis* Cockerell by Sakagami in 1972.
Megabombus (*Senxibombus*) *kulingensis* ssp. *pullus* Tkalců, 1977: 227.
分布（Distribution）：甘肃（GS）、安徽（AH）、江苏（JS）、浙江（ZJ）、江西（JX）、湖南（HN）、湖北（HB）、四川（SC）、福建（FJ）、台湾（TW）、广东（GD）、广西（GX）、海南（HI）
其他文献（Reference）：Dalla Torre, 1896: 512 (*Bombus bicoloratus* Smith); Cockerell, 1911j: 101 (*Bombus bicoloratus* Smith); Starr, 1992: 142 (list), 145, ♀ (key), 147, ♂ (key), 148 [*Bombus* (*Senexibombus*) *bicoloratus* F. Smith]; Yao *et* Luo, 1997: 1686 [*Bombus* (*Senexibombus*) *kulingensis* Cockerell, 1917], ♀, ♂, worker; Williams *et al.*, 2009: 141; An *et al.*, 2011: 9, Fig. 11; An *et al.*, 2012: 1027; An *et al.*, 2014: 29, Figs. 26, 27.

（164）关熊蜂 *Bombus* (*Megabombus*) *consobrinus* Dahlbom, 1832

Bombus consobrinus Dahlbom, 1832: 49, ♀.
异名（Synonym）：
Bombus consobrinus var. *wittenburgi* Vogt, 1911: 56, ♀. (**Syntype**).
Bombus solowiyofkae Matsumura, 1911: 105, ♀ and worker. (**Syntype**).
Hortobombus consobrinus var. *albociliatus* Skorikov, 1914b: 283, ♀. (**Syntype**).
Hortobombus consobrinus var. *bianchii* Skorikov, 1914b: 286. (**Syntypes**).
Hortobombus consobrinus ochroleucus Skorikov, 1914b: 284. (**Syntypes**).
Hortobombus consobrinus var. *submonochromos* Skorikov, 1914b: 284. (**Syntypes**).
Hortobombus consobrinus var. *derzhavini* Skorikov, 1914b: 284. (**Syntypes**).
Bombus yezoensis Matsumura, 1932: 1.
Hortobombus przewalskiellus Skorikov, 1933a: 59.
分布（Distribution）：黑龙江（HL）、吉林（JL）、辽宁（LN）、内蒙古（NM）、河北（HEB）、北京（BJ）、山西（SX）、陕西（SN）、甘肃（GS）、青海（QH）、新疆（XJ）；法国、挪威、芬兰、匈牙利、捷克、瑞典、哈萨克斯坦、蒙古国、俄罗斯、朝鲜、日本
其他文献（Reference）：Dalla Torre, 1896: 515 (*Bombus consobrinus* Dahlb.); Proshchalykin *et* Kupinanskaya, 2005: 21 [*Bombus* (*Megabombus*) *consobrinus* var. *wittenburgi* Vogt, 1911; *Bombus* (*Megabombus*) *consobrinus* var. *ochroleucus* (Skorikov, 1914)]; An *et al.*, 2008: 81; Wu *et al.*, 2009: 89; An *et al.*, 2010: 1544; An *et al.*, 2011: 10, Fig. 16; An *et al.*, 2014: 32, Figs. 36, 37; Kupianskaya *et al.*, 2014: 291.

（165）柯氏熊蜂 *Bombus* (*Megabombus*) *czerskii* Skorikov, 1910

Bombus czerskii Skorikov, 1910b: 413.
分布（Distribution）：黑龙江（HL）、内蒙古（NM）、河北（HEB）、山西（SX）；俄罗斯、蒙古国、朝鲜
其他文献（Reference）：Lee *et* Dumouchel, 1999; An *et al.*, 2008: 81; Wu *et al.*, 2009: 89; An *et al.*, 2010: 1544; An *et al.*, 2014: 31, Figs. 32, 33.

（166）长颊熊蜂 *Bombus* (*Megabombus*) *hortorum* (Linnaeus, 1761)

Apis hortorum Linnaeus, 1761: 424. **Lectotype:** ♀, designated by Day (1979).
异名（Synonym）：
Apis palludosa Müller, 1766: 165.
Apis fidens Harris, 1776: 130, ♀.
Bombus hortorum meridionalis Dalla Torre, 1879: 13.
Bombus hortorum kussariensis Pittioni, 1939c: 244.
Megabombus hortorum dejonghei Rasmont, 1982: 53.
分布（Distribution）：新疆（XJ）；土耳其、哈萨克斯坦、吉尔吉斯斯坦
其他文献（Reference）：Dalla Torre, 1896: 522 [*Bombus hortorum* (L.)]; Wang, 1985: 161 [*Bombus* (*Megabombus*) *hortorum* L.]; Rasmont *et* Adamski, 1995: 23; Aytekin *et* Çağatay, 2003: 197 [*Megabombus* (*Megabombus*) *hortorum* (L., 1761), ♀, ♂]; Kupianskaya *et al.*, 2013: 4; Williams, 2011: 29.

（167）朝鲜熊蜂 *Bombus* (*Megabombus*) *koreanus* (Skorikov, 1933)

Hortobombus koreanus Skorikov, 1933a: 59, ♀, worker.
异名（Synonym）：
Hortobombus pekingensis Bischoff, 1936: 21.
分布（Distribution）：黑龙江（HL）、辽宁（LN）、河北（HEB）、北京（BJ）、山西（SX）、陕西（SN）、甘肃（GS）；朝鲜
其他文献（Reference）：Sakagami, 1975: 297; An *et al.*, 2008: 81; Wu *et al.*, 2009: 89; An *et al.*, 2010: 1544; An *et al.*, 2012: 1027; An *et al.*, 2011: 10, Fig. 15; An *et al.*, 2014: 33, Figs. 38, 39.

（168）长足熊蜂 *Bombus* (*Megabombus*) *longipes* Friese, 1905

Bombus longipes Friese, 1905a: 511, ♀.
异名（Synonym）：
Bombus (*Diversobombus*) *hummeli* Bischoff, 1936: 18, ♂.

Paralectotype: ♂, designated by Tkalců (1987: 63).

分布（Distribution）：辽宁（LN）、河北（HEB）、北京（BJ）、山西（SX）、山东（SD）、陕西（SN）、甘肃（GS）、安徽（AH）、四川（SC）、云南（YN）

其他文献（Reference）：Skorikov, 1923: 159; Panfilov, 1957: 235 [*Bombus* (*Diversobombus*) *longipes* Friese]; Wang, 1993: 1429 [*Bombus* (*Diversobombus*) *hummeli* Bischoff, 1936]; Rasmussen *et* Ascher, 2008: 66; An *et al.*, 2008: 81; Williams *et al.*, 2009: 139, ♀, ♂, worker; Wu, 2009: 89; An *et al.*, 2010: 1544; An *et al.*, 2012: 1027; An *et al.*, 2011: 8, Fig. 9; An *et al.*, 2014: 27, Figs. 22, 23.

（169）圣熊蜂 *Bombus* (*Megabombus*) *religiosus* (Frison, 1935)

Bremus (*Hortobombus*) *religiosus* Frison, 1935: 344, ♂.

分布（Distribution）：宁夏（NX）、甘肃（GS）、四川（SC）、云南（YN）

其他文献（Reference）：Wang, 1993: 1429 [*Bombus* (*Megabombus*) *religiosus* Frison, 1935]; Williams *et al.*, 2009: 144, ♀, ♂, worker; An *et al.*, 2011: 10 (Fig. 13); An *et al.*, 2014: 30 (Figs. 30, 31).

（170）静熊蜂 *Bombus* (*Megabombus*) *securus* (Frison, 1935)

Bremus (*Hortobombus*) *securus* Frison, 1935: 346, ♂.

异名（Synonym）：

Bombus (*Hortobombus*) *yuennanicus* Bischoff, 1936: 23, ♀.

分布（Distribution）：陕西（SN）、甘肃（GS）、四川（SC）、云南（YN）、西藏（XZ）

其他文献（Reference）：Wang, 1993: 1428 [*Bombus* (*Megabombus*) *yuennanicus* Bischoff, 1936]; Tkalců, 1987: 63 [*Magabombus* (*Megabombus*) *securus* (Frison)]; Williams *et al.*, 2009: 144, ♀, ♂, worker.

（171）越熊蜂 *Bombus* (*Megabombus*) *supremus* Morawitz, 1887

Bombus supremus Morawitz, 1887: 196, ♀.

异名（Synonym）：

Bombus linguarius Morawitz, 1890: 351, ♀.

Bombus (*Hortobombus*) *supremus* ssp. *beicki* Bischoff, 1936: 20.

分布（Distribution）：甘肃（GS）、青海（QH）、四川（SC）、西藏（XZ）

其他文献（Reference）：Dalla Torre, 1896: 553 (*Bombus supremus* Mor.); Wang, 1982: 442 [*Bombus* (*Megabombus*) *supremus* Mor.]; Wang, 1993: 1428; Williams *et al.*, 2009: 142, ♀, ♂, worker, Figs. 81-83, 141, 205, 209; An *et al.*, 2011: 9, Fig. 12; An *et al.*, 2014: 29, Figs. 28, 29.

（172）苏氏熊蜂 *Bombus* (*Megabombus*) *sushkini* (Skorikov, 1931)

Hortobombus sushkini Skorikov, 1931: 235, ♀. **Paralectotype:** ♀, designated by Podbolotskaya (1988: 117).

异名（Synonym）：

Bombus (*Hortobombus*) *hortorum* ssp. *morawitzianus* Pittioni, 1939c: 244 (not of Popov, 1931: 183 = *B. morawitzianus*), ♀, worker. (**Lectotype:** ♀, Tkalců, 1974b: 52).

分布（Distribution）：黑龙江（HL）、吉林（JL）、内蒙古（NM）、河北（HEB）、山西（SX）、青海（QH）、新疆（XJ）、四川（SC）、云南（YN）、西藏（XZ）；蒙古国

其他文献（Reference）：Pittioni, 1939c: 244, ♀, worker, [*Bombus* (*Hortobombus*) *hortorum* ssp. *morawitzianus*]; Yang, 2004: 278 [*Bombus* (*Megabombus*) *sushkini* (Skorikov, 1922)]; Williams *et al.*, 2009: 142, ♀, ♂, worker, Figs. 85-87, 142, 206, 210; An *et al.*, 2011: 10, Fig.14; An *et al.*, 2014: 31, Figs. 34, 35.

（173）三条熊蜂 *Bombus* (*Megabombus*) *trifasciatus* Smith, 1852

Bombus trifasciatus Smith, 1852a: 43, ♀, worker. **Lectotype:** ♀, designated by Williams (1911: 52); BML.

异名（Synonym）：

Bombus montivagus Smith, 1878a: 168, ♀.

Bombus ningpoensis (as *ningpoënsis*) Friese, 1909b: 676, worker.

Bombus wilemani Cockerell, 1911j: 100, ♀, worker.

Bombus haemorrhoidalis var. *albopleuralis* Friese, 1916, ♀, worker.

Bombus maxwelli Pendlebury, 1923: 67.

Bombus mimeticus Richards, 1931: 529.

Bombus (*Hortobombus*) *mimeticus turneri* Richards, 1931: 530.

Diversibombus malaisei Skorikov, 1938b: 2. (Homonym).

Megabombus (*Diversobombus*) *albopleuralis atropygus* Tkalců, 1989: 58.

分布（Distribution）：河北（HEB）、陕西（SN）、浙江（ZJ）、江西（JX）、湖南（HN）、湖北（HB）、四川（SC）、贵州（GZ）、云南（YN）、西藏（XZ）、福建（FJ）、台湾（TW）、广东（GD）、广西（GX）；越南、泰国、缅甸、印度、不丹、巴基斯坦、尼泊尔、克什米尔地区

其他文献（Reference）：Dalla Torre, 1896: 521 (*Bombus haematurus* var. *trifasciatus* Smith); Wang, 1982: 442 [*Bombus* (*Diversobombus*) *mimeticus turneri* Richards]; Wang, 1988: 553 [*Bombus* (*Orientalibombus*) *mimeticus turneri* Richards, ♀, ♂, worker, new description of ♂, Figs. 7-12]; Wu *et al.*, 1988: 120 [*Bombus* (*Diversobombus*) *ningpoensis* Friese, ♀, worker]; Starr, 1992: 152 [*Bombus* (*Diversobombus*) *wilemani* Cockerell]; Wang, 1993: 1429 [*Bombus* (*Diversobombus*) *ningpoensis* Friese, 1909]; Yao *et* Luo, 1997: 1686 [*Bombus* (*Diversobombus*) *trifasciatus* Smith, 1852], ♀, ♂, worker; Yao, 2004: 123 [*Bombus* (*Diversobombus*) *trifasciatus* Smith, 1852]; Yang, 2004: 278; Rasmussen *et* Ascher, 2008: 23, 79, 535; Williams *et al.*, 2009: 140, Figs. 63-69, 71-73, 139, 199, 203; Williams *et al.*, 2010: 125; An *et* *al.*, 2011: 9, Fig. 10; An *et al.*, 2012: 1027; An *et al.*, 2014: 26, Figs. 20, 21.

（174）乌苏里熊蜂 *Bombus (Megabombus) ussurensis* Radoszkowski, 1877

Bombus ussurensis Radoszkowski, 1877a: 196, ♀, ♂, worker.

分布（Distribution）：黑龙江（HL）、吉林（JL）、辽宁（LN）、河北（HEB）、北京（BJ）、山西（SX）、山东（SD）、陕西（SN）、甘肃（GS）、四川（SC）；朝鲜、日本、俄罗斯、法国

其他文献（Reference）：Dalla Torre, 1896: 560 (*Bombus ussurensis* Rad.); An *et al.*, 2008: 81 [*Bombus* (*Diversobombus*) *ussurensis* Radoszkowski, 1877]; Wu *et al.*, 2009: 89; An *et al.*, 2010: 1544; An *et al.*, 2014: 28, Figs. 24, 25.

方颊熊蜂亚属 *Bombus* / Subgenus *Melanobombus* Dalla Torre, 1880

Bombus (*Melanobombus*) Dalla Torre, 1880: 40. **Type species:** *Apis lapidaria* Linnaeus, 1758, by designation of Sandhouse, 1943: 569.

异名（Synonym）：

Bombus (*Lapidariobombus*) Vogt, 1911: 58. **Type species:** *Apis lapidaria* Linnaeus, 1758, by designation of Sandhouse, 1943: 562.

Kozlovibombus Skorikov, 1922b: 152. **Type species:** *Bombus kozlovi* Skorikov, 1909 = *Bombus keriensis* Morawitz, 1886, by designation of Sandhouse, 1943: 561.

Bombus (*Kozlowibombus*) Bischoff, 1936: 10, unjustified emendation of *Kozlovibombus* Skorikov, 1922.

Lapidariibombus Skorikov, 1938a: 145, unjustified emendation of *Lapidariobombus* Vogt, 1911.

Bombus (*Tanguticobombus*) Pittioni, 1939a: 201. **Type species:** *Bombus tanguticus* Morawitz, 1886, by original designation.

其他文献（Reference）：Michener, 2000, 2007.

（175）苹熊蜂 *Bombus (Melanobombus) eximius* Smith, 1852

Bombus eximius Smith, 1852a: 47, ♀.

异名（Synonym）：

Bombus latissimus Friese, 1910: 406, ♀, worker.

分布（Distribution）：浙江（ZJ）、江西（JX）、湖南（HN）、四川（SC）、贵州（GZ）、云南（YN）、西藏（XZ）、福建（FJ）、台湾（TW）、广东（GD）、广西（GX）；缅甸、印度、尼泊尔、泰国、越南

其他文献（Reference）：Dalla Torre, 1896: 519 (*Bombus eximius* Smith); Cockerell, 1911j: 101 (*Bombus latissimus* Friese); Wang, 1988: 556 [*Bombus* (*Diversobombus*) *eximius* Smith]; Wu *et al.*, 1988: 119-120 [*Bombus* (*Rufipedibombus*) *eximius* Smith, ♀, ♂, worker, Fig. 74: a-f]; Starr, 1992: 149; Wang, 1993: 1428 [*Bombus* (*Rufipedibombus*) *eximius* Smith, 1852]; Yao *et* Luo, 1997: 1692 [*Bombus* (*Rufipedibombus*) *eximius* Smith, 1852], ♀, ♂, worker; Yao, 2004: 123 [*Bombus* (*Diversobombus*) *eximius* Smith, 1852]; Yang, 2004: 279; Rasmussen *et* Ascher, 2008: 64; Williams *et al.*, 2009: 171, ♀, ♂, worker, Figs. 100, 180, 284, 288; Williams *et al.*, 2010: 131.

（176）白背熊蜂 *Bombus (Melanobombus) festivus* Smith, 1861

Bombus festivus Smith, 1861b: 152, ♀. **Lectotype:** ♀, designated by Tkalců (1974a: 342).

异名（Synonym）：

Bombus atrocinctus Smith, 1870: 193, ♂.

Bombus terminalis Smith, 1870: 193, worker, ♂. (**Lectotype:** worker, Williams *et al.*, 2009: 172).

分布（Distribution）：陕西（SN）、甘肃（GS）、湖北（HB）、四川（SC）、贵州（GZ）、云南（YN）、西藏（XZ）、台湾（TW）；缅甸、印度、尼泊尔

其他文献（Reference）：Dalla Torre, 1896: 520 (*Bombus festivus* Smith); Wang, 1982: 433 [*Bombus* (*Pyrobombus*) *atrocinctus* Smith]; Wang, 1982: 433 [*Bombus* (*Pyrobombus*) *festivus* Smith]; Wang, 1988: 555 [*Bombus* (*Pyrobombus*) *atrocinctus* Smith]; Wang, 1988: 556 [*Bombus* (*Pyrobombus*) *festivus* Smith]; Wu *et al.*, 1988: 115 [*Bombus* (*Pyrobombus*) *atrocinctus* Smith, ♀, ♂, worker]; Wu *et al.*, 1988: 115-116 [*Bombus* (*Pyrobombus*) *festivus* Smith]; Wang, 1993: 1424 [*Bombus* (*Pyrobombus*) *festivus* Smith, 1861]; Wang, 1993: 1425 [*Bombus* (*Pyrobombus*) *atrocinctus* Smith, 1870]; Yao *et* Luo, 1997: 1691 [*Bombus* (*Festivobombus*) *festivus* Smith, 1861], ♀, ♂, worker; Yang, 2004: 279; Williams *et al.*, 2009: 172, ♀, ♂, worker, Figs. 124-125, 181, 285, 289; Williams *et al.*, 2010: 131; An *et al.*, 2011: 23, Fig. 47; An *et al.*, 2014: 70, Figs. 142, 143.

（177）台湾熊蜂 *Bombus (Melanobombus) formosellus* (Frison, 1934)

Bremus formosellus Frison, 1934: 163, ♀.

分布（Distribution）：台湾（TW）

其他文献（Reference）：Starr, 1992: 149.

（178）弗里斯熊蜂 *Bombus (Melanobombus) friseanus* Skorikov, 1933

Bombus friseanus Skorikov, 1933a: 62, ♀.

异名（Synonym）：

Bombus hoenei Bischoff, 1936: 10. (**Lectotype:** ♀, Williams, 1991: 102).

分布（Distribution）：甘肃（GS）、青海（QH）、四川（SC）、云南（YN）、西藏（XZ）

其他文献（Reference）：Williams *et al.*, 2009: 177, ♀, ♂, worker, Figs. 105-108, 187, 295, 299.

（179）惑熊蜂 *Bombus (Melanobombus) incertus* Morawitz, 1881

Bombus incertus Morawitz, 1881: 229, ♀.

分布（Distribution）：新疆（XJ）；土耳其、亚美尼亚、吉尔吉斯斯坦、伊朗

其他文献（Reference）：Wang, 1985: 161 [*Bombus* (*Melanobombus*) *incertus* Mor.]; Wang *et* Yao, 1996: 304.

（180）昆仑熊蜂 *Bombus* (*Melanobombus*) *keriensis* Morawitz, 1887

Bombus keriensis Morawitz, 1887: 199, ♀. (**Syntype**).

异名（Synonym）：

Bombus separandus Vogt, 1909: 61. (**Lectotype:** ♀, Williams, 1991: 96).

Bombus kohli Vogt, 1909: 61, worker (Homonym, **Syntype**).

Bombus kozlovi Skorikov, 1910b: 413 (Replacement name for *B. kohli* Vogt, 1909).

Bombus lapidarius var. *tenellus* Friese, 1913: 86, ♀, ♂, worker.

Bombus alagesianus Reinig, 1930a: 89.

Bombus (*Lapidaribombus*) *keriensis* f. *richardsi* Reinig, 1935: 341, ♀. (Homonym).

Bombus (*Melanobombus*) *tenellus tibetensis* Wang, 1982: 439, ♀, ♂, worker.

Bombus trilineatus Wang, 1982: 441, ♀.

Pyrobombus (*Melanobombus*) *keriensis karakorumensis* Tkalců, 1989: 57.

分布（Distribution）：甘肃（GS）、青海（QH）、新疆（XJ）、四川（SC）、云南（YN）、西藏（XZ）；土耳其、亚美尼亚、哈萨克斯坦、乌兹别克斯坦、阿富汗、塔吉克斯坦、吉尔吉斯斯坦、印度、巴基斯坦、尼泊尔、伊朗、蒙古国

其他文献（Reference）：Dalla Torre, 1896: 527 (*Bombus keriensis* Mor.); Wang, 1982: 437 [*Bombus* (*Melanobombus*) *richardsi* Reinig, ♀, ♂, worker, new description of ♂, Figs. 50-55]; Wang, 1982: 439 [*Bombus* (*Melanobombus*) *tenellus tibetensis* Wang, ♀, ♂, worker, new description of ♂, Figs. 60-65]; Wang, 1982: 441, ♀ [*Bombus* (*Melanobombus*) *trilineatus*, Figs. 66-69]; Wang, 1985: 161 [*Bombus* (*Melanobombus*) *kozlovi* Mor.]; Wang, 1988: 556 [*Bombus* (*Melanobombus*) *richardsi* Reinig]; Wu *et al.*, 1988: 118 [*Bombus* (*Melanobombus*) *richardsi* (Reinig), ♀, ♂, worker, Fig. 73: a-g]; Williams, 1991: 96; Wang, 1993: 1427 [*Bombus* (*Melanobombus*) *richardsi* Reinig, 1935]; Wang *et* Yao, 1996: 305; Williams *et al.*, 2009: 174, ♀, ♂, worker, Figs. 113, 183, 287, 291; Williams, 2011: 32; An *et al.*, 2011: 25, Fig. 51; An *et al.*, 2014: 74, Figs. 150, 151.

（181）拉达克熊蜂 *Bombus* (*Melanobombus*) *ladakhensis* Richards, 1928

Bombus (*Lapidariobombus*) *rufofasciatus* var. *ladakhensis* Richards, 1928a: 336, ♀. **Holotype:** ♀, India; BML.

异名（Synonym）：

Bombus (*Lapidariobombus*) *rufofasciatus* var. *phariensis* Richards, 1930: 642, ♀.

Bombus variopictus Skorikov, 1933b: 248, ♀. (**Syntype**).

Bombus reticulatus Bischoff, 1936: 7, worker.

分布（Distribution）：甘肃（GS）、青海（QH）、四川（SC）、云南（YN）、西藏（XZ）；印度、尼泊尔、不丹

其他文献（Reference）：Wang, 1982: 436 [*Bombus* (*Melanobombus*) *ladakhensis* Richards]; Wang, 1982: 436 [*Bombus* (*Melanobombus*) *phariensis* Richards, ♀, ♂, worker, new description of ♂, Figs. 44-49]; Wang, 1993: 1428 [*Bombus* (*Melanobombus*) *phariensis* Richards, 1930]; Wang *et* Yao, 1996: 305 [*Bombus* (*Melanobombus*) *phariensis* Richards, 1930]; Williams *et al.*, 2009: 173, ♀, ♂, worker, Figs. 122-123, 182, 286, 290; Williams *et al.*, 2010: 132; An *et al.*, 2011: 24, Fig. 50; An *et al.*, 2014: 73, Figs. 148, 149.

（182）银珠熊蜂 *Bombus* (*Melanobombus*) *miniatus* Bingham, 1897

Bombus miniatus Bingham, 1897: 553, ♂.

异名（Synonym）：

Bombus flavothoracicus Bingham, 1897: 552-553, ♀, worker. (Homonym).

Bombus (*Melanobombus*) *eurythorax* Wang, 1982: 435, ♀.

Bombus (*Melanobombus*) *stenothorax* Wang, 1982: 439, ♀.

分布（Distribution）：北京（BJ）、甘肃（GS）、青海（QH）、四川（SC）、云南（YN）、西藏（XZ）；印度、巴基斯坦、尼泊尔、克什米尔地区

其他文献（Reference）：Wang, 1982: 435, ♀ [*Bombus* (*Melanobombus*) *eurythorax*, Figs. 40-43]; Wang, 1982: 439, ♀ [*Bombus* (*Melanobombus*) *stenothorax*, Figs. 56-59]; Wang, 1982: 445 [*Bombus* (*Melanobombus*) *miniatus* Bingham]; Williams *et al.*, 2010: 131.

（183）红体熊蜂 *Bombus* (*Melanobombus*) *pyrosoma* Morawitz, 1890

Bombus pyrosoma Morawitz, 1890: 349, ♀. **Syntype**: ♀, China: Kan-ssu; ZISP.

异名（Synonym）：

Bombus pyrrhosoma Dalla Torre, 1896: 544. (Unjustified emendation).

Pyrobombus wutaishanensis Tkalců, 1968a: 39.

分布（Distribution）：黑龙江（HL）、吉林（JL）、辽宁（LN）、内蒙古（NM）、河北（HEB）、天津（TJ）、北京（BJ）、山西（SX）、山东（SD）、河南（HEN）、陕西（SN）、青海（QH）、湖北（HB）、甘肃（GS）、宁夏（NX）、四川（SC）、贵州（GZ）、西藏（XZ）；印度、尼泊尔、朝鲜、日本、俄罗斯、蒙古国、法国、克什米尔地区

其他文献（Reference）：Dalla Torre, 1896: 544 (*Bombus pyrosoma* Mor.); Wang, 1993: 1428 [*Bombus* (*Melanobombus*) *pyrrhosoma* F. Morawitz, 1890]; Yao *et* Luo, 1997: 1694, ♀, ♂, worker; Yang, 2004: 279; An *et al.*, 2008: 82; Peng *et al.*, 2009: 117; Wu *et al.*, 2009: 89; An *et al.*, 2010: 1455; Williams *et al.*, 2009: 176, ♀, ♂, worker, Figs. 97, 117, 186, 294, 298; Raina *et al.*, 2013: 97-106 [*Bombus* (*Melanobombus*) *pyrosoma*

(Morawitz, 1890), synonym, diagnostic features of ♀, ♂, Figs. 1-24]; An *et al.*, 2011: 24, Fig. 49; An *et al.*, 2012: 1027; An *et al.*, 2014: 71, Figs. 146, 147.

（184）雀熊蜂 *Bombus* (*Melanobombus*) *richardsiellus* (Tkalců, 1968)

Pyrobombus richardsiellus Tkalců, 1968a: 42, ♀, ♂, worker.

分布（Distribution）：西藏（XZ）；缅甸

其他文献（Reference）：Wang, 1982: 445 [*Bombus* (*Melanobombus*) *richardsiellus* Tkalců]; Williams, 1991: 102.

（185）红束熊蜂 *Bombus* (*Melanobombus*) *rufofasciatus* Smith, 1852

Bombus rufofasciatus Smith, 1852b: 48, ♀. **Lectotype:** ♀, designated by Tkalců (1974a: 340).

异名（Synonym）：

Bombus prshewalskyi Morawitz, 1880: 343.

Bombus rufocinctus Morawitz, 1880: 342. (Homonym).

Bombus chinensis Dalla Torre, 1890: 139. (Replacement name for *B. rufocinctus* Morawitz, 1880).

Bombus rufofasciatus var. *championi* Richards, 1928b: 107, ♀.

Bombus waterstoni Richards, 1934: 88, ♀.

分布（Distribution）：甘肃（GS）、青海（QH）、四川（SC）、云南（YN）、西藏（XZ）；印度、巴基斯坦、尼泊尔

其他文献（Reference）：Dalla Torre, 1896: 545 (*Bombus rufofasciatus* Smith); Wang, 1982: 438 [*Bombus* (*Melanobombus*) *rufofasciatus* Smith]; Wang, 1988: 556 [*Bombus* (*Melanobombus*) *rufofasciatus* Smith]; Wang, 1993: 1427 [*Bombus* (*Melanobombus*) *rufofasciatus* Smith, 1890]; Yang, 2004: 279; Williams *et al.*, 2009: 175, ♀, ♂, worker, Figs. 119-121, 185, 293, 297; Williams *et al.*, 2010: 131; Suhail *et al.*, 2009: 5; An *et al.*, 2011: 23, Fig. 48; An *et al.*, 2014: 71, Figs. 144, 145.

（186）斯熊蜂 *Bombus* (*Melanobombus*) *sichelii* Radoszkowski, 1859

Bombus sichelii Radoszkowski, 1859: 481, ♀. **Lectotype:** ♀, designated by Tkalců (1974: 340); MNB.

异名（Synonym）：

Bombus alticola Kriechbaumer, 1873: 339.

Bombus sicheli f. *uniens* Vogt, 1909: 62, ♀, worker. (**Syntypes**).

Bombus tenuifasciatus Vogt, 1909: 49.

Bombus sicheli ssp. *chinganicus* Reinig, 1936: 6.

Lapidariobombus sicheli var. *cazurroi* Vogt, 1911: 59, ♀.

Lapidariobombus sicheli f. *drenowskii* Vogt, 1911: 59, ♀.

Pyrobombus sicheli flavissimus Tkalců, 1975: 177.

Pyrobombus erzurumensis Özbek, 1990: 209.

分布（Distribution）：黑龙江（HL）、吉林（JL）、辽宁（LN）、内蒙古（NM）、河北（HEB）、山西（SX）、宁夏（NX）、甘肃（GS）、青海（QH）、新疆（XJ）、四川（SC）、西藏（XZ）；蒙古国、朝鲜、俄罗斯、阿尔巴尼亚、西班牙、奥地利、意大利

其他文献（Reference）：Dalla Torre, 1896: 531 (*Bombus lapidarius* var. *sichelii* Rad.); Proshchalykin *et* Kupianskaya, 2005: 22; Wu *et al.*, 2009: 89; An *et al.*, 2010: 1544; Williams *et al.*, 2009: 174, ♀, ♂, worker, Figs. 116, 184, 292, 296; An *et al.*, 2011: 25, Fig. 52; Kupianskaya *et al.*, 2013: 8; An *et al.*, 2014: 74, Figs. 152, 153; Kupianskaya *et al.*, 2014: 293.

（187）莺熊蜂 *Bombus* (*Melanobombus*) *tanguticus* Morawitz, 1887

Bombus tanguticus Morawitz, 1887: 200, ♀.

分布（Distribution）：西藏（XZ）；印度

其他文献（Reference）：Dalla Torre, 1896: 553 (*Bombus tanguticus* Mor); Wang, 1982: 445 [*Bombus* (*Melanobombus*) *tanguticus* Morawitz].

污熊蜂亚属 *Bombus* / Subgenus *Mendacibombus* Skorikov, 1914

Bombus (*Mendacibombus*) Skorikov, 1914a: 125. **Type species:** *Bombus mendax* Gerstäcker, 1869, by designation of Sandhouse, 1943: 572.

其他文献（Reference）：Michener, 1997, 2000, 2007.

（188）凸污熊蜂 *Bombus* (*Mendacibombus*) *convexus* Wang, 1979

Bombus (*Mendacibombus*) *convexus* Wang, 1979: 190, ♀, worker. **Holotype:** ♀, China: Xizang; IZB.

异名（Synonym）：

Bombus lugubris Morawitz, 1880: 339 (not of Kriechbaumer, 1870: 159 = *B. maxillosus* Klug), worker.

分布（Distribution）：北京（BJ）、甘肃（GS）、青海（QH）、四川（SC）、云南（YN）、西藏（XZ）

其他文献（Reference）：Wang, 1982: 429 [*Bombus* (*Mendacibombus*) *convexus* Wang]; Williams, 1991: 42; Wu *et al.*, 1988: 114 [*Bombus* (*Mendacibombus*) *convexus* Wang, ♀, worker, Fig. 70: a-d]; Wang, 1993: 1424 [*Bombus* (*Mendacibombus*) *convexus* Wang, 1977]; Williams *et al.*, 2009: 130, ♀, worker, ♂, Figs. 26, 133, 189, 193; An *et al.*, 2011: 5, Fig. 4; An *et al.*, 2014: 20, Figs. 4, 5.

（189）松熊蜂 *Bombus* (*Mendacibombus*) *defector* Skorikov, 1910

Bombus (*Mendacibombus*) *defector* Skorikov, 1910a: 329, ♀.

分布（Distribution）：新疆（XJ）；瑞士、俄罗斯、蒙古国、吉尔吉斯斯坦

其他文献（Reference）：Wang, 1985: 160 [*Bombus* (*Mendacibombus*) *defector* Skor.].

（190）马氏熊蜂 *Bombus* (*Mendacibombus*) *makarjini* Skorikov, 1910

Bombus mendax makarjini Skorikov, 1910a: 329, ♀.

分布（Distribution）：新疆（XJ）；哈萨克斯坦、吉尔吉斯斯坦

其他文献（Reference）：Williams, 2011: 27.

（191）华丽熊蜂 *Bombus* (*Mendacibombus*) *superbus* (Tkalců, 1968)

Mendacibombus superbus Tkalců, 1968a: 22.

分布（Distribution）：青海（QH）、西藏（XZ）；尼泊尔

其他文献（Reference）：Wang *et* Yao, 1996: 303.

（192）土耳其斯坦熊蜂 *Bombus* (*Mendacibombus*) *turkestanicus* Skorikov, 1910

Bombus mendax turkestanicus Skorikov, 1910a: 329, ♀.

分布（Distribution）：新疆（XJ）；德国、哈萨克斯坦、阿富汗、吉尔吉斯斯坦

其他文献（Reference）：Wang *et* Yao, 1996: 303; Williams, 2011: 28.

（193）稳纹熊蜂 *Bombus* (*Mendacibombus*) *waltoni* Cockerell, 1910

Bombus waltoni Cockerell, 1910a: 239, ♀. **Holotype:** ♀, India; BML.

异名（Synonym）：

Bombus mendax chinensis Skorikov, 1910a: 330, ♀.

Bombus rufitarsus Friese, 1913: 85, worker.

Bombus asellus Friese, 1924: 438, ♂, worker.

分布（Distribution）：甘肃（GS）、青海（QH）、四川（SC）、西藏（XZ）；尼泊尔、印度

其他文献（Reference）：Wang, 1982: 430; Wang, 1993: 1424; Wang *et* Yao, 1996: 303; Rasmussen *et* Ascher, 2008; Williams *et al.*, 2009: 129; Williams *et al.*, 2010: 124; An *et al.*, 2011: 6, Fig. 5; An *et al.*, 2014: 21, Figs. 6, 7.

东方熊蜂亚属 *Bombus* / Subgenus *Orientalibombus* Richards, 1929

Bombus (*Orientalibombus*) Richards, 1929b: 378. **Type species:** *Bombus orientalis* Smith, 1854 = *B. haemorrhoidalis* Smith, 1852, by original designation.

异名（Synonym）：

Bombus (*Orientalobombus*) Kruseman, 1952: 102, unjustified emendation of *Orientalibombus* Richards, 1929.

其他文献（Reference）：Michener, 2000, 2007.

（194）娇熊蜂 *Bombus* (*Orientalibombus*) *braccatus* Friese, 1905

Bombus braccatus Friese, 1905a: 512, ♀, worker. **Lectotype:** ♀, designated by Tkalců (1989: 60).

异名（Synonym）：

Bremus (*Orientalibombus*) *metcalfi* Frison, 1935: 357, ♂.

分布（Distribution）：四川（SC）；美国

其他文献（Reference）：Rasmussen *et* Ascher, 2008; Williams *et al.*, 2009: 138, ♀, ♂, worker, Figs. 10, 39-41, 135, 191, 195.

（195）葬熊蜂 *Bombus* (*Orientalibombus*) *funerarius* Smith, 1852

Bombus funerarius Smith, 1852b: 47, ♀. **Holotype:** ♀, India; BML.

异名（Synonym）：

Bombus funerarius var. *lateritius* Friese, 1916: 108, ♀.

Bremus (*Agrobombus*) *priscus* Frison, 1935: 349.

Orientalibombus funerarius birmanus Tkalců, 1989: 47.

分布（Distribution）：四川（SC）、云南（YN）、西藏（XZ）；尼泊尔、缅甸、印度

其他文献（Reference）：Wang, 1993: 1423 [*Bombus* (*Orientalibombus*) *funerarius lateritius* Friese]; Yang, 2004: 278; Rasmussen *et* Ascher, 2008; Williams *et al.*, 2009: 130, ♀, ♂, worker, Figs. 42, 134, 190, 194; Williams *et al.*, 2010: 124.

（196）红尾熊蜂 *Bombus* (*Orientalibombus*) *haemorrhoidalis* Smith, 1852

Bombus haemorrhoidalis Smith, 1852a: 43, ♀, ♂, worker. (Type lost).

异名（Synonym）：

Bombus orientalis Smith, 1854: 402, ♀. (**Lectotype:** ♀, Williams, 1991).

Bombus assamensis Bingham, 1897: 550-551, worker and ♂. (**Lectotype:** ♀, Williams, 1991).

Bombus montivolans Richards, 1929b: 382, ♂.

Orientalibombus haemorrhoidalis semialbopleuralis Tkalců, 1974a: 322.

Orientalibombus haemorrhoidalis cinnameus Tkalců, 1989: 47, ♀.

Orientalibombus montivolans semibreviceps Tkalců, 1968b: 10, worker.

Orientalibombus montivolans semivicinus Tkalců, 1991: 29, worker.

分布（Distribution）：云南（YN）、西藏（XZ）；巴基斯坦、尼泊尔、印度、老挝、泰国、缅甸、越南、不丹、克什米尔地区

其他文献（Reference）：Dalla Torre, 1896: 521 (*Bombus haemorrhoidalis* Smith); Wu *et al.*, 1988: 112 [*Bombus* (*Orientalibombus*) *montivolans* Richards, ♀, Fig. 68: a-d]; Wu *et al.*, 1988: 113 [*Bombus* (*Orientalibombus*) *smeibreviceps* Tkalců, ♀]; Williams, 1991: 58; Wang, 1993: 1423 [*Bombus* (*Orientalibombus*) *montivolans* Richards, 1929]; Yang, 2004: 278; Suhail *et al.*, 2009: 4 [*Bombus* (*Orientalibombus*) *haemmorrhoidalis* Smith]; Williams *et al.*, 2010: 124.

拟熊蜂亚属 *Bombus* / Subgenus *Psithyrus* Lepeletier, 1833

Psithyrus Lepeletier, 1833: 373. **Type species:** *Apis rupestris* Fabricius, 1793, by designation of Curtis, 1833: pl. 468.

异名（Synonym）：

Apathus Newman, 1834: 404 footnote, unjustified replacement for *Psithyrus* Lepeletier, 1833. **Type species:** *Apis rupestris* Fabricius, 1793, autobasic.

Bremus Kirby, 1837: 272 footnote (not Panzer, 1804). **Type species:** *Apis rupestris* Fabricius, 1793, by designation of

Milliron, 1961: 59.

Psithyrus (*Ashtonipsithyrus*) Frison, 1927: 69. **Type species:** *Apathus ashtoni* Cresson, 1864, by original designation.

Psithyrus (*Fernaldaepsithyrus*) Frison, 1927: 70. **Type species:** *Psithyrus fernaldae* Franklin, 1911, monobasic.

Psithyrus (*Allopsithyrus*) Popov, 1931: 136. **Type species:** *Apis barbutella* Kirby, 1802, by original designation.

Psithyrus (*Eopsithyrus*) Popov, 1931: 134. **Type species:** *Apathus tibetanus* Morawitz, 1886, by original designation.

Psithyrus (*Metapsithyrus*) Popov, 1931: 135. **Type species:** *Apis campestris* Panzer, 1801, by original designation.

Psithyrus (*Ceratopsithyrus*) Pittioni, 1949: 270. **Type species:** *Psithyrus klapperichi* Pittioni, 1949 = *Psithyrus cornutus* Frison, 1933, monobasic.

Citrinopsithyrus Thorp, 1983, *in* Thorp *et al.*, 1983: 50. **Type species:** *Apathus citrinus* Smith, 1854, by original designation. [Substitute for *Laboriopsithyrus* Frison, 1927, the type species of which turns out to be an anthophorine bee of the genus *Habropoda*].

其他文献（Reference）：Michener, 2000, 2007.

（197）地拟熊蜂 *Bombus* (*Psithyrus*) *barbutellus* (Kirby, 1802)

Apis barbutella Kirby, 1802: 343, ♀, ♂.

异名（Synonym）：

Apis saltuum Panzer, 1801: 75.

Psithyrus vestalis var. *leucoproctus* Lepeletier, 1833: 377, ♀.

Bombus varians Seidl, 1837: 68.

Psithyrus barbutellus var. *trifasciatus* Hoffer, 1888: 134.

Psithyrus barbutellus var. *bimaculatus* Popov, 1931: 189, ♀.

Psithyrus barbutellus var. *richardsi* Popov, 1931: 190. (Homonym).

Psithyrus barbutellus var. *maculinotus* Popov, 1931: 190, ♂.

分布（Distribution）：黑龙江（HL）、辽宁（LN）、内蒙古（NM）、河北（HEB）、北京（BJ）、山西（SX）；西班牙、爱尔兰、意大利、法国、德国、英国、捷克、波兰、瑞典、芬兰、拉脱维亚、乌克兰、土耳其、哈萨克斯坦、俄罗斯

其他文献（Reference）：Dalla Torre, 1896: 565 [*Psithyrus barbutellus* (Kby.)]; Løken, 1984: 12 [*Psithyrus* (*Allopsithyrus*) *barbutellus* (Kirby), Figs. 9, 18, 26, ♀, ♂]; Wu *et al.*, 2009: 89; An *et al.*, 2010: 1455; Kupianskaya *et al.*, 2013: 6; An *et al.*, 2014: 51, Figs. 92, 93; Kupianskaya *et al.*, 2014: 292.

（198）贝拉拟熊蜂 *Bombus* (*Psithyrus*) *bellardii* (Gribodo, 1892)

Psithyrus bellardii Gribodo, 1892: 108, ♀. **Syntype:** ♀, Myanmar; MCSN.

异名（Synonym）：

Psithyrus (*Metapsithyrus*) *pieli* Maa, 1948: 29.

Psithyrus (*Metapsithyrus*) *tajushanensis* Pittioni, 1949: 277.

分布（Distribution）：辽宁（LN）、内蒙古（NM）、山西（SX）、陕西（SN）、安徽（AH）、浙江（ZJ）、江西（JX）、湖北（HB）、四川（SC）、云南（YN）、福建（FJ）、广西（GX）；缅甸

其他文献（Reference）：Yao, 1995: 580 (*Psithyrus pieli* Maa); Williams, 1998: 105; Williams *et al.*, 2009: 155, ♀, ♂, Figs. 13, 20, 160, 244, 248; An *et al.*, 2014: 49, Figs. 84, 85.

（199）波希拟熊蜂 *Bombus* (*Psithyrus*) *bohemicus* Seidl, 1837

Bombus bohemicus Seidl, 1837: 73, ♀, worker.

异名（Synonym）：

Psithyrus distinctus Pérez, 1884: 268, ♀, ♂.

Psithyrus vestalis var. *eximius* Hoffer, 1889: 145, ♀.

Psithyrus vestalis var. *obscurus* Hoffer, 1889: 145, ♀.

Psithyrus vestalis var. *corax* Hoffer, 1889: 147, ♂.

Bombus naiptchianus Matsumura, 1911: 106, ♀, ♂.

Psithyrus (*Ashtonipsithyrus*) *chinganicus* Reinig, 1936: 8.

Psithyrus (*Ashtonipsithyrus*) *distinctus* ssp. *hedini* Bischoff, 1936: 26, ♀.

分布（Distribution）：黑龙江（HL）、吉林（JL）、内蒙古（NM）、河北（HEB）、山西（SX）、甘肃（GS）、新疆（XJ）、四川（SC）、西藏（XZ）；美国；亚洲、欧洲

其他文献（Reference）：Dalla Torre, 1896: 573; Matsumura, 1911; Løken, 1984: 8 [*Psithyrus* (*Ashtonipsithyrus*) *bohemicus* (Seidl), Figs. 6, 16, 25, ♀, ♂]; Williams, 1991: 45; Wang *et* Yao, 1996: 306 (*Psithyrus bohemicus* Seidl, 1837); Yang, 2004: 277; Proshchalykin *et* Kupianskaya, 2005: 23 [*Bombus* (*Psithyrus*) *bohemicus* Seidl, 1838]; An *et al.*, 2008: 83 (*Psithyrus bohemicus* Seidl, 1837); Wu *et al.*, 2009: 89; An *et al.*, 2010: 1455; Williams *et al.*, 2009: 155, ♀, ♂, Figs. 24, 161, 245, 249; Williams, 2011: 31; An *et al.*, 2011: 16, Fig. 31; An *et al.*, 2014: 51, Figs. 90, 91; Kupianskaya *et al.*, 2014: 292 [*Bombus* (*Psithyrus*) *bohemicus* Seidl, 1838].

（200）布氏拟熊蜂 *Bombus* (*Psithyrus*) *branickii* (Radoszkowski, 1893)

Psithyrus branickii Radoszkowski, 1893b: 241, ♀. **Lectotype:** ♀, designated by Tkalců (1969: 204).

异名（Synonym）：

Apathus chloronotus Moratitz, 1893: 6, ♀. (**Lectotype:** ♀, Pesenko, 2000: 8).

Psithyrus rupestris var. *eriophoroides* Reinig, 1930a: 110, ♂. (**Syntype**).

Psithyrus (*Psithyrus*) *rupestris* subsp. *elisabethae* Reinig, 1940: 231, ♀.

分布（Distribution）：山西（SX）、青海（QH）、新疆（XJ）、四川（SC）、西藏（XZ）；乌兹别克斯坦、哈萨克斯坦、吉尔吉斯斯坦、塔吉克斯坦、阿富汗、巴基斯坦、印度、蒙古国、俄罗斯、朝鲜

其他文献（Reference）：Dalla Torre, 1896: 566 (*Psithyrus branickii* Rad.); Williams, 1991: 48; Williams *et al.*, 2009: 153, ♀, ♂, Figs. 14-15, 158, 238, 242.

（201）田野拟熊蜂 *Bombus* (*Psithyrus*) *campestris* (Panzer, 1801)

Apis campestris Panzer, 1801: 74.

异名（Synonym）：

Apis rossiella Kirby, 1802: 331, ♂.

Apis leeana Kirby, 1802: 333, ♂.

Apis francisana Kirby, 1802: 334, ♂.

Apis carduorum Schrank, 1802: 364.

Apis arvorum Panzer, 1804: 199.

Apis montana Panzer, 1804: 204. (Homonym).

Psithyrus campestris var. *inops* Lepeletier, 1833: 380, ♀.

Psithyrus rossiellus var. *varius* Lepeletier, 1833: 381.

Psithyrus campestris var. *flavus* Pérez, 1884: 265, ♂.

Psithyrus campestris var. *stefanii* Meunier, 1888: 176, ♀, ♂.

Psithyrus campestris var. *carbonarius* Hoffer, 1889: 130, ♂.

Psithyrus campestris var. *flavothoracicus* Hoffer, 1889: 128, ♀.

Psithyrus campestris var. *obsoletus* Alfken, 1913: 135.

分布（Distribution）：黑龙江（HL）、吉林（JL）、宁夏（NX）；西班牙、安道尔、法国、爱尔兰、英国、意大利、比利时、挪威、捷克、波兰、波黑、瑞典、立陶宛、马其顿、乌克兰、格鲁吉亚、土耳其、伊朗、吉尔吉斯斯坦、俄罗斯

其他文献（Reference）：Dalla Torre, 1896: 567 [*Psithyrus campestris* (Panz.)]; Wu, 1965: 66 [*Psithyrus campestris* Panzer, ♀, ♂]; Løken, 1984: 18 [*Psithyrus* (*Metapsithyrus*) *campestris* (Panzer), Figs. 10. 20, 28, ♀, ♂]; An *et al.*, 2014: 49, Figs. 86, 87; Kupianskaya *et al.*, 2014: 292.

（202）中国拟熊蜂 *Bombus* (*Psithyrus*) *chinensis* (Morawitz, 1890)

Apathus rupestris var. *chinensis* Morawitz, 1890: 352, ♀. **Holotype:** ♀, China: Kan-ssu; ZISP.

异名（Synonym）：

Psithyrus morawitzi Friese, 1905a: 516, ♀, ♂. (**Paralectotye:** ♀, Pesenko, 2000: 14).

Psithyrus (*Psithyrus*) *chinensis* ssp. *hönei* Bischoff, 1936: 26, ♀. (**Lectotype:** ♀, Tkalců, 1987: 59)

分布（Distribution）：陕西（SN）、宁夏（NX）、甘肃（GS）、青海（QH）、四川（SC）、云南（YN）、西藏（XZ）

其他文献（Reference）：Dalla Torre, 1896: 572 [*Psithyrus rupestris* var. *chinensis* Mora]; Williams, 1991: 47; Rasmussen *et* Ascher, 2008; Williams *et al.*, 2009: 153, ♀, ♂, Figs. 12, 17, 157, 237, 241; An *et al.*, 2011: 15, Fig. 28; An *et al.*, 2014: 48, Figs. 80, 81.

（203）科尔拟熊蜂 *Bombus* (*Psithyrus*) *coreanus* (Yasumatsu, 1934)

Psithyrus (*Ashtonipsithyrus*) *coreanus* Yasumatsu, 1934: 399.

分布（Distribution）：河北（HEB）、北京（BJ）、山西（SX）、甘肃（GS）、湖北（HB）、四川（SC）；朝鲜

其他文献（Reference）：An *et al.*, 2008: 83; An *et al.*, 2010: 1455; An *et al.*, 2011: 16, Fig. 30; An *et al.*, 2012: 1027; An *et al.*, 2014: 50, Figs. 88, 89.

（204）角拟熊蜂 *Bombus* (*Psithyrus*) *cornutus* (Frison, 1933)

Psithyrus (*Psithyrus*) *cornutus* Frison, 1933: 338.

异名（Synonym）：

Psithyrus (*Psithyrus*) *pyramideus* Maa, 1948: 19, ♂.

Psithyrus (*Psithyrus*) *acutisquameus* Maa, 1948: 21, ♂.

Psithyrus (*Ceratopsithyrus*) *klapperichi* Pittioni, 1949: 273, ♀. (not of Pittioni, 1949: 266 = *B. picipes* Richards).

Psithyrus (*Eopsithyrus*) *cornutus* ssp. *canus* Tkalců, 1989: 42, ♀. [not of Schmiedeknecht, 1883: 359 = *B. pomorum* (Panzer)].

分布（Distribution）：山西（SX）、陕西（SN）、宁夏（NX）、甘肃（GS）、安徽（AH）、浙江（ZJ）、湖南（HN）、湖北（HB）、四川（SC）、贵州（GZ）、云南（YN）、福建（FJ）；印度

其他文献（Reference）：Yao *et* Luo, 1997: 1694 (*Psithyrus cornutus* Frison, 1933), ♀, ♂; Williams *et al.*, 2009: 150, ♀, ♂, Figs. 11, 16, 153, 229, 233; An *et al.*, 2011: 15, Fig. 26; An *et al.*, 2012: 1027; An *et al.*, 2014: 46, Figs. 74, 75.

（205）外光拟熊蜂 *Bombus* (*Psithyrus*) *expolitus* (Tkalců, 1989)

Psithyrus (*Eopsithyrus*) *expolitus* Tkalců, 1989: 44, ♀. **Holotype:** ♀, Turkestan Kashgar; MNB.

分布（Distribution）：甘肃（GS）、青海（QH）、四川（SC）、西藏（XZ）

其他文献（Reference）：Williams, 1998: 104; Williams *et al.*, 2009: 151, ♀, ♂, Figs. 22, 154, 230, 234; An *et al.*, 2011: 15, Fig. 27; An *et al.*, 2014: 47, Figs. 78, 79.

（206）费尔干纳拟熊蜂 *Bombus* (*Psithyrus*) *ferganicus* (Radoszkowski, 1893)

Psithyrus ferganicus Radoszkowski, 1893b: 241, ♀. **Lectotype:** ♀, designated by Tkalců (1969: 206).

异名（Synonym）：

Apathus ochraceus Morawitz, 1893: 5, ♀.

Psithyrus indicus Richards, 1929a: 139, ♂.

分布（Distribution）：新疆（XJ）；哈萨克斯坦、乌兹别克斯坦、吉尔吉斯斯坦、巴基斯坦、印度

其他文献（Reference）：Dalla Torre, 1896: 569 (*Psithyrus ferganicus* Rad.); Williams, 1991: 49.

（207）单带拟熊蜂 *Bombus* (*Psithyrus*) *monozonus* (Friese, 1931)

Psithyrus monozonus Friese, 1931: 304, ♀.

分布（Distribution）：台湾（TW）

其他文献（Reference）：Starr, 1992: 151; Rasmussen *et* Ascher, 2008: 72.

（208）莫拟熊蜂 *Bombus* (*Psithyrus*) *morawitzianus* (Popov, 1931)

Psithyrus (*Metapsithyrus*) *morawitzianus* Popov, 1931: 183, ♀.

Lectotype: ♀, designated by Tkalců (1974b: 52).
异名（Synonym）：
Psithyrus (*Metapsithyrus*) *redikorzevi* Popov, 1931: 181.
分布（Distribution）：中国西北地区；阿富汗、巴基斯坦、塔吉克斯坦、哈萨克斯坦、吉尔吉斯斯坦
其他文献（Reference）：Grütte, 1937; Williams, 2011: 31.

（209）挪威拟熊蜂 *Bombus* (*Psithyrus*) *norvegicus* (Sparre-Schneider, 1918)

Psithyrus norvegicus Sparre-Schneider, 1918: 40, ♀.
分布（Distribution）：吉林（JL）、辽宁（LN）、河北（HEB）、甘肃（GS）、新疆（XJ）、四川（SC）、云南（YN）；日本；北欧
其他文献（Reference）：Popov, 1927: 268, ♂; Løken, 1984: 36 [*Psithyrus* (*Fernaldaepsithyrus*) *norvegicus* Sp. Schneider, Figs. 12, 22, 34, ♀, ♂]; Wu *et al.*, 2009: 90; An *et al.*, 2010: 1455; An *et al.*, 2014: 52, Figs. 96, 97.

（210）岩拟熊蜂 *Bombus* (*Psithyrus*) *rupestris* (Fabricius, 1793)

Apis rupestris Fabricius, 1793: 320, ♀. **Lectotype:** ♀, designated by Løken (1966: 203).
异名（Synonym）：
Psithyrus rupestris f. *buyssoni* Vogt, 1911: 64, ♀. (**Syntypes**).
Psithyrus rupestris ssp. *orientalis* Reinig, 1930b: 276, ♀. (**Syntypes**).
分布（Distribution）：黑龙江（HL）、内蒙古（NM）、宁夏（NX）、甘肃（GS）、新疆（XJ）、四川（SC）；澳大利亚；古北区
其他文献（Reference）：Løken, 1984: 14 [*Psithyrus* (s. str.) *rupestris* (Fabricius), Figs. 8, 19, 27, ♀, ♂]; Williams, 1991: 44; Williams *et al.*, 2009: 154, ♀, ♂, Figs. 18, 159, 239, 243; An *et al.*, 2011: 15, Fig. 29; An *et al.*, 2014: 48, Figs. 82, 83; Kupianskaya *et al.*, 2014: 292.

（211）斯拟熊蜂 *Bombus* (*Psithyrus*) *skorikovi* (Popov, 1927)

Psithyrus skorikovi Popov, 1927: 267: ♀. **Holotype:** ♀, China: Qinghai; ZISP.
异名（Synonym）：
Psithyrus (*Fernaldaepsithyrus*) *gansuensis* Popov, 1931: 202, ♂.
Psithyrus (*Fernaldaepsithyrus*) *kuani* Tkalců, 1961: 362, ♀.
分布（Distribution）：宁夏（NX）、甘肃（GS）、青海（QH）、四川（SC）、西藏（XZ）；土耳其、巴基斯坦、尼泊尔、印度
其他文献（Reference）：Williams, 1991: 50; Williams *et al.*, 2009: 156, ♀, ♂, Figs. 23, 162, 246, 250; An *et al.*, 2011: 16, Fig. 32; An *et al.*, 2014: 52, Figs. 94, 95.

（212）寓林拟熊蜂 *Bombus* (*Psithyrus*) *sylvestris* (Lepeletier, 1833)

Psithyrus quadricolor var. *sylvestris* Lepeletier, 1833: 377, ♂.
异名（Synonym）：
Apathus brasiliensis Smith, 1854: 385, ♀.
分布（Distribution）：吉林（JL）、辽宁（LN）、河北（HEB）、山西（SX）、四川（SC）；蒙古国、朝鲜、俄罗斯、阿尔巴尼亚、意大利、英国；北欧
其他文献（Reference）：Dalla Torre, 1896: 571 (*Psithyrus quadricolor* var. *silvestris* Lep.); Løken, 1984: 25 [*Psithyrus* (*Fernaldaepsithyrus*) *sylvestris* Lepeletier, Figs. 11, 23, 30, ♀, ♂]; Proshchalykin *et* Kupianskaya, 2005: 24; Wu *et al.*, 2009: 90; An *et al.*, 2010: 1455; An *et al.*, 2014: 53, Figs. 98, 99.

（213）西藏拟熊蜂 *Bombus* (*Psithyrus*) *tibetanus* (Morawitz, 1887)

Apathus tibetanus Morawitz, 1887: 202, ♀. **Lectotype:** ♀, designated by Pesenko (2000: 20); ZISP.
分布（Distribution）：甘肃（GS）、青海（QH）、四川（SC）、云南（YN）、西藏（XZ）；印度
其他文献（Reference）：Dalla Torre, 1896: 573 [*Psithyrus tibetanus* (Mor.)]; Yang, 2004: 278; Williams, 1991: 45; Williams *et al.*, 2009: 152, ♀, ♂, Figs. 21, 155, 231, 235; An *et al.*, 2011: 13, Fig. 25; An *et al.*, 2014: 45, Figs. 72, 73.

（214）图拟熊蜂 *Bombus* (*Psithyrus*) *turneri* (Richards, 1929)

Psithyrus turneri Richards, 1929a: 141, ♂. **Holotype:** ♂, India; BML.
异名（Synonym）：
Psithyrus decoomani Maa, 1948: 26, ♂.
Psithyrus martensi Tkalců, 1974a: 314, ♀.
分布（Distribution）：宁夏（NX）、甘肃（GS）、青海（QH）、安徽（AH）、浙江（ZJ）、四川（SC）、贵州（GZ）、云南（YN）、台湾（TW）、广西（GX）；缅甸、尼泊尔、印度
其他文献（Reference）：Williams, 1991: 52; Yao *et* Luo, 1997: 1695 [*Psithyrus turneri* Richards], ♀, ♂; Williams *et al.*, 2009: 152, ♀, ♂, Figs. 19, 156, 236, 240; Williams *et al.* 2010: 126; An *et al.*, 2014: 47, Figs. 76, 77.

燃红熊蜂亚属 *Bombus* / Subgenus *Pyrobombus* Dalla Torre, 1880

Bombus (*Pyrobombus*) Dalla Torre, 1880: 40. **Type species:** *Apis hypnorum* Linnaeus, 1758, monobasic.
异名（Synonym）：
Bombus (*Pyrrhobombus*) Dalla Torre, 1882: 28, unjustified emendation of *Pyrobombus* Dalla Torre, 1880.
Bombus (*Poecilobombus*) Dalla Torre, 1882: 23. **Type species:** *Bombus sitkensis* Nylander, 1848, by designation of Sandhouse, 1943: 589.
Bombus (*Pratobombus*) Vogt, 1911: 49. **Type species:** *Apis pratorum* Linnaeus, 1761, by designation of Frison, 1927: 67.
Pratibombus Skorikov, 1937: 59, unjustified emendation of *Pratobombus* Vogt, 1911.
Bombus (*Anodontobombus*) Krüger, 1917: 61. **Type species:** *Apis hypnorum* Linnaeus, 1758, by designation of Williams, 1991: 69. [A sectional name treated as a genusgroup name in

view of the Code, 3rd ed., art. 10 (e)].

Bombus (*Uncobombus*) Krüger, 1917: 65. **Type species:** *Apis hypnorum* Linnaeus, 1758, by designation of Williams, 1991: 69. [A sectional name, treated as a genus-group name in view of the Code, 3rd ed., art. 10 (e); for a note on the authorship, see Michener, 1997].

Bombus (*Hypnorobombus*) Quilis, 1927: 97. **Type species:** *Apis hypnorum* Linnaeus, 1758, monobasic.

Bombus (*Lapponicobombus*) Quilis, 1927: 19, 22, 63. **Type species:** *Apis lapponica* Fabricius, 1793, by designation of Milliron, 1961: 58.

其他文献（Reference）：Michener, 2000, 2007.

（215）阿熊蜂 *Bombus* (*Pyrobombus*) *avanus* (Skorikov, 1938)

Pratibombus avanus Skorikov, 1938b: 2, ♀, ♂, worker.

分布（Distribution）：四川（SC）、云南（YN）；缅甸

其他文献（Reference）：Williams, 1998: 124; Williams *et al.*, 2009: 163, ♀, ♂, worker, Figs. 9, 95-96, 171, 263, 267.

（216）黄熊蜂 *Bombus* (*Pyrobombus*) *flavescens* Smith, 1852

Bombus flavescens Smith, 1852a: 45, ♂. **Holotype:** ♂, China: Zhejiang; BML.

异名（Synonym）：

Bombus mearnsi Ashmead, 1905: 959, ♀.

Bombus irisanensis var. *baguionensis* Cockerell, 1920d: 631, ♂, worker.

Bombus tahanensis Pendlebury, 1923: 65.

Bombus imuganensis Hedicke, 1926: 422.

Pratibombus comes Skorikov, 1938: 2.

分布（Distribution）：山西（SX）、河南（HEN）、陕西（SN）、甘肃（GS）、安徽（AH）、浙江（ZJ）、江西（JX）、湖北（HB）、四川（SC）、贵州（GZ）、云南（YN）、西藏（XZ）、福建（FJ）、台湾（TW）、广东（GD）、广西（GX）、海南（HI）；印度、缅甸、尼泊尔、泰国、越南、菲律宾、俄罗斯

其他文献（Reference）：Wang, 1982: 433 [*Bombus* (*Pyrobombus*) *flavescens* Smith]; Wang, 1988: 555 [*Bombus* (*Pyrobombus*) *dilutior* Pittion]; Wang, 1988: 556 [*Bombus* (*Pyrobombus*) *flavescens* Smith]; Starr, 1992: 149; Wang, 1993: 1426 [*Bombus* (*Pyrobombus*) *dilutior* Pittioni, 1949]; Wang, 1993: 1426; Yao *et* Luo, 1997: 1691, ♀, ♂, worker; An *et al.*, 2008: 82; Williams *et al.*, 2009: 158, ♀, ♂, worker, Figs. 98-99, 101, 165, 253, 257; Williams *et al.*, 2010: 128; An *et al.*, 2011: 18, Fig. 38; An *et al.*, 2012: 1027; An *et al.*, 2014: 58, Figs. 112, 113.

（217）眠熊蜂 *Bombus* (*Pyrobombus*) *hypnorum* (Linnaeus, 1758)

Apis hypnorum Linnaeus, 1758: 579. **Lectotype:** ♀, designated by Day (1979: 64).

异名（Synonym）：

Apis aprica Fabricius, 1798: 273.

Apis ericetorum Panzer, 1801: 75.

Apis meridiana Panzer, 1801: 80.

Bombus calidus Erichson, 1851: 65.

Bombus hypnorum var. *bryorum* Richards, 1930: 650, ♀.

Bombus fletcheri Richards, 1934: 90.

Bombus insularis Sakagami *et* Ishikawa, 1969: 180. (Homonym, not of Smith, 1861: 155 = *B. insularis*).

Bombus koropokkrus Sakagami *et* Ishikawa, 1972: 610. (Replacement name for *B. insularis* Sakagami *et* Ishikawa, 1969).

分布（Distribution）：黑龙江（HL）、吉林（JL）、辽宁（LN）、山西（SX）、陕西（SN）、甘肃（GS）、青海（QH）、新疆（XJ）、湖北（HB）、四川（SC）、贵州（GZ）、云南（YN）、西藏（XZ）、台湾（TW）；蒙古国、俄罗斯、朝鲜、日本、尼泊尔、印度、缅甸、德国、法国、意大利、挪威、捷克、巴尔干半岛

其他文献（Reference）：Dalla Torre, 1896: 524 [*Bombus hypnorum* (L.)]; Wang, 1982: 445 [*Bombus* (*Pyrobombus*) *hypnorum bryorum* Richards]; Wu, 1988: 116 [*Bombus* (*Pyrobombus*) *hypnorum* Linne, ♀, worker]; Williams, 1991: 70; Wang, 1993: 1426 [*Bombus* (*Pyrobombus*) *hypnorum bryorum* Richards, 1930]; Yao *et* Luo, 1997: 1691, ♀, ♂, worker; An *et al.*, 2008: 82; Williams *et al.*, 2009: 157, ♀, ♂, worker, Figs. 126-128, 164, 252, 256; An *et al.*, 2011: 17, Fig. 33; Kupianskaya *et al.*, 2013: 6; An *et al.*, 2014: 54, Figs. 100, 101; Kupianskaya *et al.*, 2014: 292.

（218）弱熊蜂 *Bombus* (*Pyrobombus*) *infirmus* (Tkalců, 1968)

Pyrobombus (*Pyrobombus*) *infirmus* Tkalců, 1968a: 24, ♂. **Holotype:** ♂, Myanmar; BML.

异名（Synonym）：

Bombus leucurus Bischoff, 1936: 8. (Homonym, not of Bischoff *et* Hedicke, 1931: 391 = *B. subtypicus*).

分布（Distribution）：四川（SC）、云南（YN）、西藏（XZ）；缅甸、印度、阿富汗

其他文献（Reference）：Yang, 2004: 278; Williams *et al.*, 2009: 160, ♀, ♂, worker, Figs. 129-130, 167, 255, 259.

（219）稀熊蜂 *Bombus* (*Pyrobombus*) *infrequens* (Tkalců, 1989)

Pyrobombus (*Pyrobombus*) *infrequens* Tkalců, 1989: 56, worker. **Holotype:** worker, Myanmar; BML.

分布（Distribution）：陕西（SN）、甘肃（GS）、湖南（HN）、湖北（HB）、四川（SC）、贵州（GZ）、云南（YN）、西藏（XZ）；缅甸

其他文献（Reference）：Williams *et al.*, 2009: 164, ♀, ♂, worker, Figs. 93-94, 172, 268, 272; An *et al.*, 2011: 18, Fig. 37; An *et al.*, 2012: 1027; An *et al.*, 2014: 56, Figs. 106, 107; An *et al.*, 2014: 57, Figs. 110, 111.

（220）拉普兰熊蜂 *Bombus* (*Pyrobombus*) *lapponicus* (Fabricius, 1793)

Apis lapponica Fabricius, 1793: 318.

异名（Synonym）：

Bombus lapponicus var. *kamtshaticus* Skorikov, 1912b: 100. (**Syntypes**).

Bombus lapponicus var. *obscurus* Skorikov, 1912b: 100. (**Syntypes**).

Bombus lapponicus var. *occultodistinctus* Skorikov, 1912b: 100. (**Syntypes**).

Bombus lapponicus var. *rarior* Skorikov, 1912b: 101. (**Syntypes**).

Bombus zhaosu Wang, 1985: 162, ♀, worker.

Bombus lapponicus karaginus Skorikov, 1912b: 101. (**Syntypes**).

Bombus lapponicus var. *commutabilis* Skorikov, 1912b: 101. (**Syntypes**).

Bombus lapponicus var. *virgatus* Skorikov, 1912b: 101. (**Syntypes**).

Bombus lapponicus var. *korjak* Skorikov, 1912b: 101. (**Syntypes**).

Bombus lapponicus var. *ceciliae* Skorikov, 1912b: 101, ♀.

Bombus lapponicus var. *pallidocaudatus* Skorikov, 1912b: 102. (**Syntypes**).

Bombus lapponicus var. *cecilioides* Skorikov, 1912b: 102. (**Syntypes**).

Bombus lapponicus var. *simius* Skorikov, 1912b: 102. (**Syntypes**).

分布（Distribution）：新疆（XJ）；俄罗斯；欧洲、北美洲

其他文献（Reference）：Dalla Torre, 1896: 531 [*Bombus lapponicus* (Fabr.)]; Wang, 1985: 161 [*Bombus* (*Pyrobombus*) *lapponicus* (F.)]; Wang, 1985: 162, ♀, worker [*Bombus* (*Cullumanobombus*) *zhaosu*]; Williams, 1998: 127; Proshchalykin *et* Kupianskaya, 2005: 26.

（221）饰带熊蜂 *Bombus* (*Pyrobombus*) *lemniscatus* Skorikov, 1912

Bombus lemniscatus Skorikov, 1912a: 607, ♀.

分布（Distribution）：内蒙古（NM）、陕西（SN）、甘肃（GS）、青海（QH）、湖北（HB）、四川（SC）、云南（YN）、西藏（XZ）；克什米尔地区

其他文献（Reference）：Wang, 1982: 434 [*Bombus* (*Pyrobombus*) *peralpinus* Richards]; Wang, 1988: 556 [*Bombus* (*Pyrobombus*) *peralpinus* Richards]; Yang, 2004: 278; An *et al.*, 2011: 17, Fig. 34; An *et al.*, 2014: 54, Figs. 102, 103.

（222）小雅熊蜂 *Bombus* (*Pyrobombus*) *lepidus* Skorikov, 1912

Bombus lepidus Skorikov, 1912a: 606, ♀. **Syntype:** ♀, China: Qinghai; ZISP.

异名（Synonym）：

Bombus genitalis Friese, 1913: 85, ♂.

Bombus nursei tetrachromus Friese, 1918: 85, ♀. (Homonym, not of Cockerell, 1909: 397 = *B. kashmirensis* Friese).

Bombus (*Pratobombus*) *yuennanicola* Bischoff, 1936: 7, ♀.

Pyrobombus (*Pyrobombus*) *lepidus hilaris* Tkalců, 1989: 48, ♀.

分布（Distribution）：内蒙古（NM）、陕西（SN）、宁夏（NX）、甘肃（GS）、青海（QH）、湖北（HB）、四川（SC）、云南（YN）、西藏（XZ）；缅甸、尼泊尔、印度、巴基斯坦、菲律宾、马来西亚、印度尼西亚

其他文献（Reference）：Wang, 1982: 433 [*Bombus* (*Pyrobombus*) *lepidus* Skorikov]; Wang, 1982: 435 [*Bombus* (*Pyrobombus*) *yunnanicola* Bischoff, ♀, ♂, worker, new description of ♂, Figs. 34-39]; Wu *et al.*, 1988: 116-117 [*Bombus* (*Pyrobombus*) *lepidus* Skorikov, worker]; Wu *et al.*, 1988: 118 [*Bombus* (*Pyrobombus*) *yunnanicola* Bischoff, ♀, ♂, worker, Fig. 72: a-f]; Williams, 1991: 75; Wang, 1993: 1425 [*Bombus* (*Pyrobombus*) *yunnanicola* Bischoff, 1936]; Wang, 1993: 1426; Yang, 2004: 279; Williams *et al.*, 2009: 161, ♀, ♂, worker, Figs. 103-104, 114, 169, 261, 265; Williams *et al.*, 2010: 128; An *et al.*, 2011: 17, Fig. 35; An *et al.*, 2012: 1027; An *et al.*, 2014: 55, Figs. 104, 105.

（223）泥熊蜂 *Bombus* (*Pyrobombus*) *luteipes* Richards, 1934

Bombus (*Pratobombus*) var. *luteipes* Richards, 1934: 89, worker.

异名（Synonym）：

Pyrobombus (*Pyrobombus*) *signifer* Tkalců, 1989: 52, worker.

分布（Distribution）：云南（YN）、西藏（XZ）；缅甸、尼泊尔、印度

其他文献（Reference）：Williams, 1991; Yao, 2004: 123; Yang, 2004: 279; Williams *et al.*, 2010: 128.

（224）奇异熊蜂 *Bombus* (*Pyrobombus*) *mirus* (Tkalců, 1968)

Pyrobombus (*Pyrobombus*) *mirus* Tkalců, 1968a: 37, ♀.

Bombus pratorum var. *tibetanus* Friese, 1913: 86, ♂.

分布（Distribution）：四川（SC）、云南（YN）、西藏（XZ）；印度、尼泊尔

其他文献（Reference）：Wang, 1982: 433, ♀, ♂ [*Bombus* (*Pyrobombus*) *mirus* Tkalců, new description of ♂, Figs. 27-32]; Wu *et al.*, 1988: 117 [*Bombus* (*Pyrobombus*) *mirus* Tkalců, ♀, ♂, Fig. 71: a-f]; Wang, 1993: 1427 [*Bombus* (*Pyrobombus*) *mirus* Tkalců, 1968]; Williams *et al.*, 2010: 127.

（225）谦熊蜂 *Bombus* (*Pyrobombus*) *modestus* Eversmann, 1852

Bombus modestus Eversmann, 1852: 134.

异名（Synonym）：

Bombus baikalensis Radoszkowski, 1877a: 203, ♀, ♂, worker.

Bombus nymphae Skorikov, 1910b: 409.

Bombus eversmanni Skorikov, 1910c: 581.

分布（Distribution）：吉林（JL）、辽宁（LN）、内蒙古（NM）、河北（HEB）、北京（BJ）、山西（SX）、陕西（SN）、甘肃（GS）、四川（SC）；蒙古国、哈萨克斯坦、朝鲜、俄罗斯

其他文献（Reference）：Dalla Torre, 1896: 534 (*Bombus modestus* Ev.); An *et al.*, 2008: 82; Wu *et al.*, 2009: 89; An *et al.*, 2010: 1544; An *et al.*, 2014: 59, Figs. 114, 115; Kupianskaya *et al.*, 2014: 292.

（226）贞洁熊蜂 *Bombus* (*Pyrobombus*) *parthenius* Richards, 1934

Bombus (*Pyrobombus*) *parthenius* Richards, 1934: 89, ♀.

分布（Distribution）：北京（BJ）、陕西（SN）、湖北（HB）、四川（SC）、贵州（GZ）、云南（YN）、西藏（XZ）、台湾（TW）、广西（GX）；缅甸、尼泊尔、印度

其他文献（Reference）：Yao *et* Luo, 1997: 1690, ♀, ♂, worker; Yang, 2004: 278; Williams *et al.*, 2010: 128.

（227）重黄熊蜂 *Bombus* (*Pyrobombus*) *picipes* Richards, 1934

Bombus (*Pratobombus*) *parthenius* var. *picipes* Richards, 1934: 90, worker. **Holotype:** worker, China: Shaanxi; BML.

异名（Synonym）：

Bombus pratorum flavus Friese, 1905a: 517, ♂.

Bombus (*Pratobombus*) *klapperichi* Pittioni, 1949: 266, ♀.

分布（Distribution）：河北（HEB）、天津（TJ）、北京（BJ）、山西（SX）、河南（HEN）、陕西（SN）、宁夏（NX）、甘肃（GS）、青海（QH）、安徽（AH）、浙江（ZJ）、江西（JX）、湖南（HN）、湖北（HB）、四川（SC）、云南（YN）、福建（FJ）

其他文献（Reference）：Yao *et* Luo, 1997: 1691 [*Bombus* (*Pyrobombus*) *flavus* Friese, 1904], ♀, ♂, worker; Wu *et al.*, 2009: 89; An *et al.*, 2008: 82; Peng *et al.*, 2009: 117; An *et al.*, 2010: 1544; Williams *et al.*, 2009: 162, ♀, ♂, worker, Figs. 89-92, 112, 170, 262, 266; An *et al.*, 2011: 18, Fig. 36; An *et al.*, 2012: 1027; An *et al.*, 2014: 56, Figs. 108, 109.

（228）圆头熊蜂 *Bombus* (*Pyrobombus*) *rotundiceps* Friese, 1916

Bombus rotundiceps Friese, 1916: 108, ♀, ♂.

异名（Synonym）：

Bombus montivolanoides Sakagami *et* Yoshikawa, 1961: 431.

Pyrobombus (*Pyrobombus*) *rotundiceps shillogensis* Tkalců, 1974a: 334, ♀.

Pyrobombus (*Pyrobombus*) *rotundiceps burmicola* Tkalců, 1989: 52.

分布（Distribution）：四川（SC）、西藏（XZ）；印度、尼泊尔、缅甸、老挝、泰国

其他文献（Reference）：Rasmussen *et* Ascher, 2008: 91; Williams *et al.*, 2010: 129.

（229）鸣熊蜂 *Bombus* (*Pyrobombus*) *sonani* (Frison, 1934)

Bremus sonani Frison, 1934: 175, ♂.

分布（Distribution）：四川（SC）、西藏（XZ）、台湾（TW）

其他文献（Reference）：Wang, 1982: 434 [*Bombus* (*Pyrobombus*) *sonani* Frison]; Wang, 1988: 556 [*Bombus* (*Pyrobombus*) *sonani* Frison]; Wu *et al.*, 1988: 117-118 [*Bombus* (*Pyrobombus*) *sonani* Frison, ♀, ♂, worker]; Starr, 1992: 152; Wang, 1993: 1425 [*Bombus* (*Pyrobombus*) *sonani* Frison, 1934].

（230）似模拟熊蜂 *Bombus* (*Pyrobombus*) *subtypicus* (Skorikov, 1914)

Pratobombus leucopygus var. *subtypicus* Skorikov, 1914d: 294, ♀. **Lectotype:** ♀, designated by Tkalců (1968a: 27).

异名（Synonym）：

Pratobombus leucopygos Skorikov, 1914d: 293.

Bombus leucopygus Morawitz in Fedtschenko, 1875: 2, ♀, worker. (Homonym).

Bombus leucurus Bischoff *et* Hedicke, 1931: 391.

Pyrobombus (*Pyrobombus*) *kohistanensis* Tkalců, 1989: 49, ♀.

分布（Distribution）：新疆（XJ）；哈萨克斯坦、塔吉克斯坦、阿富汗、吉尔吉斯斯坦、巴基斯坦、印度、俄罗斯

其他文献（Reference）：Dalla Torre, 1896: 532 (*Bombus leucopygus* Mor.); Wang, 1985: 161 [*Bombus* (*Pyrobombus*) *leucopygos* F.]; Williams, 1991: 72 (Figs. 41, 65, 66, 105, 106, 145, 146, 185, 186, 216, 317-324; Maps 35, 36); Suhail *et al.*, 2009: 5; Williams, 2011: 31.

（231）王氏拟熊蜂 *Bombus* (*Pyrobombus*) *wangae* Williams *et al.*, 2009

Bombus (*Pyrobombus*) *wangae* Williams *et al.*, 2009: 159, ♀, ♂, worker. **Holotype:** ♂, China: Sichuan; IZB.

分布（Distribution）：陕西（SN）、甘肃（GS）、青海（QH）、四川（SC）

其他文献（Reference）：An *et al.*, 2011: 19, Fig. 39; An *et al.*, 2014: 59, Figs. 116, 117.

西伯熊蜂亚属 *Bombus* / Subgenus *Sibiricobombus* Vogt, 1911

Bombus (*Sibiricobombus*) Vogt, 1911: 60. **Type species:** *Apis sibirica* Fabricius, 1781, by designation of Sandhouse, 1943: 599.

异名（Synonym）：

Sibiricibombus Skorikov, 1938a: 145, unjustified emendation of *Sibiricobombus* Vogt, 1911.

Bombus (*Obertobombus*) Reinig, 1930a: 107. **Type species:** *Bombus oberti* Morawitz, 1883, monobasic.

Bombus (*Obertibombus*) Reinig, 1934: 167, unjustified emendation of *Obertobombus* Reinig, 1930.

其他文献（Reference）：Michener, 2000, 2007.

（232）亚西伯熊蜂 *Bombus* (*Sibiricobombus*) *asiaticus* Morawitz, 1875

Bombus hortorum var. *asiatica* Morawitz in Fedtschenko, 1875: 4, worker.

异名（Synonym）：

Bombus longiceps Smith, 1878b: 8.

Bombus regeli Morawitz, 1880: 337, ♀. (**Syntype**)

Bombus regelii Morawitz, 1880: emend by Dalla Torre, 1896.

Bombus regeli miniatocaudatus Vogt, 1911: 61, ♂.

Bombus miniatocaudatus falsificus Richards, 1930: 652, ♀.

Bombus (*Sibiricobombus*) *heicens* Wang, 1982: 430, ♀.

Bombus (*Sibiricobombus*) *huangcens* Wang, 1982: 430, ♀.

Bombus (*Sibiricobombus*) *flavicollis* Wang, 1985: 163, worker.

Bombus (*Sibiricobombus*) *asiaticus baichengensis* Wang, 1985: 164, ♀, ♂, worker.

分布（Distribution）：甘肃（GS）、青海（QH）、新疆（XJ）、西藏（XZ）；哈萨克斯坦、塔吉克斯坦、巴基斯坦、印度、尼泊尔、蒙古国、俄罗斯

其他文献（Reference）：Williams, 1991: 87; Wang, 1982: 430 [*Bombus* (*Sibiricobombus*) *heicens*, ♀, Figs. 7-10; *Bombus* (*Sibiricobombus*) *huangcens* Wang, 1982: 430, ♀, Figs. 11-14]; Wang, 1982: 431 [*Bombus miniatocaudatus falsificus* Richards, new description of ♂]; Wang, 1985: 161 [*Bombus* (*Sibiricobombus*) *asiaticus* Mor.]; Wang, 1985: 163, ♀, worker [*Bombus* (*Sibiricobombus*) *flavicollis*]; Wang, 1985: 164, ♀, ♂, worker [*Bombus* (*Sibiricobombus*) *asiaticus baichengensis*]; Wang *et* Yao, 1996: 304 [*Bombus* (*Sibiricobombus*) *asiaticus baichengensis* Wang, 1985]; Suhail *et al.*, 2009: 5; Williams *et al.*, 2010: 132; Williams, 2011: 33; An *et al.*, 2011: 26, Fig. 54; An *et al.*, 2014: 76, Figs. 156, 157.

（233）红西伯熊蜂 *Bombus* (*Sibiricobombus*) *morawitzi* Radoszkowski, 1876

Bombus morawitzi Radoszkowski, 1876: 101, ♀.

分布（Distribution）：新疆（XJ）；阿富汗、哈萨克斯坦、乌兹别克斯坦、吉尔吉斯斯坦、俄罗斯

其他文献（Reference）：Radoszkowski, 1884a: 90 (*Bombus morawitzi* Radoszkowski), ♂; Dalla Torre, 1896: 535 (*Bombus morawitzi* Rad.); Wang, 1985: 160 [*Bombus* (*Sibiricobombus*) *morawitzi* Rad.]. Wang *et* Yao, 1996: 304 [*Bombus* (*Sibiricobombus*) *morawitzi* (Radoszkowski, 1876)].

（234）雪熊蜂 *Bombus* (*Sibiricobombus*) *niveatus* Kriechbaumer, 1870

Bombus niveatus Kriechbaumer, 1870: 158, ♀.

异名（Synonym）：

Bombus vorticosus Gerstäcker, 1872b: 290, ♀, ♂, worker.

分布（Distribution）：西藏（XZ）；巴勒斯坦

其他文献（Reference）：Wang, 1982: 432 [*Bombus* (*Sibiricobombus*) *niveatus* Kriechb.].

（235）欧熊蜂 *Bombus* (*Sibiricobombus*) *oberti* Morawitz, 1883

Bombus oberti Morawitz, 1883b: 238, ♂.

异名（Synonym）：

Bombus (*Subterraneobombus*) *duanjiaoris* Wang, 1982: 444, worker.

Bombus (*Subterraneobombus*) *zhadaensis* Wang, 1982: 444, ♀.

分布（Distribution）：青海（QH）、新疆（XJ）、西藏（XZ）；哈萨克斯坦、塔吉克斯坦、印度

其他文献（Reference）：Dalla Torre, 1896: 538 (*Bombus oberti* Mor.); Wang, 1982: 444 [*Bombus* (*Subterraneobombus*) *duanjiaoris*, worker, Figs. 76-79]; Wang, 1982: 444 [*Bombus* (*Subterraneobombus*) *zhadaensis*, ♀, Figs. 80-84]; Williams, 1991: 92 (Figs. 20, 79, 119, 159, 199, 228, 230, 392, 393; Maps. 49, 50); Wang *et* Yao, 1996: 304.

（236）西伯熊蜂 *Bombus* (*Sibiricobombus*) *sibiricus* (Fabricius, 1781)

Apis sibirica Fabricius, 1781: 478.

异名（Synonym）：

Bombus flaviventris Friese, 1905a: 514, ♀, worker.

Bombus (*Subterraneobombus*) *flaviventris ochrobasis* Richards, 1930: 655.

Bombus nikiforuki Tkalců, 1961: 354.

分布（Distribution）：内蒙古（NM）、河北（HEB）、北京（BJ）、山西（SX）、陕西（SN）、宁夏（NX）、甘肃（GS）、新疆（XJ）；蒙古国、俄罗斯

其他文献（Reference）：Dalla Torre, 1896: 546 (*Bombus sibiricus* Fabr.); Wang, 1982: 442 [*Bombus* (*Subterraneobombus*) *flaviventris ochrobasis* Richards]; Rasmussen *et* Ascher, 2008: 50; An *et al.*, 2008: 82; Wu *et al.*, 2009: 90; An *et al.*, 2010: 1455; Williams, 2011: 33; An *et al.*, 2011: 25, Fig. 53; Kupianskaya *et al.*, 2013: 8; An *et al.*, 2014: 75, Figs. 154, 155; Kupianskaya *et al.*, 2014: 293.

（237）雄拉熊蜂 *Bombus* (*Sibiricobombus*) *xionglaris* Wang, 1982

Bombus (*Sibiricobombus*) *xionglaris* Wang, 1982: 432, ♂. **Holotype:** ♂, China: Xizang, Nyalam; IZB.

分布（Distribution）：西藏（XZ）

其他文献（Reference）：Williams, 1991: 91.

地下熊蜂亚属 *Bombus* / Subgenus *Subterraneobombus* Vogt, 1911

Bombus (*Subterraneobombus*) Vogt, 1911: 62. **Type species:** *Apis subterranea* Linnaeus, 1758, by designation of Frison, 1927: 68.

异名（Synonym）：

Subterraneibombus Skorikov, 1938a: 145, unjustified emendation of *Subterraneobombus* Vogt, 1911.

其他文献（Reference）：Michener, 2000, 2007.

（238）阿穆尔熊蜂 *Bombus* (*Subterraneobombus*) *amurensis* Radoszkowski, 1862

Bombus amurensis Radoszkowski, 1862: 590, ♀. **Lectotype:** ♀, designated by Williams *et al.* (2011: 843); MNB.

异名（Synonym）：

Bombus fragrans ssp. *mongol* Skorikov, 1912a: 607, ♂. (**Syntype**).

Bombus (*Subterraneobombus*) *chaharensis* Yasumatsu, 1940: 94, ♂. (Presumed lost).

分布（Distribution）：吉林（JL）、内蒙古（NM）、河北（HEB）、山西（SX）、新疆（XJ）；蒙古国、俄罗斯

其他文献（Reference）：Dalla Torre, 1896: 510 (*Bombus amurensis* Rad.); Wu *et al.*, 2009: 90; An *et al.*, 2010: 1455; Williams *et al.*, 2011: 827, ♀ (key), 828, ♂ (key), 843, Figs. 12, 35, 36, 78-80; An *et al.*, 2014: 24, Figs. 14, 15; Kupianskaya *et al.*, 2014: 291.

（239）猛熊蜂 *Bombus* (*Subterraneobombus*) *difficillimus* Skorikov, 1912

Bombus difficillimus Skorikov, 1912a: 609, ♀. **Lectotype:** ♀, designated by Williams *et al.* (2011: 838); ZISP.

异名（Synonym）：

Bombus (*Subterraneobombus*) *melanurus* ssp. *griseofasciatus* Reinig, 1930a: 83, ♀. **Lectotype:** ♀, designated by Williams *et al.* (2011: 838).

分布（Distribution）：青海（QH）、新疆（XJ）、四川（SC）、西藏（XZ）；塔吉克斯坦、吉尔吉斯斯坦

其他文献（Reference）：Panfilov, 1957: 236 [*Bombus* (*Subterraneobombus*) *difficilimus* Skorikov, incorrect subsequent spelling]; Wang *et* Yao, 1996: 305 [*Bombus* (*Subterraneobombus*) *difficillimus* Skorikov, 1914, incorrect subsequent time]; Williams *et al.*, 2009: 139, ♀, ♂, worker, Figs. 59, 137, 197, 201; An *et al.*, 2011: 8, Fig. 7; Williams *et al.*, 2011: 827, ♀ (key), 828, ♂ (key), 838, Figs. 9, 27, 28, 70, 71; An *et al.*, 2014: 23, Figs. 12, 13.

（240）大黄熊蜂 *Bombus* (*Subterraneobombus*) *distinguendus* Morawitz, 1870

Bombus distinguendus Morawitz, 1870a: 32, ♀, ♂, worker. **Lectotype:** ♂, designated by Williams *et al.* (2011: 848); ZISP.

异名（Synonym）：

Apis nemorum Fabricius, 1775: 382, ♀. (Homonym, not of Scopoli, 1763: 307 = *B. subterraneus*).

Apis pratorum Fabricius, 1781: 478, replacement name for Fabricius, 1775: 382 (*Apis nemorum*).

Bombus elegans Seidl, 1837: 67, nomen oblitum.

Bombus distinguendus Morawitz, 1870a: 32, ♀, ♂, worker. (**Lectotype:** ♂, Williams *et al.*, 2011), nomen protectum.

Bombus latreillelus Rasse *frisius* Verhoeff, 1891: 204, ♂.

Bombus subterraneus var. *flavidissimus* Friese *et* Wagner, 1914: 175.

Bombus (*Subterraneobombus*) *alinae* Reinig, 1936: 3, ♀.

分布（Distribution）：四川（SC）；吉尔吉斯斯坦、哈萨克斯坦、蒙古国、俄罗斯、美国；欧洲

其他文献（Reference）：Radoszkowski, 1884a: 89 (*Bombus distinguendos* Morawitz, incorrect subsequent spelling); Dalla Torre, 1896: 517 (*Bombus distinguendus* Mor.); Proshchalykin *et* Kupianskaya, 2005: 27 [*Bombus* (*Subterraneobombus*) *distinguendus* Morawitz, 1869], incorrect subsequent time; Williams *et al.*, 2011: 827, ♀ (key), 829, ♂ (key), 848 (*Bombus distinguendus* Morawitz, 1869) (incorrect subsequent time), Figs. 15, 48-52, 89-92; Kupianskaya *et al.*, 2013: 4 [*Bombus* (*Subterraneobombus*) *distinguendus* Morawitz, 1869] (incorrect subsequent time); An *et al.*, 2014: 25 [*Bombus* (*Subterraneobombus*) *distinguendus* Morawitz], Figs. 18, 19.

（241）芳香熊蜂 *Bombus* (*Subterraneobombus*) *fragrans* (Pallas, 1771)

Apis fragrans Pallas, 1771: 474, ♀, ♂. (**Syntypes:** presumed lost).

分布（Distribution）：吉林（JL）、内蒙古（NM）、河北（HEB）、山西（SX）、新疆（XJ）；德国、奥地利、匈牙利、罗马尼亚、摩尔多瓦、俄罗斯、土耳其、伊朗、土库曼斯坦、哈萨克斯坦、吉尔吉斯斯坦、蒙古国

其他文献（Reference）：Hoffer, 1883: 28 [*Bombus fragans* (Pallas), incorrect subsequent spelling]; An *et al.*, 2008: 82; Güler *et al.*, 2011: 5; Williams *et al.*, 2011: 827, ♀ (key), 828, ♂ (key), 844, Figs. 13, 37, 38, 81-83.

（242）黑尾熊蜂 *Bombus* (*Subterraneobombus*) *melanurus* Lepeletier, 1835

Bombus melanurus Lepeletier, 1835: 469, ♀, worker. **Lectotype:** ♀, designated by Tkalců (1969: 202); ZMUO.

异名（Synonym）：

Bombus altaicus Eversmann, 1846: 436, ♀.

Bombus tschitscherini Radoszkowski, 1862: 591, ♀. **Lectotype:** ♀, designated by Williams *et al.* (2011: 831).

Bombus (*Subterraneobombus*) *melanurus* ssp. *subdistinctus* Richards, 1928a: 333, ♀.

Subterraneobombus melanurus ssp. *maljuschenkoi* Skorikov, 1931: 231, ♀. **Lectotype:** ♀, designated by Williams *et al.* (2011: 831).

Bombus (*Subterraneobombus*) *maidli* Pittioni, 1939c: 246, ♀, ♂, worker. **Lectotype:** worker, designated by Williams (1991: 62).

Bombus (*Subterraneobombus*) *lantschouensis* Tkalců, 1961: 360, ♀. **Lectotype:** ♀. Designated by Tkalců (1974: 48). (Homonym, not of Vogt, 1908: 101, *B. lucorum* var. *lantschouensis* = *B. patagiatus* Nylander).

分布（Distribution）：内蒙古（NM）、山西（SX）、甘肃（GS）、青海（QH）、新疆（XJ）、西藏（XZ）；法国、德国、叙利亚、亚美尼亚、黎巴嫩、土耳其、伊朗、阿富汗、哈萨克斯坦、乌兹别克斯坦、巴基斯坦、印度、尼泊尔、蒙古国、俄罗斯、朝鲜、克什米尔地区

其他文献（Reference）：Smith, 1878b: 9 (*Bombus aeltaicus* Eversmann, incorrect subsequent spelling); Dalla Torre, 1896:

533 (*Bombus melanurus* Lep.); Wang, 1985: 161 [*Bombus* (*Subterraneobombus*) *melanurus* L.]; Wang *et* Yao, 1996: 306; An *et al.*, 2008: 82 [*Bombus* (*Subterraneobombus*) *tschitscherini* Radoszkowski, 1860]; Wu *et al.*, 2009: 90; Suhail *et al.*, 2009: 4; An *et al.*, 2010: 1455; Williams, 2011: 29; Williams *et al.*, 2010: 125; An *et al.*, 2011: 8, Fig. 8; Williams *et al.*, 2011: 827, ♀ (key), 828, ♂ (key), 831, Figs. 8, 23-26, 65-69, 100; An *et al.*, 2014: 22, Figs. 10, 11; Kupianskaya *et al.*, 2014: 291 [*Bombus* (*Subterraneobombus*) *melanurus* Lepeletier, 1836, incorrect subsequent time].

（243）伪猛熊蜂 *Bombus* (*Subterraneobombus*) *personatus* Smith, 1879

Bombus personatus Smith, 1879: 132, ♀. **Lectotype:** ♀, designated by Richards (1930: 656); BML.

异名（Synonym）：

Bombus roborowskyi Morawitz, 1887: 197, ♀. (**Syntype**).

分布（Distribution）：甘肃（GS）、青海（QH）、四川（SC）、西藏（XZ）；尼泊尔、印度、克什米尔地区

其他文献（Reference）：Dalla Torre, 1896: 540 (*Bombus personatus* Smith); Skorikov, 1923: 154 [*Subterraneobombus roborowskii* (Morawitz), incorrect subsequent spelling]; Wang, 1982: 443 [*Bombus* (*Subterraneobombus*) *personatus* Smith, ♀, ♂, worker, new description of ♂, Figs. 70-75], [*Bombus* (*Subterraneobombus*) *robrowskii* Morawitz, incorrect subsequent spelling]; Wang, 1993: 1430; Williams *et al.*, 2009: 138, ♀, ♂, worker, Figs. 58, 84, 136, 196, 200; Williams *et al.*, 2010: 135; An *et al.*, 2011: 6, Fig. 6; Williams *et al.*, 2011: 827, ♀ (key), 828, ♂ (key), 829, Figs. 7, 18-22, 63, 64; An *et al.*, 2014: 22, Figs. 8, 9.

（244）盗地下熊蜂 *Bombus* (*Subterraneobombus*) *subterraneus* (Linnaeus, 1758)

Apis subterranea Linnaeus, 1758: 579, ♀.

异名（Synonym）：

Apis acervorum Linnaeus, 1758: 579. (Type lost).

Apis nemorum Scopoli, 1763: 307, worker.

Apis bomb. grisea Christ, 1791: 130, ♀.

Apis latreillella Kirby, 1802: 330, ♂.

Bombus latreillellus var. *borealis* Schmiedeknecht, 1878: 375, ♂. (Homonym, not of *B. borealis* Kirby, 1837).

Bombus collinus Smith, 1844.

Bombus subterraneus ssp. *germanicus* Friese, 1905a: 522.

Bombus (*Subterraneobombus*) *subterraneus* var. geogr. *latocinctus* Vogt, 1911: 62. (**Syntypes**).

Bombus (*Subterraneobombus*) *subterraneus* ssp. *pallidofasciatus* C. and O. Vogt, 1938: 296, ♀. (Homonym, not of *Bombus asiaticus pallidofasciatus* Vogt, 1909: 51 = *B. asiaticus* Morawitz).

Bombus (*Subterraneobombus*) *subterraneus* Schmiedeknechtianus C. and O. Vogt, 1938: 296, replacement name for *Bombus subterraneus borealis* Schmiedeknecht, 1878.

Bombus subterraneus ssp. *tectosagorum* Kruseman, 1958: 162, ♀.

分布（Distribution）：新疆（XJ）；奥地利、捷克、匈牙利、伊朗、哈萨克斯坦、土耳其、乌克兰、摩尔多瓦、波兰、俄罗斯

其他文献（Reference）：Wang, 1985: 162 [*Bombus* (*Subterraneobombus*) *subterraneus* L.]; Williams *et al.*, 2011: 827, ♀ (key), 829, ♂ (key), 845, Figs. 14, 39-47, 84-88, 103; Kupianskaya *et al.*, 2013: 3; An *et al.*, 2014: 25, Figs. 16, 17.

胸熊蜂亚属 *Bombus* / Subgenus *Thoracobombus* Dalla Torre, 1880

Bombus (*Thoracobombus*) Dalla Torre, 1880: 40. **Type species:** *Apis sylvarum* Linnaeus, 1761, by designation of Sandhouse, 1943: 604.

异名（Synonym）：

Bombus (*Chromobombus*) Dalla Torre, 1880: 40. **Type species:** *Apis muscorum* Linnaeus, 1758, by designation of Sandhouse, 1943: 538.

Bombus (*Agrobombus*) Vogt, 1911: 52. **Type species:** *Apis agrorum* Fabricius, 1787 (not Schrank, 1781) = *Apis pascuorum* (Scopoli), 1763, by designation of Sandhouse, 1943: 523.

Agribombus Skorikov, 1938a: 145, unjustified emendation of *Agrobombus* Vogt, 1911.

Bombus (*Ruderariobombus*) Krüger, 1920: 350. **Type species:** *Apis ruderaria* Müller, 1776, by designation of Yarrow, 1971: 27.

Agrobombus (*Adventoribombus*) Skorikov, 1922a: 25. **Type species:** *Apis sylvarum* Linnaeus, 1761, by designation of Yarrow, 1971: 28. [see Yarrow, 1971, and Michener, 1997, for comments on a subsequent designation].

其他文献（Reference）：Michener, 1997, 2000, 2007.

（245）散蜂熊 *Bombus* (*Thoracobombus*) *anachoreta* (Skorikov, 1914)

Agrobombus anachoreta Skorikov, 1914a: 121, ♀.

分布（Distribution）：内蒙古（NM）；德国、朝鲜、蒙古国

其他文献（Reference）：Skorikov, 1933a: 55, ♂ (*Agrobombus anachoreta*); Pittioni, 1939c: 249 [*Bombus* (*Agrobombus*) *anachoreta* Skor.]; An *et al.*, 2014: 36, Figs. 46, 47.

（246）杏色蜂熊 *Bombus* (*Thoracobombus*) *armeniacus* Radoszkowski, 1877

Bombus armeniacus Radoszkowski, 1877a: 202, ♀, worker.

异名（Synonym）：

Bombus pallasi Vogt, 1909: 59.

Fervidobombus seythes Skorikov, 1925: 117.

分布（Distribution）：新疆（XJ）；瑞士、奥地利、波兰、希腊、保加利亚、土耳其、伊朗、阿富汗、乌克兰、哈萨克斯坦、吉尔吉斯斯坦、塔吉克斯坦、蒙古国、俄罗斯

其他文献（Reference）：Reinig, 1981: 162 [*Megabombus armeniacus* (Rad., 1877): ssp. *pallasi* (Vogt, 1909)]; Wang, 1985: 162 [*Bombus* (*Rhodobombus*) *armeniacus* Rad.]; Aytekin *et* Çağatay, 1999: 238 [*Megabombus armeniacus* (Radoszkowski, 1877), ♀, worker]; Aytekin *et* Çağatay, 2003: 201 [*Megabombus* (*Rhodobombus*) *armeniacus* (Rad., 1877), ♀, ♂]; Williams, 2011: 29.

（247）黑足熊蜂 *Bombus* (*Thoracobombus*) *atripes* Smith, 1852

Bombus atripes Smith, 1852a: 44, worker, ♂. **Lectotype:** worker, China: Zhejiang; designated by Tkalců (1968c: 87); BML.

分布（Distribution）：陕西（SN）、安徽（AH）、江苏（JS）、浙江（ZJ）、江西（JX）、湖南（HN）、湖北（HB）、四川（SC）、贵州（GZ）、云南（YN）、福建（FJ）、广西（GX）、海南（HI）

其他文献（Reference）：Wu, 1965: 66, ♀, ♂; Tkalců, 1968c: 87 [*Megabombus* (*Tricornibombus*) *atripes* (Smith)]; Wu *et al.*, 1988: 122 [*Bombus* (*Tricornibombus*) *atripes* Smith, ♀, worker, Fig. 76: a-d]; Yao *et* Luo, 1997: 1688, ♀, ♂, worker; Williams *et al.*, 2009: 145, ♀, ♂, worker, Figs. 47, 146, 214, 218; An *et al.*, 2014: 45, Figs. 70, 71.

（248）德熊蜂 *Bombus* (*Thoracobombus*) *deuteronymus* Schulz, 1906

Bombus deuteronymus Schulz, 1906: 267, replacement name for *senilis* Smith, 1879: 131.

异名（Synonym）：

Bombus senilis Smith, 1879: 131, ♀. [not of Fabricius, 1775: 382 = *B. pascuorum* (Scopoli)]

Agrobombus superequester Skorikov, 1926: 116.

Bombus bureschi Pittioni, 1939b: 1.

分布（Distribution）：黑龙江（HL）、吉林（JL）、辽宁（LN）、内蒙古（NM）、河北（HEB）、山西（SX）；蒙古国、日本、俄罗斯、阿尔巴尼亚

其他文献（Reference）：An *et al.*, 2008: 82 [*Bombus* (*Thoracobombus*) *deuteronymus* Schulz, 1909]; Wu *et al.*, 2009: 90; An *et al.*, 2010: 1455; An *et al.*, 2011: 12, Fig. 20; Kupianskaya *et al.*, 2013: 5; An *et al.*, 2014: 37, Figs. 50, 51.

（249）细熊蜂 *Bombus* (*Thoracobombus*) *exil* (Skorikov, 1923)

Mucidobombus exiln Skorikov, 1923: 150.

分布（Distribution）：内蒙古（NM）；蒙古国、俄罗斯

其他文献（Reference）：Milliron, 1961: 56 [*Megabombus exil* (Skorikov), justified emendation]; An *et al.*, 2014: 44, Figs. 66, 67.

（250）盗熊蜂 *Bombus* (*Thoracobombus*) *filchnerae* Vogt, 1908

Bombus filchnerae Vogt, 1908: 100, worker. **Lectotype:** worker, China: Gansu; designated by Tkalců (1974b: 39); MNB.

异名（Synonym）：

Agrabombus adventor Skorikov, 1914a: 119.

Bombus (*Agrabombus*) *lii* Tkalců, 1961: 355.

分布（Distribution）：内蒙古（NM）、河北（HEB）、山西（SX）、甘肃（GS）、青海（QH）、四川（SC）；俄罗斯、蒙古国

其他文献（Reference）：An *et al.*, 2008: 82; Wu *et al.*, 2009: 90; Williams *et al.*, 2009: 147, ♀, ♂, worker, Figs. 53, 148, 220, 224; An *et al.*, 2010: 1455; Kupianskaya *et al.*, 2013: 4; An *et al.*, 2011: 11, Fig. 18; An *et al.*, 2014: 34, Figs. 42, 43; Kupianskaya *et al.*, 2014: 292.

（251）锈红熊蜂 *Bombus* (*Thoracobombus*) *hedini* Bischoff, 1936

Bombus (*Agrobombus*) *hedini* Bischoff, 1936: 15.

异名（Synonym）：

Bombus silvarum unicolor Friese, 1905a: 514, ♂, worker.

分布（Distribution）：吉林（JL）、内蒙古（NM）、河北（HEB）、天津（TJ）、北京（BJ）、山西（SX）、甘肃（GS）、四川（SC）

其他文献（Reference）：Rasmussen *et* Ascher, 2008: 107; An *et al.*, 2008: 82; Wu *et al.*, 2009: 90; Williams *et al.*, 2009: 148, ♀, ♂, worker, Figs. 46, 150, 222, 226; An *et al.*, 2010: 1455; An *et al.*, 2011: 12; An *et al.*, 2012: 1027; An *et al.*, 2014: 40, Figs. 58, 59.

（252）低熊蜂 *Bombus* (*Thoracobombus*) *humilis* Illiger, 1806

Bombus humilis Illiger, 1806: 171, worker.

异名（Synonym）：

Apis fulvescens Schrank, 1802: 367. (Nomen oblitum).

Bombus solstitialis Panzer, 1806: 260.

Bombus tristis Seidl, 1838: 69.

Bombus helferanus Seidl, 1838: 66.

Bombus fieberanus Seidl, 1838: 69.

Bombus variabilis Schmiedeknecht, 1878: 424. [Homonym, not of Cresson, 1872: 284 = *B. variabilis* (Cresson)].

Bombus insipidus Radoszkowski, 1884a: 75, ♀, ♂, worker.

Bombus helferanus hafsahli Vogt, 1909: 36, ♀.

Bombus (*Agrobombus*) *helferanus* var. *subbaicalensis* Vogt, 1911: 42, ♀, worker. (**Syntypes**).

Bombus variabilis hafsahlianus Vogt, 1947: 4, worker. (**Lectotype:** worker, Løken, 1973: 139).

Bombus variabilis hafsahloides Vogt, 1947: 4.

Bombus humilis rufoaurantiacus Reinig, 1969: 80.

Bombus humilis luteoaurantiacus Reinig, 1969: 81.

Megabombus humilis staudingerioides Reinig, 1976: 282.

Megabombus humilis paraurantiacus Reinig, 1976: 282, ♀, ♂, worker.

Bombus humilis ssp. *anglicus* Yarrow, 1978: 15.

分布（Distribution）：黑龙江（HL）、吉林（JL）、内蒙古

（NM）、河北（HEB）、北京（BJ）、山西（SX）、甘肃（GS）、新疆（XJ）、四川（SC）；巴西、俄罗斯、蒙古国、土耳其、伊朗、哈萨克斯坦、阿塞拜疆、韩国；欧洲

其他文献（Reference）：Dalla Torre, 1896: 524; Løken, 1973: 139; Williams *et al.*, 2009: 148, ♀, ♂, worker, Figs. 50-51, 149, 221, 225; Wu *et al.*, 2009: 90; An *et al.*, 2010: 1455; Williams, 2011: 30; Kupianskaya *et al.*, 2013: 4; An *et al.*, 2011: 12, Fig. 21; An *et al.*, 2012: 1027; An *et al.*, 2014: 38, Figs. 52, 53; Kupianskaya *et al.*, 2014: 292.

（253）仿熊蜂 *Bombus* (*Thoracobombus*) *imitator* Pittioni, 1949

Bombus (*Tricornibombus*) *imitator* Pittioni, 1949: 251, ♀. **Lectotype:** ♀, China: Fujian; designated by Tkalců (1968c: 90); BML.

异名（Synonym）：

Bombus imitator var. *flavescens* Pittioni, 1949: 254. (Homonym, not of Smith, 1852: 45 = *B. flavescens* Smith).

分布（Distribution）：甘肃（GS）、浙江（ZJ）、湖南（HN）、湖北（HB）、四川（SC）、贵州（GZ）、福建（FJ）、广西（GX）；德国

其他文献（Reference）：Williams *et al.*, 2009: 145, ♀, ♂, worker, Figs. 74-76, 145, 213, 217.

（254）击熊蜂 *Bombus* (*Thoracobombus*) *impetuosus* Smith, 1871

Bombus impetuosus Smith, 1871: 249, ♀, worker. **Lectotype:** ♀, China: Yunnan; designated by Tkalců (1987: 61); BML.

异名（Synonym）：

Bombus potanini Morawitz, 1890: 349, worker.

Bombus (*Agrobombus*) *yuennanensis* Bischoff, 1936: 14, ♀. **Lectotype:** ♀, designated by Tkalců (1987: 61).

Bombus (*Agrobombus*) *combai* Tkalců, 1961: 357.

分布（Distribution）：宁夏（NX）、甘肃（GS）、青海（QH）、四川（SC）、贵州（GZ）、云南（YN）、西藏（XZ）

其他文献（Reference）：Dalla Torre, 1896: 526 (*Bombus impetuosus* Smith); Wang, 1982: 442 [*Bombus* (*Thoracobombus*) *yunnanensis* Bischoff]; Wang, 1988: 556 [*Bombus* (*Thoracobombus*) *yuennanensis* Bischoff]; Wu *et al.*, 1988: 120 [*Bombus* (*Diversobombus*) *impetuosus* Smith, ♀]; Wu *et al.*, 1988: 121 [*Bombus* (*Thoracobombus*) *yuennanensis* Bischoff, ♀, worker]; Wang, 1993: 1429 [*Bombus* (*Thoracobombus*) *yunnanensis* Bischoff, 1936]; Williams *et al.*, 2009: 149, ♀, ♂, worker, Figs. 78-80, 152, 228, 232; An *et al.*, 2011: 13, Fig. 24; An *et al.*, 2014: 43, Figs. 64, 65.

（255）拉熊蜂 *Bombus* (*Thoracobombus*) *laesus* Morawitz, 1875

Bombus laesus Morawitz, 1875: 3, ♀, ♂. **Syntype:** ♀, Kazakhstan; ZMMU.

异名（Synonym）：

Bombus mocsaryi Kriechbaumer, 1877: 253, ♀, ♂, worker.

Bombus mocsaryi var. *sidemii* Radoszkowski, 1888: 321, ♂, worker.

Bombus laesus var. *ferrugifera* Skorikov, 1909: 261, ♀, ♂, worker.

Bombus (*Laesobombus*) *tianschanicus* Panfilov, 1956: 1327.

Bombus (*Laesobombus*) *maculidorsis* Panfilov, 1956: 1328, ♀.

分布（Distribution）：黑龙江（HL）、吉林（JL）、辽宁（LN）、内蒙古（NM）、河北（HEB）、山西（SX）、甘肃（GS）、新疆（XJ）、四川（SC）；摩洛哥、西班牙、法国、奥地利、匈牙利、马其顿、立陶宛、土耳其、阿塞拜疆、伊朗、哈萨克斯坦、塔吉克斯坦、吉尔吉斯斯坦、俄罗斯

其他文献（Reference）：Dalla Torre, 1896: 528 (*Bombus laesus* Mor.); Wang, 1985: 161 [*Bombus* (*Laesobombus*) *tianschanicus* Panf.]; Wang, 1993: 1429 [*Bombus* (*Laesobombus*) *tianschanicus* Panfilov, 1956]; An *et al.*, 2008: 81 [*Bombus* (*Laesobombus*) *laesus* Morawitz, 1875]; Williams *et al.*, 2009: 146, ♀, ♂, worker, Figs. 48-49, 52, 57, 147, 215, 219; Wu *et al.*, 2009: 90; An *et al.*, 2010: 1455; Williams, 2011: 29; An *et al.*, 2011: 11, Fig. 17; An *et al.*, 2014: 33, Figs. 40, 41.

（256）藓状熊蜂 *Bombus* (*Thoracobombus*) *muscorum* (Linnaeus, 1758)

Apis muscorum Linnaeus, 1758, 579, ♀.

异名（Synonym）：

Bombus pallidus Evans, 1901: 47. [Homonym, not of Cresson, 1863: 92 = *B. pensylvanicus* (DeGeer)].

Bombus laevis Vogt, 1909: 63.

Bombus nigripes Pérez, 1909: 158. (Homonym, not of Haliday in Curtis *et al.*, 1837: 321 = *B. dahlbomii* Guérin-Méneville).

Adventoribombus muscorum pereziellus Skorikov, 1923: 150. (Replacement name for *nigripes* Pérez, 1909: 158).

Bombus muscorum orcadensis Richards, 1935: 78.

Bombus muscorum volcarum Kruseman, 1958: 163.

Bombus muscorum celticus Yarrow, 1978: 15. (Replacement name for *pallidus* Evans, 1901: 47).

Bombus muscorum agricolae Baker, 1996: 14, 19.

分布（Distribution）：黑龙江（HL）、吉林（JL）、内蒙古（NM）、河北（HEB）、山西（SX）、新疆（XJ）、四川（SC）；土耳其、阿塞拜疆、伊朗、哈萨克斯坦、乌兹别克斯坦、吉尔吉斯斯坦、俄罗斯；欧洲

其他文献（Reference）：An *et al.*, 2008: 82; Wang, 1985: 161 [*Bombus* (*Adventoribombus*) *muscorum* L.]; Nillon, 2007: 175; Wu *et al.*, 2009: 90; An *et al.*, 2010: 1455; Williams, 2011: 30; Kupianskaya *et al.*, 2013: 4; An *et al.*, 2014: 35, Figs. 44, 45; Kupianskaya *et al.*, 2014: 292.

（257）富丽熊蜂 *Bombus* (*Thoracobombus*) *opulentus* Smith, 1861

Bombus opulentus Smith, 1861b: 153, ♀.

分布（Distribution）：辽宁（LN）、河北（HEB）、天津（TJ）、

北京（BJ）、山西（SX）、山东（SD）、陕西（SN）、安徽（AH）、江苏（JS）、浙江（ZJ）；德国、朝鲜

其他文献（Reference）：An *et al.*, 2008: 82; Wu *et al.*, 2009: 90; An *et al.*, 2010: 1455; An *et al.*, 2011: 11, Fig. 19; An *et al.*, 2012: 1027 [*B.* (*Megabombus*) *opulentus*]; An *et al.*, 2014: 36, Figs. 48, 49.

（258）牧熊蜂 *Bombus* (*Thoracobombus*) *pascuorum* (Scopoli, 1763)

Apis pascuorum Scopoli, 1763: 306.

异名（Synonym）：

Apis senilis Fabricius, 1775: 382.

Apis vulgo Harris, 1776: 137.

Apis mniorum Fabricius, 1776: 247.

Apis agrorum Fabricius, 1787: 301. (Homonym, not of Schrank, 1781: 397 = *B. mesomelas* Gerstäcker).

Apis floralis Linnaeus in Gmelin, 1790: 2785.

Apis pygmaea Fabricius, 1793: 324, worker.

Apis francillonella Kirby, 1802: 319, worker.

Apis sowerbiana Kirby, 1802: 322, ♂.

Apis beckwithella Kirby, 1802: 323, ♀, ♂.

Apis curtisella Kirby, 1802: 324, ♂.

Apis forsterella Kirby, 1802: 325, ♀.

Bombus thoracicus Spinola, 1806: 30, ♀.

Bombus arcticus Dahlbom, 1832: 50. (Homonym, not of Quenzel in Acerbi, 1802: 253 = *B. hyperboreus* Schönherr).

Bombus cognatus Stephens, 1846: 17.

Bombus smithianus White, 1851: 158.

Bombus flavobarbatus Morawitz, 1883b: 242, ♀, ♂.

Bombus fairmairei Friese, 1887: v-vii, ♀, ♂, worker.

Bombus agrorum erlandssoni Kruseman, 1950: 46.

Bombus agrorum gotlandicus Erlandsson, 1953:78, ♀.

Megabombus agrorum siciliensis Tkalců, 1977: 225.

Megabombus pascuorum kruegerianus Rasmont, 1983: 186.

Megabombus pascuorum taleshensis Rasmont, 1983: 188.

Megabombus pascuorum paphlagonicus Reinig, 1983: 158 (Abb. 2), 163, ♀, ♂, worker.

分布（Distribution）：新疆（XJ）；俄罗斯、蒙古国、哈萨克斯坦、伊朗、朝鲜；欧洲

其他文献（Reference）：Løken, 1973: 154; Rasmussen *et* Ascher, 2008; Williams, 2011: 31; Kupianskaya *et al.*, 2013: 6; An *et al.*, 2014: 39, Figs. 54, 55; Kupianskaya *et al.*, 2014: 292.

（259）拟贝加尔湖熊蜂 *Bombus* (*Thoracobombus*) *pseudobaicalensis* Vogt, 1911

Bombus (*Agrobombus*) *equestris* Rasse *pseudobaicalensis* Vogt, 1911: 43, 53.

异名（Synonym）：

Agrobombus gilvus Skorikov, 1926: 117.

分布（Distribution）：黑龙江（HL）、吉林（JL）、辽宁（LN）、山西（SX）、甘肃（GS）；俄罗斯、朝鲜、日本

其他文献（Reference）：Ito *et al.*, 1980: 42; An *et al.*, 2008: 82; Kupianskaya *et al.*, 2013: 5; An *et al.*, 2014: 41, Figs. 60, 61; Kupianskaya *et al.*, 2014: 292.

（260）疏熊蜂 *Bombus* (*Thoracobombus*) *remotus* (Tkalců, 1968)

Megabombus (*Agrobombus*) *remotus* Tkalců, 1968a: 45, ♀. **Holotype:** ♀, China: Sichuan; BML.

分布（Distribution）：山西（SX）、陕西（SN）、宁夏（NX）、甘肃（GS）、浙江（ZJ）、湖北（HB）、四川（SC）、云南（YN）

其他文献（Reference）：Yao *et* Luo, 1997: 1687, ♀, ♂, worker; An *et al.*, 2008: 82; Williams *et al.*, 2009: 149, ♀, ♂, worker, Figs. 43-45, 70, 151, 223, 227; An *et al.*, 2011: 13, Fig. 23; An *et al.*, 2012: 1027; An *et al.*, 2014: 42, Figs. 62, 63.

（261）斯氏熊蜂 *Bombus* (*Thoracobombus*) *schrencki* Morawitz, 1881

Bombus schrencki Morawitz, 1881: 250, ♀, ♂. **(Syntypes)**.

异名（Synonym）：

Bombus schrencki f. *mironowianus* Vogt, 1911: 54.

Agrobombus schrencki albidopleuralis Skorikov, 1915: 406, ♀.

Bombus schrencki konakovi Panfilov, 1956: 1330.

Bombus schrencki kuwayamai Sakagami *et* Ishikawa, 1969: 165.

分布（Distribution）：黑龙江（HL）、吉林（JL）、辽宁（LN）、河北（HEB）、北京（BJ）、山西（SX）、山东（SD）、陕西（SN）；蒙古国、俄罗斯、朝鲜、日本、德国、波兰、爱沙尼亚

其他文献（Reference）：Dalla Torre, 1896: 545 (*Bombus schrenckii* Mor., incorrect subsequent spelling); Proshchalykin, 2004; Proshchalykin *et* Kupianskaya, 2005: 28; An *et al.*, 2008: 82; Wu *et al.*, 2009: 90; An *et al.*, 2010: 1455; An *et al.*, 2014: 40, Figs. 56, 57.

（262）角熊蜂 *Bombus* (*Thoracobombus*) *tricornis* Radoszkowski, 1888

Bombus tricornis Radoszkowski, 1888: 319-320, ♀, ♂.

分布（Distribution）：黑龙江（HL）、吉林（JL）、辽宁（LN）、河北（HEB）、北京（BJ）、新疆（XJ）；俄罗斯、朝鲜、法国

其他文献（Reference）：Dalla Torre, 1896: 559 (*Bombus tricornis* Rad.); Wu *et al.*, 2009: 90; An *et al.*, 2010: 1455; An *et al.*, 2014: 44, Figs. 68, 69.

栉距蜂族 Ctenoplectrini Cockerell, 1930

Ctenoplectridae Cockerell, 1930e: 148.

Ctenoplectridae Michener, 1944: 255.

Ctenoplectrinae Michener, 1965: 183.

Ctenoplectridae Michener *et* Greenberg, 1980: 183-203.

Ctenoplectridae Michener, 1986: 226.

Ctenoplectrini Roig-Alsina *et* Michener, 1993: 151.

其他文献（Reference）：Michener, 2000, 2007; Wu, 2000.

8. 栉距蜂属 *Ctenoplectra* Kirby, 1826

Ctenoplectra Kirby in Kirby and Spence, 1826: 681, no species. **Type species:** *Ctenoplectra chalybea* Smith, 1857, by inclusion and designation of Sandhouse, 1943: 542.
Ctenoplectra Smith, 1857: 44. **Type species:** *Ctenoplectra chalybea* Smith, 1857, monobasic.
其他文献（Reference）： Michener, 1997, 2000, 2007; Wu, 1978, 2000; Sung *et al.*, 2009.

（263）蓝栉距蜂 *Ctenoplectra chalybea* Smith, 1857

Ctenoplectra chalybea Smith, 1857: 45, ♀.
异名（Synonym）：
Ctenoplectra apicalis Smith, 1879: 57, ♂.
Ctenoplectra kelloggi Cockerell, 1930c: 49, ♂.
分布（Distribution）： 福建（FJ）、台湾（TW）
其他文献（Reference）： Dalla Torre, 1896: 195 (*Ctenoplectra chalybea* Smith); Wu, 1978: 425 (*Ctenoplectra kelloggi* Ckll.) (key); Wu, 2000: 367, ♀, ♂ (*Ctenoplectra kelloggi* Cockerell, 1930, redescription of ♀); Sung *et al.*, 2009: 332 (*Ctenoplectra chalybea* Smith, 1858, incorrect subsequent time), ♀, ♂, Figs. 5, 6, 11, 12, 15, 16, 22, 23, 27, 36-40.

（264）角栉距蜂 *Ctenoplectra cornuta* Gribodo, 1892

Ctenoplectra cornuta Gribodo, 1892: 102, ♀.
异名（Synonym）：
Scrapter tuberculiceps Strand, 1913: 28.
Ctenoplectra cockerelli Popov, 1936: 281.
分布（Distribution）： 陕西（SN）、浙江（ZJ）、湖北（HB）、四川（SC）、云南（YN）、台湾（TW）；缅甸
其他文献（Reference）： Dalla Torre, 1896: 195 (*Ctenoplectra cornuta* Grib.); Wu, 1978: 425 (*Ctenoplectra cornuta* Grib.) (key); Wu, 1993: 1386 (*Ctenoplectra cornuta* Gribodo, 1891, incorrect subsequent time); Wu, 2000: 367 (*Ctenoplectra cornuta* Gribodo, 1891, Fig. 203; incorrect subsequent time), ♀, ♂; Sung *et al.*, 2009: 326 (*Ctenoplectra cornuta* Gribodo, 1891, incorrect subsequent time), ♀, ♂, Figs. 1, 2, 7, 8, 29-31.

（265）无角栉距蜂 *Ctenoplectra davidi* Vachal, 1903

Ctenoplectra davidi Vachal, 1903: 99, ♀.
异名（Synonym）：
Scrapter simpliciceps Strand, 1913: 28.
分布（Distribution）： 浙江（ZJ）、台湾（TW）
其他文献（Reference）： Wu, 1978: 426, ♂ (key, redescription, Fig. 7: a-e); Wu, 2000: 369, ♀, ♂, Fig. 204, Plate VIII-5; Sung *et al.*, 2009: 329, ♀, ♂, Figs. 3, 4, 9, 10, 32-35; Rasmussen, 2012: 25.

长须蜂族 Eucerini Latreille, 1802

Eucerae Latreille, 1802b: 376.
Tetraloniinae Schrottky, 1913: 263.
其他文献（Reference）： Michener, 1986, 2000, 2007; Roig-Alsina *et* Michener, 1993; Wu, 2000.

9. 长须蜂属 *Eucera* Scopoli, 1770

Eucera Scopoli, 1770: 8. **Type species:** *Apis longicornis* Linnaeus, 1758, by designation of Latreille, 1810: 439.
Eucera (*Hetereucera*) Tkalců, 1978: 167. **Type species:** *Eucera hispana* Lepeletier, 1841, by original designation.
Eucera (*Pareucera*) Tkalců, 1978: 164. **Type species:** *Eucera caspica* Morawitz, 1873, by original designation. [Synonymied by Michener in 2000].
Eucera (*Stilbeucera*) Tkalců, 1978: 162. **Type species:** *Eucera clypeata* Erichson, 1835, by original designation. [Synonymied by Michener in 2000].
Eucera (*Atopeucera*) Tkalců, 1984: 71. **Type species:** *Eucera seminuda* Brullé, 1832, by original designation. [Synonymied by Michener in 2000].
Eucera (*Agatheucera*) Sitdikov *et* Pesenko, 1988: 87. **Type species:** *Eucera bidentata* Pérez, 1887, by original designation. [Synonymied by Michener in 2000].
Eucera (*Hemieucera*) Sitdikov *et* Pesenko, 1988: 88. **Type species:** *Eucera paraclypeata* Sitdikov, 1988, by original designation. [Synonymied by Michener in 2000].
Eucera (*Pileteucera*) Sitdikov *et* Pesenko, 1988: 87. **Type species:** *Eucera cineraria* Eversmann, 1852 = ?*E. cinerea* Lepeletier, 1841, by original designation. [Synonymied by Michener in 2000].
Eucera (*Rhyteucera*) Sitdikov *et* Pesenko, 1988: 87. **Type species:** *Eucera parvula* Friese, 1895, by original designation. [Synonymied by Michener in 2000].
Eucera (*Oligeucera*) Sitdikov *et* Pesenko, 1988: 83. **Type species:** *Eucera popovi* Sitdikov, 1988, by original designation.
Pteneucera Tkalců, 1984: 72. **Type species:** *Eucera eucnemidea* Dours, 1873, by original designation.
Synhalonia Patton, 1879a: 473. **Type species:** *Melissodes fulvitarsis* Cresson, 1878, by original designation.
Eusynhalonia Ashmead, 1899: 63. **Type species:** *Melissodes edwardsii* Cresson, 1878, by original designation.
Synalonia Robertson, 1905: 365, unjustified emendation of *Synhalonia* Patton, 1879.
其他文献（Reference）： Michener, 1997, 2000, 2007; Risch, 1997, 1999, 2001, 2003.

长须蜂亚属 *Eucera* / Subgenus *Eucera* Scopoli s. str., 1770

Eucera Scopoli, 1770: 8. **Type species:** *Apis longicornis* Linnaeus, 1758, by designation of Latreille, 1810: 439.

（266）中断长须蜂 *Eucera* (*Eucera* s. str.) *interrupta* Baer, 1850

Eucera interrupta Baer, 1850: 533, ♀.

异名（Synonym）：

Eucera semistrigosa Dours, 1873: 318, ♀, ♂.

Eucera confusa Gribodo, 1881: 164, ♂.

分布（Distribution）：吉林（JL）、内蒙古（NM）、北京（BJ）、新疆（XJ）、江苏（JS）、浙江（ZJ）；高加索地区；中亚、欧洲

其他文献（Reference）：Dalla Torre, 1896: 236 (*Eucera interrupta* Bär.); Wu, 1965: 76 (*Eucera interrupta* Baer), ♀, ♂, Plate VII-168, 169; Wu, 2000: 352, ♀, ♂; Sitdikov *et* Pesenko, 1988: 82.

（267）长角长须蜂 *Eucera* (*Eucera* s. str.) *longicornis* (Linnaeus, 1758)

Apis longicornis Linnaeus, 1758: 953.

异名（Synonym）：

Apis linguaria Fabricius, 1775: 388.

Apis dealbator Christ, 1791: 181.

Eucera difficilis Pérez, 1879: 164, ♀, ♂.

Eucera atricollis Friese, 1922: 63, ♀.

Eucera pillichi Alfken, 1932: 120.

分布（Distribution）：黑龙江（HL）、吉林（JL）、河北（HEB）、北京（BJ）、甘肃（GS）、四川（SC）；俄罗斯

其他文献（Reference）：Dalla Torre, 1896: 236 [*Eucera longicornis* (Linn.)]; Wu, 1965: 76 (*Eucera longicornis* Linnaeus), ♀, ♂, Plate VII-170, 171; Wu, 2000: 351 [*Eucera* (s. str.) *longicornis* Linne, 1758], ♀, ♂; Sitdikov *et* Pesenko, 1988: 82; Rasmussen *et* Ascher, 2008: 27.

（268）红足长须蜂 *Eucera* (*Eucera* s. str.) *rufipes* Smith, 1879

Eucera rufipes Smith, 1879: 110, ♀.

异名（Synonym）：

Eucera platyrhina Pérez, 1902: 118.

分布（Distribution）：北京（BJ）、陕西（SN）；波兰、乌克兰

其他文献（Reference）：Dalla Torre, 1896: 246 (*Eucera rufipes* Smith); Wu, 2000: 349, ♀, ♂, Fig. 194; Sitdikov *et* Pesenko, 1988: 82.

（269）社会长须蜂 *Eucera* (*Eucera* s. str.) *sociabilis* Smith, 1873

Eucera sociabilis Smith, 1873: 204.

异名（Synonym）：

Eucera andreae Friese, 1910: 406, ♀, ♂.

分布（Distribution）：河北（HEB）、北京（BJ）、陕西（SN）、四川（SC）、福建（FJ）；日本、俄罗斯

其他文献（Reference）：Cockerell, 1911b: 256 (*Eucera sociabilis* Smith), ♀, ♂; Wu, 2000: 350, ♀, ♂; Sitdikov *et* Pesenko, 1988: 82; Rasmussen *et* Ascher, 2008: 24.

（270）瘤长须蜂 *Eucera* (*Eucera* s. str.) *tuberculata* Fabricius, 1793

Eucera tuberculata Fabricius, 1793: 334.

分布（Distribution）：河北（HEB）、北京（BJ）、新疆（XJ）、江苏（JS）、四川（SC）；欧洲

其他文献（Reference）：Iuga, 1958: 203, ♀, ♂; Wu, 1993: 1408; Wu, 2000: 351, ♀, ♂.

异长须蜂亚属 *Eucera* / Subgenus *Hetereucera* Tkalců, 1978

Eucera (*Hetereucera*) Tkalců, 1978: 167. **Type species:** *Eucera hispana* Lepeletier, 1841, by original designation.

异名（Synonym）：

Eucera (*Pareucera*) Tkalců, 1978: 164. **Type species:** *Eucera caspica* Morawitz, 1873, by original designation. [Synonymied by Michener in 2000].

Eucera (*Stilbeucera*) Tkalců, 1978: 162. **Type species:** *Eucera clypeata* Erichson, 1835, by original designation. [Synonymied by Michener in 2000].

Eucera (*Atopeucera*) Tkalců, 1984: 71. **Type species:** *Eucera seminuda* Brullé, 1832, by original designation. [Synonymied by Michener in 2000].

Eucera (*Agatheucera*) Sitdikov *et* Pesenko, 1988: 87. **Type species:** *Eucera bidentata* Pérez, 1887, by original designation. [Synonymied by Michener in 2000].

Eucera (*Hemieucera*) Sitdikov *et* Pesenko, 1988: 88. **Type species:** *Eucera paraclypeata* Sitdikov, 1988, by original designation. [Synonymied by Michener in 2000].

Eucera (*Pileteucera*) Sitdikov *et* Pesenko, 1988: 87. **Type species:** *Eucera cineraria* Eversmann, 1852 = ?*E. cinerea* Lepeletier, 1841, by original designation. [Synonymied by Michener in 2000].

Eucera (*Rhyteucera*) Sitdikov *et* Pesenko, 1988: 87. **Type species:** *Eucera parvula* Friese, 1895, by original designation. [Synonymied by Michener in 2000].

其他文献（Reference）：Michener, 2000, 2007; Wu, 2000.

（271）白绒长须蜂 *Eucera* (*Hetereucera*) *cinerea* Lepeletier, 1841

Eucera cinerea Lepeletier, 1841: 125, ♂.

异名（Synonym）：

Eucera cana Baer, 1850: 535, ♂.

Eucera cantatrix Baer, 1850: 536, ♂.

Eucera cineraria Eversmann, 1852: 120, ♀, ♂.

Ecurea consimilis Dours, 1873: 311, ♂.

Eucera concinna Gribodo, 1873: 82, ♀.

分布（Distribution）：新疆（XJ）；欧洲

其他文献（Reference）：Dalla Torre, 1896: 228 (*Eucera cinerea* Lep.); Wu, 2000: 354, ♀, ♂; Sitdikov *et* Pesenko, 1988: 87.

（272）黑唇长须蜂 *Eucera* (*Hetereucera*) *discoidalis* Morawitz, 1879

Eucera discoidalis Morawitz, 1879: 37, ♂.

分布（Distribution）：内蒙古（NM）；高加索地区

其他文献（Reference）：Dalla Torre, 1896: 231 (*Eucera discoidalis* Mor.); Wu, 2000: 350 [*Eucera* (s. str.) *discoidalis*

Morawitz, 1878] (incorrect subsequent time), ♂.

（273）北京长须蜂 *Eucera (Hetereucera) pekingensis* Yasumatsu, 1946

Eucera fedtschenkoi pekingensis Yasumatsu, 1946: 23.

分布（Distribution）：内蒙古（NM）、河北（HEB）、北京（BJ）、山西（SX）、山东（SD）、青海（QH）、江苏（JS）

其他文献（Reference）：Wu, 1965: 75 (*Eucera fedtschenkoi pekingensis* Yasumatsu) ♀, ♂, Plate VII-167, 172; Sitdikov *et* Pesenko, 1988: 85; Wu, 2000: 353, ♀, ♂, Fig. 196, Plate VIII-7.

（274）花长须蜂 *Eucera (Hetereucera) taurica* Morawitz, 1870

Eucera taurica Morawitz, 1870b: 311, ♀.

异名（Synonym）：

Eucera pulveracea Dours, 1873: 312-313, ♀.
Eucera spectabilis Mocsáry, 1879: 15, ♀, ♂.
Eucera pannonica Mocsáry, 1878: 17, ♀, ♂.
Eucera hispana Lepeletier, 1841: 135-136, ♂.
Eucera hispana var. *seminigra* Friese, 1895: 205, ♀.
Eucera hellenica Pérez, 1902: 118.
Eucera fallax Dusmety Alonso, 1926: 116.

分布（Distribution）：新疆（XJ）；中亚

其他文献（Reference）：Dalla Torre, 1896: 235 (*Eucera hispana* Lep.); Wu, 2000: 353 [*Eucera (Hetereucera) taurica* Morawitz, 1871] (incorrect subsequent time), ♀, ♂; Sitdikov *et* Pesenko, 1988: 85; Rasmussen *et* Ascher, 2008: 97.

三室长须蜂亚属 *Eucera* / Subgenus *Synhalonia* Patton, 1879

Synhalonia Patton, 1879a: 473. **Type species:** *Melissodes fulvitarsis* Cresson, 1878, by original designation.

异名（Synonym）：

Eusynhalonia Ashmead, 1899: 63. **Type species:** *Melissodes edwardsii* Cresson, 1878, by original designation.
Synalonia Robertson, 1905: 365, unjustified emendation of *Synhalonia* Patton, 1879.

其他文献（Reference）：Michener, 2000, 2007.

（275）中国长须蜂 *Eucera (Synhalonia) chinensis* (Smith, 1854)

Tetralonia chinensis Smith, 1854: 301, ♂.

分布（Distribution）：河北（HEB）、北京（BJ）、江苏（JS）、浙江（ZJ）、湖北（HB）、四川（SC）、云南（YN）、福建（FJ）、广西（GX）；越南、日本

其他文献（Reference）：Wu, 2000: 363 (*Tetralonia chinensis* Smith, 1854), ♀, ♂, Fig. 200, Plate VIII-8; Khut *et al.*, 2012: 423 (*Eucera chinensis* Smith) (distribution).

（276）花长须蜂 *Eucera (Synhalonia) floralia* (Smith, 1854)

Tetralonia floralia Smith, 1854: 302, ♂.

分布（Distribution）：河北（HEB）、北京（BJ）、江苏（JS）、浙江（ZJ）

其他文献（Reference）：Wu, 2000: 362 (*Tetralonia floralis* Smith, 1854), ♀, ♂.

（277）雅克长须蜂 *Eucera (Synhalonia) jacoti* (Cockerell, 1931)

Tetralonia jacoti Cockerell, 1931b: 3, ♂.

异名（Synonym）：

Tetralonia chinensis var. *jacoti* Cockerell, 1930a: 84, ♀.

分布（Distribution）：河北（HEB）、北京（BJ）、江苏（JS）、浙江（ZJ）

其他文献（Reference）：Wu, 2000: 364 (*Tetralonia jacoti* Cockerell, 1930), ♀, ♂.

（278）亮丽长须蜂 *Eucera (Synhalonia) polychroma* (Cockerell, 1930)

Tetralonia polychroma Cockerell, 1930a: 85, ♂.

分布（Distribution）：内蒙古（NM）、北京（BJ）、山东（SD）

其他文献（Reference）：Wu, 2000: 361 (*Tetralonia polychroma* Cockerell), ♀, ♂, Fig. 198.

（279）云南长须蜂 *Eucera (Synhalonia) yunnanensis* (Wu, 2000)

Tetralonia yunnanensis Wu, 2000: 359, ♀, ♂. **Holotype:** ♂, China: Yunnan, Lijiang, Yugo; IZB.

分布（Distribution）：湖北（HB）、云南（YN）

其他文献（Reference）：Wu, 2000: 359, Fig. 197.

10. 四条蜂属 *Tetraloniella* Ashmead, 1899

Glazunovia Baker, 1998: 846. **Type species:** *Tetralonia nigriceps* Morawitz, 1895, by original designation.
Loxoptilus LaBerge, 1957: 28. **Type species:** *Loxoptilus longifellator* LaBerge, 1957, by original designation. [New status, Michener, 2000].
Pectinapis LaBerge, 1970: 322. **Type species:** *Pectinapis fasciata* LaBerge, 1970, by original designation. [New status, Michener, 2000].
Tetraloniella Ashmead, 1899: 61. **Type species:** *Macrocera graja* Eversmann, 1852, by original designation.
Xenoglossodes Ashmead, 1899: 63. **Type species:** *Melissodes albata* Cresson, 1872, by original designation.
Melissina Cockerell, 1911g: 670. **Type species:** *Melissina viator* Cockerell, 1911, monobasic. [Synonymied by Michener in 2000].

其他文献（Reference）：Michener, 2000, 2007; Michener *et al.*, 1994; LaBerge, 2001.

四条蜂亚属 *Tetraloniella* / Subgenus *Tetraloniella* Ashmead s. str., 1899

Tetraloniella Ashmead, 1899: 61. **Type species:** *Macrocera graja* Eversmann, 1852, by original designation.

异名（Synonym）:

Xenoglossodes Ashmead, 1899: 63. **Type species:** *Melissodes albata* Cresson, 1872, by original designation.

Melissina Cockerell, 1911g: 670. **Type species:** *Melissina viator* Cockerell, 1911, monobasic. [Synonymied by Michener in 2000].

其他文献（Reference）: Michener, 2000, 2007; LaBerge, 2001.

（280）带四条蜂 *Tetraloniella* (*Tetraloniella* s. str.) *fasciata* (Smith, 1854)

Tetralonia fasciata Smith, 1854: 302, ♂.

分布（Distribution）: 江苏（JS）、四川（SC）、福建（FJ）、广东（GD）；墨西哥

其他文献（Reference）: Dalla Torre, 1896: 232 [*Eucera fasciata* (Smith)]; Wu, 2000: 361 (*Tetralonia fasciata* Smith, 1854), ♀, ♂, Fig. 199.

（281）六齿四条蜂 *Tetraloniella* (*Tetraloniella* s. str.) *fulvescens* (Giraud, 1863)

Tetralonia fulvescens Giraud, 1863: 42, ♀, ♂.

异名（Synonym）:

Tetralonia acutangula Morawitz, 1879: 35, ♀, ♂.

Macrocera dufourii Pérez, 1879: 148, ♀, ♂.

分布（Distribution）: 黑龙江（HL）、辽宁（LN）、北京（BJ）、新疆（XJ）；突尼斯、土耳其、奥地利、高加索地区

其他文献（Reference）: Wu, 2000: 358 (*Tetralonia acutangula* Morawitz), ♀, ♂.

（282）八齿四条蜂 *Tetraloniella* (*Tetraloniella* s. str.) *dentata* (Germar, 1839)

Eucera dentata Germar, 1839: 21.

分布（Distribution）: 黑龙江（HL）、内蒙古（NM）、河北（HEB）；欧洲

其他文献（Reference）: Dalla Torre, 1896: 230 (*Eucera dentata* Klug); Wu, 2000: 357 (*Tetralonia dentata* Klug, 1835), ♀, ♂.

（283）米氏四条蜂 *Tetraloniella* (*Tetraloniella* s. str.) *mitsukurii* (Cockerell, 1911)

Tetralonia mitsukurii Cockerell, 1911b: 257, ♀, ♂.

分布（Distribution）: 黑龙江（HL）、内蒙古（NM）、河北（HEB）、北京（BJ）、山西（SX）、江苏（JS）、浙江（ZJ）、江西（JX）；越南、日本

其他文献（Reference）: Wu, 2000: 360 (*Tetralonia mitsukurii* Cockerell, 1911), ♀, ♂; Khut *et al.*, 2012: 423 (distribution).

（284）二齿四条蜂 *Tetraloniella* (*Tetraloniella* s. str.) *pollinosa* (Lepeletier, 1841)

Macrocera pollinosa Lepeletier, 1841: 93, ♀, ♂.

异名（Synonym）:

Macrocera mediocris Eversmann, 1852: 122, ♀, ♂.

Eucera canescens Dours, 1873: 311, ♀.

Tetralonia fossulata Morawitz, 1874: 141, ♀.

Tetralonia adusta Mocsáry, 1877: 233, ♀.

分布（Distribution）: 河北（HEB）、北京（BJ）、甘肃（GS）；欧洲

其他文献（Reference）: Wu, 2000: 363 (*Tetralonia pollinosa* Lepeletier, 1841), ♀, ♂.

（285）红角四条蜂 *Tetraloniella* (*Tetraloniella* s. str.) *ruficornis* (Fabricius, 1804)

Eucera ruficornis Fabricius, 1804: 383.

异名（Synonym）:

Macrocera alticincta Lepeletier, 1841: 101, ♀, ♂.

Macrocera ruficornis Lucas, 1846: 105, ♂.

Tetralonia ruficornis Morawitz, 1872a: 357, ♀, ♂.

Macrocera jullianii Pérez, 1879: 149, ♀.

Tetralonia var. *biroi* Mocsáry, 1879: 233, ♀, ♂.

分布（Distribution）: 辽宁（LN）、北京（BJ）、新疆（XJ）；阿尔及利亚、葡萄牙、乌克兰

其他文献（Reference）: Wu, 2000: 357 [*Tetralonia ruficornis* (Fabricius), 1804], ♀, ♂.

毛斑蜂族 Melectini Westwood, 1839

Melectides Westwood, 1839: 270.

其他文献（Reference）: Michener, 1986, 2000, 2007; Roig-Alsina *et* Michener, 1993.

11. 毛斑蜂属 *Melecta* Latreille, 1802

Melecta Latreille, 1802a: 427. **Type species:** *Apis punctata* Fabricius, 1775 = *Apis albifrons* Forster, 1771, by designation of Latreille, 1810: 439.

Eupavlovskia Popov, 1955: 330. **Type species:** *Melecta funeraria* Smith, 1854, by original designation.

Melecta (*Melectomimus*) Linsley, 1939: 448. **Type species:** *Melecta edwardsii* Cresson, 1878, by original designation.

Paracrocisa Alfken, 1937: 173. **Type species:** *Paracrocisa sinaitica* Alfken, 1937, monobasic.

Pseudomelecta Radoszkowski, 1865: 55. **Type species:** *Melecta diacantha* Eversmann, 1852, by designation of Sandhouse, 1943: 594.

其他文献（Reference）: Lieftinck, 1972, 1980; Michener, 1997, 2000, 2007.

毛斑蜂亚属 *Melecta* / Subgenus *Melecta* Latreille s. str., 1802

Melecta Latreille, 1802a: 427. **Type species:** *Apis punctata* Fabricius, 1775 = *Apis albifrons* Forster, 1771, by designation of Latreille, 1810: 439.

异名（Synonym）:

Symmorpha Illiger, 1807: 198, nomen nudum.

Symmorpha Klug, 1807b: 227. **Type species:** *Apis punctata* Fabricius, 1775 = *Apis albifrons* Forster, 1771, monobasic.

Bombomelecta Patton, 1879b: 370. **Type species:** *Melecta*

thoracica Cresson, 1876, monobasic.

其他文献（Reference）：Michener, 1997, 2000, 2007.

（286）中国毛斑蜂 *Melecta* (*Melecta* s. str.) *chinensis* Cockerell, 1931

Melecta chinensis Cockerell, 1931c: 6, ♂. **Holotype:** ♂, China: Shanghai; USMW.

分布（Distribution）：河北（HEB）、河南（HEN）、江苏（JS）、上海（SH）、浙江（ZJ）、江西（JX）、湖北（HB）、四川（SC）、福建（FJ）、海南（HI）

其他文献（Reference）：Wu, 1965: 72 (*Melecta chinensis* Cockerell), ♀, ♂, Plate VI-150, 151; Lieftinck, 1980: 150, ♂ (key), 218 (*Melecta chinensis* Cockerell), ♂, Figs. 57-59.

（287）十二毛斑蜂 *Melecta* (*Melecta* s. str.) *duodecimmaculata* (Rossi, 1790)

Nomada duodecimmaculata Rossi, 1790: 110.

异名（Synonym）：

Melecta plurinotata Brullé, 1832: 343, ♀.

Melecta quattuordecimpunctata Fischer de Waldheim, 1843: 122.

Melecta jakovlewi Radoszkowski, 1877: 333, ♂.

分布（Distribution）：新疆（XJ）；西班牙、法国、克罗地亚、希腊、突尼斯、以色列、伊拉克、伊朗、乌兹别克斯坦、哈萨克斯坦、吉尔吉斯斯坦

其他文献（Reference）：Dalla Torre, 1896: 317 (*Melecta plurinotata* Brullé), (*Melecta jakovlewii* Radoszkowksi, incorrect subsequent spelling), 342 (*Nomada duodecimmaculata* Rossi); Lieftinck, 1980: 210 [*Melecta duodecimmaculata duodecimmaculata* (Rossi)], Figs. 38-42, 51-56, pl. 1, Fig. 3, 215 [*Melecta duodecimmaculata jakovlewi* Radoszkowksi], Figs. 45-50; Wu, 1985a: 143 (*Melecta plurinotata* Brullé, 1832).

（288）喜马拉雅毛斑蜂 *Melecta* (*Melecta* s. str.) *emodi* Baker, 1997

Melecta emodi Baker, 1997: 253, ♀. **Holotype:** ♀, China: Tibet, Rongshar valley; BML.

分布（Distribution）：西藏（XZ）

其他文献（Reference）：Baker, 1997: 253, Figs. 15, 16.

12. 中华毛斑蜂属 *Sinomelecta* Baker, 1997

Sinomelecta Baker, 1997: 245. **Type species:** *Sinomelecta oreina* Baker, 1997, by original designation.

其他文献（Reference）：Michener, 2000, 2007; Rightmyer *et* Engel, 2003; Engle *et* Michener, 2012.

（289）东方中华毛斑蜂 *Sinomelecta oreina* Baker, 1997

Sinomelecta oreina Baker, 1997: 246, ♀, ♂. **Holotype:** ♂, China: Sichuan; SEMC.

分布（Distribution）：四川（SC）、云南（YN）

其他文献（Reference）：Engle *et* Michener, 2012: 9, ♀, ♂, Figs. 11-23.

13. 小四条蜂属 *Tetralonioidella* Strand, 1914

Tetralonioidella Strand, 1914a (Apr.-May): 140. **Type species:** *Tetralonia* (?) *hoozana* Strand, 1914, monobasic.

Protomelissa Friese, 1914a (June): 322. **Type species:** *Protomelissa iridescens* Friese, 1914 = *Tetralonia* (?) *hoozana* Strand, 1914, by designation of Sandhouse, 1943: 592. [see also Michener, 1997].

Callomelecta Cockerell, 1926c: 621. **Type species:** *Callomelecta pendleburyi* Cockerell, 1926, by original designation.

其他文献（Reference）：Lieftinck, 1983; Michener, 1997, 2000, 2007; Dubitzky, 2007.

（290）福建小四条蜂 *Tetralonioidella fukienensis* Lieftinck, 1983

Tetralonioidella fukienensis Lieftinck, 1983: 280, ♂. **Holotype:** ♂, China: Fukien (Fujiang); in Mus. Leiden.

分布（Distribution）：福建（FJ）

其他文献（Reference）：Lieftinck, 1983: 280, Figs. 11, 27-30.

（291）海氏小四条蜂 *Tetralonioidella heinzi* Dubitzky, 2007

Tetralonioidella heinzi Dubitzky, 2007: 63, ♀, ♂. **Holotype:** China: Taiwan; TARI.

分布（Distribution）：台湾（TW）

其他文献（Reference）：Dubitzky, 2007: 63, Figs. 1C, 1D, 6B, 7A, 7B, 8A.

（292）喜马拉雅小四条蜂 *Tetralonioidella himalayana* (Bingham, 1897)

Melecta himalayana Bingham, 1897: 516, ♀.

异名（Synonym）：

Melecta formosana Cockerell, 1911c: 227, ♀.

Anthophora sauteri Friese, 1911a: 127, ♂.

分布（Distribution）：台湾（TW）；印度

其他文献（Reference）：Lieftinck, 1972: 273 (*Protomelissa himalatana*); Lieftinck, 1983: 277 [*Tetralonioidella himalayana* (Bingham)], Figs. 13, 14; Dubitzky, 2007 [*Tetralonioidella himalayana formosana* (Cockerell, 1911)]; Rasmussen *et* Ascher, 2008: 96.

（293）台湾小四条蜂 *Tetralonioidella hoozana* (Strand, 1914)

Tetralonia hoozana Strand, 1914: 139, ♂. **Holotype:** ♂, China: Formosa (Taiwan), Hoozan; DEI.

异名（Synonym）：

Protomelissa iridescens Friese, 1914a: 324, ♂.

分布（Distribution）：台湾（TW）

其他文献（Reference）：Lieftinck, 1983: 274 (*Tetralonioidella*

hoozana Strand); Dubitzky, 2007: 61, ♀, ♂, Figs. 6C, 7C, 7D, 8B; Rasmussen *et* Ascher, 2008: 59.

14. 盾毛斑蜂属 *Thyreomelecta* Rightmyer *et* Engel, 2003

Thyreomelecta Rightmyer *et* Engel, 2003: 3. **Type species:** *Thyreomelecta kirghisia* Rightmyer *et* Engel, 2003, by original designation.

其他文献（Reference）：Michener, 2007.

（294）相邻盾毛斑蜂 *Thyreomelecta propinqua* (Lieftinck, 1968)

Thyreus propinquus Lieftinck, 1968: 56, ♀, ♂.

分布（Distribution）：黑龙江（HL）；俄罗斯、韩国、朝鲜

其他文献（Reference）：Rightmyer *et* Engel, 2003: 16 [*Thyreomelecta propinqua* (Lieftinck)], Figs. 14, 15, 20, ♂ (key), 21, ♀ (key).

（295）西伯利亚盾毛斑蜂 *Thyreomelecta sibirica* (Radoszkowski, 1893)

Crocisa siberica Radoszkowski, 1893c: 174, ♀. **Holotype:** ♀, Minusinsk; MNB.

分布（Distribution）：黑龙江（HL）、内蒙古（NM）；俄罗斯

其他文献（Reference）：Lieftinck, 1968: 54, ♀, ♂ [*Thyreus sibirica* (Radoszkowsky)]; Rightmyer *et* Engel, 2003: 18 [*Thyreomelecta sibirica* (Radoszkowsky], 20, ♂ (key), 21 ♀ (key); Proshchalykin *et* Lelej, 2013: 324 (*Crocisa siberica* Radoszkowsky, 1893).

15. 盾斑蜂属 *Thyreus* Panzer, 1806

Thyreus Panzer, 1806: 263. **Type species:** *Nomada scutellaris* Fabricius, 1781, monobasic.

Crocisa Jurine, 1801: 164. **Type species:** *Nomada scutellata* Jurine, 1801 = *Melecta histrionica* Illiger, 1806, by designation of Morice *et* Durrant, 1915: 423. Suppressed by Commission Opinion 135 (1939).

Crocissa Panzer, 1806: 263. **Type species:** *Nomada scutellaris* Fabricius, 1781, by designation of Sandhouse, 1943: 541. [see notation by Michener, 1997].

Crocisa Jurine, 1807: 239. **Type species:** *Nomada histrio* Fabricius, 1775, by designation of Latreille, 1810: 439. [Two subsequent designations were listed by Michener, 1997. Furthermore, *Melecta histrionica* Illiger, 1806, wasdesignated as the type species by Morice *et* Durrant (1915: 423) but was not an originally included species. Morice and Durrant's comments concern the suppressed Crocisa Jurine, 1801, not 1807.]

其他文献（Reference）：Lieftinck, 1962, 1968, 1972; Michener, 1997, 2000, 2007.

（296）腹盾斑蜂 *Thyreus abdominalis* (Friese, 1905)

Crocisa abdominalis Friese, 1905b: 5, ♂ (key).

异名（Synonym）：

Crocisa rostrata Friese, 1905b: 6, ♀, ♂ (key).

Thyreus abdominalis rostratus (Friese, 1905): Lieftinck, 1962: 66, ♀, ♂.

Thyreus abdominalis austrosundanus Lieftinck, 1962: 63, ♀, ♂.

Thyreus abdominalis simulator Lieftinck, 1962: 69, ♀, ♂.

分布（Distribution）：上海（SH）、四川（SC）、福建（FJ）；马来半岛、印度尼西亚

其他文献（Reference）：Lieftinck, 1962: 8-9 (distribution), 57-71 (subspecies).

（297）阿尔泰盾斑蜂 *Thyreus altaicus* (Radoszkowski, 1893)

Crocisa altaica Radoszkowski, 1893c: 175, ♀. **Holotype:** ♀, Minusinsk; MNB.

分布（Distribution）：黑龙江（HL）、台湾（TW）；俄罗斯、蒙古国

其他文献（Reference）：Meyer, 1921: 77, ♀ (key), 93 (addit. descr.), ♀ (*C. altaica*); Lieftinck, 1968: 65 [*Thyreus altaicus* (Radoszkowski)], ♀, ♂, pl. 3, figs. 15, 12-13; Proshchalykin *et* Lelej, 2013: 324 (*Crocisa altaica* Radoszkowski, 1893).

（298）双斑盾斑蜂 *Thyreus bimaculatus* (Radoszkowski, 1893)

Crocisa bimaculatus Radoszkowski, 1893c: 175, ♀.

分布（Distribution）：甘肃（GS）、台湾（TW）

其他文献（Reference）：Meyer, 1921: 140 (*C. bimaculatus* Rad.), ♀ (key); Lieftinck, 1958: 25 (list); Lieftinck, 1962: 8 (distribution), 204 [*Thyreus bimaculatus* (Radoszkowski)]; Lieftinck, 1968: 108 [*Thyreus bimaculatus* (Radoszkowski)], ♀ (pl. 4, figs. 22, 30).

（299）点斑盾斑蜂 *Thyreus centrimacula* (Pérez, 1905)

Crocisa centrimacula Pérez, 1905a: 32, ♀.

异名（Synonym）：

Crocisa nitidula var. *superba* Meyer, 1921: 162, ♂.

分布（Distribution）：台湾（TW）、香港（HK）；韩国、日本

其他文献（Reference）：Lieftinck, 1962: 8, 9 (distribution), 115, ♂, figs. 44, 146 [*Thyreus centrimacula* (J. Pérez)], ♀, ♂, figs. 56-57.

（300）中国盾斑蜂 *Thyreus chinensis* (Radoszkowski, 1893)

Crocisa chinensis Radoszkowski, 1893c: 176, ♀.

分布（Distribution）：台湾（TW）

其他文献（Reference）：Lieftinck, 1962: 8 (distribution), 204 [*Thyreus chinensis* (Radoszkowski)].

（301）华美盾斑蜂 *Thyreus decorus* (Smith, 1852)

Crocisa decora Smith, 1852a: 41, ♀.

异名（Synonym）：

Crocisa japonica Friese, 1905b: 5, 7-11, ♀, ♂ (key).

Crocisa kanshireana Cockerell, 1911d: 312-313, ♀, ♂.
Crocisa pallescens Cockerell, 1927: 11 (key), 12-13, ♂.
分布（Distribution）：上海（SH）、四川（SC）、福建（FJ）、台湾（TW）、广东（GD）、广西（GX）；韩国、日本、泰国、马来西亚
其他文献（Reference）：Lieftinck, 1962: 72 [*Thyreus decorus* (F. Smith)], ♀, ♂, pl. II, figs. 8, 26-28, 30a.

（302）喜马拉雅盾斑蜂 *Thyreus himalayensis* (Radoszkowski, 1893)

Crocisa himalayensis Radoszkowski, 1893c: 171, ♂.
异名（Synonym）：
Crocisa javanica Friese, 1905b: 2, 8, ♀.
Crocisa nitidula var tarsalis Friese, 1905b: 4, 9, 11, ♀, ♂.
Crocisa pernitida Cockerell, 1907c: 233, ♂.
Crocisa amata Cockerell, 1911d: 312, ♀, ♂.
Crocisa insulicola Cockerell, 1919c: 240, ♀.
Crocisa reducta Cockerell, 1919e: 199, ♀.
Crocisa niasensis Cockerell, 1927: 13, ♀.
Crocisa reducta fulvicornis Cockerell, 1927: 13, ♂.
分布（Distribution）：北京（BJ）、四川（SC）、台湾（TW）、香港（HK）；韩国、印度、新加坡、印度尼西亚、马来西亚
其他文献（Reference）：Lieftinck, 1962: 121 [*Thyreus himalayensis* (Radoszkowski)], pl. I, figs. 4, 45, 47-50.

（303）演员盾斑蜂 *Thyreus histrionicus* (Illiger, 1806)

Melecta histrionica Illiger, 1806: 99, sex not indicated.
异名（Synonym）：
Crocisa major Morawitz, 1875: 143, ♀, ♂.
Crocisa divisa Pérez, 1905b: 81, ♀.
Crocisa histrionica var. *alboscutellata* Meyer, 1921: 77, ♀, ♂ (key).
Crocisa rimosiscutum Alfken, 1927c: 114 (list), 117, ♀, ♂ (key).
分布（Distribution）：新疆（XJ）；叙利亚、塞浦路斯、也门、伊朗、土耳其、哈萨克斯坦、塔吉克斯坦；欧洲、北非
其他文献（Reference）：Lieftinck, 1968: 83 [*Thyreus histrionicus* (Illiger)], ♀, ♂, pl. 3, figs. 17, 20.

（304）欺骗盾斑蜂 *Thyreus illudens* Lieftinck, 1968

Thyreus illudens Lieftinck, 1968: 82, ♂. **Holotype:** ♂, China: Sichuan, Wei Chow; USMW.
分布（Distribution）：四川（SC）
其他文献（Reference）：Lieftinck, 1968: 82, Fig. 19.

（305）寡毛盾斑蜂 *Thyreus impexus* Lieftinck, 1968

Thyreus impexus Lieftinck, 1968: 77, ♀, ♂. **Holotype:** ♂, China: Sichuan, Dong Men Wai; USMW.
分布（Distribution）：四川（SC）
其他文献（Reference）：Lieftinck, 1968: 77, Fig. 17.

（306）纹盾斑蜂 *Thyreus incultus* Lieftinck, 1968

Thyreus incultus Lieftinck, 1968: 80, ♀, ♂. **Holotype:** ♂, China: Sichuan, Suifu; USMW.
分布（Distribution）：四川（SC）
其他文献（Reference）：Lieftinck, 1968: 80, Fig. 18.

（307）玛氏盾斑蜂 *Thyreus massuri* (Radoszkowski, 1893)

Crocisa massuri Radoszkowski, 1893c: 169, ♂.
异名（Synonym）：
Crocisa surda Cockerell, 1911m: 770, ♀.
分布（Distribution）：内蒙古（NM）、四川（SC）、福建（FJ）、广东（GD）、海南（HI）、香港（HK）；印度、印度尼西亚（苏门答腊岛）、泰国、缅甸
其他文献（Reference）：Lieftinck, 1962: 89 [*Thyreus massuri* (Radoszkowski)], ♀, ♂, pl. II, figs. 13, 30e, 34-36, 58.

（308）枝盾斑蜂 *Thyreus ramosus* (Lepeletier, 1841)

Crocisa ramosa Lepeletier, 1841: 451, ♂.
异名（Synonym）：
Crocisa rufa Radoszkowski, 1886: 18, ♀.
Crocisa ashabadensis Radoszkowski, 1893c: 167-168, ♀.
Crocisa caucasica Radoszkowski, 1893c: 168, ♂.
Crocisa ramosa var. *albociliata* Meyer, 1921: 77, ♀, ♂.
Crocisa affinis var. *minor* Friese, 1925: 30, ♂.
Crocisa circulata Alfken, 1927c: 114, 118, ♀, ♂.
分布（Distribution）：内蒙古（NM）；埃及、巴基斯坦、日本、蒙古国、地中海地区；西亚、欧洲（南部）
其他文献（Reference）：Bingham, 1897: 513 (*Crocisa ramosa* Lepeletier); Matsumura *et* Uchida, 1926: 65 (*Crocisa ramosa* Lepeletier); Lieftinck, 1968: 112, ♀, ♂, pl. 4, figs. 24-26, 32-33.

（309）盘盾斑蜂 *Thyreus scutellaris* (Fabricius, 1781)

Nomada scutellaris Fabricius, 1781: 487, sex not indicated (rect. ♂). (Loc. typ.: Siberia).
异名（Synonym）：
Crocisa crassicornis Morawitz, 1890: 369, ♂. Synonymied by Lieftinck (1968: 45).
分布（Distribution）：内蒙古（NM）、甘肃（GS）、台湾（TW）；佛得角、南斯拉夫、阿富汗、土耳其、叙利亚、伊朗、巴基斯坦、埃及、蒙古国、日本、俄罗斯
其他文献（Reference）：Matsumura *et* Uchida, 1926: 65 (*Crocisa scutellaris* Fabricius); Lieftinck, 1968: 45 [*Thyreus scutellaris* (Fabricius)], ♂, pl. I, fig. 5; Proshchalykin *et* Lelej, 2013: 324 (*Nomada scutellaris* Fabricius, 1781).

（310）楔盾斑蜂 *Thyreus sphenophorus* Lieftinck, 1962

Thyreus sphenophorus Lieftinck, 1962: 78 ♀, ♂. **Holotype:** ♂, India, Assam; coll. P. Magretti.
分布（Distribution）：四川（SC）；印度
其他文献（Reference）：Lieftinck, 1962: 78, Figs. 28, 29.

（311）高雄盾斑蜂 *Thyreus takaonis* (Cockerell, 1911)

Crocisa takaonis Cockerell, 1911d: 311, ♀, ♂.

异名（Synonym）：

Crocisa ramosa var. *reepeni* Friese, 1918b: 512, ♀, ♂.

分布（Distribution）：北京（BJ）、台湾（TW）、广东（GD）；印度、斯里兰卡、日本

其他文献（Reference）：Lieftinck, 1962: 21 [*Thyreus takaonis*（Cockerell)], ♀, ♂, Figs. 5-7; Karunaratne *et* Edirisingle, 2006: 19 (list).

麦蜂族 Meliponini Lepeletier, 1835

Méliponites Lepeletier (F), 1835: 407.

异名（Synonym）：

Meliponidae Schwarz, 1932: 231-460.

Meliponinae Wille, 1979: 241-277.

Meliponinae Michener, 1990: 84.

其他文献（Reference）：Michener, 1944, 1965, 1986, 2000, 2007; Moure, 1961; Eardley, 2004; Rasmussen and Camero, 2007; Roig-Alsina *et* Michener, 1993; Wille, 1979; Wu, 2000; Rasmussen, 2013.

16. 同无刺蜂属 *Homotrigona* Moure，1961

Homotrigona Moure, 1961: 200. **Type species:** *Trigona fimbiiata* Smith, 1857, by original designation.

其他文献（Reference）：Eardley, 2004; Rasmussen, 2008a, 2008b.

（312）蜜色同无刺蜂 *Homotrigona lutea* (Bingham, 1897)

Trigona lutea Bingham, 1897: 564, worker.

异名（Synonym）：

Trigona ferrea Cockerell, 1929a: 139, worker. Synonymied by Moure (1961: 201).

分布（Distribution）：云南（YN）；缅甸、泰国、马来西亚

其他文献（Reference）：Rasmussen, 2008a: 159; Rasmussen, 2008b: 17; Wu *et al.*, 1988: 106 (*Trigona lutea* Bingham), worker; Wu, 2000: 390 [*Trigona* (*Heterotrigona*) *lutea* Bingham, 1897], worker, Plate VIII-1.

17. 鳞无刺蜂属 *Lepidotrigona* Schwarz, 1939

Trigona (*Lepidotrigona*) Schwarz, 1939: 132. **Type species:** *Trigona nitidiventris* Smith, 1857, by original designation.

其他文献（Reference）：Rasmussen, 2008a, 2008b.

（313）顶鳞无刺蜂 *Lepidotrigona terminata* (Smith, 1878)

Trigona terminata Smith, 1878a: 169, worker.

异名（Synonym）：

Trigona fulvomarginata Cockerell, 1919d: 78. Synonymied by Schwarz (1939: 136, 137).

分布（Distribution）：云南（YN）；印度尼西亚、马来西亚、缅甸、泰国

其他文献（Reference）：Rasmussen, 2008a: 164; Rasmussen, 2008b: 19; Wu, 2000: 388 [*Trigona* (*Lepidotrigona*) *terminata* Smith, 1878], worker, Fig. 217.

（314）黄纹鳞无刺蜂 *Lepidotrigona ventralis* (Smith, 1857)

Trigona ventralis Smith, 1857: 50, worker.

分布（Distribution）：云南（YN）；缅甸、印度、斯里兰卡、泰国、马来西亚

其他文献（Reference）：Rasmussen, 2008a: 166; Wu *et al.*, 1998: 105 (*Trigona ventralis* Smith), worker, Plate V-63; Wu, 2000: 387 [*Trigona* (*Lepidotrigona*) *ventralis* (Smith, 1857)], worker, Fig. 216.

18. 四无刺蜂属 *Tetrigona* Moure, 1961

Tetrigona Moure, 1961: 215. **Type species:** *Trigona apicalis* Smith, 1857, by original designation.

其他文献（Reference）：Michener, 1997; Rasmussen, 2008a, 2008b.

（315）暗翅四无刺蜂 *Tetrigona vidua* (Lepeletier, 1835)

Melipona vidua Lepeletier, 1835: 429. **Syntype**: 1 worker; MNP.

分布（Distribution）：云南（YN）；缅甸、印度、斯里兰卡、马来西亚

其他文献（Reference）：Rasmussen, 2008a: 224 [*Tetrigona vidua* (Lepeletier, 1836)], incorrect subsequent time; Rasmussen, 2008b: 53 [*Tetrigona vidua* (Lepeletier, 1836)], incorrect subsequent time; Wu *et al.*, 1988: 105 (*Trigona vidua* Lepeletier), worker; Wu, 2000: 390 [*Trigona* (*Heterotrigona*) *vidua* (Lepeletier, 1836)], incorrect subsequent time, worker, Plate VIII-4.

19. 类四无刺蜂属 *Tetragonula* Moure, 1961

Tetragonula Moure, 1961: 206. **Type species:** *Trigona iridipennis* Smith, 1854, by original designation.

其他文献（Reference）：Michener, 2000, 2007; Rasmussen, 2008a, 2008b.

（316）虹类四无刺蜂 *Tetragonula iridipennis* (Smith, 1854)

Trigona iridipennis Smith, 1854: 413. **Lectotype:** worker, designated by Rasmussen (2013: 411); BML.

分布（Distribution）：云南（YN）；泰国、斯里兰卡、缅甸、印度

其他文献（Reference）：Rasmussen, 2008a: 200; Rasmussen, 2008b: 40; Wu, 2000: 392 [*Trigona* (*Heterotrigona*) *iridipennis* Smith, 1854], worker, ♂, Fig. 218; Karunaratne *et* Edirisingle, 2006: 19 (*Trigona iridipennis* Smith, 1854) (list);

Rasmussen, 2013: 411, worker, Figs. 4a-j, map 2.

（317）光足类四无刺蜂 *Tetragonula laeviceps* (Smith, 1857)

Trigona laeviceps Smith, 1857: 51, worker.
分布（Distribution）：云南（YN）；泰国、斯里兰卡、新加坡、缅甸、印度尼西亚、马来西亚、菲律宾、澳大利亚
其他文献（Reference）：Rasmussen, 2008a: 204; Rasmussen, 2008b: 42; Wu, 2000: 391 [*Trigona* (*Heterotrigona*) *laeviceps* Smith, 1857], worker, Plate VIII-2; Rasmussen, 2013: 416 [*Tetragonula* aff. *laeviceps* (Smith, 1857)].

（318）黑胸类四无刺蜂 *Tetragonula pagdeni* (Schwarz, 1939)

Trigona (*Tetragona*) *fuscobalteata* var. *pagdeni* Schwarz, 1939: 113, ♂.
分布（Distribution）：云南（YN）；泰国、印度
其他文献（Reference）：Rasmussen, 2008a: 213; Rasmussen, 2008b: 47; Wu, 2000: 390 [*Trigona* (*Heterotrigona*) *pagdeni* Schwarz, 1939], worker.

艳斑蜂亚科 Nomadinae Latreille, 1802

Nomades Latreille, 1802a: 425.
其他文献（Reference）：Warncke, 1982; Michener, 1986, 2000, 2007; Roig-Alsina *et* Michener, 1993.

砂斑蜂族 Ammobatini Handlirsch, 1925

Ammobatini Handlirsch, 1925: 821.
其他文献（Reference）：Michener, 1986; Eardley *et* Brothers, 1997; Roig-Alsina *et* Michener, 1993.

20. 短角斑蜂属 *Pasites* Jurine, 1807

Pasites Jurine, 1807: 224. **Type species:** *Pasites maculata* Jurine, 1807, by original designation. [A subsequent designation is listed by Michener, 1997.]
Morgania Smith, 1854: 253. **Type species:** *Pasites dichroa* Smith, 1854, monobasic.
Omachthes Gerstäcker, 1869: 154. **Type species:** *Omachthes carnifex* Gerstäcker, 1869, designated by Sandhouse, 1943: 580.
Homachthes Dalla Torre, 1896: 499, unjustified emendation of *Omachthes* Gerstäcker, 1869.
Omachtes Friese, 1909a: 436, unjustified emendation of *Omachthes* Gerstäcker, 1869.
Pasitomachthes Bischoff, 1923: 596. **Type species:** *Pasitomachthes nigerrimus* Bischoff, 1923, by original designation. [see note by Michener, 1997].
Pasitomachtes Sandhouse, 1943: 586, unjustified emendation of *Pasitomachthes* Bischoff, 1923.
其他文献（Reference）：Michener, 1997, 2000, 2007; Eardley *et* Brothers, 1997; Warncke, 1982, 1983.

（319）江崎短角斑蜂 *Pasites esakii* Popov *et* Yasumatsu, 1935

Pasites maculatus esakii Popov *et* Yasumatsu, 1935: 101, ♀.
分布（Distribution）：辽宁（LN）、内蒙古（NM）、河北（HEB）、天津（TJ）、北京（BJ）、山西（SX）、山东（SD）、浙江（ZJ）、江西（JX）、海南（HI）；日本
其他文献（Reference）：Hirashima *et* Nagase, 1981: 49, ♀, ♂, Figs. 1-2.

（320）斑短角斑蜂 *Pasites maculatus* Jurine, 1807

Pasites maculatus Jurine, 1807: 224, ♀.
异名（Synonym）：
Nomada albomaculata Lucas, 1846: 217, ♀.
Pasites schottii Eversmann, 1852: 89, ♀, ♂.
Ammobates variegatus Smith, 1854: 251, ♀.
Phileremus rufiventris Förster, 1855: 251, ♀. (Homonym).
Pasites maculatus var. *pusillus* Radoszkowski, 1872: 36, ♀.
Pasites maculatus var. *aschabadensis* Radoszkowski, 1893a: 55, ♀, ♂.
Pasites maculatus var. *brunneus* Friese, 1895: 141, ♀.
Pasites comptus Alfken, 1929: 143, ♀.
分布（Distribution）：新疆（XJ）；突尼斯、西班牙、法国、瑞士、意大利、捷克（摩拉维亚）、波兰、希腊、摩洛哥、埃及、塞浦路斯、以色列、奥地利、土耳其、约旦、阿塞拜疆、伊朗、阿富汗、土库曼斯坦、乌兹别克斯坦、哈萨克斯坦、吉尔吉斯斯坦、巴基斯坦、俄罗斯
其他文献（Reference）：Eardley *et* Brothers, 1997: 396 [*Pasites maculatus* (Jurine)], ♀, ♂, Figs. 58-61; Warncke, 1983: 265, ♀ (key), 271, ♂ (key), 292 (synonomy list).

拟砂斑蜂族 Ammobatoidini Michener, 1944

Ammobatoidini Michener, 1944: 277.
其他文献（Reference）：Michener, 1986; Roig-Alsina *et* Michener, 1993.

21. 拟砂斑蜂属 *Ammobatoides* Radoszkowski, 1867

Ammobatoides Radoszkowski, 1867: 82 (not Schenck, 1869). **Type species:** *Phileremus abdominalis* Eversmann, 1852, by designation of Sandhouse, 1943: 525.
Phiarus Gerstäcker, 1869: 147. **Type species:** *Phileremus abdominalis* Eversmann, 1852, monobasic.
Euglages Gerstäcker, 1869: 149. **Type species:** *Euglages scripta* Gerstäcker, 1869, monobasic.
Paidia Radoszkowski, 1872: 10 (not Herrich-Schäffer, 1847), unnecessary replacement for *Ammobatoides* Radoszkowski, 1868. **Type species:** *Phileremus abdominalis* Eversmann, 1852, autobasic.

Paedia Dalla Torre, 1891: 147, unjustified emendation of *Paidia* Radoszkowski, 1872.

其他文献(Reference): Warncke, 1982; Michener, 1997, 2000, 2007; Proshchalykin *et* Lelej, 2014.

(321)腹拟砂斑蜂 *Ammobatoides abdominalis* (Eversmann, 1852)

Phileremus abdominalis Eversmann, 1852: 88, ♀.

异名(Synonym):

Phileremus hirsutulus Eversmann, 1852: 89, ♂.

Ammobates extraneus Förster, 1855: 253, ♀.

Ammobatoides rufitarsis Smith, 1879: 101, ♀.

Phiarus abdominalis var. *sanguinea* Friese, 1911c: 141, ♂.

Phiarus abdominalis var. *rufa* Friese, 1911c: 142, ♀.

Phiarus angarensis Cockerell, 1928: 345, ♂.

Ammobatoides abdominalis marchicus Bischoff, 1952: 61, ♀, ♂.

Ammobatoides lebanensis Mavromoustakis, 1959: 33, ♀, ♂.

分布(Distribution):新疆(XJ);意大利、克罗地亚、匈牙利、保加利亚、乌克兰、土耳其、黎巴嫩、亚美尼亚、吉尔吉斯斯坦、俄罗斯

其他文献(Reference): Dalla Torre, 1896: 500 [*Phileremus abdominalis* (Ev.)]; Radoszkowski, 1867: 82 (*Ammobatoides abdominalis*), ♀, ♂; Warncke, 1982: 112, ♀ (key), 113, ♂ (key), 124, Fig. 25, genitalia of male; Proshchalykin *et* Lelej, 2013: 324 (*Phiarus angarensis* Cockerell, 1928); Proshchalykin *et* Lelej, 2014: 447, Figs. 8-10, 19-21, 26, 27.

(322)罗氏拟砂斑蜂 *Ammobatoides radoszkowskii* Proshchalykin *et* Lelej, 2014

Ammobatoides radoszkowskii Proshchalykin *et* Lelej, 2014: 451, ♀, ♂.

分布(Distribution):黑龙江(HL)、吉林(JL)、内蒙古(NM)、河北(HEB)、山西(SX);蒙古国、俄罗斯

其他文献(Reference): Wu, 1965: 77 (*Ammobatoides melectoides* Radoszkowski, misidentification), ♀, ♂, Plate VII-174, 175.

绒斑蜂族 Epeolini Robertson, 1903

Epeolinae Robertson, 1903b: 284.

其他文献(Reference): Michener, 1986; Roig-Alsina *et* Michener, 1993; Rightmyer, 2004a.

22. 绒斑蜂属 *Epeolus* Latreille, 1802

Epeolus Latreille, 1802a: 427. **Type species:** *Apis variegata* Linnaeus, 1758, monobasic.

Trophocleptria Holmberg, 1886: 233, 275. **Type species:** *Trophocleptria variolosa* Holmberg, 1886, monobasic.

Epeolus (*Diepeolus*) Gribodo, 1894: 79. **Type species:** *Epeolus giannellii* Gribodo, 1894, monobasic.

Epeolus (*Monoepeolus*) Gribodo, 1894: 80. **Type species:** *Apis variegata* Linnaeus, monobasic.

Pyrrhomelecta Ashmead, 1899: 66. **Type species:** *Epeolus glabratus* Cresson, 1878, by original designation.

Argyroselenis Robertson, 1903b: 284. **Type species:** *Triepeolus minimus* Robertson, 1902, by original designation.

Oxybiastes Mavromoustakis, 1954: 260. **Type species:** *Oxybiastes bischoffi* Mavromoustakis, 1954, by original destination.

其他文献(Reference): Bischoff, 1930b; Michener, 1997, 2000, 2007; Rightmyer, 2004b.

(323)西藏绒斑蜂 *Epeolus tibetanus* Meade-Waldo, 1913

Epeolus tibetanus Meade-Waldo, 1913: 95, ♀. **Holtype:** ♀, China: Tibet, Gyangtse (Gyangzê Xian); BML.

分布(Distribution):云南(YN)、西藏(XZ)

其他文献(Reference): Wu, 1993: 1410.

23. 三绒斑蜂属 *Triepeolus* Robertson, 1901

Triepeolus Robertson, 1901: 231. **Type species:** *Epeolus concavus* Cresson, 1878, by original designation.

Triepeolus (*Synepeolus*) Cockerell, 1921: 6. **Type species:** *Triepeolus insolitus* Cockerell, 1921, monobasic.

其他文献(Reference): Michener, 1997, 2000, 2007; Rightmyer, 2004b, 2008.

(324)暗色三绒斑蜂 *Triepeolus tristis* (Smith, 1854)

Epeolus tristis Smith, 1854, replacement name of *Epeolus luctuosus* Eversmann, 1852. *Epeolus luctuosus* Eversmann, 1852: 101 (*nec* Spinola, 1851). **Syntypes:** 2♂, 1♀, Russia: Casan (= Kazan) and Orenburg; ZISP.

Epeolus luctuosus Eversmann, 1852: 101 (*nec* Spinola, 1851). **Syntypes:** 2♂, 1♀, Russia: Casan (= Kazan) and Orenburg; ZISP.

异名(Synonym):

Epeolus speciosus Gerstäcker, 1869: 158. **Holotype:** ♂, Deutschland Arnswalde (Pomerania) (= Choszczno, West Pomeranian Voivodship, Poland); MNB. Synonymied by Bischoff (1930b: 2).

分布(Distribution):新疆(XJ);美国、意大利、奥地利、波兰、斯洛伐克、斯洛文尼亚、土耳其、俄罗斯

其他文献(Reference): Arnold, 1885: 286 (*Epeolus luctuosus* Eversmann), Figs. 1, 2, redescription; Bischoff, 1930b: 1 (*Triepeolus tristis*); Warncke, 1982: 120 [*Epeolus* (*Triepeolus*) *tristis*, ♀, Abb. 6]; Rightmyer, 2008: 123, ♀, ♂, Figs. 223, 224, 261.

(325)腹三绒斑蜂 *Triepeolus ventralis* (Meade-Waldo, 1913)

Epeolus ventralis Meade-Waldo, 1913: 96, ♂.

异名(Synonym):

Triepeolus signatus Hedicke, 1940: 345, ♀.

分布(Distribution):黑龙江(HL)、辽宁(LN)、内蒙古(NM)、河北(HEB)、天津(TJ)、北京(BJ)、山西(SX)、

山东（SD）、江苏（JS）、上海（SH）、浙江（ZJ）、江西（JX）、湖南（HN）；日本、俄罗斯

其他文献（Reference）：Yasumatsu, 1933: 1 (*Epeolus ventralis*), Figs. e, f, h, Plate 1; Yasumatsu, 1838a: 223 (placed within *Triepeolus*-group); Wu, 1965: 74 (*Epeolus ventralis* Meade-Waldo), ♀, ♂, Plate VII-164; Maeta *et al.*, 1987: 26 (*Triepeolus ventralis*); Rightmyer, 2004b: 256 [*Triepeolus ventralis* (Meade-Waldo)], ♀, ♂, Figs. 19-41; Rightmyer, 2008: 124 [*Triepeolus ventralis* (Meade-Waldo)], ♀, ♂, Figs. 225, 226.

艳斑蜂族 Nomadini Fallén, 1813

Nomadini Fallén, 1813: 7.

其他文献（Reference）：Michener, 1986; Roig-Alsina *et* Michener, 1993.

24. 艳斑蜂属 *Nomada* Scopoli, 1770

Nomada Scopoli, 1770: 44. **Type species:** *Apis ruficornis* Linnaeus, 1758, by designation of Curtis, 1832, pl. 419. [Invalid designations are listed by Michener, 1997.]

Hypochrotaenia Holmberg, 1886: 234, 273. **Type species:** *Hypochrotaenia parvula* Holmberg, 1886, monobasic.

Nomadita Mocsáry, 1894: 37. **Type species:** *Nomadita montana* Mocsáry, 1894, monobasic.

Lamproapis Cameron, 1902a: 419. **Type species:** *Lamproapis maculipennis* Cameron, 1902, monobasic.

Nomada (*Heminomada*) Cockerell, 1902, in Cockerell *et* Atkins, 1902: 42, footnote. **Type species:** *Nomada obliterate* Cresson, 1863, by original designation.

Nomada (*Micronomada*) Cockerell *et* Atkins, 1902: 44. **Type species:** *Nomada modesta* Cresson, 1863, by original designation.

Centrias Robertson, 1903c: 174, 176. **Type species:** *Nomada erigeronis* Robertson, 1897, by original designation.

Cephen Robertson, 1903c: 174, 176. **Type species:** *Nomada texana* Cresson, 1872, by original designation.

Gnathias Robertson, 1903c: 173, 174, 175. **Type species:** *Nomada bella* Cresson, 1863, by original designation.

Holonomada Robertson, 1903c: 174, 175, 176. **Type species:** *Nomada superba* Cresson, 1863, by original designation.

Xanthidium Robertson, 1903c: 174, 175, 177 (not Ehrenberg, 1833). **Type species:** *Nomada luteola* Olivier, 1811, by original designation. [This name is preoccupied but since it is a synonym, has not been replaced.]

Phor Robertson, 1903c: 174, 175, 176. **Type species:** *Nomada integra* Robertson, 1893 (not Brullé, 1832) = *Nomada integerrima* Dalla Torre, 1896, by original designation.

Nomada (*Nomadula*) Cockerell, 1903b: 611. **Type species:** *Nomada americana* Kirby of Robertson, 1903c = *Nomada articulata* Smith, 1854, by original designation. [see Code, ed. 3, art. 70(c)].

Nomadosoma Rohwer, 1911: 24. **Type species:** *Pasites pilipes* Cresson, 1865, by original designation.

Polybiapis Cockerell, 1916a: 208. **Type species:** *Polybiapis mimus* Cockerell, 1916, by original designation.

Nomada (*Callinomada*) Rodeck, 1945: 181. **Type species:** *Nomada antonita* Cockerell, 1909, by original designation.

Nomada (*Pachynomada*) Rodeck, 1945: 180. **Type species:** *Nomada vincta* Say, 1837, by original designation.

Nomada (*Laminomada*) Rodeck, 1947: 266. **Type species:** *Nomada hesperia* Cockerell, 1903, by original designation.

Acanthonomada Schwarz, 1966: 383. **Type species:** *Nomada odontophora* Kohl, 1905, by original designation.

Nomada (*Phelonomada*) Snelling, 1986: 24. **Type species:** *Nomada belfragei* Cresson, 1878, by original designation.

Hypochrotaenia (*Alphelonomada*) Snelling, 1986: 9. **Type species:** *Nomada cruralis* Moure, 1960, by original designation.

Nomada (*Asteronomada*) Broemeling, 1988: 336. **Type species:** *Nomada adducta* Cresson, 1878, by original designation.

Nomada (*Adamon*) Hirashima *et* Tadauchi, 2002: 47. **Type species:** *Nomada koikensis* Tsuneki, 1973.

其他文献（Reference）：Meade-Waldo, 1913; Alexander *et* Schwarz, 1994; Michener, 1997, 2000, 2007.

（326）安平艳斑蜂 *Nomada anpingensis* Strand, 1913

Nomada anpingensis Strand, 1913: 53, ♀.

异名（Synonym）：

Nomada anpingensis var. *suisharonisy* Strand, 1914: 142, ♂.

分布（Distribution）：台湾（TW）

其他文献（Reference）：Alexander *et* Schwarz, 1994: 256 (list).

（327）暗艳斑蜂 *Nomada atrocincta* Friese, 1921

Nomada atrocincta Friese, 1921: 263, ♀.

分布（Distribution）：台湾（TW）

其他文献（Reference）：Alexander *et* Schwarz, 1994: 256 (list).

（328）远东艳斑蜂 *Nomada ecarinata* Morawitz, 1888

Nomada ecarinata Morawitz, 1888: 257, ♀.

异名（Synonym）：

Nomada munakatai Tsuneki, 1973: 39, ♀ (Synonymized by Mitai *et al.*, 2008: 108).

分布（Distribution）：中国东北地区；俄罗斯、蒙古国、日本

其他文献（Reference）：Alexander *et* Schwarz, 1994: 243 (list); Schwarz, 1980: 109 (*Nomada ecarinata* Morawitz), ♀, rediscription; Proshchalykin, 2010: 24 (list); Mitai *et al.*, 2008: 108, ♀, Figs. 1-15.

（329）黄斑艳斑蜂 *Nomada flavoguttata* (Kirby, 1802)

Apis flavoguttata Kirby, 1802: 215, ♂.

异名（Synonym）：

Apis rufocincta Kirby, 1802: 216, ♀.

Nomada minuta Fabricius, 1804: 394. (Homonym).

Nomada nana Schenck, 1874: 343, ♂.
Nomada pygmaea Schenck, 1874: 342, ♂. (Homonym).
Nomada flavoguttata var. *serotina* Schmiedeknecht, 1882: 190, ♂.
Nomada flavoguttata var. *hoppneri* Alfken, 1898: 158, ♂.
Nomada annexa Nurse, 1904: 572, ♀. Synonymied by Schwarz *et* Gusenleitne (2003a: 1196).
Nomada alfkeni Cockerell, 1907b: 131. (Homonym).
Nomada kurilensis Yasumatsu, 1939: 6, ♀. Synonymied by Mitai *et* Tadauchi (2007: 61).
Nomada flavoguttata japonensis Tsuneki, 1973: 115, ♀. Synonymied by Mitai *et* Tadauchi (2007: 61).
Nomada tridentata Tsuneki, 1986: 49, ♀. Synonymied by Mitai *et* Tadauchi (2007: 61).

分布（Distribution）：中国东北地区；日本、韩国、俄罗斯、西班牙、英国、比利时、法国、意大利、波兰、希腊、奥地利、瑞典、芬兰、荷兰、以色列、爱沙尼亚、土耳其、印度

其他文献（Reference）：Dalla Torre, 1896: 347 [*Nomada flavoguttata* (Kby.)]; Alexander *et* Schwarz, 1994: 247 (list); Schwarz *et* Gusenleitner, 2000: 152; Schwarz *et* Gusenleitner, 2003a: 1196; Proshchalykin, 2010: 24 (list); Mitai *et* Tadauchi, 2007: 61, ♀, ♂, Figs. 24-26, Table 10; Smit, 2004: 37 (list), 46 (Fig. A20), 62, ♀ (key, Fig. 44, tibia 3 of ♀), 71, ♂ (key, Fig. 105, antenne of ♂), 91, ♀, ♂ (redescription).

（330）黄带艳斑蜂 *Nomada goodeniana* (Kirby, 1802)

Apis goodeniana Kirby, 1802: 180, ♀, ♂.

异名（Synonym）：

Apis alternata Kirby, 1802: 182: ♂.
Nomada integra Imhoff, 1834: 374, ♀. (*nec Nomada integra* Brullé, 1832 and *nec Nomada integra* Robertson, 1893).
Nomada cincta Herrich-Schäffer, 1839: 288, ♀. (*nec Nomada cincta* Rossi, 1792 and *nec Nomada cincta* Lepeletier, 1841).
Nomada batava Vollenhoven, 1858: 283, ♀.
Nomada succincta var. *lineolata* Friese, 1921: 254, ♀, ♂.
Nomada scheviakovi Cockerell, 1928: 439, ♀.
Nomada goodeniana danuvia Pittioni, 1951: 155.

分布（Distribution）：中国东北地区；西班牙、法国、比利时、英国、丹麦、奥地利、意大利、希腊、波兰、芬兰、荷兰、拉脱维亚、哈萨克斯坦、吉尔吉斯斯坦、俄罗斯

其他文献（Reference）：Ritsema, 1879: 54 (*Nomada cincta* H. Sch.); Alexander *et* Schwarz, 1994: 256 (list); Diestelhorst *et* Klaus, 2008; Proshchalykin, 2010: 24 (list); Schwarz, 1988: 384 (*Nomada scheviakovi* Cockerell, 1928); Stenløkk, 2011: 44 (new record in Norway); Smit, 2004: 35 (Fig. A4), 37 (list), 47 (Fig. A27), 57, ♀ (key), 75, ♂ (key), 96 (*Nomada goodeniana*), ♀, ♂ (redescription), 97 (Fig. 164); Mitai *et* Tadauchi, 2008: 33, Figs. 31, 32.

（331）江孜艳斑蜂 *Nomada gyangensis* Cockerell, 1911

Nomada gyangensis Cockerell, 1911i: 176, ♂. **Holotype:** ♂, China: Tibet, Gyangtse (Gyangzê Xian); BML.

分布（Distribution）：西藏（XZ）

其他文献(Reference)：Alexander *et* Schwarz, 1994: 248 (list); Schwarz *et* Gusenleitner, 2004: 1476, ♀, ♂ (new redescription of ♀); Figs. 195-198, 200-204.

（332）花野艳斑蜂 *Nomada hananoi* Yasumatsu *et* Hirashima, 1952

Nomada hananoi Yasumatsu *et* Hirashima, 1952: 84, ♀.

分布（Distribution）：辽宁（LN）；俄罗斯

其他文献(Reference)：Alexander *et* Schwarz, 1994: 258 (list); Proshchalykin, 2010: 24 (list).

（333）日本艳斑蜂 *Nomada japonica* Smith, 1873

Nomada japonica Smith, 1873: 203, ♀.

异名（Synonym）：

Nomada versicolor Smith, 1854: 242, ♀.
Nomada xanthidica Cockerell, 1905: 313, ♀.
Nomada daimio Matsumura, 1912: 197, ♀. Synonymized by Yasumatsu (1938b: 39).

分布（Distribution）：河北（HEB）、陕西（SN）、江苏（JS）、浙江（ZJ）、湖南（HN）；韩国、日本

其他文献（Reference）：Dalla Torre, 1896: 352 (*Nomada japonica* Smith); Cockerell, 1905: 313 (*N. xanthidica*); Meade-Waldo, 1913: 98 (*Nomada xanthidica* Ckll.); Pittioni, 1953: 241; Wu, 1965: 75 (*N. versicolor*), ♀, ♂, Plate VII-165, 166; Alexander *et* Schwarz, 1994: 255 (list); Mitai *et* Tadauchi, 2005: 3 (*Nomada japonica* Smith), ♀, Fig. 1, A, D, G, J, K, Fig. 2, F; Proshchalykin, 2010: 24 (list).

（334）韩国艳斑蜂 *Nomada koreana* Cockerell, 1926

Nomada koreana Cockerell, 1926b: 88, ♀.

异名（Synonym）：

Nomada koreana Tsuneki, 1986: 33, ♂.

分布（Distribution）：上海（SH）；韩国

其他文献(Reference)：Cockerell, 1931c: 7 (*Nomada koreana* Cockerell); Alexander *et* Schwarz, 1994: 239, 249 (list).

（335）欧洲艳斑蜂 *Nomada lathburiana* (Kirby, 1802)

Apis lathburiana Kirby, 1802: 183, ♂.

异名（Synonym）：

Apis rufiventris Kirby, 1802: 187, ♀.
Nomada consobrina Dufour, 1841: 422, ♀.

分布（Distribution）：中国东北地区；俄罗斯；欧洲

其他文献（Reference）：Dalla Torre, 1896: 353 [*Nomada lathburiana* (Kby.)]; Alexander *et* Schwarz, 1994: 249 (list); Schwarz *et* Gusenleitner, 2003b: 265 (syn. nov.); Proshchalykin, 2010: 24 (list); Smit, 2004: 37 (list), 42 (Fig. A5), 47 (Fig. A30), 66, ♀ (key, Fig. 68, antenne of ♀, Fig. 69, tibia 3 of ♀), 76, ♂ (key, Fig. 130, labrum of ♂), 77 (Fig. 137, ♂, antenne from above, Fig. 138, ♂, head and hair thorax), 99 (*Nomada lathburiana*), ♀, ♂, 101 (Fig. 167); Mitai *et* Tadauchi, 2008: 28, Fig. 16.

（336）白毛艳斑蜂 *Nomada leucotricha* Strand, 1914

Nomada leucotricha Strand, 1914: 141, ♂.
分布（Distribution）：台湾（TW）
其他文献（Reference）：Alexander *et* Schwarz, 1994: 257 (list).

（337）长角艳斑蜂 *Nomada longicornis* Friese, 1921

Nomada longicornis Friese, 1921: 263, ♀.
分布（Distribution）：台湾（TW）
其他文献（Reference）：Alexander *et* Schwarz, 1994: 257 (list).

（338）单带艳斑蜂 *Nomada monozona* Friese, 1921

Nomada monozona Friese, 1921: 264, ♀.
分布（Distribution）：台湾（TW）
其他文献（Reference）：Alexander *et* Schwarz, 1994: 257 (list).

（339）奥平艳斑蜂 *Nomada okubira* Tsuneki, 1973

Nomada dalii okubira Tsuneki, 1973: 122, ♀, ♂.
异名（Synonym）：
Nomada sheppardana okubira Tsuneki, 1975: 463.
Nomada etigonis Tsuneki, 1986: 57, ♂. Synonymied by Mitai *et* Tadauchi (2006: 240).
分布（Distribution）：台湾（TW）；韩国、日本
其他文献（Reference）：Alexander *et* Schwarz, 1994: 257 (*Nomada sheppardana okubira*, list); Ikudome, 1999: 656 (*Nomada sheppardana okubira*, list); Alexander *et* Schwarz, 1994: 243 (*Nomada etigonis*, list); Mitai *et* Tadauchi, 2006: 240 (*Nomada okubira* Tsuneki), ♀, ♂, Figs.1-7, 10, 13-17.

（340）北京艳斑蜂 *Nomada pekingensis* Tsuneki, 1986

Nomada pekingensis Tsuneki, 1986: 32, ♀. **Holotype:** ♀, China: Peking; coll. Tsuneki.
分布（Distribution）：北京（BJ）
其他文献（Reference）：Alexander *et* Schwarz, 1994: 256 (list).

（341）锉艳斑蜂 *Nomada rhinula* Strand, 1914

Nomada rhinula Strand, 1914: 142, ♂.
分布（Distribution）：台湾（TW）
其他文献（Reference）：Alexander *et* Schwarz, 1994: 257 (list).

（342）宝岛艳斑蜂 *Nomada secessa* Cockerell, 1911

Nomada secessa Cockerell, 1911c: 230, ♀.
分布（Distribution）：台湾（TW）
其他文献（Reference）：Alexander *et* Schwarz, 1994: 257 (list).

（343）天坛艳斑蜂 *Nomada tiendang* Tsuneki, 1986

Nomada tiendang Tsuneki, 1986: 32, ♀. **Holotype:** ♀, China: Peking, Tiendang; coll. Tsuneki.
分布（Distribution）：北京（BJ）
其他文献（Reference）：Alexander *et* Schwarz, 1994: 243 (list).

（344）三棘艳斑蜂 *Nomada trispinosa* Schmiedeknecht, 1882

Nomada trispinosa Schmiedeknecht, 1882: 29, ♀, 51, ♂.
异名（Synonym）：
Nomada trispinosa var. *cypria* Mavromoustakis, 1952: 842, ♀, ♂.
分布（Distribution）：中国东北地区；蒙古国、奥地利、斯洛伐克、希腊、以色列、塞浦路斯
其他文献（Reference）：Alexander *et* Schwarz, 1994: 256 (list); Proshchalykin, 2010: 25 (list).

（345）沃氏艳斑蜂 *Nomada waltoni* Cockerell, 1910

Nomada waltoni Cockerell, 1910a: 239, ♀.
分布（Distribution）：四川（SC）
其他文献（Reference）：Alexander *et* Schwarz, 1994: 243 (list).

木蜂亚科 Xylocopinae Latreille, 1802

Xylocopae Latreille, 1802b: 379.
其他文献（Reference）：Michener, 1944, 1965, 1986, 2000, 2007; Roig-Alsina *et* Michener, 1993; Wu, 2000.

小芦蜂族 Allodapini Cockerell, 1902

Allodapinae Cockerell, 1902: 233.
其他文献（Reference）：Michener, 1986, 2000, 2007; Roig-Alsina *et* Michener, 1993; Wu, 2000.

25. 布朗蜂属 *Braunapis* Michener, 1969

Allodape (*Braunsapis*) Michener, 1969: 290. **Type species:** *Allodape facialis* Gerstäcker, 1857, by original designation.
其他文献（Reference）：Reyes, 1991; Michener, 1997, 2000, 2007; Wu, 2000.

（346）卡普布朗蜂 *Braunsapis cupulifera* (Vachal, 1894)

Allodape cupulifera Vachal, 1894: 447, ♂.
异名（Synonym）：
Allodape cupulifera bakeri Cockerell, 1916b: 302, ♂. Synonymied by Reyes (1911: 197).
Allodape hewitti var. *sandacanensis* Cockerell, 1920a: 226, ♀. Synonymied by Reyes (1911: 197).
分布（Distribution）：云南（YN）；泰国、越南、缅甸、马来西亚、新加坡、印度尼西亚、菲律宾、斯里兰卡
其他文献（Reference）：Reyes, 1991: 197 [*Braunsapis cupulifera* (Vachal)], ♀, ♂; Wu *et al.*, 1988: 99 (*Allodape cupulifera* Vachal), ♀, ♂; Karunaratne *et* Edirisingle, 2006: 18 (*Braunsapis cupulifera* Vachal, 1894).

（347）何威布朗蜂 *Braunsapis hewitti* (Cameron, 1908)

Prosopis hewitti Cameron, 1908: 565, ♀.
异名（Synonym）：
Allodape sauteriella Cockerell, 1916b: 302, ♀. Synonymied by Reyes (1991: 191).
Allodape sauteriella var. *a* Cockerell, 1920b: 623, ♀.

分布（Distribution）：云南（YN）、台湾（TW）、海南（HI）、香港（HK）；泰国、老挝、越南、马来西亚、印度尼西亚、菲律宾

其他文献（Reference）：Reyes, 1991: 191 [*Braunsapis hewitti* (Cameron)], ♀, ♂; Wu, 2000: 181, ♀, ♂, Fig. 89.

（348）普安布朗蜂 *Braunsapis puangensis* (Cockerell, 1929)

Allodape puangensis Cockerell, 1929b: 149, ♀.

异名（Synonym）：

Allodape iwatai Sakagami, 1961: 424, ♀. Synonymied by Reyes (1991: 195).

分布（Distribution）：云南（YN）、台湾（TW）、海南（HI）、香港（HK）；泰国、马来西亚

其他文献（Reference）：Reyes, 1991: 195 [*Braunsapis puangensis* (Cockerell)], ♀, ♂; Wu *et al.*, 1998: 100 (*Allodape marginata* Smith, misidentification), ♀, ♂; Wu, 2000: 182, ♀, ♂, Fig. 90.

芦蜂族 Ceratinini Latreille, 1802

Ceratinae Latreille, 1802b: 380.

其他文献（Reference）：Michener, 1944, 1965, 1986, 2000, 2007; Roig-Alsina *et* Michener, 1993; Wu, 2000; Wijesekara, 2001; Terzo *et al.*, 2007.

26. 芦蜂属 *Ceratina* Latreille, 1802

Ceratina Latreille, 1802b: 380. **Type species:** *Hylaeus albilabris* Fabricius, 1793 = *Apis cucurbitina* Rossi, 1792, monobasic. Placed on Official List of Generic Names in Zoology by Commission Opinion 1011 (1973). [Later type designations were listed by Michener (1997).]

Ceratina (*Calloceratina*) Cockerell, 1924: 77. **Type species:** *Ceratina amabilis* Cockerell, 1897 = *C. exima* Smith, 1862, by original designation.

Ceratina (*Catoceratina*) Vecht, 1952: 30. **Type species:** *Ceratina perforatrix* Smith, 1879, by original designation.

Ceratina (*Ceratinidia*) Cockerell *et* Porter, 1899: 406. **Type species:** *Ceratina hieroglyphica* Smith, 1854, by original designation.

Ceratinula Moure, 1941: 78. **Type species:** *Ceratina lucidula* Smith, 1854, by original designation.

Ceratina (*Chloroceratina*) Cockerell, 1918: 143. **Type species:** *Ceratina cyanura* Cockerell, 1918, by original designation.

Ceratina (*Copoceratina*) Terzo *et* Pauly, in Pauly *et al.*, 2001: 292. **Type species:** *Ceratina madecassa* Friese, 1900, by original designation.

Ceratina (*Crewella*) Cockerell, 1903a: 202. **Type species:** *Ceratina titusi* Cockerell, 1903, by original designation.

Ctenoceratina Daly *et* Moure, 1988, in Daly, 1988: 12. **Type species:** *Ceratina armata* Smith, 1854, by original designation.

Ceratina (*Euceratina*) Hirashima *et al.*, 1971, in Hirashima, 1971a: 369. **Type species:** *Apis callosa* Fabricius, 1794, by original designation.

Ctenoceratina (*Hirashima*) Terzo *et* Pauly, in Pauly *et al.*, 2001: 298. **Type species:** *Ceratina nyassensis* Strand, 1911, by original designation.

Ceratina (*Lioceratina*) Vecht, 1952: 32. **Type species:** *Ceratina flavopicta* Smith, 1858, by original designation.

Ceratina (*Malgatina*) Terzo *et* Pauly, in Pauly *et al.*, 2001: 288. **Type species:** *Ceratina azurea* Benoist, 1955, by original designation.

Megaceratina Hirashima, 1971b: 251. **Type species:** *Ceratina bouyssoui* Vachal, 1903 = *Ceratina sculpturata* Smith, 1854, by original designation.

Neoceratina Perkins, 1912: 117. **Type species:** *Neoceratina australensis* Perkins, 1912, monobasic.

Pithitus Klug, in Illiger, 1807: 198; Klug, 1807b: 225. **Type species:** *Apis smaragdula* Fabricius, 1787, monobasic. [The papers by Illiger and Klug were published simultaneously; Illiger credited *Pithitis* to Klug and it is appropriate to do so.]

Pithitis (*Protopithitis*) Hirashima, 1969: 651. **Type species:** *Ceratina aereola* Vachal, 1903, by original designation.

Ceratina (*Rhysoceratina*) Michener, 2000: 599. **Type species:** *Ceratina montana* Holmberg, 1886, by original designation.

Ctenoceratina (*Simioceratina*) Daly *et* Moure, 1988, in Daly, 1988: 42. **Type species:** *Ceratina moerenhouti* Vachal, 1903, by original designation.

Ceratina (*Xanthoceratina*) Vecht, 1952: 39. **Type species:** *Ceratina cladura* Cockerell, 1919, by original designation.

Zadontomerus Ashmead, 1899: 69. **Type species:** *Ceratina tejonensis* Cresson, 1864, by original designation.

Ceratina (*Dalyatina*) Terzo *et al.*, 2007: 462. **Type species:** *Ceratina parvula* Smith, 1854, by original designation.

其他文献（Reference）：Michener, 2007; Wu, 2000; Terzo *et* Rasmont, 2004; Terzo *et al.*, 2007; Warrit *et al.*, 2012.

芦蜂亚属 *Ceratina* / Subgenus *Ceratina* Latreille s. str., 1802

Ceratina Latreille, 1802b: 380. **Type species:** *Hylaeus albilabris* Fabricius, 1793 = *Apis cucurbitina* Rossi, 1792, monobasic. Placed on Official List of Generic Names in Zoology by Commission Opinion 1011 (1973). [Later type designations were listed by Michener (1997).]

异名（Synonym）：

Clavicera Latreille, 1802a: 432. **Type species:** *Hylaeus albilabris* Fabricius, 1793 = *Apis cucurbitina* Rossi, 1792, monobasic. Suppressed by Commission Opinion 1011 (1973).

其他文献（Reference）：Cockerell, 1916b; Hirashima, 1971a; Michener, 2007; Wu, 2000; Lee *et al.*, 2005; Terzo, 1998b; Terzo *et* Rasmont, 2004; Terzo *et al.*, 2007; Warrit *et al.*, 2012.

（349）中国芦蜂 *Ceratina* (*Ceratina* s. str.) *chinensis* (Wu, 1963)

Neoceratina chinensis Wu, 1963: 88, ♂. **Holotype:** ♂, China:

Yunnan, Xiaguan; IZB.
分布（**Distribution**）：四川（SC）、云南（YN）
其他文献（**Reference**）：Hirashima, 1971a: 361 [*Ceratina chinensis* (Wu)], comments; Wu *et al.*, 1988: 97 (*Ceratina chinensis* Wu), ♂; Wu, 2000: 162, ♀, ♂ (new redescription of ♀), Fig. 76.

（350）瓜芦蜂 *Ceratina* (*Ceratina* s. str.) *cucurbitina* (Rossi, 1792)

Apis cucurbitina Rossi, 1792: 145.
异名（**Synonym**）：
Hylaeus albilabris Fabricius, 1793: 305. Synonymied by Gerstäcker (1869: 174).
Ceratina decolorans Brullé, 1832: 340, ♂. Synonymied by Gerstäcker (1869: 174).
分布（**Distribution**）：浙江（ZJ）；欧洲（南部）
其他文献（**Reference**）：Dalla Torre, 1896: 197 [*Ceratina cucurbitina* (Ross.)]; Hirashima, 1971a: 360, Figs. 5-7, maxillary palpi of ♂, comments; Wu, 2000: 161 [*Ceratina* (s. str.) *cucurbitina* Rossi, 1792], ♀, ♂; Terzo, 1998b: 720 [*C. cucurbitina* (Rossi, 1792)]; Terzo *et al.*, 2007: 460.

（351）峨眉芦蜂 *Ceratina* (*Ceratina* s. str.) *emeiensis* Wu, 2000

Ceratina (*Ceratina* s. str.) *emeiensis* Wu, 2000: 159, ♀, ♂. **Holotype:** ♀, China: Sichuan, Emeishan; IZB.
分布（**Distribution**）：四川（SC）
其他文献（**Reference**）：Wu, 2000: 159, Fig. 75.

（352）无齿芦蜂 *Ceratina* (*Ceratina* s. str.) *esakii* Yasumatsu *et* Hirashima, 1969

Ceratina (*Ceratina* s. str.) *esakii* Yasumatsu *et* Hirashima, 1969: 64, ♀, ♂.
分布（**Distribution**）：福建（FJ）、台湾（TW）；日本
其他文献（**Reference**）：Wu, 2000: 164, ♀, ♂, Fig. 78.

（353）齿突芦蜂 *Ceratina* (*Ceratina* s. str.) *iwatai* Yasumatsu, 1936

Ceratina (*Zaodontomerus*) *iwatai* Yasumatsu, 1936: 550, ♀, ♂.
分布（**Distribution**）：北京（BJ）、四川（SC）；日本
其他文献（**Reference**）：Yasumatsu, 1946: 25 [*Ceratina* (*Zaodontomerus*) *iwatai* Yasumatsu]; Yasumatsu *et* Hirashima, 1969: 65 (*Ceratina iwatai* Yasumatsu), Fig. 3, B, assigned to *Ceratina* s. str.; Hirashima, 1971a: 361 [*Ceratina* (*Ceratina*) *iwatai* Yasumatsu]; Wu, 2000: 164, ♀, ♂.

（354）棒突芦蜂 *Ceratina* (*Ceratina* s. str.) *satoi* Yasumatsu, 1936

Ceratina (*Zaodontomerus*) *satoi* Yasumatsu, 1936: 552, ♀, ♂.
分布（**Distribution**）：北京（BJ）、山东（SD）；俄罗斯、韩国、日本
其他文献（**Reference**）：Yasumatsu *et* Hirashima, 1969: 65 (Yasumatsu) Fig. 3, A, assigned to *Ceratina* s. str); Hirashima, 1971a: 361 [*Ceratina* (*Ceratina*) *satoi* Yasumatsu]; Wu, 2000: 163, ♀, ♂; Proshchalykin *et* Lelej, 2004: 7; Lee *et al.*, 2005: 139.

花芦蜂亚属 *Ceratina* / Subgenus *Ceratinidia* Cockerell *et* Porter, 1899

Ceratina (*Ceratinidia*) Cockerell *et* Porter, 1899: 406. **Type species:** *Ceratina hieroglyphica* Smith, 1854, by original designation.
其他文献（**Reference**）：Cockerell, 1916b; Hirashima, 1971a; Michener, 2007; Wu, 2000; Warrit *et al.*, 2012.

（355）弓芦蜂 *Ceratina* (*Ceratinidia*) *bowringi* Baker, 2002

Ceratina bowringi Baker, 2002a: 364, ♀, ♂.
分布（**Distribution**）：福建（FJ）、台湾（TW）、香港（HK）
其他文献（**Reference**）：Ascher *et* Pickering, 2014.

（356）布氏芦蜂 *Ceratina* (*Ceratinidia*) *bryanti* Cockerell, 1919

Ceratina bryanti Cockerell, 1919a: 175, ♂. **Holotype:** ♂, Pelaboean Ratoe Java; USMW.
异名（**Synonym**）：
Ceratina lepida var. *sublepida* Cockerell, 1929b: 150, ♀.
Ceratina (*Ceratinidia*) *bryanti sublepida* Cockerell, 1929b: 150, ♀.
?*Ceratina denticulata* Wu, 1963: 86, ♀, ♂.
分布（**Distribution**）：湖北（HB）、云南（YN）；尼泊尔、泰国、印度尼西亚
其他文献（**Reference**）：Vecht, 1952: 51 (*Ceratina bryanti* Ckll.), ♀, ♂, Figs. 36-38, 42, 43; Wu *et al.*, 1988: 93 (*Ceratina denticulata* Wu), ♀, ♂; Wu, 1997: 1683 (*Ceratina denticulata* Wu, 1963), ♀, ♂; Baker, 2002a: 361 (*Ceratina bryanti* Cockerell), Fig. 5; Warrit *et al.*, 2012: 403 (*Ceratina bryanti* Cockerell), Figs. 4, 10, 11.

（357）南方芦蜂 *Ceratina* (*Ceratinidia*) *cognata* Smith, 1879

Ceratina cognata Smith, 1879: 94, ♂. **Lectotype:** ♂, Indonesia, Sulawesi Island; designated by Warrit *et al.* (2012: 407); BML.
异名（**Synonym**）：
Ceratina conscripta Cockerell, 1919c: 247, ♂.
Ceratina selangorensis Cockerell, 1919c: 248, ♂.
Ceratina laosorum Cockerell, 1929b: 151, ♀.
分布（**Distribution**）：湖北（HB）、云南（YN）、西藏（XZ）、广东（GD）；尼泊尔、缅甸、泰国、越南、印度尼西亚
其他文献（**Reference**）：Vercht, 1952: 69 (*Ceratina cognata* Smith), ♀, ♂, Figs. 61, 68; Wu, 1963: 84 [*Ceratina*

(*Ceratinidia*) *cognata* Sm.]; Wu *et al.*, 1988: 95 (*Ceratina cognata* Smith), ♀, ♂; Wu, 1988c: 551 (*Ceratina cognata* Smith); Wu, 1997: 1684 (*Ceratina cognata* Smith, 1879), ♀, ♂; Wu, 2000: 168, ♀, ♂; Wu, 2004: 122 (*Ceratina cognata* Smith, 1879); Warrit *et al.*, 2012: 406 (*Ceratina cognata* Smith).

(358) 紧芦蜂 *Ceratina* (*Ceratinidia*) *compacta* Smith, 1879

Ceratina compacta Smith, 1879: 91, "♀" = ♂. **Lectotype:** ♂, Philippines, Isla; designated by Warrit *et al.* (2012: 409); BML.

异名（Synonym）：

Ceratina philippinensis Ashmead, 1904: 2, ♀.

分布（Distribution）：云南（YN）、西藏（XZ）；泰国、菲律宾

其他文献（Reference）：Cockerell, 1916b: 304 [*Ceratina* (*Ceratinidia*) *compacta* Sm.], ♂ (key); Vercht, 1952: 66 (*Ceratina compacta* Smith), ♀, ♂, Fig. 67; Wu, 1963: 84 [*Ceratina* (*Ceratinidia*) *compacta* Sm.]; Wu *et al.*, 1988: 96 (*Ceratina compacta* Smith), ♀; Wu, 1988c: 551 (*Ceratina compacta* Smith); Wu, 2000: 172, ♀; Warrit *et al.*, 2012: 409 (*Ceratina compacta* Smith).

(359) 黄芦蜂 *Ceratina* (*Ceratinidia*) *flavipes* Smith, 1879

Ceratina flavipes Smith, 1879: 93, ♂.

分布（Distribution）：吉林（JL）、河北（HEB）、山东（SD）、江苏（JS）、浙江（ZJ）、江西（JX）、云南（YN）；日本、韩国

其他文献（Reference）：Wu, 1963: 84 [*Ceratina* (*Ceratinidia*) *flavipes* Sm.]; Wu *et al.*, 1988: 98 (*Ceratina flavipes* Smith), ♀, ♂; Wu, 1993: 1409 (*Ceratina flavipes* Smith, 1879); Wu, 1997: 1682 (*Ceratina flavipes* Smith, 1879), ♀, ♂; Wu, 2000: 173, ♀, ♂; Shiokawa, 1963: 276 [*Ceratina* (*Ceratinidia*) *flavipes* Smith], ♀, ♂, Fig. 1; Shiokawa *et* Hirashima, 1982: 183, ♂ (key), 184, ♀ (key) [*Ceratina* (*Ceratinidia*) *flavipes* Sm.]; Lee *et al.*, 2005: 139.

(360) 拟黄芦蜂 *Ceratina* (*Ceratinidia*) *hieroglyphica* Smith, 1854

Ceratina hieroglyphica Smith, 1854: 226, ♀, ♂.

分布（Distribution）：北京（BJ）、山东（SD）、安徽（AH）、江苏（JS）、浙江（ZJ）、江西（JX）、云南（YN）、福建（FJ）、台湾（TW）、广东（GD）、广西（GX）；缅甸、印度、越南、菲律宾、斯里兰卡

其他文献（Reference）：Vercht, 1952: 49 (*Ceratina hieroglyphica* Smith); Wu, 1963: 84 [*Ceratina* (*Ceratinidia*) *hieroglyphica* Sm.]; Wu *et al.*, 1988: 98 (*Ceratina hieroglyphica* Smith), ♀, ♂, Plate V-53, 54; Wu, 1993: 1409 (*Ceratina hieroglyphica* Smith, 1854); Wu, 1997: 1683 (*Ceratina hieroglyphica* Smith, 1854), ♀, ♂; Wu, 2000: 175, ♀, ♂; Shiokawa, 2002: 411 [*Ceratina* (*Ceratinidia*) *hieroglyphica* Smith], ♀, ♂, Fig. 1; Karunaratne *et* Edirisingle, 2006: 18 (list); Khut *et al.*, 2012: 423 (distribution).

(361) 日本芦蜂 *Ceratina* (*Ceratinidia*) *japonica* Cockerell, 1911

Ceratina (*Ceratinidia*) *hieroglyphica* var. *japonica* Cockerell, 1911a: 635, ♀.

异名（Synonym）：

Ceratina (*Ceratinidia*) *japonica alpicola* Shiokawa, 2002: 416, ♀, ♂.

Ceratina (*Ceratinidia*) *japonica fukiensis* Shiokawa, 2002: 415, ♀, ♂.

分布（Distribution）：江西（JX）、四川（SC）、西藏（XZ）；日本、韩国

其他文献（Reference）：Shiokawa, 1963: 278 [*Ceratina* (*Ceratinidia*) *japonica* Cockerell], ♀, ♂, Fig. 2; Shiokawa, 1996: 27 [*Ceratina* (*Ceratinidia*) *japonica* Cockerell]; Shiokawa, 2002: 415 [*Ceratina* (*Ceratinidia*) *japonica* Cockerell]; Yasumatsu *et* Hirashima, 1969: 68 (*Ceratinidia japonica* Cockerell), ♀, ♂ (key); Wu, 2000: 170, ♀, ♂; Wu, 2004: 123 (*Ceratina japonica* Cockerell, 1911); Lee *et al.*, 2005: 143.

(362) 滑面芦蜂 *Ceratina* (*Ceratinidia*) *laeviuscula* Wu, 1963

Ceratina (*Ceratinidia*) *laeviuscula* Wu, 1963: 88, ♀. **Holotype:** ♀, China: Yunnan, Luxi; IZB.

分布（Distribution）：湖北（HB）、四川（SC）、云南（YN）

其他文献（Reference）：Hirashima, 1971a: 358 [*Ceratina* (*Ceratinidia*) *laeviuscula* Wu]; Wu *et al.*, 1988: 93 (*Ceratina laeviuscula* Wu), ♀; Wu, 1997: 1683 (*Ceratina laeviuscula* Wu, 1963), ♀; Wu, 2000: 168, ♀, Fig. 81.

(363) 马氏芦蜂 *Ceratina* (*Ceratinidia*) *maai* Shiokawa *et* Hirashima, 1982

Ceratina (*Ceratinidia*) *maai* Shiokawa *et* Hirashima, 1982: 181, ♀, ♂. **Holotype:** ♂, China: Fukien, Chaowu; in Bishop Museum, Honolulu.

分布（Distribution）：浙江（ZJ）、江西（JX）、福建（FJ）

其他文献（Reference）：Wu, 2000: 175, ♀, ♂, Fig. 85; Lee *et al.*, 2005: 144, ♂ (key), 145, ♀ (key) [*Ceratina* (*Ceratinidia*) *maai*].

(364) 莫芦蜂 *Ceratina* (*Ceratinidia*) *morawitzi* Sickmann, 1894

Ceratina morawitzi Sickmann, 1894: 233, ♂.

异名（Synonym）：

Ceratina flavopicta Morawitz, 1890: 356, ♀. (Homonym).

分布（Distribution）：云南（YN）、台湾（TW）、广东（GD）；日本

其他文献（Reference）：Vercht, 1952: 7 (*C. morawitzi* Sickm.); Wu, 1963: 84 [*Ceratina* (*Ceratinidia*) *morawitzi* Sickmann]; Wu *et al.*, 1988: 95 (*Ceratina morawitzi* Sickmann), ♀; Wu, 2000: 173, ♀.

（365）冲绳芦蜂 *Ceratina* (*Ceratinidia*) *okinawana* Matsumura *et* Uchida, 1926

Ceratina okinawana Matsumura *et* Uchida, 1926: 67-68, ♀.

异名（Synonym）：

Ceratina (*Ceratinidia*) *okinawana sakishimensis* Shiokawa, 1999: 262, ♀, ♂.

Ceratina (*Ceratinidia*) *okinawana taiwanensis* Shiokawa, 1999: 264, ♀, ♂.

Ceratina (*Ceratinidia*) *okinawana nepalensis* Shiokawa, 2008: 217, ♀.

分布（Distribution）： 四川（SC）、贵州（GZ）、云南（YN）、福建（FJ）、台湾（TW）；尼泊尔、日本

其他文献（Reference）： Vercht, 1952: 55 (*Ceratina okinawana* Mats. *et* Uch.), ♀, ♂, Figs. 39-41; Wu, 1963: 84 [*Ceratina* (*Ceratinidia*) *okinawana* Mats. *et* Uch.]; Wu *et al.*, 1988: 97 (*Ceratina okinawana* Matsumura *et* Uchida), ♀, ♂; Wu, 1988c: 550 (*Ceratina okinawana* Matsumura *et* Uchida); Wu, 2000: 167, ♀, ♂, Fig. 80.

（366）波氏芦蜂 *Ceratina* (*Ceratinidia*) *popovi* Wu, 1963

Ceratina (*Ceratinidia*) *popovi* Wu, 1963: 85, ♀, ♂. **Holotype:** ♂, China: Yunnan, Xishuangbanna; IZB.

分布（Distribution）： 云南（YN）、广东（GD）、广西（GX）；尼泊尔、日本

其他文献（Reference）： Hirashima, 1971a: 358 [*Ceratina* (*Ceratinidia*) *popovi* Wu]; Wu *et al.*, 1988: 94 (*Ceratina popovi* Wu), ♀, ♂, Fig. 58; Wu, 1993: 1409 (*Ceratina popovii* Wu, 1963); Wu, 2000: 171, ♀, ♂, Fig. 83.

（367）花芦蜂 *Ceratina* (*Ceratinidia*) *simillima* Smith, 1854

Ceratina simillima Smith, 1854: 225, ♂.

异名（Synonym）：

Ceratina eburneopicta Cockerell, 1911f: 185, ♀.

分布（Distribution）： 云南（YN）、西藏（XZ）；印度、缅甸、日本

其他文献（Reference）： Matsumura *et* Uchida, 1926: 68 (*Ceratina simillima* Smith); Vercht, 1952: 61 (*Ceratina simillima* Smith), ♀, Figs. 56-58; Wu, 1963: 83 [*Ceratina* (*Ceratinidia*) *simillima* Sm.]; Wu *et al.*, 1988: 94 (*Ceratina simillima* Smith), ♀, ♂; Wu, 1988c: 551 (*Ceratina simillima* Smith); Wu, 1993: 1410 (*Ceratina simillima* Smith, 1854); Wu, 2000: 172, ♀, ♂.

（368）台湾芦蜂 *Ceratina* (*Ceratinidia*) *takasagona* Shiokawa *et* Hirashima, 1982

Ceratina (*Ceratinidia*) *takasagona* Shiokawa *et* Hirashima, 1982: 178, ♀, ♂. **Holotype:** ♂, China: Taiwan; in Kyushu University.

分布（Distribution）： 台湾（TW）

其他文献（Reference）： Wu, 2000: 174, ♀, ♂, Fig. 84; Lee *et al.*, 2005: 144, ♂ (key), 145, ♀ (key) [*Ceratina* (*Ceratinidia*) *takasagona*].

戴利芦蜂亚属 *Ceratina* / Subgenus *Dalyatina* Terzo *et al.*, 2007

Ceratina (*Dalyatina*) Terzo *et al.*, 2007: 462. **Type species:** *Ceratina parvula* Smith, 1854, by original designation.

其他文献（Reference）： Ascher *et* Pickering, 2014.

（369）单一芦蜂 *Ceratina* (*Dalyatina*) *unicolor* Friese, 1911

Ceratina unicolor Friese, 1911a: 126, ♀.

分布（Distribution）： 江苏（JS）、浙江（ZJ）、福建（FJ）、台湾（TW）、广东（GD）

其他文献（Reference）： Cockerell, 1911h: 341 [*Ceratina* (*Ceratina*) *unicolor* Friese], ♀, ♂; Wu, 2000: 161 [*Ceratina* (s. str.) *unicolor* Friese, 1911], ♀, ♂; Rasmussen *et* Ascher, 2008: 107.

光泽芦蜂亚属 *Ceratina* / Subgenus *Euceratina* Hirashima, Moure and Daly, 1971

Ceratina (*Euceratina*) Hirashima, Moure and Daly, 1971, in Hirashima, 1971a: 369. **Type species:** *Apis callosa* Fabricius, 1794, by original designation.

其他文献（Reference）： Hirashima, 1971a; Michener, 2007; Wu, 2000; Terzo *et* Rasmont, 2004; Terzo, 1998b; Terzo *et al.*, 2007.

（370）青芦蜂 *Ceratina* (*Euceratina*) *cyanea* (Kirby, 1802)

Apis cyanea Kirby, 1802: 308, ♀, ♂. **Lectotype:** ♀, England: est-Suffolk; designated by Yarrow (1970: 171); BML.

异名（Synonym）：

Ceratina coerulea Chevrier, 1872 : 490, ♀, ♂. Synonymied by Friese (1896: 53).

Ceratina chevrieri Tournier, 1876: 86, ♀, ♂. Synonymied by Friese (1896: 53).

分布（Distribution）： 新疆（XJ）；阿尔及利亚、利比亚、土耳其、格鲁吉亚、土库曼斯坦、哈萨克斯坦；欧洲

其他文献（Reference）： Hirashima, 1971a: 371; Wu, 2000: 158, ♀, ♂; Terzo, 1998b: 722 [*C. cyanea* (Kirby, 1802)]; Terzo *et* Rasmont, 2004: 120 [*Ceratina cyanea* (Kirby, 1802)], Figs. 5, 11, 13, 19, 29, 39, 49; Terzo *et al.*, 2007: 468, Figs. 91, 118, 121.

革芦蜂亚属 *Ceratina* / Subgenus *Lioceratina* Vecht, 1952

Ceratina (*Lioceratina*) Vecht, 1952: 32. **Type species:**

Ceratina flavopicta Smith, 1858, by original designation.

其他文献（Reference）：Hirashima, 1971a; Michener, 2007; Wu, 2000.

（371）黄绣芦蜂 *Ceratina* (*Lioceratina*) *flavopicta* Smith, 1857

Ceratina flavopicta Smith, 1857: 47, ♂.

异名（Synonym）：

Ceratina xanthura Cockerell, 1919c: 245, ♂.

Ceratina (*Lioceratina*) *flavopicta lauta* Vecht, 1952: 36, ♀, ♂.

分布（Distribution）：甘肃（GS）、云南（YN）；马来西亚、印度尼西亚

其他文献（Reference）：Vercht, 1952: 35 (*Ceratina flavopicta* Smith), ♀, ♂, Figs. 17-19; Wu, 2000: 176 [*Ceratina* (*Lioceratina*) *flavopicta* Smith, 1857] (incorrect subsequent time), ♀, ♂.

（372）花革芦蜂 *Ceratina* (*Lioceratina*) *kosemponis* Strand, 1913

Ceratina kosemponis Strand, 1913: 39, ♀, ♂.

分布（Distribution）：台湾（TW）

其他文献（Reference）：Strand, 1914: 138 (*Ceratina kosemponis* Strand); Vecht, 1952: 39 [*Ceratina* (?*Lioceratina*) *kosemponis* Strand]; Hirashima, 1971a: 355 (*Ceratina kosemponis*), Fig. 3; Wu, 2000: 178, ♀, ♂, Fig. 87.

（373）四斑芦蜂 *Ceratina* (*Lioceratina*) *quadripunctata* Wu, 2000

Ceratina (*Lioceratina*) *quadripunctata* Wu, 2000: 179, ♀. **Holotype:** ♀, China: Sichuan, Emei; IZB.

分布（Distribution）：江西（JX）、四川（SC）

其他文献（Reference）：Wu, 2000: 179, Fig. 88.

旗尾芦蜂亚属 *Ceratina* / Subgenus *Neoceratina* Perkins, 1912

Neoceratina Perkins, 1912: 117. **Type species:** *Neoceratina australensis* Perkins, 1912, monobasic.

其他文献（Reference）：Hirashima, 1971a; Michener, 2007; Wu, 2000; Terzo *et* Rasmont, 2004.

（374）齿胫芦蜂 *Ceratina* (*Neoceratina*) *dentipes* Friese, 1914

Ceratina dentipes Friese, 1914b: 32, ♂.

分布（Distribution）：湖南（HN）、云南（YN）、台湾（TW）、广东（GD）；尼泊尔、泰国、越南、日本、新加坡、菲律宾、巴布亚新几内亚、印度尼西亚、所罗门群岛

其他文献（Reference）：Vercht, 1952: 24 (*Ceratina dentipes* Friese), ♀, ♂, Figs. 8-10; Wu *et al.*, 1988: 96 (*Ceratina dentipes* Friese), ♀, ♂, Fig. 61; Wu, 1993: 1410 (*Ceratina dentipes* Friese, 1914); Wu, 1997: 1682 (*Ceratina dentipes* Friese, 1914), ♀, ♂; Rasmussen *et* Ascher, 2008: 43.

绿芦蜂亚属 *Ceratina* / Subgenus *Pithitis* Klug, 1807

Pithitus Klug, in Illiger, 1807: 198; Klug, 1807b: 225. **Type species:** *Apis smaragdula* Fabricius, 1787, monobasic. [The papers by Illiger and Klug were published simultaneously; Illiger credited *Pithitis* to Klug and it is appropriate to do so.]

其他文献（Reference）：Cockerell, 1916b; Vercht, 1952; Hirashima, 1966, 1971a; Shiokawa *et* Sakagami, 1969; Michener, 2007; Wu, 2000.

（375）绿芦蜂 *Ceratina* (*Pithitis*) *smaragdula* (Fabricius, 1787)

Apis smaragdula Fabricius, 1787: 305.

异名（Synonym）：

Ceratina maculata Smith, 1854: 226, ♂.

Ceratina sexmaculata Smith, 1879: 92, ♂.

Ceratina sexmaculata var. *wallacei* Cockerell, 1905: 324.

Ceratina sexmaculata var. *aurata* Friese, 1909a: 208, ♀, ♂.

Ceratina sexmaculata var. *purpurascens* Cockerell, 1911f: 185, ♂.

分布（Distribution）：江苏（JS）、江西（JX）、湖北（HB）、四川（SC）、云南（YN）、福建（FJ）、广东（GD）、广西（GX）、海南（HI）、香港（HK）；巴基斯坦、印度、斯里兰卡、尼泊尔、缅甸、泰国、越南、菲律宾、印度尼西亚、美国

其他文献（Reference）：Cockerell, 1911k: 239 (*Ceratina sexmaculata* Smith); Vecht, 1952: 15 [*Ceratina sexmaragdula* (Fabr.)], Fig. 7; Hirashima, 1969: 661 [*Pithitis* (*Pithitis*) *smaragdula* (Fabricius)], ♀, ♂; Shiokawa *et* Sakagami, 1969: (*Pithitis smaragdula*), 141, ♀ (key), 144, ♂ (key), 146 (ssp.); Wu *et al.*, 1988: 99 (*Pithitis smaragdula* Fabricius), ♀, ♂, Plate V-55; Karunaratne *et* Edirisingle, 2006: 18 [*Ceratina* (*Pithitis*) *smaragdula* Fabricius, 1787] (list); Rasmussen *et* Ascher, 2008: 28; Wu, 1963: 83 [*Ceratina* (*Pithitis*) *smaragdula* (Fabricius)]; Wu, 2000: 153 [*Pithitis* (s. str.) *smaragdula* (Fabricius), 1787], ♀, ♂.

（376）蓝芦蜂 *Ceratina* (*Pithitis*) *unimaculata* Smith, 1879

Ceratina unimaculata Smith, 1879: 93, ♀, ♂.

异名（Synonym）：

Ceratina kuehni Friese, 1909a: 208, ♂.

Ceratina palmerii Cameron, 1908: 566, ♀.

Ceratina penangensis Cockerell, 1919c: 244, ♀, ♂.

Ceratina siamensis Cockerell, 1927: 14, ♀.

Ceratina siamensis nanensis Cockerell, 1929a: 141, ♀, ♂.

Ceratina unimaculata palmerii Cameron, 1908: 566, ♀.

Ceratina unimaculata javanica Vecht, 1952, ♀, ♂.

分布（Distribution）：江苏（JS）、湖南（HN）、云南（YN）、西藏（XZ）、福建（FJ）、广东（GD）；尼泊尔、泰国、越南、新加坡、马来西亚、印度尼西亚

其他文献（Reference）：Vecht, 1952: 19 (*Ceratina unimaculata* Smith), Figs. 1-4; Wu, 1963: 84 [*Ceratina* (*Pithitis*) *unimaculata* (Sm.)]; Hirashima, 1969: 662 [*Pithitis* (*Pithitis*) *unimaculata* (Smith)], ♀, ♂; Shiokawa *et* Sakagami, 1969: (*Pithitis unimaculata*), 141, ♀ (key), 144, ♂ (key), 145 (ssp.); Wu *et al.*, 1988: 99 (*Pithitis unimaculata* Smith), ♀, ♂, Plate V-56; Wu, 1988c: 551 (*Pithitis unimaculata* Smith); Wu, 2000: 153 [*Pithitis* (s. str.) *unimaculata* (Smith), 1879], ♀, ♂; Rasmussen *et* Ascher, 2008: 62.

木蜂族 Xylocopini Laterille, 1802

Xylocopae Latreille, 1802b: 379.
其他文献（Reference）：Michener, 1944, 1965, 1986, 2000, 2007; Hurd *et* Moure, 1963; Roig-Alsina *et* Michener, 1993; Wu, 1982a; Wu, 2000; Wijesekara, 2001; Terzo *et al.*, 2007.

27. 木蜂属 *Xylocopa* Laterille, 1802

Xylocopa (*Alloxylocopa*) Hurd *et* Moure, 1963: 239. **Type species:** *Xylocopa appendiculata* Smith, 1852, by original designation.
Xylocopa (*Biluna*) Maa, 1938: 276. **Type species:** *Xylocopa nasalis* Westwood, 1842, by original designation.
Xylocopa (*Bomboixylocopa*) Maa, 1939a: 155. **Type species:** *Xylocopa bomboides* Smith, 1879, by original designation.
Xylocopa (*Cirroxylocopa*) Hurd *et* Moure, 1963: 102. **Type species:** *Xylocopa vestita* Hurd *et* Moure, 1963, by original designation.
Xylocopa (*Copoxyla*) Maa, 1954: 211. **Type species:** *Apis bomb. iris* Christ, 1791 = *Xylocopa cyanescens* Brullé, 1832, by original designation. [Christ's name has sometimes been regarded as an invalid trinominal].
Xylocopa (*Ctenoxylocopa*) Michener, 1942: 282, replacement for *Ctenopoda* Maa, 1938. **Type species:** *Apis fenestrata* Fabricius, 1798, autobasic.
Xylocopa (*Dasyxylocopa*) Hurd *et* Moure, 1963: 113. **Type species:** *Xylocopa bimaculata* Friese, 1903, by original designation.
Xylocopa (*Diaxylocopa*) Hurd *et* Moure, 1963: 129. **Type species:** *Xylocopa truxali* Hurd *et* Moure, 1963, by original designation.
Xylocopa (*Gnathoxylocopa*) Hurd *et* Moure, 1963: 182. **Type species:** *Xylocopa sicheli* Vachal, 1898, by original designation.
Koptortosoma Gribodo, 1894: 271. **Type species:** *Koptortosoma gabonica* Gribodo, 1894, by designation of Sandhouse, 1943: 561. [see Michener, 1997].
Lestis Lepeletier *et* Serville, 1828: 799. **Type species:** *Apis bombylans* Fabricius, 1775 (misidentified as *Apis muscaria* Fabricius, 1775; see Hurd *et* Michener, 1961), monobasic, fixed by Commission Opinion 657 (1963).
Xylocopa (*Maaiana*) Minckley, 1998: 32. **Type species:** *Xylocopa bentoni* Cockerell, 1919, by original designation.
Mesotrichia Westwood, 1838: 112. **Type species:** *Mesotrichia torrida* Westwood, 1838, monobasic.
Xylocopa (*Monoxylocopa*) Hurd *et* Moure, 1963: 127. **Type species:** Xylocopa abbreviata Hurd *et* Moure, 1963, by original designation.
Xylocopa (*Nanoxylocopa*) Hurd *et* Moure, 1963: 99. **Type species:** *Xylocopa ciliata* Burmeister, 1876, by original designation.
Xylocopa (*Neoxylocopa*) Michener, 1954: 157. **Type species:** *Apis brasilianorum* Linnaeus, 1767, by original designation.
Xylocopa (*Nodula*) Maa, 1938: 290. **Type species:** *Apis amethystina* Fabricius, 1793, by original designation.
Xylocopa (*Notoxylocopa*) Hurd, 1956: 2. **Type species:** *Xylocopa tabaniformis* Smith, 1854, by original designation.
Xylocopa (*Nyctomelitta*) Cockerell, 1929c: 303. **Type species:** *Bombus tranquebaricus* Fabricius, 1804, by original designation.
Xylocopa (*Prosopoxylocopa*) Hurd *et* Moure, 1963: 215. **Type species:** *Xylocopa mirabilis* Hurd *et* Moure, 1963, by original designation.
Xylocopa (*Proxylocopa*) Hedicke, 1938: 192. **Type species:** *Xylocopa olivieri* Lepeletier, 1841, by original designation.
Xylocopa (*Rhysoxylocopa*) Hurd *et* Moure, 1963: 178. **Type species:** *Xylocopa cantabrita* Lepeletier, 1841, by original designation.
Xylocopa (*Schonnherria*) Lepeletier, 1841: 207. **Type species:** *Xylocopa micans* Lepeletier, 1841, by designation of Sandhouse, 1943: 598.
Xylocopa (*Stenoxylocopa*) Hurd *et* Moure, 1960: 809. **Type species:** *Xylocopa artifex* Smith, 1874, by original designation.
Xylocopa (*Xenoxylocopa*) Hurd *et* Moure, 1963: 243. **Type species:** *Mesotrichia chiyakensis* Cockerell, 1908, by original designation.
Xylocopa Latreille, 1802b: 379. **Type species:** *Apis violacea* Linnaeus, 1758, by designation of Westwood, 1840a: 86.
Xylocopa (*Xylocopoda*) Hurd *et* Moure, 1963: 105. **Type species:** *Xylocopa elegans* Hurd *et* Moure, 1963, by original designation.
Xylocopa (*Xylocopoides*) Michener, 1954: 155. **Type species:** *Apis virginica* Linnaeus, 1771, by original designation.
Xylocopa (*Xylocopsis*) Hurd *et* Moure, 1963: 124. **Type species:** *Xylocopa funesta* Maidl, 1912, by original designation.
Xylocopa (*Xylomelissa*) Hurd *et* Moure, 1963: 219. **Type species:** *Xylocopa carinata* Smith, 1874 = *Xylocopa hottentotta* Smith, 1854 (Synonym) according to Eardley, 1983), by original designation.
Xylocopa (*Zonohirsuta*) Maa, 1938: 300. **Type species:** *Xylocopa collaris* Lepeletier, 1841 (not *Apis collaris* Olivier, 1789) = *Xylocopa dejeanii* Lepeletier, 1841, by original designation.
其他文献（Reference）：Hurd, 1978; Michener, 1997, 2000, 2007; Wu, 1982a; Wu *et al.*, 1988; Wu, 2000; Terzo *et al.*, 2007.

异木蜂亚属 *Xylocopa* / Subgenus *Alloxylocopa* Hurd *et* Moure, 1963

Xylocopa (*Alloxylocopa*) Hurd *et* Moure, 1963: 239. **Type species:** *Xylocopa appendiculata* Smith, 1852, by original designation.

异名（Synonym）：

Xylocopa (*Alloxylocopa*) Maa, 1939a: 155. Nomen nudum because no characters given, although a type species was designated; see ICZN, 3rd ed., art. 13 (a)(i).

其他文献（Reference）： Hurd, 1978; Michener, 1997, 2000, 2007; Wu, 2000.

（377）黄胸木蜂 *Xylocopa* (*Alloxylocopa*) *appendiculata* Smith, 1852

Xylocopa appendiculata Smith, 1852a: 41, ♀, ♂.

异名（Synonym）：

Xylocopa circumvolans Smith, 1873: 205, ♀, ♂.

分布（Distribution）： 辽宁（LN）、河北（HEB）、北京（BJ）、山西（SX）、山东（SD）、河南（HEN）、陕西（SN）、甘肃（GS）、安徽（AH）、江苏（JS）、浙江（ZJ）、江西（JX）、湖南（HN）、湖北（HB）、四川（SC）、贵州（GZ）、西藏（XZ）、福建（FJ）、广东（GD）、广西（GX）、海南（HI）、云南（YN）；韩国、日本、俄罗斯

其他文献（Reference）： Dalla Torre, 1896: 205 (*Xylocopa appendiculata* Smith); Cockerell, 1919a: 172 (*Xylocopa appendiculata* Smith); Wu, 1965b: 68 (*Xylocopa appendiculata* Smith), ♀, ♂, Plate VI-134, 135; Wu, 1982a: 194 (list), 196, ♀ (key), 198, ♂ (key), [*Xylocopa* (*Koptortosoma*) *appendiculata* Smith]; Wu, 1982b: 420 [*Xylocopa* (*Koptortosoma*) *appendiculata* Smith]; Wu *et al.*, 1988: 83, ♀ (key), 85, ♂ (key), 89 [*Xylocopa* (*Alloxylocopa*) *appendiculata* Smith], ♀, ♂; Wu, 1993: 1408 [*Xylocopa* (*Koptortosoma*) *appendiculata* Smith, 1852]; Wu, 1997: 1680 (*Xylocopa appendiculata* Smith, 1852), ♀, ♂; Wu, 2000: 141, ♀, ♂.

（378）灰胸木蜂 *Xylocopa* (*Alloxylocopa*) *phalothorax* Lepeletier, 1841

Xylocopa phalothorax Lepeletier, 1841: 194, ♀.

异名（Synonym）：

Xylocopa holosericea Taschenberg, 1879: 587, ♂.

Xylocopa chionothorax Cockerell, 1907: 228, ♀.

Xylocopa penicillata Maidl, 1912: 308, ♂.

Xylocopa draconis Cockerell, 1917a: 473, ♂.

分布（Distribution）： 河北（HEB）、四川（SC）、西藏（XZ）、福建（FJ）、广东（GD）、广西（GX）、海南（HI）

其他文献（Reference）： Dalla Torre, 1896: 217 (*Xylocopa phalothorax* Lep.); Cockerell, 1930c: 50 (*Xylocopa chionothorax* Cockerell); Wu, 1965: 69 (*Xylocopa phalothorax* Lepeletier) ♀, ♂, Plate VI-138, 139; Hurd, 1978: 87 (Synonym list); Wu, 1982a: 194 (list), 195, ♀ (key), 198, ♂ (key), [*Xylocopa* (*Koptortosoma*) *phalothorax* Lepeletier]; Wu *et al.*, 1988: 83, ♀ (key), 85, ♂ (key), 88 [*Xylocopa* (*Alloxylocopa*) *phalothorax* Lepeletier], ♀, ♂; Wu, 2000: 141, ♀, ♂.

双月木蜂亚属 *Xylocopa* / Subgenus *Biluna* Maa, 1938

Xylocopa (*Biluna*) Maa, 1938: 276. **Type species:** *Xylocopa nasalis* Westwood, 1842, by original designation.

其他文献（Reference）： Michener, 1997, 2000, 2007; Wu, 2000.

（379）金翅木蜂 *Xylocopa* (*Biluna*) *auripennis* Lepeletier, 1841

Xylocopa auripennis Lepeletier, 1841: 181, ♀, ♂.

分布（Distribution）： 云南（YN）、台湾（TW）；缅甸、孟加拉国、尼泊尔、印度、泰国、越南、斯里兰卡、新加坡、印度尼西亚

其他文献（Reference）： Dalla Torre, 1896: 205 (*Xylocopa auripennis* Lep.); Wu *et al.*, 1988: 81, ♀ (key), 84, ♂ (key), 86 [*Xylocopa* (*Biluna*) *auripennis* Lepeletier], ♀, ♂; Wu, 1988c: 550 (*Xylocopa auripennis* Smith); Wu, 1993: 1409 [*Xylocopa* (*Biluna*) *auripennis* Westwood, 1841] (incorrect subsequent author); Wu, 2000: 131, ♀, ♂; Karunaratne *et* Edirisingle, 2006: 19 (*Xylocopa auripennis* Lepeletier, 1841) (list).

（380）竹木蜂 *Xylocopa* (*Biluna*) *nasalis* Westwood, 1838

Xylocopa nasalis Westwood, 1838: 92, ♂ (non. ♀).

异名（Synonym）：

Xylocopa dissimilis Lepeletier, 1841: 180, ♀, ♂.

分布（Distribution）： 江苏（JS）、浙江（ZJ）、江西（JX）、湖南（HN）、湖北（HB）、四川（SC）、云南（YN）、福建（FJ）、广东（GD）、广西（GX）、海南（HI）；缅甸、印度、斯里兰卡、泰国、越南、日本、马达加斯加、菲律宾、印度尼西亚

其他文献（Reference）： Dalla Torre, 1896: 209 (*Xylocopa dissimilis* Lep.); Wu, 1961: 500 [*Xylocopa* (*Biluna*) *nasalis* Westw.]; Wu, 1965: 67 (*Xylocopa nasalis* Westwood), ♀, ♂, Plate VI-130, 131; Wu, 1982a: 194 [*Xylocopa* (*Biluna*) *nasalis* Westw.] (list), 195, ♀ (key), 197, ♂ (key); Wu *et al.*, 1988: 81, ♀ (key), 84, ♂ (key), 86 [*Xylocopa* (*Biluna*) *nasalis* Westwood], ♀, ♂; Wu, 1997: 1682 (*Xylocopa nasalis* Westwood, 1838), ♀, ♂; Wu, 2000: 132, ♀, ♂; Karunaratne *et* Edirisingle, 2006: 19 (*Xylocopa nasalis* Westwood, 1842) (list, incorrect subsequent time); Khut *et al.*, 2012: 424 (*Xylocopa nasalis* Westwood) (distribution).

（381）长木蜂 *Xylocopa* (*Biluna*) *tranquebarorum* (Swederus, 1787)

Apis tranquebarorum Swederus, 1787: 282, ♂.

异名（Synonym）：

Xylocopa pictifrons Smith, 1852a: 42, ♀, ♂.

Xylocopa attenuata Pérez, 1901: 46, ♀.
Xylocopa pictifrons var. *kelloggi* Cockerell, 1931: 40, ♂.
分布（Distribution）：新疆（XJ）、安徽（AH）、江苏（JS）、浙江（ZJ）、江西（JX）、湖南（HN）、湖北（HB）、四川（SC）、云南（YN）、福建（FJ）、广东（GD）、广西（GX）、海南（HI）；越南、印度、印度尼西亚
其他文献（Reference）：Dalla Torre, 1896: 371 (*Nomada tranquebarorum* Swed.); Yu, 1954: 5 [*Xylocopa tranquebarorum tranquebarorum* (Swed.)], ♀, ♂ (synonym list, redescription); Wu, 1961: 500 [*Xylocopa* (*Biluna*) *attenuata* J. Per.]; Wu, 1965: 67 (*Xylocopa attenuata* Perkins), ♀, ♂ Plate V-128, 129; Wu, 1982a: 194 [*Xylocopa* (*Biluna*) *attenuata* Perkins] (list), 195, ♀ (key), 197, ♂ (key); Wu *et al.*, 1988: 81, ♀ (key), 84, ♂ (key), 85 [*Xylocopa* (*Biluna*) *attenuata* Perkins], ♀, ♂; Wu, 1993: 1409 [*Xylocopa* (*Biluna*) *attenuata* Perkins, 1901]; Wu, 1997: 1681 [*Xylocopa tranquabarorum* (Swederus, 1787)] (incorrect subsequent spelling) ♀, ♂; Wu, 2000: 130 [*Xylocopa* (*Biluna*) *tranquabarorum* (Swederus, 1787)] (incorrect subsequent spelling), ♀, ♂; Khut *et al.*, 2012: 424 [*Xylocopa tranquebarorum* (Swederus)] (distribution).

绒木蜂亚属 *Xylocopa* / Subgenus *Bomboixylocopa* Maa, 1939

Xylocopa (*Bomboixylocopa*) Maa, 1939a: 155. **Type species:** *Xylocopa bomboides* Smith, 1879, by original designation.
异名（Synonym）：
Xylocopa (*Mimoxylocopa*) Hurd *et* Moure, 1963: 203. **Type species:** *Xylocopa rufipes* Smith, 1852, by original designation.
其他文献（Reference）：Michener, 1997, 2000, 2007; Wu, 2000.

（382）台湾绒木蜂 *Xylocopa* (*Bomboixylocopa*) *bomboides* Smith, 1879

Xylocopa bomboides Smith, 1879: 124, ♂.
异名（Synonym）：
Xylocopa bombiomorpha Strand, 1913: 44, ♀.
分布（Distribution）：台湾（TW）
其他文献（Reference）：Yu, 1954: 1 (*Xylocopa bomboides* F. Sm.), ♀, ♂, Figs. 1, 5, 9, 14; Wu, 1982a: 194 [*Xylocopa* (*Bomboixylocopa*) *bomboides* Maa.] (list), incorrect subsequent author, 195, ♀ (key), 197, ♂ (key); Wu, 2000: 133, ♀.

（383）中华绒木蜂 *Xylocopa* (*Bomboixylocopa*) *chinensis* Friese, 1911

Xylocopa chinensis Friese, 1911a: 125, ♀, ♂.
分布（Distribution）：浙江（ZJ）、福建（FJ）、广西（GX）
其他文献（Reference）：Maa, 1939a: 156 [*Xylocopa* (*Bomboixylocopa*) *chinensis* Friese]; Wu, 1982a: 194 [*Xylocopa* (*Bomboixylocopa*) *chinensis* Friese] (list), 195, ♀ (key), 197, ♂ (key); Wu, 2000: 133, ♀, ♂, Plate II-6, 7.

（384）茀氏绒木蜂 *Xylocopa* (*Bomboixylocopa*) *friesiana* Maa, 1939

Xylocopa (*Bomboixylocopa*) *friesiana* Maa, 1939a: 159, ♀.
分布（Distribution）：云南（YN）、福建（FJ）、广东（GD）
其他文献（Reference）：Wu, 1961: 500 [*Xylocopa* (*Bomboixylocopa*) *friesiana* Maa]; Wu, 1982a: 194 [*Xylocopa* (*Bomboixylocopa*) *friesiana* Maa] (list), 195, ♀ (key); Wu *et al.*, 1988: 82, ♀ (key), 87 [*Xylocopa* (*Bomboixylocopa*) *friesiana* Maa], ♀; Wu, 2000: 132, ♀.

（385）平庸绒木蜂 *Xylocopa* (*Bomboixylocopa*) *inconspicua* Maa, 1937

Xylocopa rufipes var. *inconspicua* Maa, 1937: 365, ♂.
分布（Distribution）：江苏（JS）
其他文献（Reference）：Ascher *et* Pickering, 2014.

（386）赤足绒木蜂 *Xylocopa* (*Bomboixylocopa*) *rufipes* Smith, 1852

Xylocopa rufipes Smith, 1852a: 42, ♀.
异名（Synonym）：
Xylocopa penicilligera Hedicke, 1930a: 140, ♂.
分布（Distribution）：陕西（SN）、安徽（AH）、江苏（JS）、浙江（ZJ）、江西（JX）、湖南（HN）、湖北（HB）、四川（SC）、贵州（GZ）、福建（FJ）、广西（GX）；越南；东洋区
其他文献（Reference）：Dalla Torre, 1896: 217; Maa, 1940a: 385, ♂ [*Xylocopa* (*Zonohirsuta*) *rufipes*]; Hurd *et* Moure, 1963: 203 [*Xylocopa* (*Mimoxylocopa*) *rufipes*]; Wu, 1961: 500 [*Xylocopa* (*Mimoxylocopa*) *rufipes*]; Wu, 1965: 70, ♀, ♂ (*Xylocopa rufipes* Smith); Wu, 1982a: 194 [*Xylocopa* (*Mimoxylocopa*) *rufipes* Sm.] (list), 195, ♀ (key), 197, ♂ (key); Wu, 1993: 1409 [*Xylocopa* (*Mimoxylocopa*) *rufipes* Smith, 1852]; Wu, 1997: 1681 (*Xylocopa rufipes* Smith, 1852), ♀, ♂; Wu, 2000: 135 [*Xylocopa* (*Mimoxylocopa*) *rufipes* Smith, 1852], ♀, ♂, Plate II-9, 10; Khut *et al.*, 2012: 424 (*Xylocopa rufipes* Smith) (distribution).

栉木蜂亚属 *Xylocopa* / Subgenus *Ctenoxylocopa* Michener, 1942

Xylocopa (*Ctenoxylocopa*) Michener, 1942: 282, replacement for *Ctenopoda* Maa, 1938. **Type species:** *Apis fenestrata* Fabricius, 1798, autobasic.
异名（Synonym）：
Xylocopa (*Ctenopoda*) Maa, 1938: 285 (not McAtee *et* Malloch, 1933). **Type species:** *Apis fenestrata* Fabricius, 1798, by original designation.
Baana Sandhouse, 1943: 530, replacement for *Ctenopoda* Maa, 1938. **Type species:** *Apis fenestrata* Fabricius, 1798, autobasic and by original designation.
其他文献（Reference）：Maa, 1970; Hurd, 1978; Michener, 1997, 2000, 2007; Wu, 2000.

（387）窗木蜂 *Xylocopa* (*Ctenoxylocopa*) *fenestrata* (Fabricius, 1798)

Apis fenestrata Fabricius, 1798: 273, ♂.

异名（Synonym）：

Xylocopa lunata Klug, 1807a: 263, ♂.

Xylocopa indica Klug, 1807a: 264, ♀.

Xylocopa serripes Burmeister, 1876: 156, ♀, ♂.

Xylocopa gardineri Cameron, 1902b: 62, ♂.

Xylocopa serripes Hedicke, 1938: 189, ♀. (Homonym).

Xylocopa hedickae Maa, 1940d: 131, nom. nov. pro *X. serripes* Hed. nee Burm.

Xylocopa (*Ctenoxylocopa*) *fenestrata mauritii* Maa, 1970: 734, ♂.

分布（Distribution）：云南（YN）；印度、缅甸、尼泊尔、阿富汗、伊朗、伊拉克、斯里兰卡、马达加斯加、巴西

其他文献（Reference）：Maa, 1970: 731 [*Xylocopa* (*Ctenoxylocopa*) *fenestrata fenestrata*], ♀, ♂, Figs. 1, 5, 11, 19, 25, 29, 37, 39; Maa, 1970: 734, ♂ [*Xylocopa* (*Ctenoxylocopa*) *fenestrata mauritii*], Figs. 17, 18, 22, 23, 30, 31, 38; Hurd, 1978: 88 [*Xylocopa* (*Ctenoxylocopa*) *fenestrata* Fabricius]; Wu, 1961: 500 [*Xylocopa* (*Ctenoxylocopa*) *fenestrata* Friese] (incorrect subsequent author); Wu, 1982a: 194 [*Xylocopa* (*Ctenoxylocopa*) *fenestrata* Fabr.] (list), 195, ♀ (key), 197, ♂ (key); Wu *et al.*, 1988: 81, ♀ (key), 84, ♂ (key), 87 [*Xylocopa* (*Ctenoxylocopa*) *fenestrata* Fabricius], ♀, ♂; Wu, 1993: 1409 [*Xylocopa* (*Ctenoxylocopa*) *fenestrata* Friese, 1798] (incorrect subsequent author); Wu, 2000: 128 [*Xylocopa* (*Ctenoxylocopa*) *fenestrata* Fabricius, 1798], ♀, ♂; Karunaratne *et* Edirisingle, 2006: 19 (*Xylocopa fenestrata* Fabricius, 1798) (list).

圆足木蜂亚属 *Xylocopa* / Subgenus *Koptortosoma* Gribodo, 1894

Koptortosoma Gribodo, 1894: 271. **Type species:** *Koptortosoma gabonica* Gribodo, 1894, by designation of Sandhouse, 1943: 561. [see Michener, 1997].

异名（Synonym）：

Koptorthosoma Dalla Torre, 1896: 202, unjustified emendation of *Koptortosoma* Gribodo, 1894.

Cyaneoderes Ashmead, 1899: 70. **Type species:** *Cyaneoderes fairchildi* Ashmead, 1899 = *Bombus coeruleus* Fabricius, 1804, by original designation.

Coptorthosoma Pérez, 1901: 3, unjustified emendation of *Koptortosoma* Gribodo, 1894.

Xylocopa (*Orbitella*) Maa, 1938: 305 (not Douvillé, 1915). **Type species:** *Xylocopa confusa* Pérez, 1901, by original designation.

Xylocopa (*Maiella*) Michener, 1942: 282, replacement for *Orbitella* Maa, 1938. **Type species:** *Xylocopa confusa* Pérez, 1901, autobasic.

Euryapis Sandhouse, 1943: 551, replacement for *Orbitella* Maa, 1938. **Type species:** *Xylocopa confusa* Pérez, 1901, autobasic.

Xylocopa (*Eoxylocopa*) Sakagami *et* Yoshikawa, 1961: 413, nomen nudum.

Xylocopa (*Cyphoxylocopa*) Hurd *et* Moure, 1963: 283. **Type species:** *Xylocopa ocularis* Pérez, 1901, by original designation.

Xylocopa (*Afroxylocopa*) Hurd *et* Moure, 1963: 264. **Type species:** *Apis nigrita* Fabricius, 1775, by original designation.

Xylocopa (*Oxyxylocopa*) Hurd *et* Moure, 1963: 275. **Type species:** *Xylocopa varipes* Smith, 1854, by original designation.

Xylocopa (*Lieftinckella*) Hurd *et* Moure, 1963: 286. **Type species:** *Xylocopa smithii* Ritsema, 1876, by original designation.

其他文献（Reference）：Hurd, 1978; Michener, 1997, 2000, 2007; Wu, 2000.

（388）怒木蜂 *Xylocopa* (*Koptortosoma*) *aestuans* (Linnaeus, 1758)

Apis aestuans Linnaeus, 1758: 579, ♀.

异名（Synonym）：

Apis leucothorax DeGeer, 1773: 573, ♀.

Xylocopa confusa Pérez, 1901: 57, ♀, ♂.

分布（Distribution）：云南（YN）；德国、埃及、苏丹、埃塞俄比亚、巴基斯坦、印度、泰国、以色列、尼泊尔、缅甸、越南、新加坡、印度尼西亚、马来西亚、菲律宾

其他文献（Reference）：Dalla Torre, 1896: 202 [*Xylocopa aestuans* (L.)]; Maa, 1938: 313 [*Xylocopa* (*Orbitella*) *confusa*]; Hurd *et* Moure, 1963: 274 [*Xylocopa* (*Koptortosoma*) *confusa*]; Lieftinck, 1964: 138 [*Xylocopa* (*Koptortosoma*) *aestuans*], pl. 16, Figs. 1-6; Wu, 1982a: 194 [*Xylocopa* (*Koptortosoma*) *confusa*] (list), 196, ♀ (key), 198, ♂ (key); Wu *et al.*, 1988: 83, ♀ (key), 85, ♂ (key), 90, ♂ [*Xylocopa* (*Koptortosoma*) *confusa* Perkins], Plate IV-48 (incorrect subsequent author); Wu, 1993: 1409 [*Xylocopa* (*Koptortosoma*) *aestuans* Linnaeus, 1764] (incorrect subsequent time); Wu, 2000: 149, ♀, ♂ [*Xylocopa* (*Koptortosoma*) *confusa* Pérez, 1901], Plate III-4; Khut *et al.*, 2012: 423 (*Xylocopa aestuans* Linnaeus) (Fig. 2-a, distribution).

（389）蓝胸木蜂 *Xylocopa* (*Koptortosoma*) *caerulea* (Fabricius, 1804)

Bombus caeruleus Fabricius, 1804: 345, ♀.

异名（Synonym）：

Cyaneoderes fairchildi Ashmead, 1899: 70.

分布（Distribution）：云南（YN）、广西（GX）、海南（HI）；印度、日本、印度尼西亚

其他文献（Reference）：Wu, 1961: 501, ♀, ♂ [*Xylocopa* (*Cyaneoderes*) *caetulea* (Fabr.)] (incorrect subsequent spelling); Wu, 1965: 71, ♀, ♂ (*Xylocopa caerulea* Fabricius), Plate VI-144, 145; Wu, 1982a: 194 [*Xylocopa* (*Cyaneoderes*) *caerulea* Fabr.] (list), 195, ♀ (key), 197, ♂ (key); Wu *et al.*, 1988: 83, ♀ (key), 84, ♂ (key), 88 [*Xylocopa* (*Cyaneoderes*) *caerulea* Fabricius], ♀, ♂, Plate IV-43; Wu, 2000: 150

[*Xylocopa* (*Cyaneoderes*) *caerulea* (Fabricius), 1804], ♀, ♂, Plate II-12.

(390) 黄黑木蜂 *Xylocopa* (*Koptortosoma*) *flavonigrescens* Smith, 1854

Xylocopa flavonigrescens Smith, 1854: 354, ♂.

分布（Distribution）：湖北（HB）、四川（SC）、云南（YN）；印度、马来西亚、新加坡、印度尼西亚

其他文献（Reference）：Dalla Torre, 1896: 211 (*Xylocopa flavonigrescens* Smith); Maa, 1938: 312 [*Xylocopa* (*Orbitella*) *flavonigrescens*]; Wu, 1961: 501 [*Xylocopa* (*Coptorthosoma*) *flavo-nigrescens* Sm.]; Wu, 1982a: 194 [*Xylocopa* (*Koptortosoma*) *flavo-nigrescens* Sm.] (list), 196, ♀ (key), 198, ♂ (key); Wu *et al.*, 1988: 83, ♀ (key), 85, ♂ (key), 90 [*Xylocopa* (*Koptortosoma*) *flavo-nigrescens* Smith], ♀, ♂, Plate IV-47; Wu, 1997: 1681 (*Xylocopa flavo-nigrescens* Smith, 1854), ♀, ♂; Wu, 2000: 148 [*Xylocopa* (*Koptortosoma*) *flavo-nigrescens* Smith, 1854], ♀, ♂, Plate III-3.

(391) 朱胸木蜂 *Xylocopa* (*Koptortosoma*) *ruficeps* Friese, 1910

Xylocopa (*Koptortosoma*) *ruficeps* Friese, 1910: 408, ♀, ♂.

异名（Synonym）：

Xylocopa hopponis Matsumura, 1912: 203, ♂.

分布（Distribution）：台湾（TW）

其他文献（Reference）：Maa, 1937: 364, ♀ (redescription); Maa, 1940d: 132 [*Xylocopa* (*Orbitella*) *ruficeps*]; Yu, 1954: 7 (*Xylocopa ruficeps* Friese), ♀, ♂, Figs. 4, 8, 12, 13, 17; Wu, 2000: 149, ♀, ♂, Plate III-5, 6; Rasmussen *et* Ascher, 2008: 92.

(392) 莎木蜂 *Xylocopa* (*Koptortosoma*) *shelfordi* Cameron, 1902

Xylocopa shelfordi Cameron, 1902b: 128, ♀, ♂.

分布（Distribution）：广西（GX）、海南（HI）；越南、马来西亚、印度尼西亚

其他文献（Reference）：Wu, 1982a: 194 [*Xylocopa* (*Koptortosoma*) *shelfordi* Cameron] (list), 196, ♀ (key); Wu, 2000: 147, ♀, ♂, Plate IV-8, 9; Khut *et al.*, 2012: 424 (*Xylocopa shelfordi* Cameron) (distribution).

(393) 中华木蜂 *Xylocopa* (*Koptortosoma*) *sinensis* Smith, 1854

Xylocopa sinensis Smith, 1854: 356, ♀.

分布（Distribution）：辽宁（LN）、河北（HEB）、浙江（ZJ）、江西（JX）、湖北（HB）、四川（SC）、云南（YN）、福建（FJ）、广东（GD）、广西（GX）、海南（HI）

其他文献（Reference）：Maa, 1937: 362 (*Xylocopa sinensis* Smith), ♂; Maa, 1938: 305 [*Xylocopa* (*Orbitella*) *sinensis*]; Wu, 1961: 500 [*Xylocopa* (*Coptorthosoma*) *sinensis* Sm.] (incorrect subsequent spelling of subgenus); Wu, 1965: 69 (*Xylocopa sinensis* Smith), ♀, ♂, Plate VI-138, 139; Wu, 1982a: 194 [*Xylocopa* (*Koptortosoma*) *sinensis* Sm.] (list), 196, ♀ (key), 198, ♂ (key); Wu *et al.*, 1988: 83, ♀ (key), 85, ♂ (key), 89 [*Xylocopa* (*Alloxylocopa*) *sinensis* Smith], ♀, ♂; Wu, 1993: 1408; Wu, 1997: 1680 (*Xylocopa sinensis* Smith, 1854), ♀, ♂; Wu, 2000: 148, ♀, ♂, Plate III-1, 2.

(394) 小蓝木蜂 *Xylocopa* (*Koptortosoma*) *tumida* Friese, 1903

Xylocopa tumida Friese, 1903: 205, ♂.

分布（Distribution）：云南（YN）、海南（HI）；越南、斯里兰卡、印度尼西亚、马来西亚

其他文献（Reference）：Maa, 1939b: 93 [*Xylocopa* (*Cyaneoderes*) *tumida*]; Wu, 1982a: 194 [*Xylocopa* (*Cyaneoderes*) *tumida* Friese] (list), 195, ♀ (key); Wu *et al.*, 1988: 83, ♀ (key), 88 [*Xylocopa* (*Cyaneoderes*) *tumida* Friese], ♀, Plate IV-44; Wu, 2000: 151 [*Xylocopa* (*Cyaneoderes*) *tumida* Friese, 1903], ♀, Plate III-11; Rasmussen *et* Ascher, 2008: 106; Khut, 2012: 424 (*Xylocopa tumida* Friese) (distribution).

间毛木蜂亚属 *Xylocopa* / Subgenus *Mesotrichia*

Mesotrichia Westwood, 1838: 112. **Type species:** *Mesotrichia torrida* Westwood, 1838, monobasic.

异名（Synonym）：

Xylocopa (*Platynopoda*) Westwood, 1840b: 271. **Type species:** *Apis latipes* Drury, 1773, by designation of Ashmead, 1899: 71.

Xylocopa (*Audinetia*) Lepeletier, 1841: 203. **Type species:** *Apis latipes* Drury, 1773, by designation of Sandhouse, 1943: 529.

Platinopoda Dalla Torre, 1896: 202, lapsus for *Platynopoda* Westwood, 1840.

Andineta Ashmead, 1899: 71, incorrect subsequent spelling for *Audinetia* Lepeletier, 1841.

Audineta Ashmead, 1899: 97, incorrect subsequent spelling for *Audinetia* Lepeletier, 1841.

Xylocopa (*Hoplitocopa*) Lieftinck, 1955: 27. **Type species:** *Xylocopa assimilis* Ritsema, 1880, by original designation.

Xylocopa (*Hoploxylocopa*) Hurd *et* Moure, 1963: 260. **Type species:** *Xylocopa acutipennis* Smith, 1854, by original designation.

其他文献（Reference）：Hurd, 1978; Michener, 1997, 2000, 2007; Wu, 2000.

(395) 尖足木蜂 *Xylocopa* (*Mesotrichia*) *acutipennis* Smith, 1854

Xylocopa acutipennis Smith, 1854: 355, ♂.

分布（Distribution）：云南（YN）、西藏（XZ）、海南（HI）；缅甸、印度、印度尼西亚

其他文献（Reference）：Dalla Torre, 1896: 202 (*Xylocopa acutipennis* Smith); Maa, 1938: 319 [*Xylocopa* (*Hoploxylcopa*) *acutipennis* Smith]; Hurd *et* Moure, 1963: 263 [*Xylocopa* (*Hoploxylcopa*) *acutipennis* Smith]; Wu, 1982a: 194 [*Xylocopa* (*Hoploxylcopa*) *acutipennis* Smith] (list), 196, ♀ (key), 197, ♂

(key); Wu *et al.*, 1988: 84, ♀, ♂ (key), 92 [*Xylocopa* (*Hoploxylcopa*) *acutipennis* Smith], ♀, ♂, Plate V-51, 52; Wu, 1988c: 550 (*Xylocopa acutipennis* Smith); Wu, 2000: 146 [*Xylocopa* (*Hoploxylcopa*) *acutipennis* Smith, 1854], ♀, ♂, Fig. 74, Plate III-12.

（396）扁柄木蜂 *Xylocopa* (*Mesotrichia*) *latipes* (Drury, 1773)

Apis latipes Drury, 1773: 87, ♂.

异名（Synonym）：

Apis gigas DeGeer, 1773: 576, ♂.

Mesotrichia latipes basiloptera Cockerell, 1917b: 349, ♀.

分布（Distribution）：云南（YN）；越南、印度、印度尼西亚、马来西亚、菲律宾、缅甸

其他文献（Reference）：Smith, 1854: 353 (*Xylocopa latpies*); Dalla Torre, 1896: 213 [(*Xylocopa latipes* (Drury)]; Cockerell, 1917b: 349 [*Mesotrichia latipes* (Drury), 1773]; Maa, 1938: 325 [*Xylocopa* (*Platynopoda*) *latipes* (Drury)]; Wu, 1961: 501 [*Xylocopa* (*Platynopoda*) *latipes* (Drury)]; Wu, 1965: 71 (*Xylocopa latipes* Drury), ♀, ♂, Plate VI-146, 147; Hurd, 1978: 90 [*Xylocopa* (*Platynopoda*) *latipes* (Drury)]; Wu, 1982a: 194 [*Xylocopa* (*Platynopoda*) *latipes* Drury] (list), 196, ♀ (key), 198, ♂ (key); Wu *et al.*, 1988: 83, ♀ (key), 85, ♂ (key), 91 [*Xylocopa* (*Platynopoda*) *latipes* Drury], ♀, ♂; Wu, 2000: 144 [*Xylocopa* (*Platynopoda*) *latipes* (Drury), 1773], ♀, ♂, Plate III-7; Khut *et al.*, 2012: 424 [*Xylocopa latipes* (Drury)] (distribution).

（397）大木蜂 *Xylocopa* (*Mesotrichia*) *magnifica* (Cockerell, 1929)

Mesotrichia latipes var. *magnifica* Cockerell, 1929c: 302, ♀.

分布（Distribution）：四川（SC）、云南（YN）；印度、巴基斯坦

其他文献（Reference）：Wu, 1982a: 194 [*Xylocopa* (*Platynopoda*) *magnifica* Cockerell] (list), 196, ♀ (key), 197, ♂ (key); Wu *et al.*, 1988: 83, ♀ (key), 84, ♂ (key), 92 [*Xylocopa* (*Platynopoda*) *magnifica* Cockerell], ♀, ♂, Plate V-49, 50; Wu, 2000: 144 [*Xylocopa* (*Platynopoda*) *magnifica* Cockerell, 1929], ♀, ♂.

（398）穿孔木蜂 *Xylocopa* (*Mesotrichia*) *perforator* Smith, 1861

Xylocopa perforator Smith, 1861a: 61, ♀, ♂.

分布（Distribution）：云南（YN）、西藏（XZ）；印度尼西亚、斯里兰卡

其他文献（Reference）：Dalla Torre, 1896: 216 (*Xylocopa perforator* Smith); Maa, 1938: 321 [*Xylocopa* (*Platynopoda*) *perforator*]; Wu, 1982a: 194 [*Xylocopa* (*Platynopoda*) *perforator* Smith] (list), 196, ♀ (key), 197, ♂ (key); Wu, 1982b: 420 [*Xylocopa* (*Platynopoda*) *perforator* Smith], ♀; Wu *et al.*, 1988: 83, ♀ (key), 84, ♂ (key), 91 [*Xylocopa* (*Platynopoda*) *perforator* Smith], ♀, ♂; Wu, 1988c: 550 (*Xlocopa perforator* Smith); Wu, 2000: 143 [*Xylocopa* (*Platynopoda*) *perforator* Smith, 1861], ♀; Wu, 2004: 122 (*Xlocopa perforater* Smith, 1861) (incorrectly spelling).

（399）圆柄木蜂 *Xylocopa* (*Mesotrichia*) *tenuiscapa* Westwood, 1840

Xylocopa (*Platynopoda*) *tenuiscapa* Westwood, 1840b: 271, ♂ (non. ♀).

异名（Synonym）：

Xylocopa viridipennis Lepeletier, 1841: 205, ♀.

Xylocopa latreilleis Lepeletier, 1841: 206, ♀, ♂.

Xylocopa albofasciata Sichel, 1867: 154, ♀.

分布（Distribution）：云南（YN）；尼泊尔、印度、印度尼西亚、斯里兰卡、马来西亚、菲律宾、孟加拉国、越南、泰国

其他文献（Reference）：Dalla Torre, 1896: 219 (*Xylocopa tenuiscapa* Westw.); Maa, 1938: 321 [*Xylocopa* (*Platynopoda*) *tenuiscapa*]; Wu, 1961: 501 [*Xylocopa* (*Platynopoda*) *tenuiscapa* Westwood]; Wu, 1965: 71 (*Xylocopa tenuiscapa* Westwood), ♀, ♂, Plate VI-148, 149; Wu, 1982a: 194 [*Xylocopa* (*Platynopoda*) *tenuiscapa* Westwood] (list), 196, ♀ (key), 197, ♂ (key); Wu *et al.*, 1988: 83, ♀ (key), 84, ♂ (key), 91 [*Xylocopa* (*Platynopoda*) *tenuiscapa* Westwood], ♀, ♂; Wu, 2000: 143 [*Xylocopa* (*Platynopoda*) *tenuiscapa* Westwood, 1840], ♀, ♂; Karunaratne *et* Edirisingle, 2006: 19 (*Xylocopa tenuiscapa* Westwood, 1840) (list); Khut *et al.*, 2012: 424 (*Xylocopa tenuiscapa* Westwood) (distribution).

（400）云南木蜂 *Xylocopa* (*Mesotrichia*) *yunnanensis* Wu, 1982

Xylocopa (*Platynopoda*) *yunnanensis* Wu, 1982a: 198, ♀.

Holotype: ♀, China: Yunnan, Xishuanbanna, Men-a; IZB.

分布（Distribution）：云南（YN）

其他文献（Reference）：Wu *et al.*, 1988: 83, ♀ (key), 92 [*Xylocopa* (*Platynopoda*) *yunnanensis* Wu], ♀; Wu, 2000: 145 [*Xylocopa* (*Platynopoda*) *yunnanensis* Wu, 1982], ♀, Fig. 73.

夜木蜂亚属 *Xylocopa* / Subgenus *Nyctomelitta* Cockerell, 1929

Xylocopa (*Nyctomelitta*) Cockerell, 1929c: 303. **Type species:** *Bombus tranquebaricus* Fabricius, 1804, by original designation.

其他文献（Reference）：Hurd, 1978; Michener, 1997, 2000, 2007; Wu, 2000.

（401）夜木蜂 *Xylocopa* (*Nyctomelitta*) *tranquebarica* (Fabricius, 1804)

Bombus tranquebaricus Fabricius, 1804: 343, ♀.

异名（Synonym）：

Xylocopa rufescens Smith, 1874: 271, ♀, ♂.

分布（Distribution）：云南（YN）、海南（HI）；缅甸、印度、菲律宾、斯里兰卡、印度尼西亚、泰国

其他文献（Reference）：Cockerell, 1929c: 303 [*Xylocopa* (*Nyctomelitta*) *tranqueabarica* (Fabricius)] (incorrect subsequent spelling); Maa, 1940b: 578 [*Xylocopa* (*Nyctomelitta*) *tranquebarica* (Fabricius)], ♀, ♂, Fig. 7; Hurd, 1978: 89 [*Xylocopa* (*Nyctomelitta*) *tranquebarica* (Fabricius)]; Wu, 1961: 499 [*Xylocopa* (*Nyctomelitta*) *tranquabarica* (Fabr.)] (incorrect subsequent spelling); Wu, 1982a: 194 [*Xylocopa* (*Nyctomelitta*) *tranquabarica* (Fabr.)] (incorrect subsequent spelling) (list), 195, ♀ (key), 197, ♂ (key); Wu *et al.*, 1988: 81, ♀ (key), 84, ♂ (key), 86 [*Xylocopa* (*Nyctomelitta*) *tranquabarica* (Fabricius)] (incorrect subsequent spelling), ♀, ♂, Plate IV-40, 41; Wu, 2000: 134 [*Xylocopa* (*Nyctomelitta*) *tranquabarica* (Fabricius), 1804] (incorrect subsequent spelling), ♀, ♂, Plate II-8.

突眼木蜂亚属 *Xylocopa* / Subgenus *Proxylocopa* Hedicke, 1938

Xylocopa (*Proxylocopa*) Hedicke, 1938: 192. **Type species:** *Xylocopa olivieri* Lepeletier, 1841, by original designation.

异名（Synonym）：

Proxylocopa (*Ancylocopa*) Maa, 1954: 198. **Type species:** *Xylocopa nitidiventris* Smith, 1878, by original designation.

其他文献（Reference）：Michener, 1997, 2000, 2007; Wu, 1983c, 1983d, 2000.

（402）烟背木蜂 *Xylocopa* (*Proxylocopa*) *andarabana* Hedicke, 1938

Xylocopa andarabana Hedicke, 1938: 193, ♀.

异名（Synonym）：

Proxylocopa (*Ancylocopa*) *andarabana xinjiangensis* Wu, 1983c: 1, ♀.

Proxylocopa (*Ancylocopa*) *xinjiangensis* Wu, 2000: 122, ♀ (nom. nov.).

分布（Distribution）：新疆（XJ）

其他文献（Reference）：Maa, 1954: 210 [*Proxylocopa* (*Ancylocopa*) *andarabana* (Hed.), 1838], ♀; Wu, 1983c: 1 [*Proxylocopa* (*Ancylocopa*) *andarabana xinjiangensis*], ♀ (key), Fig. 1; Wu, 2000: 122 [*Proxylocopa* (*Ancylocopa*) *xinjiangensis* Wu, 1983], ♀, Plate II-3.

（403）蒙古突眼木蜂 *Xylocopa* (*Proxylocopa*) *mongolicus* (Wu, 1983)

Proxylocopa (*Proxylocopa*) *mongolicus* Wu, 1983d: 131, ♀. **Holotype:** ♀, China: Neimongu, Erenhot; IZB.

分布（Distribution）：内蒙古（NM）

其他文献（Reference）：Wu, 2000: 117 [*Proxylocopa* (s. str.) *mongolicus* Wu, 1983], ♀, Fig. 67, Plate II, 4.

（404）光腹木蜂 *Xylocopa* (*Proxylocopa*) *nitidiventris* Smith, 1878

Xylocopa nitidiventris Smith, 1878b: 7, ♀.

异名（Synonym）：

Xylocopa dubiosa Smith, 1878b: 7, ♀.

Xylocopa pavlovskyi Popov, 1935: 395, ♀, ♂.

分布（Distribution）：内蒙古（NM）、甘肃（GS）、新疆（XJ）；中亚

其他文献（Reference）：Dalla Torre, 1896: 215 (*Xylocopa nitidiventris* Smith); Maa, 1954: 205 [*Proxylocopa* (*Ancylocopa*) *nitidiventris* (F. Sm.), 1878]; Wu, 1983c: 2 [*Proxylocopa* (*Ancylocopa*) *nitidiventris* Smith], ♀ (key), ♂ (key); Terzo, 1998a: 338 [*Proxylocopa* (*Ancylocopa*) *pavlovskyi* Popov]; Wu, 2000: 118, ♂ [*Proxylocopa* (*Ancylocopa*) *pavlovskyi* (Popov), 1935], ♂, Figs. 68, 121 [*Proxylocopa* (*Ancylocopa*) *nitidiventris* (Smith), 1878], ♀, ♂, Plate II-5.

（405）浅背木蜂 *Xylocopa* (*Proxylocopa*) *nix* (Maa, 1954)

Proxylocopa nix Maa, 1954: 208, ♀. **Holotype:** ♀, Afghanistan, Herat; in Copengagen Museum.

异名（Synonym）：

Proxylocopa (*Ancylocopa*) *nix xinjiangensis* Wu, 1983c: 3-4, ♀.

Proxylocopa (*Ancylocopa*) *nix rufotarsa* Wu, 2000: 122, ♀.

分布（Distribution）：新疆（XJ）

其他文献（Reference）：Wu, 1983c: 2 [*Proxylocopa* (*Ancylocopa*) *nix xinjiangensis*], ♀ (key), 3, ♀, Fig. 7; Wu, 1996: 301 (*Proxylocopa nix xinjiangensis* Wu, 1983); Wu, 2000: 122 [*Proxylocopa* (*Ancylocopa*) *nix rufotarsa* Wu, 1983], ♀.

（406）褐背木蜂 *Xylocopa* (*Proxylocopa*) *parviceps* Morawitz, 1895

Xylocopa parviceps Morawitz, 1895: 17, ♀.

异名（Synonym）：

Proxylocopa (*Ancylocopa*) *parviceps xinjiangensis* Wu, 1983c: 2, 3, ♀, ♂.

分布（Distribution）：新疆（XJ）；土耳其、伊朗、土库曼斯坦、阿富汗

其他文献（Reference）：Terzo, 1998a: 338 [*Proxylocopa* (*Ancylocopa*) *parviceps* (Morawitz)]; Wu, 2000: 121 [*Proxylocopa* (*Ancylocopa*) *parviceps xinjiangensis* Wu, 1983], ♀, ♂, Fig. 70.

（407）褐足木蜂 *Xylocopa* (*Proxylocopa*) *przewalskyi* Morawitz, 1887

Xylocopa przewalskyi Morawitz, 1887: 212, ♀, ♂.

异名（Synonym）：

Xylocopa nitidiventris altaica Popov, 1947: 43, ♀.

分布（Distribution）：内蒙古（NM）、河北（HEB）、山西（SX）、宁夏（NX）、甘肃（GS）、新疆（XJ）；蒙古国；中亚

其他文献（Reference）：Dalla Torre, 1896: 217 (*Xylocopa przewalskyi* Mor.); Maa, 1954: 201 [*Proxylocopa* (*Ancylocopa*) *przewalskyi* (F. Mor.), 1886] (incorrect subsequent time); Hurd *et* Moure, 1963: 61 [*Proxylocopa* (*Ancylocopa*) *altaica* (Popov)]; Warncke, 1982: 29 (*Xylocopa nitidiventris* ssp. *altaica* Popov, 1947); Wu, 1983c: 2 [*Proxylocopa* (*Ancylocopa*) *przewalskyi* (Morawitz)], ♀ (key), ♂ (key), [*Proxylocopa* (*Ancylocopa*) *altaica* (Popov)], ♀ (key), ♂ (key), 4 [*Proxylocopa* (*Ancylocopa*) *altaica* Popov, 1947], ♂ (new description); Terzo, 1998a: 338 [*Proxylocopa* (*Ancylocopa*) *nitidiventris altaica* (Popov)]; Wu, 2000: 119 [*Proxylocopa* (*Ancylocopa*) *przewalskyi* (Morawitz), 1886], ♀, ♂, 120 [*Proxylocopa* (*Ancylocopa*) *altaica* (Popov), 1947], ♀, ♂, Fig. 69.

（408）红突眼木蜂 *Xylocopa* (*Proxylocopa*) *rufa* Friese, 1901

Xylocopa olivieri var. *rufa* Friese, 1901: 221, ♀, ♂.

异名（Synonym）：

Xylocopa erivaniensis Pérez, 1901: 19, ♂.

分布（Distribution）：新疆（XJ）；土库曼斯坦、塔吉克斯坦、巴基斯坦、伊朗、阿尔巴尼亚

其他文献（Reference）：Maa, 1954: 195 [*Proxylocopa* (*Proxylocopa*) *rufa* (Friese), 1901]; Wu, 1983d: 130 [*Proxylocopa* (*Proxylocopa*) *rufa* (Friese)], ♀ (key), ♂ (key); Wu, 2000: 115 [*Proxylocopa* (s. str.) *rufa* (Friese), 1901], ♀, ♂; Rasmussen *et* Ascher, 2008: 91.

（409）吴氏突眼木蜂 *Xylocopa* (*Proxylocopa*) *wui* Özdikmen, 2010

Xylocopa wui Özdikmen, 2010: 1196, replacement name for *Proxylocopa* (*Proxylocopa*) *sinensis* Wu, 1983 (*nec Xylocopa sinensis* Smith, 1854).

异名（Synonym）：

Proxylocopa (*Proxylocopa*) *sinensis* Wu, 1983d: 130, ♀, ♂.

分布（Distribution）：内蒙古（NM）、山西（SX）、甘肃（GS）、青海（QH）

其他文献（Reference）：Wu, 1983d: 130 [*Proxylocopa* (*Proxylocopa*) *sinensis*], ♀, ♂, Figs. 1-7; Wu, 2000: 116 [*Proxylocopa* (s. str.) *sinensis* Wu, 1983], ♀, ♂, Fig. 66.

木蜂亚属 *Xylocopa* / Subgenus *Xylocopa* Latreille s. str., 1802

Xylocopa Latreille, 1802b: 379. **Type species:** *Apis violacea* Linnaeus, 1758, by designation of Westwood, 1840a: 86.

异名（Synonym）：

Xilocopa Latreille, 1802a: 432. Suppressed by Commission Opinion 743 (1965).

其他文献（Reference）：Hurd, 1978; Michener, 1997, 2000, 2007; Wu, 2000; Terzo *et al.*, 2007.

（410）紫木蜂 *Xylocopa* (*Xylocopa* s. str.) *valga* Gerstäcker, 1872

Xylocopa valga Gerstäcker, 1872a: 276, ♀, ♂.

异名（Synonym）：

Xylocopa ramulorum Rondani, 1874: 105.

Xylocopa convexa Smith, 1878b: 8, ♀.

Xylocopa valga var. *pyropyga* Friese, 1913: LX, ♀.

分布（Distribution）：内蒙古（NM）、甘肃（GS）、新疆（XJ）、西藏（XZ）；阿尔及利亚、西班牙、葡萄牙、法国、斯洛文尼亚、塞尔维亚、波兰、爱沙尼亚、乌克兰、俄罗斯（欧洲部分）、希腊、土耳其、以色列、亚美尼亚、伊朗、土库曼斯坦、乌兹别克斯坦、哈萨克斯坦、吉尔吉斯斯坦、阿富汗、巴基斯坦、印度、蒙古国

其他文献（Reference）：Dalla Torre, 1896: 219 (*Xylocopa valga* Gerst.); Maa, 1954: 214 [*Xylocopa* (*Xylocopa*) *valga* Gerst., 1872]; Wu, 1965: 68 (*Xylocopa valga* Gerstaecker) (incorrect subsequent spelling of author), ♀, ♂, Plate VI-132, 133; Wu, 1982a: 194 [*Xylocopa* (*Xylocopa*) *valga* Gerst.] (list), 195, ♀ (key), 197, ♂ (key); Wu, 1982b: 420 [*Xylocopa* (*Xylocopa*) *valga* Gerst.]; Ortiz-Sánchez, 1997: 240 (*Xylocopa valga* Gerstäcker, 1872); Wu, 1985a: 142 (*Xylocopa valga* Gerst.); Wu, 1996: 301 (*Xylocopa valga* Gerstaecker, 1872) (incorrect subsequent spelling of author); Wu, 2000: 129 [*Xylocopa* (s. str.) *valga* Gerst., 1872], ♀, ♂; Terzo *et al.*, 2007: 454 [*Xylocopa* (*Xylocopa*) *valga* Gerstaecker] (incorrect subsequent spelling of author), ♀, ♂, Figs. 6-15.

毛带木蜂亚属 *Xylocopa* / Subgenus *Zonohirsuta* Maa, 1938

Xylocopa (*Zonohirsuta*) Maa, 1938: 300. **Type species:** *Xylocopa collaris* Lepeletier, 1841 (not *Apis collaris* Olivier, 1789) = *Xylocopa dejeanii* Lepeletier, 1841, by original designation.

其他文献（Reference）：Michener, 1997, 2000, 2007; Wu, 2000.

（411）德氏木蜂 *Xylocopa* (*Zonohirsuta*) *dejeanii* Lepeletier, 1841

Xylocopa dejeanii Lepeletier, 1841: 209, ♂.

异名（Synonym）：

Xylocopa collaris Lepeletier, 1841; 189, ♀.

Xylocopa collaris binghami Cockerell, 1904: 30, ♂.

Xylocopa sauteri Friese, 1910: 409, ♀, ♂.

Xylocopa sauteri nigrescens Friese, 1910: 410, ♀, ♂.

Xylocopa collaris penangensis Cockerell, 1918b: 384, ♀, ♂.

Xylocopa collaris var. *bryanti* Cockerell, 1919a: 171, ♂

Xylocopa collaris yangweilla Maa, 1940a: 398.

Xylocopa collaris alboxantha Maa, 1940a: 399.

分布（Distribution）：江西（JX）、贵州（GZ）、云南（YN）、西藏（XZ）、福建（FJ）、台湾（TW）、广东（GD）、广西（GX）、海南（HI）；老挝、越南、印度、缅甸、泰国、斯里兰卡、马来西亚、印度尼西亚

其他文献（Reference）：Cockerell, 1904: 30 (*X. Collaris* Lep); Paiva, 1912: 79 (*Xylocopa collaris* Lepeletier); Cockerell, 1918b: 384 (*Xylocopa collaris* Lepeletier), ♂; Wu, 1965: 70

(*Xylocopa collaris* Lepeletier), ♀, ♂, Plate VI-140, 141; Hurd *et* Moure, 1963: 302 [*Xylocopa* (*Zonohirsuta*) *dejeanii*]; Wu, 1982a: 194 [*Xylocopa* (*Zonohirsuta*) *collaris* Lepeletier] (list), 195, ♀ (key), 197, ♂ (key); Wu, 1982b: 420 [*Xylocopa* (*Zonohirsuta*) *collaris* Lepeletier]; Wu *et al.*, 1988: 82, ♀ (key), 84, ♂ (key), 87 [*Xylocopa* (*Zonohirsuta*) *collaris* Lepeletier], ♀, ♂, Plate IV-42; Wu, 1988c: 550 (*Xylocopa collaris* Lepeletier); Wijesekara, 2001: 150 [*Xylocopa* (*Zonohirsuta*) *dejeanii* Lepeletier]; Wu, 2000: 137 [*Xylocopa* (*Zonohirsuta*) *collaris binghami* Cockerell, 1911] ♀, ♂, 138 [*Xylocopa* (*Zonohirsuta*) *collaris yangweilla* Maa, 1963] (incorrect subsequent time), ♀, ♂, 138, [*Xylocopa* (*Zonohirsuta*) *collaris albo-xantha* Maa, 1963] (incorrect subsequent time), ♀, ♂, Plate II-11, 139, ♀, ♂ [*Xylocopa* (*Zonohirsuta*) *collaris sauteri* (Friese), 1963] (incorrect subsequent time), ♀, ♂; Karunaratne *et* Edirisingle, 2006: 19 (*Xylocopa dejeanii* Lepeletier, 1841) (list); Khut *et al.*, 2012: 424 (*Xylocopa dejeanii* Lepeletier) (distribution); Rasmussen *et* Ascher, 2008: 76.

（412）曼氏木蜂 *Xylocopa* (*Zonohirsuta*) *melli* Hedicke, 1930

Xylocopa melli Hedicke, 1930a: 135, ♂.
分布（Distribution）：福建（FJ）、广东（GD）
其他文献（Reference）：Wu, 2000: 139-140, ♂, Fig. 72.

二、准蜂科 Melittidae Schenck, 1860

Melittidae Schenck, 1860: 136.
其他文献（Reference）：Michener, 1944, 1965, 1986, 2000, 2007; Michener *et al.*, 1994; Wu, 2000.

毛足蜂亚科 Dasypodinae Börner, 1919

Dasypodinae Börner, 1919: 180.
异名（Synonym）：
Dasypodini Michener, 1981: 73.
Dasypodidae Alexander *et* Michener, 1995: 432.
Dasypodinae Michener, 1997: 19.
其他文献（Reference）：Michener, 1944, 1986, 2000, 2007; Michener *et al.*, 1994; Wu, 2000.

毛足蜂族 Dasypodaini Börner, 1919

Dasypodaini Börner, 1919: 180.
其他文献（Reference）：Michener, 1981, 2000, 2007; Wu, 2000.

1. 毛足蜂属 *Dasypoda* Latreille, 1802

Dasypoda Latreille, 1802a: 424. **Type species:** *Andrena hirtipes* Fabricius, 1793 = *Apis altercator* Harris, 1780, by designation of Blanchard, 1840: 414 [*Melitta swammerdamiella* Kirby, 1802, designated as the type species by Curtis (1831: 367), was not originally included in *Dasypoda* but is a synonym of *Andrena hirtipes* Fabricius = *Apis altercator* Harris.]
Podasys Rafinesque-Schmaltz, 1815: 123, unnecessary replacement for *Dasypoda* Latreille, 1802. **Type species:** *Andrena hirtipes* Fabricius, 1793, autobasic.
Microdasypoda Michez, 2004, in Michez *et al.*, 2004a: 427. **Type species:** *Dasypoda crassicornis* Friese, 1896, by original designation. [Synonymied by Michener in 2007].
Megadasypoda Michez, 2004, in Michez *et al.*, 2004a: 429. **Type species:** *Dasypoda argentata* Panzer, 1809, by original designation. [Synonymied by Michener in 2007].
Heterodasypoda Michez, 2004, in Michez *et al.*, 2004a: 428. **Type species:** *Dasypoda pyrotricha* Förster, 1855, by original designation. [Synonymied by Michener in 2007].
其他文献（Reference）：Michener, 1997, 2000, 2007; Wu, 1978, 2000; Baker, 2002b; Michez *et al.*, 2004a.

（1）毛足蜂 *Dasypoda altercator* (Harris, 1780)

Apis altercator Harris, 1780: 164, ♂.
异名（Synonym）：
Andrena hirtipes Fabricius, 1793: 312, ♀.
Anderna plumipes Panzer, 1797: 46, ♀.
Melitta swammerdamella Kirby, 1802: 174, ♀, ♂.
Dasypoda hirtipes Latreille, 1805: 369, ♀, ♂.
Dasypoda graeca Lepeleiter *et* Serville, 1825: 231, ♂.
Dasypoda swammerdamella Curtis, 1831: 367.
Dasypoda panzeri Spinola, 1838: 508, ♀, ♂.
Dasypoda villosa Lepeletier, 1841: 232, ♂.
Dasypoda nemoralis Baer, 1853: 70, ♀, ♂.
Dasypoda palleola Baer, 1853: 70, ♀, ♂.
Dasypoda hirtipes var. *minor* Morawitz, 1874: 157.
Dasypoda plumipes var. *flavescens* Friese, 1901: 130, ♀, ♂.
Dasypoda minor Pérez, 1903: 55, ♀, ♂.
Dasypoda illegalis Schulz, 1906: 242.
分布（Distribution）：内蒙古（NM）、甘肃（GS）；欧洲
其他文献（Reference）：Wu, 1978: 424 (*Dasypoda plumipes* Pz.), ♀ (key), ♂ (key); Wu, 1993: 1385 (*Dasypoda panzeri* Spinola, 1838); Wu, 2000, 103 [*Dasypoda plumipes* (Panzer), 1797], ♀, ♂, Fig. 62; Baker, 2002b: 91; Michez *et al.*, 2004b: 865 [*Dasypoda hirtipes* (Fabricius, 1793)] (synonym list); Hellrigl, 2006: 440 [*Dasypoda hirtipes* (Fabricius, 1793)]; Rasmussen *et* Ascher, 2008: 49.

（2）中国毛足蜂 *Dasypoda chinensis* Wu, 1978

Dasypoda chinensis Wu, 1978: 424, ♀, ♂. **Holotype:** ♀, China: Heilong Jiang, Harbin; IZB.
分布（Distribution）：黑龙江（HL）、河北（HEB）
其他文献（Reference）：Wu, 2000: 100, ♀, ♂, Fig. 59; Baker, 2002b: 98; Michez *et al.*, 2004a: 428.

（3）金黄毛足蜂 *Dasypoda cockerelli* Yasumatsu, 1935

Dasypoda cockerelli Yasumatsu, 1935b: 160, ♀. **Holotype:** ♀, Süd-Mandschurei (China: Liaoning, Fushun); ELF.

分布（Distribution）：黑龙江（HL）、辽宁（LN）、内蒙古（NM）、河北（HEB）、甘肃（GS）、新疆（XJ）

其他文献（Reference）：Wu, 1978: 424, ♀ (key), ♂ (key), 425, ♂ (nov.); Wu, 2000: 101, ♀, ♂, Fig. 60, Plate I-6; Baker, 2002b: 98; Michez *et al.*, 2004a: 428.

（4）日本毛足蜂 *Dasypoda japonica* Cockerell, 1911

Dasypoda japonica Cockerell, 1911b: 256, ♀, ♂. **Holotype:** ♀, Japan: Mitsukuri; USNM.

分布（Distribution）：黑龙江（HL）、吉林（JL）、内蒙古（NM）、河北（HEB）、北京（BJ）、山西（SX）；日本、俄罗斯

其他文献（Reference）：Wu, 1978: 424: ♀ (key), ♂ (key); Wu, 2000: 102, ♀, ♂, Fig. 61; Baker, 2002b: 98; Michez *et al.*, 2004a: 428.

（5）四川毛足蜂 *Dasypoda sichuanensis* Wu, 2000

Dasypoda sichuanensis Wu, 2000: 104, ♀, ♂. **Holotype:** ♀, Sichuan, Markam; IZB.

分布（Distribution）：内蒙古（NM）、山西（SX）、甘肃（GS）、新疆（XJ）、四川（SC）

其他文献（Reference）：Baker, 2002b: 98; Michez *et al.*, 2004a: 428.

准蜂亚科 Melittinae Schenck, 1860

Melittidae Schenck, 1860: 136.

其他文献（Reference）：Michener, 1944, 1986, 2000, 2007; Michener *et al.*, 1994; Wu, 2000.

2. 宽痣蜂属 *Macropis* Panzer, 1809

Macropis Panzer, 1809, no. 16. **Type species:** *Megilla labiata* Fabricius, 1805 = *Megilla fulvipes* Fabricius, 1805, monobasic. [*Macropis* has been attributed to Klug, but as pointed out in Commission Opinion 1383 (1986), Panzer provided the description.]

Paramacropis Popov *et* Guiglia, 1936: 287. **Type species:** *Ctenoplectra ussuriana* Popov, 1936, monobasic.

Macropis (*Sinomacropis*) Michener, 1981: 51. **Type species:** *Macropis hedini* Alfken, 1936, by original designation

其他文献（Reference）：Michener, 1997, 2000, 2007; Michener *et al.*, 1994; Wu, 1978, 2000; Michez *et* Patiny, 2005.

宽痣蜂亚属 *Macropis* / Subgenus *Macropis* Panzer s. str., 1809

Macropis Panzer, 1809, no. 16. **Type species:** *Megilla labiata* Fabricius, 1805 = *Megilla fulvipes* Fabricius, 1805, monobasic. [*Macropis* has been attributed to Klug, but as pointed out in Commission Opinion 1383 (1986), Panzer provided the description.]

其他文献（Reference）：Michener, 2000, 2007; Wu, 1978, 2000; Michez *et* Patiny, 2005.

（6）中宽痣蜂 *Macropis* (*Macropis* s. str.) *dimidiata* Yasumatsu *et* Hirashima, 1956

Macropis dimidiata Yasumatsu *et* Hirashima, 1956: 250, ♀, ♂.

分布（Distribution）：吉林（JL）、内蒙古（NM）；日本

其他文献（Reference）：Wu, 2000: 94 [*Macropis* (s. str.) *dimidiata* Yasumatsu *et* Hirashima, 1956], ♀, ♂, Fig. 57; Michez *et* Patiny, 2005: 17 [*Macropis* (*Macropis*) *dimidiata* Yasumatsu *et* Hirashima, 1956].

（7）江苏宽痣蜂 *Macropis* (*Macropis* s. str.) *kiangsuensis* Wu, 1978

Macropis (*Macropis* s. str.) *kiangsuensis* Wu, 1978: 426, ♀. **Holotype:** ♀, China: Jiangsu, Zhenjiang; IZB.

分布（Distribution）：江苏（JS）

其他文献（Reference）：Wu, 2000: 94 [*Macropis* (s. str.) *kiangsuensis* Wu, 1978], ♀; Michez *et* Patiny, 2005: 17 [*Macropis* (*Macropis*) *kiangsuensis* Wu, 1978].

准宽痣蜂亚属 *Macropis* / Subgenus *Paramacropis* Popov *et* Guiglia, 1936

Paramacropis Popov *et* Guiglia, 1936: 287. **Type species:** *Ctenoplectra ussuriana* Popov, 1936, monobasic.

其他文献（Reference）：Michener, 1981, 2000, 2007; Wu *et* Michener, 1986; Wu, 2000; Michez *et* Patiny, 2005.

（8）乌苏里宽痣蜂 *Macropis* (*Paramacropis*) *ussuriana* (Popov, 1936)

Ctenoplectra ussuriana Popov, 1936: 78, ♂.

Paramacropis ussuriana Popov *et* Guiglia, 1936: 287, ♂.

分布（Distribution）：吉林（JL）；俄罗斯

其他文献（Reference）：Popov, 1958: 504, ♂; Michener, 1981: 52 [*Macropis* (*Paramacropis*) *ussuriana*], ♂; Wu *et* Michener, 1986: 46 [*Macropis* (*Paramacropis*) *ussuriana* (Popov)], ♀ (nov.); Wu, 2000: 96 [*Macropis* (*Paramacropis*) *ussuriana* (Popov), 1936], ♂, Fig. 58, Plate I-7, 8; Michez *et* Patiny, 2005: 19 [*Macropis* (*Paramacropis*) *ussuriana* (Popov, 1936)] .

中华宽痣蜂亚属 *Macropis* / Subgenus *Sinomacropis* Michener, 1981

Macropis (*Sinomacropis*) Michener, 1981: 51. **Type species:** *Macropis hedini* Alfken, 1936, by original designation.

其他文献（Reference）：Michener, 2000, 2007; Wu *et* Michener, 1986; Wu, 2000; Michez *et* Patiny, 2005.

（9）斑宽痣蜂 *Macropis* (*Sinomacropis*) *hedini* Alfken, 1936

Macropis hedini Alfken, 1936: 16, ♀.

分布（Distribution）：陕西（SN）、江苏（JS）、上海（SH）、浙江（ZJ）、湖北（HB）、四川（SC）、云南（YN）、广西（GX）

其他文献（Reference）：Wu, 1965a: 592 (*Macropis hedini* Alfk.), ♂ (nov.); Wu, 1965b: 42 (*Macropis hedini* Alfken), ♀, ♂, Plate II-40, 41; Wu *et* Michener, 1986: 44 [*Macropis* (*Sinomacropis*) *hedini* Alfken]; Wu, 1997: 1674 (*Macropis hedini* Alfken, 1936), ♀, ♂; Wu, 2000: 88, ♀, ♂, Fig. 53, Plate I-4, 5; Michez *et* Patiny, 2005: 19 [*Macropis* (*Sinomacropis*) *hedini* Alfken, 1936].

（10）无斑宽痣蜂 *Macropis* (*Sinomacropis*) *immaculate* Wu, 1965

Macropis immaculata Wu, 1965a: 594, ♀, ♂. **Holotype:** ♂, China: Sichuan, Omei Shan; IZB.

异名（Synonym）：

Macropis hedini Popov, 1958: 502, ♂. (Misidentification).

分布（Distribution）：浙江（ZJ）、湖北（HB）、四川（SC）、云南（YN）

其他文献（Reference）：Wu *et* Michener, 1986: 44 [*Macropis* (*Sinomacropis*) *immaculate* Wu]; Wu, 1997: 1674 (*Macropis immaculata* Wu, 1965), ♀, ♂; Wu, 2000: 91 [*Macropis* (*Sinomacropis*) *immaculate* Wu, 1958] (incorrect subsequent time), ♀, ♂, Fig. 55, Plate I-1; Michez *et* Patiny, 2005: 19 [*Macropis* (*Sinomacropis*) *immaculate* Wu, 1965].

（11）米氏宽痣蜂 *Macropis* (*Sinomacropis*) *micheneri* Wu, 1993

Macropis (*Sinomacropis*) *micheneri* Wu, 1993: 1387, ♀, ♂. **Holotype:** ♂, China: Yunnan, Yongshenludei; IZB.

分布（Distribution）：浙江（ZJ）、四川（SC）、云南（YN）

其他文献（Reference）：Wu, 2000: 91 [*Macropis* (*Sinomacropis*) *micheneri* Wu, 1992] (incorrect subsequent time), ♀, ♂, Fig. 56; Michez *et* Patiny, 2005: 20 [*Macropis* (*Sinomacropis*) *micheneri* Wu, 1992] (incorrect subsequent time).

（12）峨眉宽痣蜂 *Macropis* (*Sinomacropis*) *omeiensis* Wu, 1965

Macropis omeiensis Wu, 1965a: 596, ♀, ♂. **Holotype:** ♂, China: Omei Shan; IZB.

分布（Distribution）：浙江（ZJ）、四川（SC）、贵州（GZ）

其他文献（Reference）：Wu *et* Michener, 1986: 44 [*Macropis* (*Sinomacropis*) *omeiensis* Wu]; Wu, 2000: 90, ♀, ♂, Fig. 54, Plate I-2, 3; Michez *et* Patiny, 2005: 20 [*Macropis* (*Sinomacropis*) *omeiensis* Wu, 1965] .

3. 准蜂属 *Melitta* Kirby, 1802

Melitta Kirby, 1802: 117. **Type species:** *Melitta tricincta* Kirby, 1802, by designation of Richards, 1935: 172. Isotypic with *Kirbya*.

Cilissa Leach, 1815: 155. **Type species:** *Andrena haemorrhoidalis* Fabricius, 1775, by designation of Westwood, 1840a: 84. *Melitta tricincta* Kirby, 1802, was designated subsequently by Taschenberg, 1883: 52.

Kirbya Lepeletier, 1841: 145. (not Robineau-Desvoidy, 1830). **Type species:** *Melitia tricincta* Kirby, 1802. by designation of Sandhouse, 1943: 561.

Pseudocilissa Radoszkowski, 1891: 241. **Type species:** *Cilissa robiista* Radoszkowski, 1876 = *Melitta dimidiata* Morawitz, 1876, monobasic.

Brachycephalapis Viereck, 1909: 47. **Type species:** *Melitta californica* Viereck, 1909, by original designation.

Dolichochile Viereck, 1909: 49. **Type species:** *Dolichochile melittoides* Viereck, 1909, by original designation. [Synonymied by Michez *et* Eardley in 2007].

其他文献（Reference）：Michener, 1997, 2000, 2007; Michener *et al.*, 1994; Wu, 1978, 2000; Michez *et* Eardley, 2007.

准蜂亚属 *Melitta* / Subgenus *Melitta* Kirby s. str., 1802

Melitta Kirby, 1802: 117. **Type species:** *Melitta tricincta* Kirby, 1802, by designation of Richards, 1935: 172. Isotypic with *Kirbya*.

异名（Synonym）：

Kirbya Lepeletier, 1841: 145. (not Robineau-Desvoidy, 1830). **Type species:** *Melitia tricincta* Kirby, 1802, by designation of Sandhouse, 1943: 561.

其他文献（Reference）：Michener, 1997, 2000, 2007; Michener *et al.*, 1994; Wu, 1978, 2000; Michez *et* Eardley, 2007.

（13）樟木准蜂 *Melitta* (*Melitta* s. str.) *changmuensis* Wu, 1988

Melitta changmuensis Wu, 1988b: 67, ♂. **Holotype:** ♂, China: Xizang, Zhangmukouan; IZB.

分布（Distribution）：西藏（XZ）

其他文献（Reference）：Wu, 2000: 76 (*Melitta changmuensis* Wu, 1988), ♂, Fig. 43; Michez *et* Eardley, 2007: 387 (*Melitta changmuensis* Wu), Fig. 184.

（14）苜蓿准蜂 *Melitta* (*Melitta* s. str.) *leporina* (Panzer, 1798)

Apis leporina Panzer, 1798: 63, ♀.

异名（Synonym）：

Andrena fortipes Imhoff, 1832: 1207, ♀, ♂.

Cilissa ruthenica Radoszkowski, 1891: 238, ♀, ♂.

Melitta centaureae Torka, 1922: 23, ♀, ♂.

Melitta leporina var. *nigrinotum* Alfken, 1927b: 228.

Melitta sinkiangensis Wu, 1978: 420, ♀. Synonymied by Wu (2000: 79).

分布（Distribution）：吉林（JL）、内蒙古（NM）、山西（SX）、甘肃（GS）、新疆（XJ）；古北区

其他文献（Reference）：Dalla Torre, 1896: 189 (*Melitta leporina* Panz); Wu, 1985a: 140 (*Melitta leporine* Pz.); Wu, 1996: 299 (*Melitta leporina* Panzer, 1799) (incorrect subsequent time); Wu, 2000: 78 [*Melitta leporina* (Panzer), 1799)] (incorrect subsequent time), ♀, ♂, Fig. 45; Michez *et* Eardley, 2007: 387 [*Melitta leporina* (Panzer)], Figs. 8-22, 164, 171, 185.

（15）三带准蜂 *Melitta* (*Melitta* s. str.) *tricincta* Kirby, 1802

Melitta tricincta Kirby, 1802: 171, ♀.

异名（Synonym）：

Kirbya melanura Nylander, 1852a: 101, ♀.

Andrena microstigma Eversmann, 1852: 21, ♂.

Andrena quadricincta Eversmann, 1852: 26, ♀, ♂.

Cilissa wankowiczi Radoszkowski, 1891: 237, ♀, ♂.

Melitta meridionalis Hedicke, 1933: 1, ♀, ♂.

分布（Distribution）：青海（QH）、新疆（XJ）；哈萨克斯坦、乌克兰、土耳其、俄罗斯；欧洲

其他文献（Reference）：Dalla Torre, 1896: 189 (Melitta *melanura* Nyl.); Wu, 1985a: 140 (*Melitta melanura* Nyl.); Michez *et* Eardley, 2007: 394 (*Melitta tricincta* Kirby), ♀, ♂, Figs. 49-57, 166, 173, 182; Nillson, 2007: 173.

喀利萨亚属 *Melitta* / Subgenus *Cilissa* Leach, 1815

Cilissa Leach, 1815: 155. **Type species:** *Andrena haemorrhoidalis* Fabricius, 1775, by designation of Westwood, 1840a: 84. *Melitta tricincta* Kirby, 1802, was designated subsequently by Taschenberg, 1883: 52.

异名（Synonym）：

Pseudocilissa Radoszkowski, 1891: 241. **Type species:** *Cilissa robiista* Radoszkowski, 1876 = *Melitta dimidiata* Morawitz, 1876, monobasic.

Brachycephalapis Viereck, 1909: 47. **Type species:** *Melitta californica* Viereck, 1909, by original designation.

Dolichochile Viereck, 1909: 49. **Type species:** *Dolichochile melittoides* Viereck, 1909, by original designation. [Synonymied by Michez *et* Eardley in 2007].

其他文献（Reference）：Michez *et* Eardley, 2007.

（16）北海道准蜂 *Melitta* (*Cilissa*) *ezoana* Yasumatsu *et* Hirashima, 1956

Melitta ezoana Yasumatsu *et* Hirashima, 1956: 254, ♀, ♂. **Holotype:** ♂, Japan: Nishi-ashoro; ELKU.

异名（Synonym）：

Melitta sinensis Wu, 1978: 422, ♀, ♂. Synonymied by Michez *et* Eardley (2007: 404).

分布（Distribution）：黑龙江（HL）、内蒙古（NM）、河北（HEB）、北京（BJ）；日本、蒙古国、俄罗斯

其他文献（Reference）：Wu, 2000: 81 (*Melitta sinensis* Wu, 1978), ♀, ♂, Fig. 47; Michez *et* Eardley, 2007: 404 (*Melitta ezoana* Yasumatsu *et* Hirashima), ♀, ♂, Figs. 94-99, 185.

（17）黄红准蜂 *Melitta* (*Cilissa*) *fulvescenta* Wu, 2000

Melitta fulvescenta Wu, 2000: 73, ♂. **Holotype:** ♂, China: Xinjiang, Wensu Pochenze; IZB.

分布（Distribution）：新疆（XJ）；吉尔吉斯斯坦

其他文献（Reference）：Michez *et* Eardley, 2007: 406 (*Melitta fulvescenta* Wu), ♂, Fig. 186.

（18）喜马拉雅准蜂 *Melitta* (*Cilissa*) *harrieta* (Bingham, 1897)

Andrena harrietae Bingham, 1897: 446, ♀. **Syntype:** ♀, India: Rangil valley, Sikkin; BML.

异名（Synonym）：

Melitta altissima Cockerell, 1910a: 240, ♀.

Melitta pseudotibetensis Wu, 1978: 421, ♀. Synonymied by Wu (2000: 74).

Melitta tibetensis Wu, 1978: 420, ♀. Synonymied by Wu (2000: 74).

分布（Distribution）：青海（QH）、四川（SC）、西藏（XZ）；印度

其他文献（Reference）：Wu, 1982b: 401 (*Melitta tibetensis* Wu), ♀, ♂ (nov.); Wu, 1982b: 401 (*Melitta pseudotibetensis* Wu), ♀, ♂ (nov.); Wu, 1988c: 547 (*Melitta pseudotibetensis* Wu); Wu, 1993: 1386 (*Melitta tibetensis* Wu, 1978), (*Melitta pseudotibetensis* Wu, 1978); Wu, 2000: 74 (*Melitta harrietae* Bingham, 1897), ♀, ♂, Fig. 41; Michez *et* Eardley, 2007: 409 [*Melitta harrietae* (Bingham)], ♀, ♂, Figs. 119-126, 185.

（19）黑龙江准蜂 *Melitta* (*Cilissa*) *heilungkiangensis* Wu, 1978

Melitta heilungkiangensis Wu, 1978: 423, ♂. **Holotype:** ♂, China: Heilong jiang, Tongjiang; IZB.

分布（Distribution）：黑龙江（HL）、北京（BJ）、新疆（XJ）

其他文献（Reference）：Wu, 2000: 76 (*Melitta heilungkiangensis* Wu, 1978), ♂, Fig. 42; Michez *et* Eardley, 2007: 411 (*Melitta heilungkiangensis* Wu), ♂, Fig. 187.

（20）日本准蜂 *Melitta* (*Cilissa*) *japonica* Yasumatsu *et* Hirashima, 1956

Melitta japonica Yasumatsu *et* Hirashima, 1956: 252, ♀, ♂. **Holotype:** ♂, Japan: Karuizawa; ELKU.

异名（Synonym）：

Metilla taishanensis Wu, 1978: 422-423, ♂. Synonymied by Michez *et* Eardley (2007: 413).

分布（Distribution）：吉林（JL）、内蒙古（NM）、河北（HEB）、北京（BJ）、山西（SX）、山东（SD）、四川（SC）；日本

其他文献（Reference）：Wu, 1993: 1385 (*Metilla taishanensis* Wu, 1978); Wu, 2000: 77 (*Metilla taishanensis* Wu, 1978), ♀, ♂, Fig. 44, Plate I-12, 13; Michez *et* Eardley, 2007: 413 (*Melitta japonica* Yasumatsu *et* Hirashima), ♀, ♂, Figs. 127-133, 168, 186.

（21）蒙古准蜂 *Melitta* (*Cilissa*) *mongolia* Wu, 1978

Melitta mongolia Wu, 1978: 421, ♀, ♂. **Holotype:** ♀, China:

Inner Mongolia, Erenhot; IZB.

分布（Distribution）：内蒙古（NM）

其他文献（Reference）：Wu, 2000: 84 (*Melitta mongolia* Wu, 1978), ♀, ♂, Fig. 50, Plate I-14; Michez *et* Eardley, 2007: 414 (*Melitta mongolia* Wu), ♀, ♂, Fig. 184.

（22）山准蜂 *Melitta (Cilissa) montana* Wu, 1993

Melitta montana Wu, 1993: 1386, ♂. **Holotype:** ♂, China: Yunnan, Lijiang; IZB.

分布（Distribution）：四川（SC）、云南（YN）

其他文献（Reference）：Wu, 2000: 83 (*Melitta montana* Wu, 1993), ♀ (nov.), ♂, Fig. 49, Plate I-11; Michez *et* Eardley, 2007: 414 (*Melitta montana* Wu), ♀, ♂, Fig. 187.

（23）黑腹准蜂 *Melitta (Cilissa) nigrabdominalis* Wu, 1988

Melitta nigrabdominalis Wu, 1988b: 68, ♂. **Holotype:** ♂, China: Hebei, Xiaowutai Shan; IZB.

分布（Distribution）：河北（HEB）

其他文献（Reference）：Wu, 2000: 72 (*Melitta nigrabdominalis* Wu, 1988), ♂, Fig. 39; Michez *et* Eardley, 2007: 417 (*Melitta nigrabdominalis* Wu), ♂, Fig. 185.

（24）西伯利亚准蜂 *Melitta (Cilissa) sibirica* (Morawitz, 1888)

Cilissa sibirica Morawitz, 1888: 237, ♀. **Lectotype:** ♀, Russia, Osnatschennaja; designated by Michez *et* Eardley (2007: 418); ZISP.

异名（Synonym）：

Melitta albofasciata Friese, 1900: 85, ♂. Synonymied by Michez *et* Eardley (2007: 418).

Cilissa alticola Hedicke, 1938: 194, ♀. Synonymied by Michez *et* Eardley (2007: 418).

Melitta borealis Wu, 2000: 80, ♂. Synonymied by Michez *et* Eardley (2007: 418).

Melitta quinghaiensis Wu, 2000: 82, ♂. Synonymied by Michez *et* Eardley (2007: 419).

分布（Distribution）：内蒙古（NM）、青海（QH）、新疆（XJ）；印度、吉尔吉斯斯坦、塔吉克斯坦、蒙古国、俄罗斯

其他文献（Reference）：Michez *et* Eardley, 2007: 418 [*Melitta sibirica* (Morawitz)], ♀, ♂, Figs. 145-150, 177, 187; Rasmussen *et* Ascher, 2008: 22 (*Melitta albofasciata* Friese, 1900); Proshchalykin *et* Lelej, 2013: 320 (*Cilissa sibirica* Morawitz, 1888).

（25）黄胸准蜂 *Melitta (Cilissa) thoracica* (Radoszkowski, 1891)

Cilissa thoracica Radoszkowski, 1891: 239, ♀.

分布（Distribution）：内蒙古（NM）、新疆（XJ）；俄罗斯（西伯利亚）

其他文献（Reference）：Wu, 1996: 299 (*Melitta thoracica* Radoszkowski, 1891); Wu, 2000: 84 [*Melitta thoracica* (Radoszkowski), 1901] (incorrect subsequent time), ♀; Michez *et* Eardley, 2007: 380 (*M. thoracica*).

（26）绒准蜂 *Melitta (Cilissa) tomentosa* Friese, 1900

Melitta tomentosa Friese, 1900: 85, ♀, ♂. **Holotype:** ♂, Croatia: Fiume; MNB.

分布（Distribution）：新疆（XJ）；克罗地亚、意大利

其他文献（Reference）：Wu, 1985a: 140 (*Melitta tomentosa* Fr.); Michez *et* Eardley, 2007: 420 (*Melitta tomentosa* Friese), ♀, ♂, Figs. 151-155, 181; Rasmussen *et* Ascher, 2008: 104 (*Melitta tomentosa* Friese, 1900).

参 考 文 献

Alexander B A, Michener C D. 1995. Phylogenetic studies of the families of short-tongued bees (Hymenoptera: Apoidea). *University of Kansas Science Bulletin*, 55(11): 377-424.

Alexander B A, Schwarz M. 1994. A catalog of the species of *Nomada* (Hymenoptera: Apoidea) of the world. *University of Kansas Science Bulletin*, 55(7): 239-270.

Alfken J D. 1913. Die Bienenfauna von Bremen. *Abhandlungen herausgegeben von naturwissenschaftlichen Verein zu Bremen*, 22: 1-220.

Alfken J D. 1926. Fauna Buruana, Hymenoptera, Fam. Apidae. *Treubia*, 7(3): 259-275.

Alfken J D. 1927a. Über einige Arten der *Anthophora quadrifasciata*-Gruppe. *Entomologische Mitteilungen* XVI, Nr., 2: 120-122.

Alfken J D. 1927b. Apiden (Ins. Hym.) aus dem nördlichen und östlichen Spanien. *Senckenbergiana*, 9(6): 223-234.

Alfken J D. 1927c. Über einige Kuckucksbienen der Cyrenaica. *Konowia*, 6: 114-119.

Alfken J D. 1929. Eine neue *Pasites*-Art aus Turkmenien. *Deutsche entomologische Zeitschrift*, 1929: 133-134.

Alfken J D. 1936. Schwedisch-chinesische wissenschaftliche Expedition nach den nordwestlichen Provinzen Chinas...Insekten, Hymenoptera, Apoidea. *Arkiv för Zoologi*, 27A: 1-24.

Alfken J D. 1937. About two new Apidae from China. *Entomology and Phytopathology*, 5: 404-406.

Alfken J D. 1938. Ein weiterer Beitrag zur Kenntnis der Bienenfauna von Palästina mit Einschluss des Sinai-Gebirges. *Deutsche entomologische Zeitschrift*, (2): 418-433.

Alfken J D. 1942. Über einige von Strand beschriebene Bienen von Kreta und andere Arten von dort. *Mitteilungen der Deutschen Entomologischen Gesellschaft*, 11: 37-41.

Alfken J D, Blüthgen P. 1937. Ergebnisse der österreichischen Demawend-Expedition 1936, Apidae, ausschlieβlich *Bombus*-Arten. *Konowia* Band XVI, Heft, 1: 97-106.

An J D, Huang J X, Shao Y Q, *et al.* 2014. The bumblebees of North China (Apidae, Bombus Latreille). *Zootaxa*, 3830(1): 1-89.

An J D, Huang J X, Williams P H, *et al.* 2010. Species diversity and colony characteristics of bumblebees in the Hebei region of North China. *Chinese Journal of Applied Ecology*, 21(6): 1542-1550. [安建东, 黄家兴, Williams P H, 等. 2010. 河北地区熊蜂物种多样性与蜂群繁育特性. 应用生态学报, 21(6): 1542-1550.]

An J D, Miao Z Y, Zhang S W, *et al.* 2012. Species diversity of bumblebees in the Maijishan Scenic Area of Gansu Province. *Chinese Journal of Applied Entomology*, 49(4): 1025-1032. [安建东, 缪正瀛, 张世文, 等. 2012. 甘肃麦积山风景区熊蜂物种多样性调查. 应用昆虫学报, 49(4): 1025-1032.]

An J D, Williams P H, Zhou B F, *et al.* 2011. The bumblebees of Gansu, Northwest China (Hymenoptera, Apidae). *Zootaxa*, 2865: 1-36.

An J D, Yao J, Huang J X, *et al.* 2008. *Bombus* fauna (Hymenoptera, Apidae) in Shanxi, China. *Acta Zootaxonomica Sinica*, 33(1): 80-88. [安建东, 姚建, 黄家兴, 等. 2008. 山西省熊蜂属区系调查(膜翅目, 蜜蜂科). 动物分类学报, 33(1): 80-88.]

Armbruster L. 1938. Versteinerte Honigbienen aus dem obermiocänen Randecker Maar. *Archiv für Bienenkunde*, 19: 1-48, 97-133.

Arnold N. 1885 Apum Mohileviensium species parum cognitae vel imperfecte descriptae. *Horae Societatis Entomologicae Rossicae, sermonibus in Rossia usitatis editae*, 19: 282-287.

Ascher J S, Pickering J. 2014. http://www.discoverlife.org/mp/20q?guide=Apoidea_species

Ashmead W H. 1899. Classification of the bees, or the superfamily Apoidea. *Transactions of the American Entomological Society*, 26: 49-100.

Ashmead W H. 1904. Remarks on honey bees. *Proceedings of the Entomological Society of Washington*, 6: 120-122.

Ashmead W H. 1905. Additions to the recorded Hymenopterous fauna of the Philippine Islands, with descriptions of new species. *Proceeding of the United States National Museum*, 28: 957-971.

Aytekin A M, Çağatay N. 1999. Systematic studies on the family Apidae (Hymenoptera) in Ankara Province. Part I: Bombinae. *Turkish Journal of Zoology*, 23: 231-242.

Aytekin A M, Çağatay N. 2003. Systematical Studies on *Megabombus* (Apidae: Hymenoptera) Species in Central Anatolia. *Turkish Journal of Zoology*, 27: 195-204.

Baer J. 1850. *Eucera* Rossicae in districtu Romen gubernii Poltavici captae, et descriptae et icone illustrate. *Bulletin de la Société Impériale des Naturalistes de Moscou*, 23: 530-537.

Baer J. 1853. *Dasypoda* Rossicae in districtu Romen gubernii Poltavici captae, et descriptae et icone illustrate. *Bulletin de la Société Impériale des Naturalistes de Moscou*, 26(1): 69-73.

Baker C F. 1998. Taxonomic and phylogenetic problems in Old World eucerine bees, with special reference to the genus *Tarsalia* Morawitz, 1895. *Journal of Natural History*, 32: 823-860.

Baker D B. 1994. Type material in the University Museum, Oxford, of bees described by Comte Amédée Lepeletier de Saint-Fargeau and Pierre André Latreille (Hymenoptera: Apoidea). *Journal of Natural History*, 28(5): 1189-1204.

Baker D B. 1997. New Melectini from western China (Hymenoptera: Apoidea, Anthophoridae). *Entomologist's Gazette*, 48(4): 245-256.

Baker D B. 2002a. On the identity of *Ceratina* (*Ceratinidia*) *hieroglyphica* Smith (Insecta: Hymenoptera: Apoidea: Anthophoridae). *Reichenbachia*, 34: 357-373.

Baker D B. 2002b. A provisional, annotated, list of the nominal taxa assigned to the genus *Dasypoda* Latreille, 1802, with the description of an additional species (Hymenoptera, Apoidea, Melittidae). *Deutsche Entomologische Zeitschrift*, 49(1): 89-103.

Ball F J. 1914. Les bourdons de la Belgique. *Annales de la Societe Entomologique de Belgique*, 58: 77-108, 1 pl.

Benson R B, Ferrière C, Richards O W. 1937. *The Generic Names of British Insects*, Part 5. Hymenoptera Aculeata. London: Royal Entomological Society:

pp. 81-149.
Bingham C T. 1890. On new and little known Hymenoptera from India, Burma and Ceylon. *Journal of Bombay Natural History*, 5: 233-252.
Bingham C T. 1897. *The Fauna of British India Including Ceylon and Burma, Hymenoptera, Vol. I.* Wasps and Bees. London: Taylor and Francis: xxix+577 pp, 4 pls.
Bingham C T. 1898. On some new species of Indian Hymenoptera. *Journal of Bombay Natural History Society*, 12: 115-129.
Bischoff H. 1923. Zur Kenntnis afrikanischer Schmarotzerbienen. *Deutsche Entomologische Zeitschrift*, 1923: 585-603.
Bischoff H. 1930a. Entomologische Ergebnisse der schwedischen Kamtschatka Expedition 1920-1922. 29. Bombinae (Hymen.). *Arkiv för Zoologi*, 21A: 1-6.
Bischoff H. 1930b. Beitrag zur Kenntnis paläarktischer Arten der Gattung *Epeolus*. *Deutsche Entomologische Zeitschrift*, 1930: 1-15.
Bischoff H. 1936. Schwedisch-chinesische wissenschaftliche Expedition nach den nordwestlichen Provinzen Chinas, unter Leitung von Dr. Sven Hedin und Prof. Sü Ping-chang. Insekten gesammelt vom schwedischen Arzt der Expedition Dr. David Hummel 1927-1930. 56. Hymenoptera. 10. Bombinae. *Arkiv för zoologi*, 27A: 1-27.
Blanchard E. 1840. Hyménoptères, pp. 219-415, pls. 1-7. *In*: Laporte de Castelnau F L N. *Histoire Naturelle des Insectes*, *Vol. 3*. Paries: Duméril.
Börner C. 1919. Stammesgeschichte der Hautflügler. *Biologisches Zentralblatt*, 39:145-185.
Broemeling D K. 1988. A revision of the Nomada subgenus *Nomadita* of North America. *Pan-Pacific Entomologist*, 64: 321-344.
Brooks R W. 1988. Systematics and phylogeny of the anthophorine bees (Hymenoptera: Anthophoridae: Anthophorini) . *University of Kansas Science Bulletin*, 53: 436-575.
Brullé G A. 1832. Tome III. 1re Partie/Zoologie/Deuxième Section——Des animaux articulés. Pp [1]-400, [i-ii, Errata]. *In: Bory de Saint Vincent. Expédition scientifique de Morée, Section des Sciences physiques.* Paris: Levrault [Hymenoptera pp. 326-395, Apoidea pp. 327-360].
Cameron P. 1902a. Descriptions of new genera and species of Hymenoptera collected by Major C. G. Nurse at Deesa, Simla and Ferozepore, Part II. *Journal of the Bombay Natural History Society*, 14: 419-449, 1 pl.
Cameron P. 1902b. On the Hymenoptera collected by Mr. Robert Shelford at Sarawak, and on the Hymenoptera of the Sarawak Museum. *Journal of the Straits Branch of the Royal Asiatic Society*, 37: 29-140.
Cameron P. 1908. Description of two undescribed bees from Borneo. *Deutsche Entomologische Zeitschrift*, 1908: 565-566.
Chiu S C. 1948. Revisional notes on the Formosan bombid-fauna (Hymenoptera). *Notes d'entomologie chinoise*, 12: 57-81.
Christ J L. 1791. *Naturgeschichte, classification und Nomenclatur der Insekten vom Bienen, Wespen, und Ameisengeschlecht; als der fünften Ordnungdes Linneischen Natur-System von den Insekten Hymenoptera*. Frankfurt am Main: 535 pp, 60 Taf.
Cockerell T D A. 1898. New and little-known bees from Washington State. *Proceedings of the Academy of Natural Sciences of Philadelphia*, 50: 53-56.
Cockerell T D A. 1902. Appendix. *In:* Cockerell T D A, Atkins E. Contributions from the New Mexico Biological Station——XII. On some genera of bees. *Annals and Magazine of Natural History*, (7)9: 230-234.
Cockerell T D A. 1903a. New American Hymenoptera, mostly of the genus *Nomada*. *Annals and Magazine of Natural History*, (7)12: 200-214.
Cockerell T D A. 1903b. Bees of the genus *Nomada* from California. *Proceedings of the Academy of Natural Sciences of Philadelphia*, 55: 559-614.
Cockerell T D A. 1904. Descriptions and records of bees. *Annals and Magazine of Natural History*, (7)14: 21-30.
Cockerell T D A. 1905. Notes on some bees in the British Museum. *Transactions of the American Entomological Society*, 31(4): 309-364.
Cockerell T D A. 1906. The North American bees of the family Anthophoridae. *Transactions of the American Entomological Society*, 32: 63-116.
Cockerell T D A. 1907a. A fossil honey-bee. *Entomologist*, 40: 227-229.
Cockerell T D A. 1907b. Descriptions and records of bees——XVI. *Annals and Magazine of Natural History*, (7)20: 122-132.
Cockerell T D A. 1907c. On a collection of Australian and Asiatic bees. *Bulletin American Museum of Natural History*, XXIII: 221-236.
Cockerell T D A. 1909. Descriptions of some bees in the U. S. National Museum. *Proceedings of the United States National Museum*, 36: 411-420.
Cockerell T D A. 1910a. Some bees from high altitudes in the Himalaya Mountains. *Entomologist*, 43: 238-242.
Cockerell T D A. 1910b. Descriptions and records of bees——XXVIII. *Annals and Magazine of Natural History*, (8)5: 409-419.
Cockerell T D A. 1911a. Bees in the collection of the United States National Museum, 1. *Proceedings of the United States National Museum*, 39: 635-658.
Cockerell T D A. 1911b. Bees in the collection of the United States National Museum, 2. *Proceedings of the United States National Museum*, 40: 241-264.
Cockerell T D A. 1911c. Descriptions and records of bees——XXXIV. *Annals and Magazine of Natural History*, (8)7: 225-236.
Cockerell T D A. 1911d. Descriptions and records of bees——XXXV. *Annals and Magazine of Natural History*, (8)7: 310-319.
Cockerell T D A. 1911e. Descriptions and records of bees——XXXVI. *Annals and Magazine of Natural History*, (8)7: 485-493.
Cockerell T D A. 1911f. Descriptions and records of bees——XXXVII. *Annals and Magazine of Natural History*, (8)8: 179-192.
Cockerell T D A. 1911g. Descriptions and records of bees——XXXIX. *Annals and Magazine of Natural History*, (8)8: 660-673.
Cockerell T D A. 1911h. Some bees from Formosa——I. *Entomologist*, 44: 340-343.
Cockerell T D A. 1911i. Bees from the Himalaya Mountains. *Entomologist*, 44: 176-177.
Cockerell T D A. 1911j. The bumble-bees of Forsoma. *Entomologist*, 44: 100-102.
Cockerell T D A. 1911k. Some asiatic bees of the genus *Anthophora*. *Entomologist*, 44: 233-237.
Cockerell T D A. 1911l. New and little known bees. *Transaction of the American Entomological Society*, XXXVII: 217-324.
Cockerell T D A. 1911m. Descriptions and records of bees——XL. *Annals and Magazine of Natural History*, (8)8: 763-770.
Cockerell T D A. 1916a. Some neotropical parasitic bees (Hym.). *Entomological News*, 27: 208-210.
Cockerell T D A. 1916b. The ceratinid bees of the Philippine Islands. *Philippine Journal of Science*, 11(5): 301-309.
Cockerell T D A. 1917a. Descriptions and records of bees——LXXV. *Annals and Magazine of Natural History*, (8)19: 473-480.
Cockerell T D A. 1917b. The carpenter bees of the Philippine Islands. *Philippine Journal of Science*, 12: 345-350.
Cockerell T D A. 1918a. The megachilid bees of the Philippine Islands. *Philippine Journal of Science*, (D)13: 127-144.
Cockerell T D A. 1918b. Descriptions and records of bees——LXXX. *Annals and Magazine of Natural History*, (9)2: 384-390.
Cockerell T D A. 1919a. Bees in the collection of the United States National Museum——3. *Proccedings of the United States National Museum*, 55: 167-221.
Cockerell T D A. 1919b. Descriptions and records of Bees——LXXXIV. *Annals and Magazine of Natural History*, (9)3: 191-198.
Cockerell T D A. 1919c. Descriptions and records of Bees——LXXXV. *Annals and Magazine of Natural History*, (9)3: 240-250.
Cockerell T D A. 1919d. The social bees of the Philippine Islands. *Philippine Journal of Science*, 14: 77-81.

Cockerell T D A. 1919e. The Philippine bees of the families Anthophoridae and Melectidae. *Philippine Journal of Science*, 14:195-199.

Cockerell T D A. 1920a. Some bees from Sandakan, Borneo. *Philippine Journal of Science*, 17: 221-229.

Cockerell T D A. 1920b. Malayan bees. *Philippine Journal of Science*, 17: 615-625.

Cockerell T D A. 1920c. Descriptions and records of bees——LXXXIX. *Annals of Natural History London*, 6: 201-210.

Cockerell T D A. 1920d. Supplementary notes on the social bees of the Philippine Islands. *Philippine Journal of Science*, 16: 631-632.

Cockerell T D A. 1921. The epeoline bees of the American Museum Rocky Mountain expeditions. *American Museum Novitates* no., 23: 1-16.

Cockerell T D A. 1922a. Bees in the collection of the United States National Museum——4. *Proceedings of the United States national Museum*, 60: 1-20.

Cockerell T D A. 1922b. Descriptions and records of Bees——XCII. *Annals and Magazine of Natural History*, (9)9: 242-249.

Cockerell T D A. 1922c. Descriptions and records of Bees——XCIV. *Annals and Magazine of Natural History*, (9)9: 660-668.

Cockerell T D A. 1924. Notes on the structure of bees. *Proceedings of the Entomological Society of Washington*, 26: 77-85.

Cockerell T D A. 1926a. Descriptions and records of Bees——CXII. *Annals and Magazine of Natural History*, (9)18: 216-227.

Cockerell T D A. 1926b. Some bees in the collection of the California Academy of Sciences. *Pan - Pacific Entomologist*, 3: 80-90.

Cockerell T D A. 1926c. Descriptions and records of bees——CXIII. *Annals and Magazine of Natural History*, (9)18: 621-627.

Cockerell T D A. 1927. Some bees, principally from Formosa and China. *American Museum Novitates*, 274: 1-16.

Cockerell T D A. 1929a. Descriptions and records of Bees——CXVII. *Annals and Magazine of Natural History*, (10)4: 132-141.

Cockerell T D A. 1929b. Descriptions and records of Bees——CXVIII. *Annals and Magazine of Natural History*, (10)4: 145-152.

Cockerell T D A. 1929c. Descriptions and records of Bees——CXIX. *Annals and Magazine of Natural History*, (10)4: 296-304.

Cockerell T D A. 1930a. Additional records of Chinese bees and one from Uzbekistan. *Entomologist* (*London*), 63: 83-85.

Cockerell T D A. 1930b. Descriptions and records of Bees——CXXIV. *Annals and Magazine of Natural History*, (10)5: 405-411.

Cockerell T D A. 1930c. Descriptions and records of Bees——CXXIV. *Annals and Magazine of Natural History*, (10)6: 48-57.

Cockerell T D A. 1930d. *Anthophora* in the Canary Islands. *Entomologist* (*London*), 63: 18-19.

Cockerell T D A. 1930e. The bees of Australia. *Australian Zoologist*, 6(2): 137-156.

Cockerell T D A. 1931a. Descriptions and records of Bees——CXXVI. *Annals and Magazine of Natural History*, (10)7: 273-281.

Cockerell T D A. 1931b. Some bees collected by Professor Jacot in China. *American Museum Novitates*, 452: 1-3.

Cockerell T D A. 1931c. Bees collected by the Reverend O. Piel in China. *American Museum Novitates*, 466: 1-16.

Cockerell T D A. 1931d. Bees obtained by Professor Claude R. Kellogg in the Foochow District, China, with new records of Philippine Bombidae. *American Museum Novitates*, 480: 1-7.

Cockerell T D A. 1937. Bees collected by Mr. and Mrs. J. L. Sperry and Mr. R. H. Andrews in Arizona. *Bulletin of the Southern California Academy of Sciences*, 36(1): 107-110.

Cockerell T D A, Atkins E. 1902. Contributions from the New Mexico Biological Station——XIII. On the bees of the family Nomadidae of Ashmead. *Annals and Magazine of Natural History*, (7)10: 40-46.

Cockerell T D A, Cockerell W P. 1901. Contributions from the New Mexico Biological Station——IX. On certain genera of bees. *Annals and Magazine of Natural History*, (7)7: 46-50.

Cockerell T D A, Porter W. 1899. Contributions from the New Mexico Biological Station——VII. Observations on bees, with descriptions of new genera and species. *Annals and Magazine of Natural History*, (7)4: 403-421.

Cresson E T. 1868/1869. A List of the North American Species of the Genus *Anthophora*, with Descriptions of New Species. *Transactions of the American Entomological Society* (1867-1877), Vol. 2 (1868/1869): pp. 289-293.

Curtis J. 1831. *British Entomology. Vol. 8*, pls. 338-383. London: privately published.

Curtis J. 1832. *British Entomology. Vol. 9*, pls. 384-433. London: privately published.

Curtis J. 1833. *British Entomology. Vol. 10*, pls. 434-481. London: privately published.

Dahlbom A G. 1832. *Bombi Scandinaviæ monographice tractati et ionibus illustrati*. London: 55 pp.

Dahlbom A G. 1835. *Clavis novi hymenopterorum systematis*...Berling: Lund: pp. 1-40.

Dalla Torre C G de. 1896. *Catalogus Hymenoprerorum*, *Vol. 10*, Apidae (Anthophila). Leipzig: Engelmann: viii+643 pp.

Dalla Torre K W von. 1880. Unsere Hummel-(*Bombus*) Arten. *Die Naturhistoriker*, 2: 30, 40-41.

Dalla Torre K W von. 1882. Bemerkungen zur Gattung *Bombus* Latr., II. *Bericht des Naturwissenschaftlich-Medezinischen Vereins in Innsbruck*, 12: 14-31.

Dalla Torre K W von. 1891. Die Gattungen und Arten der Phileremiden. *Bericht des Naturwissenschaftlich-Medezinischen Vereins in Innsbruck*, 19: 137-159.

Daly H V. 1988. Bees of the new genus *Ctenoceratina* in Africa south of the Sahara. *University of California Publications in Entomology*, 108: i-ix + 1-69.

Day M C. 1979. The species of Hymenoptera described by Linnaeus in the gena *Sphex*, *Chrysis*, *Vespa*, *Apis* and *Mutilla*. *Biological Journal of Linnean Society*, 12: 45-84.

Diestelhorst O, Klaus L. 2008. Beitrag zur Klärung des Artstatus von *Nomada goodeniana* (Kirby, 1802) und *Nomada succincta* Panzer, 1798 (Hymenoptera, Apidae). *Entomologie Heute*, 20: 165-171.

Dours J M A. 1869. *Monographie iconographique du genre Anthophora Lat*. Amiens: Imp. Lenoel-Herouart: 211 pp, 2 pls.

Dours J M A. 1873. Hyménoptères nouveaux du bassin méditerranéen. Andrena (suite). *Revue et Magasin de Zoologie et appliquée*, (3)1: 274-325, pl. 14.

Drury D. 1773. *Illustrations of natural history: Wherein are exhibited upwards of two hundred and forty figures of exotic insects, according to their different genera...With a particular description of each insect: interspersed with remarks and reflections on the nature and properites of many of them. Vol. 2*. London: White: 90 pp.

Dubitzky A. 2007. Revision of the *Habropoda* and *Tetralonioidella* species of Taiwan with comments on their host-parasitoid relationships (Hymenoptera: Apoidea: Apidae). *Zootaxa*, 1483: 41-68.

Eardley C D. 1983. A taxonomic revision of the genus *Xylocopa* Latreille (Hymenoptera: Anthophoridae) in southern Africa. *Entomological Memoir, Department of Agriculture, Republic of South Africa* No., 58: 1-67.

Eardley C D. 2004. Taxonomic revision of the African stingless bees (Apoidea: Apidae: Apinae: Meliponini). *African Plant Protection*, 10(2): 63-96.

Eardley C D, Brothers D J. 1997. Phylogeny of the Ammobatini and revision of the Afrotropical genera (Hymenoptera: Apidae: Nomadinae). *Journal of Hymenoptera Research*, 6: 353-418.

Engel M S. 1999. The taxonomy of recent and fossil honey bees. *Journal of Hymenoptera Research*, 8: 165-196.

Engel M S. 2005. Family-Group Name fro Bees (Hymenoptera: Apoidea). *American Museum Novitates*, 3476: 1-33.

Engle M S, Michener C D. 2012. The melectine bee genera *Brachymelecta* and *Sinomelecta* (Hymenoptera, Apidae). *ZooKeys*, 244: 1-19.

Eversmann E F. 1846. Hymenopterorum rossicorum species novae vel parum cognitae, descriptae et parte depictae. *Bulletin de la Société Imperiale des Naturalistes de Moscou*, 19, Pt. 1, no. 2: 436-443.

Eversmann E F. 1852. Fauna hymenopterologica Volgo-Uralensis (Continuatio). *Bulletin de la Société Imperiale des Naturalistes de Moscou*, 25, Pt. 2, no. 3: 1-137.

Fabricius J C. 1775. *Systema Entomologiae, Sistens Insectorum Classes, Ordines, Genera, Species, Adiectis Synonymis, Locis, Descriptionibus, Observationibus*. Flensburgi et Lipsiae: Korte: xxviii+832 pp.

Fabricius J C. 1781. *Species insectorum exhibentes eorum differentias specificas, Synonymya auctorum, loca natalia, metamorphosin adiectis observationibus, descriptionibus*. 1. Hamburg: viii+552 pp.

Fabricius J C. 1793. *Entomologia Systematica Emendata et Aucta: Secundun classes, ordines, genera, species, adjectis synonimis, locis, observationibus, descriptionibus. Vol. 2*. Hafniae: Proft: viii+519 pp.

Fabricius J C. 1798. *Supplementum entomologiae systematicae*. Hafniae: [2]+572 pp.

Fabricius J C. 1804. *Systema Piezatorum secundum ordines, genera, species adiectis Synonymyis, locis, observationibus, descriptionibus*. Brunsvigae: Reichard: xiv+[15]-[440]+[1]-30 pp.

Fallén C F. 1813. *Specimen novam Hymenoptera disponendi methodum exhibens*. Dissertation. Berling: Lund: pp. 1-42, 1 pl.

Fedtschenko A P. 1875. V Kokanskom Khanstve [In the Chanat Kokan]. *In:* Puteshestvie v Turkestan....A. P. Fedtshenko [Travel to Turkestan by ... A. P. Fedtshenko] Bd. 1, Taf. 2.——Izv. Imp. Obshch. Ljubit. Estest. Anthrop. Etnog, 11(7): 160 pp, 3 Karten, Moscow.

Franklin H J. 1954. The evolution and distribution of American bumble-bee kinds. *Transactions of the American Entomological Society*, 80: 43-51.

Friese H. 1896. Monographie der Bienengattung *Ceratina* (LATR.) (Palearktische Formen). *Természetrajzt Füzetek*, 19: 34-65.

Friese H. 1897. *Die Bienen Europa's (Apidae europaeae) nach ihren Gattungen, Arten und Varietäten auf vergleichend morphologisch-biologischer Grundlage. Theil III: Solitäre Apiden: Genus Podalirius*, Vol. 3, Theil III. Berlin: Friedländer: vi+1-316 pp.

Friese H. 1898. Beiträge zur Bienenfauna von Aegypten. *Természetrajzt Füzetek*, 21(3-4): 303-313.

Friese H. 1900. Neue palaearktische Bienenarten. *Entomologische Nachrichten*, 16: 85-87.

Friese H. 1901. *Die Bienen Europa's, Vol. 3*, Theil V. Innsbrunk: Lampe: 228 pp.

Friese H. 1903. Neue Arten der Bienengattung *Xylocopa* Latr. aus der neotropischen und orientalischen Region (Hym.). *Zeitschrift für systematische Hymenopterologie und Dipterologie*, 3: 202-208.

Friese H. 1905a. Neue oder wenig bekannte Hummeln des russischen Reiches (Hymenoptera). *Ezhegodnik Zoologicheskago muzeya*, 9: 507-523.

Friese H. 1905b. Neue *Crocisa*-Arten der Tropen (Hym.). *Zeitschrift für systematische Hymenopterologie und Dipterologie*, 5: 2-12.

Friese H. 1909a. Die Bienen Afrikas nach dem Stande unserer heutigen Kenntnisse, 83-476 pp, pls. ix-x. *In*: Schultz L. *Zoologische und Anthropologische Ergebnisse einer Forschungsreise im westlichen und zentralen Südafrika ausgefuhrt in den Jahren 1903-1905*, Band 2, Lieferung 1, X Insecta (ser. 3) [Jenaische Denkschriften Vol. 14]. Jena: Fischer.

Friese H. 1909b. Neue Varietäten von *Bombus* (Hym.). *Deustche entomologische Zeitschrift*, 1909: 673-676.

Friese H. 1910. Neue Bienenarten aus Japan. *Verhandlungen der Zoologisch-Botanischen Gesellschaft in Wien*, 60: 404-410.

Friese H. 1911a. Neue Bienenarten von Formosa und aus China (Kanton). *Verhandlungen der Zoologisch-Botanischen Gesellschaft in Wien*, 61: 123-128.

Friese H. 1911b. Die Maskenbienen der aethiopischen Region (Prosopis, Hym.). *Archiv für Naturgeschichte* Ab. A, 77(1: 2): 120-134.

Friese H. 1911c. Neue Bienen-Arten der palaearktischen Region (Hym.). *Archiv für Naturgeschichte* Ab. A, 77(1: 2): 135-143.

Friese H. 1914a. Neue Bienenarten der orientalischen Region. *Deutsche Entomologische Zeitschrift*, 1914: 320-324.

Friese H. 1914b. Die Bienenfauna von Java. *Tijdschrift voor Entomologie*, 57: 1-61, pls. 2.

Friese H. 1916. Über einige neue Hummelformen (*Bombus*), besonders aus Asien (Hym.). *Deutsche entomologische Zeitschrift*, 1916: 107-110.

Friese H. 1918a. Über Hummelformen aus dem Himalaja. *Deutsche Entomologische Zeitschrift*, 1918: 81-86.

Friese H. 1918b. Wissenschaftliche Ergebnisse einer Forschungsreise nach Ostindien, ausgeführt im Auftrage der Kgl. Preuß. Akademie der Wissenschaften zu Berlin von H. v. Buttel-Reepen. VII. Bienen aus Sumatra, Java, Malakka und Ceylon. Gesammelt von Herrn Prof. Dr. v. Buttel-Reepen in den Jahren 1911-1912. *Zoologische Jahrbücher, Abteilung für Systematik, Geographie und Biologie der Tiere*, 41: 489-520.

Friese H. 1919. Neue paläarktische Formen der Bienengattung *Anthopora* (Hym.). *Deutsche Entomologische Zeitschrift*, 1919: 278-280.

Friese H. 1921 ("1920"). Neue Arten der Schmarotzerbienen. *Deutsche Entomologische Zeitschrift*, 1920: 251-266.

Friese H. 1931. Über *Bombus* und *Psithyrus*. *Konowia*, 10: 300-304.

Frison T H. 1927. A contribution to our knowledge of the relationships of the Bremidae of America north of Mexico (Hymenoptera). *Transactions of the American Entomological Society*, 53: 51-78, pls. XVI, XVII.

Frison T H. 1930. The bumblebees of Java, Sumatra and Borneo. *Treubia*, 12: 1-22.

Frison T H. 1933. Records and descriptions of *Bremus* and *Psithyrus* from India (Bremidae: Hymenoptera). *Records of the Indian Museum*, 35: 331-342.

Frison T H. 1934. Records and descriptions of *Bremus* and *Psithyrus* from Formosa and the Asiatic mailand. *Transactions of the Natural History Society of Formosa*, 24: 150-185.

Frison T H. 1935. Records and descriptions of *Bremus* from Asia. *Records of the Indian Museum*, 37: 339-363.

Germar E F. 1839. *Fauna Insectorum Europae*. Halae: Kümmel, C. A: 35 pp + 25pls.

Gerstäcker A. 1869. Beiträge zur näheren Kenntniss einiger Bienen-Gattungen. *Stettiner Entomologische Zeitung*, 30: 139-184, 315-367.

Gerstäcker A. 1872a. Hymenopterologische Beitrage. Die europaischen Arten der Gattung *Xylocopa*. *Stettiner Entomologische Zeitung*, 33: 269-282.

Gerstäcker A. 1872b. Hymenopterologische Beiträge. *Stettiner entomologischer Zeitung*, 33: 250-311.

Giraud J. 1863. Hyménoptères recueillis aux environs de Suse, en Piémont, et dans le département des Hautes-Alpes, en France; et Description de quinze espèces nouvelles. *Verhandlungen der kaiserlichköniglichen Zoologisch-Botanischen Gesellschaft in Wien*, 13:11-46.

Gribodo G. 1892. Contribuzioni imenotterologiche. Sopra alcune specie nuove o poco conosciute di imenotteri antofili (generi *Ctenoplectra*, *Xylocopa*, *Centris*, *Psithyrus*, *Trigona*, e *Bombus*). *Bolletino della Società Entomologica Italiana*, 23: 102-119.

Gribodo G. 1894. Note Imenotterologiche, Nota II. Nuovi generi e nuove specie di Imenotteri antofili ed osservazioni sobra alcune specie gia conosciute. *Bollettino della Società Entomologica Italiana* [Firenze], 26(1894): 76-135, 262-314.

Grütte E. 1937. Zur Kenntnis zentralasiatischer Arten von *Psithyrus* Lep. (Hym. Apid.). *Mitteilungen der Deutschen Entomologischen Gesellschaft*, 7: 103-109.

Güler Y, Aytekin A M, Dikmen F. 2011. Bombini and Halictidae (Hymenoptera: Apoidea) Fauna of Afyonkarahisar Province of Turkey. *Journal of Entomological Research Society*, 13(1): 1-22.

Handlirsch A. 1925. Geschichte, Literatur, Technik, Palaontologie, Phylogenie, Systematik. *In*: Schröder C. *Handbuch der Entomologie* 3. Jena: Fischer: viii+1201 pp.

Harris M. 1780. *An Exposition of English Insects, with curious observations and remarks, wherein each insect is particularly described; its parts and properties considered; the different sexes distinguished, and the natural history faithfully related.* London: M. Harris and J. Millan: 166+[4] pp.

Hedicke H. 1926. Beiträge zur Apidenfauna der Philippinen. *Deutsche Entomologische Zeitschrift*, 1926: 413-423.

Hedicke H. 1929. Bemerkungen uber einige palaarktische und athio-pische *Anthophora*-Arten (Hym. Apid.). *Deutsche Entomologische Zeitschrift*, 1929: 65-71.

Hedicke H. 1930a. Ueber drei sudchinesische *Xylocopa*-Arten (Hym.). *Mitteilungen der Deutschen Entomologischen Gesellschaft*, 1: 135-141.

Hedicke H. 1930b. Entomologische Ergebnisse der Deutsch-Russischen Alai-Pamir-Expedition 1928 (II). Hymenoptera V (Apidae, Genus *Anthophora* Latr.). *Mitteilungen aus dem Zoologischen Museum in Berlin* 16 Band, 6 Heft: 845-857.

Hedicke H. 1936. Neue Arten der Gattung *Anthophora* Latr. aus *Palastina* (3. Beitrag zur Kenntnis der Gattung *Anthophora*) (Hym. Apid). *Sitzungsberichte der Gesellschaft Naturforschender zu Berlin*, 1935: 397-402.

Hedicke H. 1938. Über einige Apiden vom Hindukusch. *Deutsche Entomologische Zeitschrift*, 1938: 186-196.

Hedicke H. 1940. Ueber paläarktische Apiden (Hym.). II. *Sitzungsberichte der Gesellschaft naturforschender Freund zu Berlin*, 1939(3): 335-350.

Hellrigl K. 2006. Synopsis der Wildbienen Südtirols: (Hymenoptera: Apidae). *Forest observer*, 2/3: 421-471.

Herrich-Schäffer G. 1847. *Systematische Bearbeitung der Schmetterlinge von Europa 5*, pls. 1-124 (Tineide), 1-7 (Pterophorides), 1 (Micropteryges). Regensburg: 394 pp.

Hirashima Y. 1966. Comments on the genus *Pithitis* Klug with record of a species new to the Philippines. *Kontyû*, 34(4): 315-316.

Hirashima Y. 1969. Synopsis of the genus *Pithitis* Klug of the world (Hymenoptera: Anthophoridae). *Pacific Insects*, 11: 649-669.

Hirashima Y. 1971a. Subgenetic classification of the genus *Ceratina* Latreille of Asia and West Pacific, with comments on the remaining subgenera of the world (Hymenoptera, Apoidea). *Journal of the Faculty of Agriculture, Kyushu University*, 16: 349-375.

Hirashima Y. 1971b. *Megaceratina*, a new genus of bees of Africa (Hymenoptera, Anthophoridae). *Journal of Natural History*, 5: 251-256.

Hirashima Y, Nagase H. 1981. New or little known bees of Japan (Hymenoptera, Apoidea). 3. *Pasites esakii*, a genus and species new to Japan. *Esakia* (supple.), 17: 49-52.

Hirashima Y, Tadauchi O. 2002. *Adamon*, a new subgenus of the genus *Nomada* Scopoli from Japan. *Esakia* no., 42: 47-54.

Hoffer E. 1883. *Die Hummeln Steiermarks. Lebensgeschichte und Beschreibung derselben. II. Hälfte.* Graz: Leuschner & Lubensky: 92 pp.

Holmberg E L. 1886. Sobre ápidos Nómadas de la República *Argentina*. *Anales de la Sociedad Científica Argentina*, 22(1886): 231-240, 272-286.

Huang H R, Zhu C D, Wu Y R. 2008. A new species of the subgenus *Petalosternon* (Hymenoptera, Apoidea, Apidae) from China. *Acta Zootaxonomica Sinica*, 33(2): 395-398. [黄海荣, 朱朝东, 吴燕如. 2008. 中国齿足条蜂亚属一新种记述(膜翅目, 蜜蜂总科, 蜜蜂科). 动物分类学报, 33(2): 395-398.]

Hurd P D Jr. 1956. Notes on the subgenera of the new world carpenter bees of the genus *Xylocopa*. *American Museum Novitates* no., 1776: 1-7.

Hurd P D Jr. 1978. *An annotated Catalog of the Carpenter Bees* (*Genus Xylocopa Latreille*) *of the Western Hemisphere.* Washington: Smithsonian Institution Press: [5]+106 pp.

Hurd P D Jr, Moure J S. 1960. A new-world subgenus of bamboo-nesting carpenter bees belonging to the genus *Xylocopa* Latreille. *Annals of the Entomological Society of America*, 53: 809-821.

Hurd P D Jr, Moure J S. 1963. A classification of the large carpenter bees (Xylocopini). *University of California Publications in Entomology*, 29: i-vi+1-365.

Ikudome S. 1999. Family anthophoridae, pp. 646-666. *In:* Yamane S, Ikudome S, Terayama M. *Identification Guide to the Aculeata of the Nansei Islands, Japan*. Sapporo: Hokkaido University Press.

Illiger K. 1806. William Kirby's Familien der Bienenartigen Insekten mit Zusätzen, Nachweisungen und Bemerkungen. *Magazin für Insektenkunde*, 5: 28-175.

Illiger K. 1807. Vergleichung der Gattungen der Hautflügler, Piezata Fabr. Hymenoptera Linn. Jur. *Magazin für Insektenkunde*, 6: 189-199.

Ito M, Sakagami S F. 1980. The Bumblebee Fauna of the Kurile Islands (Hymenoptera: Apidae). *Low Temperature Science*, Ser. B, 38: 23-51.

Iuga V G. 1958. Hymenoptera Apoidea, Fam. Apidae, subfam. Anthophorine. *In*: *Fauna Republicii Populare Romîne*, *Insecta*, Vol. IX, fasc. 3: 1-270.

Jurine L. 1801. In [G. W. F. Panzer], Nachricht von einem neuen entomologischen Werke, des Hrn. Prof. Jurine in Geneve. *Intelligenzblatt der Litteratur-Zeitung* [Erlangen], 1: 160-165. [This work was suppressed for nomenclatural purposes by ICZN Opinion 135 (Direction 4) (1939).]

Jurine L. 1807. *Nouvelle Méthode de Classer les Hyménoptères et les Diptères*, Vol. 1, Hyménoptères. Geneva: Paschoud: iv+320+4 pp, 14 pls.

Karunaratne W A I P, Edirisingle J P. 2006. Current ststus and future directions in bee taxonomy in Sri Lanka. pp. 12-19. *In*: Bambaradeniya C N B. *Fauna of Sri Lanka: Status of Taxonomy, Research and Conservation*. The World Conservation Union, Colombo, Sri Lanka and Government of Sri Lanka: viii + 308 pp.

Khut D L, Le X H, Dang T H, *et al*. 2012. A preliminary study on bees (Hymenoptera: Apoidea: Apiforms) from northern and north central Vietnam. *TAP CHI SINH HOC*, 34(4): 419-426.

Kirby W. 1802. *Monograpliia Apuni Aiigliac*. Ipswich: White. Vol. 1. xxii+258 pp., Vol. 2. 388 pp+18 pis.

Kirby W. 1837. Part IV, Insects. *In:* Richardson J. *Fauna Boreali-Americana; or the Zoology of the Northern Parts of British America.* London: Longman: xxxix+325 pp., pls. I-VIII.

Kirby W, Spence W. 1826. *An Introduction to Entomology*, Vol. 3. 732pp. London: Longman.

Klug F. 1807a. *Oxaea*, eine neue Gattung aus der Ordnung der Piezaten. *Gesellschaft Naturforschender Freunde zu Berlin*, *Magazin fur Neuesten Entdeckungen in der Gesammten Naturkunde*, 1: 261-267.

Klug F. 1807b. Kritische Revision der Bienengattungen in Fabricius neuem Piezatensysteme, mit Berüksichtigung der Kirbyschen Bienenfamilien und Illiger's Monographie im fünften Bande des Magazins. *Magazin für Insektenkunde*, 6: 200-228.

Kriechbaumer J. 1870. Vier neue Hummelarten. *Verhandlungen der Zoologisch-botanischen Gesellschaft in Wien*, 20: 157-160.

Krüger E. 1917. Zur Systematik der mitteleuropaischen Hummeln. *Entomologische Mitteilungen*, 6: 55-66.

Krüger E. 1920. Beitrage zur Systematik und Morphologie der mittel-europaischen Hummeln. *Zoologische Jahrbucher*, *Abteilung fur Systematik, Geographie und Biologie der Tiere*, 42: 289-464.

Kruseman G. 1952. Subgeneric division of the genus *Bombus* Latr. *Transactions of the Ninth International Congress of Entomology, Amsterdam*, 1: 101-103.

Kruseman G. 1958. Notes sur les bourdons pyreneens du genre *Bombus* dans les collections neerlandaises. *Beaufortia Amsterdam*, 6: 161-170.

Kupianskaya A N, Proshchalykin M Yu, Lelej A S. 2013. Contribution to the fauna of bumble bees (Hymenoptera, Apidae: *Bombus* Latreille, 1802) of the Republic of Khakassia, Eastern Siberia. *Far Eastern Entomologist*, 261: 1-12.

Kupianskaya A N, Proshchalykin M Yu, Lelej A S. 2014. Contribution to the fauna of bumble bees (Hymenoptera, Apidae: Bombus Latreille, 1802) of the Republic of Tyva, Eastern Siberia. *Euroasian Entomological Journal*, 13(3): 290-294.

Kuznetzov-Ugamsky N N. 1927. Neue oder wenig bekannte *Anthophora*-Arten aus Mittelasien. *Zoologischer Anzeiger (Leipzig)*, 74(11/12): 329-335.

LaBerge W E. 1957. The genera of bees of the tribe Eucerini in North and Central America. *American Museum Novitates* no., 1837: 1-44.

LaBerge W E. 1970. A new genus with three new species of eucerine bees from Mexico. *Journal of the Kansas Entomological Society*, 43(3): 321-328.

LaBerge W E. 2001. Revision of the bees of the genus *Tetraloniella* in the New World. *Illinois Natural History Survey Bulletin*, 36: 63-162.

Labougle J M, Ayala R. 1985. A new subgenus and species of *Bombus* (Hymenoptera: Apidae) from Guerrero, Mexico. *Folia Entomologica Mexicana* no., 66: 47-55.

Latreille P A. 1802a. *Histoire Naturelle des Fourmis, et recueil de memoires et d'observations sur les abeilles, les araignées, les faucheurs, et autres insectes.* Paris: Crapelet: xvi+445 pp.

Latreille P A. 1802b. *Histoire Naturelle, Geénérale et Particulière des Crustaécs et des Insectes. Ouvrage faisant suite à l'histoire naturelle gé- nérale et particuliére, composée par Leclerc de Buffon, et rédigée par C. S. Sonnini, membre de plusieurs sociétés savantes. Tome troisième* [3]. Paris: Dufart: xii+467 pp.

Latreille P A. 1803. [Various sections]. *In*: *Nouveau Dictionnaire d'Histoire Naturelle, appliquée aux arts, principalement à l'agriculture et à l'economie rurale et domestique*, tome 18 [vol. 18]. Paris: Déterville.

Latreille P A. 1804a. Mémoire sur un Gâteau de Ruche d'une Abeille des Grandes-Indos, et sur les Différences des Abeilles proprement dites, vivant en grande Société, de I'ancien Continent etdu nouveau. *Annales du Musée d'Histoire Naturelle*, 4: 383-394.

Laterille P A. 1804b. Notice des Espèces d'Abeilles vivant en grande Société, ou Abeilles proprement dites, et Description d'Espèces nouvelles. *Annales du Musée d'Histoire Naturelle*, 5: 161-178.

Latrellie P A. 1809. *Genera crustaceorum et insectorum secundum ordinem naturalem in familias disposita, iconibus exemplisque plurimis explicata. Tomus quartus et ultimus*. Argentorati: Koenig: [2]+399 pp.

Latrellie P A. 1810. *Considérations générales sur l'ordre naturel des animaux composant les classes des crustacès, des arachnides, et des insectes.* Paris: Schoell: 444 pp.

Leach W E. 1815. Entomology, pp. 57-172. *In*: *Brewster's Edinburgh Encyclopaedia*. *Vol. 9*. Edinburgh.

Lee S H, Dumouchel L. 1999. Taxonomic review of genus *Bombus* (Hymenoptera, Apidae) from Korea. *Insecta Koreana*, 161: 77-101.

Lee S, Kim H, Lee W. 2005. A review of the small carpenter bees, *Ceratina*, from Korea, with the description of a new species (Hymenoptera Apidae). *Entomological News*, 116: 137-146.

Lepeletier de Saint-Fargeau A L M. 1833. Observations sur l'ouvrage intitulé: Bombi Scandinaviae monographice tractato, etc., à Gustav Dahlbom...*Annales de la Société Entomologique de France*, (1832): 366-382.

Lepeletier de Saint-Fargeau A L M. 1835 (1836). *Histoire Naturelle des Insectes-Hyménoptères*. Vol. 1, 1-547. Paris: Roret. [It is labeled 1836, but according to D. Baker was published in December, 1835].

Lepeletier de Saint-Fargeau A L M. 1841. *Histoire Naturelle des Insectes-Hyménoptères*. Vol. 2. Paris: Roret: 1-680.

Lepeletier de Saint-Fargeau A L M, Serville A. 1825, 1828. [Articles] *in* Diderot M, et al. *Encyclopedie Methodique*, *Histoire Naturelle*. Insectes, Vol. 10, P. A. Latreille. Paris. [Pp. 1-344, 1825; pp. 345-832, 1828, according to C. D. Sherborn and B. B. Woodward, 1906, *Annals and Magazine of Natural History*, (7)17: 578.]

Lieftinck M A. 1944. Some Malaysian bees of the family Anthophoridae. *Treubia* (Dobutu Gaku-Iho), hors serie: pp. 57-138, pl. 42.

Lieftinck M A. 1955. The carpenter-bees of the Lesser Sunda Islands and Tanimbar (Hymenoptera, Apoidea). *Verhandlungen der Naturforschenden Gesellschaft in Basel*, 66: 5-32.

Lieftinck M A. 1956. Revision of some Oriental anthophorine bees of the genus *Amegilla* Friese. *Zoologische Verhandelingen* no., 30: 1-41.

Lieftinck M A. 1958. Revision of the Indo-Australian species of the genus *Thyreus* Panzer (= *Crocisa* Jurine) (Hym., Apoidea, Anthophoridae): Part I, Introduction and list of species. *Nova Guinea* (n. s.), 9: 21-30.

Lieftinck M A. 1962. Revision of the Indo-Australian species of the genus *Thyreus* Panzer (= *Crocisa* Jurine) (Hym., Apoidea, Anthophoridae): Part 3, Oriental and Australian species. *Zoologische Verhandelingen* no., 53: 1-212, 3 pls.

Lieftinck M A. 1964. The identity of *Apis aestuans* Linné, 1758, and related Old World carpenter-bees (*Xylocopa* Latr.). *Tijdschrift Voor Entomologie*, 107: 137-158.

Lieftinck M A. 1966. Notes on some anthophorine bees, mainly from the Old World. *Tijdschrift voor Entomologie*, 109: 125-161.

Lieftinck M A. 1968. A review of Old World species of *Thyreus* Panzer (= *Crocisa* Jurine) (Hym. Apoidea, Anthophoridae): Part 4, paleartic species. *Zoologische Verhandelingen*, no. 98: 1-139, pls. 1-4.

Lieftinck M A. 1972. Further studies on old world melectine bees, with stray notes on their distribution and host relationships. *Tijdschift voor Entomologie*, 115: 253-324, 2 pls.

Lieftinck M A. 1974. A review of the central and east Asiatic *Habropoda* F. Smith, with *Habrophorula*, a new genus from China. *Tijdschrift voor Entomologie*, 117: 157-224.

Lieftinck M A. 1975. Bees of the genus *Amegilla* Friese from Korea with a new species. *Annales Historico-Naturales Musei Nationalis Hungarici*, 67: 279-292.

Lieftinck M A. 1980. Prodrome to a monograph of the Palaearctic species of the genus *Melecta* Latreille 1802 (Hymenoptera, Anthophoridae). *Tijdschrift voor Entomologie*, 123(6): 129-349, 8 pls.

Lieftinck M A. 1983. Notes on the nomenclature and synonymy of Old World melectine and anthophorine bees (Hymenoptera, Anthophoridae). *Tijdschrift voor Entomologie*, 126(12): 269-284.

Linnaeus C. 1758. *Systema Naturae*, Vol. 1, ed. 10. Holmiae: Salvii: 824 pp.

Linnaeus C. 1761. *Fauna svecica sistens ammalia svecia regni: Mammalia, Aves, Amphibia, Pisces, Insecta, Vermes, Distributa per classes and ordines, genera and species, cum differentiis specierum, Synonymyis auctorum, no minibus incolarum, locis natalium, descriptionibus insectorum.* Altera editio (ed. 2). i-xlvii + 1-578, pls. 1-2. Stockholmiae: Laurentii Salvii.

Linsley E G. 1939. A revision of the nearctic Melectinae. *Annals of the Entomological Society of America*, 32: 429-468.

Løken A. 1966. Notes on Fabrician species of *Bombus* Latr. and *Psithyrus* Lep., with designations of lectotypes (Hym., Apidae). *Entomologiske Meddelelser*, 34:199-206.

Løken A. 1973. Studies on Scandinavian bumble bees (Hymenoptera, Apidae). *Norsk Entomologisk Tidsskrift*, 20: 1-218.

Løken A. 1984. Scandinavian species of the genus *Psithyrus* Lepeleiter (Hymenpotera: Apidae). *Entomologica scandinavica (Supplement)*, 23: 1-45.

Lutz F E, Cockerell T D A. 1920. Notes on the distribution and bibliography on North American bees of the familes Apidae, Meliponidae, Bombidae, Euglossidae, and Anthopgoridae. *Bulletin of the American Museum of Natural History*, 42: 491-641.

Maa T.-c. 1937. On some carpenter bees from Eastern Asia (Hym. Xylocopidae) with the description of one new variety. *Entomology and Phytopathology Hangchow*, 5: 356-367.

Maa T.-c. 1938. The Indian species of the genus *Xylocopa* Latr. (Hymenoptera). *Records of the Indian Museum*, 40: 265-329.

Maa T.-c. 1939a. Xylocopa orientalia critica (Hymen.), I. Subgenus *Bomboixylocopa* novum. *Lingnan Science Journal*, 18: 155-160.

Maa T.-c. 1939b. On some *Xylocopa*-species from the Sunda Island (Hymen.: Xylocopidae). *Treubia*, 17(1): 73-98.

Maa T.-c. 1940a. *Xylocopa* orientalia critica (Hymen.), II. Subgenus *Zonohirsuta* Maa. *Lingnan Science Journal*, 19: 383-402.

Maa T.-c. 1940b. *Xylocopa* orientalia critica (Hymen.), IV. Subgenus *Nyctomelitta* Ckll. *Lingnan Science Journal*, 19: 577-582.

Maa T.-c. 1940c. *Xylocopa* orientalia critica (Hymen.), III. Subgenus *Platynopoda* Westw. *Lingnan Science Journal*, 19: 565-575.

Maa T.-c. 1940d. On the nomenclature of certain *Xylocopa* species. *Notes Ent. Chinoise* (Shanghai), 7: 131-138.

Maa T.-c. 1946. *Xylocopa* orientalia critica (Hymen.), V. Subgenus *Biluna* Maa. *Biological Bulletin, Fukien Christian University* [Foochow], 5: 67-92.

Maa T.-c. 1953. An inquiry into the systematics of the tribus Apidini or honeybees. *Treubia*, 21: 525-640.

Maa T.-c. 1954. The xylocopine bees (Insecta) of Afghanistan. *Videnskabelige Meddelelser fra Dansk Naturhistorisk Forening i Kjøbenhavn*, 116: 189-231.

Maa T.-c. 1970. A revision of the subgenus *Ctenoxylocopa* (Hymenoptera: Anthophoridae). *Pacific Insects*, 12(4): 723-752.

Maeta Y, Kubota N, Sakagami S F. 1987. *Nomada japonica* as a thelytokous cleptoparasitic bee, with notes on egg size and egg complement in some cleptoparasitic bees. *Kontyû*, 55: 21-31.

Marikovskaya T P. 1976. On the systematics of the tribe Anthophorini. *Entomologicheskoe Obozrenie*, 55: 684-690.

Marikovskaya T P. 1980. A new genus of bees of the family Anthophoridae. *Entomologicheskoe Obozrenie*, 59: 650-653.

Matsumura S. 1911. Erster Beitrag zur Insekten-Fauna von Sachalin. *Journal of the College of Agriculture Sapporo*, 4: 1-145.

Matsumura S, Uchida T. 1926. Die Hymenopteren-Fauna von den Riukin-Inseln. *Insecta Matsumurana*, 1: 63-77.

Mavromoustakis G A. 1952. On the bees (Hymenoptera, Apoidea) of Cyprus. Part III. *Annals and Magazine of Natural History*, (12)5: 814-843.

Mavromoustakis G A. 1954. New and interesting bees from Israel. *Bulletin of the Research Council of Israel*, 4: 256-275.

Mavromoustakis G A. 1957. The bees (Hymenoptera, Apoidea) of Cyprus. Part VII. *Annals and Magazine of Natural History*, (12)10: 321-337.

McAtee W L, Malloch J R. 1933. Revision of the subfamily Thyrecorinae of the Pentatomidae (Hemiptera-Heteroptera). *Annals of the Carnegie Museum*, 21: 191-411.

Meade-Waldo G. 1913. Notes on the Apidae (Hymenoptera) in the collection of the British Museum, with descriptions of new species. *Annals and Magazine of Natural History*, (8)12: 92-103.

Meade-Waldo G. 1914. Notes on the Apidae (Hymenoptera) in the collection of the British Museum, with descriptions of new species. *Annals and Magazine of Natural History*, (8)13: 45-58.

Meyer R. 1921. Apidae——Nomadinae I, Gattung *Crocisa* Jur. *Archiv für Naturgeschichte*, Abt. A, 1921(1): 67-128.

Michener C D. 1942. Taxonomic Observations on Bees with Descriptions of New Genera and Species (Hymenoptera; Apoidea). *Journal of the New York Entomological Society*, 50(3): 273-282.

Michener C D. 1944. Comparative external morphology, phylogeny, and a classification of the bees. *Bulletin of the American Museum of Natural History*, 82: 151-326.

Michener C D. 1954. Bees of Panamá. *Bulletin of the American Museum of Natural History*, 104: 1-176.

Michener C D. 1965. A classification of the bees of the Australian and south pacific regions. *Bulletin of the American Museum of Natural History*, 130: 1-362, pls. 1-15.

Michener C D. 1969. African genera of allodapine bees (Hymenoptera: Anthophoridae: Ceratinini). *Journal of the Kansas Entomological Society*, 42: 289-293.

Michener C D. 1981. Classification of the bee family Melittidae with a review of species of Meganomiinae. *Contributions of the American Entomological Institute*, 18(3): i-iii + 1-135.

Michener C D. 1986. Family-group names among bees. *Journal of the Kansas Entomological Society*, 59(2): 219-234.

Michener C D. 1990. Classification of the Apidae. *University of Kansan Science Bulletin*, 54: 75-153.

Michener C D. 1997. Genus-group names of bees and supplemental family group names. *Scientific Papers, Natural History Museum, University of Kansas* no., 1: 1-81.

Michener C D. 2000. *The Bees of the World.* 1nd ed. Baltimore: The Johns Hopkins University Press: 913 pp.

Michener C D. 2007. *The Bees of the World.* 2nd ed. Baltimore: The Johns Hopkins University Press: 992 pp.

Michener C D, Greenberg L. 1980. Ctenoplectridae and the origin of long-tongued bees. *Zoological Journal of the Linnean Society* [London], 69: 183-203.

Michener C D, McGinley R J, Danforth B N. 1994. *The Bee Genera of North and Central America.* Washington: Smithsonian Institution Press: viii+209 pp.

Michez D, Eardley C. 2007. Monographic revision of the bee genus *Melitta* Kirby 1802 (Hymenoptera: Apoidea: Melittidae). *Annales de la Société Entomologique de France*, (n.s.) 43 (4): 379-440.

Michez D, Patiny S. 2005. World revision of the oil-collecting bee genus *Macropis* Panzer 1809 (Hymenoptera: Apoidea: Melittidae) with a description of a new species from Laos. *Annales de la Société Entomologique de France*, (n.s.) 41(1): 15-28.

Michez D, Terzo M, Rasmont P. 2004a. Phylogénie, biogéographic et choix floraux des abeilles oligolectique du genre *Dasypoda* Latreille 1802. *Annales de la Société Entomologique de France*, (n.s.) 40: 421-435.

Michez D, Terzo M, Pasmont P. 2004b. Révision des espèces ouestpaléarctiques du genre *Dasypoda* Latreille 1802 (Hymenoptera, Apoidea, Melittidae). *Linzer Biologische Beiträge*, 36(2): 847-900.

Milliron H E. 1961. Revised Classification of the Bumblebees: A Synopsis (Hymenoptera: Apidae). *Journal of the Kansas Entomological Society*, 34(2): 49-61.

Minckley R L. 1998. A cladistic analysis and classification of the subgenera and genera of large carpenter bees, Tribe Xylocopini. *Scientific Papers, Natural History Museum, University of Kansas* no., 9: 1-47.

Mitai K, Schwarz M, Tadauchi O. 2008. Redescriptions and taxonomic positions of three little-known species of the genus *Nomada* (Hymenoptera, Apidae). *Japanese Journal of Systematic Entomology*, 14(1): 107-119.

Mitai K, Tadauchi O. 2005. Systematic notes on the *basalis* and *trispinosa* species groups of the genus *Nomada* (Hymenoptera, Apidae) in Japan. *Japanese Journal of Systematic Entomology*, 11(1): 1-10.

Mitai K, Tadauchi O. 2006. Taxonomic notes on Japanese species of the *Nomada furva* species group (Hymenoptera: Apidae). *Entomological Science*, 9(2): 239-246.

Mitai K, Tadauchi O. 2007. Taxonomic study of the Japanese species of the *Nomada ruficornis* species group (Hymenoptera, Apidae) with remarks on Japanese fauna of the genus *Nomada*. *ESAKIA*, 47: 25-167.

Mitai K, Tadauchi O. 2008. The Genus *Nomada* (Hymenoptera, Apidae) from Kazakhstan and Kyrgyzstan Collected by the Kyushu University Expedition (1). *ESAKIA*, 48: 25-35.

Mitchell T B. 1962. Bees of the earstern United States, 2: 1-577. *North Carolina Agricultural Experiment Station Technical Bulletin* nos., 152.

Mocsáry A. 1892. Hymenoptera in expeditione comitis Belae Szechenyi in China et Tibet a Dom G. Kreitner et L. Lóczy anno 1879 collecta. *Természetrajzi Füzetek*, 15: 126-131.

Mocsáry A. 1894. E fauna apidarum hungariae. *Természetrajzt Füzetek*, 17: 34-37.

Morawitz F. 1865. Ueber vespa austriaca, Panzer: drei neue Bienen. *Bulletin de la Société Imperiale des Naturalistes de Moscou* (1864), 37(2): 439-449.

Morawitz F. 1870a. Die Bienen des Gouvernements von St. Petersburg. *Horae Societatis entomologicae Rossicae*, (1869)6: 27-71.

Morawitz F. 1870b. Beitrag zur Bienenfauna Russlans. *Horae Societatis entomologicae Rossicae*, 7: 305-333.

Morawitz F. 1872a. Ein Beitrag zur Bienenfauna Deutschlands. *Verhandlungen der Zoologisch-Botanischen Gessellschaft in Wien*, 22: 355-388.

Morawitz F. 1872b. Neue Suedrussische Bienen. *Horae Societatis entomologicae Rossicae*, 9 (1872-1873): 45-62.

Morawitz F. 1874. Die Bienen Daghestans. *Horae Societatis Entomologicae Rossicae*, 10(1873-1874): 129-189.

Morawitz F. 1875. Bees (Mellifera). *In*: fedtschenko A P. *Reise in Turkestan, II Zoologischer Teil*. vol. II. Moscow: pp. ii+160.

Morawitz F. 1876. Zur Bienenfauna der Caucausländer. *Horae Societatis entomologicae Rossicae*, 12: 1-69.

Morawitz F. 1879. Nachtrag zur Bienenfauna Caucasiens. *Horae Societatis Entomologicae Rossicae*, 14(1): 3-122.

Morawitz F. 1880. Ein Beitrag zur Bienen-fauna Mittel-Asiens. *Bulletin de l'Académie Impériale des Sciences de Saint-Pétersbourg*, 26: 337-389.

Morawitz F. 1881. Die russischen *Bombus*-Arten in der Sammlung der Kaiserlichen Academie der Wissenschaften. *Izvêstiya Imperatorskoi akademii nauk*, 27: 213-265.

Morawitz F. 1883a. Neue ost-sibirische *Anthophora*-Arten. *Revue Mensuelle d'Entomologie Pure et Appliguée*, 1(2): 33-36.

Morawitz F. 1883b. Neue russisch-asiatische *Bombus*-Arten. *Trudy Russkago éntomologicheskago obshchestva*, 17: 235-245.

Morawitz F. 1887. Insecta in itinere cl. N. Przewalskii in Asia centrali novissime lecta. I. Apidae. *Horae Societatis Entomologicae Rossicae*, 20 (1886): 195-229.

Morawitz F. 1888. Hymenoptera Aculeata Nova. *Horae Societatis Entomologicae Rossicae*, 22: 224-302.

Morawitz F. 1890. Insecta a cl. G. N. Potanin in China et in Mongolia novissime lecta. XIV. Hymenoptera, Aculeata II. III. Apidae. *Horae Societatis Entomologicae Rossicae*, 24: 349-385.

Morawitz F. 1894. Supplement zur Bienenfauna Turkestans. *Horae Societatis Entomologicae Rossicae*, 28: 1-87.

Morawitz F. 1895. Beitrag zur Bienenfauna Turkmeniens. *Horae Societatis Entomologicae Rossicae*, 29: 1-76.

Morice F D, Durrant J H. 1915. The authorship and first publication of the "Jurinean" genera of Hymenoptera. *Transactions of the Entomological Society of London*, 1914: 339-436.

Moure J S. 1941. Apoidea neotropica, III. *Arquivos do Museu Paranaense*, 1: 41-99, pl. 1.

Moure J S. 1961. A preliminary supra-specific classification of the old world meliponine bees (Hymenoptera, Apoidea). *Studia Entomologica*, 4: 181-242.

Newman E. 1834. Attempted division of British insects into natural orders. *Entomological Magazine*, 2: 379-431.

Nillson L A. 2007. The type material of Swedish bees (Hymenoptera, Apoidea) I. *Entomologisk Tidskrift*, 128(4): 167-181.

Nylander W. 1848. Adnotationes in expositionem monograohicam Apum borealium. *Notiser ur Sällskapets pro Fauna et Flora Fennica Förhandlingar*, 1: 165-282.

Nylander W. 1852a. Supplementum adnotationum in expositionem Apum borealium. *Notiser ur Sällskapets pro Fauna et Flora Fennica Förhandlingar*, 2: 93-107.

Nylander W. 1852b. Revisio synoptica Apum borealium, comparatis speciebus Europae Mediae. *Notiser ur Sällskapets pro Fauna et Flora Fennica Förhandlingar*, 2: 225-286.

Ornosa C. 2001. Anotaciones relativas a ciertas publicaciones antiguas sobre apoideos (Hymenoptera, Apoidea). *Boletín de la Asociación española de Entomología*, 25(3-4): 17-30.

Ortiz-Sánchez F J. 1997. An update on the Ibero-balearic species of *Xylocopa* LATREILLE, 1802, with new data in Morocco (Hymenoptera, Anthophoridae). *Entomofauna*, 18(18): 237-244.

Özdikmen H. 2010. Two replacement names for the preoccupied specific epithets in the genus *Xylocopa* Latreille, 1802 (Hymenoptera: Apidae). *Munis Entomology & Zoology Journal*, 5 (suppl.): 1196-1197.

Paiva C A. 1912. Hymenoptera Anthophila. 75-83. *In*: Annandale N. 1923. *Records of the India museum. Vol. VIII. 1912-1922.* Nashville. The Baptist Mission Press.

Pallas P S. 1771. *Reise durch verschiedene Provinzen des russischen Reichs*. 1. St Petersburg: 504 pp.

Panfilov D V. 1956. Contribution to the taxonomy of bumblebees (Hymenoptera, Bombinae), including the description of new forms. *Zoologicheskii Zhurnal*, 35: 1325-1334.

Panfilov D V. 1957. On the geographical distribution of bumblebees (*Bombus*) in China. *Acta Geographica Sinica*, 23: 221-239.

Panzer G W F. 1798. *Fauna insectorum Germanicae initia, oder Deutschlands Insecten*, heft 63. Nürnberg: Felssecker.

Panzer G W F. 1801. *Faunae insectorum Germanicae initia oder Deutschlands Insecten gesammelt und herausgegeben*, Heft 73-84. Nürnberg: Felssecker.

Panzer G W F. 1804. *Faunae Insectorum Germanicae*, heft 86. Nürnberg: Felssecker. [According to Commission Opinion 151 (1944), the correct date for this heft is [1801-1802], but Sherborn (ref. supra) gives the date as 1804.]

Panzer G W F. 1806. *Kritische Revision der Insektenfauna Deutschlands*, Vol. 2. Nurnberg: Felssecker: [14]+271 pp., 2 pls.

Panzer G W F. 1809. *Faunae Insectorum Germanicae*, heft 107. Nürnberg: Felssecker. None specified pp.

Patton W H. 1879a. Generic arrangement of the bees allied to *Melissodes* and *Anthophora*. *Bulletin of the United States Geological and Geographical Survey of the Territories*, 5: 471-479.

Patton W H. 1879b. List of a collection of aculeate Hymenoptera made by Mr. S. W. Williston in northwestern Kansas. *Bulletin of the United States Geological and Geographical Survey of the Territories*, 5: 349-370.

Pauly A, Brooks R W, Nilsson L A, *et al.* 2001. Hymenoptera Apoidea de Madagascar et los iles voisines. *Annales Sciences Zoologiques, Musée Royal d l'Afrique Centrale* [Tervuren], 286: 1-390, pls. 1-16.

Pauly A, Hora Z A. 2013. Apini and Meliponini from Ethiopia (Hymenoptera: Apoidea: Apidae: Apinae). *Belgian Journal of Entomology*, 16: 1-35.

Peng W J, Huang J X, Wu J, *et al.* 2009. Geographic distribution and bionomics of six bumblebee species in North China. *Chinese Bulletin of Entomology*, 46(1): 115-120.

Pérez J. 1901. Contribution à l'étude des xylocopes. *Actes de la Société Linnéenne de Bordeaux*, (6)6 (= Vol. 56): 1-128.

Pérez J. 1903. Espèces novelles de mellifères. *Actes de la Société Linnéenne Bordeaux*, 68: 1-73.

Pérez J. 1905a. Hyménoptères recueillis dans le Japon central par M. Harmand, ministre plénipotentiaire de France à Tokio. *Bulletin du Muséum national d'histoire naturelle* T11, N1: 23-39.

Pérez J. 1905b. Especes nouvelles d'Hymenopteres de Catalogue Melli-feres. *Butlleti de la Institucio Catalana d'Historia Natural*, 5: 81-88.

Perkins R C L. 1912. Notes, with descriptions of new species, on aculeate Hymenoptera of the Australian Region. *Annals and Magazine of Natural History*, (8)9: 96-121.

Pesenko Y A. 2000. *A catalogue of type specimens at the collection of the Zoological Institute, Russian Academy of Sciences. Hymenopterous insects. No. 1. Superfamily Apoidea: genera Psithyrus LEPELETIER, 1832 and Apis LINNAEUS, 1758.* St Petersburg: Zoological Institute of the Russian Academy of Sciences: 25 pp.

Pittioni B. 1939a. *Tanguticobombus* subg. nov. (Hymenopt., Apidae). *Zoologischer Anzeiger*, 126: 201-205.

Pittioni B. 1939b. *Bombus* (*Agrobombus*) *bureschi* sp. nov. (Hymenopt., Apidae), eine neue Hummelart von der Balkanhalbinsel und einige weitere interessante neue Hummelformen. *Arbeiten der Bulgarischen Naturforschenden Gesellschaft*, 18: 1-10.

Pittioni B. 1939c. Neue und wenig bekannte Hummeln der paläarktis (Hymenopt., Apidae). *Konowia*, 17: 244-263.

Pittioni B. 1949. Beitrage zur Kenntnis der Bienenfauna SO-Chinas...*Eos*, 25: 241-284.

Pittioni B. 1951. Die Bienen des Wiener-Beckens und des Neusiedlersee-Gebietes [unveröffentl. Manuskript des 1951 verstorbenen Autors]. - Herausgabe durch H. Zettel und H. Wiesbauer (Wien) in Vorbereitung: Wissenschaftlichen Mitteilungen aus dem Nieder österreichischen Landesmuseum (H. Wiesbauer: i.litt.).

Pittioni B. 1953. Die *Nomada*-Arten der Alten Welt: Bestimmungstabelle der Mannchen. *Annalen des Naturhistorischen Museums in Wien*, 59: 223-291.

Podbolotskaya M V. 1988. Redescription of the types of some Palaearctic bumble bees (Hymenoptera, Apidae, *Bombus* Latr.). *Proceedings of the Zoological Institute, Leningrad*, 175: 112-122.

Pollmann A. 1879. *Werth der verschiedenen Bienenraccn und deren Varietäten, bestimmt durch Urtheile namhafter Biencnzüchter*. Voigt, Leipzig, Germany: 69 pp.

Pollmann A. 1889. *Werth der verschiedenen Bienenraccn und deren Varietäten, bestimmt durch Urtheile namhafter Biencnzüchter*. Voigt, Leipzig, Germany: viii+100 pp.

Ponomareva A A. 1966. On some little-known species of the genus *Anthophora* s. l. (Hymenoptera, Apoidea) from the USSR. *Entomologicheskoe Obozrenie*, 45: 155-167.

Popov V B. 1927. New forms of the genus *Psithyrus* Lep. *Konowia Vienna*, 6: 267-274.

Popov V B. 1931. Zur Kenntnis der palaarktischen Schmarotzerhummeln (*Psithyrus* Lep.). *Eos*, 7: 131-209.

Popov V B. 1936. A new bee of the genus *Ctenoplectra* Sm. (Hymenoptera, Apoidea). *Proceeding of the Royal entomological Society of London* (B), 5: 78-80.

Popov V B. 1950. Concerning the genus *Amegilla* Friese. *Entomologicheskoe Obozrenie*, 31: 257-261.

Popov V B. 1955. Generic groupings of the palearctic Melectinae. *Trudy Zoologicheskova Instituta, Akademii Nauk SSSR*, 21: 321-334.

Popov V B. 1958. Osobennosty sopriagonnoy evoliutsii *Macropis*, *Epeoloides* (Hymenoptera, Apoidea) and *Lysimachia* (Primulaceae). *Entomologicheskoe Obozrenie*, 37: 499-519.

Popov V B, Guiglia D. 1936. Note sopra i gen. *Ctenoplectra* Sm. e *Macropis* Panz. *Annali del Museo Civico di Storia Naturale di Genova*, 59: 257-288.

Popov V B, Yasumatsu K. 1935. Notes on the bee genus *Pasites* Jurine (Hymenoptera, Nomadidae) with description of a new subspecies of *P. maculatus* Jurine from south Manchuria. *Mushi*, 8: 97-104.

Priesner H. 1957. A review of *Anthophora*-species of Egypt (Hymenoptera: Apidae). *Bulletin de la Société Entomologique d'Égypte*, 41: 1-115.

Proshchalykin M Yu, Kupianskaya A N. 2005. The bees (Hymenoptera, Apoidea) of the northern part of the Russian Far East. *Far Eastern Entomologist*, 153: 1-39.

Proshchalykin M Yu, Lelej A S. 2004. New and little known bees (Hymenoptera, Colletidae, Apidae) from the Russian Far East. *Far Eastern Entomologist*, 136: 1-10.

Proshchalykin M Yu, Lelej A S. 2013. The species-group names of bees (Hymenoptera: Apoidea, Apiformes) described from Siberia. *Euroasian Entomological Journal*, 12(4): 315-327.

Proshchalykin M Yu. 2004. A check list of the bees (Hymenoptera, Apoidea) of the southern part of the Russian Far East. *Far Eastern Entomologist*, 143: 1-17.

Proshchalykin M Yu. 2010. The bees of subfamily Nomadinae (Hymenoptera: Apidae) of the Eastern Palaearctic Region. *Proceedings of the Russian Entomological Society*, 81(2): 21-28.

Proshchalykin M Yu, Lelej A S. 2014. Review of the genus *Ammobatoides* Radoszkowski, 1867 (Hymenoptera: Apidae, Nomadinae) from Russia and neighbouring countries. *Zootaxa*, 3852(4): 445-460.

Quilis P M. 1927. Los ápidos de Espana. Genero *Bombus* Latr. *Trabajos del Laboratorio de Historia Natural de Valencia*, 16: 1-119, 10 pls.

Radoszkowski O. 1859. Sur quelques hyménoptères nouveaux ou peu connus de la collection du Musée de l'Académie des sciences de St. Pétersbourg.

Byulleten' Moskovskogo obshchestva ispytatelei prirody, 32: 479-486.
Radoszkowski O. 1862. Sur quelques hyménoptères nouveaux ou peu connus. *Byulleten' Moskovskogo obshchestva ispytatelei prirody*, 35: 589-598.
Radoszkowski O. 1865. Description d'un genre nouveau, *Pseudomelecta*, et de quelques espèces du genre *Eumenes*. *Horae Societatis Entomologicae Rossicae*, 3: 53-60, 1 pl.
Radoszkowski O. 1867. Matériaux pour servir à l'étude des insectes de la Russie, IV. Notes sur quelques Hyménoptères de la tribu des Apides. *Horae Societatis Entomologicae Rossicae*, 5(3): 73-90, pl. III.
Radoszkowski O. 1869. Notes synonymiques sur quelques *Anthophora* et *Cerceris*, et descriptions d'espèces nouvelles. *Horae Societatis Entomologicae Rossicae*, 6: 95-107.
Radoszkowski O. 1872. Supplément indispensable à l'article publié par M. Gerstaecker, en 1869, sur quelques genres d'hyménoptères. *Bulletin de la Société Imperiale des Naturalistes de Moscou*, 45: 1-40, 1 pl.
Radoszkowski O. 1873. Supplément indispensable à l'article publié par M. Gerstaecker en 1969, sur quelques genres d'hyménoptères. *Bulletin de la Société Imperiale des Naturalistes de Moscou*, 47: 133-151, 1 pl.
Radoszkowski O. 1874. Matériaux pour servir à une faune hyménoptérologique de la Russie. *Horae Societatis Entomologicae Rossicae*, 11(1873-1874): 190-195.
Radoszkowski O. 1876. Matériaux pour servir à une faune hyménoptèrologique de la Russie. *Horae Societatis Entomologicae Rossicae*, 12: 82-110.
Radoszkowski O. 1877a. Essai d'une nouvelle méthode pour faciliter la détermination des espèces appartenant au genre *Bombus*. *Byulleten' Moskovskogo obshchestva ispytatelei prirody*, 52: 169-219.
Radoszkowski O. 1877b. Matériaux pour servir à une faune hymenoptérologique de la Russite (Suite). *Horae Societatis Entomologicae Rossicae*, (1876)12: 333-335, pl. 2.
Radoszkowski O. 1882. *Wiadomosciznauk Przyrodzonch zeszyt* II. P. 72-81, Warsa.
Radoszkowski O. 1884a. Révision des armures copulatrices des mâles du genre *Bombus*. *Bulletin de la Société Imperiale des Naturalistes de Moscou*, 59: 51-92.
Radoszkowski O. 1884b. Quelques nouveaux Hyménoptères d'Amérique. *Horae Societatis Entomologicae Rossicae*, 18: 17-29, 1 pl.
Radoszkowski O. 1888. Etudes hyménoptèrologiques. 1. Révision des armures copulatrices des mâles. 2. Description de nouvelles especes russes. *Horae Societatis Entomologicae Rossicae*, 22: 315-337, Taf. XII-XV.
Radoszkowski O. 1891 . Révision des armures copulatrices des mâles des genres *Cilissa* et *Pseudocilissa*. *Horae Societatis Entomologicae Rossicae*, 25: 236-243.
Radoszkowski O. 1893a. Fauna Hyménoptèrologique Transcaspienne. *Horae Societatis Entomologicae Rossicae*, 27: 38-81.
Radoszkowski O. 1893b. Descriptions d'hyménoptères nouveaux. *Revue d'entomologie*, 12: 241-245.
Radoszkowski O. 1893c. Revue des armures copulatrices des mâles des genre: *Crocisa* Jur., *Melecta* Lat., *Pseudomelecta* Rad., *Chrysantheda* Pert., *Mesocheira* Lep., *Aglae* Lep., *Melissa* Smith, *Euglossa* Lat., *Eulema* Lep., *Acanthopus* Klug. *Bulletin de la Société Imperiale des Naturalistes de Moscou* n.s.t., 7: 163-188, pls. IV, VII.
Rafinesque-Schmaltz C S. 1814. *Principes Fondamentaux de Somiologie*. Palermo: privately printed: 52 pp.
Rafinesque-Schmaltz C S. 1815. *Analyse de la Nature*. Palermo: privately printed: 224 pp.
Raina R H, Saini M S, Khan Z H. 2013. Taxonomy and ecology of *Bombus pyrosoma* MORAWITZ (Hymenoptera: Apidae) from the North-west Indian Himalaya. *Polish Journal of Entomology*, 82: 95-108.
Rasmont P. 1981. Redescription d'une espèce méconnue de bourdon d'Europe: *Bombus lucocryplarum* Ball, 1914 n. status (Hymenoptera, Apidae, Bombinae). *Bulletin et Annales de la Société royale entomologique de Belgique*, 117: 149-154.
Rasmont P. 1983. La notion d'exerge appliquee a *Megabombus* (*Thoracobombus*) *pascuorum* (Scopoli) (Hymenoptera, Apidae). *Bulletin and Annales de la Societe Royale Belge d'Entomologie*, 119(7-9): 185-195.
Rasmont P, Adamski A. 1995. Les bourdons de la Corse (Hymenoptera, Apoidea, Bombinae). *Notes fauniques de Gembloux*, 31: 3-87.
Rasmussen C. 2008a. Molecular phylogeny of stingless bees: insights into devergence times, biogeography, and nest architecture evolvtion (Hymenoptera: Apidae: Meliponini). *University of Illinois at Urbana-Champaign*: 1-301.
Rasmussen C. 2008b. Catalog of the Indo-Malayan/Australasian stingless bees (Hymenoptera: Apidae: Meliponini). *Zootaxa*, 1935: 1-80.
Rasmussen C. 2012. Joseph Vachal (1838-1911): French entomologist and politician. *Zootaxa*, 3442: 1-52.
Rasmussen C. 2013. Stingless bees (Hymenoptera: Apidae: Meliponini) of the Indian subcontinent: Diversity, taxonomy and current status of knowledge. *Zootaxa*, 3647(3): 401-428.
Rasmussen C, Ascher J. S. 2008. Heinrich Friese (1860-1948): Names proposed and notes on a pioneer melittologist (Hymenoptera, Anthophila). *Zootaxa*, 1833: 1-118.
Rasmussen C, Camero S A. 2007. A molecular phylogeny of the Old World stingless bees (Hymenoptera: Apidae: Meliponini) and the non-monophyly of the large genus *Trigona*. *Systematic Entomology*, 32: 26-39.
Rasmussen C, Garcete-Barrett B R, Gonçalves R B. 2009. Curt Schrottky (1874-1937): South American entomology at the beginning of the 20th century (Hymenoptera, Lepidoptera, Diptera). *Zootaxa*, 2282: 1-50.
Reinig W F. 1930a. Untersuchungen zur Kenntnis der Hummelfauna des Pamir-Hochlandes. *Zeitschrift fur Morphologie und Okologie der Tiere*, 17: 68-123.
Reinig W F. 1930b. Phaenoanalytische Studien über Rassenbildung. I. *Psithyrus rupestris* Fabr. *Zoologische Jahrbücher, Abteilung für Systematik, Geographie und Biologie der Tiere*, 60: 257-280.
Reinig W F. 1934. Entomologische Ergebnisse der deutsch-russischen Alti-Pamir-Expedition, 1928 (III), Hymenoptera VIII (Gen. *Bombus* Fabr.), Nachtrag. *Deutsche Entomologische Zeitschrift*, 1933: 163-174.
Reinig W F. 1969. Bastardierungszonen and Mischpopulationen bei Hummeln (Born/us) und Schmarotzerhummeln (*Psithyrus*) (Hymenopt., Apidae). *Mitteilungen der Münchner Entomologischen Gesellschaft*, 59: 1-89.
Reinig W F. 1976. Uber die Hummeln und Schmarotzerhummeln von Nordrhein-Westfalen Hymenoptera, Bombidae. *Bonner Zool Beitr*, 27(3-4): 267-299.
Reinig W F. 1981. Synopsis der in Europe nachgewiesenen Hummelund Schmarotzerhummelarten (Hymenoptera, Bombidae). *Spixiana*, 4(2): 159-164.
Reyes S G. 1991. Revision of the bee genus *Braunsapis* in the Oriental region (Apoidea: Xylocopinae: Allodapini). *University of Kansas Science Bulletin*, 54(6): 179-207.
Richards O W. 1928a. On a collection of humble-bees (hymenoptera, Bombidae) made in Ladakh by Col. R. meinertzhagen. *Annals and Magazine of Natural*

History, (10)2: 333-336.

Richards O W. 1928b. *Bombus* and *Volucella* in the Himalayas. *Entomologist's Monthly Magazine*, 64: 107-108.

Richards O W. 1929a. On two new species of humble-bees in the collection of the British Museum, constituting a new group of the genus *Psithyrus*, Lep. (Hymenoptera, Bombidae). *Annals and Magazine of Natural History*, (10)3: 139-143.

Richards O W. 1929b. A revision of the humble-bees allied to *Bombus* orientalis Smith, with the description of a new subgenus. *Annals and Magazine of Natural History*, (10)3: 378-386.

Richards O W. 1934. Some new species and varieties of oriental bumble-bees (Hym., Bombidae). *Stylops*, 3: 87-90.

Richards O W. 1935. Notes on the nomenclature of the aculeate Hymenoptera with special reference to the British genera and species. *Transactions of the Royal Entomological Society of London*, 83:143-176.

Richards O W. 1968. The subgeneric division of the genus *Bombus* Latreille (Hymenoptera: Apidae). *Bulletin of the British Museum (Natural History), Entomology*, 22 (5): 211-276.

Rightmyer M G. 2004a. Phylogeny and classification of the parasitic bee tribe Epeolini (Hymenoptera: Apidae, Nomadinae). *Scientific papers, Natural History Museum, the University of Kansas* no., 33: 1-51.

Rightmyer M G. 2004b. Redescription of two East Asian species of the tribe Epeolini (Hymenoptera: Apidae; Nomadinae). *Entomological Science*, 7: 251-262.

Rightmyer M G. 2008. A review of the cleptoparasitic bee genus *Triepeolus* (Hymenoptera: Apidae).—Part I. *Zootaxa*, 1710: 1-170.

Rightmyer M G, Engel M S. 2003. A new Palearctic genus of melectine bees (Hymenoptera: Apidae). *American Museum Novitates*, 3392: 1-22.

Risch S. 1997. Die Arten der Gattung *Eucera* Scopoli 1770 (Hymenoptera, Apidae), Die Untergattung *Pteneucera* Tkalců 1984. *Linzer Biologische Beiträge*, 29: 555-580.

Risch S. 1999. Neue und wenig bekannte Arten der Gattung *Eucera* Scopoli 1770. *Linzer Biologische Beiträg*, 31: 115-145.

Risch S. 2001. Die Arten des Genus *Eucera* Scopoli 1770 (Hymenoptera, Apidae), Untergattung *Pareucera* Tkalců 1979. *Entomofauna*, 22: 365-376.

Risch S. 2003. Die Arten der Gattung *Eucera* Scopoli 1770 (Hymenoptera, Apidae), Die Untergattungen *Stilbeucera* Tkalců 1979, *Atopeucera* Tkalců, 1984 und *Hemieucera* Sitdikov and Pesenko 1988. *Linzer Biologische Beiträge*, 35: 1241-1292.

Ritsema C. 1879. Naamlijst der tot heden in Nederland waargenomen Bijen-soorten (Hymenoptera Anthophila). *Tijdschrift voor Entomologie*, 1878-1879: 21-57.

Robertson C. 1901. Some new or little-known bees. *Canadian Entomologist*, 33: 229-231.

Robertson C. 1903a. Synopsis of Megachilidae and Bombinae. *Transactions of the American Entomological Society*, 29: 163-178.

Robertson C. 1903b. Synopsis of Epeolinae. *Canadian Entomologist*, 35: 284-288.

Robertson C. 1903c. Synopsis of Nomadinae. *Canadian Entomologist*, 35: 172-179.

Robertson C. 1905. Synopsis of Euceridae, Emphoridae and Anthophoridae. *Transactions of the American Entomological Society*, 31: 365-372.

Robineau-Desvoidy J B. 1830. Essai sur les Myodaires. *Mémoires présentés par divers Savans à l'Académie Royale des Sciences de l'Institut de France*, 2: 1-813.

Rodeck H G. 1945. Two new subgenera of *Nomada* Scopoli. *Entomological News*, 56: 179-181.

Rodeck H G. 1947. *Laminomada*, a new subgenus of *Nomada*. *Annals of the Entomological Society of America*, 40: 266-270.

Rohwer S A. 1911. A new genus of nomadine bees. *Entomological News*, 22: 24-27.

Roig-Alsina A, Michener C D. 1993. Studies of the phylogeny and classification of long-tongued bees (Hymenoptera: Apoidea). *University of Kansas Science Bulletin*, 55(4-5): 124-162.

Romankova T G. 2003. Additional data on the bee fauna (Hymenoptera, Apoidea: Megachilidae, Apidae) of Siberia and the Russian Far East. *Far Eastern Entomologist*, 129: 1-6.

Rossi P. 1790. *Fauna Etrusca, sitens insecta quae in provinciis Florentina et Pisana praesertim collegit. T. 2.* T. Masi: Liburni: 348 pp.

Rossi P. 1792. *Mantissa insectorum exhibens species nuper in Etruria collectas a Petro Rossio adiectis faunae Etruscae illustrationibus, acemendationibus.* Polloni, Pisa: 148 pp.

Sakagami S F. 1975. Some bumblebees from Korea with remarks on the Japanese fauna (Hymenoptera, Apidae). *Annales Historico-Naturales Musel Nationals Hungarici*, 67: 293-316.

Sakagami S F, Ishikawa R. 1969. Note préliminaire sur la répartition géographique des bourdons japonais, avec descriptions et remarques sur quelques formes nouvelles ou peu connues. *Journal of the Faculty of Science, Hokkaido University*, 17(6): 152-196.

Sakagami S F, Yoshikawa K. 1961. Bees of Xylocopinae and Apinae collected by the Osaka City University biological expedition to southeast Asia 1957-58, with some biological notes. *Nature and Life in Southeast Asia* [Tokyo], 1: 409-444.

Sandhouse G A. 1943. The type species of the genera and subgenera of bees. *Proceedings of the United States National Museum*, 92:519-619.

Schenck A. 1860. Verzeichniss der nassauischen Hymenoptera aculeata. *Stettiner Entomologische Zeitung*, 21: 132-157, 417-419.

Schenck A. 1869. Beschreibung der nassauischen Bienen, Zweiter Nachtrag. *Jahrbücher des Nassauischen Vereins für Naturkunde*, 21-22: 1[269]-114[382]. [Preprint, dated 1868, published 1869, pp. 1-114; Jahrbucher for 1867-68, published in 1870, pp. 269-382.]

Schmiedeknecht H L O. 1882-1884. *Apidae Europaeae, [Die Bienen Europas's]*, Vol. 1, [xiv]+866 pp., pls. 1-15. Berlin: Gumperdae and Berolini. [Pp. 1-314 published in 1882; 315-550, 1883; and 551-886, 1884]

Schrottky C. 1913. La distributión geográfica de los himenópteros argentinos. *Anales de la sociedad cientifica argentina*, 75: 115-144, 180-286.

Schulz W A. 1906. *Spolia Hymenopterologica*. Paderborn: Pape: iii+356 pp.

Schwarz H F. 1932. The genus *Melipona*: The type genus of the Meliponidae or stingless bees. *Bulletin of the American Museum of Natural History*, 63: 231-460, pls. I-X.

Schwarz H F. 1939. The Indo-Malayan species of *Trigona*. *Bulletin of the American Museum of Natural History*, 76: 83-141.

Schwarz M. 1966. Beitrag zur Subfamilie Nomadinae. *Polskie Pismo Entomologiczne*, 36: 383-394.

Schwarz M. 1980. Beitrag zur Kenntnis weiterer von F. Morawitz beschriebener *Nomada*-Arten (Hymenoptera, Apoidea). *Entomofauna*, 1(9): 103-118.

Schwarz M. 1988. Revision einiger von T.D.A. Cockerell beschriebener *Nomada*-Arten der Palaearktis (Hymenoptera, Apoidea). *Entomofauna*, 9(19): 381-387.

Schwarz M, Gusenleitner F. 2000. Weitere Angaben zur Bienenfauna Österreichs sowie Beschreibung einer neuen Chelostoma-Art aus der Westpaläarktis Vorstudie zu einer Gesamtbearbeitung der Bienen Österreichs IV (Hymenoptera, Apidae). *Entomofauna*, Band 21, Heft 12: 133-164.

Schwarz M, Gusenleitner F. 2001. Beitrag zur Kenntnis paläarktischer Anthophorini und Habropodini (Hymenoptera: Apidae). *Entomofauna*, Band 22, Heft 6: 53-92.

Schwarz M, Gusenleitner F. 2003a. Revision der von NURSE im Zeitraum 1902 bis 1904 aus Indie beschriebenen *Nomada*-Arten (Hymenoptera: Apidae). *Linzer Biologische Beiträge*, 35(2): 1195-1220.

Schwarz M, Gusenleitner F. 2003b. Ergebnis der Untersuchung einiger von Spinola beschriebener Apiden mit Bemerkungen und Ergänzungen. (Hymenoptera: Apidae). *Entomofauna*, 24(17): 237-280.

Schwarz M, Gusenleitner F. 2004. Beitrag zur Klärung und Kenntnis parasitärer Bienen der Gattungen *Coelioxys* and *Nomada* (Hymenoptera, Apidae). *Linzer Biologische Beiträge*, 36(2): 1413-1485.

Scopoli J A. 1763. *Entomologia Carniolica exhibens insecta Carnioliæ indigena et distributa in ordines, genera, species, varietates*. Vindobonae: 420 pp.

Scopoli J A. 1770. Dissertatio de Apibus, pp. 7-47. *In: Annus IV Historico- Naturalis*. Lipsiae: Christ, Gottlob, Hilscher: 152 pp.

Seidl W B. 1837. Die in Böhmen vorkommenden Hummelarten. *Beiträge zur gesammten Natur- und Heilwissenschaft*, 2: 65-73.

Shiokawa M. 1963. Redescriptions of *Ceratina flavipes* Smith and *C. japonica* Cockerell (HYmenoptera, Apidae). *Kontyû*, 31: 276-280.

Shiokawa M. 1996. Preliminary report on geographical variations and speciation of *Ceratina japonica* Cockerell (Hymenoptera, Anthophoridae). *Bulletin of Kôen-gakuen Women's Junior College*, 4: 27-38.

Shiokawa M. 2002. Taxonomic notes on the bryanti-group of the bee genus *Ceratina* from southeast China (Hymenoptera: Apidae). *Entomological Science*, 5(4): 411-419.

Shiokawa M. 2008. Synopsis of the Bee Genus *Ceratina* (Insecta: Hymenoptera: Apidae) in Nepal, with Descriptions of Five New Species and One New Subspecies. *Species Diversity*, 13(4), 201-220.

Shiokawa M, Hirashima Y. 1982. Synopsis of the flavipes-group of the bee genus *Ceratina* of eastern Asia (Hymenoptera, Anthophoridae). *ESAKIA*, 19: 177-184.

Shiokawa M, Sakagami S F. 1969. Additional notes on the genus *Pithitis* or green metallic small carpenter bees in the oriental region, with description of two species from India. *Nature and Life in Southeast Asia* (*Tokyo*), 6: 139-149.

Sickmann F. 1894. Beitrage zur Kenntniss der Hymenopteren, Fauna des nordlichen China. *Zoologische Jahrbuecher* (Systematik), 8: 195-236.

Sitdikov A A, Pesenko Y A. 1988. A subgeneric classification of bees of the genus *Eucera* Scopoli (Hymenoptera, Anthophoridae) with a scheme of the phylogenetic relationships between the subgenera. *Trudy Zoologicheskii Institut, Akademiia Nauk SSSR*, 175: 75-101.

Skorikov A S. 1909. Formes nouvelles de bourdons. (Diagnoses préliminaires.) II. *Revue Russe d'Entomologie*, 8(1908): 260-262.

Skorikov A S. 1910a. Bombus mendax Gerst. and its variations (Hymenoptera, Bombidae). *Russkoe éntomologicheskoe Obozrênie*, 9(1909): 328-330.

Skorikov A S. 1910b. Nouvelles formes des bourdons (Hymenoptera, Bombidae). (Diagnoses préliminaires). III. *Russkoe éntomologicheskoe Obozrênie*, 9(1909): 409-413.

Skorikov A S. 1910c. Revision der in der Sammlung des weil. Prof. E. A. Eversmann befindlichen Hummeln. *Trudy Russkago éntomologicheskago obshchestva*, 39: 570-584.

Skorikov A S. 1912a. Neue Hummelformen (Hymenoptera, Bombidae). IV. *Russkoe éntomologicheskoe Obozrênie*, 12: 606-610.

Skorikov A S. 1912b. *Bombus lapponicus* (F) and its varieties (Hymenoptera, Bombidae). *Russkoe Entomologicheskoe Obozrenie*, 12(1): 95-102.

Skorikov A S. 1914a. Les formes nouvelles des bourdons. *Russkoe Entomologicheskoe Obozrenie*, 14: 119-129.

Skorikov A S. 1914b. *Hortobombus consobrinus* (Dahlb.) i ego variatsii [*Hortobombus consobrinus* (Dahlb.) and its varieties]. *Russkoe Entomologicheskoe Obozrenie*, 14: 283-286.

Skorikov A S. 1914c. *Subterraneobombus fedtschenkoi* (F. Mor.), unbourdon de Turkestan peu connu (Hymenoptera, Bombidae). *Russkoe Entomologicheskoe Obozrenie*, 14: 287-292.

Skorikov A S. 1914d. *Pratobombus leucopygos* [sic] (F. Mor.) et ses variations (Hymenoptera, Bombidae). *Russkoe Entomologicheskoe Obozrenie*, 14: 293-294.

Skorikov A S. 1915. Contribution à la faune des bourdons de la partie méridionale da la province Maritime. *Revue Russe d'Entomologie*, 14(1914): 398-407.

Skorikov A S. 1922a. The bumblebees of the Petrograd district. *Petrogradskii Agronomicheskii Institut, Entomologicheskaya Stantsiya. Fauna Petrogradskoi Gubernii* 2(c) no., 11: 1-51.

Skorikov A S. 1922b. Les bourdons de la faune palearctique, Partie 1, Biologie generale. *Izvestiya Severnoi Oblastnoi Stantsii Zashchity Rastnii ot Vreditelei* [*Bulletin de la Station Regionale Protectrice des Plantes a Petrograd*], 4: 1-160, 15 maps.

Skorikov A S. 1923. Palaearctic bumblebees. Part I. General biology (including zoogeography). *Izvestiya Severnoi Oblastnoi Stantsii Zashchity Rastenii ot Vreditelei*, 4(1): 1-160.

Skorikov A S. 1925. Neue Hummel-Formen (Hymenoptera. Bombidae), VII. *Russkoe éntomologicheskoe Obozrênie*, 19: 115-118.

Skorikov A S. 1929. Eine neus Basis für eine revision der Gattung *Apis* L. *Reports on Applied Entomology, Leningrad*, 4: 249-270.

Skorikov A S. 1931. Die Hummelfauna Turkestans und ihre Beziehungen zur zentralasiatischen Fauna (Hymenoptera, Bombidae). *In*: Lindholm V A. *Abhandlungen der Pamir-Expedition 1928*, vol. 8. Academy of Sciences of the USSR, Leningrad: pp. 175-247.

Skorikov A S. 1933a. Zur Hummelfauna Japans und seiner Nachbarlandes. *Mushi*, 6: 53-65, 2 figs.

Skorikov A S. 1933b. Zur Fauna und Zoogeographie der Hummeln des Himalaya. *Doklady Akademii Nauk SSSR* (n.s.), 1(5): 243-248.

Skorikov A S. 1937. Die gronlandischen Hummeln in Aspekte der Zirkumpolarfauna. *Entomologiske Meddelelser*, 20: 37-64.

Skorikov A S. 1938a. Zoogeographic uniformity of the bumblebee fauna of the Causasus, Iran and Anatolia. *Entomologicheskoe Obozrenie*, 27: 145-151.

Skorikov A S. 1938b. Vorläufige Mitteilung über die Hummelfauna Burmas. *Arkiv för zoologi*, 30B: 1-3.

Smit J. 2004. De Wesbijen (*Nomada*) van Nederland. *Nederlandse Faunistische Mededelingen*, 20: 33-125.

Smith D R. 1991. Mitochondrial DNA and honey bee biogeography, pp. 131-176. *In*: Smith D R. *Diversity in the Genus Apis*. United States: Boulder, Colorado, Westview Press: xiv + 265 pp.

Smith F. 1852a. Descriptions of some new and apparently undescribed species of hymenopterous insects from north China, collected by Robert Fortune, Esq. *Transactions of the Entomological Society of London*, 2: 33-45.

Smith F. 1852b. Descriptions of some hymenopterous insects from northern India. *Transactions of the Entomological Society of London*, 2: 45-48.

Smith F. 1854. *Catalogue of hymenopterous insects in the collection of the British Museum. Part II. Apidae*: 199-465, pls. VII-XII. London: British Museum of Natural History.

Smith F. 1855. *Catologue of the Zoological Collection in the British Museum*. London: British Museum: p. 151.

Smith F. 1857. Catalogue of the hymenopterous insects collected at Sarawak, Borneo; Mount Ophir, Malacca; and at Singapore by A. R. Wallace. *Journal of the Proceedings of the Linnean Society of London, Zoology*, 2: 42-88.

Smith F. 1858. Catalogue of the hymenopterous insects collected at Sarawak, Borneo; Mount Ophir, Malacca; and at Singapore by A. R. Wallace. *Journal of the Proceedings of the Linnean Society of London, Zoology*, 2: 89-130.

Smith F. 1861a. Descriptions of new species of hymenopterous insects collected by Mr. A. R. Wallace at Celebes. *Journal of the Proceedings of the Linnean Society of London, Zoology*, 5: 57-93.

Smith F. 1861b. Descriptions of new genera and species of exotic Hymenoptera. *Journal of Entomology*, 1: 146-155.

Smith F. 1869. Descriptions of Hymenoptera from Japan. *Entomologist*, 4: 205-208.

Smith F. 1871. Descriptions of some new insects collected by Dr. Anderson during the expedition to Yunan. *Proceeding of the Zoological Society of London*, 1871: 244-249.

Smith F. 1873. Descriptions of Aculeate Hymenoptera of Japan, collected by Mr. Geoge Lewis at Nagasaki and Hiogo. *Transactions of the Entomological Society of London*, 1873(2): 181-206.

Smith F. 1878a. List of Hymenoptera obtained by Mr. Ossian Limborg east of Maulmain, Tenasserim provinces, during the months december 1876, january, march and april 1877, with descriptions of new species. *Journal of the Asiatic Society of Bengal (Physical Science)*, 47: 167-169.

Smith F. 1878b. Scientific results of the second Yarkand Mission; based upon the collections and notes of the late Ferdinand Stoliczka, Ph. D. Hymenoptera. Calcutta.: 22 pp.

Smith F. 1879. *Descriptions of New Species of Hymenoptera in the Collection of the British Museum*. London: British Museum: xxi + 240 pp.

Snelling R R. 1986. Contributions toward a revision of the new world nomadine bees: A partitioning of the genus *Nomada*. *Contributions in Science, Natural History Museum of Los Angeles County* no, 376: 1-32.

Sparre-Schneider J. 1918. Die Hummeln der Kristiana-Gegend. *Tromsø museums årshefter*, 40(1917): 1-45.

Spinola M. 1838. Des Hyménoptères recuillis par M. Fisher prndant son voyage en Egypte, et communiqués par M. Le Docteur Waltl à Maxilien Spinola. *Annales de la Société Entomologique de France*, 7: 437-512.

Spinola M. 1851. Hymenópteros, pp. 153-569. *In*: Gay C. *Historia Fisica y Politica de Chile, Zoologia*, Vol. 6. Paris: Casa del autor.

Starr C K. 1992. The bumble bees (Hymenoptera: Aoidae) of Taiwan. *Bulletin of Museum of Natural Science* no., 3: 139-157.

Stenløkk J A. 2011. On the genus *Nomada* Scopoli, 1770 (Hymenoptera, Apoidae) in Norway. *Norwegian Journal of Entomology*, 58: 44-72.

Strand E. 1913. H. Sauter's Formosa-Ausbeute. Apidae I. *Supplementa Entomologica* no, 2: 23-67.

Strand E. 1914. H. Sauter's Formosa-Ausbeute. Apidae III. *Archiv für Naturgeschichte*, Abt. A, 80(1): 136-144.

Suhail A, Sabir A M, Asghar M, *et al.* 2009. Geographic distributional patterns of the genus *Bombus* (Bombini, Apidae: Hymenoptera) in northern Pakistan. *Biological Diversity and Conservation*, 2/1: 1-9.

Sung I H, Dubitzky A, Eardley C, *et al.* 2009. Descriptions and biological notes of *Ctenoplectra* bees from Southeast Asia and Taiwan (Hymenoptera: Apidae: Ctenoplectrini) with a new species from North Borneo. *Entomological Science*, 12: 324-340.

Swederus N S. 1787. Fortsåttning af beskrifningen på 50 nya species af insecter. *Kungliga Svenska vetenskapsakademiens handlingar*, 8: 276-290.

Taschenberg E. 1883. Die Gattungen der Bienen (Anthophila). *Berliner Entomologische Zeitschrift*, 27:37-100.

Terzo M. 1998a. Lectotype designation of bees of the subfamily Xylocopinae in the collections of the Zoological Institute of Russian Academy of Sciences in St-Petersburg (Hymenoptera, Apoidea). *Bulletin de la Société Entomologique de France*, 103(4): 337-339.

Terzo M. 1998b. Annotated list of the species of the genus *Ceratina* (LATREILLE) occurring in the Near East, with descriptions of new species (Hymenoptera: Apoidea: Xylocopinae). *Linzer biologische Beitrage*, 30/2: 719-743.

Terzo M, Iserbyt S, Rasmont P. 2007. Révision des Xylocopinae (Hymenoptera: Apidae) de France et de Belgique. *Annales de la Société Entomologique de France*, (n.s.) 43(4): 445-491.

Terzo M, Rasmont P. 2004. Biogéographie et systématique des abeilles rubicoles du genre *Ceratina* Latreille au Turkestan (Hymenoptera, Apoidea, Xylocopinae). *Annales de la Société Entomologique de France*, (n.s.) 40(2): 109-130.

Thomson C G. 1869. *Opuscula entomologica*. Fasc. 1. Lund: Lundbergska: 82 pp.

Thorp R W, Horning Jr D S, Dunning L L. 1983. Bumble bees and cuckoo bumble bees of California. *Bulletin of the California Insect Survey*, 23: viii+79 pp.

Tkalců B. 1968a. Neue Arten der Unterfamilie Bombinae der paläarktischen Region (Hymenoptera, Apoidea). *Sborník Entomologického oddeleni Národního musea v Praze*, 65: 21-51.

Tkalců B. 1968b. Revision der vier sympatrischen, homochrome geographische Rassen bildenden Hiimmelarten S.O-Asiens. (Hymenoptera, Apoidea, Bombinae). *Annotationes Zoologicae et Botanicae Bratislava*, 52: 1-31.

Tkalců B. 1968c. Revision der Arten der Untergattung *Tricornibombus* Skorikov (Hymenoptera: Apoidea, Bombinae). *Ac Rer Natur Mus Nat Slov, Bratislava*, 14: 79-94.

Tkalců B. 1969. Beiträge zur Kenntnis der Fauna Afghanistans (Sammelergebnisse von O. *Jakes*, 1963–64, D. Povolny 1965, D. Povolny & Fr. Tenora 1966, J. Simek 1965–66, D. Povolny, J. Geisler, Z. Sebek & Fr. Tenora 1967). Bombinae, Apoidea, Hym. *Casopis Moravského musea v Brne*, 53(1968): 189-210.

Tkalců B. 1972. Arguments contre l'interpretation traditionnelle de la phylogenie des abeilles. *Bulletin de la Societe Entomologique de Mulhouse*, April-June, 1972: 17-28.

Tkalců B. 1974a. Eine Hummel-Ausbeute aus dem Nepal-Himalaya (Insecta, Hymenoptera, Apoidea, Bombinae). *Senckenbergiana biologica*, 55: 311-349.

Tkalců B. 1974b. Ergebnisse der 1. und 2. mongolischtschechoslowakischen entomologisch-botanischen Expedition in der Mongolei. Nr. 29: Hymenoptera, Apoidea, Bombinae. *Sborník faunistickych prací Entomologického oddelení Národního musea v Praze*, 15: 25-57.

Tkalců B. 1975. Beitrag zur Kenntnis der Hummelfauna der französischen Basses-Alpes (Hymenoptera, Apoidea, Bombinae). *Sbornik slov narod Muz*, 20: 167-186.

Tkalců B. 1977. Taxonomisches zu einigen paläarktischen Bienenarten (Hymenoptera: Apoidea). *Vestník Ceskoslovenské spolecnosti zoologické*, 41(3): 223-239.

Tkalců B. 1978. Beiträge zur Kenntnis der Fauna Afghanistans *Melitturga* Latr., *Eucera* Scop., Apidae; *Lithurge* Latr., *Stelis* Pz., *Creightonella* Cockll., Megachilidae, Apoidea, Hym. *Časopis Moravského Musea*, 63: 153-181.

Tkalců B. 1984. Systematisches Verzeichnis der westpaläarktischen *Tetralonia*- und *Eucera*-Arten, deren Männchen als Blütenbesucher verschiedener *Ophrys*-Arten festgestellt wurden; mit Beschreibung neuer Taxa. *Nova Acta Regiae Societatis Scientiarum Upsaliensis* (Ser. V: C), 3: 57-77.

Tkalců B. 1987. Nouveaux synonymes chez les Bombinae (Hymenoptera, Apoidea). *Bulletin de la Société Entomologique de Mulhouse*, 1987: 59-64.

Tkalců B. 1989. Neue Taxa asiatischer Hummeln (Hymenoptera, Apoidea). *Acta Entomologica Bohemoslovaca*, 86: 39-60.

Tkalců B. 1991. Nouvelle sous-espece *Orientalibombus montivolans* (Richards) du nord de la Thailande (Hymenoptera, Apoidea). *Bulletin de la Societe Entomologique de Mulhouse*, 1991: 29-30 (avril-juin)

Tkalců B. 1998. Contribution a la connaissance de la variabilite geographique concernant la pilosite de quelques especes palearctiques de la tribu des Eucerini (Hym. Apoidea). *Bulletin de la Société Entomologique de Mulhouse*, 1998: 62-65.

Torka V. 1922. *Melitta centaureae* sp. n. *Entomologische Rundschau*, 39: 23-24.

Tsuneki K. 1973. Studies on *Nomada* of Japan (Hym., Apidae). *Etizenia*, 66(Ⅰ): 1-83; 66(Ⅱ): 84-141.

Tsuneki K. 1986. New species and subspecies of the aculeate Hymenoptera from East Asia, with some synonyms, specific remarks and distributional data. *Special Publication of Japan Hymenopterists Association*, 32: 1-60.

Vachal J. 1894. Viaggo di Leonardo Fea in Birmania e regioni vicini LXII. Nouvelles espèces d'Hyménoptères des genres *Halictus*, *Prosopis*, *Allodape et Nomioides* raportées par M. Fea de la Birmanie et décrites par M. J. Vachal. *Annali Museo Civico di Storia Naturale Genova*, (2)14: 428-499.

Vachal J. 1903. Note sur *Euaspis* Gerst. *et Ctenoplectra* Sm., deux genres d'Hymenoptera mellifera peu ou mal connus. *Bulletin de la Société Entomologique de France*, 25: 95-100.

Vecht J Van der. 1952. A preliminary revision of the oriental species of the genus *Ceratina* (Hymenoptera, Apidae). *Zoologische Verhandelingen* no., 16: ii+ 1-85.

Viereck H L. 1909. Descriptions of new Hymenoptera. *Proceedings of the Entomological Society of Washington*, 11: 42-51.

Villers C J de. 1789. *Caroli Linnaei entomologia, faunae Suecicae descriptionibus aucta*. Vol. 3. Lugduni: 657 pp.

Vogt C, Vogt O. 1938. Sitz und Wesen der Krankheiten im Lichte der topistischen Hirnforschung und des Variierens der Tiere. II Teil, 1 Hälfte. Zur Einführung in das Variieren der Tiere. Die Erscheinungsseiten der Variation. *Journal für Psychologie und Neurologie*, 48: 169-324.

Vogt O. 1908. Bombi (Hummeln). *In*: *Wissenschaftliche Ergebnisse von Expedition Filchner nach China und Tibet 1903-1905, X. Band - I. Teil, 1. Abschnitt*: *Zoologische Sammlungen*. Berlin: pp. 100-101.

Vogt O. 1909. Studien über das Artproblem. 1. Mitteilung. Über das Variieren der Hummeln. 1. Teil. *Sitzungsberichte der Gesellschaft Naturforschender Freunde zu Berlin*, 1909: 28-84.

Vogt O. 1911. Studien uber das Art-problem. Mitt. 2: Ueber das Variieren der Hummeln. Tl 2. (Schluss.) *Sitzungsberichte der Gesellschaft Naturforschender Freunde zu Berlin*, 1911: 31-74.

Wang S F. 1979. Three new species of bomble bees from Tibet. *Acta Entomologia Sinica*, 22(2): 188-191. [王淑芳. 1979. 西藏熊蜂三新种(膜翅目: 蜜蜂科, 熊蜂属). 昆虫学报, 22(2): 188-191.]

Wang S F. 1985. Apidae: *Bombus*, pp. 160-165. *In*: Cheng S X. *Living Things of Tianshan Tomurfeng Region of Xinjiang*. Urumqi: Xinjiang Peoplke Press. [王淑芳. 1985. 蜜蜂科: 熊蜂属. 160-165. //陈世骧. 天山托木尔峰地区的生物. 附: 天山托木尔峰地区的昆虫名录. 乌鲁木齐: 新疆人民出版社.]

Wang S F. 1988. Hymenoptera: Apidae: Bombus, pp. 553-557. *In*: Huang F S. *Insects of Mt. Namjagbarwa Region of Xizang*. Beijing: Science Press. [王淑芳. 1988. 膜翅目: 蜜蜂科, 熊蜂属. 553-557. //黄复生. 南迦巴瓦峰地区昆虫. 北京: 科学出版社.]

Wang S F. 1993. Hymenoptera: Apoidea (II), *Bombus*, pp. 1422-1430. *In*: Cheng S X. *Insects of the Hengduan Mountains Region*. Vol. II. Beijing: Science Press. [王淑芳. 1992. 膜翅目: 蜜蜂总科 (II) 熊蜂属. 1422-1430. //陈世骧. 横断山区昆虫. 第二册. 北京: 科学出版社.]

Wang S F. 1982. Hymenoptera: Apoidea: *Bombus*, pp. 427-447. *In*: Huang F S. *Insects of Xizang*. Vol. II. Beijing: Science Press. [王淑芳. 1982b. 膜翅目: 蜜蜂总科: 熊蜂属. 427-447. //黄复生. 西藏昆虫. 第二册. 北京: 科学出版社.]

Wang S F, Yao J. 1996. Hymenoptera: Apoidea: Bombini, pp. 303-309. *In*: Huang F S. *Insects of the Kararorum—Kunlun Mountains*. Beijing: Science Press. [王淑芳, 姚建. 1996. 膜翅目: 蜜蜂总科: 熊蜂族. 303-309. //黄复生. 喀喇昆仑山—昆仑山地区昆虫. 北京: 科学出版社.]

Warncke K. 1982. Zur Systematik der Bienen-Die Unterfamilie Nomadinae (Hymenoptera, Apidae). *Entomofauna*, 3: 97-126.

Warncke K. 1983. Zur Kenntnis der Bienengattung Pasites Jurine, 1807, in der Westpaläarktis. *Entomofauna*, 4: 261-347.

Warrit N, Michener C D, Lekprayoon C. 2012. A Review of Small Carpenter Bees of the Genus *Ceratina*, Subgenus *Ceratinidia*, of Thailand (Hymenoptera, Apidae). *Proceedings of the Entomological Society of Washington*, 114(3): 398-416.

Westrich P. 1999. Über einige von KLUG, FRIESE und ALFKEN beschriebene Arten der Gattung Anthophora s. l. (Hymenoptera, Apidae). *Linzer Biologische Beiträge*, 31(1): 541-550.

Westwood J O. 1938. Description of a new genus of exotic bees. *Transactions of the Entomological Society of London*, 2: 112-113, pl. XI, fig. 7.

Westwood J O. 1939. *An Introduction to the Modern Classification of Insects*…2. London: Longman: 352 pp.

Westwood J O. 1840a. Synopsis of the genera of British insects, pp. 1- 154 (1838-1840), *in An Introduction to the Modern Classification of Insects*…Vols. 1, 2, 1838-1840. London: Longman. [Commission Direction 63 (1957) gives dates for the parts of this work; the parts of the Synopsis on bees all appeared in 1840.]

Westwood J O. 1840b. *In:* Duncan J. *The Natural History of the Bees*, *in* Jardine W. The Naturalists' Library vol. 26 Entomology Vol. 6. viii + 17-301, 30pls. Edinburgh: Lizars.

Wijesekara A. 2001. An Annotated List of Bees (Hymenoptera: Apoidea: Apiformis) of Srilanka. *Tijdschrift voor Entomologie*, 144: 144-158.

Wille A. 1979. Phylogeny and relationships among the genera and subgenera of the stingless bees (Meliponinae) of the world. *Revista de Biología Tropical*, 27: 241-277.

Williams P H. 1985. A preliminary cladistic investigation of relationships among the bumble bees. *Systematic Entomology*, 10: 239-255.

Williams P H. 1991. The bumble bees of the Kashmir Himalaya (Hymenoptera: Apidae, Bombini). *Bulletin of the British Museum* (*Natural History*) (*Entomolgy*), 60: 1-204.

Williams P H. 1994. Phylogenetic relationships among bumblebees (*Bombus* Latr.): A reappraisal pf morphological evidence. *Systematic Entomology*, 19: 327-344.

Williams P H. 1998. An annotated checklist of bumblebees with an analysis of pattern of description. *Bulletin of the Natural History Musseum*, 67: 79-152.

Williams P H. 2011. Bumblebees collected by the Kyushu University Expeditions to Central Asia (Hymenoptera, Apidae, genus *Bombus*). *ESAKIA*, 50: 27-36.

Williams P H, An J D, Huang J X. 2011. The bumblebees of the subgenus *Subterraneobombus*: integrating evidence from morphology and DNA barcodes (Hymenoptera, Apidae, *Bombus*). *Zoological Journal of the Linnean Society*, 163: 813-862.

Williams P H, Brown M J F, Carolan J C, *et al.* 2012. Unveiling cryptic species of the bumblebee subgenus *Bombus* s. str. worldwide with COI barcodes (Hymenoptera: Apidae). *Systematics and Biodiversity*, 10(1): 21-56.

Williams P H, Cameron S A, Hines H M, *et al.* 2008. A simplified subgeneric classification of the bumblebees (genus *Bombus*). *Apidologie*, 39: 46-74.

Williams P H, Ito M, Matsumura T, *et al.* 2010. The bumblebees of the Nepal Himalaya (Hymenoptera: Apidae). *Insecta Matsumurana, new series*, 66: 115-151.

Williams P H, Tang Y, Yao J, *et al.* 2009. The bumblebees of Sichuan (Hymenoptera: Apidae, Bombini). *Systematics and Biodiversity*, 7(2): 101-189.

Williams P H, Tang Y, Yao J. 2007. Guide to the bumblebees of Sichuan and Chongqing. London: Natural History Museum: 106 pp.

Wu J, An J D, Yao J, *et al.* 2009. *Bombus* fauna (Hymenoptera, Apidae) in Hebei, China. *Acta Zootaxonomica Sinica*, 34(1): 87-97. [吴杰, 安建东, 姚建, 等. 2009. 河北省熊蜂属区系调查(膜翅目, 蜜蜂科). 动物分类学报, 34(1): 87-97.]

Wu Y R. 1961. Yunnan Organism Investigation Report——Apoidea I, Apidae, Xylocopini. *Acta Entomologica Sinica*, 10(4-6): 499-504. [吴燕如. 1961. 云南生物考察报告(蜜蜂总科 I, 蜜蜂科 Apidae, 木蜂族 Xylocopini). 昆虫学报, 10(4-6): 499-504.]

Wu Y R. 1963. Yunnan Organism Investigation Report——Apoidea III, Apidae, Ceratinini. *Acta Entomologica Sinica*, 12(1): 83-92. [吴燕如. 1963. 云南生物考察报告(蜜蜂总科 III, 蜜蜂科 Apidae, Ceratinini 族). 昆虫学报, 12(1): 83-92.]

Wu Y R. 1965a. A study of Chinese *Macropis* with descriptions of two new species (Apoidea, Melittidae). *Acta Entomologica Sinica*, 14(6): 591-599. [吴燕如. 1965a. 中国宽痣蜂属 *Macropis* 的研究及两新种记述(蜜蜂总科, 准蜂科 Melittidae). 昆虫学报, 14(6): 591-599.]

Wu Y R. 1965b. *Hymenoptera Apoidea*, *Chinese Economic Insect Fauna*, Vol. 9. Beijing: Science Press: i-ix + 1-83, pls. i-vii. [吴燕如. 1965b. 中国经济昆虫志. 第九册. 膜翅目, 蜜蜂总科. 北京: 科学出版社: 83 页, 彩色图版 1-7.]

Wu Y R. 1978. A study of Chinese Melittidae with descriptions of new species (Hymenoptera: Apoidea). *Acta Entomologica Sinica*, 21(4): 419-428. [吴燕如. 1978. 中国准蜂科的研究及新种记述(膜翅目: 蜜蜂总科). 昆虫学报, 21(4): 419-428.]

Wu Y R. 1979. A study on the Chinese *Habropoda* and *Elaphropoda* with descriptions of new species (Apoidea, Apidae). *Acta Entomologica Sinica*, 22(3): 343-348. [吴燕如. 1979. 中国迴条蜂属及长足条蜂属的新种记述(蜜蜂总科, 蜜蜂科). 昆虫学报, 22(3): 343-348.]

Wu Y R. 1982a. A study on Chinese *Xylocopa* with description of a new species (Hymercoptera: Apoidea). *Zoological Research*, 3(2): 193-200. [吴燕如. 1982a. 中国木蜂属研究及新种记述 (膜翅目: 蜜蜂总科). 动物学研究, 3(2): 193-200.]

Wu Y R. 1982b. Hymenoptera: Apoidea, pp. 379-426. *In*: Huang F S. *Insects of Xizang*. *Vol. II*. Beijing: Science Press. [吴燕如. 1982b. 膜翅目: 蜜蜂总科. 379-426. //黄复生. 西藏昆虫. 第二册. 北京: 科学出版社.]

Wu Y R. 1983a. Two new species of *Amegilla* from China (Apoidea: Anthophoridae). *Acta Entomologica Sinica*, 26(2): 222-225. [吴燕如. 1983a. 中国无垫蜂属两新种(蜜蜂总科: 条蜂科). 昆虫学报, 26(2): 222-225.]

Wu Y R. 1983b. Three new species of *Habropoda* from China (Apoidea: Anthophoridae). *Acta Zootaxonomica Sinica*, 8(1): 91-94. [吴燕如. 1983b. 中国回条蜂属三新种(蜜蜂总科: 条蜂科). 动物分类学报, 8(1): 91-94.]

Wu Y R. 1983c. A study of Chinese *Proxylocopa* with description of new species (Hymenoptera: Apoidea). *Entomotaxonomia*, 5(1): 1-6. [吴燕如. 1983c. 中国突眼木蜂属的研究及新种记述(膜翅目: 蜜蜂总科). 昆虫分类学报, 5(1): 1-6.]

Wu Y R. 1983d. A study of Chinese *Proxylocopa* with description of two new species (Hymenoptera: Apoidea). *Entomotaxonomia*, 5(2): 129-132. [吴燕如. 1983d. 中国突眼木蜂属的研究及新种记述(膜翅目: 蜜蜂总科). 昆虫分类学报, 5(2): 129-132.]

Wu Y R. 1984. A new species of Anthophoridae from Yunnan province (Apoidea, Anthophoridae). *Zoological Research*, 5(1): 25-27. [吴燕如. 1984. 云南蜜蜂科一新种(蜜蜂总科: 条蜂科). 动物学研究, 5(1): 25-27.]

Wu Y R. 1985a. Hymenoptera: Apoidea, pp. 137-150. *In*: Cheng S X. *Living Things of Tianshan Tomurfeng Region of Xinjiang*. Urumqi: Xinjiang People Press. [吴燕如. 1985a. 膜翅目: 蜜蜂总科, 137-150.//陈世骧. 天山托木尔峰地区的生物. 天山托木尔峰地区的昆虫名录. 乌鲁木齐: 新疆人民出版社: 137-150.]

Wu Y R. 1985b. Two new species of bees from the HengDuan mountains (Apoidea: Anthophoridae). *Acta Zootaxonomica Sinica*, 10(4): 417-420. [吴燕如. 1985b. 横断山蜜蜂两新种(蜜蜂总科: 条蜂科). 动物分类学报, 10(4): 417-420.]

Wu Y R. 1985c. A new species of *Elaphropoda* fron China (Apoidea, Anthophoridae). *Zoological Research*, 6(4): 377-379. [吴燕如. 1985c. 中国长足条蜂属一新种(蜜蜂总科: 条蜂科). 动物学研究, 6(4): 377-379.]

Wu Y R. 1986a. A study on *Anthomegilla* from China with descriptions of two new species (Apoidea: Anthophoridae). *Sinozoologia* no., 4: 209-212. [吴燕如. 1986a. 中国花条蜂属的研究及新种记述(蜜蜂总科: 条蜂科). 动物学集刊, 4: 209-212.]

Wu Y R. 1986b. Four new species of bees from Hengduan mountain of China (Hymenoptera: Apoidea). *Sinozoologia* no., 4: 213-217. [吴燕如. 1986b. 横断山蜜蜂四新种记述(膜翅目: 蜜蜂总科). 动物学集刊, 4: 213-217.]

Wu Y R. 1988a. Six species recorded from China (Apidae: Apini). *Apiculture of China*, 2: 13. [吴燕如. 1988a. 中国蜜蜂族 Apini 六种记录. 中国养蜂, 2: 13.]

Wu Y R. 1988b. Four new species of bees from China (Hymenoptera: Apoidea). *Acta Zootaxonomica Sinica*, 13(1): 67-71. [吴燕如. 1988b. 中国蜜蜂总科四新种记述(膜翅目: 蜜蜂总科). 动物分类学报, 13(1): 67-71.]

Wu Y R. 1988c. Hymenoptera: Apoidea, pp. 545-552. *In*: Huang F S. *Insects of Mt. Namjagbarwa Region of Xizang*. Beijing: Science Press. [吴燕如. 1988c. 膜翅目: 蜜蜂总科, 545-552. //黄复生. 西藏南迦巴瓦峰地区昆虫. 北京: 科学出版社.]

Wu Y R. 1988d. A new species of *Anthophora* from China (Hymenoptera: Apoidea: Anthophoridae). *Acta Entomologica Sinica*, 31(2): 210-212. [吴燕如. 1988d. 中国条蜂属一新种(膜翅目: 蜜蜂总科: 条蜂科). 昆虫学报, 31(2): 210-212.]

Wu Y R. 1990. Descriptions of nine new species of Apoidea from Inner Mongolia. *Entomotaxonomia*, 12(3-4): 243-251. [吴燕如. 1990. 内蒙蜜蜂九新种记述(膜翅目: 蜜蜂总科). 昆虫分类学报, 12(3-4): 243-251.]

Wu Y R. 1991. Studies on Chinese Habropodini with descriptions of new species (Apoidea: Anthophoridae). *Scientific Treatise on Systematic and Evolutionary Zoology*, 1: 215-233. [吴燕如. 1991. 中国回条蜂族 Habropodini 的研究及新种记述(蜜蜂总科: 条蜂科). 系统进化动物学论文集, 1: 215-233.]

Wu Y R. 1993. Hymenoptera: Apoidea (I), pp. 1378-1421. *In*: Cheng S X. *Insects of the Hengduan Mountains Region*. Vol. II. Beijing: Science Press. [吴燕如. 1993. 膜翅目: 蜜蜂总科 (I), 1378-1421. //陈世骧. 横断山区昆虫. 第二册. 北京: 科学出版社.]

Wu Y R. 1996. Hymenoptera: Apoidea, 298-302. *In*: Huang F S. *Insects of the Kararorum-KunlunMountains*. Beijing: Science Press. [吴燕如. 1996. 膜翅目: 蜜蜂总科, 298-302. //黄复生. 喀喇昆仑山—昆仑山地区昆虫. 北京: 科学出版社.]

Wu Y R. 1997. Hymenoptera: Apoidea: Andrenidae, Halictidae, Melittidae, Megachilidae, Anthophoridae and Apidaqe. 1669-1685. *In*: Yang X K. *Insects of the Three Gorge Reservoir Area of Yangtze River, Part 2*. Chongqing: Chongqing Publishing House. [吴燕如. 1997. 膜翅目: 蜜蜂总科: 地蜂科, 隧蜂科, 准蜂科, 切叶蜂科, 条蜂科, 蜜蜂科, 1669-1685. //杨星科. 长江三峡库区昆虫. 重庆: 重庆出版社.]

Wu Y R. 2000. Melittidae-Apidae in *Fauna Sinica, Insecta*, vol. 20, xiv + 442 pp., ix pls. Beijing: Science Press. [吴燕如. 2000. 中国动物志, 昆虫纲, 第二十卷, 膜翅目: 蜜蜂科、准蜂科. 北京: 科学出版社: 442 页, 彩色图版 1-9.]

Wu Y R. 2004. Hymenoptera: Apoidea, pp. 122-123. *In*: Yang X K. *Insects of the Great Yarlung Zangbo Canyon of Xizang, China*. Beijing: China Science and Technology Press. [吴燕如. 2004. 膜翅目: 蜜蜂总科, 122-123. //杨星科. 西藏雅鲁藏布大峡谷昆虫. 北京: 中国科学技术出版社.]

Wu Y R. 2006. Megachilidae in *Fauna Sinica, Insecta*, vol. 44, xvi + 474 pp., iv pls. Beijing: Science Press. [吴燕如. 2006. 中国动物志, 昆虫纲, 第四十四卷, 膜翅目: 切叶蜂科. 北京: 科学出版社: 474 页, 彩色图版 1-4.]

Wu Y R, He W, Wang S F. 1988. *Bee Fauna of Yunnan*, viii + 131 pp., vi pls. Kunming: Yunnan Science & Technology Press. [吴燕如, 何琬, 王淑芳. 1988. 云南蜜蜂志. 昆明: 云南科技出版社: 131 页, 彩版图版 1-6.]

Wu Y R, Michener C D. 1986. Observations on Chinese *Macropis* (Hymenoptera, Apiodea, Melittidae). *Journal of the Kansas Entomological Society*, 59(1): 43-48.

Yang X K. 2004. *Insects of the Great Yarlung Zangbo canyon of Xizang, China*. Beijing: China Science and Technology Press: 339 pp. [杨星科. 2004. 西藏雅鲁藏布大峡谷昆虫. 北京: 中国科学技术出版社: 339 页.]

Yao J. 1995. Hymenoptera: Apidae-Bombini, pp. 579-580. *In*: Wu H. *Insects of Baishanzu Mountain, Eastern China*. Beijing: China Forestry Publishing House. [姚建. 1995. 膜翅目: 蜜蜂总科: 熊蜂族, 579-580.//武洪. 华东百山祖昆虫. 北京: 中国森林出版社.]

Yao J. 1998. Hymenoptera: Apidae: Bombini, pp. 403-404. *In:* Wu H. *Insects of Longwangshan Nature Reserve*. Beijing: China Forestry Publishing House. [姚建. 1998. 膜翅目: 蜜蜂总科: 熊蜂族, 403-404.//武洪. 龙王山昆虫. 北京: 中国森林出版社.]

Yao J. 2004. Hymenoptera: Apoidea: Bombini, p. 123. *In*: Yang X K. *Insects of the Great Yarlung Zangbo Canyon of Xizang, China*. Beijing: China Science and Technology Press. [姚建. 2004. 膜翅目: 蜜蜂总科: 熊蜂族, 123. //杨星科. 西藏雅鲁藏布大峡谷昆虫. 北京: 中国科学技术出版社.]

Yao J, Luo C. 1997. Hymenoptera: Apidae: Bombin, pp. 1686-1696. *In*: Yang X K. *Insects of the Three Gorge Reservoir Area of Yangtze River*, Part 2. Chongqing: Chongqing Publishing House. [姚建, 罗春勇. 1997. 膜翅目: 蜜蜂总科: 熊蜂族, 1686-1696. //杨星科. 长江三峡库区昆虫. 重庆: 重庆出版社.]

Yarrow I H H. 1970. Kirby's species of British bees: designation of holotypes and selection of lectotypes. Part. 2. The species of *Apis* Linnaeus now included in genera other than *Bombus* Latreille and *Psithyrus* Lepeletier. *Proceedings of the Royal Entomological Society of London* B, 39(11-12): 163-176.

Yarrow I H H. 1971. The author and date of certain subgeneric names in *Bombus*. *Journal of Entomology*, (B)40: 27-29.

Yarrow I H H. 1978. Notes on British bumblebees. *Entomologist's Monthly Magazine*, (1977) 113(Jan.-Apr.): 15-16.

Yasumatsu K. 1933. Die Schmuckbienen (*Epeolus*) Japans (Hymenoptera, Melectidae). *Transactions of the Kansai Entomological Society*, 4: 1-6, 3 pls.

Yasumatsu K. 1934. Eine neue, *Bombus* ignitus ähnliche Schmarotzerhummel aus Korea (Hymenoptera, Bombidae). *Annotationes zoologicae japonensis*, 14: 399-403.

Yasumatsu K. 1935a. Descrlptlon of the famale of *Anthophora patruelis* (Hym, Anthophoridae). *Entomology and Phytopathology* (Hangchow), 3(19): 374-375.

Yasumatsu K. 1935b. Bemerkungen über einige Arten der Bienengattung *Dasypoda* Latreille aus der mandschunschen Subregion. *Kontyû*, 9: 159-165.

Yasumatsu K. 1936. On the occurrence of the subgenus *Zaodontomerus* Ashmead in Japan and Corea (Hymenoptera, Ceratinidae, *Ceratina*). *Annotationes zoologicae japonensis*, 15(4): 550-553.

Yasumatsu K. 1938a. Schmuckbienen (*Epeolus*) der mandschurischen Subregion (Hymenoptera, Apoidea). *Transactions of the Sapporo Natural History Society*, 15: 223-226.

Yasumatsu K. 1938b. Die von Professor Dr. S. Matsumura beschriebenen Kucukcksbienen aus Japan. *Insecta Matsumurana*, 13: 39-40.

Yasumatsu K. 1946. Hymenoptera Aculeata collected by Mr. K. Tsuuneki in North China and Inner Mongolia. III. Apoidea. 1. *Mushi*, 17: 19-26.

Yasumatsu K. 1949. Synonym and other taxonomic notes on the two commonest bumble bees of eastern Asia. *Insecta Matsumurana*, 17(1): 17-22.

Yasumatsu K, Hirashima Y. 1952. *Nomada comparata* Cockerell and its allied species, *Nomada hananoi* n. sp. from S. Manchuria (Hymenoptera, Apidae). *Kontyû*, 19(3\4): 80-85.

Yasumatsu K, Hirashima Y. 1956. Discoveries of the genera *Macropis* Klug and *Melitta* Kirby in Japan (Hymenoptera, Melittidae). *Kontyû*, 24: 247-255.

Yasumatsu K, Hirashima Y. 1969. Synopsis of the small carpenter bee genus *Ceratina* of Japan (Hymenoptera, Anthophoridae). *Kontyû*, 37: 61-70.

Yu F L. 1954. The carpenter or xylocopine bees of Formosa. *Memoirs of the College of Agriculture, Taiwan University*, 3(3): 1-12. [余风麟. 1954. 台湾之椽蜂. 台湾大学农学院研究报告, 3(3): 1-12.]

三、隧蜂科 Halictidae Thomson, 1869

Halictina Thomson, 1869: 8.
其他文献（Reference）: Michener, 1986; Alexander *et* Michener, 1995.

隧蜂亚科 Halictinae Thomson, 1869

Halictina Thomson, 1869: 8.
其他文献（Reference）: Michener, 1986; Alexander *et* Michener, 1995.

隧蜂族 Halictini Thomson, 1869

Halictina Thomson, 1869: 8.
其他文献（Reference）: Michener, 1986.

1. 隧蜂属 *Halictus* Latreille, 1804

Halictus Latreille, 1804: 182. **Type species:** *Apis quadricincta* Fabricius, 1776, by designation of Richards, 1935: 170. For other type designations, see Michener, 1997.
Halictus (*Argalictus*) Pesenko, 1984a: 348. **Type species:** *Hylaeus senilis* Eversmann, 1852, by original designation.
Halictus (*Hexataenites*) Pesenko, 1984a: 348. **Type species:** *Apis sexcincta* Fabricius, 1775, by original designation.
Halictus (*Lampralictus*) Pesenko, 1984a: 348. **Type species:** *Halictus modernus* Morawitz, 1876, by original designation.
Halictus (*Monilapis*) Cockerell, 1931e: 529. **Type species:** *Hylaeus tomentosus* Eversmann, 1852 = *Apis flavipes* Panzer, 1798 (not Fuesslin, 1775; not Fabricius, 1787) = *Andrena compressa* Walckenaer, 1802, by original designation.
Halictus (*Nealictus*) Pesenko, 1984a: 346. **Type species:** *Halictus parallelus* Say, 1837, by original designation.
Odontalictus Robertson, 1918: 91. **Type species:** *Halictus ligatus* Say, 1837, by original designation.
Pachyceble Moure, 1940: 54. **Type species:** *Pachyceble lanei* Moure, 1940, by original designation.
Paraseladonia Pauly, 1997: 92. **Type species:** *Halictus chalybaeus* Friese, 1910, by original designation.
Halictus (*Platyhalictus*) Pesenko, 1984a: 347. **Type species:** *Halictus minor* Morawitz, 1876, by original designation.
Halictus (*Prohalictus*) Pesenko, 1984a: 346 (not Armbruster, 1938). **Type species:** *Apis rubicunda* Christ, 1791, by original designation.
Halictus (*Protohalictus*) Pesenko, 1986b: 631, replacement for *Prohalictus* Pesenko, 1984. **Type species:** *Apis rubicunda* Christ, 1791, autobasic.
Halictus (*Ramalictus*) Pesenko, 1984a: 347. **Type species:** *Halictus latisignatus* Cameron, 1908, by original designation.
Seladonia Robertson, 1918: 91. **Type species:** *Apis seladonia* Fabricius, 1794, by original designation.
Halictus (*Tytthalictus*) Pesenko, 1984a: 348. **Type species:** *Halictus maculatus* Smith, 1848, by original designation.
Halictus (*Vestitohalictus*) Blüthgen, 1961: 287. **Type species:** *Halictus vestitus* Lepeletier, 1841, by original designation.
Seladonia (*Placidohalitrus*) Pesenko, 2004: 102. **Type species:** *Halictus placidus* Blüthgen, 1923, by original designation.
Seladonia (*Mucoreohalictus*) Pesenko, 2004: 102. **Type species:** *Halictus mucoreus* Eversmann, 1852, by original designation.
其他文献（Reference）: Ebmer, 1988a, 1988b; Michener, 1997, 2000, 2007; Niu *et al.*, 2004; Pesenko, 2004, 2005a, 2005b.

白隧蜂亚属 *Halictus* / Subgenus *Argalictus* Pesenko, 1984a

Halictus (*Argalictus*) Pesenko, 1984a: 348. **Type species:** *Hylaeus senilis* Eversmann, 1852, by original designation.
其他文献（Reference）: Ebmer, 1988a, 1988b, 2005; Michener, 1997, 2000, 2007; Niu *et al.*, 2004; Pesenko, 2004.

（1）志隧蜂 *Halictus* (*Argalictus*) *senilis* (Eversmann, 1852)

Hylaeus senilis Eversmann, 1852: 33 (key), 34 (key), 38, ♀ non ♂. **Lectotype:** ♀, Russia: Orenburg; designated by Pesenko (1984b: 26); ZISP.
异名（Synonym）:
Halictus fucosus Morawitz in Fedtschenko, 1876: 219 (key), 230, ♂. **Holotype:** ♂, Uzbekistan; ZMMU. The lectotype designation by Warncke (1982: 148) is unnecessary. Synonymied by Blüthgen (1922a: 47).
Halictus albarius Pérez, 1895: 51, ♀. **Lectotype:** ♀, Tunisia: Kerkena; designated by Ebmer (1972b: 598). Synonymied by Blüthgen (1922a: 47, 58).
Halictus bivinctus Vachal, 1902: 226, ♀. **Holotype:** ♀, Turkmenistan: Ashgabat; IZK. Synonymied by Blüthgen (1922a: 61).
Halictus aegypticola Strand, 1909: 21, ♀ non ♂.
分布（Distribution）: 内蒙古（NM）、甘肃（GS）、新疆（XJ）、云南（YN）；摩洛哥、阿尔及利亚、突尼斯、埃及、西班牙、乌克兰、土耳其、阿塞拜疆、阿富汗、以色列、伊朗、伊拉克、巴基斯坦、哈萨克斯坦（南部）、乌兹别克斯坦、土库曼斯坦、吉尔吉斯斯坦、俄罗斯、蒙古国
其他文献（Reference）: Dalla Torre, 1896: 82 (*Halictus senilis* Ev.); Blüthgen, 1923b: 75 (*Halictus senilis* Eversmann), ♀ (key), 80 (*Halictus senilis* Eversmann), ♂ (key); Hirashima, 1957: 18 [*Halictus senilis* (Eversmann, 1852)]; Ebmer, 1975b: 50 [*Halictus* (*Halictus*) *senilis* (Ev.)]; Ebmer, 1978b: 18 [*Halictus* (*Halictus*) *senilis* (Eversmann, 1852)]; Ebmer, 1979: 119 [*Halictus* (*Halictus*) *senilis* (Eversmann, 1852)]; Ebmer, 2005: 359 [*Halictus* (*Halictus*) *senilis* (Eversmann, 1852)]; Michener, 1978b: 534 [*Halictus* (*Halictus*) *senilis* (Eversmann, 1852)]; Pesenko, 1984d: 457; Pesenko, 2004: 100; Pesenko,

2005a: 5, ♀ (key), ♂ (key), 9; Pesenko *et* Wu, 1997a: 203; Wu, 1996: 298 (*Halictus senilis* Eversmann, 1853) (incorrect subsequent time); Fan, 1990: 93 [*Halictus* (*Halictus*) *senilis* (Eversmann)]; Niu *et al.*, 2007b: 381; Dikmen *et* Aytekin, 2011: 539.

隧蜂亚属 *Halictus* / Subgenus *Halictus* Latreille s. str., 1804

Halictus Latreille, 1804: 182. **Type species:** *Apis quadricincta* Fabricius, 1776, by designation of Richards, 1935: 170. For other type designations, see Michener, 1997.

其他文献（Reference）：Michener, 1978b, 1997, 2000, 2007; Niu *et al.*, 2004; Pesenko, 2004.

（2）棕隧蜂 *Halictus* (*Halictus* s. str.) *brunnescens* (Eversmann, 1852)

Hylaeus brunnescens Eversmann, 1852: 34 (key), 36. ♀. **Lectotype:** ♀, Russia: Orenburg; designated by Pesenko (1984b: 19); ZISP.

异名（Synonym）：

Halictus quadricinctus var. *aegyptiacus* Friese, 1916: 29, 30. ♀, ♂. **Syntypes:** 4 ♀, 1 ♂; MNB; Synonymied by Pesenko (1984a: 346).

Halictus quadricinctus var. *maximus* Friese, 1916: 29, 30. ♀, ♂. **Syntypes:** 2♀, 1♂, Russia: Volgograd, MNB; Synonymied by Pesenko (1984b: 23).

分布（Distribution）：内蒙古（NM）、河北（HEB）、宁夏（NX）、新疆（XJ）；埃塞俄比亚、摩洛哥、突尼斯、埃及、西班牙、法国、意大利、斯洛伐克、捷克、希腊、塞浦路斯、土耳其、格鲁吉亚、乌克兰、亚美尼亚、伊朗、土库曼斯坦、乌兹别克斯坦、哈萨克斯坦、吉尔吉斯斯坦、阿富汗、印度、俄罗斯

其他文献（Reference）：Blüthgen, 1924a: 402 (4-*cinctus* F. var. *aegyptiacus* Friese) (key); Blüthgen, 1933a: 16 [*H. quadricinctus* (F.) var. *aegyptiacus* Friese]; Blüthgen, 1935b: 360 (*H. quadricinctus* var. *aegyptiacus*); Blüthgen, 1955: 8 (*H. quadricinctus* var. *aegyptiacus*); Warncke, 1975: 112 (*Halictus quadricinctus* ssp. *aegyptiacus* Friese, 1916); Warncke, 1982: 154 (*Halictus quadricinctus* var. *aegyptiacus* Friese); Michener, 1978b: 533 [*Halictrus* (*Halictus*) *brunnescens* (Eversmann, 1852)]; Ebmer, 1978b: 12; Ebmer, 1988b: 551 (*H. brunnescens*); Ebmer, 2005: 358; Pesenko, 1984d: 456; Pesenko, 2004: 98; Pesenko, 2005a: 5, ♀, ♂ (key), 10; Pesenko, 2005b: 320; Pesenko *et* Wu, 1997a: 202; Niu *et al.*, 2007b: 381; Straka *et al.*, 2007: 268 [*H. brunnescens* (Eversmann, 1852)].

（3）双带隧蜂 *Halictus* (*Halictus* s. str.) *duplocinctus* Vachal, 1902

Halictus duplocinctus Vachal, 1902: 225, ♀, ♂. **Lectotype:** ♀, Turkmenistan: Ashgabat; designated by Pesenko (2005b: 321); IZK.

异名（Synonym）：

Halictus magnificus Nurse, 1903: 541, ♀. **Syntypes:** ♀, India: Kashmir, AMNH and BML. Synonym (= *H. quadricinctus* race *duplocinctus*) by Blüthgen (1922a: 61).

分布（Distribution）：新疆（XJ）；伊朗、巴基斯坦、哈萨克斯坦（南部）、乌兹别克斯坦、土库曼斯坦、吉尔吉斯斯坦、塔吉克斯坦、阿富汗、印度

其他文献（Reference）：Pesenko, 2004: 98; Pesenko, 2005b: 321; Rasmussen, 2012: 26.

（4）四条隧蜂 *Halictus* (*Halictus* s. str.) *quadricinctus* (Fabricius, 1776)

Apis quadricincta Fabricius, 1776: 247, ♂. **Lectotype:** ♂, Dänemark (Denmark); designated by Warncke (1973a: 24); UZMC.

异名（Synonym）：

Apis hortensis Geoffroy in Fourcroy, 1785: 446, ♂. **Syntypes:** Paris; lost; Synonymied by Kirby (1802: 51).

Halictus quadristrigatus Latreille, 1805: 364. ♀. **Syntypes:** France: environs of Paris; lost; Synonymied by Morawitz (1866: 20).

Hylaeus grandis Illiger, 1806: 57, ♂. **Type locality:** Deutschland (Germany).

Halictus ecaphosus Walckenaer, 1817: 58, Pl. 1, Fig. 1. ♀, ♂. **Syntypes:** sine loco (northern France); lost; Synonymied by Walckenaer (1817: 58).

Halictus chaharensis Yasumatsu, 1940: 92. ♀. **Holotype:** ♀, China: Inner Mongolia: Shangtu; ZCK; Synonymied by Ebmer (1995: 610).

分布（Distribution）：黑龙江（HL）、吉林（JL）、辽宁（LN）、内蒙古（NM）、河北（HEB）、天津（TJ）、北京（BJ）、山西（SX）、山东（SD）、甘肃（GS）；西班牙、法国、德国、意大利、丹麦、波兰、捷克、斯洛伐克、希腊、罗马尼亚、立陶宛、瑞典、芬兰、以色列、土耳其、伊朗、阿富汗、乌兹别克斯坦、吉尔吉斯斯坦、哈萨克斯坦、蒙古国、俄罗斯

其他文献（Reference）：Morawitz, 1890: 363 (*H. quadricinctus* F.); Dalla Torre, 1896: 78 [*Halictus quadricinctus* (Fabr.)]; Friese, 1916: 25 [*Halictus quadricinctus* (F.)]; Blüthgen, 1923b: 68, ♀ (key), 81, ♂ (key), 137 (*H. quadricinctus* F.); Cockerell, 1929b: 587(*Halictus quadricinctus*); Hedicke, 1940: 336 (*Halictus quadricinctus*); Hirashima, 1957: 6 (*Halictus chaharensis* Yasumatsu, 1940), 16 [*Halictus quadricinctus* (Fabricius, 1776)]; Ebmer, 1969: 148, ♀ (key), 151, ♂ (key), 157 [*Halictus* (*Halictus*) *quadricinctus* (F.)]; Ebmer, 1976a: 216; Ebmer, 1976b: 396; Ebmer, 1978a: 186; Ebmer, 1978b: 12; Ebmer, 1980: 470; Ebmer, 1988b: 548; Ebmer, 2005: 357; Warncke, 1975: 112 [*Halictus quadricinctus* ssp. *quadricinctus* (Fabricius, 1776)]; Michener, 1978b: 534 [*Halictus quadricinctus* (Fabricius, 1776)]; Fan, 1990: 92, ♀, ♂; Pesenko, 2004: 98; Pesenko *et* Wu,

1997a: 202; Pesenko *et al.*, 2000: 149 (key), 151, Figs. 208, 210, 211; Pesenko, 2005a: 5, ♀ (key), ♂ (key), 10; Pesenko, 2005b: 321; Niu *et al.*, 2007b: 381; Straka *et al.*, 2007: 268 [*H. quadricinctus* (Fabricius, 1776)].

六带隧蜂亚属 *Halictus* / Subgenus *Hexataenites* Pesenko, 1984

Halictus (*Hexataenites*) Pesenko, 1984a: 344, 345 (keys), 348. **Type species:** *Apis sexcincta* Fabricius, 1775, by original designation.

其他文献(Reference): Michener, 1997, 2000, 2007; Pesenko, 2004.

(5) 广隧蜂 *Halictus* (*Hexataenites*) *resurgens* Nurse, 1903

Halictus resurgens Nurse, 1903: 542, ♀. **Holotype:** ♀, Kashmir; BML.

异名(Synonym):

Halictus turkomannus Pérez, 1903: 208, ♀. **Lectotype:** ♀, Turkestan; designated by Ebmer (1972: 614); MNP. Synonymied by Ebmer (1979: 118).

Halictus (*Lucasius*) *holtzi* Schulz, 1906: 49, ♀, ♂. **Holotype:** ♀, Kreta, Assitaes, ca 25km s Candia; ZISP. Synonymied by Ebmer (1979: 118).

Halictus asiaeminoris Strand, 1921: 311, ♀. **Holotype:** ♀, Kleinasien; DEI. Synonymied by Ebmer (1979: 118).

分布(Distribution): 新疆(XJ);印度(北部);中亚、欧洲(东南部)、非洲(西北部)

其他文献(Reference): Ebmer, 1979: 118 [*Halictus* (*Halictus*) *resurgens* Nurse, 1903]; Ebmer, 1980: 471 [*Halictus* (*Halictus*) *resurgens* Nurse, 1903]; Ebmer, 1988b: 555 [*Halictus* (*Halictus*) *resurgens* Nurse]; Ebmer, 2005: 360 [*Halictus* (*Halictus*) *resurgens* Nurse, 1903]; Pesenko, 1984a: 348 (first in the subgenus); Pesenko *et* Wu, 1997a: 205 [*Halictus* (*Hexataenites*) *resurgens* (Nurse, 1903)]; Pesenko, 2004: 100; Pesenko, 2005b: 322; Niu *et al.*, 2007b: 381 [*Halictus* (*Arglictus*) *resurgens* Nurse]; Straka *et al.*, 2007: 268 (*H. resurgens* Nurse, 1903).

(6) 六带隧蜂 *Halictus* (*Hexataenites*) *sexcinctus* (Fabricius, 1775)

Apis sexcincta Fabricius, 1775: 387, ♂. **Lectotype:** ♂, Kopenhagen; designated by Warncke (1973a: 25).

异名(Synonym):

Apis ichneumonea Christ, 1791: 198, ♂. **Type locality:** Deutschland (Germany).

Hylaeus sexcinctus Fabricius, 1793: 304, ♂. **Type locality:** Südeuropa.

Hylaeus arbustorum Panzer, 1797: 46, ♂.

Andrena rufipes Spinola, 1806: 123, ♀, ♂. **Type locality:** Ligurien.

Halictus sexcinctus var. *albohispidus* Blüthgen, 1923a: 301, ♂. **Holotype:** ♂, Turkey: Erdschias; in Wiener Museum.

Halictus sexcinctus var. *hybridopsis* Blüthgen, 1923b: 72, ♀, 138, ♀. **Holotype:** ♀, Kaukasus: Kasikoporan; in Hamberga Museum; Synonymied by Warncke (1975: 111).

分布(Distribution): 内蒙古(NM)、甘肃(GS);俄罗斯(西伯利亚);中亚、欧洲

其他文献(Reference): Dalla Torre, 1896: 82 [*Halictus sexcinctus* (Farb.)]; Hirashima, 1957: 18 [*Halictus sexcinctus* (Fabricius, 1775)]; Ebmer, 1969: 149, ♀ (key), 150, ♂ (key), 159 [*Halictus* (*Halictus*) *sexcinctus* (F.)]; Ebmer, 1978b: 17 [*Halictus* (*Halictus*) *sexcinctus albohispidus* Blüthgen, 1923]; Ebmer, 1988b: 552 [*Halictus* (*Halictus*) *sexcinctus sexcinctus* (Fabricius, 1775)]; Warncke, 1975: 111 [*Halictus sexcinctus* ssp. *sexcinctus* (Fabricius, 1775)]; Michener, 1978b: 534 [*Halictus* (*Halictus*) *sexcinctus* (Fabricius, 1775)]; Pesenko, 2005b: 323; Pesenko *et al.*, 2000: 147, ♀, ♂ (key), 164, Figs. 207, 213, 222, 242-245; Niu *et al.*, 2007b: 381 [*Halictus* (*Argalictus*) *sexcinctus* (Fabricius, 1775)]; Straka, 2007: 269 [*H. sexcinctus* (Fabricius, 1775)].

念珠隧蜂亚属 *Halictus* / Subgenus *Monilapis* Cockerell, 1931

Halictus (*Monilapis*) Cockerell, 1931e: 529. **Type species:** *Hylaeus tomentosus* Eversmann, 1852 = *Apis flavipes* Panzer, 1798 (not Fuesslin, 1775; not Fabricius, 1787) = *Andrena compressa* Walckenaer, 1802, by original designation.

异名(Synonym):

Halictus (*Acalcaripes*) Pesenko, 1984a: 347. **Type species:** *Halictus patellatus* Morawitz, 1873, by original designation. (Synonymied by Michener in 2000).

其他文献(Reference): Michener, 1997, 2000, 2007; Niu *et al.*, 2004; Pesenko, 2004.

(7) 直隧蜂 *Halictus* (*Monilapis*) *compressus* (Walckenaer, 1802)

Andrena compressa Walckenaer, 1802: 105 (nom. n. pro *Apis flavipes* Panzer, 1798).

异名(Synonym):

Apis flavipes Panzer, 1798: H. 56, Taf. 17, *nec Apis flavipes* Fueßlin, 1775 (nomen dubium in genus *Halictus* s. str.), *nec Apis flavipes* Fabricius, 1787 (= *Seladonia tumulorum*), ♂. **Syntypes:** Germany: Nürnberg; lost. **Neotype:** ♂, Germany: Regensburg near Nürnberg; ZISP; designated by Pesenko (1985: 94).

Melitta quadricincta sensu Kirby, 1802: 51, *nec Apis quadricincta* Fabricius, 1776 (= *Halictus quadricinctus*).

Hylaeus tomentosus Herrich-Schäffer, 1840a: 141; 1840b: 279; (nom. n. pro *Apis flavipes* Panzer, 1798).

?*Hylaeus tomentosus* sensu Eversmann, 1852: 34, 37, ♀, non ♂ (= *H. rubicundus*).

Hylaeus senex Förster, 1860: 139, ♂. **Syntype(s):** southern Germany; lost. **Neotype:** ♂, Germany: München; ZSM; designated by Warncke (1982: 149); Synonymied by Pesenko

(1985: 93).

Halictus eurygnathus Blüthgen, 1931a: 210, ♀, ♂. **Syntypes:** 2 ♀, 1 ♂, England: London; BML; Synonymied by Pesenko (1985: 78, 93).

Halictus eurygnathopsis Blüthgen, 1936: 293, ♂. **Holotype:** ♂, Russia: Sochi (Krasnodar Province); MNB; Synonymied by Pesenko (1985: 78, 93).

Halictus veneticus Ebmer, 1969: 150 (key), 151 (key), 162, Figs. 4, 8; *nec Halictus veneticus* Móczár, 1967 (= *Halictus sajoi*), ♂, ♀. **Holotype:** ♂, Hungary: Simontornya; MNB; **Synonym** (= *Hylaeus senex eurygnathopsis*) by Warncke (1973b: 282).

Halictus senex ssp. *lunatus* Warncke, 1975: 121, ♂, ♀. **Holotype:** ♂, Ispir: Erzurum.

Halictus (*Monilapis*) *compressus gissaricus* Pesenko, 1985: 85 (key), 95, ♂. **Holotype:** ♂, Tadjikistan: Cafilabad; ZISP.

Halictus (*Monilapis*) *compressus transvolgensis* Pesenko, 1985: 85 (key), 95, ♂. **Holotype:** ♂, 100km S Omsk; ZISP.

分布（Distribution）：新疆（XJ）；西班牙、法国、英国、德国、意大利、卢森堡、奥地利、捷克、斯洛伐克、匈牙利、波兰、瑞典、立陶宛、乌克兰、格鲁吉亚、土耳其、伊朗、哈萨克斯坦、吉尔吉斯斯坦、塔吉克斯坦、俄罗斯

其他文献（Reference）：Pesenko, 2005a: 8, ♀ (key), ♂ (key), 11, 12 [*Halictus* (*Monilapis*) *compressus transvolgensis* Pesenko, 1985]; Pesenko, 2005b: 325; Pesenko *et* Wu, 1997a: 205 [*Halictus* (*Monilapis*) *compressus transvolgensis* Pesenko, 1985]; Pesenko *et al.*, 2000: 150, ♀ (key), ♂ (key), 158, Figs. 203, 204, 209, 214, 216, 222, 235, 236; Niu *et al.*, 2007b: 381 [*Halictus* (*Monilapis*) *compressus transvolgensis* Pesenko, 1985]; Proshchalykin *et* Lelej, 2013: 319 (*Halictus compressus transvolgensis* Pesenko, 1985); Straka *et al.*, 2007: 268 [*H. compressus* (Walckenaer, 1802)].

（8）短颊隧蜂 *Halictus* (*Monilapis*) *simplex* Blüthgen, 1923

Halictus simplex Blüthgen, 1923b: 127, 132, ♀, ♂. **Syntypes:** South and Middle Europe; MNB.

异名（Synonym）：

Halictus ibex Warncke, 1973b: 282, unnecessary new name for *H. simplex* Blüthgen, 1923, non *Paralictus simplex* Robertson, 1901.

分布（Distribution）：辽宁（LN）、河北（HEB）、山东（SD）、江苏（JS）、浙江（ZJ）、湖北（HB）；西班牙、法国、德国、意大利、希腊、罗马尼亚、捷克、斯洛伐克、摩尔多瓦、波兰、阿塞拜疆、立陶宛、乌克兰、格鲁吉亚、土耳其、伊朗、哈萨克斯坦、俄罗斯

其他文献（Reference）：Wu, 1965: 35 (*Halictus simplex* Blüthgen), ♀, ♂, Plate I-20; Michener, 1978b: 534 [*Halictus* (*Halictus*) *simplex* Blüthgen, 1923]; Pesenko, 1984a: 347 (first in the subgenus); Ebmer, 1969: 150, ♀ (key), 152, ♂ (key), 164 [*Halictus* (*Halictus*) *simplex* Blü.]; Ebmer, 1975b: 63 [*Halictus* (*Halictus*) *simplex* Blü.]; Ebmer, 1976b: 397 [*Halictus* (*Halictus*) *simplex* Blüthgen, 1923]; Ebmer, 1988b: 557 [*Halictus* (*Halictus*) *simplex* Blüthgen, 1923]; Pesenko, 2004: 100 (in the subgenus); Pesenko, 2005b: 327; Pesenko *et al.*, 2000: 150, ♀, ♂ (key), 160, Figs. 223, 237; Niu *et al.*, 2007b: 381; Straka *et al.*, 2007: 269 (*H. simplex* Blüthgen, 1923).

（9）类四带隧蜂 *Halictus* (*Monilapis*) *tetrazonianellus* Strand, 1909

Halictus tetrazonianellus Strand, 1909: 58, ♀. **Syntypes:** Griechland Inseln: Chios, Samos, Rhodes; Berlin.

异名（Synonym）：

Halictus apatellatus Strand, 1921: 309, ♂. **Holotype:** ♂, Asia Minor; DEI.

Halictus leucognathus Morice, 1921: 825, ♂. **Holotype:** ♂, Baquba; London.

Halictus gusenleitneri Ebmer, 1975b: 53, ♀. **Holotype:** ♀, Turkey: Urfa; coll. Ebmer, A-4040; Österreich.

分布（Distribution）：山西（SX）；克罗地亚、希腊、乌克兰、以色列、土耳其、伊拉克、伊朗、土库曼斯坦

其他文献（Reference）：Warncke, 1975: 109 (*Halictus tetrazonianellus* Strand, 1909); Ebmer, 1978b: 19 [*Halictus* (*Halictus*) *tetrazonianellus* Strand, 1909]; Michener, 1978b: 534 [*Halictus* (*Halictus*) *tetrazonianellus* Strand, 1909]; Pesenko, 2004: 100 (in the subgenus); Niu *et al.*, 2007b: 381.

（10）四带隧蜂 *Halictus* (*Monilapis*) *tetrazonius* (Klug, 1817)

Hylaeus tetrazonius Klug, 1817 in Germar, 1817: 265, ♀. **Syntypes:** Dalmatien, Lesina; Berlin.

异名（Synonym）：

Halictus furcatus Blüthgen, 1925a: 90, ♂. **Lectotype:** ♂, Kaukaus, Helenendorf; desiganied by Ebmer (1988b: 558); in Wien.

Halictus galilaeus Blüthgen, 1955: 15, ♂. **Holotype:** ♂, Israel: Galiläa, Qiryat Shemona; MNB.

Halictus pannonicus Ebmer, 1969: 165, ♀, ♂. **Holotype:** ♂, Niederösterreich, Oberweiden; MNB.

分布（Distribution）：山东（SD）、甘肃（GS）；阿尔及利亚、西班牙、法国、德国、意大利、奥地利、捷克、斯洛伐克、黑山、斯洛文尼亚、希腊、摩尔多瓦、以色列、土耳其、格鲁吉亚、伊朗、土库曼斯坦、巴基斯坦、俄罗斯

其他文献（Reference）：Dalla Torre, 1896: 86 [*Halictus tetrazonius* (Klug)]; Blüthgen, 1923b: 77 [*Halictus* (*Halictus*) *tetrazonius* (Klug, 1817)], ♀; Hirashima, 1957: 21 [*Halictus tetrazonius* (Klug, 1917)]; Michener, 1978b: 534 [*Halictus* (*Halictus*) *tetrazonius* (Klug, 1817)]; Ebmer, 1975b: 63 [*Halictus* (*Halictus*) *tetrazonius* (Klug)]; Ebmer, 1976b: 396 [*Halictus* (*Halictus*) *tetrazonius* (Klug, 1817)]; Ebmer, 1978b: 20 [*Halictus* (*Halictus*) *tetrazonius* (Klug, 1817)]; Ebmer,

1988b: 558 [*Halictus* (*Halictus*) *tetrazonius* (Klug, 1817)]; Pesenko, 1984a: 347 (first in the subgenus); Pesenko, 1985: 101, ♂; Pesenko, 2004: 100 (in *Monilapis* subgenus); Pesenko, 2005b: 327; Niu *et al.*, 2007b: 381.

（11）青岛隧蜂 *Halictus* (*Monilapis*) *tsingtouensis* Strand, 1910

Halictus tetrazonius var. *tsingtouensis* Strand, 1910a: 181, ♀, ♂. **Lectotype:** ♂, China: Tsingtou; designated by Pesenko (1984b: 28); MNB.

异名（Synonym）：

Halictus tsingtauensis Blüthgen, 1923b: 128, 132. Unjustified emendation of *Halictus tsingtouensis* Strand, 1910.

分布（Distribution）：黑龙江（HL）、吉林（JL）、辽宁（LN）、内蒙古（NM）、河北（HEB）、天津（TJ）、北京（BJ）、山东（SD）、陕西（SN）、新疆（XJ）、浙江（ZJ）、江西（JX）；朝鲜、日本、俄罗斯

其他文献（Reference）：Blüthgen, 1923b: 128 (key), 132 (*Halictus tsingtauensis* Strand); Michener, 1978b: 534 [*Halictus* (*Halictus*) *tsingtouensis* Strand, 1910]; Ebmer, 1978a: 188 [*Halictus* (*Halictus*) *tsingtouensis* Strand]; Ebmer, 1996b: 268 [*Halictus* (*Halictus*) *tsingtouensis* Strand, 1910]; Ebmer, 2006: 548 [*Halictus* (*Halictus*) *tsingtouensis* Strand, 1910]; Pesenko, 1984a: 3-4 (*H. tsingtouensis* Strand), Figs. 18, 27, 28, 41, 51; Pesenko, 1984b: 28; Pesenko, 1985: 93 (key), 101, Figs. 46, 47, 89, 90, 126, 141; Pesenko, 2005a: 8, ♀ (key), ♂ (key), 12; Pesenko, 2005b: 328; Pesenko *et* Wu, 1997a: 205; Wu, 1996: 298 [*Halictus tsingtouensis* Strand, 1910]; Proshchalykin, 2003: 6; Proshchalykin, 2004: 6; Proshchalykin *et al.*, 2004: 159; Niu *et al.*, 2007b: 381.

霉毛隧蜂亚属 *Halictus* / Subgenus *Mucoreohalictus* Pesenko, 2004

Mucoreohalictus Pesenko, 2004: 102. **Type species:** *Hylaeus mucoreus* Eversmann, 1852, by original designation.

其他文献（Reference）：Michener, 1997, 2000, 2007; Pesenko, 2004, 2006.

（12）细毛隧蜂 *Halictus* (*Mucoreohalictus*) *pollinosus* Sichel, 1860

Halictus pollinosus Sichel, 1860: 763, ♀. **Holotype:** ♀, Sicily; Paris; coll. Sichel.

异名（Synonym）：

Halictus cariniventris Morawitz, 1876: 220 (key), 226, ♂. **Lectotype:** ♂, Kyrgyzstan: Osh; designated by Blüthgen (1955: 19); ZMMU. The lectotype designation by Warncke (1982: 138) is unnecessary.

Halictus thevestensis Pérez, 1903: 208, ♀. **Lectotype:** ♀, Algeria, Tébessa; designated by Ebmer (1972b: 615); MNP.

Halictus carinaeventris Fahringer *et* Friese, 1921: 163. Unjustified emendation of *H. cariniventris* Morawitz, 1876.

Halictus cariniventris var. *creticola* Strand, 1921: 314, ♀. **Holotype:** ♀, Greece: Crete; DEI; Synonymied by Ebmer (1988b: 578).

Halictus cariniventris flavotectus Cockerell, 1922c: 550, ♀. **Holotype:** ♀, Pakistan: Quetta; USMW. **Synonym** (= *H. pollinosus*) by Blüthgen (1926b: 406).

Halictus pollinosus limissicus Blüthgen, 1938: 43, ♂. **Holotype:** ♂, Cyprus: Limassol; MNB; Synonymied by Ebmer (1988b: 578).

分布（Distribution）：内蒙古（NM）、新疆（XJ）；摩洛哥、突尼斯、西班牙、法国、意大利、捷克、斯洛伐克、匈牙利、乌克兰、保加利亚、希腊、塞浦路斯、约旦、土耳其、亚美尼亚、阿尔及利亚、以色列、伊朗、阿富汗、巴基斯坦、塔吉克斯坦、吉尔吉斯斯坦、蒙古国、俄罗斯

其他文献（Reference）：Blüthgen, 1920: 104 (key), 131 (key); Blüthgen, 1921a: 286; Blüthgen, 1922a: 56; Blüthgen, 1924a: 352 (*Hal. pollinosus* Sichel), 471, ♀ (key), 534, ♂ (key); Blüthgen, 1935b: 361; Blüthgen, 1955: 19 (*H. pollinosus*); Warncke, 1975: 107 [*Halictus* (*Vestitohalictus*) *pollinosus* Sichel, 1860]; Michener, 1978b: 530 [*Halictus* (*Vestitohalictus*) *pollinosus* Sichel, 1860]; Ebmer, 1969: 156 (key), 174; Ebmer, 1975a: 169 (*H. pollinosus*); Ebmer, 1976a: 231 [*Halictus* (*Vestitohalictus*) *pollinosus thevestensis* Pérez, 1903]; Ebmer, 1976b: 398 [*Halictus* (*Vestitohalictus*) *pollinosus* Sichel, 1860]; Ebmer, 1978b: 24 [*Halictus* (*Vestitohalictus*) *pollinosus* Sichel, 1860]; Ebmer, 1982: 207 (*Halictus pollinosus* Sichel); Ebmer, 1985b: 273 [*Halictus* (*Vestitohalictus*) *pollinosus thevestensis* Pérez, 1903]; Ebmer, 1988b: 578 [*Halictus* (*Vestitohalictus*) *pollinosus pollinosus* Sichel, 1860], 579 [*Halictus* (*Vestitohalictus*) *pollinosus thevestensis* Pérez, 1903]; Ebmer, 2005: 369 [*Halictus* (*Vestitohalictus*) *pollinosus* Sichel, 1860]; Fan, 1991: 479, ♀ (key), 480, ♂ (key) [*Halictus* (*Vestitohalictus*) *pollinosus* Sichel]; Pesenko, 2004: 103 [*Seladonia pollinosa* (Sichel, 1860), first in *Seladonia* (*Mucoreohalictus*)]; Pesenko, 2006a: 56, ♂ (key), 63, ♀ (key), [*Seladonia* (*Mucoreohalictus*) *pollinosa cariniventris* (Morawitz)], 65 [*Seladonia* (*Mucoreohalictus*) *pollinosa* (Sichel, 1860)]; Niu *et al.*, 2007a: 91, ♀, ♂ (key), 94, redescription, Figs. 16-26 [*Halictus* (*Vestitohalictus*) *pollinosus pollinosus* Sichel, 1860]; Straka *et al.*, 2007: 268 (*H. pollinosus* Sichel, 1860).

（13）霉毛隧蜂 *Halictus* (*Mucoreohalictus*) *mucoreus* Eversmann, 1852

Hylaeus mucorea Eversmann, 1852: 44, ♀. **Holotype:** ♀, Russia: Orenburg; MNB.

分布（Distribution）：甘肃（GS）、新疆（XJ）；罗马尼亚、乌克兰、阿塞拜疆、阿富汗、土库曼斯坦、俄罗斯

其他文献（Reference）：Morawitz, 1866: 24, ♀, ♂ (*Hylaeus mucorea* Eversmann); Ebmer, 1975a: 162, ♀, ♂ [*Halictus* (*Vestitohalictus*) *mucoreus* (Ev.)]; Ebmer, 1983: 316 [*Halictus* (*Vestitohalictus*) *mucoreus* (Eversmann, 1852)]; Michener, 1978b: 530 [*Halictus* (*Vestitohalictus*) *mucoreus* (Eversmann, 1852)]; Pesenko, 2004: 103 [*Seladonia mucorea* (Eversmann,

1852), first in *Seladonia* (*Mucoreohalictus*)]; Niu *et al.*, 2007a: 91, ♀, ♂ (key), 92, redescription, Figs. 5-15 [*Halictus* (*Vestitohalictus*) *mucoreus* (Eversmann, 1852)].

（14）拟霉毛隧蜂 *Halictus* (*Mucoreohalictus*) *pseudomucoreus* Ebmer, 1975

Halictus (*Vestitohalictus*) *pseudomucoreus* Ebmer, 1975a: 163, ♀, ♂. **Holotype:** ♂, Transkaukasien, Helenendorf; MNB.

分布（Distribution）： 新疆（XJ）；阿塞拜疆、乌克兰、土耳其、伊朗、土库曼斯坦、哈萨克斯坦

其他文献（Reference）： Michener, 1978b: 530 [*Halictus* (*Vestitohalictus*) *pseudomucoreus* Ebmer, 1975]; Fan, 1991: 479, ♀, ♂ (key), [*Halictus* (*Vestitohalictus*) *pseudomucoreus* Ebmer]; Pesenko, 2004: 103 [*Seladonia pseudomucorea* (Ebmer, 1975), first in *Seladonia* (*Mucoreohalictus*)]; Niu *et al.*, 2007a: 91, ♀, ♂ (key), 97, redescription, Figs. 27-36 [*Halictus* (*Vestitohalictus*) *pseudomucoreus* Ebmer, 1975]; Ebmer, 1978b: 25 [*Halictus* (*Vestitohalictus*) *pseudomucoreus* Ebmer, 1975]; Ebmer, 2011b: 935 [*Halictus* (*Vestitohalictus*) *pseudomucoreus* Ebmer, 1975] .

柔隧蜂亚属 *Halictus* / Subgenus *Placidohalictus* Pesenko, 2004

Placidohalictus Pesenko, 2004: 102. **Type species:** *Halictus placidus* Blüthgen, 1923, by original designation.

其他文献（Reference）： Michener, 1997, 2000, 2007; Pesenko, 2004.

（15）柔隧蜂 *Halictus* (*Placidohalictus*) *placidulus* Blüthgen, 1923

Halictus placidulus Blüthgen, 1923a: 240, ♀. **Holotype:** ♀, Chinese Turkestan: Tschakar bei Polu (China: Xinjiang); MNB.

分布（Distribution）： 新疆（XJ）；哈萨克斯坦、土库曼斯坦、蒙古国

其他文献（Reference）： Blüthgen, 1931c: 395 (*Hal. Placidulus*), ♂ (nov.), Fig. 21; Hirashima, 1957: 15 (*Halictus placidulus* Blüthgen, 1923); Ebmer, 1988a: 358 [*Halictus* (*Seladonia*) *placidulus* Blüthgen]; Dawut *et* Tadauchi, 2002: 140 [*Halictus* (*Seladonia*) *placidulus* Blüthgen], ♀, Pl. 38; Michener, 1978b: 530 [*Halictus* (*Vestitohalictus*) *placidulus* Blüthgen, 1923]; Pesenko, 2004: 102 [*Seladonia* (*Placidohalictus*) *placidula* (Blüthgen, 1923)]; Pesenko, 2006a: 56, ♀ (key), 63, ♂ (key), 72 [*Seladonia* (*Placidohalictus*) *placidula* (Blüthgen, 1923)]; Niu *et al.*, 2004: 649, ♂ (key), ♀ (key), 658 [*Halictus* (*Seladonia*) *placidulus* Blüthgen, 1923], ♀, Pl. 9; Niu *et al.*, 2007b: 382 [*Halictus* (*Seladonia*) *placidulus* Blüthgen, 1923].

（16）棕黄腹隧蜂 *Halictus* (*Placidohalictus*) *varentzowi* Morawitz, 1895

Halictus varentzowi Morawitz, 1895: 67, ♀, ♂. **Syntypes:** Turkestan: Dort-kuju and Cherabad; ZISP.

异名（Synonym）：

Halictus pseudaraxanum Blüthgen, 1929a: 70, ♀. **Holotype:** ♀, Baigakum; MNB.

分布（Distribution）： 河北（HEB）；土库曼斯坦、哈萨克斯坦

其他文献（Reference）： Michener, 1978b: 529 [*Halictus* (*Seladonia*) *varentzowi* Morawitz, 1895]; Ebmer, 1988a: 358 [*Halictus* (*Seladonia*) *varentzowi* Morawitz]; Dawut *et* Tadauchi, 2002: 138, pl. 36, 37, ♀ [*Halictus* (*Seladonia*) *varentzowi* Morawitz]; Pesenko, 2004: 102 [*Seladonia* (*Placidohalictus*) *varentzowi* (Morawitz, 1894)] (incorrect subsequent time); Niu *et al.*, 2004: 649, ♂ (key), ♀ (key), 665 [*Halictus* (*Seladonia*) *varentzowi* Morawitz, 1894] (incorrect subsequent time), ♀, pl. 15; Niu *et al.*, 2007b: 382 [*Halictus* (*Seladonia*) *varentzowi* Morawitz, 1894] (incorrect subsequent time).

扁隧蜂亚属 *Halictus* / Subgenus *Platyhalictus* Pesenko, 1984

Halictus (*Platyhalictus*) Pesenko, 1984a: 347. **Type species:** *Halictus minor* Morawitz, 1876, by original designation.

其他文献（Reference）： Michener, 1997, 2000, 2007; Niu *et al.*, 2004.

（17）小隧蜂 *Halictus* (*Platyhalictus*) *minor* Morawitz, 1876

Halictus minor Morawitz, 1876: 233, ♀. **Lectotype:** ♀, Uzbekistan: Sangy-Dzhuman (30km SSE Samarkand); designated by Pesenko (1984b: 23); ZISP.

异名（Synonym）：

Halictus altaicus Pérez, 1903: 41, ♀. **Lectotype:** ♀, Altai; designated by Ebmer (1972b: 613); MNP; Synonymied by Ebmer (1980: 472).

Halictus jarkandensis Strand, 1909: 36. ♀. **Syntypes:** 2 ♀, China: Jarkand; MNB; Synonymied by Blüthgen (1931a: 211).

Halictus yarkandensis Michener, 1978b: 534, lapsus calami for *Halictus jarkandensis* Strand, 1909.

分布（Distribution）： 辽宁（LN）、内蒙古（NM）、宁夏（NX）、甘肃（GS）、新疆（XJ）；阿塞拜疆、阿富汗、伊朗、哈萨克斯坦、土库曼斯坦、塔吉克斯坦、乌兹别克斯坦、吉尔吉斯斯坦、印度、蒙古国、俄罗斯

其他文献（Reference）： Blüthgen, 1923b: 77 (key), 135 (*H. jarkandensis*); Blüthgen, 1936: 295 (*Hal. minor* Mor.), ♂ (nov.), Fig. 11; Ebmer, 1972b: 613 (*H. altaicus*); Ebmer, 1975a: 167 (*H. altaicus*); Ebmer, 1980: 472 [*Halictus* (*Halictus*) *minor* Morawitz, 1876]; Ebmer, 2005: 359 [*Halictus* (*Halictus*) *minor* Morawitz, 1876]; Michener, 1978b: 534 [*Halictus* (*Halictus*) *minor* Morawitz, 1876]; Pesenko, 1984a: 3, Fig. 2; Pesenko, 1984b: 23; Pesenko, 1984c: 39 (key), 41, Figs. 1, 2, 27-29; Pesenko, 2005a: 13; Pesenko, 2005b: 331; Pesenko *et* Wu, 1997a: 205; Proshchalykin *et*

Lelej, 2013: 319 (*Halictus altaicus* Pérez, 1903); Niu *et al.*, 2007b: 381.

古隧蜂亚属 *Halictus* / Subgenus *Protohalictus* Pesenko, 1986

Halictus (*Prohalictus*) Pesenko, 1984a: 346 (not Armbruster, 1938). **Type species:** *Apis rubicunda* Christ, 1791, by original designation.

Halictus (*Protohalictus*) Pesenko, 1986b: 631, replacement for *Prohalictus* Pesenko, 1984. **Type species:** *Apis rubicunda* Christ, 1791, autobasic.

其他文献（Reference）：Michener, 1997, 2000, 2007; Niu *et al.*, 2004.

（18）暗足隧蜂 *Halictus* (*Protohalictus*) *atripes* Morawitz, 1894

Halictus atripes Morawitz, 1894: 73, ♂. **Holotype:** ♂, Seravschan Veschab; ZISP.

分布（Distribution）：新疆（XJ）；哈萨克斯坦、塔吉克斯坦、吉尔吉斯斯坦

其他文献（Reference）：Michener, 1978b: 533 [*Halictus* (*Halictus*) *atripes* Morawitz, 1894]; Pesenko, 1984d: 474, ♂ [*Halictus* (*Prohalictus*) *atripes* Morawitz, 1893] (incorrect subsequent time); Pesenko, 2005b: 331 [*Halictus* (*Prohalictus*) *atripes* Morawitz, 1893] (incorrect subsequent time); Fan, 1990: 93, ♂ (key) (*H. H. atripes* Morawitz); Pesenko *et* Wu, 1997a: 203 [*Halictus* (*Protohalictus*) *atripes* Morawitz, 1893] (incorrect subsequent time); Ebmer, 2005: 358 [*Halictus* (*Halictuss*) *atripes* Morawitz, 1893] (incorrect subsequent time); Niu *et al.*, 2007b: 381.

（19）埋隧蜂 *Halictus* (*Protohalictus*) *funerarius* Morawitz, 1876

Halictus funerarius Morawitz, 1876: 236, ♀. **Lectotype:** ♀, Turkestan: Sangy-džuman; designated by Pesenko (1984d: 474); ZISP.

分布（Distribution）：新疆（XJ）；乌兹别克斯坦、吉尔吉斯斯坦、塔吉克斯坦、哈萨克斯坦、伊朗、阿富汗

其他文献（Reference）：Blüthgen, 1936: 299 (*Hal. funerarius* Mor.), ♂ (nov.), Fig. 16; Michener, 1978b: 534 [*Halictuds* (*Halictus*) *funerarius* Morawitz, 1876]; Ebmer, 1980: 470 [*Halictuds* (*Halictus*) *funerarius* Morawitz, 1876]; Ebmer, 2005: 358 [*Halictuds* (*Halictus*) *funerarius* Morawitz, 1876]; Pesenko, 2005b: 335; Pesenko *et* Wu, 1997a: 203; Niu *et al.*, 2007b: 381.

（20）毛角隧蜂 *Halictus* (*Protohalictus*) *hedini* Blüthgen, 1934

Halictus hedini Blüthgen, 1934a: 5, ♀, ♂. **Syntypes:** 4 ♀, 3 ♂, China: S. Kansu (Gansu Province: Ngai-menhoutou, 80km NE Tan-chang, 120km ESE Minsiang; MNB.

异名（Synonym）：

Halictus (*Protohalictus*) *hedini hebeiensis* Pesenko *et* Wu, 1997a: 203 (in Chinese), 206 (in English), ♀, ♂. **Holotype:** ♀, China: Yangkiaping (Hebei); IZB.

分布（Distribution）：黑龙江（HL）、吉林（JL）、辽宁（LN）、河北（HEB）、北京（BJ）、陕西（SN）、甘肃（GS）、新疆（XJ）；哈萨克斯坦、蒙古国、俄罗斯

其他文献（Reference）：Hirashima, 1957: 10 (*Halictus hedini* Blüthgen, 1934); Michener, 1978b: 534 [*Halictuds* (*Halictus*) *hedini* Blüthgen, 1934]; Ebmer, 1978a: 187 [*Halictuds* (*Halictus*) *hedini* Blüthgen, 1934]; Ebmer, 1996b: 268 [*Halictuds* (*Halictus*) *hedini* Blüthgen, 1934]; Ebmer, 2005: 358 [*Halictuds* (*Halictus*) *hedini* Blüthgen, 1934]; Ebmer, 2006: 547 [*Halictuds* (*Halictus*) *hedini* Blüthgen, 1934]; Pesenko, 1984d: 455, 461 (key), 466 (key), 471, Figs. 7, 8, 28, 44, 62, 63 [*Halictuds* (*Halictus*) *hedini hedini* Blüthgen, 1934]; Pesenko, 2005a: 9, ♀ (key), ♂ (key), 14; Pesenko, 2005b: 336; Fan, 1990: 93, ♀, ♂ (key), (*H. H. hedini* Blüthgen); Pesenko *et* Wu, 1997a: 203 [*Halictuds* (*Prohalictus*) *hedini hedini* Blüthgen, 1936], [*Halictuds* (*Prohalictus*) *hedini hebeiensis* nov. subspecies]; Proshchalykin, 2003: 6 (*Halictus hedini* Blüthgen, 1934); Proshchalykin, 2004: 6 (*Halictus hedini* Blüthgen, 1934); Proshchalykin *et al.*, 2004: 159 (*Halictus hedini* Blüthgen, 1934); Niu *et al.*, 2007b: 382 [*Halictuds* (*Prohalictus*) *hedini hedini* Blüthgen, 1934], [*Halictuds* (*Prohalictus*) *hedini hebeiensis* Pesenko *et* Wu, 1997].

（21）红足隧蜂 *Halictus* (*Protohalictus*) *rubicundus* (Christ, 1791)

Apis rubicunda Christ, 1791: 190, ♀. **Syntype(s):** sine loco (Germany); lost.

异名（Synonym）：

Halictus nidulans Walckenaer, 1817: 69, ♀, ♂. **Syntypes:** sine loco (France); lost. Synonymied by Nylander (1848: 198).

Halictus lerouxi Lepeletier, 1841: 272, ♀. **Syntypes:** Armerique septentrional (North America); MNP. Synonymied by Blüthgen (1926b: 390).

Halictus quadrifasciatus Smith, 1870: 25, ♂. **Syntype(s):** ♂, England: Lundy Island; ?lost. Synonymied by Ebmer (1988b: 551).

Halictus lerouxi var. *ruborum* Cockerell, 1898a: 52, ♀. **Syntype(s):** USA: Seattle (Washington State); in New York. **Synonym** (= *H. rubicundus*) by Sandhouse (1941: 29).

Halictus rubicundus var. *nesiotis* Perkins, 1922: 99; *nec Halictus nesiotis* Crawford, 1918, ♂. **Holotype:** ♂, England: Lundy Island; BML. Synonymied by Warncke (1973b: 281).

Halictus rubicundus var. *laticincta* Blüthgen, 1923b: 70 (key), 124 (key), 135, ♀, ♂. **Lectotype:** ♂, Spain: environs of Madrid; designated by Pesenko (1984b: 23); MNB.

Halictus rubicundus var. *mongolensis* Blüthgen, 1936: 302, ♀. **Holotype:** ♀, N. Mongolei; NMW.

Halictus lupinelli Cockerell, 1936a: 158, ♀. **Holotype:** ♀,

USA: Garberville (California); ASF. Synonymied by Sandhouse (1941: 29).

Halictus (*Prohalictus*) *frater* Pesenko, 1984d: 463 (key), 469, Figs. 5, 6, 27, 43, 58, 59, 77-79. ♂. **Holotype:** ♂, Mongolia: 70km SW Ulanbator; ZISP. Synonymied by Ebmer (1988b: 552).

分布（Distribution）：黑龙江（HL）、吉林（JL）、辽宁（LN）、内蒙古（NM）、宁夏（NX）、甘肃（GS）、青海（QH）、新疆（XJ）；全北区

其他文献（Reference）：Blüthgen, 1923b: 70, ♀ (key), 124, ♂ (key), 135 (*H. rubicundus* Christ); Blüthgen, 1924a: 346 (*Hal. rubicundus* Christ); Blüthgen, 1936: 303 (*H. rubicundus laticinctus*); Wu, 1965: 35, ♀, ♂ (*Halictus rubicundus* Kibry); Roberts, 1973: 5, ♀ (key), 6, ♂ (key), 9 [*Halictuds* (*Halictus*) *rubicundus* (Christ, 1791)]; Michener, 1978b: 534 [*Halictuds* (*Halictus*) *rubicundus* (Christ, 1791)]; Ebmer, 1969: 148, ♀ (key), 151, ♂ (key), 158 [*Halictuds* (*Halictus*) *rubicundus* (Christ)]; Ebmer, 1976a: 217 [*Halictus* (*Halictus*) *rubicundus laticinctus* Blüthgen, 1936]; Ebmer, 1976b: 396 [*Halictus* (*Halictus*) *rubicundus* (Christ, 1791)]; Ebmer, 1988b: 551 [*Halictus* (*Halictus*) *rubicundus* (Christ, 1791)]; Ebmer, 1996b: 268 [*Halictuds* (*Halictus*) *rubicundus* (Christ, 1791)]; Ebmer, 2005: 358 [*Halictuds* (*Halictus*) *rubicundus* (Christ, 1791)]; Ebmer, 2006: 547 [*Halictuds* (*Halictus*) *rubicundus* (Christ, 1791)]; Ebmer, 2011a: 19 [*Halictuds* (*Halictus*) *rubicundus* (Christ, 1791)]; Fan, 1990: 93, ♀, ♂ (key) [*H. H. rubicundus* (Christ)]; Pesenko, 1984d: 454, 462 (key), 463 (key, *H. rubicundus* f. *mongolensis*), 464 (key, *H. rubicundus* f. *typica*), 464 (key, *H. rubicundus* f. *laticinctus*), 466 (key), Figs. 1-4, 25, 26, 37-39, 41, 42, 54, 55-57; Pesenko, 2005a: 9, ♀ (key), ♂ (key), 15; Pesenko, 2005b: 337; Pesenko *et* Wu, 1997a: 203; Pesenko *et al.*, 2000: 149, ♀, ♂ (key), 154, Figs. 1-11, 113, 123, 134, 195-198, 205, 212, 215, 217, 218, 229-234; Niu *et al.*, 2007b: 382; Straka *et al.*, 2007: 268 [*H. rubicundus* (Christ, 1791)].

（22）塔库隧蜂 *Halictus* (*Protohalictus*) *takuiricus* Blüthgen, 1936

Halictus takuiricus Blüthgen, 1936: 309, ♀. **Holotype:** ♀, Kyrghyzstan: Alexander Gebirge, Takuir-Ter (Bishkek Province, Kirghiz Ridge); ZISP.

异名（Synonym）：

?*Halictus takuiricus* ssp. *sefidicus* Blüthgen, 1936: 310, ♀. **Holotype:** ♀, Iran: Kuh-i-Sefid; lost. Synonymied by Pesenko (1984a: 346).

Halictus dunganicus Blüthgen, 1936: 310, ♀. **Holotype:** ♀, Kyrghyzstan: Naryn; MNB. Synonymied by Pesenko (1984d: 472).

Halictus (*Halictus*) *pseudotakuiricus* FAN, 1990: 92 (key), 93 (in Chinese), 97 (in English), Fig. 1, ♀. **Holotype:** ♀, China: Zada (Xizang Province); IZB. Synonymied by Pesenko *et* Wu (1997a: 203).

Halictus (*Halictus*) *zadaensis* FAN, 1990: 92 (key), 94 (in Chinese), 97 (in English), Fig. 2, ♀. **Holotype:** ♀, China: Zada (Xizang Province); IZB. Synonymied by Pesenko *et* Wu (1997a: 203).

分布（Distribution）：新疆（XJ）、西藏（XZ）；阿富汗、伊朗、哈萨克斯坦、塔吉克斯坦、吉尔吉斯斯坦、土库曼斯坦

其他文献（Reference）：Ebmer, 1974c: 190 (*Halictus takuiricus* Blüthgen, 1936); Michener, 1978b: 534 [*Halictus* (*Halictus*) *tahuiricus* Blüthgen, 1936]; Pesenko, 1984d: 464, ♀, (key), 472 [*Halictus* (*Prohalictus*) *tahuiricus* Blüthgen, 1936]; Pesenko, 2005b: 338, 339, ♂ (nov.), Figs. 17-23; Pesenko *et* Wu, 1997a: 203; Niu *et al.*, 2007b: 382.

光隧蜂亚属 *Halictus* / Subgenus *Seladonia* Robertson, 1918

Seladonia Robertson, 1918: 91. **Type species:** *Apis Seladonia* Fabricius, 1794, by original designation.

异名（Synonym）：

Pachyceble Moure, 1940: 54. **Type species:** *Pachyceble lanei* Moure, 1940, by original designation.

其他文献（Reference）：Michener, 1997, 2000, 2007; Niu *et al.*, 2004; Pesenko, 2006a; Pauly, 2008b.

（23）铜色隧蜂 *Halictus* (*Seladonia*) *aerarius* Smith, 1873

Halictus aerarius Smith, 1873: 201, ♂. **Holotype:** ♂, Japan: Hiogo (Honshu); BML.

异名（Synonym）：

Halictus confluens Morawitz, 1890: 368, ♀. **Lectotype:** ♀, China: "Sinin (Qinghai Province), 29, IV, Rob[orowski]", "*Halictus confluens* F. Morawitz ♀", both labels by Morawitz's hand; designated by Pesenko (2006: 72); ZISP. Synonymied by Ebmer (1978a: 190).

Halictus alexoides Strand, 1910a: 194, ♀. **Holotype:** ♀, Japan (no locality); MNB. Synonymied by Blüthgen (1923c: 242).

Halictus pseudoconfluens Strand, 1910a: 199, ♀, ♂. **Syntypes:** 4♀, 1♂, China: Tsingtau (Shandong: Qingdao; MNB. **Synonym** (= *H. alexoides*) by Blüthgen (1922a: 54).

Halictus nikkoensis Cockerell, 1911e: 241, ♀. **Holotype:** ♀, Japan: Nikko (Honshu); USMW. Synonymied by Blüthgen (1926b: 405).

Halictus leucopogon Strand, 1914: 170, ♀, ♂. **Syntypes:** Formosa (Taiwan): Taihorin; DEI. Synonymied by Blüthgen (1923c: 241).

Halictus tsushimae Friese, 1916: 32, ♀, ♂. **Syntypes:** 2♀, 1♂, Japan: Tsushima; MNB. Synonym (= *H. alexoides*) by Blüthgen (1922a: 66).

Halictus (*Seladonia*) *eruditus* Cockerell, 1924b: 581, ♀. **Holotype:** ♀, Russia: Okeanskaya (near Vladivostok, Primorskii Territory); USMW. Synonymied by Blüthgen (1926b: 408).

分布（Distribution）：黑龙江（HL）、吉林（JL）、辽宁（LN）、河北（HEB）、天津（TJ）、北京（BJ）、山西（SX）、山东（SD）、陕西（SN）、甘肃（GS）、青海（QH）、江苏（JS）、浙江（ZJ）、湖北（HB）、四川（SC）、云南（YN）、福建（FJ）、台湾（TW）；蒙古国、日本、朝鲜半岛、俄罗斯

其他文献（Reference）：Blüthgen, 1934a: 3 (*Hal. aerarius* Sm.); Hirashima, 1957: 1 (*Halictus aerarius* Smith, 1873); Ebmer, 1978a: 190 [*Halictus* (*Seladonia*) *aerarius* Smith]; Ebmer, 1988a: 346; Ebmer, 1996b: 269; Ebmer, 2006: 548; Michener, 1978b: 528; Fan, 1991: 479, ♀ (key), 480, ♂ (key); Kim, 1997: 1, Figs. 2-6; Dawut *et* Tadauchi, 2000: 65 [*Halictus* (*Seladonia*) *aerarius* Smith], ♀, ♂, Figs. 1-3; Wu, 1997: 1672 (*Halictus aerarius* Smith, 1873); Niu *et al.*, 2004: 649, ♂ (key), 650, ♀ (key), ♀, ♂, Pl. 1; Niu *et al.*, 2007b: 382; Pesenko, 2006a: 58, ♀ (key), 63, ♂ (key), 72 [*Seladonia* (*Seladonia*) *aeraria* (Smith, 1873)].

（24）白泥隧蜂 *Halictus* (*Seladonia*) *argilos* Ebmer, 2005

Halictus (*Seladonia*) *argilos* Ebmer, 2005: 367, ♀. **Holotype:** ♀, China: Nei Mongol (Inner Mongolia), Wuhai; OLML.

分布（Distribution）：内蒙古（NM）；蒙古国

其他文献（Reference）：Pesenko, 2006a: 59, ♀ (key), 66 [*Seladonia* (*Pachyceble*) *argilos* (Ebmer, 2005)].

（25）杂隧蜂 *Halictus* (*Seladonia*) *confusus* Smith, 1853

Halictus confusus Smith, 1853: 70, ♀, ♂. **Holotype:** ♀, New York, Trenton Falls; Hudson's Bay; BMNH.

异名（Synonym）：

Halictus alpinus Alfken, 1907: 205, ♀, ♂. **Syntypes:** ♀, ♂, Switzerland: Furka; MNB.

Halictus constrictus Provancher, 1882: 202, ♀. (*nec* Smith, 1853). **Holotype:** ♀, Ste. Foy, Quebec.

Halictus provancheri Dalla Torre, 1896: 77, replacement name of *H. constrictus* Provancher, 1882.

Halictus nearcticus Vachal, 1904: 470, ♀, ♂. **Syntypes:** ♀, ♂, Canada: British Columbia; USA: Georgia, Illinois, New York, Pennsylvania; MNHN and NMW.

Halictus perkinsi Blüthgen, 1926b: 417, replacement name of *H. flavipes* auctorum, *nec* Fabricius, 1787.

Halictus arapahonum Cockerell, 1906: 316, ♀. **Holotype:** ♀, Colorado: Boulder; Washington.

Halictus olivarius Sandhouse, 1924: 10, ♀. **Holotype:** ♀, Colorado: Jumbo Reservior; Washington.

Halictus confusus glacialis Ebmer, 1979: 121, ♀, ♂. **Holotype:** ♂, Spain: Sierra de Cuadarrama; coll. Ebmer.

Halictus (*Seladonia*) *confusus pelagius* Ebmer, 1996b: 269, ♀, ♂. **Holotype:** ♂, Russia: Ryazanovka (Primorskii Territory); coll. Ebmer.

分布（Distribution）：北京（BJ）、山东（SD）、陕西（SN）、新疆（XJ）；美国、加拿大、西班牙、英国、法国、瑞士、意大利、捷克、斯洛伐克、丹麦、荷兰、波兰、马其顿、立陶宛、芬兰、乌克兰、哈萨克斯坦、蒙古国、俄罗斯、澳大利亚、斯堪的纳维亚半岛

其他文献（Reference）：Roberts, 1973: 5, ♀ (key), 6, ♂ (key), 10 [*Halictus* (*Seladonia*) *confuses* Smith, 1853]; Michener, 1978b: 528 [*Halictus* (*Seladonia*) *confuses* Smith, 1853, and forms *arapahonum* Cockerell, 1906, *alpinus* Alfken, 1907 and *perkinsi* Blüthgen, 1925]; Ebmer, 1976b: 397 [*Halictus* (*Seladonia*) *confuses* Smith, 1853], [*Halictus* (*Seladonia*) *confuses alpinus* Alfken, 1907], [*Halictus* (*Seladonia*) *confuses perkinsi* Blüthgen, 1926]; Ebmer, 1988a: 367 [*Halictus* (*Seladonia*) *confuses confusus* Smith, 1853], [*Halictus* (*Seladonia*) *confuses arapahonum* Cockerell, 1906], 368 [*Halictus* (*Seladonia*) *confuses alpinus* Alfken, 1907], [*Halictus* (*Seladonia*) *confuses perkinsi* Blüthgen, 1926], 369 [*Halictus* (*Seladonia*) *confuses glacialis* Ebmer, 1979]; Ebmer, 1988b: 570 [*Halictus* (*Seladonia*) *confuses confusus* Smith, 1853], [*Halictus* (*Seladonia*) *confuses arapahonum* Cockerell, 1906], 571 [*Halictus* (*Seladonia*) *confuses alpinus* Alfken, 1907], [*Halictus* (*Seladonia*) *confuses perkinsi* Blüthgen, 1926], 572 [*Halictus* (*Seladonia*) *confuses glacialis* Ebmer, 1979]; Ebmer, 2005: 362 [*Halictus* (*Seladonia*) *confuses pelagius* Ebmer, 1996]; Ebmer, 2006: 548 [*Halictus* (*Seladonia*) *confuses pelagius* Ebmer, 1996]; Ebmer, 2011a: 21 [*Halictus* (*Seladonia*) *confuses* Smith, 1853]; Dawut *et* Tadauchi, 2003: 126 [*Halictus* (*Seladonia*) *confuses pelagius* Ebmer]; Proshchalykin, 2003: 6 [*Halictus* (*Seladonia*) *confuses pelagius* Ebmer, 1996]; Niu *et al.*, 2004: 649, ♂ (key), 650, ♀ (key), 652: [*Halictus* (*Seladonia*) *confuses alpinus* Alfken, 1907], 653 [*Halictus* (*Seladonia*) *confuses perkinsi* Blüthgen, 1926]; Niu *et al.*, 2007b: 382; Pesenko, 2004: 102 [*S.* (*Pachyceble*) *confusa* (Smith, 1853)]; Pesenko, 2006a: 66 [*Seladonia* (*Pachyceble*) *confusa* (Smith, 1853)], [*Seladonia* (*Pachyceble*) *confusa pelagia* (Ebmer, 1996)]; Pesenko *et al.*, 2000: 171, ♀, ♂ (key), 181, Figs. 247, 256, 270 [*Seladonia confusa* (Smith, 1853)]; Rasmussen, 2012: 36 (*Halictus nearcticus* Vachal, 1904); Straka *et al.*, 2007: 268 (*H. confusus* Smith, 1853).

（26）暗红腹隧蜂 *Halictus* (*Seladonia*) *dorni* Ebmer, 1982

Halictus (*Seladonia*) *dorni* Ebmer, 1982: 204, ♀. **Holotype:** ♀, Mongolia: Ich-Bogd (Bayan-Hongor); UHA.

分布（Distribution）：内蒙古（NM）、新疆（XJ）；蒙古国

其他文献（Reference）：Ebmer, 1988a: 362; Ebmer, 2005: 363, ♂ (nov.); Dawut *et* Tadauchi, 2002: 143 [*Halictus* (*Seladonia*) *dorni* Ebmer], ♀, ♂, Figs. 39, 40; Pesenko, 2006a: 60, ♀ (key), 65, ♂ (key), 67 [*Seladonia* (*Pachyceble*) *dorni* (Ebmer, 1982)]; Fan, 1991: 479, ♀ (key), 480, ♂ (key), ♂ [nov., rather belongs to *S. argilos* (see Ebmer, 2005: 364)]; Niu *et al.*, 2004: 649, ♂ (key), 650, ♀ (key), 654, ♀, ♂, pl. 4; Niu *et al.*, 2007b: 382.

（27）戈壁隧蜂 *Halictus* (*Seladonia*) *gobiensis* Ebmer, 1982

Halictus (*Vestitohalictus*) *pseudovestitus gobiensis* Ebmer,

1982: 206, ♀, ♂. **Holotype:** ♂, China: Oase Satcshou, Gashun Gobi (Gansu: Dunhuang); MNB.

分布（Distribution）：甘肃（GS）、新疆（XJ）；蒙古国

其他文献（Reference）：Pesenko, 2006a: 57, ♀ (key), 63, ♂ (key), 77 [*Seladonia* (*Vestitohalictus*) *pseudovestitus gobiensis* (Ebmer, 1982), staus, n.].

（28）赤黄隧蜂 *Halictus* (*Seladonia*) *leucaheneus* Ebmer, 1972

Halictus (*Seladonia*) *leucaheneus* Ebmer, 1972a: 225, ♀. **Holotype:** ♀, Kazakhstan: environs of Lake Balkhash; MNB.

异名（Synonym）：

Halictus (*Seladonia*) *occipitalis* Ebmer, 1972a: 225, ♀. **Holotype:** ♀, Armenia; MNB.

Halictus arenosus Ebmer, 1976c: 2, replacement name of *Halictus fasciatus* auctorum, *nec* Nylander, 1848.

分布（Distribution）：黑龙江（HL）、内蒙古（NM）、河北（HEB）、甘肃（GS）、新疆（XJ）；西班牙、法国、意大利、捷克、斯洛伐克、瑞典、芬兰、亚美尼亚、罗马尼亚、荷兰、波兰、立陶宛、乌克兰、阿塞拜疆、土耳其、蒙古国、哈萨克斯坦、吉尔吉斯斯坦、俄罗斯

其他文献（Reference）：Michener, 1978b: 528 [*Halictus* (*Seladonia*) *leucaheneus* Ebmer, 1972, and form *arenosus* Ebmer, 1976]; Ebmer, 1976b: 398 [*Halictus* (*Seladonia*) *leucaheneus* Ebmer, 1972]; Ebmer, 1978a: 189, ♂ (nov.) [*Halictus* (*Seladonia*) *leucaheneus leucaheneus* Ebmer, 1972]; Ebmer, 1988a: 359 [*Halictus* (*Seladonia*) *leucaheneus leucaheneus* Ebmer, 1972], [*Halictus* (*Seladonia*) *leucaheneus arenosus* Ebmer, 1976], 361 [*Halictus* (*Seladonia*) *leucaheneus occipitalis* Ebmer, 1972]; Ebmer, 2005: 363 [*Halictus* (*Seladonia*) *leucaheneus leucaheneus* Ebmer, 1972]; Ebmer, 2011b: 927 [*Halictus* (*Seladonia*) *leucaheneus* Ebmer, 1972]; Pesenko, 2006a: 68 [*Seladonia* (*Pachyceble*) *leucahenea* (Ebmer, 1972)], [*Seladonia* (*Pachyceble*) *leucahenea leucahenea* (Ebmer, 1972)]; Fan, 1991: 479, ♀ (key) [*Halictus* (*Seladonia*) *leucaheneus* Ebmer]; Pesenko *et al.*, 2000: 168, ♀, ♂ (key), 177, Figs. 246, 250, 254, 264, 265 [*Seladonia leucahenea* (Ebmer, 1972)]; Niu *et al.*, 2004: 649, ♂ (key), 650, ♀ (key), 655 [*Halictus* (*Seladonia*) *leucaheneus leucaheneus* Ebmer, 1972], ♀, ♂, Pl. 5; Niu *et al.*, 2007b: 382 [*Halictus* (*Seladonia*) *leucaheneus leucaheneus* Ebmer, 1972]; Straka *et al.*, 2007: 268 (*H. leucaheneus* Ebmer, 1972).

（29）河南隧蜂 *Halictus* (*Seladonia*) *henanensis* (Murao *et al.*, 2013)

Seladonia (*Pachyceble*) *henanensis* Murao, 2013 in Murao *et al.*, 2013: 24, ♀, ♂. **Holotype:** ♂, China: Henan Prov., Xinxiang, Mt. Guanshan, Dongling Village; CAUB.

分布（Distribution）：河南（HEN）

其他文献（Reference）：Murao *et al.*, 2013: 24, Figs. 1-18, 21.

（30）亮毛隧蜂 *Halictus* (*Seladonia*) *lucidipennis* Smith, 1853

Halictus lucidipennis Smith, 1853: 62, ♀, ♂. **Syntypes:** Nothern India; BMNH.

异名（Synonym）：

Halictus varipes Morawitz, 1876: 223, ♀, ♂. **Lectotype:** ♀, Uzbekistan: Dshizak; designated by Blüthgen (1955: 17); ZMMU. Synonymied by Sakagami *et* Ebmer (1987: 326).

Halictus vernalis Smith, 1879: 30, ♀. **Syntype**: 1♀, “Ceylon” (Srilanka); BMNH. Synonymied by Ebmer (1980: 483).

Halictus niloticus Smith, 1879: 32, “♀” [♂]. **Syntype**: 1♂, Sudan: White Nile; BMNH; Synonym (= *H. varipes*) by Ebmer (1982: 201).

Halictus magrettii Vachal, 1892: cxxxvii, ♀. **Syntype(s):** Sudan: Suakin; MCG. Synonym (= *H. varipes*) by Ebmer (1982: 201).

Halictus dives Pérez, 1895: 52, ♀. **Lectotype:** ♀, Algeria: Biskra; designated by Ebmer (1972b: 600); MNP; synonym (= *H. varipes* var. *dives*) by Blüthgen (1930b: 221).

Halictus variipes Dalla Torre, 1896: 90. Unjustified emendation of *Halictus varipes* Morawitz, 1876.

Halictus omanicus Pérez, 1907: 489, ♀. **Lectotype:** ♀, Arabian Emirates: Muscat; designated by Ebmer (1972b: 629); MNP. Synonym (= *H. varipes*) by Blüthgen (1930b: 222).

Halictus varipes var. *koptica* Blüthgen, 1933a: 16, ♂, ♀. **Syntypes:** 2♂ and 17♀ from a number of localities in Egypt; MBL, MNB, NMW, and ECC; Synonym (= *H. varipes*) by Ebmer (1982: 201).

Halictus (*Seladonia*) *sudanicus* Cockerell, 1945: 352, ♀. **Holotype:** ♀, Sudan: Shendi; BML. Synonym (= *H. varipes*) by Ebmer (1982: 201).

Halictus (*Seladonia*) *tokarensis* Cockerell, 1945: 352, ♀. **Holotype:** ♀, Sudan: Tokar; BML. Synonym (= *H. varipes*) by Ebmer (1982: 201).

Halictus (*Seladonia*) *dissensis* Cockerell, 1945: 353, ♀. **Holotype:** ♀, Sudan: Dissa; BML. Synonym (= *H. varipes*) by Ebmer (1982: 201).

Halictus (*Seladonia*) *medanicus* Cockerell, 1945: 354, ♀. **Holotype:** ♀, Sudan: Medani; BML. Synonym (= *H. varipes*) by Ebmer (1982: 201).

Halictus (*Seladonia*) *mogrensis* Cockerell, 1945: 355, ♀. **Holotype:** ♀, Sudan: Mogren; BML. Synonym (= *H. varipes*) by Ebmer (1982: 201).

Halictus (*Seladonia*) *tokariellus* Cockerell, 1945: 355, ♂. **Holotype:** ♂, Sudan: Tokar; BML. Synonym (= *H. varipes*) by Ebmer (1982: 201).

Halictus (*Seladonia*) *medaniellus* Cockerell, 1945: 356. ♂. **Holotype:** ♂, Sudan: Medani; BML. Synonym (= *H. varipes*) by Ebmer (1982: 201).

Halictus (*Seladonia*) *mogrenensis*: Michener, 1978b: 528. Unjustified emendation of *Halictus mogrensis* Cockerell, 1945.

Halictus (*Seladonia*) *morinellus hyemalus* Warncke, 1982: 134,

♀. **Holotype:** ♀, Iran: Bandar-Abbas; OLML; Synonymied by Ebmer (1988a: 356).

分布（Distribution）：甘肃（GS）；佛得角、冈比亚、喀麦隆、肯尼亚、尼日尔、乍得、阿尔及利亚、突尼斯、利比亚、埃及、苏丹、厄立特里亚、挪威、以色列、土耳其、伊朗、伊拉克、阿富汗、巴基斯坦、土库曼斯坦、哈萨克斯坦、乌兹别克斯坦、塔吉克斯坦、吉尔吉斯斯坦、蒙古国、印度、尼泊尔、不丹、缅甸、泰国、斯里兰卡

其他文献（Reference）：Blüthgen, 1926a: 678 (*Hal. Lucidipennis* Smith), 684, ♀ (key), 686, ♂ (key); Blüthgen, 1930b: 221 (*H. varipes* var. *dives*, ♂), 222 (*H. varipes*, ♂); Blüthgen, 1931b: 326 (*Hal. lucidipennis* Sm. and *Hal. vernalis* Sm.); Blüthgen, 1933a: 21 (*H. magrettii* Vach.), 22 (*H. niloticus* Sm.); Blüthgen, 1935b: 361 (*H. varipes*); Blüthgen, 1955: 17 (*H. varipes*); Ebmer, 1979: 130 [*Halictus* (*Seladonia*) *viripes* Morawitz, 1876]; Ebmer, 1980: 474, 483; Ebmer, 1982: 201; Ebmer, 1988a: 355 [*Halictus* (*Seladonia*) *varipes* Morawitz 1876], 356; Ebmer, 2005: 361; Ebmer, 2008: 553; Michener, 1978b: 528; Sakagami *et* Ebmer, 1987: 318 (key), 321, many figs; Dawut *et* Tadauchi, 2002: 135 [*Halictus* (*Seladonia*) *lucidipennis* Smith], Figs. 33-35; Dawut *et* Tadauchi, 2003: 108 [*Halictus* (*Seladonia*) *varipes* Morawitz], ♀, ♂, Figs. 51, 52; Pesenko, 2006a: 61, ♀ (key), 64, ♂ (key), 73 [*Seladonia* (*Seladonia*) *lucidipennis* (Smith, 1853)]; Pauly, 1999: 146 [*Halictus* (*Seladonia*) *lucidipennis* Smith, 1853]; Pauly, 2008b: 393 [*Seladonia lucidipennis* (Smith, 1853)]; Pauly *et al.*, 2002: 201 [*Halictus* (*Seladonia*) *lucidipennis* Smith, 1853], Figs. 1, 2, 12, 13, 14, 24.

（31）大隧蜂 *Halictus* (*Seladonia*) *magnus* Ebmer, 1980

Halictus (*Seladonia*) *magnus* Ebmer, 1980: 498, ♀, ♂. **Holotype:** ♀, China: Kiangsu (Jiangsu); NRS.

分布（Distribution）：山东（SD）、新疆（XJ）、江苏（JS）

其他文献（Reference）：Fan, 1991: 479, ♀ (key), 480, ♂ (key); Dawut *et* Tadawuchi, 2000: 75 [*Halictus* (*Seladonia*) *magnus* Ebmer], ♀, ♂, Figs. 7, 8, 9; Ebmer, 1988a: 345; Ebmer, 2005: 345; Ebmer, 2011b: 928; Niu *et al.*, 2004: 649, ♂ (key), 650, ♀ (key), 656, ♀, ♂, Pl. 6; Niu *et al.*, 2007b: 382.

（32）蒙古隧蜂 *Halictus* (*Seladonia*) *mongolicus* Morawitz, 1880

Halictus mongolicus Morawitz, 1880: 365, ♀. **Lectotype:** ♀, Mongolia: Govialtay, Adzh Bogdo Ridge (Aj-bogd-uul); designated by Pesenko (2006a: 74); ZISP.

分布（Distribution）：青海（QH）、新疆（XJ）；蒙古国、俄罗斯

其他文献（Reference）：Blüthgen, 1929a: 77 (*Hal. mongolicus* Mor.), ♂ (nov.); Blüthgen, 1935a: 113 (*Hal. mongolicus* Mor.); Hirashima, 1957: 12 (*Halictus mongolicus* Morawitz, 1880); Ebmer, 1982: 202; Ebmer, 1988a: 350; Ebmer, 2005: 361; Pesenko, 2006a: 58, ♀ (key), 63, ♂ (key), 74 [*Seladonia* (*Seladonia*) *mongolica* (Morawitz, 1880)]; Fan, 1991: 479, ♀ (key); Dawut *et* Tadauchi, 2002: 129 [*Halictus* (*Seladonia*) *mongolicus* Morawitz], ♀, ♂, Figs. 30, 31, 32; Niu *et al.*, 2004: 649, ♂ (key), 650, ♀ (key), 657, ♀, ♂, Pl. 7; Niu *et al.*, 2007b: 382.

（33）多脊隧蜂 *Halictus* (*Seladonia*) *multicarinatus* Niu, Wu *et* Huang, 2004

Halictus (*Seladonia*) *multicarinatus* Niu, Wu *et* Huang, 2004: 667, ♂. **Holotype:** ♂, China: Sichuan, Barkam; IZB.

分布（Distribution）：四川（SC）、云南（YN）

其他文献（Reference）：Niu *et al.*, 2007b: 382.

（34）暗绿隧蜂 *Halictus* (*Seladonia*) *opacoviridis* Ebmer, 2005

Halictus (*Seladonia*) *opacoviridis* Ebmer, 2005: 364, ♀, ♂. **Holotype:** ♀, China: Shaanxi, Ganguyi; OLML.

分布（Distribution）：北京（BJ）、山西（SX）、陕西（SN）

其他文献（Reference）：Pesenko, 2006a: 69 [*Seladonia* (*Pachyceble*) *opacoviridis* (Ebmer, 2005)].

（35）基赤隧蜂 *Halictus* (*Seladonia*) *pjalmensis* Strand, 1909

Halictus pjalmensis Strand, 1909: 47, ♂. **Holotype:** ♂, Chin. Turkestan, Pjalma, Chotan (China: Xinjiang, Hotan); MNB.

异名（Synonym）：

Halictus subauratovestitus Blüthgen, 1929a: 80, ♀. **Holotype:** ♀, China: Kaschgar (Xinjiang, Kashi); MNB. Synonymied by Blüthgen (1934b: 301).

Halictus pjalmensis gaschunicus Blüthgen, 1935a: 111, ♀, ♂. **Lectotype:** ♀, China: Oase Satschou, Gashun Gobi (Gansu, Dunhuang); designated by Pesenko (2006a: 76); ZISP.

分布（Distribution）：甘肃（GS）、新疆（XJ）；蒙古国

其他文献（Reference）：Hirashima, 1957: 15 (*Halictus pjalmensis* Strand, 1909), (*Halictus pjalmensis gaschunicus* Blüthgen, 1933); Ebmer, 1988a: 345 [*Halictus* (*Seladonia*) *pjalmensis pjalmensis* Strand, 1909], [*Halictus* (*Seladonia*) *pjalmensis gaschunicus* Blüthgen, 1935]; Dawut *et* Tadauchi, 2003: 98 [*Halictus* (*Seladonia*) *pjalmensis pjalmensis* Strand, 1909], ♀, ♂, Figs. 44, 45, 100 [*Halictus* (*Seladonia*) *pjalmensis gaschunicus* Blüthgen, 1935], ♀, Figs. 46, 47; Niu *et al.*, 2004: 649, ♂ (key), 650, ♀ (key), 658 [*Halictus* (*Seladonia*) *pjalmensis pjalmensis* Strand, 1909], ♀, ♂, Pl. 8; Niu *et al.*, 2007b: 382 [*Halictus* (*Seladonia*) *pjalmensis pjalmensis* Strand, 1909]; Pesenko, 2006a: 75 [*Seladonia* (*Seladonia*) *pjalmensis* Strand, 1909], 76 [*Seladonia* (*Seladonia*) *pjalmensis gaschunica* Blüthgen, 1935].

（36）南边隧蜂 *Halictus* (*Seladonia*) *propinquus* Smith, 1853

Halictus propinquus Smith, 1853: 60, ♂. **Holotype:** ♂, Northern India; BML.

异名（Synonym）：

Halictus grandiceps Cameron, 1897: 98, ♀. **Holotype:** ♀, India: Mussoori; Oxford.

Halictus alexis Cameron, 1897: 99, ♀. **Holotype:** ♀, India: Barrackpore; Oxford.

Halictus pinguis Vachal, 1902: 230, ♀. **Holotype:** ♀, India: Mussoori; ISZP.

分布（Distribution）：云南（YN）、广东（GD）；印度、缅甸、尼泊尔、泰国、巴基斯坦

其他文献（Reference）：Bingham, 1897: 426, ♀ (*Halictus grandiceps*), 430, ♀, ♂ (*Halictus propinquus* Smith); Blüthgen, 1930a: 74 (*Hal. propinquus* Sm.); Blüthgen, 1931b: 325 (*Hal. propinquus* Sm.); Michener, 1978b: 528; Sakagami *et* Ebmer, 1987: 337, ♀, ♂; Ebmer, 1980: 481; Ebmer, 1988a: 345; Dawut *et* Tadauchi, 2001: 167, Figs. 13, 14, 15; Rasmussen, 2012: 39 (*Halictus pinguis* Vachal, 1902); Fan, 1991: 479, ♀ (key), 480, ♂ (key); Saini *et* Rathor, 2012: 152 [*Seladonia* (*Seladonia*) *propinqua* (Smith, 1853)]; Niu *et al.*, 2004: 649, ♂ (key), 650, ♀ (key), 660, ♀, ♂, Pl. 10; Niu *et al.*, 2007b: 382.

（37）光隧蜂 *Halictus* (*Seladonia*) *seladonius* (Fabricius, 1794)

Apis seladonia Fabricius, 1794: 460, ♀. **Lectotype:** ♀, Italy; designated by Warncke (1973a: 25); in Kopenhagen.

异名（Synonym）：

Halictus geminatus Pérez, 1903: 209, ♀, ♂. **Lectotype:** ♀, France: Coueron; designated by Warncke (1973a: 25); MNP; Synonymied by Warncke (1973a: 25).

分布（Distribution）：内蒙古（NM）、新疆（XJ）；突尼斯、西班牙、葡萄牙、法国、意大利、瑞士、波兰、捷克、斯洛伐克、罗马尼亚、匈牙利、奥地利、俄罗斯（欧洲部分）、希腊、乌克兰、土耳其、阿富汗、伊朗、吉尔吉斯斯坦、塔吉克斯坦

其他文献（Reference）：Ebmer, 1969: 153, ♀ (key), 155, ♂ (key) (*Halictus geminatus* Pér.); Ebmer, 1975c: 275 (*Halictus geminatus*); Ebmer, 1976b: 397; Ebmer, 1978b: 23; Ebmer, 1980: 473; Ebmer, 1988a: 340; Fan, 1991: 479, ♂ (key), 480, ♀ (key); Michener, 1978b: 528; Dawut *et* Tadauchi, 2001: 161, ♀, ♂, Figs. 10, 11, 12 [*Halictus* (*Seladonia*) *seladonius* (Fabricius)]; Pesenko *et al.*, 2000: 170, ♀ (key), ♂ (key) [*Seladonia seladonia* (Fabricius, 1794)]; Niu *et al.*, 2004: 649, ♂ (key), 650, ♀ (key), 660, ♀, Pl. 11; Niu *et al.*, 2007b: 382; Straka *et al.*, 2007: 268 [*H. seladonius* (Fabricius, 1794)].

（38）半被毛隧蜂 *Halictus* (*Seladonia*) *semitectus* Morawitz, 1874

Halictus semitectus Morawitz, 1874: 172, ♀, ♂. **Lectotype:** ♀, Russia: Derbent (Daghestan); ZISP; designated by Pesenko (2006a: 76).

分布（Distribution）：内蒙古（NM）、河北（HEB）、甘肃（GS）、新疆（XJ）；瑞士、德国、匈牙利、奥地利、捷克、斯洛伐克、波兰、乌克兰、立陶宛、阿塞拜疆、阿富汗、蒙古国、俄罗斯

其他文献（Reference）：Dalla Torre, 1896: 82 (*Halictus semitectus* Mor.); Blüthgen, 1920: 104, ♀ (key), 130, ♂ (key); Blüthgen, 1924a: 536 (key); Hirashima, 1957: 18 (*Halictus semitectus* Morawitz, 1873); Ebmer, 1969: 153, ♀ (key), 155, ♂ (key), 170 [*Halictus* (*Seladonia*) *semitectus* Morawitz, 1873] (incorrect subsequent time); Ebmer, 1976b: 397 [*Halictus* (*Seladonia*) *semitectus* Morawitz, 1873] (incorrect subsequent time); Ebmer, 1982: 202 [*Halictus* (*Seladonia*) *semitectus* Morawitz, 1873] (incorrect subsequent time); Ebmer, 1988a: 332, ♀ (key), 336, ♂ (key), 350, Figs. 38, 42, 63, 64, 68, [*Halictus* (*Seladonia*) *semitectus* Morawitz, 1873] (incorrect subsequent time); Ebmer, 2005: 361 [*Halictus* (*Seladonia*) *semitectus* Morawitz, 1873] (incorrect subsequent time); Michener, 1978b: 528 [*Halictus* (*Seladonia*) *semitectus* Morawitz, 1873] (incorrect subsequent time); Pesenko *et al.*, 2000: 170, ♀, ♂ (key), 175, Figs. 253, 262 [*Seladonia semitecta* (Morawitz, 1874)]; Dawut *et* Tadauchi, 2002: 127, ♀, ♂, Figs. 28, 29, [*Halictus* (*Seladonia*) *semitectus* Morawitz]; Niu *et al.*, 2004: 649, ♂ (key), 650, ♀ (key), 662, ♀, ♂, Pl. 12, [*Halictus* (*Seladonia*) *semitectus* Morawitz, 1873] (incorrect subsequent time); Niu *et al.*, 2007b: 382 [*Halictus* (*Seladonia*) *semitectus* Morawitz, 1873] (incorrect subsequent time); Pesenko, 2004: 101 [*Seladonia* (*Seladonia*) *semitecta* Morawitz, 1874]; Pesenko, 2006a: 76 [*Seladonia* (*Seladonia*) *semitecta* Morawitz, 1874]; Straka *et al.*, 2007: 268 (*H. semitectus* Morawitz, 1874).

（39）类金隧蜂 *Halictus* (*Seladonia*) *subauratus* (Rossi, 1792)

Apis subaurata Rossi, 1792: 144, ♀. **Type locality:** Italy: Pisa?.

异名（Synonym）：

Halictus virescens Lepeletier, 1841: 279, ♀. **Syntypes:** France: near Paris; MNP.

Halictus gramineus Smith, 1849: 58, ♀, ♂. **Holotype:** ♀, England: Cove Common-Hants; BML.

Halictus meridionalis Morawitz, 1874: 170, ♀, ♂. **Syntypes:** Kaukasus, Derbent; ZISP.

Halictus subauratus syrius Blüthgen, 1933c: 72, ♀. **Holotype:** ♀, Lebanon: Becharré; in Wien.

Halictus subauratus var. *corsa* Blüthgen, 1933c: 72, ♀. **Holotype:** ♀, France: Korsika, Ajaccio; MNB.

分布（Distribution）：北京（BJ）、新疆（XJ）；摩洛哥、西班牙、法国、英国、瑞士、德国、捷克、斯洛伐克、意大利、立陶宛、黎巴嫩、波兰、罗马尼亚、马其顿、乌克兰、以色列、土耳其、伊朗、哈萨克斯坦、巴基斯坦、印度、俄罗斯

其他文献（Reference）：Blüthgen, 1926a: 680 (*Hal. Subauratus* Rossi); Ebmer, 1969: 153, ♀ (key), 156, ♂ (key), [*Halictus* (*Seladonia*) *subauratus* (Rossi)]; Ebmer, 1976a: 219;

Ebmer, 1983: 322; Ebmer, 1988a: 341 [*Halictus* (*Seladonia*) *subauratus subauratus* (Rossi, 1792)]; Ebmer, 1988b: 565 [*Halictus* (*Seladonia*) *subauratus subauratus* (Rossi, 1792)], 566 [*Halictus* (*Seladonia*) *subauratus corsa* Blüthgen, 1933]; Michener, 1978b: 528 [*Halictus* (*Seladonia*) *subauratus* (Rossi, 1792), and its forms *corsa* Blüthgen, 1933, and *syrius* Blüthgen, 1933]; Wu, 1985a: 139 (*Halictus subauratus* Rossi); Dawut *et* Tadauchi, 2001: 169, ♀, ♂, Figs. 16, 17, 18 [*Halictus* (*Seladonia*) *subauratus* (Rossi)]; Pesenko *et al.*, 2000: 170, ♀ (key), ♂ (key), 172 [*Seladonia subaurata* (Rossi, 1792)], Figs. 249, 250, 258-261; Pesenko, 2004: 113 [*Seladonia* (*Seladonia*) *subaurata* (Rossi, 1792)]; Niu *et al.*, 2004: 649, ♂ (key), 650, ♀ (key), 663, ♀, ♂, Pl. 13 [*Halictus* (*Seladonia*) *subauratus subauratus* (Rossi, 1792)]; Straka *et al.*, 2007: 269 [*H. subauratus* (Rossi, 1792)].

（40）西藏隧蜂 *Halictus* (*Seladonia*) *tibetanus* Blüthgen, 1926

Halictus tibetanus Blüthgen, 1926a: 680, ♀. **Holotype:** ♀, China, Tibet, Gyangtse (Gyantse); BMNH.

分布（Distribution）：西藏（XZ）

其他文献（Reference）：Hirashima, 1957: 21 (*Halictus tibetanus* Blüthgen, 1926); Michener, 1978b: 529; Ebmer, 1988a: 373; Pesenko, 2004: 102 [*Seladonia* (*Pachyceble*) *tibetana* (Blüthgen, 1926)].

（41）外贝加尔隧蜂 *Halictus* (*Seladonia*) *transbaikalensis* Blüthgen, 1933

Halictus transbaikalensis Blüthgen, 1933c: 76, ♀. **Holotype:** ♀, Russia: Süd-Transbaikalien; MNB.

分布（Distribution）：内蒙古（NM）；蒙古国、俄罗斯

其他文献（Reference）：Michener, 1978b: 529; Ebmer, 1982: 202 (*Halictus transbaikalensis* Bl.), ♂ (nov.); Ebmer, 1988a: 372; Ebmer, 2005: 362; Ebmer, 2011b: 938; Pesenko, 2004: 102 [*Seladonia* (*Pachyceble*) *transbaikalensis* Blüthgen, 1933]; Proshchalykin *et* Lelej, 2013: 320 [*Halictus transbaikalensis* Blüthgen, 1933].

（42）山地隧蜂 *Halictus* (*Seladonia*) *tumulorum* (Linnaeus, 1758)

Apis tumulorum Linnaeus, 1758: 574, ♂. **Lectotype:** ♂, Sweden: Wisingsoae; coll. Linnaeus.

异名（Synonym）：

Apis flavipes Fabricius, 1787: 305, ♂ (*nec* Füessly, 1775). **Lectotype:** ♂, Germany: Kiel; designated by Warncke (1973a: 24); in Kopenhagen.

Halictus tumulorum var. *deviridatus* Strand, 1910b: 336, ♀. **Holotype:** ♀, Norway: Lilleströmen; MNB.

Halictus ferripennis Cockerell, 1929b: 586, ♀. **Syntypes:** 2♀, Russia: Smolenschina, Siberia (Smolenskoe, 10km SW Irkutsk); BML; Synonymied by Ebmer (1978a: 189).

Halictus (*Seladonia*) *tumulorum* ssp. *higashi* Sakagami *et* Ebmer, 1979: 543, ♀, ♂. **Holotype:** ♀, Japan: Sapporo (Hokkaido); FAHUS; Synonymied by Pesenko (2006a: 70).

Halictus (*Seladonia*) *tumulorum* ssp. *oros* Ebmer, 1988a: 364, ♀, ♂. **Holotype:** ♂, Griechenland (Greece), Parnaß, Kalyvia; coll. Ebmer.

Halictus (*Seladonia*) *tumulorum* ssp. *kyrnos* Ebmer, 1988a: 366, ♀, ♂. **Holotype:** ♂, France: Korsika (Corsica), Col de Vergio, Anstieg zur Paglia Orba; coll. Ebmer.

分布（Distribution）：黑龙江（HL）、吉林（JL）、内蒙古（NM）、甘肃（GS）；爱尔兰、英国、西班牙、比利时、法国、德国、意大利、波兰、捷克、斯洛伐克、奥地利、塞尔维亚、乌克兰、白俄罗斯、芬兰、挪威、瑞典、希腊、土耳其、朝鲜、韩国、日本、蒙古国、俄罗斯

其他文献（Reference）：Hirashima, 1957: 22 [*Halictus tumulorum* (Linné, 1758)]; Ebmer, 1969: 154, ♀ (key), 155, ♂ (key), [*Halictus* (*Seladonia*) *tumulorum* (L.)]; Ebmer, 1976b: 397 [*Halictus tumulorum* (Linné, 1758)]; Ebmer, 1978a: 189 [*Halictus* (*Seladonia*) *tumulorum* (Linné)]; Ebmer, 1982: 204 [*Halictus* (*Seladonia*) *tumulorum higashi* Sakagami *et* Ebmer, 1979]; Ebmer, 1988a: 362, 363 [*Halictus* (*Seladonia*) *tumulorum tumulorum* (Linnaeus, 1758)], 364 [*Halictus* (*Seladonia*) *tumulorum higashi* Sakagami *et* Ebmer, 1979], [*Halictus* (*Seladonia*) *tumulorum oros* n. subsp.], 366 [*Halictus* (*Seladonia*) *tumulorum kyrnos* n. subsp.]; Ebmer, 1988b: 569 [*Halictus* (*Seladonia*) *tumulorum tumulorum* (Linnaeus, 1758)], 570 [*Halictus* (*Seladonia*) *tumulorum higashi* Sakagami *et* Ebmer, 1979]; Ebmer, 1996b: 269 [*Halictus* (*Seladonia*) *tumulorum higashi* Sakagami *et* Ebmer, 1979]; Ebmer, 2005: 362 [*Halictus* (*Seladonia*) *tumulorum higashi* Sakagami *et* Ebmer, 1979]; Ebmer, 2006: 548 [*Halictus* (*Seladonia*) *tumulorum higashi* Sakagami *et* Ebmer, 1979]; Warncke, 1973a: 24 (*Apis flavipes* Fabricus, 1787), 25 (*Apis tumulorum* Linné); Michener, 1978b: 529; Fan, 1991: 479, ♀ (key) [*Halictus* (*Seladonia*) *tumulorum higashi* Sakagami *et* Ebmer]; Dawut *et* Tadauchi, 2002: 145 [*Halictus* (*Seladonia*) *tumulorum higashi* Sakagami *et* Ebmer, 1979], ♀, ♂, Figs. 41, 42, 43; Pesenko, 2004: 102 [*Seladonia* (*Pachyceble*) *tumulorum* (Linnaeus, 1758)]; Pesenko, 2006a: 70 [*Seladonia* (*Pachyceble*) *tumulorum* (Linnaeus, 1758)], [*Seladonia* (*Pachyceble*) *tumulorum ferripennis* (Cockerell, 1929), status n.]; Pesenko *et al.*, 2000: 171, ♀, ♂ (key), 179 [*Seladonia tumulorum* (Linnaeus, 1758)], Figs. 248, 251, 255, 266-269; Proshchalykin *et* Lelej, 2013: 319 (*Halictus ferripennis* Cockerell, 1929); Niu *et al.*, 2004: 649, ♂ (key), 650, ♀ (key), 665, ♀, ♂, Pl. 14, [*Halictus* (*Seladonia*) *tumulorum higashi* Sakagami *et* Ebmer, 1979]; Niu *et al.*, 2007b: 382 [*Halictus* (*Seladonia*) *tumulorum higashi* Sakagami *et* Ebmer, 1979]; Straka *et al.*, 2007: 269 [*H. tumulorum* (Linnaeus, 1758)].

（43）双叶隧蜂 *Halictus* (*Seladonia*) *vicinus* Vachal, 1894

Halictus vicinus Vachal, 1894: 431, ♀. **Type locality:** Burma:

Bhamo; Genua.

异名（Synonym）:

Halictus abuensis Cameron, 1908: 310, ♀. **Holotype:** ♀, India: Abu; BML.

Halictus propinquus var. *silvatica* Blüthgen, 1926a: 677, ♀. **Holotype:** ♀, India: Tenasserim-Thandanny; MNB.

Halictus (*Seladonia*) *daturae* Cockerell, 1929b: 585, ♀. **Holotype:** ♀, Thailand: Siam, Nan; AMNH; Synonymied by Ebmer (1980: 481).

Halictus daturae var. *laosina* Cockerell, 1929b: 585, ♀. **Holotype:** ♀, Thailand: Siam, Nan; BML; Synonymied by Ebmer (1980: 481).

Halictus speculiferus Cockerell, 1929b: 585, ♀. **Holotype:** ♀, Thailand: Siam, Nan; BML; Synonymied by Ebmer (1980: 481).

Halictus umbrosus Cockerell, 1929b: 588, ♀. **Holotype:** ♀, Thailand: Siam, Nan; BML; Synonymied by Ebmer (1980: 481).

分布（Distribution）：新疆（XJ）；印度、缅甸、尼泊尔、泰国

其他文献（Reference）：Bingham, 1897: 431 (*Halictus vicinus* Vachal, 1894), ♀; Hirashima, 1957: 6 (*Halictus daturae* Cockerell, 1929); Michener, 1978b: 529 [*Halictus* (*Seladonia*) *vicinus* Vachal, 1895] (incorrect subsequent time); Ebmer, 1980: 481; Ebmer, 1988a: 346; Ebmer, 2004: 123; Sakagami *et* Ebmer, 1987: 345, ♀, ♂; Pesenko, 2004: 101 [*Seladonia* (*Seladonia*) *vicina* (Vachal, 1894)]; Fan, 1991: 479, ♀ (key); Dawut *et* Tadauchi, 2001: 180, Figs. 22, 23, 24; Niu *et al.*, 2007b: 382; Rasmussen, 2012: 48; Saini *et* Rathor, 2012: 152 [*Seladonia* (*Seladonia*) *vicina* (Vachal, 1894)].

（44）云南隧蜂 *Halictus* (*Seladonia*) *yunnanicus* Pesenko *et* Wu, 1997

Halictus (*Tytthalictus*) *yunnanicus* Pesenko *et* Wu, 1997a: 203, ♀. **Holotype:** ♀, China, Yunnan, Lijiang; IZB.

分布（Distribution）：北京（BJ）、云南（YN）

其他文献（Reference）：Pesenko, 2004: 102 [*Seladonia* (*Pachyceble*) *yunnanica* (Pesenko *et* Wu, 1997)]; Niu *et al.*, 2007b: 382 [*Halictus* (*Tytthalictus*) *yunnanicus* Pesenko *et* Wu, 1997].

小隧蜂亚属 *Halictus* / Subgenus *Tytthalictus* Pesenko, 1984

Halictus (*Tytthalictus*) Pesenko, 1984a: 348. **Type species:** *Halictus maculatus* Smith, 1848, by original designation.

其他文献（Reference）：Michener, 1997, 2000, 2007; Pesenko, 1986b, 2004; Niu *et al.*, 2004.

（45）断带隧蜂 *Halictus* (*Tytthalictus*) *maculatus* Smith, 1848

Halictus maculatus Smith, 1848: 2172. ♀. **Holotype:** ♀, England: Hampshire; ZMUO.

异名（Synonym）:

Halictus interruptus Lepeletier, 1841: 270, ♀, ♂; *nec Hylaeus interruptus* Panzer, 1798. **Syntypes:** Paris; lost. Synonymied by Smith (1869: 246).

Halictus maculatus priesneri Ebmer, 1975b: 41, ♀. **Holotype:** ♀, Turkey: Gürün; coll. Ebmer.

分布（Distribution）：新疆（XJ）；西班牙、英国、比利时、法国、意大利、丹麦、波兰、捷克、斯洛伐克、芬兰、拉脱维亚、马其顿、乌克兰、土耳其、以色列、亚美尼亚、伊朗、阿富汗、哈萨克斯坦、俄罗斯、美国

其他文献（Reference）：Blüthgen, 1923b: 74 (key), 129 (key), (*Halictus maculates* Sm.); Blüthgen, 1924a: 348 (*Hal. maculates* Sm.), 403, ♀ (key), 485, ♂ (key); Ebmer, 1969: 150, ♀(key), 151, ♂ (key), 175 [*Halictus* (*Halictus*) *maculates* Sm.], Fig. 3; Ebmer, 1975b: 41 [*Halictus* (*Halictus*) *maculatus maculatus* Sm.], [*Halictus* (*Halictus*) *maculatus priesneri* n. ssp. ♀], 49 (key); Ebmer, 1976b: 396 [*Halictus* (*Halictus*) *maculates* Smith, 1848]; Ebmer, 1978b: 19 [*Halictus* (*Halictus*) *maculatus maculatus* Smith, 1848], [*Halictus* (*Halictus*) *maculatus priesneri* Ebmer, 1975]; Ebmer, 1980: 473 [*Halictus* (*Halictus*) *maculatus priesneri* Ebmer, 1975]; Ebmer, 1988b: 556 [*Halictus* (*Halictus*) *maculatus maculatus* Smith, 1848], 557 [*Halictus* (*Halictus*) *maculatus priesneri* Ebmer, 1975]; Ebmer, 2011b: 934; Pesenko, 1986b: 621, ♀ (key), 625, ♂ (key), (nov.), Figs. 1-6, 23-26, 39-42, 73, 74 [*Halictus* (*Tytthalictus*) *maculatus* Smith, 1848]; Pesenko, 2004: 100; Pesenko, 2005a: 17 [*Halictus* (*Tytthalictus*) *maculatus* Smith, 1848], [*Halictus* (*Tytthalictus*) *maculatus maculatus* Smith, 1848]; Michener, 1978b: 534 [*Halictus* (*Halictus*) *maculates* Smith, 1848 and form *priesneri* Ebmer, 1975]; Pesenko *et al.*, 2000: 148, ♀ (key), ♂ (key), 161, Figs. 199-202, 206, 219, 220; Pesenko *et* Wu, 1997a: 203; Niu *et al.*, 2007b: 382; Straka *et al.*, 2007: 268 (*H. maculatus* Smith, 1848).

（46）沼泽隧蜂 *Halictus* (*Tytthalictus*) *palustris* Morawitz, 1876

Halictus palustris Morawitz, 1876: 234, ♀. **Lectotype:** ♀, Tajikistan: Iskander-kul (Hissar Ridge); designated by Warncke (1982: 147); ZMMU.

异名（Synonym）:

Halictus pseudomaculatus Blüthgen, 1925a: 92, ♀. **Lectotype:** ♀, Kyrghyzstan: Osh; designated by Pesenko (1984b: 25); NMW; Synonymied by Blüthgen (1931a: 214).

Halictus (*Tytthalictus*) *marikovskayae* Pesenko, 1986b: 629, ♀. **Holotype:** ♀, Kazakhstan: Almaty; ZISP; Synonymied by Pesenko (2004: 100).

Halictus frostus Fan, 1990: 95, ♀, ♂. **Holotype:** ♂, China: Xinjiang, Chaosu; IZB. **Allotype:** ♀, 1900m, 9. VII. 1978, leg. Xue-Zhong Zhang; Synomized by Pesenko *et* Wu (1997: 203).

分布（Distribution）：新疆（XJ）；乌兹别克斯坦、吉尔吉斯斯坦、哈萨克斯坦、塔吉克斯坦

其他文献（Reference）：Blüthgen, 1923b: 71, ♀ (key), 136 (*H. palustris* Mor.); Blüthgen, 1936: 291 (*Hal. palustris* Mor.), ♂ (nov.), Fig. 10; Ebmer, 1975b: 43 [*Halictus* (*Halictus*)

palustris Mor.], 44 [Halictus (Halictus) pseudomaculatus Blü]; Michener, 1978b: 534 [Halictus (Halictus) palustris Morawitz, 1876]; Warncke, 1982: 147 (H. palustris); Warncke, 1984: 310 (H. maculatus palustris); Pesenko, 1986b: 623, ♀ (key), 625, ♂ (key), 628 (H. palustris and H. pseudomaculatus), Figs. 11-14, 31-33, 34, 47, 48, 50, 65-70, 79, 80, 83; Pesenko, 2004: 100; Pesenko et Wu, 1997a: 203; Pesenko, 2005b: 343; Niu et al., 2007b: 382.

绒毛隧蜂亚属 *Halictus* / Subgenus *Vestitohalictus* Blüthgen, 1961

Halictus (*Vestitohalictus*) Blüthgen, 1961: 287. **Type species:** *Halictus vestitus* Lepeletier, 1841, by original designation.

其他文献(Reference): Michener, 1997, 2000, 2007; Pesenko, 2004.

(47) 红腹绒毛隧蜂 *Halictus* (*Vestitohalictus*) *ferreotus* Fan, 1991

Halictus (*Vestitohalictus*) *ferreotus* Fan, 1991: 480, ♀. **Holotype:** ♀, China: Xinjiang, Jimuguanet; IZB.

分布(Distribution): 新疆(XJ)

其他文献(Reference): Pesenko, 2004: 102 [*Seladonia* (*Vestitohalictus*) *ferreota* (Fan, 1991)]; Niu *et al.*, 2007a: 91, ♀, Figs. 1-4; Niu *et al.*, 2007b: 382.

(48) 拟绒毛隧蜂 *Halictus* (*Vestitohalictus*) *pseudovestitus* Blüthgen, 1925

Halictus pseudovestitus Blüthgen, 1925a: 126, ♂. **Holotype:** ♂, China: Peking (Beijing); MNB.

分布(Distribution): 黑龙江(HL)、内蒙古(NM)、河北(HEB)、北京(BJ)、山西(SX)、山东(SD)、甘肃(GS);蒙古国

其他文献(Reference): Hirashima, 1957: 16 (*Halictus pseudovestitus* Blüthgen, 1925); Ebmer, 1978a: 190; Ebmer, 1982: 206 [*Halictus* (*Vestitohalictus*) *pseudovestitus pseudovestitus* Blüthgen, 1925], ♀ (nov.); Ebmer, 2005: 369 [*Halictus* (*Vestitohalictus*) *pseudovestitus pseudovestitus* Blüthgen, 1925]; Fan, 1991: 479, ♀ (key), 480, ♂ (key); Pesenko, 2006a: 77 [*Seladonia* (*Vestitohalictus*) *pseudovestita* Blüthgen, 1925]; Niu *et al.*, 2007a: 91, ♀, ♂ (key), 99 [*Halictus* (*Vestitohalictus*) *pseudovestitus pseudovestitus* Blüthgen, 1925], ♀, ♂, Figs. 37-46; Niu *et al.*, 2007b: 382 [*Halictus* (*Vestitohalictus*) *pseudovestitus pseudovestitus* Blüthgen, 1925].

(49) 尘绒毛隧蜂 *Halictus* (*Vestitohalictus*) *pulvereus* Morawitz, 1874

Halictus pulvereus Morawitz, 1874: 168, ♀, ♂. **Lectotype:** ♂, Russia: Derbent (Daghestan); designated by Ebmer (1988b: 576); ZISP.

异名(Synonym):

Halictus sogdianus Morawitz, 1876: 227, ♀. **Lectotype:** ♀, Uzbekistan: Samarkand; designated by Blüthgen (1934b: 303); ZMMU; Synonymied by Ebmer (1988b: 576).

Nomioides aenescens Radoszkowski, 1893: 57, ♀. **Syntypes:** 4♀, Turkmenistan: Askhabat; MNB and IZK; Synonym (= *H. sogdianus*) by Blüthgen (1934b: 303).

分布(Distribution): 甘肃(GS)、青海(QH)、新疆(XJ);伊朗、阿富汗、乌兹别克斯坦、土库曼斯坦、蒙古国、塞浦路斯、俄罗斯

其他文献(Reference): Michener, 1978b: 530 [*Halictus* (*Vestitohalictus*) *pulvereus* Morawitz, 1873] (incorrect subsequent time); Ebmer, 1978b: 28 [*Halictus* (*Vestitohalictus*) *pulvereus* Morawitz, 1873] (incorrect subsequent time); Ebmer, 1982: 205 [*Halictus* (*Vestitohalictus*) *pulvereus* Morawitz, 1873] (incorrect subsequent time); Ebmer, 1988b: 576, Figs. 8, 9, [*Halictus* (*Vestitohalictus*) *pulvereus* Morawitz, 1873] (incorrect subsequent time); Ebmer, 2005: 368 [*Halictus* (*Vestitohalictus*) *pulvereus* Morawitz, 1873] (incorrect subsequent time); Pesenko, 2004: 102 [*Seladonia* (*Vestitohalictus*) *pulverea* (Morawitz, 1874)]; Pesenko, 2006a: 77 [*Seladonia* (*Vestitohalictus*) *pulverea* (Morawitz, 1874)]; Niu *et al.*, 2007a: 91, ♀, ♂ (key), 101 [*Halictus* (*Vestitohalictus*) *pulvereus* Morawitz, 1873] (incorrect subsequent time), ♀, ♂; Niu *et al.*, 2007b: 382 [*Halictus* (*Vestitohalictus*) *pulvereus* Morawitz, 1873] (incorrect subsequent time).

(50) 被毛隧蜂 *Halictus* (*Vestitohalictus*) *tectus* Radoszkowski, 1876

Halictus tectus Radoszkowski, 1876: 87, ♀, ♂. **Lectotype:** ♂, Caucasus; MNB; designated by Ebmer (1988b: 573).

分布(Distribution): 吉林(JL)、北京(BJ)、新疆(XJ);美国、西班牙、瑞士、意大利、奥地利、捷克、斯洛伐克、希腊、罗马尼亚、乌克兰、阿塞拜疆、伊朗、阿富汗、蒙古国

其他文献(Reference): Michener, 1978b: 530 [*Halictus* (*Vestitohalictus*) *pulvereus* Morawitz, 1873 and its form *tectus* Radoszkowski, 1876]; Ebmer, 1988b: 573 [*Halictus* (*Vestitohalictus*) *tectus* Radoszkowski, 1875] (incorrect subsequent time), Figs. 6, 7; Ebmer, 2011a: 45 [*Halictus* (*Vestitohalictus*) *tectus* Radoszkowski, 1875] (incorrect subsequent time); Fan, 1991: 479, ♀ (key), 480, ♂ (key); Pesenko, 2004: 102 [*Seladonia* (*Vestitohalictus*) *tecta* (Radoszkowski, 1876)]; Niu *et al.*, 2007a: 91, ♀ (key), ♂ (key), 103 [*Halictus* (*Vestitohalictus*) *tectus* Radoszkowski, 1875] (incorrect subsequent time), Figs. 58-69; Niu *et al.*, 2007b: 382 [*Halictus* (*Vestitohalictus*) *tectus* Radoszkowski, 1875] (incorrect subsequent time); Straka *et al.*, 2007: 269 [*H. tectus* Radoszkowski, 1875] (incorrect subsequent time).

(51) 绒毛隧蜂 *Halictus* (*Vestitohalictus*) *vestitus* Lepeletier, 1841

Halictus vestitus Lepeletier, 1841: 281, ♀. **Syntypes:** France: Montpelier; Serville.

分布(Distribution): 新疆(XJ);墨西哥、西班牙、法国、

意大利、匈牙利、奥地利、蒙古国

其他文献（Reference）：Hirashima, 1957: 23 (*Halictus vestitus* Lepeletier, 1841); Michener, 1978b: 530 [*Halictus* (*Vestitohalictus*) *vestitus* Lepeletier, 1841]; Fan, 1991: 479, ♀ (key), 480, ♂ (key); Pesenko, 2004: 102 [*Seladonia* (*Vestitohalictus*) *vestita* (Lepeletier, 1841)]; Niu *et al.*, 2007a: 91, ♀, ♂ (key), 105 [*Halictus* (*Vestitohalictus*) *vestitus* Lepeletier, 1841], Figs. 70-80; Niu *et al.*, 2007b: 382 [*Halictus* (*Vestitohalictus*) *vestitus* Lepeletier, 1841]; Straka *et al.*, 2007: 269 [*H. vestitus* Lepeletier, 1841 as synonym of *H. tectus* Radoszkowski, 1875].

2. 平坦蜂属 *Homalictus* Cockerell, 1919

Halictus (*Homalictus*) Cockerell, 1919c: 13. **Type species:** *Halictus taclobanensis* Cockerell, 1915, by original designation.

Halictus (*Indohalictus*) Blüthgen, 1931b: 291. **Type species:** *Halictus buccinus* Vachal, 1894, by original designation.

Homalictus (*Papualictus*) Michener, 1980: 8. **Type species:** *Homalictus megalochilus* Michener, 1980 = *Halictus lorentzi* Friese, 1911, by original designation.

Homalictus (*Quasilictus*) Walker, 1986: 166. **Type species:** *Homalictus brevicornutus* Walker, 1986, by original designation.

其他文献（Reference）：Michener, 1997, 2000, 2007; Niu *et al.*, 2013.

平坦蜂亚属 *Homalictus* / Subgenus *Homalictus* Cockerell s. str., 1919

Halictus (*Homalictus*) Cockerell, 1919c: 13. **Type species:** *Halictus taclobanensis* Cockerell, 1915, by original designation.

异名（Synonym）：

Halictus (*Indohalictus*) Blüthgen, 1931b: 291. **Type species:** *Halictus buccinus* Vachal, 1894, by original designation.

其他文献（Reference）：Michener, 1997, 2000, 2007; Niu *et al.*, 2013.

（52）纳版平坦蜂 *Homalictus* (*Homalitus*) *nabanensis* Niu *et al.*, 2013

Homalictus (*Homalitus*) *nabanensis* Niu *et al.*, 2013: 394, ♀, ♂. **Holotype:** ♀, China: Yunnan, Xishuangbanna; IZB.

分布（Distribution）：云南（YN）；泰国

其他文献（Reference）：Niu *et al.*, 2013: 394, Figs. 1a-f, 2a-h, 3a-h, 4a-d.

3. 淡脉隧蜂属 *Lasioglossum* Curtis, 1833

Lasioglossum Curtis, 1833: pl. 448. **Type species:** *Lasioglossum tricingulum* Curtis, 1833 = *Melitta xanthopus* Kirby, 1802, by original designation.

Acanthalictus Cockerell, 1924a: 184. **Type species:** *Halictus dybowskii* Radoszkowski, 1877, by original designation.

Lasioglossum (*Australictus*) Michener, 1965: 165. **Type species:** *Halictus peraustralis* Cockerell, 1904, by original designation.

Lasioglossum (*Austrevylaeus*) Michener, 1965: 170. **Type species:** *Halictus sordidus* Smith, 1853, by original designation.

Lasioglossum (*Callalictus*) Michener, 1965: 170. **Type species:** *Parasphecodes tooloomensis* Cockerell, 1929, by original designation.

Ctenonomia Cameron, 1903b: 178. **Type species:** *Ctenonomia carinata* Cameron, 1903, monobasic.

Dialictus Robertson, 1902a (Feb. 1): 48. **Type species:** *Halictus anomalus* Robertson, 1892, by original designation.

Eickwortia McGinley, 1999: 112. **Type species:** *Halictus nycteris* Vachal, 1904, by original designation.

Evylaeus Robertson, 1902b: 247. **Type species:** *Halictus arcuatus* Robertson, 1893, by original designation.

Lasioglossum (*Glossalictus*) Michener, 1965: 173. **Type species:** *Halictus etheridgei* Cockerell, 1916, by original designation.

Hemihalictus Cockerell, 1897: 288 [also proposed as new by Cockerell, 1898b: 216]. **Type species:** *Panurgus lustrans* Cockerell, 1897, by original designation.

Paradialictus Pauly, 1984b: 691. **Type species:** *Paradialictus synavei* Pauly, 1984, by original designation.

Parasphecodes Smith, 1853: 39. **Type species:** *Parasphecodes hilactus* Smith, 1853, by designation of Sandhouse, 1943: 585.

Lasioglossum (*Pseudochilalictus*) Michener, 1965: 170. **Type species:** *Lasioglossum imitator* Michener, 1965, by original designation.

Lasioglossum (*Sellalictus*) Pauly, 1980: 120. **Type species:** *Halictus latesellatus* Cockerell, 1937, by original designation.

Sphecodogastra Ashmead, 1899: 92. **Type species:** *Sphecodes texana* Cresson, 1872, by original designation.

Sudila Cameron, 1898: 52. **Type species:** *Sudila bidentata* Cameron, 1898, by designation of Sandhouse, 1943: 602.

其他文献（Reference）：Michener, 1997, 2000, 2007; Pesenko, 2006b.

棘淡脉隧蜂亚属 *Lasioglossum* / Subgenus *Acanthalictus* Cockerell, 1924

Acanthalictus Cockerell, 1924a: 184. **Type species:** *Halictus dybowskii* Radoszkowski, 1877, by original designation.

其他文献（Reference）：Michener, 1997, 2000, 2007.

（53）大黑淡脉隧蜂 *Lasioglossum* (*Acanthalictus*) dybowskii (Radoszkowski, 1876)

Halictus dybowskii Radoszkowski, 1876: 110, ♀. **Lectotype:** ♀, Amur, Dybows; designated by Pesenko (2007a: 107); IZK.

异名（Synonym）：

Acanthalictus griseipennis Cockerell, 1924a: 185, ♀.

Holotype: ♀, Russia: Kongaus (Primorsk Terr.: Anisimovka); USNM. Synonymied by Ebmer (1978a: 209).

分布（Distribution）：黑龙江（HL）、辽宁（LN）、北京（BJ）、湖北（HB）、四川（SC）、福建（FJ）；朝鲜、俄罗斯

其他文献（Reference）：Dalla Torre, 1896: 61 (*Halictus dubowskii*, erroneous spelling of *Halictus dybowskii*); Cockerell, 1910a: 364 (*Halictus dybowskii* Rad.); Cockerell, 1924b: 582 [*Halictus dybowskii* (Rad.)], ♂ (nov); Blüthgen, 1923a: 317 (*Hal. dybowskii*); Hirashima, 1957: 7 (*Halictus dybowskii* Radoszkowski, 1876), 9 [*Halictus griseipennis* (Cockerell, 1924)]; Ebmer, 1978a: 209 [*Lasioglossum* (*Evylaeus*) *dybowskii* (Radoszkowski)]; Ebmer, 1996b: 284; [*Lasioglossum* (*Evylaeus*) *dybowskii* (Radoszkowski, 1875)]; Ebmer, 2006: 568 [*Lasioglossum* (*Evylaeus*) *dybowskii* (Radoszkowski, 1876)]; Pesenko, 2007a: 83, ♀ (key), 91, ♂ (key), 107 [*Evylaeus* (*Acanthalictus*) *dybowskii* (Radoszkowski)]; Pesenko, 2007c: 43 [*Evylaeus* (*Acanthalictus*) *dybowskii* (Radoszkowski)]; Michener, 2000: 359 [*Lasioglossum* (*Acanthalictus*) *dybowskii* (Radoszkowski)]; Michener, 2007: 375 [*Lasioglossum* (*Acanthalictus*) *dybowskii* (Radoszkowski, 1876)]; Wu, 1997: 1672 [*Lasioglossum dybowskii* (Radoszkowski, 1876)]; Zhang, 2012: 61 [*Lasioglossum* (*Dialictus*) *dybowskii* (Radoszkowski, 1876)]; Proshchalykin, 2014: 527 (*Acanthalictus griseipennis* Cockerell, 1924).

梳淡脉隧蜂亚属 *Lasioglossum* / Subgenus *Ctenomia* Cameron, 1903

Ctenonomia Cameron, 1903b: 178. **Type species:** *Ctenonomia carinata* Cameron, 1903, monobasic.

异名（Synonym）：

Halictus (*Nesohalictus*) Crawford, 1910: 120. **Type species:** *Halictus robbii* Crawford, 1910 = *Nomia halictoides* Smith, 1858, by original designation.

Halictus (*Oxyhalictus*) Cockerell *et* Ireland, 1935, in Cockerell, 1935: 91. **Type species:** *Halictus acuiferus* Cockerell *et* Ireland, 1935, monobasic.

Lasioglossum (*Labrohalictus*) Pauly, 1981: 719. **Type species:** *Lasioglossum saegeri* Pauly, 1981, monobasic.

Lasioglossum (*Rubrihalictus*) Pauly, 1999: 158. **Type species:** *Halictus rubricaudis* Cameron, 1905, by original designation. (Synonymied by Michener in 2007).

Lasioglossum (*Ipomalictus*) Pauly, 1999: 158. **Type species:** *Halictus nudatus* Benoist, 1962, by original designation. (Synonymied by Michener in 2007).

其他文献（Reference）：Michener, 1965, 1997, 2000, 2007; Pesenko, 1986a; Zhang, 2012; Murao *et al.*, 2009.

（54）白带淡脉隧蜂 *Lasioglossum* (*Ctenonomia*) *albescens* (Smith, 1853)

Halictus albescens Smith, 1853: 61, ♀, ♂. **Type locality:** Northern India; BML.

分布（Distribution）：四川（SC）、云南（YN）、福建（FJ）、广东（GD）、广西（GX）、海南（HI）；德国、巴基斯坦、印度、尼泊尔、缅甸、老挝、泰国、马来西亚、印度尼西亚、菲律宾

其他文献（Reference）：Dalla Torre, 1896: 52 (*Halictus albescens* Smith); Cockerell, 1937c: 2 (*Halictus albescens* Smith); Pesenko, 1986a: 121 [*L.* (*Ctenonomia*) *albescens* (Smith, 1853)]; Sakagami, 1989: 509, ♀ (key) [*L. albescens* (Smith, 1853)]; Ebmer, 1998: 376 [*L. albescens* (Smith, 1853)]; Zhang, 2012: 31, ♀, ♂.

（55）毛腿淡脉隧蜂 *Lasioglossum* (*Ctenonomia*) *blakistoni* Sakagami *et* Munakata, 1990

Lasioglossum (*Ctenonomia*) *blakistoni* Sakagami *et* Munakata, 1990: 985, ♀, ♂. **Type locality:** Japan: Aomori Pref.

分布（Distribution）：四川（SC）、云南（YN）；日本、俄罗斯

其他文献（Reference）：Ebmer, 1998: 376 (*L. blakistoni* Sakagami *et* Munakata, 1990); Murao *et al.*, 2009: 81; Zhang, 2012: 33, ♀.

（56）黄淡脉隧蜂 *Lasioglossum* (*Ctenonomia*) *bouyssoui* (Vachal, 1903)

Halictus bouyssoui Vachal, 1903a: 392, ♀. **Holotype:** ♀, Gabon: Lastoursville; MNHN.

分布（Distribution）：云南（YN）；加蓬、刚果

其他文献（Reference）：Pauly, 1999: 172 (*Ctenonomia bouyssoui* Vachal, 1903); Rasmussen, 2012: 20 (*Halictus bouyssoui* Vachal, 1903); Zhang, 2012: 34, ♀.

（57）扁淡脉隧蜂 *Lasioglossum* (*Ctenonomia*) *compressum* (Blüthgen, 1926)

Halictus compressus Blüthgen, 1926a: 376, ♀. Junior homonym of *Halictus compressus* (Walckenaer, 1802).

分布（Distribution）：四川（SC）、云南（YN）；印度、尼泊尔、泰国

其他文献（Reference）：Warncke, 1973b: 281 (*Halictus compressum* Blüthgen, 1926); Ebmer, 1998: 376 [*L. compressum* (Blüthgen, 1926)]; Zhang, 2012: 35, ♀.

（58）菲氏淡脉隧蜂 *Lasioglossum* (*Ctenonomia*) *feai* (Vachal, 1894)

Halictus feai Vachal, 1894: 440, ♀, ♂. **Type locality:** Burma: Carin Chebà; MCSN.

异名（Synonym）：

Halictus carianus Cameron, 1903a: 330, ♀. **Holotype:** ♀, Assam (India); BML. Synonymied by Blüthgen (1926a: 531).

分布（Distribution）：云南（YN）；印度、尼泊尔、缅甸、越南、马来西亚

其他文献（Reference）：Ebmer, 1995: 611 [*Lasioglossum* (*Evylaeus*) *feai* (Vachal, 1895)] (incorrect subsequent time);

Ebmer, 1998: 368 [*L.* (*Evylaeus*) *feai* (Vachal, 1894)]; Rasmussen, 2012: 27 (*Halictus feai* Vachal, 1894); Zhang, 2012: 113 [*Lasioglossum* (*Evylaeus*) *feai* (Vachal, 1894)], ♀.

（59）隧淡脉隧蜂 *Lasioglossum* (*Ctenonomia*) *halictoides* (Smith, 1858)

Nomia halictoides Smith, 1858a: 121, ♀.

异名（Synonym）：

Halictus biroi Friese, 1909b: 188, ♀. Synonymied by Blüthgen (1930a: 75).

Halictus (*Nesohalictus*) *robbii* Crawford, 1910: 120, ♂. Synonymied by Blüthgen (1926b: 415).

Halictus carinatifrons Strand, 1910a: 196, ♀, ♂. Synonymied by Blüthgen (1926b: 418).

Halictus heymonsii Strand, 1910: 207, ♂. Synonymied by Blüthgen (1922a: 53).

Halictus taihorinis var. *anpingensis* Strand, 1914: 150, ♀. Synonymied by Blüthgen (1923c: 241).

Halictus lativentris Friese, 1914b: 22, ♀, ♂. Synonymied by Blüthgen (1926b: 400).

分布（Distribution）：台湾（TW）；斯里兰卡、印度尼西亚、马来西亚、菲律宾、几内亚

其他文献（Reference）：Hirashima, 1957: 9 [*Halictus halictoides* (Smith, 1858)]; Ebmer, 1998: 368, 369 [*L. halictoides* (Smith, 1859)]; Wijesekara, 2001: 148 [*Lasioglossum* (*Nesohalictus*) *halictoides* (Smith)]; Rasmussen *et* Ascher, 2008: 64 (*Halictus lativentris* Friese, 1914); Zhang, 2012: 35, ♀.

（60）久米岛淡脉隧蜂 *Lasioglossum* (*Ctenonomia*) *kumejimense* (Matsumura *et* Uchida, 1926)

Halictus kumejimense Matsumura *et* Uchida, 1926: 68. ♀, ♂. **Syntypes:** 1♀, 1♂, Japan: Ryukyus (Kumejima); coll. H. Kuroiwa and S. Hirayama.

异名（Synonym）：

Halictus yayemamensis Matsumura *et* Uchida, 1926: 68, ♀. **Syntypes:** 4♀, Japan: Ryukyus (Yaeyama Islands); coll. H. Kuroiwa.

Lasioglossum (*Evylaeus*) *miyanoi* Tadauchi, 1994: 216, ♀. **Holotype:** ♀, Mariana Islands: Rota Island; in Natural History Museum *et* Institute, Chiba. Synonymied by Murao *et al.* (2009: 77).

分布（Distribution）：福建（FJ）、台湾（TW）；泰国、日本、菲律宾、美国

其他文献（Reference）：Hirashima, 1957: 10 (*Halictus kumejimensis* Matsumura *et* Uchida, 1926), 24 (*Halictus yayemamensis* Matsumura *et* Uchida, 1926); Sakagami, 1989: 509 [*L. kumejimense* (Matsumura *et* Uchida, 1926)], ♀ (key); Ebmer, 1998: 377 [*L.* (*Ctenonomia*) *vagans kumejimense* (Matsumura *et* Uchida, 1926)]; Murao *et al.*, 2009: 76, ♀ (key), ♂ (key), 77, ♀, ♂; Zhang, 2012: 36, ♀.

（61）反淡脉隧蜂 *Lasioglossum* (*Ctenonomia*) *oppositum* (Smith, 1875)

Nomia opposita Smith, 1875b: 59, ♀. **Holotype:** ♀, North China; BML.

异名（Synonym）：

Halictus multistictus Cockerell, 1911c: 665, ♀. **Holotype:** ♀, Formosa: Sauter (China: Taiwan); MNB. Synonymied by Blüthgen (1930a: 71).

分布（Distribution）：云南（YN）、福建（FJ）、台湾（TW）、广东（GD）；德国、尼泊尔、印度

其他文献（Reference）：Dalla Torre, 1896: 168 (*Nomia opposita* Smith); Hirashima, 1957: 14 [*Halictus oppositus* (Smith, 1875)]; Ebmer, 1995: 606 [*Lasioglossum* (*Evylaeus*) *oppositum* (Smith, 1875)], 607, ♂ (nov.); Ebmer, 2011b: 932 [*Lasioglossum* (*Evylaeus*) *oppositum* (Smith, 1875)]; Zhang, 2012: 124 [*Lasioglossum* (*Evylaeus*) *oppositum* (Smith, 1875)], ♀.

（62）船淡脉隧蜂 *Lasioglossum* (*Ctenonomia*) *scaphonotum* (Strand, 1914)

Halictus scaphonotus Strand, 1914: 169, ♀. **Holotype:** ♀, Formosa, Kankau (China: Taiwan, Koshun); DEI.

分布（Distribution）：福建（FJ）、台湾（TW）

其他文献（Reference）：Blüthgen, 1925a: 104 (*Hal. Scaphonotus* Strand), ♂ (nov.); Blüthgen, 1926a: 534 (*Hal. scaphonotus* Strand); Hirashima, 1957: 17 (*Halictus scaphonotus* Strand, 1913) (incorrect subsequent time); Ebmer, 1995: 611 [*Lasioglossum* (*Evylaeus*) *scaphonotum* (Strand, 1914)]; Zhang, 2012: 128 [*Lasioglossum* (*Evylaeus*) *scaphonotum* (Strand, 1914)].

（63）中华淡脉隧蜂 *Lasioglossum* (*Ctenonomia*) *sinicum* (Blüthgen, 1934)

Halictus sinicus Blüthgen, 1934a: 17, ♂. **Holotype:** ♂, China: Kansu (Gansu); in Museum of Stockholm.

分布（Distribution）：甘肃（GS）

其他文献（Reference）：Hirashima, 1957: 20 (*Halictus sinicus* Blüthgen, 1934); Ebmer, 1998: 375 [*L. sinicum* (Blüthgen, 1934)]; Zhang, 2012: 42, ♀, ♂.

（64）耀淡脉隧蜂 *Lasioglossum* (*Ctenonomia*) *splendidulum* (Vachal, 1894)

Halictus splendidulus Vachal, 1894: 432, ♀, ♂. **Syntypes:** 1♀, 1♂, Myanmar, Carin Chebà.

异名（Synonym）：

Halictus proteus Vachal, 1894: 438, ♀, ♂. **Syntypes:** 4♀, 1♂, Myanmar (as Tenasserim), Thagatà. Synonymied by Blüthgen (1926b: 392).

Halictus semiaerinus Vachal, 1894: 443, ♀. **Syntypes:** 1♀, Myanmar, Bhamo; 1♀, Myanmar, Carin Chebà. Synonymied by Blüthgen (1926b: 392).

Halictus metenus Cockerell, 1937c: 4, ♂. **Type locality:** Thailand, Nan; AMNH. Synonymied by Ebmer (1998: 376).

Halictus (*Evylaeus*) *bambusarum* Cockerell, 1937c: 10, ♀. **Type locality:** Thailand, Weing Sa; AMNH. Synonymied by Ebmer (1998: 376).

Halictus (*Chloralictus*) *speculibasis* Cockerell, 1937c: 11, ♀. **Type locality:** Thailand, Nan; AMNH. Synonymied by Ebmer (1998: 376).

分布(Distribution)：内蒙古(NM)、北京(BJ)、河南(HEN)、云南(YN)、西藏(XZ)；印度、尼泊尔、缅甸、泰国、印度尼西亚

其他文献(Reference)：Michener, 1965: 173 [*Lasioglossum* (*Lasioglossum*) *splendidulum* (Vachal)]; Sakagami, 1989: 509, ♀ (key); Ebmer, 1998: 376 [*L. splendidulum* (Vachal, 1894)]; Rasmussen, 2012: 40 (*Halictus proteus* Vachal, 1894), 44 (*Halictus semiaerinus* Vachal, 1894), 45 (*Halictus splendidulus* Vachal, 1894); Zhang, 2012: 43, ♀.

(65) 台淡脉隧蜂 *Lasioglossum* (*Ctenonomia*) *taihorine* (Strand, 1914)

Halictus taihorinis Strand, 1914: 150, ♀. **Type locality:** China, Taiwan, Anping.

异名(Synonym)：

Halictus notopsilus Strand, 1914: 154, ♂. **Type locality:** China, Taiwan, Taihorinsho.

分布(Distribution)：台湾(TW)

其他文献(Reference)：Hirashima, 1957: 13 (*Halictus notopsilus* Strand, 1913); Zhang, 2012: 44.

(66) 褐足淡脉隧蜂 *Lasioglossum* (*Ctenonomia*) *vagans* (Smith, 1857)

Halictus vagans Smith, 1857: 42, ♀.

异名(Synonym)：

Halictus cattulus Vachal, 1894: 437, ♀. Synonymied by Blüthgen (1930a: 72).

Halictus cattulus var. *peguanus* Vachal, 1894: 437, ♀.

Halictus buddha Cameron, 1897: 107, ♂. Synonymied by Blüthgen (1930a: 74).

Halictus vishnu Cameron, 1897: 106, ♂. Synonymied by Blüthgen (1930a: 74).

Halictus phillipinensis Ashmead, 1904a: 128, ♀. Synonymied by Blüthgen (1926b: 416).

Halictus matheranensis Cameron, 1907: 1001, ♀. Synonymied by Blüthgen (1930a: 77).

Halictus emergendus Cameron, 1908: 311, ♀.

Halictus luteitarsellus Strand, 1910a: 206, ♂.

Halictus micado Strand, 1910a: 204, ♀, ♂. Synonymied by Blüthgen (1922a: 54; 1926b: 397).

Halictus nasicensis Cockerell, 1911b: 191, ♀.

Halictus perhumilis Cockerell, 1911b: 192, ♀.

Halictus statialis Cockerell, 1911c: 667, ♀. Synonymied by Blüthgen (1922a: 63).

Halictus blepharophorus Strand, 1913c: 28, ♀, *nec* ♂. Synonymied by Blüthgen (1923c: 242).

Halictus centrophorus Strand, 1913b: 140, ♂. Synonymied by Blüthgen (1926b: 399).

Halictus nalandicus Strand, 1913b: 140, ♀. Synonymied by Blüthgen (1926b: 399).

Halictus javanicus Friese, 1914b: 23, ♂, *nec* ♀.

Halictus schmiedeknechti Friese, 1914b: 24, ♀. Synonymied by Blüthgen (1922a: 56).

Halictus phillipinensis var. *nigritarsellus* Cockerell, 1919d: 274, ♂. Synonymied by Blüthgen (1926b: 407).

Halictus chaldaeorum Morice, 1921: 826, ♂. Synonymied by Blüthgen (1922b: 319).

Halictus semivagans Cockerell, 1937c: 5, ♀.

分布(Distribution)：江苏(JS)、上海(SH)、浙江(ZJ)、湖北(HB)、云南(YN)、福建(FJ)、台湾(TW)、广东(GD)、海南(HI)；利比亚、埃及、德国、土耳其、阿塞拜疆、阿联酋、阿富汗、巴基斯坦、斯里兰卡、伊朗、印度、尼泊尔、泰国、缅甸、马来西亚、印度尼西亚、菲律宾、几内亚

其他文献(Reference)：Dalla Torre, 1896: 57 (*Halictus cattulus* Vach.), 89 (*Halictus vagans* Smith); Blüthgen, 1931b: 327 (*Halictus vagans* Sm.); Hirashima, 1957: 22 (*Halictus vagans* Smith, 1857); Pesenko, 1986a: 121 [*L.* (*Ctenonomia*) *vagans* (Smith, 1857)]; Sakagami, 1989: 509, ♀ (key) [*L.* (*Ctenonomia*) *vagans* (Smith, 1852)]; Ebmer, 1998: 377 [*L. vagans* (Smith, 1852)] (incorrect subsequent time); Ebmer, 2004: 140 [*Lasioglossum* (*Ctenonomia*) *vagans* (Smith, 1858)] (incorrect subsequent time); Ebmer, 2008: 555 [*Lasioglossum* (*Ctenonomia*) *vagans* (Smith, 1858)] (incorrect subsequent time); Murao *et al.*, 2009: 90; Zhang, 2012: 44, ♀, ♂.

(67) 屋久岛淡脉隧蜂 *Lasioglossum* (*Ctenonomia*) *yakushimense* Murao, Tadauchi *et* Yamauchi, 2009

Lasioglossum (*Ctenonomia*) *yakushimense* Murao, Tadauchi *et* Yamauchi, 2009: 84, ♀, ♂. **Holotype:** ♀, Japan: Ryukyus, Mt. Aiko-dake, Yaku-shima; ELKU.

分布(Distribution)：湖南(HN)、湖北(HB)；日本

其他文献(Reference)：Zhang, 2012: 46, ♀.

带淡脉隧蜂亚属 *Lasioglossum* / Subgenus *Dialictus* Robertson, 1902

Dialictus Robertson, 1902a (Feb. 1): 48. **Type species:** *Halictus anomalus* Robertson, 1892, by original designation.

异名(Synonym)：

Paralictus Robertson, 1901: 229. **Type species:** *Halictus cephalicus* Robertson, 1892 (not Morawitz, 1873) = *Halictus cephalotes* Dalla Torre, 1896, by original designation.

Chloralictus Robertson, 1902b (Sept. 10): 245, 248. **Type species:** *Halictus cressoni* Robertson, 1890, by original designation.

Halictus (*Gastrohalictus*) Ducke, 1902: 102. **Type species:**

Halictus osmioides Ducke, 1902, monobasic.
Halictomorpha Schrottky, 1911: 81. **Type species:** *Halictomorpha phaedra* Schrottky, 1911, by original designation.
Prosopalictus Strand, 1913c: 26. **Type species:** *Prosopalictus micans* Strand, 1913 (not *Halictus micans* Strand, 1909, senior homonym in *Lasioglossum*) = *Lasioglossum micante* Michener, 1993, by original designation.
Rhynchalictus Moure, 1947: 5. **Type species:** *Rhynchalictus rostratus* Moure, 1947, by original designation.
Halictus (*Microhalictus*) Warncke, 1975: 85. **Type species:** *Melitta minutissima* Kirby, 1802, by original designation.
Halictus (*Puncthalictus*) Warncke, 1975: 87. **Type species:** *Hylaeus punctatissimus* Schenck, 1853, by original designation.
Halictus (*Rostrohalictus*) Warncke, 1975: 88. **Type species:** *Halictus longirostris* Morawitz, 1876, by original designation.
Halictus (*Smeathhalictus*) Warncke, 1975: 88. **Type species:** *Melitta smeathmanella* Kirby, 1802, by original designation.
Halictus (*Marghalictus*) Warncke, 1975: 95. **Type species:** *Hylaeus marginellus* Schenck, 1853, by original designation.
Halictus (*Pyghalictus*) Warncke, 1975: 103. **Type species:** *Andrena pygmaea* Fabricius, 1804, by original designation. [*Pyghalictus* was intended for the group of what is usually called *Lasioglossum politum* (Schenck). The identity of *Andrena pygmaea* Fabricius is in doubt (see Ebmer, 1988b)].
Halictus (*Pauphalictus*) Warncke, 1982: 87. **Type species:** *Halictus pauperatus* Brullé, 1832, by original designation.
Habralictellus Moure *et* Hurd, 1982: 46. **Type species:** *Halictus auratus* Ashmead, 1900, by original designation.
Lasioglossum (*Afrodialictus*) Pauly, 1984a: 142. **Type species:** *Halictus bellulus* Vachal, 1910, by original designation.
Lasioglossum (*Mediocralictus*) Pauly, 1984a: 143. **Type species:** *Halictus mediocris* Benoist, 1962, by original designation.
其他文献（Reference）：Michener, 1997, 2000, 2007; Gibbs, 2011; Zhang, 2012.

（68）艾伦淡脉隧蜂 *Lasioglossum* (*Dialictus*) *alanum* (Blüthgen, 1929)

Halictus alanus Blüthgen, 1929a: 64, ♀. **Holotype:** ♀, Ala-Tau (Kazakhstan); coll. A. Lebedev (Kiev).
分布（Distribution）：新疆（XJ）；以色列、伊朗、哈萨克斯坦
其他文献（Reference）：Ebmer, 1978b: 52 [*Lasioglossum* (*Evylaeus*) *alanum* Blüthgen, 1929]; Zhang, 2012: 55, ♀.

（69）红唇淡脉隧蜂 *Lasioglossum* (*Dialictus*) *angaricum* (Cockerell, 1937)

Halictus (*Chloralictus*) *angaricus* Cockerell, 1937a: 1, ♀. **Holotype:** ♀, Russia: Ust Balej (Chita Prov.: Ust-Balej); AMNH.
分布（Distribution）：山东（SD）；蒙古国、俄罗斯
其他文献（Reference）：Hirashima, 1957: 4 (*Halictus angaricus* Cockerell, 1937); Ebmer, 1978a: 206 (*L. Angaricum*); Ebmer, 1978c: 313 (*L. angaricum*); Ebmer, 1982: 217 [*Lasioglossum* (*Evylaeus*) *angaricum* (Cockerell, 1937)], ♂ (nov.); Ebmer, 1996b: 284 (*L. angaricum*); Ebmer, 2005: 377 [*Lasioglossum* (*Evylaeus*) *angaricum* (Cockerell, 1937)]; Ebmer, 2006: 568 [*Lasioglossum* (*Evylaeus*) *angaricum* (Cockerell, 1937)]; Pesenko, 2007a: 85, ♀ (key), 96, ♂ (key), 114 [*Evylaeus* (*Aerathalictus*) *angaricu* (Cockerell, 1937)]; Pesenko, 2007c: 40 [*Evylaeus* (*Aerathalictus*) *angaricu* (Cockerell, 1937)]; Proshchalykin *et* Lelej, 2013: 319 (*Halictus angaricus* Cockerell, 1937); Zhang, 2012: 57, ♀.

（70）黑绿淡脉隧蜂 *Lasioglossum* (*Dialictus*) *atroglaucum* (Strand, 1914)

Halictus atroglaucus Strand, 1914: 170, ♂. **Holotype:** ♂, Formosa (China: Taiwan): Suisharyo; DEI.
分布（Distribution）：台湾（TW）
其他文献（Reference）：Hirashima, 1957: 5 (*Halictus atroglaucus* Strand, 1913) (incorrect subsequent time); Ebmer *et al.*, 1994: 28-30, Figs. 15, 16, 18 (*Lasioglossum atroglaucum*); Ebmer, 2002: 860 [*Lasioglossum* (*Evylaeus*) *atroglaucum* (Strand, 1914)]; Zhang, 2012: 58 [*Lasioglossum* (*Dialictus*) *atroglaucum* (Strand, 1913)] (incorrect subsequent time).

（71）丽淡脉隧蜂 *Lasioglossum* (*Dialictus*) *callophrys* Ebmer, 2002

Lasioglossum (*Evylaeus*) *callophrys* Ebmer, 2002: 869, ♀. **Holotype:** ♀, China: Yunnan, Lugu-See, Luo Shui, N27.45, E100.45; coll. Ebmer.
分布（Distribution）：云南（YN）
其他文献（Reference）：Ebmer, 2011b: 918 [*Lasioglossum* (*Evylaeus*) *callophrys* Ebmer, 2002]; Zhang, 2012: 58, ♀.

（72）刺淡脉隧蜂 *Lasioglossum* (*Dialictus*) *centesimum* (Blüthgen, 1925)

Halictus centesimus Blüthgen, 1925a: 127, ♀. **Holotype:** ♀, Peking (China: Beijing); MNB.
异名（Synonym）：
Halictus keriensis Blüthgen, 1931c: 392, ♀. **Holotype:** ♀, Ost-Turkestan, Oase Keria; ZISP.
分布（Distribution）：北京（BJ）；蒙古国
其他文献（Reference）：Hirashima, 1957: 6 (*Halictus centesimus* Blüthgen, 1925); Ebmer, 1982: 218 [*Lasioglossum* (*Evylaeus*) *centesimum keriense* (Blüthgen, 1931), stat. nov.]; Ebmer, 2005: 377 [*Lasioglossum* (*Evylaeus*) *centesimum keriense* (Blüthgen, 1931)]; Pesenko, 2007c: 41 [*Evylaeus* (*Virenshalictus*) *centesimus centesimus* (Blüthgen, 1925)], 45 [*Evylaeus* (*Virenshalictus*) *centesimus keriensis* (Blüthgen, 1931)].

（73）中国淡脉隧蜂 *Lasioglossum* (*Dialictus*) *chinense* (Dalla Torre, 1896)

Halictus chinensis Dalla Torre, 1896: 58, replacement name of *Halictus laticeps* Morawitz, 1890.

异名（Synonym）：

Halictus laticeps Morawitz, 1890 (*nec* Schenck, 1868): 367, ♀. **Lectotype:** ♀, See-tschuan: Sun-pan (China: Sichuan, Songpan); designated by Ebmer (1985a: 218); ZISP.

分布（Distribution）：甘肃（GS）、上海（SH）、四川（SC）；日本、蒙古国

其他文献（Reference）：Blüthgen, 1934a: 14 (*Hal. chinensis* D. T.), ♂ (nov.); Hirashima, 1957: 6 (*Halictus chinensis* Dalla Torre, 1896); Ebmer, 1985a: 218 [*Lasioglossum* (*Evylaeus*) *chinense* (Dalla Torre, 1896)]; Zhang, 2012: 59, ♀, ♂.

（74）环淡脉隧蜂 *Lasioglossum* (*Dialictus*) *circe* Ebmer, 1982

Lasioglossum (*Evylaeus*) *circe* Ebmer, 1982: 214, ♀. **Holotype:** ♀, SW-Mongolei, Bulgan-gol, Jarantaj (SW Mongolia, Bulgan-gol, Jarantaj); UHA.

分布（Distribution）：新疆（XJ）；蒙古国

其他文献（Reference）：Ebmer, 2005: 375 [*Lasioglossum* (*Evylaeus*) *circe* Ebmer, 1982]; Ebmer, 2011b: 919 [*Lasioglossum* (*Evylaeus*) *circe* Ebmer, 1982]; Pesenko, 2007c: 42 [*Evylaeus* (*Smeathhalictus*) *circe* (Ebmer, 1982)]; Zhang, 2012: 60, ♀.

（75）舐淡脉隧蜂 *Lasioglossum* (*Dialictus*) *lambatum* Fan *et* Ebmer, 1992

Lasioglossum (*Evylaeus*) *lambatum* Fan *et* Ebmer, 1992a: 236, ♀. **Holotype:** ♀, China: Xizang, Xigazê; IZB.

分布（Distribution）：西藏（XZ）

其他文献（Reference）：Ebmer, 2011b: 927 [*Lasioglossum* (*Evylaeus*) *lambatum* Fan *et* Ebmer].

（76）滑体淡脉隧蜂 *Lasioglossum* (*Dialictus*) *leiosoma* (Strand, 1914)

Halictus leiosoma Strand, 1914: 167, ♀, ♂. **Syntypes:** Formosa (China: Taiwan): Taihorin; DEM.

分布（Distribution）：台湾（TW）

其他文献（Reference）：Blüthgen, 1931b: 313 (*Hal. leiosoma* Strand), 317, ♀ (key), 318, ♂ (key); Hirashima, 1957: 11 (*Halictus leiosoma* Strand, 1914); Ebmer *et* Sakagami, 1985b: 125 [*L. leiosoma* (Strand, 1914)]; Zhang, 2012: 70.

（77）滑背淡脉隧蜂 *Lasioglossum* (*Dialictus*) *lissonotum* (Noskiewicz, 1926)

Halictus lissonotus Noskiewicz, 1926: 233, ♀, ♂.

分布（Distribution）：西藏（XZ）；西班牙、法国、德国、卢森堡、意大利、奥地利、匈牙利、波兰、瑞士、捷克、罗马尼亚

其他文献（Reference）：Ebmer, 1976b: 402 [*Lasioglossum* (*Evylaeus*) *lissonotum* (Noskiewicz, 1926)] (incorrect subsequent time); Ebmer, 1979: 140 [*Lasioglossum* (*Evylaeus*) *lissonotum* (Noskiewicz, 1925)] (incorrect subsequent time); Pesenko *et al.*, 2000: 235, ♀ (key), ♂ (key), 299 [*Evylaeus lissonotus* (Noskiewicz, 1926)]; Straka *et al.*, 2007: 270 [*L. lissonotum* (Noskiewicz, 1926)]; Zhang, 2012: 70, ♀.

（78）片淡脉隧蜂 *Lasioglossum* (*Dialictus*) *morio* (Fabricius, 1793)

Hylaeus morio Fabricius, 1793: 306, ♂. **Type locality:** France.

异名（Synonym）：

Halictus morio var. *basalis* Dalla Torre (*nec* Smith, 1857), 1877: 184, ♀. **Type locality:** Tirol, Götzens.

Halictus cordialis Pérez, 1903: 211, ♀. **Type locality:** Algeria: Kerrata.

Halictus balticus Blüthgen, 1919a: 130, ♂. **Type locality:** Deutschland (Germany): Gollnow in Pommern.

分布（Distribution）：上海（SH）；摩洛哥、阿尔及利亚、葡萄牙、西班牙、英国、比利时、法国、卢森堡、德国、意大利、荷兰、瑞典、瑞士、丹麦、奥地利、匈牙利、捷克、斯洛伐克、芬兰、波兰、立陶宛、塞尔维亚、保加利亚、乌克兰、以色列、土耳其、伊朗、俄罗斯

其他文献（Reference）：Ebmer, 1970: 49 [*Lasioglossum* (*Evylaeus*) *morio* (F.)]; Ebmer, 1976a: 239 [*Lasioglossum* (*Evylaeus*) *morio* (Fabricius, 1793)]; Ebmer, 1976b: 401 [*Lasioglossum* (*Evylaeus*) *morio* (Fabricius, 1793)]; Ebmer, 1988b: 622 [*Lasioglossum* (*Evylaeus*) *morio morio* (Fabricius, 1793)], [*Lasioglossum* (*Evylaeus*) *morio cordialis* (Pérez, 1903)]; Pesenko *et al.*, 2000: 235, ♀ (key), ♂ (key), 296 [*Evylaeus morio* (Fabricius, 1793)], Figs. 337, 373, 385, 411, 491-493, 589-591; Straka *et al.*, 2007: 270 [*L. morio* (Fabricius, 1793)]; Zhang, 2012: 74, ♀, ♂.

（79）钝淡脉隧蜂 *Lasioglossum* (*Dialictus*) *moros* Ebmer, 2002

Lasioglossum (*Evylaeus*) *moros* Ebmer, 2002: 857, ♀. **Holotype:** ♀, China: Shanxi, Zhongtiao Shan, 45km W Sanmenxia; BZ.

分布（Distribution）：山西（SX）

其他文献（Reference）：Ebmer, 2011b: 930 [*Lasioglossum* (*Evylaeus*) *moros* Ebmer, 2002]; Zhang, 2012: 75, ♀.

（80）触淡脉隧蜂 *Lasioglossum* (*Dialictus*) *mystaphium* Ebmer, 2002

Lasioglossum (*Evylaeus*) *mystaphium* Ebmer, 2002: 867, ♀. **Holotype:** ♀, China: Yunnan, Weishan, Webaoshan; coll Ebmer.

分布（Distribution）：陕西（SN）、云南（YN）

其他文献（Reference）：Ebmer, 2011b: 930 [*Lasioglossum* (*Evylaeus*) *mystaphium* Ebmer, 2002]; Zhang, 2012: 76, ♀.

（81）弯踝淡脉隧蜂 *Lasioglossum* (*Dialictus*) *pronotale* Ebmer, 2002

Lasioglossum (*Evylaeus*) *pronotale* Ebmer, 2002: 862, ♀, ♂. **Holotype:** ♀, China: Shaanxi, 40km SE Taibaishan, N33.51

E107.51, 1200m; BZ.
分布（Distribution）：陕西（SN）
其他文献（Reference）：Ebmer, 2011b: 934 [*Lasioglossum (Evylaeus) pronotale* Ebmer, 2002]; Zhang, 2012: 81, ♀, ♂.

（82）拟环淡脉隧蜂 *Lasioglossum (Dialictus) pseudannulipes* (Blüthgen, 1925)

Halictus pseudannulipes Blüthgen, 1925a: 128, ♀. **Type locality:** China: Canton (Guangdong).
分布（Distribution）：广东（GD）；日本
其他文献（Reference）：Hirashima, 1957: 16 (*Halictus pseudannulipes* Blüthgen, 1925); Ebmer, 1978c: 313 [*L. algirum pseudannulipes* (Blüthgen, 1925), comb. nov.]; Ebmer *et* Sagakami, 1990: 835 [*Lasioglossum algirum pseudannulipes* (Blüthgen, 1925)]; Murao *et al.*, 2009: 166 [*Lasioglossum (Evylaeus) pseudannulipes* (Blüthgen, 1925)], ♀, ♂ (nov.).

（83）益康淡脉隧蜂 *Lasioglossum (Dialictus) sanitarium* (Blüthgen, 1926)

Halictus sanitarius Blüthgen, 1926a: 612, ♀. **Holotype:** ♀, NE India: Darjeeling; NMW.
分布（Distribution）：西藏（XZ）；印度、尼泊尔
其他文献（Reference）：Ebmer, 2002: 870 [*Lasioglossum (Evylaeus) sanitarium* (Blüthgen, 1926)], 871, ♂ (nov.); Ebmer, 2011b: 936 [*Lasioglossum (Evylaeus) sanitarium* (Blüthgen, 1926)].

（84）萨淡脉隧蜂 *Lasioglossum (Dialictus) sauterum* Fan *et* Ebmer, 1992

Lasioglossum (Evylaeus) sauterum Fan *et* Ebmer, 1992a: 238, ♀. **Holotype:** ♀, China: Sichuan, Ma Er-kang; IZB.
分布（Distribution）：陕西（SN）、四川（SC）、云南（YN）
其他文献（Reference）：Ebmer, 2011b: 936 [*Lasioglossum (Evylaeus) sauterum* Fan *et* Ebmer, 1992]; Zhang, 2012: 85, ♀.

（85）圆木淡脉隧蜂 *Lasioglossum (Dialictus) selma* Ebmer, 2002

Lasioglossum (Evylaeus) selma Ebmer, 2002: 887, ♀. **Holotype:** ♀, China: Shanxi, Jinglanging (Jingangling), N36.07 E111.02; BZ.
分布（Distribution）：山西（SX）
其他文献（Reference）：Ebmer, 2011b: 936 [*Lasioglossum (Evylaeus) selma* Ebmer, 2002]; Zhang, 2012: 85, ♀.

（86）四川淡脉隧蜂 *Lasioglossum (Dialictus) sichuanense* Fan *et* Ebmer, 1992

Lasioglossum (Evylaeus) sichuanense Fan *et* Ebmer, 1992a: 235, ♀. **Holotype:** ♀, China: Sichuan, Omei; IZB.
分布（Distribution）：陕西（SN）、四川（SC）、云南（YN）
其他文献（Reference）：Ebmer, 2002: 861 [*Lasioglossum (Evylaeus) sichuanense* Fan *et* Ebmer, 1992], ♂ (nov.); Ebmer, 2011b: 937 [*Lasioglossum (Evylaeus) sichuanense* Fan *et* Ebmer, 1992]; Zhang, 2012: 86, ♀.

（87）多刺淡脉隧蜂 *Lasioglossum (Dialictus) spinosum* Ebmer, 1982

Lasioglossum (Evylaeus) spinosum Ebmer, 1982: 216, ♀. **Holotype:** ♀, Mongolia: Bajan-Hongor Bezirk, Ich-bogd, 25km S Bogd; UHA.
分布（Distribution）：新疆（XJ）；哈萨克斯坦、蒙古国
其他文献（Reference）：Ebmer, 2005: 376 [*Lasioglossum (Evylaeus) spinosum* Ebmer, 1982]; Ebmer, 2011b: 937 [*Lasioglossum (Evylaeus) spinosum* Ebmer, 1982]; Pesenko, 2007c: 52 [*Evylaeus (Smeathhalictus) spinosus* (Ebmer, 1982)]; Zhang, 2012: 89, ♀.

（88）拟滑体淡脉隧蜂 *Lasioglossum (Dialictus) subleiosoma* (Blüthgen, 1931)

Halictus subleiosoma Blüthgen, 1931b: 313, ♀. **Type locality:** China: Canton.
分布（Distribution）：福建（FJ）、广东（GD）
其他文献（Reference）：Ebmer *et* Sakagami, 1985b: 125 [*L. subleiosoma* (Blüthgen, 1931)]; Zhang, 2012: 266.

（89）拟变色淡脉隧蜂 *Lasioglossum (Dialictus) subversicolum* Fan *et* Ebmer, 1992

Lasioglossum (Evylaeus) subversicolum Fan *et* Ebmer, 1992a: 237, ♀. **Holotype:** ♀, China: Yunnan, Zhongdian; IZB.
分布（Distribution）：云南（YN）
其他文献（Reference）：Ebmer, 2002: 874 [*Lasioglossum (Evylaeus) subversicolum* Fan *et* Ebmer, 1992]; Ebmer, 2011b: 938 [*Lasioglossum (Evylaeus) subversicolum* Fan *et* Ebmer, 1992]; Zhang, 2012: 91, ♀.

（90）变色淡脉隧蜂 *Lasioglossum (Dialictus) versicolum* Fan *et* Ebmer, 1992

Lasioglossum (Evylaeus) versicolum Fan *et* Ebmer, 1992a: 237, ♀. **Holotype:** ♀, China: Hubei, Shen Nong-jia; IZB.
分布（Distribution）：陕西（SN）、湖北（HB）
其他文献（Reference）：Ebmer, 2002: 873 [*Lasioglossum (Evylaeus) versicolum* Fan *et* Ebmer, 1992]; Ebmer, 2011b: 939 [*Lasioglossum (Evylaeus) subversicolum* Fan *et* Ebmer, 1992]; Zhang, 2012: 93, ♀.

（91）灰绿淡脉隧蜂 *Lasioglossum (Dialictus) virideglaucum* Ebmer *et* Sakagami, 1994

Lasioglossum (Evylaeus) virideglaucum Ebmer *et* Sakagami in Ebmer *et al.*, 1994: 27, ♀, ♂. **Holotype:** ♂, China: Heishu, 35km N Lijiang (Yunnan); coll. Ebmer.
分布（Distribution）：山西（SX）、四川（SC）、云南（YN）；朝鲜、俄罗斯
其他文献（Reference）：Ebmer, 2002: 858 (*L. virideglaucum*

Ebmer *et* Sakagami, 1994), 864 [*Lasioglossum* (*Evylaeus*) *virideglaucum* Ebmer *et* Sakagami, 1994]; Ebmer, 2006: 564 [*Lasioglossum* (*Evylaeus*) *virideglaucum* Ebmer *et* Sakagami, 1994]; Pesenko, 2007a: 85, ♀ (key), 115 [*Evylaeus* (*Glauchalictus*) *virideglaucus* (Ebmer *et* Sakagami, 1994)]; Pesenko, 2007c: 54 [*Evylaeus* (*Glauchalictus*) *virideglaucus* (Ebmer *et* Sakagami, 1994)]; Zhang, 2012: 95, ♀.

（92）浅绿淡脉隧蜂 *Lasioglossum* (*Dialictus*) *viridellum* (Cockerell, 1931)

Halictus (*Chloralictus*) *viridellus* Cockerell, 1931a: 14, ♀. **Holotype:** ♀, China: Zô-Sè (Shanghai, Municipality); AMNH.

分布（Distribution）：黑龙江（HL）、新疆（XJ）、上海（SH）；朝鲜、俄罗斯

其他文献（Reference）：Hirashima, 1957: 24 (*Halictus viridellus* Cockerell, 1931); Ebmer, 1978a: 206 [*Lasioglossum* (*Evylaeus*) *viridellum* (Cockerell)]; Ebmer, 1978c: 312 [*Lasioglossum* (*Evylaeus*) *viridellum* (Cockerell), 1931], ♂ (nov.); Ebmer, 1980: 502 [*Lasioglossum* (*Evylaeus*) *viridellum* (Cockerell, 1931)]; Ebmer, 1996b: 283 [*Lasioglossum* (*Evylaeus*) *viridellum* (Cockerell, 1931)]; Ebmer, 2006: 568 [*Lasioglossum* (*Evylaeus*) *viridellum* (Cockerell, 1931)]; Pesenko, 2007a: 85, ♀ (key), 97, ♂ (key), 114 [*Evylaeus* (*Aerathalictus*) *viridellus* (Cockerell, 1931)]; Pesenko, 2007c: 54 [*Evylaeus* (*Aerathalictus*) *viridellus* (Cockerell, 1931)]; Zhang, 2012: 95, ♀, ♂.

（93）西藏淡脉隧蜂 *Lasioglossum* (*Dialictus*) *xizangense* Fan *et* Ebmer, 1992

Lasioglossum (*Evylaeus*) *xizangense* Fan *et* Ebmer, 1992a: 235, ♀, ♂. **Holotype:** ♀, China: Xizang, Motuo; IZB.

分布（Distribution）：西藏（XZ）；不丹

其他文献（Reference）：Ebmer, 2002: 872 [*Lasioglossum* (*Evylaeus*) *xizangense* Fan *et* Ebmer, 1992]; Ebmer, 2011b: 940 [*Lasioglossum* (*Evylaeus*) *xizangense* Fan *et* Ebmer, 1992]; Wu, 2004: 122 (*Lasioglossum xizangense* Fan, 1992); Zhang, 2012: 96, ♀, ♂.

胫淡脉隧蜂亚属 *Lasioglossum* / Subgenus *Evylaeus* Robertson, 1902

Evylaeus Robertson, 1902b: 247. **Type species:** *Halictus arcuatus* Robertson, 1893, by original designation.

异名（Synonym）：

Halictus (*Calchalictus*) Warncke, 1975: 99. **Type species:** *Apis calceata* Scopoli, 1763, by original designation.

Halictus (*Inhalictus*) Warncke, 1975: 96. **Type species:** *Hylaeus interruptus* Panzer, 1798, by original designation.

其他文献（Reference）：Michener, 1997, 2000, 2007; Zhang, 2012.

（94）盔淡脉隧蜂 *Lasioglossum* (*Evylaeus*) *cassioides* Ebmer, 2002

Lasioglossum (*Evylaeus*) *cassioides* Ebmer, 2002: 846, ♀. **Holotype:** ♀, China: Shaanxi, Qingling, 6km E. Xunyangba; BZ.

分布（Distribution）：陕西（SN）

其他文献（Reference）：Ebmer, 2011b: 918; Zhang, 2012: 110, ♀.

（95）宽淡脉隧蜂 *Lasioglossum* (*Evylaeus*) *euryale* Ebmer, 1982

Lasioglossum (*Evylaeus*) *euryale* Ebmer, 1982: 223, ♀. **Holotype:** ♀, SW-Mongolei (SW-Mongolia), Bulgan-gol; UHA.

分布（Distribution）：新疆（XJ）；蒙古国

其他文献（Reference）：Ebmer, 2011b: 921 [*Lasioglossum* (*Evylaeus*) *euryale* Ebmer, 1982]; Pesenko, 2007c: 43 [*Evylaeus* (*Pyghalictus*) *euryale* Ebmer, 1982]; Zhang, 2012: 64 [*Lasioglossum* (*Dialictus*) *euryale* Ebmer, 1982], ♀.

（96）柯氏淡脉隧蜂 *Lasioglossum* (*Evylaeus*) *kozlovi* (Friese, 1914)

Halictus kozlovi Friese, 1914a: 60, ♀, ♂. **Syntypes:** Mongolia and Turkestan (Kashgar); ZISP.

分布（Distribution）：新疆（XJ）；蒙古国、俄罗斯

其他文献（Reference）：Blüthgen, 1925a: 117 (*Hal. kozlovi* Friese), ♀, ♂; Blüthgen, 1934a: 5 (*Hal. kozlovi* Friese); Hirashima, 1957: 10 (*Halictus kozlovi* Friese, 1913) (incorrect subsequent time); Ebmer, 1982: 223 [*Lasioglossum* (*Evylaeus*) *kozlovi* (Friese, 1913)] (incorrect subsequent time); Ebmer, 2005: 380; Rasmussen *et* Ascher, 2008: 62 (*Halictus kozlovi* Friese, 1914); Pesenko, 2007c: 45 [*Evylaeus* (*Pyghalictus*) *kozlovi* (Friese, 1913)] (incorrect subsequent time).

（97）滑革淡脉隧蜂 *Lasioglossum* (*Evylaeus*) *laeviderme* (Cockerell, 1911)

Halictus laevidermis Cockerell, 1911c: 664, ♀. **Holotype:** ♀, Formosa: Sauter (China: Taiwan); MNB.

分布（Distribution）：福建（FJ）、台湾（TW）、广东（GD）；德国

其他文献（Reference）：Hirashima, 1957: 10 (*Halictus laevidermis* Cockerell, 1911); Ebmer, 1995: 606; Zhang, 2012: 116.

（98）白边淡脉隧蜂 *Lasioglossum* (*Evylaeus*) *luctuosum* Ebmer, 2002

Lasioglossum (*Evylaeus*) *luctuosum* Ebmer, 2002: 884, ♀. **Holotype:** ♀, China: Shaanxi, 6km E. Xunyangba, N33.34 E108.33; BZ.

分布（Distribution）：陕西（SN）

其他文献（Reference）：Ebmer, 2011b: 928; Zhang, 2012: 116, ♀.

（99）卵腹淡脉隧蜂 *Lasioglossum* (*Evylaeus*) *macrurum* (Cockerell, 1931)

Halictus macrurus Cockerell, 1931a: 15, ♀. **Holotype:** ♀,

China: Zô-Sè (Shanghai); AMNH.

分布(Distribution)：上海(SH)

其他文献(Reference)：Hirashima, 1957: 11 (*Halictus macrurus* Cockerell, 1931); Ebmer, 1980: 503; Zhang, 2012: 117, ♀.

(100)颚淡脉隧蜂 *Lasioglossum* (*Evylaeus*) *mandibulare* (Morawitz, 1866)

Hylaeus mandibularis Morawitz, 1866: 23, ♀.

分布(Distribution)：内蒙古(NM)、新疆(XJ)、西藏(XZ)；西班牙、奥地利、希腊、罗马尼亚、乌克兰、塞浦路斯、土耳其、亚美尼亚

其他文献(Reference)：Hirashima, 1957: 11 [*Halictus mandibularis* (Morawitz, 1866)]; Ebmer, 1971: 69, ♀ (key), 89, ♂ (key), 125 [*Lasioglossum* (*Evylaeus*) *mandibulare* (Mor.)]; Ebmer, 1976b: 405 [*Lasioglossum* (*Evylaeus*) *mandibulare* (Blüthgen, 1923)]; Zhang, 2012: 71 [*Lasioglossum* (*Dialictus*) *mandibulare* (Morawitz, 1866)].

(101)梅利淡脉隧蜂 *Lasioglossum* (*Evylaeus*) *melli* Ebmer, 1996

Lasioglossum (*Evylaeus*) *melli* Ebmer, 1996a: 239, ♀, ♂. **Holotype:** ♀, China: Kuangtung (Guangdong); MNB.

分布(Distribution)：福建(FJ)、广东(GD)

其他文献(Reference)：Ebmer, 2011b: 929; Zhang, 2012: 118, ♀, ♂.

(102)收获淡脉隧蜂 *Lasioglossum* (*Evulaeus*) *messoropse* Ebmer, 2002

Lasioglossum (*Evulaeus*) *messoropse* Ebmer, 2002: 849, ♀, ♂. **Holotype:** ♀, China: Shaanxi, Xian(Xi'an), 30km Zhashui; GEM.

分布(Distribution)：陕西(SN)

其他文献(Reference)：Ebmer, 2011b: 929; Zhang, 2012: 119, ♀, ♂.

(103)巧淡脉隧蜂 *Lasioglossum* (*Evulaeus*) *metis* Ebmer, 2002

Lasioglossum (*Evulaeus*) *metis* Ebmer, 2002: 885, ♀. **Holotype:** ♀, China: Shaanxi, 6km E. Xunyangba N33.34 E108.33; BZ.

分布(Distribution)：陕西(SN)、四川(SC)；日本

其他文献(Reference)：Ebmer, 2011b: 929; Zhang, 2012: 120, ♀.

(104)驴淡脉隧蜂 *Lasioglossum* (*Evylaeus*) *onocephalum* Ebmer, 1996

Lasioglossum (*Evylaeus*) *onocephalum* Ebmer, 1996a: 241, ♀. **Holotype:** ♀, China: Kuantun (Fujian); MAK.

分布(Distribution)：福建(FJ)、广东(GD)

其他文献(Reference)：Ebmer, 2011b: 932; Zhang, 2012: 123, ♀.

(105)宽头淡脉隧蜂 *Lasioglossum* (*Evylaeus*) *percrassiceps* (Cockerell, 1931)

Halictus percrassiceps Cockerell, 1931a: 14, ♀. **Holotype:** ♀, China: Zô-Sè (Shanghai); AMNH.

分布(Distribution)：黑龙江(HL)、山东(SD)、江苏(JS)、上海(SH)、四川(SC)、福建(FJ)、台湾(TW)；韩国、日本

其他文献(Reference)：Hirashima, 1957: 15 (*Halictus percrassiceps* Cockerell, 1931); Wu, 1965: 34 (*Halictus percrassiceps* Cockerell), ♀, ♂, Plate I-18; Ebmer, 1978a: 211 [*Lasioglossum* (*Evylaeus*) *percrassiceps* (Cockerell)], ♂ (nov.); Ebmer, 1980: 502; Ebmer, 1995: 609; Zhang, 2012: 125, ♀.

(106)方头淡脉隧蜂 *Lasioglossum* (*Evylaeus*) *politum* (Schenck, 1853)

Hylaeus politus Schenck, 1853: 163, ♀. **Lectotype:** ♀, Wiesbaden; designated by Ebmer (1975d: 238); Frankfurt.

异名(Synonym)：

Halictus atomarius Morawitz in Fedcenko, 1876: 254, ♀. **Lectotype:** ♀, Taškent; designated by Ebmer (1985b: 290); ZMMU.

Halictus pekingensis Blüthgen, 1925a: 115, ♀. **Holotype:** ♀, China: Peking; MNB.

Lasioglossum (*Evylaeus*) *politum aramaeum* Ebmer *et* Bytinski-Salz, 1974: 211, ♀, ♂. **Holotype:** ♀, Israel: Tel Aviv; coll Ebmer. Synonymied by Ebmer (1985b: 290).

分布(Distribution)：河北(HEB)、北京(BJ)、山东(SD)、陕西(SN)、新疆(XJ)、江苏(JS)、湖北(HB)；西班牙、比利时、德国、法国、奥地利、意大利、斯洛文尼亚、马其顿、罗马尼亚、捷克、斯洛伐克、波兰、乌克兰、土耳其、以色列、伊朗、吉尔吉斯斯坦、日本、俄罗斯

其他文献(Reference)：Hirashima, 1957: 15 (*Halictus pekingensis* Blüthgen, 1924); Ebmer, 1976b: 405; Ebmer, 1978b: 82 [*Lasioglossum* (*Evylaeus*) *politum aramaeum* Ebmer, 1974]; Ebmer, 1980: 504 [*Lasioglossum* (*Evylaeus*) *politum pekingense* (Blüthgen, 1925), Stat. nov.]; Ebmer, 1982: 223 [*Lasioglossum* (*Evylaeus*) *atomarium* (Morawitz, 1876)]; Ebmer, 1988b: 666 [*Lasioglossum* (*Evylaeus*) *politum politume* (Schenck, 1853)], 667 [*Lasioglossum* (*Evylaeus*) *atomarium* (Morawitz, 1876)], [*Lasioglossum politum pekingense* (Blüthgen, 1925)]; Ebmer, 2011b: 916 [*Lasioglossum* (*Evylaeus*) *politum aramaeum* Ebmer, 1974]; Wu, 1965: 34 (*Halictus pekingensis* Blüthgen), ♀, Plate I-17; Wu, 1997: 1671 [*Lasioglossum politum pekingense* (Blüthgen, 1925)]; Pesenko, 2007c: 49 [*Evylaeus* (*Pyghalictus*) *politus politus* (Schenck, 1853)]; Pesenko *et al.*, 2000: 221, ♀ (key), ♂ (key), 271 [*Evylaeus politus* (Schenck, 1853)], Figs. 332, 333, 364, 382, 397, 455-457, 549-551; Straka *et al.*, 2007: 270 [*Lasioglossum politum* (Schenck, 1853)]; Zhang, 2012: 80 [*Lasioglossum* (*Dialictus*) *politum* (Schenck, 1853)], ♀.

（107）斑肋淡脉隧蜂 *Lasioglossum* (*Evylaeus*) *signicostatuloides* (Strand, 1914)

Halictus signicostatuloides Strand, 1914: 163, ♀. **Syntypes:** ♀, Formosa (China: Taiwan): Suisharyo.

分布（Distribution）：台湾（TW）

其他文献（Reference）：Hirashima, 1957: 19 (*Halictus signicostatuoides* Strand, 1913) (incorrect subsequent time); Ebmer *et* Sakagami, 1985b: 125 [*L. signicostatuloides* (Strand, 1914)]; Zhang, 2012: 128.

半淡脉隧蜂亚属 *Lasioglossum* / Subgenus *Hemihalictus* Cockerell, 1897

Hemihalictus Cockerell, 1897: 288 [also proposed as new by Cockerell, 1898b: 216]. **Type species:** *Panurgus lustrans* Cockerell, 1897, by original designation

其他文献（Reference）：Michener, 1997, 2000, 2007.

（108）奇光淡脉隧蜂 *Lasioglossum* (*Hemihalictus*) *allodalum* Ebmer *et* Sakagami, 1985

Lasioglossum (*Evylaeus*) *allodalum* Ebmer *et* Sakagami, 1985a: 305, ♀, ♂. **Holotype:** ♀, Japan: Kuriyagawa (Honshu); HUS.

分布（Distribution）：甘肃（GS）、云南（YN）；尼泊尔、日本、俄罗斯

其他文献（Reference）：Ebmer, 1996b: 285 [*Lasioglossum* (*Evylaeus*) *allodalum* Ebmer *et* Sakagami, 1985]; Ebmer, 2004: 131 [*Lasioglossum* (*Evylaeus*) *allodalum* Ebmer *et* Sakagami, 1985]; Ebmer, 2006: 570 [*Lasioglossum* (*Evylaeus*) *allodalum* Ebmer *et* Sakagami, 1985]; Ebmer, 2011b: 914 [*Lasioglossum* (*Evylaeus*) *allodalum* Ebmer *et* Sakagami, 1985]; Pesenko, 2007a: 112 [*Evylaeus* (*Nitidiusculaeus*) *allodalus* (Ebmer *et* Sakagami, 1985)]; Pesenko, 2007c: 39 [*Evylaeus* (*Nitidiusculaeus*) *allodalus* (Ebmer *et* Sakagami, 1985)].

（109）阿穆尔淡脉隧蜂 *Lasioglossum* (*Hemihalictus*) *amurense* (Vachal, 1902)

Halictus amurensis Vachal, 1902: 227, ♀. **Lectotype:** ♀, Dybows (Russia: Nikolajevsk, Amour); designated by Pesenko (2007a: 107); IZK.

分布（Distribution）：黑龙江（HL）、吉林（JL）、陕西（SN）；俄罗斯

其他文献（Reference）：Blüthgen, 1923a: 311 (*Hal. amurensis*); Hirashima, 1957: 4 (*Halictus amurensis* Vachal, 1902); Ebmer, 1978a: 209 [*Lasioglossum* (*Evylaeus*) *amurense* (Vachal)], ♂ (nov.); Ebmer, 1996b: 285 [*Lasioglossum* (*Evylaeus*) *amurense* (Vachal, 1902)]; Ebmer, 2006: 569 [*Lasioglossum* (*Evylaeus*) *amurense* (Vachal, 1902)]; Sakagami *et al.*, 1982: 209 [*Lasioglossum* (*Evylaeus*) *amurense* (Vachal)]; Pesenko, 2007a: 84, ♀ (key), 93, ♂ (key), 107 [*Evylaeus* (*Microhalictus*) *amurensis* (Vachal, 1902)]; Pesenko, 2007c: 39 [*Evylaeus* (*Microhalictus*) *amurensis* (Vachal, 1902)]; Rasmussen, 2012: 16 (*Halictus amurensis* Vachal, 1902); Zhang, 2012: 56 [*Lasioglossum* (*Dialictus*) *amurense* (Vachal, 1902)], ♀, ♂.

（110）红腹淡脉隧蜂 *Lasioglossum* (*Hemihalictus*) *eidmanni* (Blüthgen, 1930)

Halictus eidmanni Blüthgen, 1930c: 333, ♀. **Holotype:** ♀, China: Shanghai; MNB.

分布（Distribution）：山东（SD）、江苏（JS）、上海（SH）、浙江（ZJ）

其他文献（Reference）：Hirashima, 1957: 7 (*Halictus eidmanni* Blüthgen, 1930); Ebmer, 1980: 503 [*Lasioglossum* (*Evylaeus*) *eidmanni* (Blüthgen, 1930)]; Zhang, 2012: 62 [*Lasioglossum* (*Dialictus*) *eidmanni* (Blüthgen, 1930)], ♀, ♂.

（111）色带淡脉隧蜂 *Lasioglossum* (*Hemihalictus*) *epicinctum* (Strand, 1914)

Halictus epicinctus Strand, 1914: 168, ♀. **Type locality:** Formosa (China: Taiwan): Anping.

分布（Distribution）：台湾（TW）

其他文献（Reference）：Hirashima, 1957: 8 (*Halictus epicinctus* Strand, 1913); Zhang, 2012: 63 [*Lasioglossum* (*Dialictus*) *epicinctum* (Strand, 1914)], ♀.

（112）埃氏淡脉隧蜂 *Lasioglossum* (*Hemihalictus*) *epiphron* Ebmer, 1982

Lasioglossum (*Evylaeus*) *epiphoron* Ebmer, 1982: 221, ♀, ♂. **Holotype:** ♀, Mongolia: Chovd Bezirk, 20km NW Hovd, Ulaan-uul; UHA.

分布（Distribution）：北京（BJ）、新疆（XJ）；蒙古国、俄罗斯

其他文献（Reference）：Ebmer, 2005: 379 [*Lasioglossum* (*Evylaeus*) *epiphoron* Ebmer, 1982]; Ebmer, 2006: 571 [*Lasioglossum* (*Evylaeus*) *epiphoron* Ebmer, 1982]; Ebmer, 2011b: 921 [*Lasioglossum* (*Evylaeus*) *epiphoron* Ebmer, 1982]; Pesenko, 2007a: 85, ♀ (key), 94, ♂ (key), 107 [*Evylaeus* (*Microhalictus*) *epiphoron* (Ebmer, 1982)]; Pesenko, 2007c: 43 [*Evylaeus* (*Microhalictus*) *epiphoron* (Ebmer, 1982)]; Zhang, 2012: 63 [*Lasioglossum* (*Dialictus*) *epiphoron* Ebmer, 1982], ♀.

（113）种系淡脉隧蜂 *Lasioglossum* (*Hemihalictus*) *eriphyle* Ebmer, 1996

Lasioglossum (*Evylaeus*) *eriphyle* Ebmer, 1996b: 288, ♀, ♂. **Holotype:** ♀, Russia: Ussuriysk (Primorsk Terr.); coll. Ebmer.

分布（Distribution）：陕西（SN）；俄罗斯

其他文献（Reference）：Ebmer, 2006: 571 [*Lasioglossum* (*Evylaeus*) *eriphyle* Ebmer, 1996]; Ebmer, 2011b: 921 [*Lasioglossum* (*Evylaeus*) *eriphyle* Ebmer, 1996]; Pesenko, 2007a: 85, ♀ (key), 94, ♂ (key), 107 [*Evylaeus* (*Microhalictus*) *eriphyle* (Ebmer, 1996)]; Pesenko, 2007c: 43 [*Evylaeus* (*Microhalictus*) *eriphyle* (Ebmer, 1996)].

（114）角颊淡脉隧蜂 *Lasioglossum* (*Hemihalictus*) *genotrigonum* Zhang *et* Zhu, 2011

Lasioglossum (*Sudila*) *genotrigonum* Zhang *et* Zhu, 2011 in Zhang *et al.*, 2011: 33, ♀. **Holotype:** ♀, China: Chongqing, Wanzhou District, Wan Er bao Nature Reserve (30°80′N, 108°40′E); IZB.

分布（Distribution）：重庆（CQ）

其他文献（Reference）：Zhang *et al.*, 2011: 33, Figs. 3-8.

（115）格兰登淡脉隧蜂 *Lasioglossum* (*Hemihalictus*) *glandon* Ebmer, 2002

Lasioglossum (*Evylaeus*) *glandon* Ebmer, 2002: 875, ♀. **Holotype:** ♀, China: Shanxi, Zhaoyi, N34.51 E110.27; BZ

分布（Distribution）：山西（SX）、陕西（SN）

其他文献（Reference）：Ebmer, 2011b: 923 [*Lasioglossum* (*Evylaeus*) *glandon* Ebmer, 2002]; Zhang, 2012: 65 [*Lasioglossum* (*Dialictuss*) *glandon* Ebmer, 2002], ♀.

（116）峡谷淡脉隧蜂 *Lasioglossum* (*Hemihalictus*) *gorge* Ebmer, 1982

Lasioglossum (*Evylaeus*) *gorge* Ebmer, 1982: 219, ♀, ♂. **Holotype:** ♀, Mongolia: Bajan-Hongor Bezirk, Ich-bogd, 20km S Bogd, S-Ufer des Orog-nuur; UHA.

分布（Distribution）：北京（BJ）；蒙古国、俄罗斯

其他文献（Reference）：Pesenko, 2007a: 110 [*Evylaeus* (*Prosopalictus*) *gorge* (Ebmer, 1982)]; Pesenko, 2007c: 44 [*Evylaeus* (*Prosopalictus*) *gorge* (Ebmer, 1982)]; Pesenko *et* Davydiva, 2004: 695 (*Evylaeus gorgis*, erroneous spelling); Ebmer, 2005: 378 [*Lasioglossum* (*Evylaeus*) *gorge* Ebmer, 1982]; Ebmer, 2011b: 923 [*Lasioglossum* (*Evylaeus*) *gorge* Ebmer, 1982]; Zhang, 2012: 66 [*Lasioglossum* (*Dialictus*) *gorge* Ebmer, 1982], ♀.

（117）黄河淡脉隧蜂 *Lasioglossum* (*Hemihalictus*) *huanghe* Ebmer, 2002

Lasioglossum (*Evylaeus*) *huanghe* Ebmer, 2002: 878, ♀, ♂. **Holotype:** ♀, China: Shaanxi, Ganguyi, N36.47 E109.44; BZ.

分布（Distribution）：陕西（SN）

其他文献（Reference）：Ebmer, 2011b: 925 [*Lasioglossum* (*Evylaeus*) *huanghe* Ebmer, 2002]; Zhang, 2012: 66 [*Lasioglossum* (*Evylaeus*) *huanghe* Ebmer, 2002], ♀, ♂.

（118）圆刻淡脉隧蜂 *Lasioglossum* (*Hemihalictus*) *kankauchare* (Strand, 1914)

Halictus kankaucharis Strand, 1914: 161, ♀. **Holotype:** ♀, Formosa: Koshun (China: Taiwan, Kankau = Kangkou Island); DEI.

分布（Distribution）：台湾（TW）、广东（GD）；朝鲜、日本、俄罗斯

其他文献（Reference）：Blüthgen, 1925a: 115 (*Hal. Kankaucharis* Strand), ♂ (nov.); Ebmer, 1978c: 316 [*Lasioglossum* (*Evylaeus*) *kankauchare* (Strand, 1914)]; Ebmer, 2006: 572 [*Lasioglossum* (*Evylaeus*) *kankauchare* (Strand, 1914)]; Pesenko, 2007a: 110 [*Evylaeus* (*Prosopalictus*) *kankaucharis* (Strand, 1914)]; Pesenko, 2007c: 45 [*Evylaeus* (*Prosopalictus*) *kankaucharis* (Strand, 1914)]; Zhang, 2012: 67 [*Lasioglossum* (*Dialictus*) *kankauchare* (Strand, 1914)], ♀.

（119）胶州淡脉隧蜂 *Lasioglossum* (*Hemihalictus*) *kiautschouense* (Strand, 1910)

Halictus kiautschouensis Strand, 1910a: 195, ♀. **Holotype:** ♀, China: Kiautschou, Tsingtou (Shandong, Qingdao); MNB.

分布（Distribution）：黑龙江（HL）、山东（SD）；朝鲜、日本、俄罗斯

其他文献（Reference）：Blüthgen, 1922a: 54 (*Halictus kiautschauensis*, unjustified emendation of *Halictus kiautschouensis* Strand, 1910); Ebmer, 1978a: 212 [*Lasioglossum* (*Evylaeus*) *kiautschouense* (Strand)]; Ebmer, 1978c: 316 *Lasioglossum* (*Evylaeus*) *kiautschouense* (Strand, 1910)]; Ebmer, 1996b: 292 *Lasioglossum* (*Evylaeus*) *kiautschouense* (Strand, 1910)]; Ebmer, 2006: 572 [*Lasioglossum* (*Evylaeus*) *kiautschouense* (Strand, 1910)]; Pesenko, 2007a: 111 [*Evylaeus* (*Prosopalictus*) *kiautschouensis* (Strand, 1910)]; Pesenko, 2007c: 45 [*Evylaeus* (*Prosopalictus*) *kiautschouensis* (Strand, 1910)]; Zhang, 2012: 68 [*Lasioglossum* (*Dialictus*) *kiautschouense* (Strand, 1910)], ♀.

（120）边淡脉隧蜂 *Lasioglossum* (*Hemihalictus*) *limbellum* (Morawitz, 1876)

Halictus limbellus Morawitz, 1876: 249, ♀. **Lectotype:** ♀, Turkestan, Samarkand (now Uzbekistan); designated by Warncke (1982: 69); in Moscow.

异名（Synonym）：

Halictus ventralis Pérez, 1903: 213, ♀, ♂. **Lectotype:** ♀, France: Royan; designated by Ebmer (1972b: 625); MNP.

Halictus gibbulus Pérez, 1903: 214, ♀. **Lectotype:** ♀, Bordeaux; designated by Ebmer (1972b: 625); MNP.

Halictus combinatus Blüthgen, 1921b: 140, ♀, ♂. **Type locality:** Schweiz (Switzerland), Etrembieres. Types in Bern.

Halictus (*Evylaeus*) *rufulocinctus* Cockerell, 1937b: 7, ♂. **Holotype:** ♂, Marocco: Ifrane; AMNH. Synonymied by Ebmer (1976a: 253).

Halictus (*Evylaeus*) *frigescens* Cockerell, 1938b: 3, ♀. **Holotype:** ♀, Marocco: Mogador; AMNH. Synonymied by Ebmer (1976a: 254).

分布（Distribution）：甘肃（GS）；摩洛哥、突尼斯、西班牙、法国、比利时、德国、意大利、瑞士、捷克、斯洛伐克、波兰、乌克兰、希腊、土耳其、伊朗、乌兹别克斯坦

其他文献（Reference）：Blüthgen, 1930d: 763 (*Halictus limbellus* Mor.), ♂ (nov.); Hirashima, 1957: 11 (*Halictus limbellus* Morawitz, 1876); Ebmer, 1976a: 253 [*Lasioglossum* (*Evylaeus*) *limbellum ventrale* (Pérez, 1903)]; Ebmer, 1976b: 403 [*Lasioglossum* (*Evylaeus*) *limbellum limbellum* (Morawitz, 1876)], [*Lasioglossum* (*Evylaeus*) *limbellum ventrale* (Pérez,

1903)]; Ebmer, 1978b: 67 [*Lasioglossum* (*Evylaeus*) *limbellum limbellum* (Morawitz, 1876)]; Ebmer, 1988b: 652 [*Lasioglossum* (*Evylaeus*) *limbellum limbellum* (Morawitz, 1876)], 653 [*Lasioglossum* (*Evylaeus*) *limbellum ventrale* (Pérez, 1903)]; Ebmer, 2008: 560 [*Lasioglossum* (*Evylaeus*) *limbellum* (Morawitz, 1876)]; Pesenko *et al.*, 2000: 224, ♀ (key), ♂ (key), 268 [*Evylaeus limbellus* (Morawitz, 1876)], Figs. 360, 451, 452, 546; Straka *et al.*, 2007: 270 [*L. limbellum* (Morawitz, 1876)].

（121）明亮淡脉隧蜂 *Lasioglossum* (*Hemihalictus*) *lucidulum* (Schenck, 1861)

Hylaeus lucidulus Schenck, 1861: 292, ♀. **Lectotype:** ♀, Germany: Wiesbaden; designated by Ebmer (1975d: 240); in Museum Wiesbaden.

异名（Synonym）：

Hylaeus tenellus Schenck, 1861: 293, ♂. **Lectotype:** ♂, Germany: Wiesbaden; designated by Ebmer (1975d: 241); in Museum Wiesbaden. Synonymied by Blüthgen (1919a: 82).

Halictus gracilis Morawitz, 1865: 77, ♀, ♂. **Lectotype:** ♀, Russia: Petropolis; designated by Pesenko (2007a: 108); ZISP. Synonymied by Schenck (1874: 163).

Halictus unguinosus Pérez, 1903: ccxvii, ♀. **Lectotype:** ♀, France: Royan; designated by Ebmer (1972b: 629); MNP. Synonymied by Alfken (1912: 33 = *Halictus gracilis* Morawitz).

Halictus chotanensis Strand, 1909: 26, ♀. **Syntypes:** 3♀, China (Xinjiang): Chotan (Hotan), Rhodos, Jarkand (Yarkend); MNB. Synonymied by Blüthgen (1921a: 275).

分布（Distribution）：陕西（SN）、新疆（XJ）；摩洛哥、西班牙、英国、法国、德国、瑞典、意大利、奥地利、荷兰、拉脱维亚、波兰、芬兰、希腊、塞尔维亚、罗马尼亚、乌克兰、土耳其、阿富汗、伊朗、土库曼斯坦、吉尔吉斯斯坦、哈萨克斯坦、乌兹别克斯坦、塔吉克斯坦、蒙古国、俄罗斯

其他文献（Reference）：Dalla Torre, 1896: 69 (*Halictus lucidulus* Schenck); Hirashima, 1957: 11 [*Halictus lucidulus* (Schenck, 1859)] (incorrect subsequent time); Ebmer, 1971: 77, ♀ (key), 90, ♂ (key), 122 [*Lasioglossum* (*Evylaeus*) *lucidulum* (Schck.)]; Ebmer, 1976a: 259 [*Lasioglossum* (*Evylaeus*) *lucidulum* (Schenck, 1861)]; Ebmer, 1976b: 405 [*Lasioglossum* (*Evylaeus*) *lucidulum* (Schenck, 1861)]; Ebmer, 1978b: 82 [*Lasioglossum* (*Evylaeus*) *lucidulum* (Schenck, 1861)]; Ebmer, 1982: 221 [*Lasioglossum* (*Evylaeus*) *lucidulum* (Schenck, 1861)]; Ebmer, 1988b: 664 [*Lasioglossum* (*Evylaeus*) *lucidulum* (Schenck, 1861)]; Ebmer, 2005: 379 [*Lasioglossum* (*Evylaeus*) *lucidulum* (Schenck, 1861)]; Pesenko *et al.*, 2000: 226, ♀, ♂ (key), 280 [*Evylaeus lucidulus* (Schenck, 1861)], Figs. 464-466, 563-565; Pesenko, 2007a: 85, ♀ (key), 93, ♂ (key), 108 [*Evylaeus* (*Microhalictus*) *lucidulus* (Schenck, 1861)]; Pesenko, 2007c: 46 [*Evylaeus* (*Microhalictus*) *lucidulus* (Schenck, 1861)]; Sakagami *et* Tadauchi, 1995a: 159 [*Lasioglossum* (*Evylaeus*) *lucidulum* (Schenck)].

（122）玛田淡脉隧蜂 *Lasioglossum* (*Hemihalictus*) *matianense* (Blüthgen, 1926)

Halictus matianensis Blüthgen, 1926a: 635, ♀. **Holotype:** ♀, Kashmir; USMW.

异名（Synonym）：

Lasioglossum (*Evylaeus*) *matianense pluto* Ebmer, 1980: 497, ♀. **Holotype:** ♀, Kyrghyzstan: Arkit (Chatkal Mt. Range); coll. Ebmer.

分布（Distribution）：陕西（SN）；印度、尼泊尔、哈萨克斯坦、乌兹别克斯坦、吉尔吉斯斯坦、俄罗斯

其他文献（Reference）：Ebmer, 1997: 925 [*Lasioglossum* (*Evylaeus*) *matianense pluto* Ebmer, 1980], ♂ (nov.); Ebmer, 2004: 131 [*Lasioglossum* (*Evylaeus*) *matianense pluto* Ebmer, 1980]; Ebmer, 2006: 570 [*Lasioglossum* (*Evylaeus*) *matianense pluto* Ebmer, 1980]; Ebmer *et* Sakagami, 1985a: 299, ♀ (key), 309 [*Lasioglossum* (*Evylaeus*) *matianense matianense* (Blüthgen, 1926)], [*Lasioglossum* (*Evylaeus*) *matianense pluto* Ebmer, 1980]; Pesenko, 2007a: 112 [*Evylaeus* (*Nitidiusculaeus*) *matianensis* (Blüthgen, 1926)], [*Evylaeus* (*Nitidiusculaeus*) *matianensis pluto* (Ebmer, 1980)].

（123）忧郁淡脉隧蜂 *Lasioglossum* (*Hemihalictus*) *melancholicum* Ebmer, 2002

Lasioglossum (*Evylaeus*) *melancholicum* Ebmer, 2002: 881, ♀. **Holotype:** ♀, China: Shaanxi, 6km E. Xunyangba, N33.34 E108.33; BZ.

分布（Distribution）：陕西（SN）

其他文献（Reference）：Ebmer, 2011b: 929 [*Lasioglossum* (*Evylaeus*) *melancholicum* Ebmer, 2002]; Zhang, 2012: 72 [*Lasioglossum* (*Dialictus*) *melancholicum* Ebmer, 2002], ♀.

（124）黑足淡脉隧蜂 *Lasioglossum* (*Hemihalictus*) *melanopus* (Dalla Torre, 1896)

Halictus melanopus Dalla Torre, 1896: 70, replacement name of *Halictus nigripes* Morawitz, 1876: 251.

异名（Synonym）：

Halictus nigripes Morawitz, 1876: 251, ♂. **Type Locality:** Turkestan (now Uzbekistan); junior homonym of *Halictus nigripes* Lepeletier, 1841.

分布（Distribution）：新疆（XJ）；美国、阿富汗、乌兹别克斯坦

其他文献（Reference）：Blüthgen, 1931c: 381 (*Halictus melanopus*), ♀ (nov.); Pesenko, 2007c: 47 [*Evylaeus* (*Nitidiusculaeus*) *melanopus* (Dalla Torre, 1896)]; Zhang, 2012: 73 [*Lasioglossum* (*Dialictus*) *melanopus* (Dalla Torre, 1896)].

（125）小淡脉隧蜂 *Lasioglossum* (*Hemihalictus*) *micante* Michener, 1993

Lasioglossum micante Michener, 1993: 69, ♂, replacement name of *Prosopalictus micans* Strand, 1913.

异名（Synonym）：

Prosopalictus micans Strand, 1913c: 26, ♂. **Holotype:** ♂,

Formosa (China: Taiwan): Taihorin; DEI.

Lasioglossum micans (Strand, 1913), junior homonym of *Halictus micans* Strand, 1909 [= *Lasioglossum breviventre* (Schenck, 1853)].

分布（Distribution）：台湾（TW）

其他文献（Reference）：Zhang, 2012: 74 [*Lasioglossum* (*Dialictus*) *micante* Michener, 1993].

（126）奥芬淡脉隧蜂 *Lasioglossum* (*Hemihalictus*) *orpheum* (Nurse, 1904)

Halictus orpheus Nurse, 1904: 26, replacement name of *Halictus testaceus* Nurse, 1902.

异名（Synonym）：

Halictus testaceus Nurse, 1902: 148, ♀. **Holotype:** ♀, India: Simla; BML. Junior homonym of *Halictus testaceus* Robertson, 1897.

Halictus kangranus Blüthgen, 1926a: 626, ♀, ♂. **Holotype:** ♀, India: Punjab, Kangra-Tal; MC.

分布（Distribution）：北京（BJ）、山东（SD）；伊朗、土库曼斯坦、阿富汗、巴基斯坦、印度、尼泊尔

其他文献（Reference）：Ebmer, 1980: 478 [*Lasioglossum* (*Evylaeus*) *orpheum* (Nurse, 1904)]; Zhang, 2012: 77 [*Lasioglossum* (*Dialictus*) *orpheum* (Nurse, 1904)], ♀.

（127）震缘淡脉隧蜂 *Lasioglossum* (*Hemihalictus*) *pallilomum* (Strand, 1914)

Halictus pallilomus Strand, 1914: 160, ♀, non ♂ (= *Lasioglossum speculinum* Cockerell, 1925; see Ebmer, 1978a: 212). **Syntypes:** ♀, Formosa (China: Taiwan): Taihorin, 8♀; Taihorinsho, 2♀; DEI.

分布（Distribution）：黑龙江（HL）、北京（BJ）、江苏（JS）、浙江（ZJ）、台湾（TW）；朝鲜、韩国、日本、俄罗斯

其他文献（Reference）：Blüthgen, 1925a: 114, ♂ (*Hal. pallilomus* Strand); Hirashima, 1957: 14 (*Halictus pallilomus* Strand, 1913); Ebmer, 1978a: 212 [*Lasioglossum* (*Evylaeus*) *pallilomum* (Strand)]; Ebmer, 1996b: 294 [*Lasioglossum* (*Evylaeus*) *pallilomum* (Strand, 1914)]; Ebmer, 2006: 573 [*Lasioglossum* (*Evylaeus*) *pallilomum* (Strand, 1914)]; Takahashi *et* Sakagami, 1993: 275 [*Lasioglossum* (carinaless *Evylaeus*) *pallilomum* (Strand, 1914)]; Pesenko, 2007a: 111 [*Evylaeus* (*Prosopalictus*) *pallilomus* (Strand, 1914)]; Pesenko, 2007c: 49 [*Evylaeus* (*Prosopalictus*) *pallilomus* (Strand, 1914)]; Zhang, 2012: 78 [*Lasioglossum* (*Dialictus*) *pallilomum* (Strand, 1914)], ♀.

（128）曲玫淡脉隧蜂 *Lasioglossum* (*Hemihalictus*) *pandrose* Ebmer, 2002

Lasioglossum (*Evylaeus*) *pandrose* Ebmer, 2002: 882, ♀. **Holotype:** ♀, China: Yunnan, Lugu-See, Luo Shui N27.45 E100.45; coll. Ebmer.

分布（Distribution）：云南（YN）

其他文献（Reference）：Ebmer, 2011b: 933 [*Lasioglossum* (*Evylaeus*) *pandrose* Ebmer, 2002]; Zhang, 2012: 79 [*Lasioglossum* (*Dialictus*) *pandrose* Ebmer, 2002], ♀.

（129）拟黑足淡脉隧蜂 *Lasioglossum* (*Hemihalictus*) *pseudonigripes* (Blüthgen, 1934)

Halictus pseudonigripes Blüthgen, 1934b: 301, ♂. **Holotype:** ♂, Iskander; ZMMU.

分布（Distribution）：陕西（SN）；伊朗、巴基斯坦、乌兹别克斯坦、哈萨克斯坦、塔吉克斯坦、吉尔吉斯斯坦、蒙古国

其他文献（Reference）：Ebmer, 1982: 219 [*Lasioglossum* (*Evylaeus*) *pseudonigripes* (Blüthgen, 1934)]; Ebmer, 1983: 321 [*Lasioglossum* (*Evylaeus*) *pseudonigripes* (Blüthgen, 1934)]; Ebmer, 2005: 378 [*Lasioglossum* (*Evylaeus*) *pseudonigripes* (Blüthgen, 1934)]; Ebmer, 2011a: 30 [*Lasioglossum pseudonigripes* (Blüthgen, 1934)]; Pesenko, 2007c: 50 [*Evylaeus* (*Nitidiusculaeus*) *pseudonigripes* (Blüthgen, 1934)].

（130）闪光淡脉隧蜂 *Lasioglossum* (*Hemihalictus*) *resplendens* (Morawitz, 1890)

Halictus resplendens Morawitz, 1890: 365, ♀. **Lectotype:** ♀, China: Kansu (Gansu), Upin; designated by Ebmer (1985a: 217); ZISP.

分布（Distribution）：甘肃（GS）

其他文献（Reference）：Dalla Torre, 1896: 80 (*Halictus resplendens* Mor.); Hirashima, 1957: 16 (*Halictus resplendens* Morawitz, 1890); Ebmer, 1985a: 217 [*Lasioglossum* (*Evylaeus*) *resplendens* (Morawitz, 1889)] (incorrect subsequent time); Zhang, 2012: 82 [*Lasioglossum* (*Evylaeus*) *resplendens* (Morawitz, 1890)], ♀.

（131）红跗淡脉隧蜂 *Lasioglossum* (*Hemihalictus*) *rufitarse* (Zetterstedt, 1838)

Halictus rufitarsis Zetterstedt, 1838: 462, ♀, ♂. **Lectotype:** ♀, Sweden: Karungi (Lappland); designated by Ebmer (1982: 219); ZML.

异名（Synonym）：

Halictus lucidus Schenck, 1869: 309, ♀. **Syntypes:** ♀, Germany: Lippstadt; lost. Synonymied by Blüthgen (1921a: 281).

Halictus parumpunctatus Schenck, 1869: 306, ♂. **Lectotype:** ♂, Germany: Hessen; designated by Ebmer (1974b: 118); FSF. Synonymied by Blüthgen (1921a: 281).

Halictus atricornis Smith, 1870: 26, ♀, ♂. **Lectotype:** ♀, England: Cheshire; designated by Ebmer (1978a: 206); ZMUO. Synonymied by Blüthgen (1922a: 47).

分布（Distribution）：黑龙江（HL）、吉林（JL）、青海（QH）、福建（FJ）；美国、加拿大、西班牙、爱尔兰、英国、荷兰、德国、意大利、丹麦、瑞典、芬兰、捷克、斯洛伐克、奥地利、匈牙利、波兰、罗马尼亚、乌克兰、阿塞拜疆、伊朗、哈萨克斯坦、蒙古国、韩国、俄罗斯

其他文献（Reference）：Hirashima, 1957: 17 (*Halictus rufitarsis* Zetterstedt, 1838); Ebmer, 1976b: 401 [*Lasioglossum* (*Evylaeus*) *rufitarse* (Zetterstedt, 1838)]; Ebmer, 1978a: 206 [*Lasioglossum* (*Evylaeus*) *rufitarse* (Zetterstedt)]; Ebmer, 1978b: 64 [*Lasioglossum* (*Evylaeus*) *rufitarse* (Zetterstedt, 1838)]; Ebmer, 1978c: 315 [*Lasioglossum* (*Evylaeus*) *rufitarse* (Zetterstedt, 1838)]; Ebmer, 1979: 144 [*Lasioglossum* (*Evylaeus*) *rufitarse* (Zetterstedt, 1838)]; Ebmer, 1982: 219 [*Lasioglossum* (*Evylaeus*) *rufitarse* (Zetterstedt, 1838)]; Ebmer, 1988b: 658 [*Lasioglossum* (*Evylaeus*) *rufitarse* (Zetterstedt, 1838)]; Ebmer, 1996b: 286 [*Lasioglossum* (*Evylaeus*) *rufitarse* (Zetterstedt, 1838)]; Ebmer, 2005: 378 [*Lasioglossum* (*Evylaeus*) *rufitarse* (Zetterstedt,1838)]; Ebmer, 2011a: 29 [*Lasioglossum* (*Evylaeus*) *rufitarse* (Zetterstedt, 1838)]; Ebmer *et* Sakagami, 1985a: 299, ♀ (key), 301, ♂ (key), 308 [*Lasioglossum* (*Evylaeus*) *rufitarse* (Zetterstedt, 1838)]; Straka *et al.*, 2007: 270 [*Lasioglossum rufitarse* (Zetterstedt, 1838)]; Pesenko *et al.*, 2000: 232, ♀ (key), ♂ (key), 290 [*Evylaeus rufitarsis* (Zetterstedt, 1838)], Figs. 408, 418, 427, 482-484, 580, 581; Pesenko, 2007a: 83, ♀ (key), 91, ♂ (key), 112 [*Evylaeus* (*Nitidiusculaeus*) *rufitarsis* (Zetterstedt, 1838)]; Pesenko, 2007c: 51 [*Evylaeus* (*Nitidiusculaeus*) *rufitarsis* (Zetterstedt, 1838)]; Zhang, 2012: 83 [*Lasioglossum* (*Dialictus*) *rufitarse* (Zetterstedt, 1838)], ♀, ♂.

（132）坂氏淡脉隧蜂 *Lasioglossum* (*Hemihalictus*) *sakagamii* Ebmer, 1978

Lasioglossum (*Evylaeus*) *sakagamii* Ebmer, 1978a: 207, ♀, ♂. **Holotype:** ♀, Mandschurei: Charbin (China: Heilongjiang: Harbin); KMB.

分布（Distribution）：黑龙江（HL）、内蒙古（NM）、河北（HEB）、陕西（SN）、新疆（XJ）、福建（FJ）；蒙古国、朝鲜、日本、俄罗斯

其他文献（Reference）：Ebmer, 1982: 221 [*Lasioglossum* (*Evylaeus*) *sakagamii* Ebmer, 1978]; Ebmer, 2005: 379 [*Lasioglossum* (*Evylaeus*) *sakagamii* Ebmer, 1978]; Ebmer, 2006: 569 [*Lasioglossum* (*Evylaeus*) *sakagamii* Ebmer, 1978]; Ebmer, 2011b: 935 [*Lasioglossum* (*Evylaeus*) *sakagamii* Ebmer, 1978]; Sakagami *et al.*, 1982: 209 [*Lasioglossum* (*Evylaeus*) *sakagamii* Ebmer]; Pesenko, 2007a: 84, ♀ (key), 93, ♂ (key), 108 [*Evylaeus* (*Microhalictus*) *sakagamii* (Ebmer, 1978)]; Pesenko, 2007c: 51 [*Evylaeus* (*Microhalictus*) *sakagamii* (Ebmer, 1978)]; Zhang, 2012: 84 [*Lasioglossum* (*Dialictus*) *sakagamii* Ebmer, 1978], ♀.

（133）半皱淡脉隧蜂 *Lasioglossum* (*Hemihalictus*) *semiruginosum* Zhang *et* Zhu, 2011

Lasioglossum (*Sudila*) *semiruginosum* Zhang *et* Zhu, 2011 in Zhang *et al.*, 2011: 34, ♀. **Holotype:** ♀, China: Hainan, Baisha County, Nankai Down (19°13′N 109°42′E); IZB.

分布（Distribution）：海南（HI）

其他文献（Reference）：Zhang *et al.*, 2011: 34, Figs. 9-14.

（134）简单淡脉隧蜂 *Lasioglossum* (*Hemihalictus*) *simplicior* (Cockerell, 1931)

Halictus simplicior Cockerell, 1931a: 16, ♀. **Holotype:** ♀, China: Zô-Sè (Shanghai, Municipality); AMNH.

分布（Distribution）：上海（SH）；朝鲜、日本、俄罗斯

其他文献（Reference）：Hirashima, 1957: 19 (*Halictus simplicior* Cockerell, 1931); Ebmer, 1978c: 316 [*Lasioglossum* (*Evylaeus*) *simplicior* (Cockerell, 1931)]; Ebmer, 1980: 503 [*Lasioglossum* (*Evylaeus*) *simplicior* (Cockerell, 1931)]; Ebmer, 1996b: 293 [*Lasioglossum* (*Evylaeus*) *simplicior* (Cockerell, 1931)]; Takahashi *et* Sakagami, 1993: 275 [*Lasioglossum* (carinaless *Evylaeus*) *simplicior* (Cockerell, 1931)]; Pesenko, 2007a: 111 [*Evylaeus* (*Prosopalictus*) *simplicior* (Cockerell, 1931)]; Pesenko, 2007c: 52 [*Evylaeus* (*Prosopalictus*) *simplicior* (Cockerell, 1931)]; Zhang, 2012: 87 [*Lasioglossum* (*Dialictus*) *simplicior* (Cockerell, 1931)], ♀.

（135）直沟淡脉隧蜂 *Lasioglossum* (*Hemihalictus*) *speculinum* (Cockerell, 1925)

Halictus perplexans var. *speculinus* Cockerell, 1925: 11, ♀. **Holotype:** ♀, Russia: Preobrageniya (Preobrazhenie) Bay (Primorsk Terr.); USMW.

异名（Synonym）：

Halictus pallilomus Strand, 1914: 160, ♂ (non. **Holotype** ♀, see Ebmer, 1978a: 212). **Syntypes:** 2♂, Formosa (China: Taiwan): Taihorin; DEI.

分布（Distribution）：黑龙江（HL）、山东（SD）、上海（SH）、福建（FJ）、台湾（TW）、广东（GD）；朝鲜、日本、俄罗斯

其他文献（Reference）：Hirashima, 1957: 15 (*Halictus perplexans* var. *speculinus* Cockerell, 1925); Ebmer, 1978a: 212 [*Lasioglossum* (*Evylaeus*) *speculinum* (Cockerell)]; Ebmer, 1978c: 316 [*Lasioglossum* (*Evylaeus*) *speculinum* (Cockerell, 1925)]; Ebmer, 1996b: 294 [*Lasioglossum* (*Evylaeus*) *speculanum* (Cockerell, 1925)]; Ebmer, 2006: 573 [*Lasioglossum* (*Evylaeus*) *speculinum* (Cockerell, 1925)]; Pesenko, 2007a: 111 [*Evylaeus* (*Prosopalictus*) *speculinus* (Cockerell, 1925)]; Pesenko, 2007c: 52 [*Evylaeus* (*Prosopalictus*) *speculinus* (Cockerell, 1925)]; Zhang, 2012: 88 [*Lasioglossum* (*Dialictus*) *speculinum* (Cockerell, 1925)], ♀, ♂.

（136）拟铜被淡脉隧蜂 *Lasioglossum* (*Hemihalictus*) *subaenescens* (Pérez, 1895)

Halictus subaenescens Pérez, 1895: 54, ♀. **Lectotype:** ♀, France: Paris; designated by Ebmer (1972b: 606).

异名（Synonym）：

Halictus pectoralis Morawitz in Fedcenko, 1876: 251, ♀ (*nec* Smith, 1853). **Holotype:** ♀, Turkestan, Kokanskom; ZMMU.

Halictus asiaticus Dalla Torre, 1896, replacement name of *H. pectoralis* Norawitz, 1876.

Lasioglossum (*Evylaeus*) *illyricum* Ebmer, 1971: 111, ♀, ♂. **Holotype:** ♂, Kroatien, Istrien, Učka; coll. Ebmer. Synonymied by Ebmer (1981: 124).

分布（Distribution）：新疆（XJ）；西班牙、法国、意大利、斯洛文尼亚、希腊、乌克兰、土耳其、以色列、阿塞拜疆、伊朗、土库曼斯坦、哈萨克斯坦、塔吉克斯坦、吉尔吉斯斯坦、蒙古国

其他文献（Reference）：Ebmer, 1971: 114, ♂ (nov.) [*Lasioglossum* (*Evylaeus*) *subaenescens asiaticum* (Dalla Torre, 1896)]; Ebmer, 1978b: 69 [*Lasioglossum* (*Evylaeus*) *subaenescens asiaticum* (Dalla Torre, 1896)]; Ebmer, 1981: 124 [*Lasioglossum* (*Evylaeus*) *subaenescens asiaticum* (Dalla Torre, 1896)]; Ebmer, 1982: 218 [*Lasioglossum* (*Evylaeus*) *subaenescens asiaticum* (Dalla Torre, 1896)]; Ebmer, 1988b: 645 [*Lasioglossum* (*Evylaeus*) *subaenescens subaenescens* (Pérez, 1895)], 646 [*Lasioglossum* (*Evylaeus*) *subaenescens asiaticum* (Dalla Torre, 1896)]; Ebmer, 2005: 377 [*Lasioglossum* (*Evylaeus*) *subaenescens asiaticum* (Dalla Torre, 1896)]; Pesenko, 2007c: 40 [*Evylaeus* (*Marghalictus*) *subaenescens asiaticus* (Dalla Torre, 1896)], 52 [*Evylaeus* (*Marghalictus*) *subaenescens subaenescens* (Pérez, 1895)].

（137）拟闪光淡脉隧蜂 *Lasioglossum* (*Hemihalictus*) *subfulgens* Fan *et* Ebmer, 1992

Lasioglossum (*Evylaeus*) *subfulgens* Fan *et* Ebmer, 1992a: 234, ♀. **Holotype:** ♀, China: Xizang (not Xinjiang), Zedang; IZB.

分布（Distribution）：西藏（XZ）

其他文献（Reference）：Ebmer, 2011b: 937 [*Lasioglossum* (*Evylaeus*) *subfulgens* Fan *et* Ebmer, 1992]; Zhang, 2012: 90 [*Lasioglossum* (*Dialictus*) *subfulgens* Fan *et* Ebmer, 1992], ♀.

（138）近半透明淡脉隧蜂 *Lasioglossum* (*Hemihalictus*) *subsemilucens* (Blüthgen, 1934)

Halictus subsemilucens Blüthgen, 1934a: 18, ♂. **Holotype:** China: N.O.-Szechuan (N. E. Sichuan); in Museum of Stockholm.

分布（Distribution）：四川（SC）

其他文献（Reference）：Hirashima, 1957: 20 (*Halictus subsemilucens* Blüthgen, 1934); Zhang, 2012: 266 [*Lasioglossum* (*Dialictus*) *subsemilucens* (Blüthgen, 1934)].

（139）条纹淡脉隧蜂 *Lasioglossum* (*Hemihalictus*) *taeniolellum* (Vachal, 1903)

Halictus taeniolellus Vachal, 1903b: 131, ♀. **Holotype:** ♀, Japan.

异名（Synonym）：

Halictus subfamiliaris Strand, 1910a: 179, ♀.

分布（Distribution）：山东（SD）、福建（FJ）；日本、朝鲜

其他文献（Reference）：Rasmussen, 2012: 46 (*Halictus taeniolellus* Vachal, 1903); Zhang, 2012: 91 [*Lasioglossum* (*Dialictus*) *taeniolellus* Vachal, 1903], ♀.

（140）三唇淡脉隧蜂 *Lasioglossum* (*Hemihalictus*) *trichiosulum* (Strand, 1914)

Halictus trichiosulus Strand, 1914: 158, ♀, ♂. **Type locality:** Formosa (China: Taiwan): Taihorin.

分布（Distribution）：台湾（TW）

其他文献（Reference）：Hirashima, 1957: 21 (*Halictus trichiosulus* Strand, 1913) (incorrect subsequent time); Ebmer, 1998: 368 [*L.* (*Evylaeus*) *trichiosulum* (Strand, 1914)]; Zhang, 2012: 130 [*Lasioglossum* (*Evylaeus*) *trichiosulum* (Strand, 1914)].

（141）三喙淡脉隧蜂 *Lasioglossum* (*Hemihalictus*) *trichorhinum* (Cockerell, 1925)

Halictus trichorhinus Cockerell, 1925: 11, ♀. **Holotype:** ♀, Russia: Low Lighthouse (30km SE Olga) (Primorsk Terr.); USMW.

分布（Distribution）：山西（SX）、陕西（SN）；蒙古国、俄罗斯

其他文献（Reference）：Hirashima, 1957: 21 (*Halictus trichorhinus* Cockerell, 1925); Ebmer, 1978c: 316 (*Halictus trichorhinus* Cockerell, 1925, as synonym of *L. kankauchare*); Ebmer, 1996b: 292 [*Lasioglossum* (*Evylaeus*) *trichorhinum* (Cockerell, 1925)]; Ebmer, 2005: 379 [*Lasioglossum* (*Evylaeus*) *trichorhinum* (Cockerell, 1925)]; Ebmer, 2006: 571 [*Lasioglossum* (*Evylaeus*) *trichorhinum* (Cockerell, 1925)]; Pesenko, 2007a: 112 [*Evylaeus* (*Prosopalictus*) *trichorhinus* (Cockerell, 1925)]; Pesenko, 2007c: 53 [*Evylaeus* (*Prosopalictus*) *trichorhinus* (Cockerell, 1925)]; Zhang, 2012: 92 [*Lasioglossum* (*Dialictus*) *trichorhinum* (Cockerell, 1925)], ♀, ♂.

（142）柴卡尔淡脉隧蜂 *Lasioglossum* (*Hemihalictus*) *tschakarense* (Blüthgen, 1925)

Halictus tschakarensis Blüthgen, 1925a: 102, ♀. **Holotype:** ♀, Chinesisch Turkestan, Tschakar bei Polu (China: Xinjiang, Pulu, near Hotan); MNB.

分布（Distribution）：新疆（XJ）；阿富汗、哈萨克斯坦、蒙古国

其他文献（Reference）：Hirashima, 1957: 22 (*Halictus tschakarensis* Blüthgen, 1925); Ebmer, 2005: 378 [*Lasioglossum* (*Evylaeus*) *tschakarensis* (Blüthgen, 1925)]; Pesenko, 2007c: 53 [*Evylaeus* (*Pauphalictus*) *tschakarensis* (Blüthgen, 1925)].

（143）多毛淡脉隧蜂 *Lasioglossum* (*Hemihalictus*) *villosulum* (Kirby, 1802)

Melitta villosula Kirby, 1802: 62, ♂. **Lectotype:** ♂, England: no locality; designated by Ebmer (1988b: 649); BML.

异名（Synonym）：

Melitta punctulata Kirby, 1802: 66, ♀. **Holotype:** ♀, England: Barham; BML. Synonymied by Dalla Torre (1896: 90).

Halictus hirtellus Schenck, 1869: 311, ♀, ♂. **Lectotype:** ♀, Germany: Elberfeld (near Letmathe); designated by Ebmer (1975d: 244); FSF. Synonymied by Blüthgen (1922a: 48).

Halictus medinai Vachal, 1895: 148, ♂. **Holotype:** ♂, Spain: Seville; Museum Seville. Synonymied by Blüthgen (1923a: 239).

Halictus pauperatulellus Strand, 1909: 44, ♂. **Syntypes:** 2♂, Algeria: Blidah-Médéah; MNB. Synonymied by Blüthgen

(1922b: 318).

Halictus trichopsis Strand, 1914: 156, ♂. **Holotype:** ♂, Formosa (China: Taiwan): Taihorin; DEI. Synonymied by Blüthgen (1923a: 241).

Halictus melanomitratus Strand, 1914: ♀. **Holotype:** ♀, Formosa (China: Taiwan): Taihorin; DEI. Synonymied by Blüthgen (1923a: 241).

Halictus melanomitratus var. *mitratolus* Strand, 1914: 158, ♀. **Holotype:** ♀, Formosa (China: Taiwan): Taihorin; DEI. Synonymied by Blüthgen (1923a: 241).

Halictus villosulopsis Blüthgen, 1926a: 540, ♀. **Syntypes:** 3♀, India: Shillong (Assam State); BML. Synonymied by Ebmer (1978a: 207).

Halictus pahanganus Blüthgen, 1928a: 374, ♂. **Holotype:** ♂, Malaysia: Lubok Tamang (Pahang State); BML. Synonymied by Ebmer (1978a: 207).

Halictus barkensis Blüthgen, 1930b: 224, ♀, ♂. **Syntypes:** 1♀, 1♂, Libya: Bengazi; MNB; 1♀, 1♂, Libya: Cirene; 1♀, Libya: Derna; in collection of R.U. Agrario in Bengasi. Synonymied by Warncke (1976: 94).

Halictus villosulus perlautus Cockerell, 1938a: 82, ♀, ♂. **Holotype:** ♂, Morocco: Asni; BML. Synonymied by Warncke (1973b: 290).

Halictus (*Evylaeus*) *rufotegularis* Cockerell, 1938b: 7, ♀. **Holotype:** ♀, Morocco: Ifrane; AMNH. Synonymied by Ebmer (1976a: 253; 21 March) and Warncke (1976: 95; 15 October).

Halictus villiersi Benoist, 1941: 80, ♀. **Holotype:** ♀, Morocco: Tachdirt pass (Grand Atlas); MNP. Synonymied by Warncke (1973b: 290).

Halictus berberus Benoist, 1941: 81, ♂. **Holotype:** ♂, Morocco: Djebel M'Goun; MNP. Synonymied by Warncke (1976: 94)

Lasioglossum (*Evylaeus*) *villosulum arabicum* Ebmer, 2008: 560, ♀, ♂. **Holotype:** ♀, UAE, Sharjah x Khor Kalba; DEI.

分布（Distribution）：黑龙江（HL）、山西（SX）、陕西（SN）、甘肃（GS）、四川（SC）、云南（YN）、台湾（TW）；摩洛哥、突尼斯、西班牙、爱尔兰、英国、法国、比利时、德国、意大利、波兰、瑞典、捷克、斯洛伐克、芬兰、希腊、阿尔及利亚、利比亚、罗马尼亚、乌克兰、土耳其、以色列、阿联酋、伊朗、巴基斯坦、阿富汗、吉尔吉斯斯坦、印度、尼泊尔、蒙古国、朝鲜、日本、马来西亚、俄罗斯

其他文献（Reference）：Blüthgen, 1921a: 277 (*H. villosulus*), 278 (*H. hirtellus*); Ebmer, 1971: 74, ♀ (key), 88, ♂ (key), 106 [*Lasioglossum* (*Evylaeus*) *villosulum* (K.)]; Ebmer, 1976a: 251 [*Lasioglossum* (*Evylaeus*) *berberum* (Benoist, 1941)], 253 [*Lasioglossum* (*Evylaeus*) *barkense* (Blüthgen, 1930)], [*Lasioglossum* (*Evylaeus*) *villosulum* (Kirby, 1802)]; Ebmer, 1976b: 402 [*Lasioglossum* (*Evylaeus*) *villosulum* (Kirby, 1802)]; Ebmer, 1978a: 207 [*Lasioglossum* (*Evylaeus*) *villosulum trichopse* (Strand)]; Ebmer, 1978b: 66 [*Lasioglossum* (*Evylaeus*) *villosulum* (Kirby, 1802)]; Ebmer, 1982: 219 [*Lasioglossum* (*Evylaeus*) *villosulum* (Kirby, 1802)]; Ebmer, 1988b: 649 [*Lasioglossum* (*Evylaeus*) *villosulum villosulum* (Kirby, 1802)], 650 [*Lasioglossum* (*Evylaeus*) *villosulum trichopse* (Strand, 1914)]; Ebmer, 1996b: 285 [*Lasioglossum* (*Evylaeus*) *villosulum trichopse* (Strand, 1914)]; Ebmer, 1998a: 368 [*L. villosulum trichopse* (Strand, 1914)]; Ebmer, 2004: 131 [*Lasioglossum* (*Evylaeus*) *villosulum trichopse* (Strand, 1914)]; Ebmer, 2005: 378 [*Lasioglossum* (*Evylaeus*) *villosulum* (Kirby, 1802)]; Ebmer, 2006: 569 [*Lasioglossum* (*Evylaeus*) *villosulum trichopse* (Strand, 1914)]; Ebmer, 2008: 560, ♀, ♂ [*Lasioglossum* (*Evylaeus*) *villosulum arabicum* nov. spp.]; Ebmer, 2011b: 915 [*Lasioglossum* (*Evylaeus*) *villosulum arabicum* Ebmer, 2008]; Hirashima, 1957: 23 [*Halictus villosulus* (Kirby, 1802)]; Takahashi *et* Sakagami, 1993: 275 [*Lasioglossum* (carinaless *Evylaeus*) *villosulum trichopse* (Strand, 1914)]; Pesenko, 2007a: 84, ♀ (key), 93, ♂ (key), 113 [*Evylaeus* (*Truncevylaeus*) *villosulus* (Kirby, 1802)]; Pesenko, 2007c: 53 [*Evylaeus* (*Truncevylaeus*) *villosulus* (Kirby, 1802)]; Pesenko *et al.*, 2000: 234, ♀, ♂ (key), 291 [*Evylaeus villosulus* (Kirby, 1802)], Figs. 409, 419, 485-487, 582-584; Straka *et al.*, 2007: 271 [*Lasioglossum villosulum* (Kirby, 1802)]; Zhang, 2012: 94 [*Lasioglossum* (*Dialictus*) *villosulum* (Kirby, 1802)], ♂.

淡脉隧蜂亚属 *Lasioglossum* / Subgenus *Lasioglossum* Curtis s. str., 1833

Lasioglossum Curtis, 1833: pl. 448. **Type species:** *Lasioglossum tricingulum* Curtis, 1833 = *Melitta xanthopus* Kirby, 1802, by original designation.

异名（Synonym）：

Halictus (*Lucasius*) Dours, 1872: 350 (not Kinahan, 1859). **Type species:** *Halictus clavipes* Dours, 1872, by designation of Sandhouse, 1943: 566.

Halictus (*Lucasiellus*) Cockerell, 1905b: 272, replacement for *Lucasius* Dours, 1872. **Type species:** *Halictus clavipes* Dours, 1872, autobasic.

Halictus (*Lucasellus*) Schulz, 1911: 202, replacement for *Lucasius* Dours, 1872. **Type species:** *Halictus clavipes* Dours, 1872, autobasic.

Curtisapis Robertson, 1918: 91. **Type species:** *Halictus coriaceus* Smith, 1853, by original designation.

Halictus (*Pallhalictus*) Warncke, 1975: 92. **Type species:** *Halictus pallens* Brullé, 1832, by original designation.

Halictus (*Fahrhalictus*) Warncke, 1975: 95. **Type species:** *Halictus fahringeri* Friese, 1921, by original designation.

Lasioglossum (*Lophalictus*) Pesenko, 1986a: 125. **Type species:** *Lasioglossum acuticrista* Pesenko, 1986, by original designation.

Lasioglossum (*Bluethgenia*) Pesenko, 1986a: 136. **Type species:** *Halictus dynastes* Bingham, 1898, by original designation.

Lasioglossum (*Ebmeria*) Pesenko, 1986a: 136. **Type species:**

Halictus costulatus Kriechbaumer, 1873, by original designation.
Lasioglossum (*Sericohalictus*) Pesenko, 1986a: 137. **Type species:** *Halictus subopacus* Smith, 1853, by original designation.
其他文献（Reference）：Michener, 1997, 2000, 2007; Zhang, 2012.

（144）埃及淡脉隧蜂 *Lasioglossum* (*Lasioglossum* s. str.) *aegyptiellum* (Strand, 1909)

Halictus morbillosus var. *aegyptiellus* Strand, 1909: 12, ♀. **Lectotype:** ♀, Egypt; designated by Ebmer (1970: 33); MNB.
异名（Synonym）：
Halictus divergens Pérez, 1910 (*nec* Lovell, 1905): 17, ♀. **Lectotype:** ♀, Syria: Horns; designated by Ebmer (1972b: 633); MNP.
Halictus orontis Cockerell, 1918b: 262, replacement name of *Halictus divergens* Pérez, 1910.
Halictus tripolitanus Blüthgen, 1924d: 306, ♀. **Holotype:** ♀, Cyrenaica, Bengasi (Libya: Bengasi); in Wiener Museum. Synonymied by Pesenko (1986a: 140).
分布（Distribution）：黑龙江（HL）、吉林（JL）、甘肃（GS）、新疆（XJ）；摩洛哥、利比亚、西班牙、德国、意大利、希腊、乌克兰、埃及、土耳其、叙利亚、塞浦路斯、以色列、伊朗
其他文献（Reference）：Blüthgen, 1925a: 98 (*Hal. tripolitanus* Blüthg); Blüthgen, 1930b: 221 (*Halictus trioplitanus*); Ebmer, 1970: 31 [*Lasioglossum* (*Lasioglossum*) *aegyptiellum* (Strd.)], ♀, ♂; Ebmer, 1978b: 45; Ebmer, 1988b: 591; Pesenko, 1986a: 140 [*Lasioglossum* (*Leuchalictus*) *aegyptiellum* (Strand, 1909)]; Zhang, 2012: 140 [*Lasioglossum* (*Lasioglossum*) *aegyptiellum* (Strand, 1909)], ♀, ♂.

（145）群淡脉隧蜂 *Lasioglossum* (*Lasioglossum* s. str.) *agelastum* Fan *et* Ebmer, 1992

Lasioglossum (*Lasioglossum*) *agelastum* Fan *et* Ebmer, 1992b: 346, ♀, ♂. **Holotype:** ♀, China: Zhejiang, Tianmushan; IZB.
异名（Synonym）：
Lasioglossum (*Lasioglossum*) *nipponicola* Sakagami *et* Tadauchi, 1995b: 177, ♀, ♂. **Holotype:** ♀, Japan: Hokkaido, Asahiyama in Asahikawa; HUS. Synonymied by Pesenko (2006b: 151).
分布（Distribution）：黑龙江（HL）、陕西（SN）、江苏（JS）、浙江（ZJ）、江西（JX）、湖南（HN）、四川（SC）；日本、韩国、俄罗斯
其他文献（Reference）：Ebmer, 1996b: 276 [*Lasioglossum* (*Lasioglossum*) *nipponicola* Sakagami *et* Tadauchi, 1995]; Ebmer, 2002: 836; Ebmer, 2006: 554; Ebmer, 2011b: 914; Pesenko, 2006b: 140, ♀ (key), 144, ♂ (key), 150 [*Lasioglossum* (*Leuchalictus*) *agelastum* Fan *et* Ebmer, 1992]; Zhang, 2012: 142 [*Lasioglossum* (*Lasioglossum*) *agelastum* Fan *et* Ebmer, 1992], ♀, ♂.

（146）翼淡脉隧蜂 *Lasioglossum* (*Lasioglossum* s. str.) *alinense* (Cockerell, 1924)

Halictus (*Curtisapis*) *alinensis* Cockerell, 1924b: 583, ♀. **Holotype:** ♀, Siberia: Amagu Village (Russia: Primorsk Terr.); USMW.
异名（Synonym）：
Halictus lutzenkoi Cockerell, 1925: 5, ♂. **Holotype:** ♂, Russia: Okeanskaya, Siberia (Primorsk Terr.: environs of Vladivostok]; USMW. Presumable synonymied by Ebmer (1996b: 278), confirmed by Pesenko (2006b: 159).
Halictus gorkiensis Blüthgen, 1931c: 327, ♀. **Holotype:** ♀, Byelarus: Gorki (Mogilev Prov.); MNB. Synonymied by Pesenko (1986a: 139).
分布（Distribution）：黑龙江（HL）、吉林（JL）、辽宁（LN）、内蒙古（NM）、浙江（ZJ）、四川（SC）、云南（YN）、福建（FJ）；立陶宛、波兰、白俄罗斯、俄罗斯
其他文献（Reference）：Hirashima, 1957: 4 (*Halictus alinensis* Cockerell, 1924); Cockerell, 1925: 4, ♀ (key), 7, ♂ (key) (*Halictus alinensis* Cockerell); Cockerell, 1937a: 3 [*Halictus* (*Curtisapis*) *alinensis* Cockerell, 1924]; Ebmer, 1978a: 196 [*Lasioglossum* (*Lasioglossum*) *lutzenkoi* (Cockerell)], [*Lasioglossum* (*Lasioglossum*) *gorkiensis* (Blüthgen)], [*Halictus* (*Curtisapis*) *alinensis* (Cockerell), as synonym of *Lasioglossum* (*Lasioglossum*) *scitulum* (Smith)]; Ebmer, 1978c: 310 [*Lasioglossum* (*Lasioglossum*) *gorkiensis* (Blüthgen, 1931)]; Ebmer, 1996b: 277, ♂ (*L. lutzenkoi*); Pesenko *et al.*, 2000: 191, ♀, ♂ (key), 208 [*Lasioglossum* (*Leuchalictus*) *alinense* (Cockerell, 1924)]; Pesenko, 2006b: 140, ♀ (key), 145, ♂ (key), 151 [*Lasioglossum* (*Leuchalictus*) *alinense* (Cockerell, 1924)]; Zhang, 2012: 142 [*Lasioglossum* (*Lasioglossum* s. str.) *alinense* (Cockerell, 1924)], ♀, ♂; Proshchalykin, 2014: 527 (*Halictus alinensis* Cockerell, 1924).

（147）靓淡脉隧蜂 *Lasioglossum* (*Lasioglossum* s. str.) *belliatum* Pesenko, 1986

Lasioglossum (*Lasioglossum*) *belliatum* Pesenko, 1986a: 131, ♀. **Holotype:** ♀, Kazakhstan; ZISP.
分布（Distribution）：黑龙江（HL）；哈萨克斯坦
其他文献（Reference）：Zhang, 2012: 143 [*Lasioglossum* (*Lasioglossum*) *belliatum* Pesenko, 1986], ♀, ♂?.

（148）纪念淡脉隧蜂 *Lasioglossum* (*Lasioglossum* s. str.) *charisterion* Ebmer, 2002

Lasioglossum (*Lasioglossum*) *charisterion* Ebmer, 2002: 828, ♀. **Holotype:** ♀, China: Yunnan, Yulongshan, Baishui; BZ.
分布（Distribution）：云南（YN）
其他文献（Reference）：Ebmer, 2011b: 918 [*Lasioglossum* (*Lasioglossum*) *charisterion* Ebmer, 2002]; Zhang, 2012: 146 [*Lasioglossum* (*Lasioglossum*) *charisterion* Ebmer, 2002], ♀.

(149) 黄绿淡脉隧蜂 *Lasioglossum* (*Lasioglossum* s. str.) *chloropus* (Morawitz, 1894)

Halictus chloropus Morawitz, 1894: 75, ♂. **Lectotype:** ♂, Tajikistan: Sching (30km SSE Pendzhikent); designated by Pesenko (1986a: 130); ZISP.

异名(Synonym):

Lasioglossum (*Lasioglossum*) *aksuense* Ebmer, 1972a: 231, ♀. **Holotype:** ♀, Aksu-Tamdik; MNB. Synonymied by Ebmer (1982: 208).

分布(Distribution): 新疆(XJ);塔吉克斯坦、蒙古国

其他文献(Reference): Ebmer, 1982: 208 [*Lasioglossum* (*Lasioglossum*) *chloropum* (Morawitz, 1893)] (erroneous spelling of *L. chloropus* Morawitz, incorrect subsequent time); Ebmer, 2005: 369 [*Lasioglossum* (*Lasioglossum*) *chloropus* (Morawitz, 1893)] (incorrect subsequent time); Ebmer, 2011b: 914 [*Lasioglossum* (*Lasioglossum*) *askuense* Ebmer, 1972]; Pesenko, 1986a: 130, ♂ (key); 2006b: 137, ♀ (key), 142, ♂ (key), 146 [*Lasioglossum* (*Lasioglossum*) *chloropum* (Morawitz, 1894)].

(150) 圆淡脉隧蜂 *Lasioglossum* (*Lasioglossum* s. str.) *circularum* Fan *et* Ebmer, 1992

Lasioglossum (*Lasioglossum*) *circularum* Fan *et* Ebmer, 1992b: 346, ♀. **Holotype:** ♀, China: Jiangsu, Gulin; IZB.

分布(Distribution): 北京(BJ)、陕西(SN)、安徽(AH)、江苏(JS)、浙江(ZJ)、江西(JX)、湖南(HN)、四川(SC)、贵州(GZ)、福建(FJ)

其他文献(Reference): Ebmer, 2002: 838 [*Lasioglossum* (*Lasioglossum*) *circularum* Fan *et* Ebmer, 1992]; Ebmer, 2011b: 919 [*Lasioglossum* (*Lasioglossum*) *circularum* Fan *et* Ebmer, 1992]; Pesenko, 2006b: 140, ♀ (key), 144, ♂ (key), 151, ♂ (nov.) [*Lasioglossum* (*Leuchalictus*) *circularum* Fan *et* Ebmer, 1992]; Zhang, 2012: 147 [*Lasioglossum* (*Lasioglossum*) *circularum* Fan *et* Ebmer, 1992], ♀.

(151) 克劳迪娅淡脉隧蜂 *Lasioglossum* (*Lasioglossum* s. str.) *claudia* Ebmer, 2002

Lasioglossum (*Lasioglossum*) *claudia* Ebmer, 2002: 829, ♀. **Holotype:** ♀, China: Shaanxi, Qinling, 6km E. Xunyangba; BZ.

分布(Distribution): 陕西(SN)、甘肃(GS)

其他文献(Reference): Ebmer, 2011b: 919 [*Lasioglossum* (*Lasioglossum*) *claudia* Ebmer, 2002]; Zhang, 2012: 148 [*Lasioglossum* (*Lasioglossum*) *claudia* Ebmer, 2002], ♀.

(152) 小齿淡脉隧蜂 *Lasioglossum* (*Lasioglossum* s. str.) *denticolle* (Morawitz, 1892)

Halictus denticollis Morawitz, 1892: 145, ♀. **Lectotype:** ♀, Russia: Minussinsk (Bezirk Krasnojarsk); designated by Pesenko (1986a: 139); ZISP.

异名(Synonym):

Halictus glycybromifer Strand, 1915: 67, ♀. **Holotype:** ♀, Tsingtau (China: Shangdong, Qinhdao); DEI. Synonymied by Blüthgen (1931a: 211).

Halictus laevifrons Blüthgen, 1923a: 324, ♀. **Lectotype:** ♀, Russia: Siberia; designated by Pesenko (2006b: 152); IZK. Synonymied by Blüthgen (1934b: 300).

Halictus morbillosus race *orientis* Cockerell, 1924b: 583, ♀. **Syntypes:** Russia: Siberia (Primorsk Terr.), 4♀, Kongaus (Anisimovka); 1♀, Okeanskaya (near Vladivostok); AMNH, USMW and ZISP. Synonymied by Blüthgen (1931a: 211).

分布(Distribution): 黑龙江(HL)、吉林(JL)、辽宁(LN)、内蒙古(NM)、河北(HEB)、北京(BJ)、山西(SX)、山东(SD)、新疆(XJ)、江西(JX)、湖南(HN)、云南(YN)、西藏(XZ)、福建(FJ);朝鲜、俄罗斯

其他文献(Reference): Hirashima, 1957: 6 (*Halictus denticollis* Morawitz, 1892); Ebmer, 1978a: 198 [*Lasioglossum* (*Lasioglossum*) *denticolle* (Morawitz)], ♂ (nov.); Ebmer, 1996b: 275 [*Lasioglossum* (*Lasioglossum*) *denticolle* (Morawitz, 1891)] (incorrect subsequent time); Wu, 1996: 298 (*Lasioglossum denticolle* Morawitz, 1891) (incorrect subsequent time); Pesenko, 1986a: 139 (key) [*L.* (*Leuchalictus*) *denticolle* (Morawitz, 1891)] (incorrect subsequent time); Pesenko, 2006b: 140, ♀ (key), 144, ♂ (key), 152 [*Lasioglossum* (*Leuchalictus*) *denticolle* (Morawitz, 1891)] (incorrect subsequent time); Zhang, 2012: 148 [*Lasioglossum* (*Lasioglossum*) *denticolle* (Morawitz, 1892)]; Proshchalykin *et* Lelej, 2013: 319 (*Halictus laevifrons* Blüthgen, 1923).

(153) 盘淡脉隧蜂 *Lasioglossum* (*Lasioglossum* s. str.) *discum* (Smith, 1853)

Halictus discus Smith, 1853: 70, ♀. **Lectotype:** ♀, Greece: Rhea (Attika); designated by Ebmer (1976d: 141); BML.

异名(Synonym):

Halictus morbillosus Kriechbaumer, 1873: 61, ♀, ♂. **Lectotype:** ♀, Italy: Haslach bei Bozen (Bolzano); designated by Ebmer (1976e: 5); ZSM. Synonymied by Ebmer (1976d: 141).

Halictus fertoni Vachal, 1895: 149, ♂. **Holotype:** ♂, France: Provence; in Mus. Seville.

Halictus morbillosus r. *glasunovi* Cockerell, 1924b: 582, ♂. **Holotype:** ♂, Tajikistan: Varsaminor; ZISP. **Synonym** (with *H. morbillosus* var. *fertoni*) by Blüthgen (1931a: 211).

Lasioglossum (*Lasioglossum*) *pseudomorbillosum* Ebmer, 1970: 30, ♀, ♂. **Holotype:** ♂, Sicily: Palermo; coll. Ebmer. Synonym (with *L. discum fertoni*) by Pagliano (1988: 98).

分布(Distribution): 新疆(XJ);美国、摩洛哥、突尼斯、葡萄牙、意大利、法国、奥地利、匈牙利、乌克兰、希腊、土耳其、以色列、伊朗、阿富汗、哈萨克斯坦、土库曼斯坦、塔吉克斯坦、乌兹别克斯坦、吉尔吉斯斯坦

其他文献(Reference): Strand, 1909: 11 (*H. morbillosus* Kriechb.); Blüthgen, 1922a: 48 (*H. morbillosus*), 61 (*H. fertoni*);

Blüthgen, 1924a: 357 (*H. platycestus*), 411 (key, *H. morbillosus*, *H. platycestus*), 495 (key, *H. fertoni*), 496 (key, *H. morbillosus*, *H. platycestus*); Blüthgen, 1926b: 404 (*H. fertoni*); Ebmer, 1974a: 125 [*Lasioglossum* (*Lasioglossum*) *pseudomorbillosum* Eb.]; Ebmer, 1976b: 399 [*Lasioglossum* (*Lasioglossum*) *discum* (Smith, 1853)]; Ebmer, 1976d: 141 [*Lasioglossum discum* (Smith)]; Ebmer, 1976e: 5 (*Halictus morbillosus*); Ebmer, 1988b: 590 [*Lasioglossum* (*Lasioglossum*) *discum discum* (Smith, 1853)], [*Lasioglossum* (*Lasioglossum*) *fertoni* (Vachal, 1895), stat. nov.], [*Lasioglossum* (*Lasioglossum*) *discum discum* (Smith, 1853)]; Pesenko, 1986a: 140 (key) [*L.* (*Leuchalictus*) *discum* (Smith, 1853)]; Pesenko, 2006b: 141, ♀ (key), 144, ♂ (key), 152 [*Lasioglossum* (*Leuchalictus*) *discum* (Smith, 1853)].

（154）印度淡脉隧蜂 *Lasioglossum* (*Lasioglossum* s. str.) *dynastes* (Bingham, 1898)

Halictus dynastes Bingham, 1898: 124, ♀. **Holotype:** ♀, India: Simla; BML.

异名（Synonym）:

Halictus intinerans Cameron, 1903b: 130, ♂. **Holotype:** ♂, India: Bengal; in Oxford.

Halictus reflexus Blüthgen, 1926a: 501, ♀, ♂. **Holotype:** ♀, India: Mussorie; MNB.

分布（Distribution）：西藏（XZ）；美国、尼泊尔、阿富汗、巴基斯坦、印度

其他文献（Reference）：Pesenko, 1986a: [*L.* (*Bluethgenia*) *dynastes* (Bingham, 1898)]; Ebmer, 1998: 393 [*Lasioglossum* (*Lasioglossum*) *dynastes* (Bingham, 1898)]; Ebmer, 2011a: 46 [*Lasioglossum* (*Lasioglossum*) *dynastes* (Bingham, 1898)]; Zhang, 2012: 150 [*Lasioglossum* (*Lasioglossum*) *dynastes* (Bingham, 1898)], ♀.

（155）东方淡脉隧蜂 *Lasioglossum* (*Lasioglossum* s. str.) *eos* Ebmer, 1978

Lasioglossum (*Lasioglossum*) *eos* Ebmer, 1978a: 192, ♀, ♂. **Holotype:** ♀, Mandschurei, Charbin (China: Heilongjiang, Harbin); MAK.

异名（Synonym）:

Lasioglossum (*Lasioglossum*) *kerzhneri* Pesenko, 1986a: 132, ♀. **Holotype:** ♀, Mongolia: Ostaimak, Fluss Numregin-Gol, 32km SE Salchit; ZISP. Synonymied by Ebmer (1996b: 273).

Lasioglossum (*Lasioglossum*) *kasparyani* Pesenko, 1986a: 132, ♀. **Holotype:** ♀, Tannu Tuva: Turan; ZISP. Synonymied by Pesenko (2006b: 146).

分布（Distribution）：黑龙江（HL）、吉林（JL）、内蒙古（NM）、河北（HEB）、山东（SD）、新疆（XJ）；德国、蒙古国、俄罗斯

其他文献（Reference）：Ebmer, 1996b: 273 [*Lasioglossum* (*Lasioglossum*) *eos* Ebmer, 1978]; Ebmer, 2005: 369 [*Lasioglossum* (*Lasioglossum*) *kasparyani* Pesenko, 1986]; 370; Ebmer, 2011b: 921 [*Lasioglossum* (*Lasioglossum*) *eos* Ebmer, 1978]; Pesenko, 1986a: 132 (key); Pesenko, 2006b: 138, ♀ (key), 142, ♂ (key), 146 [*Lasioglossum* (*Lasioglossum*) *eos* Ebmer, 1978]; Zhang, 2012: 150 [*Lasioglossum* (*Lasioglossum*) *eos* Ebmer, 1978], ♀, ♂.

（156）切淡脉隧蜂 *Lasioglossum* (*Lasioglossum* s. str.) *excisum* Ebmer, 1998

Lasioglossum (*Lasioglossum*) *excisum* Ebmer, 1998: 396, ♀, ♂. **Holotype:** ♀, China: Yunnan, Heishui (35km N Lijiang N27.13 E100.19); coll Ebmer.

分布（Distribution）：云南（YN）

其他文献（Reference）：Ebmer, 2011b: 922 [*Lasioglossum* (*Lasioglossum*) *excisum* Ebmer, 1998]; Zhang, 2012: 151 [*Lasioglossum* (*Lasioglossum*) *excisum* Ebmer, 1998], ♀, ♂.

（157）黄毛淡脉隧蜂 *Lasioglossum* (*Lasioglossum* s. str.) *flavohirtum* Ebmer, 2002

Lasioglossum (*Lasioglossum*) *flavohirtum* Ebmer, 2002: 834, ♀. **Holotype:** China: Yunnan, 19.5km E. Zhongdian, Tian Sheng Qiao; IZB.

分布（Distribution）：云南（YN）

其他文献（Reference）：Ebmer, 2011b: 922 [*Lasioglossum* (*Lasioglossum*) *flavohirtum* Ebmer, 2002]; Zhang, 2012: 152 [*Lasioglossum* (*Lasioglossum*) *flavohirtum* Ebmer, 2002], ♀.

（158）台湾淡脉隧蜂 *Lasioglossum* (*Lasioglossum* s. str.) *formosae* (Strand, 1910)

Halictus formosae Strand, 1910a: 189, ♂. **Holotype:** ♂, Formosa (China: Taiwan): Kanshirei; MNB.

异名（Synonym）:

Halictus recognitus Cockerell, 1911c: 665, ♀. **Syntype**: 1 ♀, Formosa (China: Taiwan): Taihanroku; MNB. Synonymied by Blüthgen (1922a: 63).

分布（Distribution）：河北（HEB）、山东（SD）、安徽（AH）、江苏（JS）、浙江（ZJ）、湖南（HN）、四川（SC）、贵州（GZ）、西藏（XZ）、福建（FJ）、台湾（TW）、广东（GD）；朝鲜、日本、尼泊尔、越南

其他文献（Reference）：Strand, 1914: 152, ♀ (*Halictus formosae*); Ebmer, 1978c: 309 [*Lasioglossum* (*Lasioglossum*) *formosae* (Strand, 1910)], Figs. 2, 4; Pesenko, 1986a: 143 (key) [*L.* (*Leuchalictus*) *formosae* (Strand, 1910)]; Pesenko, 2006b: 140, ♀ (key), 145, ♂ (key), 153 [*Lasioglossum* (*Leuchalictus*) *formosae* (Strand, 1910)]; Ebmer *et* Maeta, 1999: 238 [*Lasioglossum* (*Lasioglossum*) *formosae* (Strand, 1910)], Figs. 14-21; Wu, 2004: 122 [*Lasioglossum formosae* (Strand, 1910)]; Zhang, 2012: 153 [*Lasioglossum* (*Lasioglossum*) *formosae* (Strand, 1910)], ♀, ♂.

（159）哈氏淡脉隧蜂 *Lasioglossum* (*Lasioglossum* s. str.) *hummeli* (Blüthgen, 1934)

Halictus hummeli Blüthgen, 1934a: 8, ♀. **Holotype:** ♀, China: S. Kansu (Wen-hsien-ho, 140km SSE Minsjan; 32°57′N, 104°39′E; Gansu); NRS.

分布（Distribution）：甘肃（GS）

其他文献（Reference）：Hirashima, 1957: 10 (*Halictus hummeli* Blüthgen, 1934); Ebmer, 1998b: 403 [*Lasioglossum* (*Lasioglossum*) *hummeli* (Blüthgen, 1934)]; Ebmer, 2002: 836 (*L. hummeli*); Pesenko, 1986a: 127 (key) [*Lasioglossum* (*Lasioglossum*) *hummeli* (Blüthgen, 1934)]; Pesenko, 2006b: 136, ♀ (key), 147 [*Lasioglossum* (*Lasioglossum*) *hummeli* (Blüthgen, 1934)].

（160）七月淡脉隧蜂 *Lasioglossum* (*Lasioglossum* s. str.) *jultschinicum* Ebmer, 1972

Lasioglossum (*Lasioglossum*) *jultschinicum* Ebmer, 1972a: 230, ♀. **Holotype:** ♀, China: (Chinese Turkestan) Jultschin bei Polu (Xinjiang); MNB.

异名（Synonym）：

Halictus nigricornis Morawitz, 1887: 223, ♀, ♂. [junior of *H. nigricornis* Say, 1837 (= *Agapostemon virescens*); junior homonym of *Hylaeus nigricornis* Schenck, 1853 (= *Evylaeus laticeps*)]. **Lectotype:** ♀, China: Keria Gebirge (Xinjiang); designated by Ebmer (1978a: 192); ZISP. Synonymied by Ebmer (1978a: 192).

Halictus nigricornutus Warncke, 1973b: 292; replacemental name of *Halictus nigricornis* Morawitz, 1887.

分布（Distribution）：宁夏（NX）、新疆（XJ）、青海（QH）；吉尔吉斯斯坦

其他文献（Reference）：Ebmer, 1978a: 192 (*L. jultschinicum* Ebmer, 1972); Pesenko, 1986a: 132 (key) [*Lasioglossum* (*Lasioglossum*) *jultschinicum* Ebmer, 1972]; Pesenko, 2006b: 136, ♀ (key), 142, ♂ (key), 147 [*Lasioglossum* (*Lasioglossum*) *jultschinicum* Ebmer, 1972]; Zhang, 2012: 155 [*Lasioglossum* (*Lasioglossum*) *jultschinicum* Ebmer, 1972], ♀.

（161）丽莎淡脉隧蜂 *Lasioglossum* (*Lasioglossum* s. str.) *lisa* Ebmer, 1998

Lasioglossum (*Lasioglossum*) *lisa* Ebmer, 1998: 404, ♀. **Holotype:** China: Shaanxi, Ganguyi, 35km NE Yanan (Yan'an); OLML.

分布（Distribution）：河北（HEB）、山西（SX）、陕西（SN）、甘肃（GS）、浙江（ZJ）、四川（SC）

其他文献（Reference）：Ebmer, 2002: 831 [*Lasioglossum* (*Lasioglossum*) *lisa* Ebmer, 1998], ♂ (nov.), Figs. 10-15; Ebmer, 2011b: 928 [*Lasioglossum* (*Lasioglossum*) *lisa* Ebmer, 1998]; Pesenko, 2006b: 137, ♀ (key), 143, ♂ (key), 148 [*Lasioglossum* (*Lasioglossum*) *lisa* Ebmer, 1998]; Zhang, 2012: 158 [*Lasioglossum* (*Lasioglossum*) *lisa* Ebmer, 1998], ♀, ♂.

（162）缘淡脉隧蜂 *Lasioglossum* (*Lasioglossum* s. str.) *margelanicum* Ebmer, 1972

Lasioglossum (*Lasioglossum*) *margelanicum* Ebmer, 1972a: 231, ♀. **Holotype:** ♀, Eov. Margel, Turkestan (Uzbekistan, Margilan in Ferghana, E71.43 N40.28); MNB.

分布（Distribution）：新疆（XJ）；乌兹别克斯坦、蒙古国

其他文献（Reference）：Ebmer, 1982: 209 [*Lasioglossum* (*Lasioglossum*) *margelanicum* Ebmer, 1972]; Ebmer, 2005: 369 [*Lasioglossum* (*Lasioglossum*) *margelanicum* Ebmer, 1972]; Ebmer, 2011b: 928 [*Lasioglossum* (*Lasioglossum*) *margelanicum* Ebmer, 1972]; Zhang, 2012: 159 [*Lasioglossum* (*Lasioglossum*) *margelanicum* Ebmer, 1972], ♀, ♂.

（163）内蒙古淡脉隧蜂 *Lasioglossum* (*Lasioglossum* s. str.) *neimengense* Zhang, Niu *et* Li, 2012

Lasioglossum (*Lasioglossum*) *neimengensis* sic. Zhang, Niu *et* Li in Zhang *et al.*, 2012: 372: ♀. **Holotype:** ♀, China: Inner Mongolia, Helan Mountain, South of Shuimogou (38.9°N, 105.8°E); in Insect Collection of Yunnan Agricuitural University.

分布（Distribution）：内蒙古（NM）

其他文献（Reference）：Zhang *et al.*, 2012: 372, Figs. 5-8.

（164）白脊淡脉隧蜂 *Lasioglossum* (*Lasioglossum* s. str.) *niveocinctum* (Blüthgen, 1923)

Halictus niveocinctus Blüthgen, 1923a: 325, ♀, ♂. **Syntypes:** 1♀, Kazakhstan: Baigakum bei Djulek (near Kzyl-Orda), MNB; 1♂, Turkmenistan: Saraks (Serax); MNB; 1♀, Russia: Astrakhan, IZK.

分布（Distribution）：内蒙古（NM）、甘肃（GS）、新疆（XJ）；阿塞拜疆、土库曼斯坦、乌兹别克斯坦、哈萨克斯坦、蒙古国、俄罗斯

其他文献（Reference）：Ebmer, 1982: 210 [*Lasioglossum* (*Lasioglossum*) *niveocinctum* (Blüthgen, 1923)]; Ebmer, 2005: 371 [*Lasioglossum* (*Lasioglossum*) *niveocinctum* (Blüthgen, 1923)]; Pesenko, 1986a: 140 (key) [*L.* (*Leuchalictus*) *niveocinctus* (Blüthgen, 1923)]; Pesenko, 2006b: 141, ♀ (key), 144, ♂ (key), 156 [*Lasioglossum* (*Leuchalictus*) *niveocinctum* (Blüthgen, 1923)]; Zhang, 2012: 162 [*Lasioglossum* (*Lasioglossum*) *niveocinctum* (Blüthgen, 1923)], ♀.

（165）褐毛淡脉隧蜂 *Lasioglossum* (*Lasioglossum* s. str.) *ochreohirtum* (Blüthgen, 1934)

Halictus ochreohirtus Blüthgen, 1934a: 7, ♀. **Holotype:** ♀, China: S. Kansu; NRS.

分布（Distribution）：北京（BJ）、甘肃（GS）、青海（QH）、浙江（ZJ）、四川（SC）、云南（YN）、西藏（XZ）

其他文献（Reference）：Hirashima, 1957: 14 (*Halictus ochreohirtus* Blüthgen, 1934); Ebmer, 1998: 403 [*Lasioglossum* (*Lasioglossum*) *ochreohirtum* (Blüthgen, 1934)], Figs. 6, 7; Ebmer, 2002: 834 [*L. ochreohirtum* (Blüthgen, 1934)]; Pesenko, 1986a: 130 (key) [*L.* (*Lasioglossum*) *ochreohirtum* (Blüthgen, 1934)]; Pesenko, 2006b: 136, ♀ (key), 143, ♂ (key), 148 [*Lasioglossum* (*Lasioglossum*) *ochreohirtum* (Blüthgen, 1934)], ♂ (nov.); Zhang, 2012: 165 [*Lasioglossum* (*Lasioglossum*) *ochreohirtum* (Blüthgen, 1934)], ♀.

（166）菲伯斯淡脉隧蜂 *Lasioglossum* (*Lasioglossum* s. str.) *phoebos* Ebmer, 1978

Lasioglossum (*Lasioglossum*) *phoebos* Ebmer, 1978b: 94, ♀. **Holotype:** ♀, Süd-Tibet, Gyantse (China: Xizang, Gyangzê Xian); MNB.

分布（Distribution）：西藏（XZ）

其他文献（Reference）：Ebmer, 1998: 381 [*Lasioglossum* (*Lasioglossum*) *phoebos* Ebmer, 1978]; Ebmer, 2002: 832 [*Lasioglossum* (*Lasioglossum*) *phoebos* Ebmer, 1978], ♂ (nov.), Figs. 16-21; Ebmer, 2011b: 933 [*Lasioglossum* (*Lasioglossum*) *phoebos* Ebmer, 1978]; Pesenko, 1986a: 134; [*L.* (*Lasioglossum*) *phoebos* Ebmer, 1978]; Zhang, 2012: 166 [*Lasioglossum* (*Lasioglossum*) *phoebos* Ebmer, 1978], ♀, ♂.

（167）窄毛淡脉隧蜂 *Lasioglossum* (*Lasioglossum* s. str.) *proximatum* (Smith, 1879)

Halictus proximatus Smith, 1879: 31, ♀. **Holotype:** ♀, Japan: Hakodate (Hokkaido); BML.

异名（Synonym）：

Halictus discrepans Pérez, 1905: 36, ♀. **Lectotype:** ♀, Japan: Yokohama; designated by Ebmer (1996b: 272); MNP. Synonymied by Ebmer (1996b: 272).

Halictus moltrechti Cockerell, 1925: 2, ♀. **Holotype:** ♀, Russia: Primorskij, Okeanskaja; USMW. Synonymied by Ebmer (1996b: 272).

Halictus kraloffi Cockerell, 1925: 3, ♀. **Holotype:** ♀, Russia: Primorskij, Kongaus; USMW. Synonymied by Ebmer (1996b: 272).

Halictus emelianoffi Cockerell, 1925: 7, ♂. **Holotype:** ♂, Russia: Primorskij, Okeanskaja; USMW. Synonymied by Ebmer (1996b: 272).

Lasioglossum (*Lophalictus*) *acuticrisla* Pesenko, 1986a: 125-126, 144-148, ♀, ♂. **Holotype:** ♀, Primorskij, Lazov Naturpark bei Pasegou Bucht (12km NE Preobrazenije); ZISP. Synonymied by Ebmer (1996b: 272).

分布（Distribution）：黑龙江（HL）、辽宁（LN）、河北（HEB）、北京（BJ）、山西（SX）、陕西（SN）、江苏（JS）、浙江（ZJ）、湖北（HB）、四川（SC）、贵州（GZ）、西藏（XZ）、福建（FJ）；朝鲜、日本、蒙古国、俄罗斯

其他文献（Reference）：Dalla Torre, 1896: 77 (*Halictus proximatus* Smith); Blüthgen, 1925a: 103 (*Hal. proximatus* Sm.), ♂ (nov.); Hirashima, 1957: 15 (*Halictus proximatus* Smith, 1879); Ebmer, 1996b: 272 [*Lasioglossum* (*Lasioglossum*) *proximatum* (Smith, 1879)]; Pesenko, 1986a: 126 (key), 144 [*L.* (*Lophalictus*) *acuticrisla* Pesenko, sp. n.]; Pesenko, 2006b: 138, ♀ (key), 143, ♂ (key), 160 [*Lasioglossum* (*Lophalictus*) *proximatum* (Smith, 1879)]; Zhang, 2012: 167, [*Lasioglossum* (*Lasioglossum*) *proximatum* (Smith, 1879)], ♀, ♂.

（168）四赫淡脉隧蜂 *Lasioglossum* (*Lasioglossum* s. str.) *quadrinotatum* (Kirby, 1802)

Melitta quadrinotata Kirby, 1802: 79, ♀, ♂.

分布（Distribution）：甘肃（GS）；西班牙、英国、荷兰、丹麦、芬兰、立陶宛、瑞典、波兰、奥地利、匈牙利、捷克、斯洛伐克、乌克兰、希腊、叙利亚、伊朗、哈萨克斯坦、乌兹别克斯坦

其他文献（Reference）：Morawitz, 1890: 364 (*H. quadrinotatus* Kirby); Dalla Torre, 1896: 79 [*Halictus quadrinotatus* (Kby.)]; Hirashima, 1957: 16 [*Halictus quadrinotatus* (Kirby, 1802)]; Ebmer, 1970: 24, ♀, (key), 28, ♂ (key), 41 [*Lasioglossum* (*Lasioglossum*) *quadrinotatus* (K.)]; Ebmer, 1976b: 399 [*Lasioglossum* (*Lasioglossum*) *quadrinotatus* (Kirby, 1802)]; Pesenko, 1986a: 124, ♀ (key) [*L.* (*Pallhalictus*) *quadrinotatus* (Kirby, 1802)]; Pesenko *et al.*, 2000: 189, ♀ (key), ♂ (key), 198 [*Lasioglossum* (*Pallhalictus*) *quadrinotatus* (Kirby, 1802)], Figs. 294, 313, 314; Straka *et al.*, 2007: 270 [*L. quadrinotatum* (Kirby, 1802)].

（169）长头淡脉隧蜂 *Lasioglossum* (*Lasioglossum* s. str.) *rostratum* (Eversmann, 1852)

Hylaeus rostratus Eversmann, 1852: 38: ♀. **Lectotype:** ♀, Russia: Spassk (Orenburg Prov.: Spasskoe); designated by Pesenko (1986a: 138); ZISP.

异名（Synonym）：

Halictus chlapovskii Vachal, 1902: 226, ♀, ♂. **Lectotype:** ♀, Russia: Siberie occid; designated by Pesenko (2006b: 157); IZK. Synonymied by Blüthgen (1926b: 404).

分布（Distribution）：辽宁（LN）、内蒙古（NM）、河北（HEB）、北京（BJ）、山西（SX）、陕西（SN）、甘肃（GS）、青海（QH）、新疆（XJ）；哈萨克斯坦、蒙古国、俄罗斯

其他文献（Reference）：Smith, 1854: 423 (*Halictus rostratus*); Blüthgen, 1923a: 309 (*Hal. chlapovskii*); Blüthgen, 1926b: 404 (*Hal. chlapowskii*, incorrect spelling of *H. chlapovskii*); Hirashima, 1957: 16 [*Halictus rostratus* (Eversmann, 1852)]; Ebmer, 1982: 211 [*Lasioglossum* (*Lasioglossum*) *rostratum* (Eversmann, 1890)] (incorrect subsequent time); Ebmer, 2005: 371 [*Lasioglossum* (*Lasioglossum*) *rostratum* (Eversmann, 1890)] (incorrect subsequent time); Pesenko, 1986a: 138 (key) [*L.* (*Leuchalictus*) *rostratus* (Eversmann, 1852)]; Pesenko, 2006b: 138, ♀ (key), 144, ♂ (key), 157 [*Lasioglossum* (*Leuchalictus*) *rostratus* (Eversmann, 1852)]; Rasmussen, 2012: 22 (*Halictus chlapovskii* Vachal, 1902); Proshchalykin *et* Lelej, 2013: 319 (*Halictus chlapovskii* Vachal, 1902); Zhang, 2012: 168 [*Lasioglossum* (*Lasioglossum*) *rostratum* (Eversmann, 1852)], ♀, ♂.

（170）黑凫淡脉隧蜂 *Lasioglossum* (*Lasioglossum* s. str.) *scoteinum* Ebmer, 1998

Lasioglossum (*Lasioglossum*) *scoteinum* Ebmer, 1998: 399, ♀. **Holotype:** ♀, China: Yunnan, Lijiang, Yulongshan, Bai Shui (N26.51 E100.16); coll Ebmer.

分布（Distribution）：云南（YN）、西藏（XZ）

其他文献（Reference）：Ebmer, 2011b: 936 [*Lasioglossum*

(*Lasioglossum*) *scoteinum* Ebmer, 1998]; Zhang, 2012: 170 [*Lasioglossum* (*Lasioglossum*) *scoteinum* Ebmer, 1998], ♀.

（171）六斑淡脉隧蜂 *Lasioglossum* (*Lasioglossum* s. str.) *sexmaculatum* (Schenck, 1853)

Hylaeus sexmaculatus Schenck, 1853: 142, ♀. **Type locality:** Germany: Mombach.

分布（Distribution）：青海（QH）、新疆（XJ）、西藏（XZ）；西班牙、比利时、德国、瑞士、瑞典、立陶宛、波兰、捷克、阿塞拜疆、伊朗、俄罗斯

其他文献（Reference）：Ebmer, 1975b: 72 [*Lasioglossum* (*Lasioglossum*) *sexmaculatum* (Schck.)]; Ebmer, 1976b: 399 [*Lasioglossum* (*Lasioglossum*) *sexmaculatum* (Schenck, 1853)]; Ebmer, 1979: 131 [*Lasioglossum* (*Lasioglossum*) *sexmaculatum* (Schenck, 1853)]; Ebmer, 1988b: 584 [*Lasioglossum* (*Lasioglossum*) *sexmaculatum* (Schenck, 1853)]; Pesenko, 1986a: 130 [*L.* (*Lasioglossum*) *sexmaculatum* (Schenck, 1853)]; Pesenko *et al.*, 2000: 188, ♀ (key), ♂ (key), 197 [*Lasioglossum* (*Lasioglossum*) *sexmaculatum* (Schenck, 1853)], Figs. 289, 290, 311; Straka *et al.*, 2007: 270 [*L. sexmaculatum* (Schenck, 1853)]; Zhang, 2012: 171 [*Lasioglossum* (*Lasioglossum*) *sexmaculatum* (Schenck, 1853)], ♀.

（172）刺背淡脉隧蜂 *Lasioglossum* (*Lasioglossum* s. str.) *spinodorsum* Fan *et* Wu, 1991

Lasioglossum (*Lasioglossum*) *spinodorsum* Fan *et* Wu, 1991: 89, ♀, ♂. **Holotype:** ♀, China: Yunnan, Yongsheng; IZB.

异名（Synonym）：

Lasioglossum (*Lasioglossum*) *pseudospinodorsum* Fan *et* Wu, 1991: 91, ♀. **Holotype:** ♀, China: Sichuan, Wenchuan; IZB.

Lasioglossum (*Lasioglossum*) *yunnanense* Fan *et* Wu, 1991: 92, ♀. **Holotype:** ♀, China: Yunnan, Xishuangbanna; IZB.

分布（Distribution）：湖南（HN）、湖北（HB）、四川（SC）、贵州（GZ）、云南（YN）；缅甸

其他文献（Reference）：Wu, 1997: 1670 (*Lasioglossum spinodorsum* Fan *et* Wu, 1991); Ebmer, 1998: 395 [*Lasioglossum* (*Lasioglossum*) *spinodorsum* Fan *et* Wu, 1991]; Zhang, 2012: 172 [*Lasioglossum* (*Lasioglossum*) *spinodorsum* Fan *et* Wu, 1991], ♀, ♂.

（173）苏城淡脉隧蜂 *Lasioglossum* (*Lasioglossum* s. str.) *sutshanicum* Pesenko, 1986

Lasioglossum (*Lasioglossum*) *sutshanicum* Pesenko, 1986a: 135, ♀. **Holotype:** ♀, Russia: Tigrovaya (Primorsk Terr., Suchan District); ZISP.

分布（Distribution）：台湾（TW）；朝鲜、俄罗斯

其他文献（Reference）：Ebmer, 1996b: 272 [*Lasioglossum* (*Lasioglossum*) *sutschanicum* Pesenko, 1986, incorrect spelling of *L. sutshanicum*]; Proshchalykin, 2004: 6 (*Lasioglossum sutshanicum* Pesenko, 1986); Pesenko, 2006b: 137, ♀ (key), 149 [*Lasioglossum* (*Lasioglossum*) *sutshanicum* Pesenko, 1986].

（174）纵皱淡脉隧蜂 *Lasioglossum* (*Lasioglossum* s. str.) *tessaranotatum* Ebmer, 1998

Lasioglossum (*Lasioglossum*) *tessaranotatum* Ebmer, 1998: 405, ♀. **Holotype:** ♀, China: Ganguyi (Shaanxi); OLML.

分布（Distribution）：内蒙古（NM）、陕西（SN）

其他文献（Reference）：Pesenko, 2006b: 136, ♀ (key), 162 [*Lasioglossum* (*Warnckenia*) *tessaranotatum* Ebmer, 1998]; Ebmer, 2011b: 938 [*Lasioglossum* (*Lasioglossum*) *tessaranotatum* Ebmer, 1998]; Zhang, 2012: 175 [*Lasioglossum* (*Lasioglossum*) *tessaranotatum* Ebmer, 1998], ♀.

（175）横皱淡脉隧蜂 *Lasioglossum* (*Lasioglossum* s. str.) *transruginosum* Zhang, Niu *et* Zhu, 2012

Lasioglossum (*Lasioglossum*) *transruginosum* Zhang, Niu *et* Zhu in Zhang *et al.*, 2012: 371, ♀. **Holotype:** ♀, China: Tibet, Chayu (28.6°N, 97.4°E); IZB.

分布（Distribution）：四川（SC）、西藏（XZ）

其他文献（Reference）：Zhang *et al.*, 2012: 371, Figs. 1-4.

（176）通古淡脉隧蜂 *Lasioglossum* (*Lasioglossum* s. str.) *tungusicum* Ebmer, 1978

Lasioglossum (*Lasioglossum*) *tungusicum* Ebmer, 1978b: 34, ♂. **Holotype:** ♂, Iran: Chalus (Elburs Mts.); coll. Ebmer.

异名（Synonym）：

Halictus (*Lasioglossum*) *tinnunculus* Warncke, 1982: 96 (key), 101, ♀. **Holotype:** ♀, Iran: northern pass between Chalus and Karaj (Mazandaran Prov.); OLML. Synonymied by Pesenko (2006b: 149).

分布（Distribution）：青海（QH）、新疆（XJ）、四川（SC）、西藏（XZ）；伊朗、亚美尼亚、阿塞拜疆、哈萨克斯坦、蒙古国、俄罗斯

其他文献（Reference）：Ebmer, 1982: 209 [*L. tungusicum* Ebmer, 1978], ♀ (nov.); Pesenko, 1986a: 129 (key) [*L.* (*Lasioglossum*) *tungusicum* Ebmer, 1978]; Pesenko, 2006b: 137, ♀ (key), 142, ♂ (key), 149 [*Lasioglossum* (*Lasioglossum*) *tungusicum* Ebmer, 1978].

（177）粗唇淡脉隧蜂 *Lasioglossum* (*Lasioglossum* s. str.) *upinense* (Morawitz, 1890)

Halictus upinensis Morawitz, 1890: 363, ♀. **Lectotype:** ♀, China: Kansu, Upin; designated by Pesenko (1986a: 142); ZISP.

异名（Synonym）：

Halictus carbonarius Blüthgen, 1923a: 323, ♂. (junior homonym of *H. carbonarius* Smith, 1853). **Lectotype:** ♂, Russia: Ostsiberien (sine loco); designated by Pesenko (2006b: 159); IZK. Synonymied by Ebmer (1978a: 194).

Halictus (*Curtisapis*) *tacitus* Cockerell, 1924b: 584, ♀. **Holotype:** ♀, Russia: Kongaus (Siberia); USMW. Synonymied by Ebmer (1978a: 194).

Halictus carbonatus Blüthgen, 1925: 92, replacement name of

Halictus carbonarius Blüthgen, 1923, *nec* Smith, 1853.

Halictus wittenbourgi Cockerell, 1925: 5, ♂. **Holotype:** ♂, Russia: Kongaus (Siberia); USMW. Synonymied by Ebmer (1978a: 196).

分布（Distribution）：黑龙江（HL）、吉林（JL）、辽宁（LN）、内蒙古（NM）、河北（HEB）、北京（BJ）、陕西（SN）、甘肃（GS）、江苏（JS）、湖北（HB）、四川（SC）、贵州（GZ）；德国、朝鲜、蒙古国、俄罗斯

其他文献（Reference）：Dalla Torre, 1896: 89 (*Halictus upinensis* Mor.); Hirashima, 1957: 22 (*Halictus upinensis* Morawitz, 1890); Ebmer, 1978a: 194 [*Lasioglossum* (*Lasioglossum*) *upinensis* (Morawitz)]; Ebmer, 1996b: 276 [*Lasioglossum* (*Lasioglossum*) *upinensis* (Morawitz, 1889)] (incorrect subsequent time); Wu, 1997: 1671 [*Lasioglossum upinense* (Morawitz, 1889)] (incorrect subsequent time); Pesenko, 1986a: 142 (key) [*Lasioglossum* (*Leuchalictus*) *upinense* (Morawitz, 1890]; Pesenko, 2006b: 140, ♀ (key), 144, ♂ (key), 159 [*Lasioglossum* (*Leuchalictus*) *upinense* (Morawitz, 1890)]; Zhang, 2012: 177 [*Lasioglossum* (*Leuchalictus*) *upinense* (Morawitz, 1890)], ♀, ♂.

（178）黄足淡脉隧蜂 *Lasioglossum* (*Lasioglossum* s. str.) *xanthopus* (Kirby, 1802)

Melitta xanthopus Kirby, 1802: 78, ♀, ♂. **Lectotype:** ♀, England: Barham; designated by Ebmer (1988b: 579); BML.

异名（Synonym）：

Apis emarginata Christ, 1791: 183, ♀. **Syntype(s):** Germany; lost. Nomen oblitum (see Warncke, 1973a: 24; Warncke, 1973b: 285; Ebmer, 1974b: 121). Synonymied by Illiger (1806: 56).

Hylaeus derasus Imhoff, 1832: 1119, ♀, ♂. **Syntypes:** Switzerland: Basel; lost. Synonymied by Frey-Gessner (1901: 315).

Lasioglossum tricingulum Curtis, 1833: 448, ♂. **Holotype:** ♂, England: Wight Island; lost (see Warncke, 1973b: 285).

Hylaeus fulvicrus Eversmann, 1852: 39, ♀, ♂. **Lectotype:** ♀, Russia: Spassk (Orengurg Prov.: Spasskoe); designated by Pesenko (1986a: 126); ZISP. Synonymied by Blüthgen (1931a: 209).

Halictus soreli Dours, 1872: 302, ♀. **Lectotype:** ♀, Algeria; designated by Pesenko (2006b: 149); IZK. Synonymied by Alfken (1914: 189).

分布（Distribution）：新疆（XJ）；美国、摩洛哥、西班牙、英国、德国、意大利、捷克、斯洛伐克、瑞士、瑞典、立陶宛、希腊、波兰、阿尔及利亚、罗马尼亚、乌克兰、土耳其、以色列、伊朗、巴基斯坦、哈萨克斯坦、吉尔吉斯斯坦、蒙古国、俄罗斯

其他文献（Reference）：Dalla Torre, 1896: 85 (*Halictus sorelii* Dours, incorrect spelling of *H. soreli*); Ebmer, 1982: 208 [*Lasioglossum* (*Lasioglossum*) *xanthopus* (Kirby, 1802)]; Ebmer, 1988b: 579 [*Lasioglossum* (*Lasioglossum*) *xanthopus* (Kirby, 1802)]; Ebmer, 2005: 369 [*Lasioglossum* (*Lasioglossum*) *xanthopus* (Kirby, 1802)]; Pesenko, 1986a: 126 [*L.* (*Lasioglossum*) *xanthopus* (Kirby, 1802)]; Pesenko, 2006b: 136, ♀ (key), 142, ♂ (key), 149 [*Lasioglossum* (*Lasioglossum*) *xanthopus* (Kirby, 1802)]; Pesenko *et al.*, 2000: 185, ♀ (key), ♂ (key), 192 [*Lasioglossum* (*Lasioglossum*) *xanthopus* (Kirby, 1802)], Figs. 275, 283, 284, 302-305; Straka *et al.*, 2007: 271 [*Lasioglossum xanthopus* (Kibry, 1802)]; Zhang, 2012: 178 [*Lasioglossum* (*Lasioglossum*) *xanthopus* (Kirby, 1802)], ♀.

（179）堆淡脉隧蜂 *Lasioglossum* (*Lasioglossum* s. str.) *zeyanense* Pesenko, 1986

Lasioglossum (*Lasioglossum*) *zeyanense* Pesenko, 1986a: 130, ♀. **Holotype:** ♀, Russia: Amurgebiet, Biršert; ZISP.

异名（Synonym）：

Lasioglossum (*Lasioglossum*) *acervolum* Fan *et* Ebmer, 1992b: 346, ♀. **Holotype:** ♀, China: Beijing, Badaling; IZB. Synonymied by Ebmer (1996b: 274).

分布（Distribution）：河北（HEB）、北京（BJ）、陕西（SN）、甘肃（GS）、青海（QH）、云南（YN）、西藏（XZ）；俄罗斯

其他文献（Reference）：Ebmer, 1996b: 274 [*Lasioglossum* (*Lasioglossum*) *zeyanense* Pesenko, 1986]; Ebmer, 1998: 403 [*Lasioglossum* (*Lasioglossum*) *zeyanense* Pesenko, 1986]; Ebmer, 2002: 835 [*Lasioglossum* (*Lasioglossum*) *zeyanense* Pesenko, 1986], Figs. 26-29; Proshchalykin, 2004: 6 (*Lasioglossum zeyanense* Pesenko, 1986); Pesenko, 2006b: 138, ♀ (key), 143, ♂ (key), 150 [*Lasioglossum* (*Lasioglossum*) *zeyanense* Pesenko, 1986], ♂ (nov.); Zhang, 2012: 179, [*Lasioglossum* (*Lasioglossum*) *zeyanense* Pesenko, 1986], ♀.

白淡脉隧蜂亚属 *Lasioglossum* / Subgenus *Leuchalictus* Warncke, 1975

Halictus (*Leuchalictus*) Warncke, 1975: 98. **Type species:** *Apis leucozonia* Schrank, 1781, by original designation.

其他文献（Reference）：Michener, 1997, 2000; Pesenko, 1986b, 2006b.

（180）甘肃淡脉隧蜂 *Lasioglossum* (*Leuchalictus*) *kansuense* (Blüthgen, 1934)

Halictus zonulus kansuensis Blüthgen, 1934a: 7, ♀, ♂. **Syntypes:** 1♀, 1♂, China: S. Kansu (Gansu: Kungtse-tagga and Gahoba near Minsjan); NRS.

异名（Synonym）：

Lasioglossum (*Lasioglossum*) *esoense* Hirashima *et* Sakagami in Sakagami *et al.*, 1966: 673, ♀, ♂. **Holotype:** ♀, Japan: Sapporo (Hokkaido); KUF. Synonymied by Ebmer (1978a: 197).

分布（Distribution）：黑龙江（HL）、吉林（JL）、河北（HEB）、北京（BJ）、山东（SD）、河南（HEN）、陕西（SN）、甘肃（GS）、新疆（XJ）、江苏（JS）、上海（SH）、江西（JX）、湖北（HB）、四川（SC）、贵州（GZ）、云南（YN）、西藏（XZ）、福建（FJ）；朝鲜、日本、俄罗斯

其他文献（Reference）：Hirashima, 1957: 24 (*Halictus zonulus kansuensis* Blüthgen, 1934); Sakagami *et al.*, 1966: 673

[*Lasioglossum* (*Lasioglossum*) *esoense* Hirashima *et* Sakagami, sp. n.]; Ebmer, 1978a: 197 [*Lasioglossum* (*Lasioglossum*) *kansuense* (Blüthgen)]; Ebmer, 1980: 501 [*Lasioglossum* (*Lasioglossum*) *kansuense* (Blüthgen, 1934)]; Ebmer, 1996b: 276 [*Lasioglossum* (*Lasioglossum*) *kansuense* (Blüthgen, 1934)]; Pesenko, 1986a: 141 (key) [*L.* (*Leuchalictus*) *kansuense* (Blüthgen, 1934)]; Pesenko, 2006b: 140, ♀ (key), 145, ♂ (key), 153; Zhang, 2012: 156 [*Lasioglossum* (*Lasioglossum*) *kansuense* (Blüthgen, 1934)], ♀, ♂.

（181）具皱淡脉隧蜂 *Lasioglossum* (*Leuchalictus*) *leucozonium* (Schrank, 1781)

Apis leucozonia Schrank, 1781: 406, ♀. **Syntype(s):** Austria: Vienna; lost (see Warncke, 1973a: 24; Ebmer, 1974b: 117).

异名（Synonym）：

Apis leucostoma Schrank, 1781: 406, ♂. **Syntype(s):** Austria: Vienna; lost (see Warncke, 1973a: 24). Synonymied by Warncke (1973a: 24).

Halictus similis Smith, 1853: 69, ♀ (junior homonym of *Apis similis* Fabricius, 1793). **Syntype**: 1♀, no locality; BML. Synonymied by Cockerell (1909: 325).

Halictus bifasciatellus Schenck, 1875: 322, ♂. **Lectotype:** ♂, Germany: Weilburg; designated by Ebmer (1975d: 246); FSF. Synonymied by Alfken (1904: 1; also see Blüthgen, 1922a: 47).

Halictus leucozonius var. *nigrotibialis* Dalla Torre, 1877: 178, ♂. **Syntype(s):** Austria: northern Tirol; lost (see Warncke, 1973b: 284; Ebmer, 1988b: 588). Synonymied by Warncke (1973b: 284).

Halictus deiphobus Bingham, 1908: 361, ♀. **Syntype(s):** India: Simla Hills (Matiana); ZMUC. Synonymied by Blüthgen (1926b: 418).

Halictus tadschicus Blüthgen, 1929a: 51, ♀, ♂. **Syntypes:** 6♀, 11♂. Pakistan: Quetta, BML; 2♀, Turkestan: no locality; MNB. Synonymied by Pesenko (2006b: 154).

Halictus satschauensis Blüthgen, 1934d: 145, ♀, ♂. **Lectotype:** ♂, Gaschun-Gobi, Oase Sač žou (Ha-mi Chuan Ch'ü); designated by Pesenko (1986a: 142); ZISP. Synonymied by Pesenko (2006b: 154).

Halictus leucozonius ssp. *clusium* Warncke, 1975: 116, ♀, ♂. **Holotype:** ♀, Türkei: Hatay (Turkey: Antakya); coll. Warncke.

Lasioglossum leucozonium cedri Ebmer, 1976a: 235, ♀, ♂. **Holotype:** ♀, Marokko (Marocco), Azrou; coll. Ebmer.

Lasioglossum (*Lasioglossum*) *satschauense mandschuricum* Ebmer, 1978a: 199, ♀, ♂. **Holotype:** ♀, Mandschurei, Charbin (China: Heilongjiang, Harbin); MAK. Synonymied by Pesenko (2006b: 154).

Lasioglossum (*Lasioglossum*) *zonulum xylopedis* Ebmer, 1978b: 43, ♀. **Holotype:** ♀, Iran: Weisser SSE Nowshar; coll. Ebmer. Synonymied by Warncke (1982: 112).

分布（Distribution）：黑龙江（HL）、吉林（JL）、辽宁（LN）、内蒙古（NM）、河北（HEB）、北京（BJ）、陕西（SN）、甘肃（GS）、新疆（XJ）、湖北（HB）、四川（SC）、西藏（XZ）；摩洛哥、突尼斯、美国、加拿大、西班牙、英国、法国、德国、意大利、奥地利、匈牙利、比利时、瑞典、瑞士、丹麦、捷克、斯洛伐克、保加利亚、罗马尼亚、荷兰、波兰、芬兰、乌克兰、以色列、土耳其、阿富汗、伊朗、印度、巴基斯坦、乌兹别克斯坦、吉尔吉斯斯坦、哈萨克斯坦、蒙古国、俄罗斯

其他文献（Reference）：Ebmer, 1970: 29 (*Halictus bisfasciatellus* Schenck, unjustified emendation of *H. bifasciatellus* Schenck, 1875.); Ebmer, 1976a: 235 [*Lasioglossum* (*Lasioglossum*) *leucozonium cedri* n. ssp.]; Ebmer, 1976b: 399 [*Lasioglossum* (*Lasioglossum*) *leucozonium* (Schrank, 1781)]; Ebmer, 1978a: 199 [*Lasioglossum* (*Lasioglossum*) *satschauense mandschuricum* n. ssp.]; Ebmer, 1978b: 42 [*Lasioglossum* (*Lasioglossum*) *leucozonium* (Schrank, 1781)]; Ebmer, 1979: 133 [*Lasioglossum* (*Lasioglossum*) *leucozonium cedri* Ebmer, 1975]; Ebmer, 1980: 474 [*Lasioglossum* (*Lasioglossum*) *leucozonium clusium* (Warncke, 1975)], 484 [*Lasioglossum* (*Lasioglossum*) *leucozonium* (Schrank, 1781)]; Ebmer, 1983: 322 [*Lasioglossum* (*Lasioglossum*) *leucozonium* (Schrank, 1781)]; Ebmer, 1988b: 588 [*Lasioglossum* (*Lasioglossum*) *leucozonium leucozonium* (Schrank, 1781)], 589 [*Lasioglossum* (*Lasioglossum*) *leucozonium clusium* (Warncke, 1975)]; Ebmer, 1996b: 274 [*Lasioglossum* (*Lasioglossum*) *satschauense* (Blüthgen, 1934)]; Ebmer, 2005: 371 [*Lasioglossum* (*Lasioglossum*) *leucozonium mandschuricum* Ebmer, 1978]; Ebmer, 2011a: 46 [*Lasioglossum* (*Lasioglossum*) *leucozonium* (Schrank, 1781)]; Ebmer, 2011b: 940 [*Lasioglossum* (*Lasioglossum*) *leucozonium xylopedis* Ebmer, 1978]; Pesenko, 1986a: 141 (key) [*L.* (*Leuchalictus*) *satschauense* (Blüthgen, 1934)], 143 (key) [*L.* (*Leuchalictus*) *leucozonium* (Schrank, 1781)]; Pesenko, 2006b: 140, ♀ (key), 144, ♂ (key), 154; Pesenko *et al.*, 2000: 191, ♀ (key), ♂ (key), 206, Figs. 278, 300, 301, 327-330; Strake *et al.*, 2007: 269 [*L. leucozonium* (Schrank, 1781)]; Zhang, 2012: 157 [*Lasioglossum* (*Lasioglossum*) *leucozonium* (Schrank, 1781)], ♀, ♂.

（182）革唇淡脉隧蜂 *Lasioglossum* (*Leuchalictus*) *mutilum* (Vachal, 1903)

Halictus mutilus Vachal, 1903b: 129, ♂. **Holotype:** ♂, Japan: Env. de Tokyo et Alpes de Nikko (Honshu); MNP.

异名（Synonym）：

Halictus orientalis Pérez, 1905: 37, ♀. (junior homonym of *H. orientalis* Lepeletier, 1841 and *H. cylindricus* var. *orientalis* Magretti, 1890). **Syntype(s):** Japan: Tsushima; MNP. Synonymied by Blüthgen (1926c: 349).

Halictus tsushimensis Cockerell, 1919e: 122, replacement name of *Halictus orientalis* Pérez, 1905.

分布（Distribution）：湖北（HB）；日本

其他文献（Reference）：Hirashima, 1957: 12 (*Halictus mutilus* Vachal, 1903); Takahashi *et* Sakagami, 1993: 274 [*Lasioglossum* (*Lasioglossum*) *mutilum* (Vachal, 1903)]; Pesenko, 1986a: 143 (key) [*L.* (*Leuchalictus*) *mutilum* (Vachal, 1903)];

Pesenko, 2006b: 140, ♀ (key), 145, ♂ (key), 155; Zhang, 2012: 160 [*Lasioglossum* (*Lasioglossum*) *mutilum* (Vachal, 1903)], ♀, ♂.

（183）西部淡脉隧蜂 *Lasioglossum* (*Leuchalictus*) *occidens* (Smith, 1873)

Halictus occidens Smith, 1873: 200, ♀. **Holotype:** ♀, Japan: Honshu, Hiogo; BML.

异名（Synonym）：

Halictus quadraticollis Vachal, 1903b: 129, ♀. **Holotype:** ♀, Japan: Env. de Tokyo et Alpes de Nikko (Honshu); MNP. Synonymied by Blüthgen (1926c: 348).

Lasioglossum (*Lasioglossum*) *koreanum* Ebmer, 1978c: 309, ♀, ♂. **Holotype:** ♂, Nordkorea (North Korea), Pyongyan; NBP. Synonymied by Pesenko (2006b: 156).

分布（Distribution）：河北（HEB）、天津（TJ）、北京（BJ）、山东（SD）、陕西（SN）、甘肃（GS）、江苏（JS）、浙江（ZJ）、江西（JX）、湖南（HN）、湖北（HB）、四川（SC）、贵州（GZ）、西藏（XZ）、福建（FJ）、台湾（TW）、广东（GD）；朝鲜、日本、俄罗斯

其他文献（Reference）：Dalla Torre, 1896: 74 (*Halictus occidense* Smith); Hirashima, 1957: 13 (*Halictus occidens* Smith, 1873); Ebmer, 1980: 501 [*Lasioglossum* (*Lasioglossum*) *occidens* (Smith, 1873)], Ebmer, 1996b: 275 [*Lasioglossum* (*Lasioglossum*) *occidens* (Smith, 1873)], 276 [*Lasioglossum* (*Lasioglossum*) *koreanum* Ebmer, 1978]; Ebmer, 2011b: 926 [*Lasioglossum* (*Lasioglossum*) *koreanum* Ebmer, 1978]; Takahashi *et* Sakagami, 1993: 274 [*Lasioglossum* (*Lasioglossum*) *occidens* (Smith, 1873)]; Sakagami *et* Tadauchi, 1995b: 182 [*Lasioglossum occidens* (Sm.)], ♂ (nov.); Pesenko, 1986a: 139 (key) [*L.* (*Leuchalictus*) *koreanum* Ebmer, 1978]; Pesenko, 2006b: 140, ♀ (key), 145, ♂ (key), 156; Wu, 1997: 1670 [*Lasioglossum occidens* (Smith, 1873)]; Rasmussen, 2012: 41 (*Halictus quadraticollis* Vachal, 1903); Zhang, 2012: 163 [*Lasioglossum* (*Lasioglossum*) *occidens* (Smith, 1873)], ♀, ♂.

（184）冲绳淡脉隧蜂 *Lasioglossum* (*Leuchalictus*) *okinawa* Ebmer *et* Maeta, 1999

Lasioglossum (*Lasioglossums*) *okinawa* Ebmer *et* Maeta, 1999: 230, ♀. **Holotype:** ♀, Japan: Okinawa, Mt. Yonaha-dake; SUM.

分布（Distribution）：云南（YN）；日本

其他文献（Reference）：Murao, 2011: 86 [*Lasioglossum* (*Lasioglossum*) *subopacum okinawa* Ebmer *et* Maeta, 1999, stat. n.], 88, ♂ (nov.); Ebmer, 2011b: 932 [*Lasioglossum* (*Lasioglossum*) *okinawa* Ebmer, 1999]; Zhang, 2012: 165 [*Lasioglossum* (*Lasioglossum*) *okinawa* Ebmer *et* Maeta, 1999], ♀, Fig. 24.

（185）壁淡脉隧蜂 *Lasioglossum* (*Leuchalictus*) *rachifer* (Strand, 1915)

Halictus rachifer Strand, 1915: 66, ♀. **Holotype:** ♀, China: Tsingtau (China: Shandong, Qingdao); DEI.

分布（Distribution）：山东（SD）

其他文献（Reference）：Pesenko, 2006b: 138, ♀ (key), 157.

（186）裁切淡脉隧蜂 *Lasioglossum* (*Leuchalictus*) *scitulum* (Smith, 1873)

Halictus scitulus Smith, 1873: 200, ♀. **Holotype:** ♀, Japan: Hakodate (Hokkaido); BML.

异名（Synonym）：

Halictus japonicola Strand, 1910a: 184, ♀. **Holotype:** ♀, Tokyo: (Japan: Honshu); MNB; Synonymied by Blüthgen (1926b: 396).

Halictus basicirus Cockerell, 1919e: 122, ♀. **Holotype:** ♀, Japan (sine loco); USMW. Synonymied by Ebmer (1978a: 196).

分布（Distribution）：黑龙江（HL）、吉林（JL）、辽宁（LN）、内蒙古（NM）、河北（HEB）、北京（BJ）、山西（SX）、山东（SD）、陕西（SN）、甘肃（GS）、新疆（XJ）、安徽（AH）、江苏（JS）、浙江（ZJ）、江西（JX）、湖北（HB）、四川（SC）、贵州（GZ）、云南（YN）、福建（FJ）；日本、朝鲜、韩国、俄罗斯

其他文献（Reference）：Hirashima, 1957: 5 (*Halictus basicirus* Cockerell, 1919), 17 (*Halictus scitulus* Smith, 1873); Ebmer, 1978a: 196 [*Lasioglossum* (*Lasioglossum*) *scitulum* (Smith)]; Ebmer, 1996b: 277 [*L. scitulum*, ♂; *L. gorkiense*, ♂, misidentification, correction by Pesenko (2006b: 158)]; Ebmer, 1998: 410 [*Lasioglossum* (*Lasioglossum*) *gorkiense* (Blüthgen, 1931), misidentification, correction by Pesenko (2006b: 158)]; Sakagami *et* Tadauchi, 1995b: 183 [*L. gorkiense* (Blüthgen, 1931), misidentification, correction by Pesenko (2006b: 158)]; Pesenko, 1986a: 138 (key) [*L.* (*Leuchalictus*) *scitulum* (Smith, 1873)]; Pesenko, 2006b: 139, ♀ (key), 145, ♂ (key), 158; Zhang, 2012: 169 [*Lasioglossum* (*Lasioglossum*) *scitulum* (Smith, 1873)], ♀, ♂.

（187）尖肩淡脉隧蜂 *Lasioglossum* (*Leuchalictus*) *subopacum* (Smith, 1853)

Halictus subopacus Smith, 1853: 63, ♀. **Syntype:** ♀, China: Foo-cho-foo (Fujian: Fuzhou); BML.

异名（Synonym）：

Halictus chinae Strand, 1910a: 182, ♀. **Syntypes:** 2♀, China: Tsingtau (Shandong, Qingdao); MNB. Synonymied by Blüthgen (1926a: 500, 1926b: 396).

Halictus horishensis Cockerell, 1911c: 662, ♂. **Holotype:** ♂, Formosa: Horisha (China: Taiwan); USMW. Synonymied by Ebmer (1980: 501).

Halictus perangulatus Cockerell, 1911c: 666, ♀. **Syntypes:** 7♀, Formosa: no locality (China: Taiwan); MNB. Synonym (with *H. chinae*) by Blüthgen (1922a: 63).

Halictus baguionis Crawford, 1918: 170, ♀, ♂. **Holotype:** ♀, Philippines Islands: Luzon, Bahua; USMW. Synonymied by Blüthgen (1926b: 416).

分布（Distribution）：河北（HEB）、北京（BJ）、山东（SD）、

河南（HEN）、新疆（XJ）、安徽（AH）、江苏（JS）、上海（SH）、浙江（ZJ）、湖南（HN）、湖北（HB）、四川（SC）、云南（YN）、西藏（XZ）、福建（FJ）、台湾（TW）、广东（GD）；德国、印度、缅甸、越南、日本、韩国、菲律宾

其他文献（Reference）：Hirashima, 1957: 10 (*Halictus horishensis* Cockerell, 1911), 20 (*Halictus subopacus* Smith, 1853); Ebmer, 1980: 500 [*Lasioglossum* (*Lasioglossum*) *subopacum* Smith, 1853]; Ebmer, 1998: 410 [*Lasioglossum* (*Lasioglossum*) *subopacum* (Smith, 1853)]; Wu, 1965: 34, ♀ (key), 36 (*Halictus subopacus* Smith), ♀, ♂, Plate I-22; Wu, 1997: 1670 [*Lasioglossum subopatum* (Smith, 1853), erroneous spelling]; Murao, 2011: 84 [*Lasioglossum* (*Lasioglossum*) *subopacum subopacum* (Smith, 1853)]; Pesenko, 1986a: 137 (key) [*L.* (*Sericohalictus*) *subopacum* (Smith, 1853)]; Pesenko, 2006b: 139, ♀ (key), 144, ♂ (key), 159; Zhang, 2012: 173 [*Lasioglossum* (*Lasioglossum*) *subopacum* (Smith, 1853)], ♀, ♂.

（188）宽带淡脉隧蜂 *Lasioglossum* (*Leuchalictus*) *zonulum* (Smith, 1848)

Halictus zonulus Smith, 1848: 2171, ♀, ♂. **Lectotype:** England: Woolwich; designated by Ebmer (1988b: 592, 593; sex not indicated); ZMUO.

异名（Synonym）：

Halictus trifasciatus Schenck, 1853: 168, ♀, ♂. **Syntypes:** Germany: Wiesbaden; lost (see Blüthgen, 1919b: 196). Synonymied by Schenck (1861: 283).

Halictus rhenanus Verhoeff, 1890: 325, ♂. **Syntype(s):** Germany: Bonn; lost (see Warncke, 1973b: 285). Synonymied by Warncke (1973b: 285).

Halictus recepticius Vachal, 1902: 227, ♀. **Holotype:** ♀, Lithuania: Vilnius; IZK; Synonymied by Büthgen (1922a: 61).

Halictus craterus Lovell, 1908: 35, ♀, ♂. **Lectotype:** ♀, USA: Maine; designated by Covell (1972: 12); USMW. Synonymied by Sandhouse (1933: 78).

Halictus zonulus dexter Blüthgen, 1934d: 153, ♀. **Holotype:** ♀, Kazakhstan: Aulie-Ata (now Zhambul); MNB.

Halictus zonulus sinister Blüthgen, 1934d: 152, ♀, ♂. **Syntypes:** Azerbaijan: Lenkoran and Hellenendorf (Khanlar, 7km N Gyanja); MNB.

Lasioglossum (*Lasioglossum*) *zonulum euronotum* Ebmer, 1998: 389, ♀. **Holotype:** ♀, China: Luo Shui (Yunnan); coll. Ebmer.

分布（Distribution）：吉林（JL）、甘肃（GS）、青海（QH）、新疆（XJ）、浙江（ZJ）、四川（SC）、云南（YN）；西班牙、英国、比利时、法国、德国、意大利、奥地利、匈牙利、荷兰、波兰、捷克、斯洛伐克、瑞典、瑞士、丹麦、马其顿、罗马尼亚、希腊、立陶宛、阿塞拜疆、土耳其、伊朗、哈萨克斯坦、乌兹别克斯坦、吉尔吉斯斯坦、俄罗斯、美国

其他文献（Reference）：Hirashima, 1957: 24 (*Halictus zonulus* Smith, 1848); Wu, 1965: 34, ♀ (key), 36 (*Halictus zonulus* Smith), ♀, ♂, Plate I-23; Ebmer, 1970: 21, ♀ (key), 24, ♂ (key) [*Lasioglossum* (*Lasioglossum*) *zonulum* (Sm.)]; Ebmer, 1976b: 399 [*Lasioglossum* (*Lasioglossum*) *zonulum* (Smith, 1848)]; Ebmer, 1978b: 43 [*L. sinistrum* (Bl.), incorrect spelling of *L. sinister*]; Ebmer, 2011a: 49 [*Lasioglossum* (*Lasioglossum*) *zonulum* (Smith, 1848)]; Pesenko, 1986a: 142 (key), [*L.* (*Leuchalictus*) *zonulum* (Smith, 1848)]; Pesenko, 2006b: 140, ♀ (key), 145, ♂ (key), 159; Pesenko *et al.*, 2000: 191, ♀, ♂ (key), 205, Figs. 274, 277, 282, 298, 299, 325, 326; Straka *et al.*, 2007: 271 [*Lasioglossum zonulum* (Smith, 1848)]; Zhang, 2012: 180 [*Lasioglossum* (*Lasioglossum*) *zonulum* (Smith, 1948)] (incorrect subsequent time), ♀, ♂.

棕腹淡脉隧蜂亚属 *Lasioglossum* / Subgenus *Sphecogogastra* Ashmead, 1899

Sphecogogastra Ashmead, 1899: 92. **Type species:** *Sphecodes texana* Cresson, 1872, by original designation.

其他文献（Reference）：Michener, 1997, 2000, 2007; McGinley, 2003; Zhang, 2012.

（189）黑人淡脉隧蜂 *Lasioglossum* (*Sphecogogastra*) *aethiops* (Blüthgen, 1934)

Halictus aethiops Blüthgen, 1934a: 9, ♂. **Holotype:** ♂, China: S. Kansu (Gansu); NRS.

分布（Distribution）：甘肃（GS）

其他文献（Reference）：Hirashima, 1957: 3 (*Halictus aethiops* Blüthgen, 1934); Ebmer, 1995: 572 [*Lasioglossum* (*Evylaeus*) *aethiops* (Blüthgen, 1934)].

（190）近淡脉隧蜂 *Lasioglossum* (*Sphecogogastra*) *affine* (Smith, 1853)

Halictus affinis Smith, 1853: 64, ♂. **Syntype(s):** ♂, China: Foo-cho-foo (Fujian: Fuzhou); BML.

异名（Synonym）：

Halictus mandarinus Strand, 1910a: 192, ♀. **Holotype:** ♀, China: Kiautschou-Tsingtau (Shangdong, Qingdao); MNB. Synonymied by Blüthgen (1930a: 72).

Halictus leoninus Vachal, 1903b: 130, ♂, non ♀ (= *Evylaeus duplex*). **Syntypes:** 4♂, Japan [no locality]; MNB. Synonymied by Blüthgen (1926c: 348 = *Halictus mandarinus*).

Halictus nagasakiensis Strand, 1910a: 201, ♀. **Holotype:** ♀, Japan: Nagasaki; MNB. Synonymied by Blüthgen (1922a: 54 = *Halictus mandarinus*).

Halictus investigator Strand, 1910a: 203, ♀. **Syntypes:** 2♀, China: Tsingtau (Shangdong, Qingdao); MNB. Synonymied by Blüthgen (1922a: 54).

Halictus investigatoris Strand, 1915: 63, ♀. **Holotype:** ♀, China: Tsingtau (Shangdong, Qingdao); DEI. Synonymied by Ebmer (1995: 532).

分布（Distribution）：黑龙江（HL）、北京（BJ）、山东（SD）、

江苏（JS）、四川（SC）、福建（FJ）、台湾（TW）；德国、朝鲜、日本、俄罗斯

其他文献（Reference）：Dalla Torre, 1896: 52 (*Halictus affinis* Smith); Blüthgen, 1924b: 80 (key), 256 (key), 276 (*Halictus mandarinus* Strand); Blüthgen, 1926c: 348 (*Halictus mandarinus*); Blüthgen, 1929b: 107 (*H. investigator*); Blüthgen, 1934a: 4 (*Hal. affinis* Sm.); Hirashima, 1957: 3 (*Halictus affinis* Smith, 1853); Ebmer, 1978a: 202 [*Lasioglossum* (*Evylaeus*) *affine* (Smith)]; Ebmer, 1980: 501 [*Lasioglossum* (*Lasioglossum*) *affine* (Smith, 1853)]; Ebmer, 1995: 532 [*Lasioglossum* (*Evylaeus*) *affine* (Smith, 1853)]; Ebmer, 1996b: 278 [*Lasioglossum* (*Evylaeus*) *affine* (Smith, 1853)]; Pesenko, 2007a: 82, ♀ (key), 89, ♂ (key), 100 [*Evylaeus* (*Evylaeus*) *affinis* (Smith, 1853)]; Pesenko, 2007c: 39 [*Evylaeus* (*Evylaeus*) *affinis* (Smith, 1853)]; Zhang, 2012: 103 [*Lasioglossum* (*Evylaeus*) *affine* (Smith, 1853)], ♀, ♂.

（191）白足淡脉隧蜂 *Lasioglossum* (*Sphecogogastra*) *albipes* (Fabricius, 1781)

Apis albipes Fabricius, 1781: 486, ♂. **Lectotype:** ♂, Italy: no locality; designated by Warncke (1973a: 23); ZMK.

异名（Synonym）：

Hylaeus abdominalis Panzer, 1798: 53, ♂. **Syntype(s):** Austria: Österreich; lost. Synonymied by Spinola (1806: 115).

Halictus malachurellus Strand, 1909: 40, ♂. **Holotype:** ♂, Europa: no locality; MNB. Synonymied by Blüthgen (1920: 84).

Halictus albipes var. *alpicola* Blüthgen, 1921a: 284, ♀. **Syntypes:** ♀, Switzerland, Sils Maria; Germany: Oberstorf; MNB. Synnomy by Ebmer (1971: 92).

Halictus albipes var. *rubelloides* Blüthgen, 1924b: 55, ♀. **Syntypes:** 1♀, Buchara; 1♀, Alai, Ferghana; MNB. Synnomy by Ebmer (1971: 93).

Lasioglossum (*Evylaeus*) *albipes villosum* Ebmer, 1995: 533, ♀. **Holotype:** ♀, Russia: Ryazanovka (Primorsk Terr.); coll. Ebmer.

分布（Distribution）：甘肃（GS）；葡萄牙、爱尔兰、英国、法国、丹麦、瑞典、瑞士、德国、芬兰、意大利、奥地利、波兰、捷克、斯洛伐克、保加利亚、阿塞拜疆、土耳其、乌克兰、希腊、乌兹别克斯坦、伊朗、日本、蒙古国、俄罗斯

其他文献（Reference）：Dalla Torre, 1896: 52 [*Halictus albipes* (Fab.)]; Blüthgen, 1924b: 83, ♀ (key), 274, ♂ (key); Blüthgen, 1934a: 4 (*Hal. albipes* F.); Hirashima, 1957: 4 [*Halictus albipes* (Fabricius, 1781)]; Ebmer, 1976b: 400 [*Lasioglossum* (*Evylaeus*) *albipes* (Fabricius, 1781)]; Ebmer, 1978a: 201 [*Halictus* (*Evylaeus*) *albipes* (Fabricius)]; Ebmer, 1978b: 46 [*Lasioglossum* (*Evylaeus*) *albipes* (Fabricius, 1781)]; Ebmer, 1988b: 598 [*Lasioglossum* (*Evylaeus*) *albipes* (Fabricius, 1781)]; Ebmer, 1995: 533 [*Lasioglossum* (*Evylaeus*) *albipes albipes* (Fabricius, 1781)], [*Lasioglossum* (*Evylaeus*) *albipes rubelloides* (Blüthgen, 1924)], [*Lasioglossum* (*Evylaeus*) *albipes villosum* n. ssp.]; Ebmer, 1996b: 279 [*Lasioglossum* (*Evylaeus*) *albipes albipes* (Fabricius, 1781)], [*Lasioglossum* (*Evylaeus*) *albipes villosum* Ebmer, 1995]; Ebmer, 2006: 556, ♂ (nov.) [*Lasioglossum* (*Evylaeus*) *albipes villosum* Ebmer, 1995]; Ebmer, 2011b: 939 [*Lasioglossum* (*Evylaeus*) *albipes villosum* Ebmer, 1995]; Pesenko, 2007a: 83, ♀ (key) [*E.* (*Evylaeus*) *albipes albipes* (Fabricius)], [*E.* (*Evylaeus*) *albipes villosus* (Ebmer)], 89, ♂ (key) [*E.* (*Evylaeus*) *albipes albipes* (Fabricius)], 100 [*Evylaeus* (*Evylaeus*) *albipes* (Fabricius, 1781)], [*Evylaeus* (*Evylaeus*) *albipes albipes* (Fabricius, 1781)], 101 [*Evylaeus* (*Evylaeus*) *albipes villosus* (Ebmer, 1995)]; Pesenko, 2007c: 39 [*Evylaeus* (*Evylaeus*) *albipes albipes* (Fabricius, 1781)], 50 [*Evylaeus albipes* ssp. *rubelloides* (Blüthgen, 1924)], 54 [*Evylaeus albipes* ssp. *villosus* (Ebmer, 1995)]; Pesenko *et al.*, 2000: 213, ♀ (key), ♂ (key), 239 [*Evylaeus albipes* (Fabricius, 1781)], Figs. 502-504; Straka *et al.*, 2007: 269 [*L. albipes* (Fabricius, 1781)]; Zhang, 2012: 104 [*Lasioglossum* (*Evylaeus*) *albipes* (Fabricius, 1781)], ♀.

（192）炭淡脉隧蜂 *Lasioglossum* (*Sphecogogastra*) *anthrax* Ebmer, 1995

Lasioglossum (*Evylaeus*) *anthrax* Ebmer, 1995: 613, ♀. **Holotype:** ♀, China: Yunnan, Heishui, 35km N Lijiang; coll. Ebmer.

分布（Distribution）：陕西（SN）、云南（YN）、台湾（TW）

其他文献（Reference）：Ebmer, 2011b: 915 [*Lasioglossum* (*Evylaeus*) *anthrax* Ebmer, 1995]; Zhang, 2012: 105 [*Lasioglossum* (*Evylaeus*) *anthrax* Ebmer, 1995], ♀.

（193）无距淡脉隧蜂 *Lasioglossum* (*Sphecogogastra*) *apristum* (Vachal, 1903)

Halictus apristus Vachal, 1903b: 130, ♀. **Holotype:** ♀, Japan: Tokio and Nikko; MNP. The lectotype designation by Ebmer (1978c: 313) is unnecessary.

异名（Synonym）：

Sphecodes pallidulus Matsumura, 1912: 209, ♀. **Syntypes:** Japan: Kumamoto (Kyushu); ?lost. Synonymied by Ebmer (1978c: 313).

分布（Distribution）：湖北（HB）、四川（SC）、西藏（XZ）、福建（FJ）、广东（GD）；德国、朝鲜、日本、俄罗斯

其他文献（Reference）：Hirashima, 1957: 4 (*Halictus apristus* Vachal, 1903); Ebmer, 1978c: 313 [*Lasioglossum* (*Evylaeus*) *apristum* (Vachal, 1903)]; Ebmer, 1995: 542 [*Lasioglossum* (*Evylaeus*) *apristum* (Vachal, 1903)], 543, ♂ (nov.); Ebmer, 2002: 840 [*Lasioglossum* (*Evylaeus*) *apristum* (Vachal, 1903)]; Pesenko, 2007a: 82, ♀ (key), 87, ♂ (key), 101 [*Evylaeus* (*Evylaeus*) *apristus* (Vachal, 1903)]; Pesenko, 2007c: 40 [*Evylaeus* (*Evylaeus*) *apristus* (Vachal, 1903)]; Murao *et* Tadauchi, 2005: 43 [*Lasioglossum* (*Evylaeus*) *apristum* (Vachal)]; Zhang, 2012: 106 [*Lasioglossum* (*Evylaeus*) *apristum* (Vachal, 1903)], ♀; Rasmussen, 2012: 16 (*Halictus apristus* Vachal, 1903).

（194）光滑淡脉隧蜂 *Lasioglossum* (*Sphecogogastra*) *baleicum* (Cockerell, 1937)

Halictus (*Evylaeus*) *baleicus* Cockerell, 1937a: 1, ♀, ♂. **Holotype:** ♀, Russia: Ust Balei, (Chita Prov.: Balei); AMNH.

异名（Synonym）：

Evylaeus (*Fratevylaeus*) *baleicus insulicola* Pesenko, 2007a: 104, ♂. **Holotype:** ♂, Russia: Kunashir: Lake Goryacheye; ZISP.

分布（Distribution）：黑龙江（HL）；朝鲜、韩国、日本、俄罗斯

其他文献（Reference）：Hirashima, 1957: 5 (*Halictus baleicus* Cockerell, 1937); Ebmer, 1978a: 203 [*Lasioglossum* (*Evylaeus*) *baleicum* (Cockerell)]; Ebmer, 1978c: 314 [*Lasioglossum* (*Evylaeus*) *baleicum* (Cockerell, 1937)]; Ebmer, 1995: 571 [*Lasioglossum* (*Evylaeus*) *baleicum* (Cockerell, 1937)]; Ebmer, 1996b: 280 [*Lasioglossum* (*Evylaeus*) *baleicum* (Cockerell, 1937)]; Ebmer, 2006: 558 [*Lasioglossum* (*Evylaeus*) *baleicum* (Cockerell, 1937)]; Pesenko, 2007a: 83, ♀ (key), 91, ♂ (key), 103 [*Evylaeus* (*Fratevylaeus*) *baleicus* (Cockerell, 1937)], [*Evylaeus* (*Fratevylaeus*) *baleicus baleicus* (Cockerell, 1937)], 104, [*Evylaeus* (*Fratevylaeus*) *baleicus insulicola* subsp. n.]; Pesenko, 2007c: 41 [*Evylaeus* (*Fratevylaeus*) *baleicus* (Cockerell, 1937)]; Zhang, 2012: 107 [*Lasioglossum* (*Evylaeus*) *baleicum* (Cockerell, 1937)], ♀; Proshchalykin *et* Lelej, 2013: 319 (*Halictus baleicus* Cockerell, 1937).

（195）石灰淡脉隧蜂 *Lasioglossum* (*Sphecogogastra*) *calcarium* Ebmer, 2002

Lasioglossum (*Evylaeus*) *calcarium* Ebmer, 2002: 846, ♀. **Holotype:** ♀, China: Shaanxi, Qingling, 6km E. Xunyangba; BZ.

分布（Distribution）：陕西（SN）

其他文献（Reference）：Ebmer, 2011b: 917 [*Lasioglossum* (*Evylaeus*) *calcarium* Ebmer, 2002]; Zhang, 2012: 109 [*Lasioglossum* (*Evylaeus*) *calcarium* Ebmer, 2002], ♀.

（196）黄带淡脉隧蜂 *Lasioglossum* (*Sphecogogastra*) *calceatum* (Scopoli, 1763)

Apis calceata Scopoli, 1763: 301, ♂. **Neotype:** ♂, Austria: Zell Pfarre (Carinthia); designated by Ebmer (1974b: 113); ZSM.

异名（Synonym）：

Hylaeus cylindricus Fabricius, 1793: 302, ♀. **Lectotype:** ♀, Germany: no locality; designated by Warncke (1973a: 25); ZMK. Synonymied by Blüthgen (1921a: 285).

Melitta fulvocincta Kirby, 1802: 68, ♀, ♂. **Lectotype:** sex not indicated, England: Barhamiae; designated by Ebmer (1978a: 201); BML. Synonymied by Morawitz (1876: 243 = *Halictus cylindricus*).

Melitta obovata Kirby, 1802: 75, ♀. **Lectotype:** sex not indicated, England: Barhamiae; designated by Ebmer (1978a: 201); BML. Synonymied by Ebmer (1978a: 201).

Andrena vulpina Fabricius, 1804: 326, ♀ (*nec* Christ, 1791). **Lectotype:** ♀, Germany: no locality; designated by Warncke (1973a: 25); ZMK. Synonymied by Warncke (1973a: 25).

Halictus terebrator Walckenaer, 1817: 72, ♀, ♂. **Syntypes:** France: Touteville; lost. Synonymied by Lepeletier (1841: 276 = *Halictus vulpinus*).

Hylaeus rubellus Eversmann, 1852: 40, ♀ (*nec* Haliday, 1836). **Lectotype:** ♀, Orenburg; designated by Pesenko (2007a: 102); ZISP. Synonymied by Strand (1921: 274).

Hylaeus bipunctatus Schenck, 1853: 160, ♂. **Syntypes:** Germany: Hessen; lost. Synonymied by Schenck (1853: 289 = *Hylaeus abdominalis*) and by Schenck (1861: 409; *Hylaeus cylindricus* var. *bipunctatus*).

Halictus rufiventris Giraud, 1861: 460, replacement name of *Halictus rubellus* (Eversmann, 1852).

Halictus cylindricus var. *rhodostomus* Dalla Torre, 1877: 180, ♂. **Syntypes:** Italy: Nogaré (Trento); lost. Synonymied by Warncke (1973b: 294).

Halictus calceatus ulterior Cockerell, 1929b: 588, ♀, ♂. **Holotype:** ♀, Russia: Smolenschina (Irkutsk Prov.: Smolenshchina, 10km SW Irkutsk); AMNH. Synonymied by Ebmer (1978a: 201).

Halictus rubens Smith, 1854: 423, replacement name of *Halictus rubellus* (Eversmann, 1852).

Lasioglossum (*Evylaeus*) *calceatum reinigi* Ebmer, 1978b: 45, ♀. **Holotype:** ♀, Iran: Talesh bei Assalem; coll. Ebmer.

分布（Distribution）：黑龙江（HL）、内蒙古（NM）、河北（HEB）、山东（SD）、甘肃（GS）、新疆（XJ）、江西（JX）、福建（FJ）；爱尔兰、英国、西班牙、比利时、法国、葡萄牙、意大利、德国、波黑、奥地利、瑞典、捷克、斯洛伐克、波兰、芬兰、荷兰、罗马尼亚、希腊、乌克兰、伊朗、哈萨克斯坦、吉尔吉斯斯坦、乌兹别克斯坦、蒙古国、日本、朝鲜、俄罗斯

其他文献（Reference）：Blüthgen, 1924b: 55 (key) (*Halictus calceatus* Scop. var. *rubellus* Eversm.), 81 (key) (*Halictus calceatus* Scop.), 93 (key) (*Halictus calceatus* Scop.), 274 (key) (*Halictus calceatus* Scop.); Hirashima, 1957: 5 [*Halictus calceatus* (Scopoli, 1763)], (*Halictus calceatus ulterior* Cockerell, 1929); Wu, 1965: 37 (*Halictus calceatus* Scopoli), ♀, ♂, Plate I-24; Ebmer, 1976b: 400 [*Lasioglossum* (*Evylaeus*) *calceatum* (Scopoli, 1763)]; Ebmer, 1978a: 200 [*Lasioglossum* (*Evylaeus*) *calceatum* (Scopoli)]; Ebmer, 1982: 211 [*Lasioglossum* (*Evylaeus*) *calceatum* (Scopoli, 1763)]; Ebmer, 1988b: 597 [*Lasioglossum* (*Evylaeus*) *calceatum* (Scopoli, 1763)]; Ebmer, 1995: 530 [*Lasioglossum* (*Evylaeus*) *calceatum calceatum* (Scopoli, 1763)], [*Lasioglossum* (*Evylaeus*) *calceatum rubens* (Smith, 1854)], [*Lasioglossum* (*Evylaeus*) *reinigi* Ebmer, 1978, ♂ (nov.)]; Ebmer, 1996b: 278 [*Lasioglossum* (*Evylaeus*) *calceatum* (Scopoli, 1763)]; Ebmer, 2005: 371 [*Lasioglossum* (*Evylaeus*) *calceatum* (Scopoli, 1763)]; Ebmer, 2006: 555 [*Lasioglossum* (*Evylaeus*) *calceatum* (Scopoli, 1763)]; Straka *et al.*, 2007: 269 [*Lasioglossum calceatum*

(Scopoli, 1763)]; Pesenko, 2007a: 83, ♀ (key), 89, ♂ (key), 102 [*Evylaeus* (*Evylaeus*) *calceatus* (Scopoli, 1763)]; Pesenko *et al.*, 2000: 213, ♀ (key), ♂ (key), 236 [*Evylaeus calceatus* (Scopoli, 1763)], Figs. 339, 340, 377, 387, 429, 430, 498-501; Zhang, 2012: 109 [*Lasioglossum* (*Evylaeus*) *calceatum* (Scopoli, 1763)], ♀; Proshchalykin *et* Lelej, 2013: 319 (*Halictus calceatus ulterior* Cockerell, 1929).

（197）暮光淡脉隧蜂 *Lasioglossum* (*Sphecogogastra*) *caliginosum* Murao, Ebmer *et* Tadauchi, 2006

Lasioglossum (*Evylaeus*) *caliginosum* Murao, Ebmer *et* Tadauchi, 2006: 36, ♀, ♂. **Holotype:** ♀, Japan: Sapporo (Hokkaido); KUF.

异名（Synonym）：

Lasioglossum (*Evylaeus*) *nemorale* Ebmer, 2006: 559, ♀, ♂. **Holotype:** Russia: ♂, Russia: Lazovskii Nature Reserve (Tachingouz locality, Primorsk Terr.); OLML. Synonymied by Pesenko (2007a: 104).

分布（Distribution）：黑龙江（HL）；日本、蒙古国、俄罗斯

其他文献（Reference）：Pesenko, 2007a: 83, ♀ (key), 91, ♂ (key), 104 [*Evylaeus* (*Fratevylaeus*) *caliginosus* (Murao, Ebmer *et* Tadauchi, 2006)]; Pesenko, 2007c: 41 [*Evylaeus* (*Fratevylaeus*) *caliginosus* (Murao, Ebmer *et* Tadauchi, 2006)]; Ebmer, 2011b: 918 [*Lasioglossum* (*Evylaeus*) *caliginosum* Murao, Ebmer *et* Tadauchi, 2006], 931 [*Lasioglossum* (*Evylaeus*) *nemorale* Ebmer, 2006].

（198）光盾淡脉隧蜂 *Lasioglossum* (*Sphecogogastra*) *clypeinitens* Ebmer, 2002

Lasioglossum (*Evylaeus*) *clypeinitens* Ebmer, 2002: 845, ♀. **Holotype:** ♀, China: Sichuan, Daliang Shan, Zhaojue; BZ.

分布（Distribution）：四川（SC）、云南（YN）

其他文献（Reference）：Ebmer, 2011b: 919 [*Lasioglossum* (*Evylaeus*) *clypeinitens* Ebmer, 2002]; Zhang, 2012: 111 [*Lasioglossum* (*Evylaeus*) *clypeinitens* Ebmer, 2002], ♀.

（199）橄榄淡脉隧蜂 *Lasioglossum* (*Sphecogogastra*) *elaiochromon* Ebmer, 2002

Lasioglossum (*Evylaeus*) *elaiochromon* Ebmer, 2002: 841, ♀. **Holotype:** ♀, China: Yunnan, Heishu; coll. Ebmer.

分布（Distribution）：云南（YN）

其他文献（Reference）：Ebmer, 2011b: 920 [*Lasioglossum* (*Evylaeus*) *elaiochromon* Ebmer, 2002]; Zhang, 2012: 112 [*Lasioglossum* (*Evylaeus*) *elaiochromon* Ebmer, 2002], ♀.

（200）黄角淡脉隧蜂 *Lasioglossum* (*Sphecogogastra*) *fulvicorne* (Kirby, 1802)

Melitta fulvicornis Kirby, 1802: 67, ♂. **Lectotype:** ♂, England (without forther information); BML; designated by Ebmer (1988b: 607).

异名（Synonym）：

Hylaeus albitarsis Schenck, 1853: 148, ♂. **Lectotype:** ♂, Germany: Wiesbaden; designated by Ebmer (1975d: 236).

Hylaeus bisbimaculatus Schenck, 1853: 169, ♂. **Type locality:** Germany: Hesse.

Hylaeus laeviusculus Schenck, 1853: 146, ♀. **Lectotype:** ♀, Germany: Wiesbaden; designated by Ebmer (1975d: 235).

Halictus opacifrons Pérez, 1911: 43, replacement name of *H. fulvicornis* (Kirby).

Halictus koshunocharis Strand, 1914: 161, ♀. **Holotype:** ♀, Formosa: Koshun (China: Taiwan); DEI. Synonymied by Blüthgen (1924c: 242).

Halictus pityocola Strand, 1914: 164, ♂. **Holotype:** ♂, Formosa: Suisharyo (China: Taiwan); DEI. Synonymied by Ebmer (1988b: 608).

Halictus fulvicornis ssp. *antelicus* Warncke, 1975: 117, ♀, ♂. **Holotype:** ♂, Türkei: Ikizdere, südlich Rize; coll. Warncke.

Lasioglossum (*Evylaeus*) *fulvicorne melanocorne* Ebmer, 1988b: 608, ♀, ♂. **Holotype:** ♂, Russia: Irkutsk; coll. Ebmer.

分布（Distribution）：台湾（TW）；西班牙、英国、比利时、德国、斯洛文尼亚、意大利、保加利亚、波兰、捷克、斯洛伐克、立陶宛、瑞典、爱沙尼亚、芬兰、乌克兰、土耳其、伊朗、蒙古国、俄罗斯

其他文献（Reference）：Hirashima, 1957: 8 [*Halictus fulvicornis* (Kirby, 1802)]; Ebmer, 1976b: 401 [*Lasioglossum* (*Evylaeus*) *fulvicorne* (Kirby, 1802)]; Ebmer, 1978b: 50 [*Lasioglossum* (*Evylaeus*) *fulvicorne antelicum* (Warncke, 1975)]; Ebmer, 1988b: 606 [*Lasioglossum* (*Evylaeus*) *fulvicorne fulvicorne* (Kirby, 1802)], 607 [*Lasioglossum* (*Evylaeus*) *fulvicorne antelicum* (Warncke, 1975)], 608 [*Lasioglossum* (*Evylaeus*) *fulvicorne melanocorne* ssp. n.], [*Lasioglossum* (*Evylaeus*) *fulvicorne koshunochare* (Strand, 1914), stat. nov.]; Ebmer, 1995: 569 [*Lasioglossum* (*Evylaeus*) *fulvicorne fulvicorne* (Kirby, 1802)], [*Lasioglossum* (*Evylaeus*) *fulvicorne antelicum* (Warncke, 1975)], [*Lasioglossum* (*Evylaeus*) *fulvicorne melanocorne* Ebmer, 1988]; 570 [*Lasioglossum* (*Evylaeus*) *fulvicorne koshunochare* (Strand, 1914)]; Ebmer, 2005: 374 [*Lasioglossum* (*Evylaeus*) *fulvicorne melanocorne* Ebmer, 1988]; Ebmer, 2011b: 929 [*Lasioglossum* (*Evylaeus*) *fulvicorne melanocorne* Ebmer, 1988]; Pesenko *et al.*, 2000: 217, ♀ (key), ♂ (key), 260 [*Evylaeus fulvicornis* (Kirby, 1802)], Figs. 350, 351, 390, 415, 443, 444, 523, 533; Pesenko, 2007a: 83, ♀ (key), 91, ♂ (key), 105 [*Evylaeus* (*Fratevylaeus*) *fulvicornis melanocornis* (Ebmer, 1988)]; Pesenko, 2007c: 44 [*Evylaeus* (*Fratevylaeus*) *fulvicornis fulvicornis* (Kirby, 1802)]; Straka *et al.*, 269 [*Lasioglossum fulvicorne* (Kirby, 1802)]; Zhang, 2012: 114 [*Lasioglossum* (*Evylaeus*) *fulvicorne* (Kirby, 1802)]; Proshchalykin *et* Lelej, 2013: 320 [*Lasioglossum fulvicorne melanocorne* Ebmer, 1988].

（201）霍氏淡脉隧蜂 *Lasioglossum* (*Sphecogogastra*) *hoffmanni* (Strand, 1915)

Halictus hoffmanni Strand, 1915: 65, ♀. **Syntypes:** 7♀, China: Tsingtau (Shangdong, Qingdao); DEI.

异名（Synonym）：

Halictus atropis Strand, 1915: 63, ♂. **Syntypes:** 2♂, China: Tsingtau (Shangdong, Qingdao); DEI. Synonymied by Blüthgen (1926b: 399).
Halictus shishkini Cockerell, 1925: 6, ♂. **Holotype:** ♂, Russia: Kongaus (Primorsk Terr.: Anisimovka); USMW. Synonymied by Ebmer (1978a: 202).
Halictus suprafulgens Cockerell, 1925: 9, ♀. **Holotype:** ♀, Russia: Okeanskaya (near Vladivostok, Primorsk Terr.); USMW. Synonymied by Ebmer (2006: 557).
Halictus speculicaudus Cockerell, 1931a: 16, ♀. **Holotype:** China: Shanghai; AMNH. Synonymied by Ebmer (1995: 563).
分布（Distribution）：辽宁（LN）、北京（BJ）、山东（SD）、甘肃（GS）、江苏（JS）、上海（SH）、福建（FJ）；德国、捷克、朝鲜、日本、蒙古国、俄罗斯
其他文献（Reference）：Hirashima, 1957: 19 (*Halictus shishkini* Cockerell, 1925), 20 (*Halictus speculicaudus* Cockerell, 1931); Ebmer, 1978a: 202 [*Lasioglossum* (*Evylaeus*) *hoffmanni* (Strand)]; Ebmer, 1980: 502 [*Lasioglossum* (*Evylaeus*) *speculicandum* (Cockerell, 1931)]; Ebmer, 1995: 563 [*Lasioglossum* (*Evylaeus*) *hoffmanni* (Strand, 1915)]; Ebmer, 1996b: 279 [*Lasioglossum* (*Evylaeus*) *hoffmanni* (Strand, 1915)]; Ebmer, 2006: 557 [*Lasioglossum* (*Evylaeus*) *hoffmanni* (Strand, 1915)]; Pesenko, 2007a: 82, ♀ (key), 89, ♂ (key), 102 [*Evylaeus* (*Evylaeus*) *hoffmanni* (Strand, 1915)]; Pesenko, 2007c: 44 [*Evylaeus* (*Evylaeus*) *hoffmanni* (Strand, 1915)]; Zhang, 2012: 114 [*Lasioglossum* (*Evylaeus*) *hoffmanni* (Strand, 1915)], ♀.

（202）皱顶淡脉隧蜂 *Lasioglossum* (*Sphecogogastra*) *kryopetrosum* Ebmer, 2002

Lasioglossum (*Evylaeus*) *kryopetrosum* Ebmer, 2002: 843, ♀, ♂. **Holotype:** ♂, China: Tibet (Xizang), Lhasa, Lume; GEM.
分布（Distribution）：西藏（XZ）
其他文献（Reference）：Ebmer, 2011b: 926 [*Lasioglossum* (*Evylaeus*) *kryopetrosum* Ebmer, 2002]; Zhang, 2012: 115 [*Lasioglossum* (*Evylaeus*) *kryopetrosum* Ebmer, 2002], ♀, ♂.

（203）库淡脉隧蜂 *Lasioglossum* (*Sphecogogastra*) *kulense* (Strand, 1909)

Halictus kulensis Strand, 1909: 37, ♀. **Type locality:** Chinese Turkestan (China: Xinjiang), Kul, Jarkand (now near Bachu, Xinjiang).
分布（Distribution）：新疆（XJ）
其他文献（Reference）：Blüthgen, 1924b: 282 (*H. kulensis* Strand); Hirashima, 1957: 10 (*Halictus kulensis* Strand, 1909); Pesenko, 2007c: 45 [*Evylaeus* (*Minutulaeus*) *kulensis* (Strand, 1909)]; Zhang, 2012: 271 [*Lasioglossum* (*Evylaeus*) *kulense* (Strand, 1909)].

（204）左淡脉隧蜂 *Lasioglossum* (*Sphecogogastra*) *laevoides* Ebmer, 2005

Lasioglossum (*Evylaeus*) *laevoides* Ebmer, 2005: 371, ♀, ♂. **Holotype:** ♀, Mongolia: 90km N Ulabaatar; OLML.
分布（Distribution）：黑龙江（HL）；蒙古国、俄罗斯
其他文献（Reference）：Pesenko, 2007a: 83, ♀ (key), 89, ♂ (key), 103 [*Evylaeus* (*Evylaeus*) *laevoides* (Ebmer, 2005)]; Pesenko, 2007c: 46 [*Evylaeus* (*Evylaeus*) *laevoides* (Ebmer, 2005)]; Ebmer, 2011b: 927 [*Lasioglossum* (*Evylaeus*) *laevoides* Ebmer, 2005]; Zhang, 2012: 116 [*Lasioglossum* (*Evylaeus*) *laevoides* Ebmer, 2005], ♀, ♂.

（205）微小淡脉隧蜂 *Lasioglossum* (*Sphecogogastra*) *minutuloides* Ebmer, 1978

Lasioglossum (*Evylaeus*) *minutuloides* Ebmer, 1978a: 203, ♀, ♂. **Holotype:** ♂, Mandschurei: Umgebung Charbin, Tigrovaja Padj (China: Heilongjiang, Harbin); MAK.
分布（Distribution）：黑龙江（HL）
其他文献（Reference）：Ebmer, 1995: 570 [*Lasioglossum* (*Evylaeus*) *minutuloides* Ebmer, 1978]; Ebmer, 2011b: 929 [*Lasioglossum* (*Evylaeus*) *minutuloides* Ebmer, 1978]; Pesenko, 2007c: 47 [*Evylaeus* (*Fratvylaeus*) *minutuloides* (Ebmer, 1978)]; Zhang, 2012: 120 [*Lasioglossum* (*Evylaeus*) *minutuloides* Ebmer, 1978], ♀.

（206）黑头淡脉隧蜂 *Lasioglossum* (*Sphecogogastra*) *nigriceps* (Morawitz, 1880)

Halictus nigriceps Morawitz, 1880: 366, ♂. **Lectotype:** ♂, China: Inner Mongolia, Ordoss am Chuan-che (Mu Us Shamo am Huang-He); ZISP; designated by Ebmer (1985a: 216).
异名（Synonym）：
Halictus serotinus Blüthgen, 1931c: 356, ♀. **Holotype:** ♀, Mongolia; NMW. Synonymied by Ebmer (1985a: 216).
分布（Distribution）：内蒙古（NM）；蒙古国
其他文献（Reference）：Dalla Torre, 1896: 73 (*Halictus nigriceps* Mor.); Blüthgen, 1924b: 281 (*H. nigriceps* Mor.); Hirashima, 1957: 13 (*Halictus nigriceps* Morawitz, 1880); Ebmer, 1982: 211 [*Lasioglossum* (*Evylaeus*) *serotinum* (Blüthgen, 1931)]; Ebmer, 1985a: 216 [*Lasioglossum* (*Evylaeus*) *nigriceps* (Morawitz, 1880)]; Ebmer, 2005: 373 [*Lasioglossum* (*Evylaeus*) *nigriceps* (Morawitz, 1880)], [*Lasioglossum* (*Evylaeus*) *serotinum* (Blüthgen, 1931)]; Pesenko, 2007c: 48 [*Evylaeus* (*Minutulaeus*) *nigriceps* (Morawitz, 1880)].

（207）日本淡脉隧蜂 *Lasioglossum* (*Sphecogogastra*) *nipponense* (Hirashima, 1953)

Halictus nipponensis Hirashima, 1953: 134, ♀. **Holotype:** ♀, Japan: Omogo valley (Shikoku Island); ELMAC.
分布（Distribution）：台湾（TW）；韩国、日本、俄罗斯
其他文献（Reference）：Hirashima, 1957: 13 (*Halictus nipponensis* Hirashima, 1953); Ebmer, 1995: 534, 535, ♂ (nov.) [*Lasioglossum* (*Evylaeus*) *nipponense* (Hirashima, 1953)]; Ebmer, 1996b: 279 [*Lasioglossum* (*Evylaeus*) *nipponense* (Hirashima, 1953)]; Ebmer, 2006: 556 [*Lasioglossum* (*Evylaeus*) *nipponense* (Hirashima, 1953)]; Pesenko, 2007a: 83, ♀ (key), 89, ♂ (key), 103 [*Evylaeus* (*Evylaeus*) *nipponensis* (Hirashima,

1953)]; Pesenko, 2007c: 48 [*Evylaeus* (*Evylaeus*) *nipponensis* (Hirashima, 1953)]; Proshchalykin *et al.*, 2004: 160 [*Evylaeus* (*Evylaeus*) *nipponensis* (Hirashima, 1953)]; Zhang, 2012: 122 [*Lasioglossum* (*Evylaeus*) *nipponense* (Hirashima, 1953)].

（208）节角淡脉隧蜂 *Lasioglossum* (*Sphecogogastra*) *nodicorne* (Morawitz, 1890)

Halictus nodicornis Morawitz, 1890: 364, ♂. **Lectotype:** ♂, Mongolia: Chodta-tschai (China: Gansu; Edzin-gol valley); designated by Pesenko (2007a: 99); ZISP.

分布（Distribution）：内蒙古（NM）、甘肃（GS）；蒙古国、俄罗斯

其他文献（Reference）：Dalla Torre, 1896: 74 (*Halictus nodicornis* Mor.); Hirashima, 1957: 13 (*Halictus nodicornis* Morawitz, 1890); Ebmer, 1982: 213 [*Lasioglossum* (*Evylaeus*) *nodicorne* (Morawitz, 1889)] (incorrect subsequent time), ♀ (nov.); Ebmer, 2005: 373 [*Lasioglossum* (*Evylaeus*) *nodicorne* (Morawitz, 1889)] (incorrect subsequent time); Pesenko, 2007a: 82, ♀ (key), 99, ♂ (key) [*Evylaeus* (*Nodicornevylaeus*) *nodicornis* (Morawitz, 1889)]; Zhang, 2012: 122 [*Lasioglossum* (*Evylaeus*) *nodicorne* (Morawitz, 1890)], ♀.

（209）齐墩果淡脉隧蜂 *Lasioglossum* (*Sphecogogastra*) *olivaceum* (Morawitz, 1890)

Halictus olivaceus Morawitz, 1890: 366, ♀. **Syntypes:** Kansu, Upin, Zsjunka (China: Gansu, Upin); Szetschuan, Sun-pan (Sichuan, Sunpan).

分布（Distribution）：甘肃（GS）、四川（SC）

其他文献（Reference）：Dalla Torre, 1896: 74 (*Halictus olivaceus* Mor.); Blüthgen, 1934a: 2 (*Halictus olivaceus*); Hirashima, 1957: 14 (*Halictus olivaceus* Morawitz, 1890); Pesenko, 2007c: 48 [*Evylaeus* (*Evylaeus*) *olivaceus* (Morawitz, 1889)] (incorrect subsequent time); Zhang, 2012: 273 [*Lasioglossum* (*Evylaeus*) *olivaceum* (Morawitz, 1890)].

（210）喙淡脉隧蜂 *Lasioglossum* (*Sphecogogastra*) *rhynchites* (Morawitz, 1876)

Halictus rhynchites Morawitz, 1876: 222, ♀, ♂. **Lectotype:** ♂, Turkestan: Sachimardan (Uzbekistan); designated by Warncke (1982: 81); ZMMU.

异名（Synonym）：

Lasioglossum (*Evylaeus*) *zhelochovtsevi* Ebmer, 1972a: 253, ♀. **Holotype:** ♀, Ala-Tau (Kazakhstan: Almaty); MNB. Synonymied by Ebmer (1982: 214).

分布（Distribution）：新疆（XJ）；土耳其、阿富汗、土库曼斯坦、乌兹别克斯坦、哈萨克斯坦、吉尔吉斯斯坦

其他文献（Reference）：Ebmer, 1980: 477 [*Lasioglossum* (*Evylaeus*) *rhynchites* (Morawitz, 1876)]; Ebmer, 1995: 588 [*Lasioglossum* (*Evylaeus*) *rhynchites* (Morawitz, 1876)]; Ebmer, 2011b: 940 [*Lasioglossum* (*Evylaeus*) *zhelochovtsevi* Ebmer, 1972]; Pesenko, 2007c: 50 [*Evylaeus* (*Pauxevylaeus*) *rhynchites* (Morawitz, 1876)]; Zhang, 2012: 126 [*Lasioglossum* (*Evylaeus*) *rhynchites* (Morawitz, 1876)], ♀.

（211）红镰淡脉隧蜂 *Lasioglossum* (*Sphecogogastra*) *rubsectum* Fan *et* Ebmer, 1992

Lasioglossum (*Evylaus*) *rubsectum* Fan *et* Ebmer, 1992a: 238, ♀. **Holotype:** ♀, China: Sichuan, Wenchuan; IZB.

分布（Distribution）：湖南（HN）、四川（SC）

其他文献（Reference）：Ebmer, 2002: 840 [*Lasioglossum* (*Evylaus*) *rubsectum* Fan *et* Ebmer, 1992]; Ebmer, 2011b: 935 [*Lasioglossum* (*Evylaus*) *rubsectum* Fan *et* Ebmer, 1992]; Zhang, 2012: 127 [*Lasioglossum* (*Evylaus*) *rubsectum* Fan *et* Ebmer, 1992], ♀.

（212）半滑淡脉隧蜂 *Lasioglossum* (*Sphecogogastra*) *semilaeve* (Blüthgen, 1923)

Halictus semilaevis Blüthgen, 1923a: 329, ♀, ♂. **Lectotype:** ♂, Siberie occid; designated by Pesenko (2007a: 99); IZK.

异名（Synonym）：

Halictus (*Evylaeus*) *minutulus speculiferus* Cockerell, 1937a: 2, ♀. Junior homonym of *Halictus speculiferus* Cockerell, 1929 (= *Seladonia vicina*). **Holotype:** ♀, Siberia: Smolenschina (Irkutsk Prov.: Smolenshchina, 10km SW Irkutsk); AMNH. Synonymied by Ebmer (1996b: 281).

Halictus (*Evylaeus*) *peculigerus* Cockerell, 1938a: 81, replacement name of *H. specculiferus* Cockerell, 1937.

分布（Distribution）：黑龙江（HL）；蒙古国、俄罗斯

其他文献（Reference）：Cockerell, 1937a: 2 [*Halictus* (*Evylaeus*) *minutulus speculiferus* new subspecies]; Hirashima, 1957: 12 (*Halictus minutulus speculigerus* Cockerell, 1938), 18 (*Halictus semilaevis* Blüthgen, 1923); Ebmer, 1978a: 205 [*Lasioglossum* (*Evylaeus*) *semilaeve* (Blüthgen)]; Ebmer, 1982: 214 [*Halictus* (*Evylaeus*) *semilaeve* (Blüthgen, 1923)]; Ebmer, 1996b: 281 [*Lasioglossum* (*Evylaeus*) *semilaeve* (Blüthgen, 1923)]; Ebmer, 2005: 375 [*Lasioglossum* (*Evylaeus*) *semilaeve* (Blüthgen, 1923)]; Pesenko, 2007a: 82, ♀ (key), 97, ♂ (key), 99 [*Evylaeus* (*Minutulaeus*) *semilaevis* (Blüthgen, 1923)]; Pesenko, 2007c: 51 [*Evylaeus* (*Minutulaeus*) *semilaevis* (Blüthgen, 1923)]; Proshchalykin *et* Lelej, 2013: 320 (*Halictus minutulus speculiferus* Cockerell, 1937), (*Halictus semilaevis* Blüthgen, 1923).

（213）钝毛淡脉隧蜂 *Lasioglossum* (*Sphecogogastra*) *setulosum* (Strand, 1909)

Halictus setulosus Strand, 1909: 52, ♀. **Syntypes:** 2♀♀, Europa; MNB.

异名（Synonym）：

Halictus zius Strand, 1909: 61, ♂. **Syntype:** ♂, Europa; MNB. Synonymied by Blüthgen (1922a: 53).

Halictus oblongatulus Blüthgen, 1919b: 211, ♀, ♂. **Holotype:** ♀, Germany: Berlin; DEI. Synonymied by Blüthgen (1922a: 63).

分布（Distribution）：黑龙江（HL）；德国、奥地利、匈牙利、捷克（摩拉维亚）、斯洛伐克、波兰、南斯拉夫、乌克兰

其他文献（Reference）：Blüthgen, 1924b: 282 (*H. setulosus* Strand); Hirashima, 1957: 18 (*Halictus setulosus* Strand, 1909); Ebmer, 1976b: 401 [*Lasioglossum* (*Evylaeus*) *setulosum* (Strand, 1909)]; Ebmer, 1978a: 205 [*Lasioglossum* (*Evylaeus*) *setulosum* (Strand)]; Pesenko, 2007c: 51 [*Evylaeus* (*Minutulaeus*) *setulosus* (Strand, 1909)]; Pesenko *et al.*, 2000: 211, ♀ (key), ♂ (key), 267 [*Evylaeus setulosus* (Strand, 1909)], Figs. 358, 450, 543; Straka *et al.*, 2007: 270 [*L. setulosum* (Strand, 1909)]; Zhang, 2012: 274 [*Lasioglossum* (*Evylaeus*) *setulosum* (Strand, 1909)].

（214）西伯利亚淡脉隧蜂 *Lasioglossum* (*Sphecogogastra*) *sibiriacum* (Blüthgen, 1923)

Halictus sibiriacus Blüthgen, 1923a: 327, ♀. **Holotype:** ♀, Ostsibirien (no locality); IZK.

异名（Synonym）：

Halictus solovieffi Cockerell, 1925: 4, ♀. **Holotype:** ♀, Russia: Kongaus (Primorsk Terr.: Anisimovka); USMW. Synonymied by Ebmer (1978a: 202).

分布（Distribution）：黑龙江（HL）、内蒙古（NM）；朝鲜、日本、俄罗斯

其他文献（Reference）：Blüthgen, 1924b: 280 (*H. sibiriacus* Blüthg.); Hirashima, 1957: 19 (*Halictus sibiriacus* Blüthgen, 1923); Ebmer, 1978a: 202 [*Lasioglossum* (*Evylaeus*) *sibiriacum* (Blüthgen)]; Ebmer, 1995: 571, ♂ (nov.) [*Lasioglossum* (*Evylaeus*) *sibiriacum* (Blüthgen, 1923)]; Takahashi *et* Sakagami, 1993: 274 [*Lasioglossum* (carinate *Evylaeus*) *sibiriacum* (Blüthgen, 1923)]; Pesenko, 2007a: 83, ♀ (key), 89, ♂ (key), 106 [*Evylaeus* (*Fratevylaeus*) *sibiriacus* (Blüthgen, 1923)]; Pesenko, 2007c: 52 [*Evylaeus* (*Fratevylaeus*) *sibiriacus* (Blüthgen, 1923)].

（215）拟弗拉泰淡脉隧蜂 *Lasioglossum* (*Sphecogogastra*) *subfratellum* (Blüthgen, 1934)

Halictus subfratellus Blüthgen, 1934a: 12, ♀. **Holotype:** ♀, China: Kansu (Gansu); NRS.

分布（Distribution）：甘肃（GS）

其他文献（Reference）：Hirashima, 1957: 20 (*Halictus subfratellus* Blüthgen, 1934); Ebmer, 1995: 575 [*Lasioglossum* (*Evylaeus*) *subfratellum* (Blüthgen, 1934)].

（216）拟黄角淡脉隧蜂 *Lasioglossum* (*Sphecogogastra*) *subfulvicorne* (Blüthgen, 1934)

Halictus subfulvicornis Blüthgen, 1934a: 11, ♂. **Holotype:** ♂, Süd-Kansu (China: Southern Gansu); NRS.

异名（Synonym）：

Lasioglossum (*Evylaeus*) *austriacum* Ebmer, 1974a: 155, ♀, ♂. **Holotype:** ♂, Oberösterreich, Liebenau, Tanner Moor; coll. Ebmer.

分布（Distribution）：甘肃（GS）、新疆（XJ）；德国、瑞士、瑞典、捷克、土耳其、哈萨克斯坦、吉尔吉斯斯坦、格鲁吉亚、朝鲜、蒙古国、俄罗斯

其他文献（Reference）：Hirashima, 1957: 20 (*Halictus subfulvicornis* Blüthgen, 1934); Ebmer, 1976b: 401 [*Lasioglossum* (*Evylaeus*) *austriacum* Ebmer, 1974]; Ebmer, 1982: 213 [*Lasioglossum* (*Evylaeus*) *subfulvicorne* (Blüthgen, 1934)], ♀ (nov.); Ebmer, 1988b: 610 [*Lasioglossum* (*Evylaeus*) *subfulvicorne subfulvicorne* (Blüthgen, 1934)], [*Lasioglossum* (*Evylaeus*) *subfulvicorne austriacum* Ebmer, 1974, stat. nov.]; Ebmer, 1995: 573 [*Lasioglossum* (*Evylaeus*) *subfulvicorne subfulvicorne* (Blüthgen, 1934)], [*Lasioglossum* (*Evylaeus*) *subfulvicorne austriacum* Ebmer, 1974]; Ebmer, 1996b: 281 [*Lasioglossum* (*Evylaeus*) *subfulvicorne subfulvicorne* (Blüthgen, 1934)]; Ebmer, 2005: 374 [*Lasioglossum* (*Evylaeus*) *subfulvicorne subfulvicorne* (Blüthgen, 1934)]; Ebmer, 2011b: 916 [*Lasioglossum* (*Evylaeus*) *austriacum* Ebmer, 1974]; Pesenko, 2007a: 83, ♀ (key), 89, ♂ (key), 106 [*Evylaeus* (*Fratevylaeus*) *subfulvicornis* (Blüthgen, 1934)], [*Evylaeus* (*Fratevylaeus*) *subfulvicornis subfulvicornis* (Blüthgen, 1934)]; Pesenko, 2007c: 52 [*Evylaeus* (*Fratevylaeus*) *subfulvicornis subfulvicornis* (Blüthgen, 1934)]; Straka *et al.*, 2007: 271 (*L. subfulvicorne austriacum* Ebmer, 1974); Zhang, 2012: 128 [*Lasioglossum* (*Evylaeus*) *subfulvicorne* (Blüthgen, 1934)], ♀.

（217）拟红镰淡脉隧蜂 *Lasioglossum* (*Sphecogogastra*) *subrubsectum* Fan *et* Ebmer, 1992

Lasioglossum (*Evylaeus*) *subrubsectum* Fan *et* Ebmer, 1992a: 238, ♀. **Holotype:** ♀, China: Yunnan, Zhongdian; IZB.

分布（Distribution）：云南（YN）

其他文献（Reference）：Ebmer, 2002: 840 [*Lasioglossum* (*Evylaeus*) *subrubsectum* Fan *et* Ebmer, 1992]; Ebmer, 2011b: 938 [*Lasioglossum* (*Evylaeus*) *subrubsectum* Fan *et* Ebmer, 1992]; Zhang, 2012: 129 [*Lasioglossum* (*Evylaeus*) *subrubsectum* Fan *et* Ebmer, 1992], ♀.

（218）水社淡脉隧蜂 *Lasioglossum* (*Sphecogogastra*) *suisharyonense* (Strand, 1914)

Halictus suisharyonensis Strand, 1914: 153, ♀, ♂. **Holotype:** ♂, China: Taiwan, Suisharyo; DEI.

分布（Distribution）：台湾（TW）

其他文献（Reference）：Hirashima, 1957: 20 (*Halictus suisharyonensis* Strand, 1913) (incorrect subsequent time); Ebmer, 1995: 534 [*Lasioglossum* (*Evylaeus*) *suisharyonense* (Strand, 1914)]; Zhang, 2012: 130 [*Lasioglossum* (*Evylaeus*) *suisharyonense* (Strand, 1914)].

（219）延氏淡脉隧蜂 *Lasioglossum* (*Sphecogogastra*) *tyndarus* Ebmer, 2002

Lasioglossum (*Evylaeus*) *tyndarus* Ebmer, 2002: 846, ♀. **Holotype:** ♀, China: Kansu (Gansu), Xiahe, Labrang; BZ.

分布（Distribution）：陕西（SN）、甘肃（GS）

其他文献（Reference）：Ebmer, 2011b: 939 [*Lasioglossum* (*Evylaeus*) *tyndarus* Ebmer, 2002]; Zhang, 2012: 130 [*Lasioglossum* (*Evylaeus*) *tyndarus* Ebmer, 2002], ♀.

（220）秃淡脉隧蜂 *Lasioglossum* (*Sphecogogastra*) *vulsum* (Vachal, 1903)

Halictus vulsus Vachal, 1903b: 130, ♂. **Lectotype:** ♂, Japan: Nikko moyen, Env. De Tokyo et Alpes de Nikko; designated by Ebmer (1978a: 202); MNP.

异名（Synonym）：

Halictus trispinis Vachal, 1903b: 131, ♀. **Holotype:** ♀, Japan: Nikko moyen, Env. De Tokyo et Alpes de Nikko; MNP. Synonymied by Blüthgen (1926c: 349).

分布（Distribution）：黑龙江（HL）；朝鲜、韩国、日本、蒙古国、俄罗斯

其他文献（Reference）：Hirashima, 1957: 24 (*Halictus vulsus* Vachal, 1903); Ebmer, 1978a: 202 [*Lasioglossum* (*Evylaeus*) *vulsum* (Vachal)]; Ebmer, 1978c: 314 [*Lasioglossum* (*Evylaeus*) *vulsum* (Vachal, 1903)]; Ebmer, 1995: 570 [*Lasioglossum* (*Evylaeus*) *vulsum* (Vachal, 1903)]; Ebmer, 1996b: 280 [*Lasioglossum* (*Evylaeus*) *trispine* (Vachal, 1903)]; Ebmer, 2006: 558 [*Lasioglossum* (*Evylaeus*) *vulsum* (Vachal, 1903)]; Ebmer *et al.*, 2006: 31 [*Lasioglossum* (*Evylaeus*) *vulsum* (Vachal, 1903)]; Pesenko, 2007a: 83, ♀ (key), 91, ♂ (key), 106 [*Evylaeus* (*Fratevylaeus*) *vulsus* (Vachal, 1903)]; Pesenko, 2007c: 54 [*Evylaeus* (*Fratevylaeus*) *vulsus* (Vachal, 1903)]; Rasmussen, 2012: 47 (*Halictus trispinis* Vachal, 1903).

4. 小碟蜂属 *Patellapis* Friese, 1909

Halictus (*Patellapis*) Friese, 1909a: 148. **Type species:** *Halictus schultzei* Friese, 1909, by designation of Cockerell, 1920c: 311.

Archihalictus Pauly, 1984a: 132. **Type species:** *Halictus joffrei* Benoist, 1962, by original designation.

Patellapis (*Chaetalictus*) Michener, 1978b: 509. **Type species:** *Halictus pearstonensis* Cameron, 1905a, by original designation.

Pachyhalictus (*Dictyohalictus*) Michener, 1978b: 518. **Type species:** *Halictus retigerus* Cockerell, 1940, by original designation.

Patellapis (*Lomatalictus*) Michener, 1978b: 509. **Type species:** *Halictus malachurinus* Cockerell, 1937, by original designation.

Halictus (*Pachyhalictus*) Cockerell, 1929b: 589. **Type species:** *Halictus merescens* Cockerell, 1919, by original designation.

Zonalictus Michener, 1978b: 513. **Type species:** *Halictus albofasciatus* Smith, 1879, by original designation.

其他文献（Reference）：Michener, 1978b, 1997, 2000, 2007.

壮隧蜂亚属 *Patellapis* / Subgenus *Pachyhalictus* Cockerell, 1929

Halictus (*Pachyhalictus*) Cockerell, 1929b: 589. **Type species:** *Halictus merescens* Cockerell, 1919, by original designation.

其他文献（Reference）：Michener, 1978b, 1997, 2000, 2007; Pesenko *et* Wu, 1997b.

（221）台湾壮隧蜂 *Patellapis* (*Pachyhalictus*) *formosicola* (Blüthgen, 1926)

Halictus formosicola Blüthgen, 1926a: 425, ♀. **Type locality:** Formosa (China: Taiwan): Taihorin.

分布（Distribution）：云南（YN）、台湾（TW）

其他文献（Reference）：Blüthgen, 1931b: 288, ♀ (key) (*Halictus formosicola*); Hirashima, 1957: 8 (*Halictus formosicola* Blüthgen, 1926); Michener, 1978b: 518 [*Pachyhalictus* (*Pachyhalictus*) *formosicola* (Blüthgen, 1926)]; Pesenko *et* Wu, 1997b: 288 [*Pachyhalictus* (*Pachyhalictus*) *formosicola* (Blüthgen)].

（222）扁壮隧蜂 *Patellapis* (*Pachyhalictus*) *intricata* (Vachal, 1894)

Halictus intricatus Vachal, 1894: 433, ♀. **Syntypes:** 6♀. Myanmar: Palon, Pegu.

异名（Synonym）：

Halictus validus Bingham, 1903: v, ♀. **Type locality:** Thailand. Synonymied by Pesenko *et* Wu (1997b: 288).

Halictus thoracicus Friese, 1914b: 22, ♀. **Type locality:** Java. Synonymied by Blüthgen (1926a: 422).

分布（Distribution）：云南（YN）；印度、泰国、缅甸、印度尼西亚

其他文献（Reference）：Blüthgen, 1926a: 405, ♀ (key) (*Halictus intricatus*); Michener, 1978b: 518 [*Pachyhalictus* (*Pachyhalictus*) *intricatus* (Vachal, 1894)], [*Pachyhalictus* (*Pachyhalictus*) *validus* (Bingham, 1903)]; Pesenko *et* Wu, 1997b: 288, ♂ (nov.) [*Pachyhalictus* (*Pachyhalictus*) *intricatus* (Vachal)]; Rasmussen, 2012: 31 (*Halictus intricatus* Vachal, 1894).

（223）滑体壮隧蜂 *Patellapis* (*Pachyhalictus*) *liodoma* (Vachal, 1894)

Halictus liodomus Vachal, 1894: 435, ♀. **Syntypes:** 4♀, Myanmar, Bhamo and Carin Chebà.

异名（Synonym）：

Halictus scopipes Friese, 1918: 499, ♀. **Type locality:** Java. Synonymied by Blüthgen (1926a: 422).

分布（Distribution）：云南（YN）；印度、缅甸、印度尼西亚

其他文献（Reference）：Blüthgen, 1926a: 403, ♀ (key) (*Halictus liodomus*); Michener, 1978b: 518 [*Pachyhalictus* (*Pachyhalictus*) *liodomus* (Vachal, 1894)]; Pesenko *et* Wu, 1997b: 288 [*Pachyhalictus* (*Pachyhalictus*) *liodomus* (Vachal, 1894)]; Rasmussen, 2012: 33 (*Halictus liodomus* Vachal, 1894).

（224）平滑壮隧蜂 *Patellapis* (*Pachyhalictus*) *lioscutalis* (Pesenko *et* Wu, 1997)

Pachyhalictus (*Pachyhalictus*) *lioscutalis* Pesenko *et* Wu, 1997b: 295, ♀. **Holotype:** ♀, China: Yunnan, Xishuangbanna, Mengzhe; IZB.

分布（Distribution）：云南（YN）、福建（FJ）

其他文献（Reference）：Pesenko *et* Wu, 1997b: 295, Figs. 45-51.

（225）网壮隧蜂 *Patellapis* (*Pachyhalictus*) *reticulosa* (Dalla Torre, 1896)

Halictus reticulosus Dalla Torre, 1896: 80, replacement name of *Halictus reticulates* Vachal, 1894.

异名（Synonym）：

Halictus reticulatus Vachal, 1894: 434, ♀, ♂. **Syntypes:** 1♂, Myanmar, Carin Chebà; 3♀, Myanmar, Momeit; MCSN. Junior homonym of *Halictus reticulatus* Roberston, 1892.

分布（Distribution）：云南（YN）；印度、缅甸、印度尼西亚

其他文献（Reference）：Blüthgen, 1926a: 413, ♀ (key) (*Halictus reticulosus*); Blüthgen, 1928a: 343, ♂ (redescription), 345, ♂ (key) (*Halictus reticulosus*); Michener, 1978b: 518 [*Pachyhalictus* (*Pachyhalictus*) *reticulosus* (Dalla Torre, 1896)]; Pesenko *et* Wu, 1997b: 288 [*Pachyhalictus* (*Pachyhalictus*) *reticulosus* (Dalla Torre)]; Rasmueesn, 2012: 42 (*Halictus reticulatus* Vachal, 1894).

（226）粗糙壮隧蜂 *Patellapis* (*Pachyhalictus*) *trachyna* (Pesenko *et* Wu, 1997)

Pachyhalictus (*Pachyhalictus*) *trachynus* Pesenko *et* Wu, 1997b: 290, ♀. **Holotype:** ♀, China: Yunnan, Xishuangbanna, Mengxong; IZB.

分布（Distribution）：云南（YN）

其他文献（Reference）：Pesenko *et* Wu, 1997b: 290, Figs. 15-21.

（227）云南壮隧蜂 *Patellapis* (*Pachyhalictus*) *yunnanica* (Pesenko *et* Wu, 1997)

Pachyhalictus (*Pachyhalictus*) *yunnanicus* Pesenko *et* Wu, 1997b: 292, ♀, ♂. **Holotype:** ♀, China: Yunnan, Xishuangbanna, Mengzhe; IZB.

分布（Distribution）：云南（YN）

其他文献（Reference）：Pesenko *et* Wu, 1997b: 292, Figs. 22-44.

5. 红腹蜂属 *Sphecodes* Latreille, 1804

Sphecodes Latreille, 1804: 182. **Type species:** *Nomada gibba* Fabricius, 1804 = *Sphex gibba* Linnaeus, 1758, monobasic.

Dichroa Illiger, 1806: 46. **Type species:** *Sphex gibba* Linnaeus, 1758, by designation of Sandhouse, 1943: 545.

Sabulicola Verhoeff, 1890: 328. **Type species:** *Sabulicola cirsii* Verhoeff, 1890 = *Nomada albilabris* Fabricius, 1793, monobasic.

Thrausmus Buysson, 1900: 177. **Type species:** *Thrausmus grandidieri* Buysson, 1900, monobasic. (Synonymied by Michener in 2007).

Drepanium Robertson, 1903: 103. **Type species:** *Sphecodes falcifer* Patton, 1880 = *Sphecodes confertus* Say, 1837, by original designation.

Proteraner Robertson, 1903: 103. **Type species:** *Sphecodes ranunculi* Robertson, 1897, monobasic.

Dialonia Robertson, 1903: 104. **Type species:** *Sphecodes antennariae* Robertson, 1891, by original designation.

Machaeris Robertson, 1903: 104. **Type species:** *Sphecodes stygius* Robertson, 1893, by original designation.

Sphecodium Robertson, 1903: 104. **Type species:** *Sphecodium cressonii* Robertson, 1903, by original designation.

Stelidium Robertson, 1903: 104, *lapsus* for *Sphecodium*; this is not *Stelidium* Robertson, 1902. **Type species:** *Sphecodium cressonii* Robertson, 1903, by original designation.

Sphecodes (*Callosphecodes*) Friese, 1909b: 182. **Type species:** *Callosphecodes ralunensis* Friese, 1909, monobasic. (Friese described *Callosphecodes* as a subgenus, but treated it as a genus when describing the species.).

Sphegodes Mavromoustakis, 1949: 553, unjustified emendation of *Sphecodes* Latreille, 1804.

Sphecodes (*Austrosphecodes*) Michener, 1978a: 327. **Type species:** *Sphecodes chilensis* Spinola, 1851, by original designation.

其他文献（Reference）：Michener, 1978a, 1997, 2000, 2007; Moure *et* Hurd, 1987; Pauly *et* Brooks, 2001; Bogush *et* Straka, 2012; Rasmussen *et* Michener, 2011; Astafurova *et* Proshchalykin, 2014.

（228）阿氏红腹蜂 *Sphecodes alfkeni* Meyer, 1922

Sphecodes alfkeni Meyer, 1922: 172, ♀.

分布（Distribution）：甘肃（GS）

其他文献（Reference）：Blüthgen, 1927: 42 (*Sph. alfkeni* Meyer); Blüthgen, 1934a: 22 (*Sphec. alfkeni* Meyer).

（229）光红腹蜂 *Sphecodes candidius* Meyer, 1925

Sphecodes candidius Meyer, 1925: 10, ♀.

分布（Distribution）：台湾（TW）

其他文献（Reference）：Blüthgen, 1927: 85 (*Sph. candidius* Meyer).

（230）中国红腹蜂 *Sphecodes chinensis* Meyer, 1922

Sphecodes chinensis Meyer, 1922: 172, ♂.

分布（Distribution）：甘肃（GS）

其他文献（Reference）：Blüthgen, 1924e: 490, ♂ (*Sph. chinensis* Meyer); Blüthgen, 1927: 105, ♂ (key) (*Sph. chinensis* Meyer).

（231）台湾红腹蜂 *Sphecodes formosanus* Cockerell, 1911

Sphecodes formosanus Cockerell, 1911a: 228, ♀. **Type locality:** Formosa (China: Taiwan).

分布（Distribution）：台湾（TW）

其他文献（Reference）：Blüthgen, 1924e: 507, ♂ (*Sph. formosanus* Cockerell); Blüthgen, 1927: 105, ♂ (key), 111, ♀ (key) (*Sph. formosanus* Cockerell).

（232）盔红腹蜂 *Sphecodes galeritus* Blüthgen, 1927

Sphecodes galeritus Blüthgen, 1927: 43, ♀. **Type locality:** Canton (China: Guangdong).

分布（Distribution）：广东（GD）

（233）粗红腹蜂 *Sphecodes gibbus* (Linnaeus, 1758)

Sphex gibba Linnaeus, 1758: 571.

异名（Synonym）：

Apis glabra Füessly, 1775: 51.

Andrena ferruginea Olivier, 1789, *nomen novum* for *Nomada gibba* Fabricius, 1775 (*nec* Linnaeus, 1758): 139.

Apis gibbosa Christ, 1791, *nomen novum* for *Nomada gibba* Fabricius, 1775 (*nec* Linnaeus, 1758): 177.

Melitta picea Kirby, 1802: 48.

Melitta sphecoides Kirby, 1802: 46.

Andrena austriaca Fabricius, 1804: 325.

Dichroa analis Illiger, 1806, *nomen novum* for *Nomada gibba* Fabricius, 1775 (*nec* Linnaeus, 1758): 48.

Sphecodes apicatus Smith, 1853: 36.

Sphecodes nigripennis Morawitz, 1876: 257.

Sphecodes sutor Nurse, 1903: 538.

Sphecodes gibbus var. *rufispinosus* Meyer, 1920: 113.

Sphecodes gibbus var. *turcestanicus* Meyer, 1920: 113.

Sphecodes nippon Meyer, 1922: 171.

Sphecodes castilianus Blüthgen, 1924: 473.

Sphecodes lustrans Cockerell, 1931e: 411.

Sphecodes pergibbus Blüthgen, 1938: 50.

分布（Distribution）：黑龙江（HL）、吉林（JL）、辽宁（LN）、河北（HEB）、北京（BJ）、湖北（HB）；亚洲、欧洲、北非

其他文献（Reference）：Bogusch *et* Straka, 2012: 4, ♀ (key), 6, ♂ (key), 11; Wu, 1965: 38, ♀, ♂, Plate II-27.

（234）淡翅红腹蜂 *Sphecodes grahami* Cockerell, 1922

Sphecodes grahami Cockerell, 1922a: 12 ♀. **Holotype:** China: Szechwan (Sichuan), Suifu; USNM.

分布（Distribution）：吉林（JL）、河北（HEB）、北京（BJ）、山东（SD）、安徽（AH）、江苏（JS）、浙江（ZJ）、四川（SC）、云南（YN）、西藏（XZ）、广东（GD）

其他文献（Reference）：Cockerell, 1931a: 12, ♀; Wu, 1965: 38, ♀, ♂ (*Sphecodes grahami* Cockerell), Plate II-28; Wu *et al.*, 1988: 31, ♀, ♂.

（235）霍氏红腹蜂 *Sphecodes howardi* Cockerell, 1922

Sphecodes howardi Cockerell, 1922a: 12, ♀. **Holotype:** China Canton (Guangdong); USMW.

分布（Distribution）：江苏（JS）、广东（GD）

其他文献（Reference）：Blüthgen, 1927: 111, ♀ (key) (*Sph. howardi* Cockerell).

（236）甘肃红腹蜂 *Sphecodes kansuensis* Blüthgen, 1934

Sphecodes kansuensis Blüthgen, 1934a: 21, ♂. **Holotype:** ♂, Kansu (China: Gansu); in Stockholm.

分布（Distribution）：甘肃（GS）

（237）柯氏红腹蜂 *Sphecodes kershawi* Perkins, 1921

Sphecodes kershawi Perkins, 1921: 9, ♂.

分布（Distribution）：甘肃（GS）

其他文献（Reference）：Perkins, 1922: 91, ♀; Blüthgen, 1927: 66 (*Sph. kershawi* Perkins), 112, ♀ (key) (*Sph. kershawi* Perkins).

（238）满洲里红腹蜂 *Sphecodes manchurianus* Strand *et* Yasumatsu, 1938

Sphecodes manchurianus Strand *et* Yasumatsu, 1938: 80, ♂. **Holotype:** South Manchoukuo, Fengtien (China: Liaoning, Shengyan); preserved in the Entomological Laboratory of ths Kyûshû Imperial University, Fukuoka.

分布（Distribution）：辽宁（LN）、甘肃（GS）；朝鲜

（239）明亮红腹蜂 *Sphecodes pellucidus* Smith, 1845

Sphecodes pellucidus Smith, 1845: 1014, ♀, ♂. **Type locality:** England.

异名（Synonym）：

Sphecodes pilifrons Thomson, 1870: 99, ♀. **Type locality:** Sweden.

Sphecodes brevicornis Hagens, 1874: 39, ♂. **Type locality:** Germany.

Sphecodes volatilis Smith, 1879: 26, ♂. **Type locality:** Russia, Transbaikalia.

Sphecodes pellucidus var. *algirus* Alfken, 1914: 195, ♀. **Type locality:** Algeria.

Sphecodes pellucidus var. *hybridus* Blüthgen, 1924e: 516, ♀. **Type locality:** North China.

Sphecodes pellucidus var. *niveipennis* Meyer, 1925: 7, ♂. **Type locality:** North China, Turkmenistan.

分布（Distribution）：甘肃（GS）、江苏（JS）；吉尔吉斯斯坦、土库曼斯坦、俄罗斯、白俄罗斯、伊朗、塞浦路斯、捷克、斯洛伐克、土耳其、乌克兰；欧洲、北非

其他文献（Reference）：Meyer, 1920: 136 (*Sphecodes pellucidus* Sm.); Warncke, 1992: 20 (*Sphecodes pellucidus* Sm.); Bogush *et* Straka, 2012: 15; Straka *et al.*, 2007: 271 (*S. pellucidus* Smith, 1845); Astafurova *et* Proshchalykin, 2014: 518 (Figs. 15, 69, 110a); Astafurova *et al.*, 2014: 5.

（240）暗红腹蜂 *Sphecodes pieli* Cockerell, 1931

Sphecodes pieli Cockerell, 1931a: 13, ♂. **Holotype:** ♂, Zô-Sè (China: Shanghai); USMW.

分布（Distribution）：江苏（JS）、上海（SH）、浙江（ZJ）

其他文献（Reference）：Wu, 1965: 37, ♀, ♂ (*Sphecodes pieli* Cockerell), Plate II-25, 26.

（241）萨氏红腹蜂 *Sphecodes sauteri* Meyer, 1925

Sphecodes sauteri Meyer, 1925: 10, ♂.

分布（Distribution）：台湾（TW）
其他文献（Reference）：Blüthgen, 1927: 100, 107, ♂ (key) (*Sph. howardi sauteri* Meyer).

（242）斯氏红腹蜂 *Sphecodes strandi* Meyer, 1920

Sphecodes strandi Meyer, 1920: 106, ♀. **Syntypes:** 3♀, Formosa (China: Taiwan): Taihorin.
分布（Distribution）：台湾（TW）

（243）拟捆红腹蜂 *Sphecodes subfasciatus* Blüthgen, 1934

Sphecodes subfasciatus Blüthgen, 1934a: 22, ♀. **Holotype:** ♀, Kansu (China: Gansu); in Stockholm.
分布（Distribution）：甘肃（GS）

（244）三红腹蜂 *Sphecodes tertius* Blüthgen, 1927

Sphecodes tertius Blüthgen, 1927: 54, ♀. **Type locality:** Canton (China: Guangdong).
分布（Distribution）：广东（GD）

6. 篱隧蜂属 *Thrinchostoma* Saussure, 1890

Thrinchostoma Saussure, 1890: 52. **Type species:** *Thrinchostoma renitantely* Saussure, 1890, monobasic.
Diagonozus Enderlein, 1903: 35. **Type species:** *Diagonozus bicometes* Enderlein, 1903, monobasic.
Eothrincostoma Bltühgen, 1930e: 501. **Type species:** *Halictus torridus* Smith, 1879, by designation of Sandhouse, 1943: 548.
其他文献（Reference）：Michener, 2000, 2007.

篱隧蜂亚属 *Thrinchostoma* / Subgenus *Thrinchostoma* Saussure s. str., 1890

Thrinchostoma Saussure, 1890: 52. **Type species:** *Thrinchostoma renitantely* Saussure, 1890, monobasic.
异名（Synonym）：
Trichostoma Dalla Torre, 1896: 381, also Friese, 1909a: 150, unjustified emendation of *Thrinchostoma* Saussure, 1890.
Thrincostoma Dalla Torre, 1896: 641, also Blüthgen, 1926a, 1928b, 1930e, unjustified emendation of *Thrinchostoma* Saussure, 1890.
Trichchostoma Ashmead, 1899: 91, *lapsus* for *Thrinchostoma* Saussure, 1980.
Rostratilapis Friese, 1914b: 26. **Type species:** *Halictus macrognathus* Friese, 1914, by designation of Sandhouse, 1943: 597.
Nesothrincostoma Blüthgen, 1933b: 364. **Type species:** *Thrincostoma serricorne* Blüthgen, 1933, monobasic.
Trinchostoma Sandhouse, 1943: 606, incorrectly attributed to Sladen, 1915: 214, unjustified emendation of *Thrinchostoma* Saussure, 1890.
其他文献（Reference）：Michener, 2000, 2007.

（245）斯氏篱隧蜂 *Thrinchostoma* (*Thrinchostoma* s. str.) *sladeni* Cockerell, 1913

Thrinchostoma sladeni Cockerell, 1913: 35, ♂ (non. ♀). **Type locality:** India: Assam, Khasia Hills.
异名（Synonym）：
Halictus wroughtoni Bingham, 1897 (*nec* Cameron, 1897): 432, ♂, ♀.
分布（Distribution）：云南（YN）；印度
其他文献（Reference）：Friese, 1914b: 27 [*Halictus* (*Rostratilapis*) *sladeni*], ♂ (non. ♀); Sladen, 1915: 213, ♂ (*Thrinchostoma sladeni* Cockerell); Blüthgen, 1926a: 377 (*Thrinchostoma sladeni* Cockerell), ♂, ♀; Michener, 1978b: 524 (list); Michener *et* Engel, 2010: 133 (list), 131, ♀ (key), 133, ♂ (key); Saini *et* Rathor, 2012: 164 (list).

彩带蜂亚科 Nomiinae Robertson, 1904

Nomiidae Robertson, 1904: 42.
其他文献（Reference）：Michener, 1986; Alexander *et* Michener, 1995; Huang, 2008; Astafurova *et* Pesenko, 2005, 2006; Pauly, 2009.

7. 棒腹蜂属 *Lipotriches* Gerstäecker, 1858

Lipotriches Gerstäecker, 1858: 460. **Type species:** *Lipotriches abdominalis* Gerstäecker, 1857 = *Sphecodes cribrosa* Spinola, 1843, monobasic.
Afronomia Pauly, 1990: 126. **Type species:** *Nomia picardi* Gribodo, 1894, by original designation.
Nomia (*Austronomia*) Michener, 1965: 156. **Type species:** *Nomia australica* Smith, 1875, by original designation.
Nomia (*Clavinomia*) Warncke, 1980a: 372. **Type species:** *Nomia clavicornis* Warncke, 1980, by original designation.
Nomia (*Macronomia*) Cockerell, 1917: 468. **Type species:** *Nomia platycephala* Cockerell, 1917, by original designation.
Maynenomia Pauly, 1984c: 698. **Type species:** *Nomia maynei* Cockerell, 1937 = *Nomia testacea* Friese, 1914, by original designation.
Melanomia Pauly, 1990: 149 [also described as new by Pauly, 1991: 310]. **Type species:** *Nomia melanosoma* Benoist, 1963, by original designation.
Nomia (*Nubenomia*) Pauly, 1980: 122. **Type species:** *Nomia nubecula* Smith, 1875, by original designation.
Nomia (*Trinomia*) Pauly, 1980: 122. **Type species:** *Nomia tridentate* Smith, 1875, by original designation.
Lipotriches (*Armatriches*) Pauly, 2014a: 26. **Type species:** *Lipotriches armatipes* (Friese, 1930), by original designation.
Lipotriches (*Betsileotriches*) Pauly, 2014a: 61. **Type species:** *Nomia betsilei* de Saussure, 1890, by original designation.
Lipotriches (*Cubitriches*) Pauly, 2014a: 25. **Type species:** *Lipotriches cubitalis* (Vachal, 1903), by original designation.

Lipotriches (*Patellotriches*) Pauly, 2014a: 27. **Type species:** *Lipotriches betsilei* (de Saussure, 1890), by original designation.
Lipotriches (*Stellotriches*) Pauly, 2014a: 27. **Type species:** *Lipotriches meadewaldoi* (Brauns, 1912), by original designation.
Lipotriches (*Tegumelissa*) Pauly, 2014a: 24. **Type species:** *Lipotriches panganina* (Strand, 1911), by original designation.
其他文献（Reference）： Wu, 1985b; Michener, 1997, 2000, 2007; Astafurova *et* Pesenko, 2005, 2006; Astafurova, 2008; Huang, 2008; Pauly, 2009, 2014a, 2014b.

澳彩带蜂亚属 *Lipotriches* / Subgenus *Austronomia* Michener, 1965

Nomia (*Austronomia*) Michener, 1965: 156. **Type species:** *Nomia australica* Smith, 1875, by original designation.
其他文献（Reference）： Michener, 1997, 2000, 2007; Huang, 2008; Astafurova *et* Pesenko, 2006; Pauly, 2009.

（246）头棒腹蜂 *Lipotriches* (*Austronomia*) *capitata* (Smith, 1875)

Nomia capitata Smith, 1875b: 54, ♂. **Holotype:** ♂, Northern India; BMNH.
异名（Synonym）：
Nomia (*Austronomia*) *krombeini* Hirashima, 1978: 97, ♀, ♂. **Holotype:** ♂, Sri Lanka, Wildlife Soc; USMW. Synonymied by Pauly (2009: 196).
分布（Distribution）： 江西（JX）、四川（SC）、云南（YN）；印度、斯里兰卡
其他文献（Reference）： Huang, 2008: 28 [*Lipotriches* (*Austronomia*) *krombeini* (Hirashima, 1978)], ♀, ♂, Figs. 22-33; Pauly, 2009: 195 [*Austronomia capitata* (Smith, 1875)].

（247）大胫板棒腹蜂 *Lipotriches* (*Austronomia*) *fruhstorferi* (Pérez, 1905)

Nomia fruhstorferi Pérez, 1905: 37, ♀. **Lectotype:** ♀, Japan: Tsushima; designated by Ebmer (1978a: 213); MNP.
分布（Distribution）： 黑龙江（HL）、辽宁（LN）、内蒙古（NM）、河北（HEB）、北京（BJ）、浙江（ZJ）、西藏（XZ）；蒙古国、俄罗斯、日本
其他文献（Reference）： Michener, 1965: 157 [*Nomia* (*Austronomia*) *fruhstorferi* Pérez]; Ebmer, 1978a: 213 [*Nomia* (*Austronomia*) *fruhstorferi* Pérez], ♂ (nov.); Astafurova *et* Pesenko, 2005: 8, ♀ (key), ♂ (key), 9, Figs. 11, 21, 33; Astafurova *et* Pesenko, 2006: 75 [*Lipotriches* (*Austronomia*) *fruhstorferi* (Pérez)]; Astafurova, 2008: 81, ♂ (key), 82, ♀ (key); Huang, 2008: 27, ♀, ♂, Figs. 13-21; Pauly, 2009: 196 [*Austronomia fruhstorferi* (Pérez, 1905)].

（248）小齿突棒腹蜂 *Lipotriches* (*Austronomia*) *notiomorpha* (Hirashima, 1978)

Nomia (*Austronomia*) *notiomorpha* Hirashima, 1978: 100, ♀, ♂. **Holotype:** ♂, Sri Lanka, Wildlife Soc; USMW.
分布（Distribution）： 海南（HI）；印度、斯里兰卡
其他文献（Reference）： Huang, 2008: 29, ♀, ♂, Figs. 34-42; Pauly, 2009: 196 [*Austronomia notiomorpha* (Hirashima, 1978)].

（249）塔克棒腹蜂 *Lipotriches* (*Austronomia*) *takauensis* (Friese, 1910)

Nomia takauensis Friese, 1910: 410, ♂. **Syntypes:** ♂♂, China: Taiwan, Takau et Ku-Sia; AMNH.
异名（Synonym）：
Halictus nomiformis Strand, 1914: 149, ♂. **Lectotype:** ♂, China: Taiwan, Kankau; designated by Pauly (2009: 197), DIE. Synonymied by Pauly (2009: 197).
Nomia kankauana Strand, 1913c: 32, ♀, ♂. **Syntypes:** ♀, ♂, China: Taiwan, Kankau, DEI. Synonymied by Pauly (2009: 197).
Nomia jacobsoni Friese, 1914b: 30, ♀. **Lectotype:** ♀, Java, Batavia; designated by Pauly (2009: 197); AMNH. Synonymied by Pauly (2009: 197).
Nomia samarangensis Friese, 1914b: 31, ♂. **Syntypes:** ♂, Java, Samarang; coll. Friese. Synonymied by Pauly (2009: 197).
Nomia scutellata remolita Cockerell, 1920b: 619, ♂. **Holotype:** ♂, Singapour; USMW. Synonymied by Pauly (2009: 197).
Nomia ladelli Cockerell, 1929a: 136, ♂. **Holotype:** ♂, Thailande, Klong Rang Sit; BMNH. Synonymied by Pauly (2009: 197).
分布（Distribution）： 台湾（TW）；泰国、马来西亚、印度尼西亚
其他文献（Reference）： Huang, 2008: 30, ♀, ♂, Figs. 43-54; Pauly, 2009: 197 [*Austronomia takauensis* (Friese, 1910)].

锤腹蜂亚属 *Lipotriches* / Subgenus *Rhopalomelissa* Alfken, 1926

Rhopalomelissa Alfken, 1926: 267. **Type species:** *Rhopalomelissa xanthogaster* Alfken, 1926, by designation of Sandhouse, 1943: 596.
异名（Synonym）：
Nomia (*Epinomia*) Alfken, 1939: 113, not Ashmead, 1899. **Type species:** *Nomia andrenoides* Vachal, 1903 = *Nomia andrei* Vachal, 1897, by original designation.
Alfkenomia Hirashima, 1956: 33, replacement for *Epinomia* Alfken, 1939. **Type species:** *Nomia andrenoides* Vachal, 1903 = *Nomia andrei* Vachal, 1897, autobasic.
Rhopalomelissa (*Lepidorhopalomelissa*) Wu, 1985b: 58. **Type species:** *Nomia burmica* Cockerell, 1920, by original designation.
Rhopalomelissa (*Trichorhopalomelissa*) Wu, 1985b: 58. **Type species:** *Rhopalomelissa hainanensis* Wu, 1985, by original designation.

Rhopalomelissa (*Tropirhopalomelissa*) Wu, 1985b: 58. **Type species:** *Rhopalomelissa nigra* Wu, 1985, by original designation.

其他文献（Reference）：Wu, 1985b; Michener, 1997, 2000, 2007; Huang, 2008; Astafurova *et* Pesenko, 2005, 2006; Astafurova, 2008; Pauly, 2009, 2014.

（250）鳞棒腹蜂 *Lipotriches* (*Rhopalomelissa*) *burmica* (Cockerell, 1920)

Nomia burmica Cockerell, 1920a: 209, ♂. **Holotype:** ♂, Upper Burma, Tatkon; USMW.

分布（Distribution）：甘肃（GS）、浙江（ZJ）、湖南（HN）、四川（SC）、云南（YN）；缅甸、老挝、泰国、马来西亚

其他文献（Reference）：Wu, 1985b: 58, ♂ (key), 62, ♂ (additional reds.) [*Rhopalomelissa* (*Lepidorhopalomelissa*) *burmica* (Ckll.)]; Huang, 2008: 34, ♂; Pauly, 2009: 175 [*Lipotriches* (*Lipotriches*) *burmica* (Cockerell, 1920)], ♂, Figs. 55-63.

（251）角棒腹蜂 *Lipotriches* (*Rhopalomelissa*) *ceratina* (Smith, 1857)

Halictus ceratinus Smith, 1857: 42, ♂. **Lectotype:** ♂, Sarawak; designated by Baker (1993: 192); OUMNH.

异名（Synonym）：

Halictus basalis Smith, 1857: 43, ♂ (*nec* Smith, 1875). **Holotype:** ♂, Sing. 43a (Singapore); OUMNH. Synonymied by Pauly (2009: 175).

Nomia floralis Smith, 1875b: 58, ♀. **Holotype:** China: Hong Kong; BMNH. Synonymied by Pauly (2009: 175).

Nomia bicarinata Cameron, 1903b: 176, ♀. **Holotype:** ♀, Bornéo; BMNH. Synonymied by Pauly (2009: 176).

Nomia bidiensis Cameron, 1905b: 166, ♀. **Holotype:** ♀, Bornéo, Bidi; BMNH. Synonymied by Pauly (2009: 176).

Nomia mediorufa Cockerell, 1912: 12, ♀. **Holotype:** ♀, Formosa (China: Taiwan): Koroton; USMW. Synonymied by Pauly (2009: 176).

Nomia mediorufa gyammensis Cockerell, 1912: 13, ♀. **Holotype:** ♀, Formosa (China: Taiwan): Gyamma; USMW. Synonymied by Pauly (2009: 176).

Halictus anterufus Strand, 1914: 148, ♀, ♂. **Lectotype:** ♂, China: Taiwan, Taihorin; designated by Pauly (2009: 176); SDEI. Synonymied by Pauly (2009: 176).

Nomia palavanica Cockerell, 1915: 178, ♀. **Holotype:** ♀, Palawan, P. Princesa; USMW. Synonymied by Pauly (2009: 176).

Nomia mediorufa morata Cockerell, 1920b: 619, ♀, ♂. **Lectotype:** ♀, Singapour; designated by Pauly (2009: 176); USMW. Synonymied by Pauly (2009: 176).

Rhopalomelissa esakii Hirashima, 1961: 257, ♀, ♂. **Holotype:** ♂, Japan: Kashii, Fukuoka; KUF. Synonymied by Pauly (2009: 176).

Rhopalomelissa montana Ebmer, 1978: 214, ♀, ♂. **Holotype:** ♂, China: Chingking; in Museum San Francisco. Synonymied by Pauly (2009: 176).

Rhopalomelissa (*Tropirhopalomelissa*) *nigra* Wu, 1985b: 61, ♀, ♂. **Holotype:** ♂, China: Yunnan, Xixuangbanna, Mengzhe; IZB. Synonymied by Pauly (2009: 176).

分布（Distribution）：河北（HEB）、北京（BJ）、山东（SD）、江苏（JS）、浙江（ZJ）、江西（JX）、四川（SC）、贵州（GZ）、云南（YN）、西藏（XZ）、福建（FJ）、台湾（TW）、广东（GD）、广西（GX）、香港（HK）；新加坡、日本、越南、老挝、缅甸、泰国、马来西亚、印度尼西亚、菲律宾

其他文献（Reference）：Ebmer, 1978a: 214 (*Rhopalomelissa montana* n. sp.); Wu, 1985b: 62 [*Rhopalomelissa* (*Tropirhopalomelissa*) *floralis* (Sm.)], ♂ (nov.); Wu, 1985b: 62 [*Rhopalomelissa* (*Tropirhopalomelissa*) *mediorufa* (Ckll.)], ♂ (nov.); Wu, 1997: 1673 (*Rhopalomelissa esakii* Hirashima, 1961); Astafurova *et* Pesenko, 2005: 10 [*Lipotriches* (*Lipotriches*) *esakii* (Hirashima, 1961)]; Astafurova *et* Pesenko, 2006: 75 [*Lipotriches* (*Lipotriches*) *esakii* (Hirashima, 1961)]; Huang, 2008: 35 [*Lipotriches* (*Lipotriches*) *esakii* (Hirashima, 1961)], ♀, ♂, Figs. 73-81; Huang, 2008: 41 [*Lipotriches* (*Lipotriches*) *nigra* (Wu, 1985)], ♀, ♂, Figs. 112-120; Pauly, 2009: 175 [*Lipotriches ceratina* (Smith, 1857)]; Pauly, 2014b: 41 [*Lipotriches* (*Rhopalomelissa*) *ceratina* (Smith, 1857)], Figs. 36-39.

（252）细棒腹蜂 *Lipotriches* (*Rhopalomelissa*) gracilis Pauly, 2009

Lipotriches gracilis Pauly, 2009: 179, ♂. **Holotype:** ♂, China: Szechuen (Sichuan), Suifu; USMW.

分布（Distribution）：四川（SC）；印度

其他文献（Reference）：Pauly, 2014b: 50 [*Lipotriches* (*Rhopalomelissa*) *gracilis* Pauly, 2009], Figs. 43-44.

（253）微小棒腹蜂 *Lipotriches* (*Rhopalomelissa*) *minutula* (Friese, 1909)

Nomia minutula Friese, 1909b: 203, ♀, ♂. **Lectotype:** ♂, Asia Arch., Kalidupa Buton; NMW.

异名（Synonym）：

Nomia elongatula Cockerell, 1915: 178, ♂. **Lectotype:** ♂, Philippines; Luzon, Los Banos; USMW. Synonymied by Pauly (2009: 177).

分布（Distribution）：甘肃（GS）；印度、越南、老挝、泰国、马来西亚、印度尼西亚、菲律宾

其他文献（Reference）：Pauly, 2009: 177 [*Lipotriches minutula* (Friese, 1909)]; Pauly, 2014b: 52 [*Lipotriches* (*Rhopalomelissa*) *minutula* (Friese, 1909)], Figs. 45-47.

（254）平静棒腹蜂 *Lipotriches* (*Rhopalomelissa*) *modesta* (Smith, 1862)

Nomia modesta Smith, 1862: 59, ♀. **Holotype:** ♀, Gilolo; OUMNH.

异名（Synonym）：

Nomia halictella Cockerell, 1905a: 306, ♀. **Lectotype:** ♀,

Australie, Queensland, Mackay; BMNH. Synonymied by Pauly (2009: 177).

Nomia elongata Friese, 1914b: 29, ♀, ♂. **Lectotype:** ♂, Semarang; RMNH. Synonymied by Pauly (2009: 177).

Nomia williamsi Cockerell, 1930: 147, ♂. **Holotype:** ♂, Queensland, Halifax; MCZ. Synonymied by Pauly (2009: 177).

分布（Distribution）：云南（YN）、广西（GX）、海南（HI）；巴布亚新几内亚（俾斯麦群岛）、马来西亚、印度尼西亚、澳大利亚、所罗门群岛

其他文献（Reference）：Wu, 1985b: 64 [*Rhopalomelissa* (*Tropirhopalomelissa*) *elongata* (Fr.)], ♂ (nov.); Huang, 2008: 34 [*Lipotriches* (*Lipotriches elongata* (Friese, 1914)], ♀, ♂, Figs. 64-72; Pauly, 2009: 177 [*Lipotriches modesta* (Smith, 1862)]; Pauly, 2014b: 56 [*Lipotriches* (*Rhopalomelissa*) *modesta* (Smith, 1862)], Figs. 48-50.

（255）美腹棒腹蜂 *Lipotriches* (*Rhopalomelissa*) *pulchriventris* (Cameron, 1897)

Halictus pulchriventris Cameron, 1897: 110, ♂. **Holotype:** ♂, Mussouri; OUMNH.

异名（Synonym）：

Nomia clavata Smith, 1862: 59, ♂. **Holotype:** ♂, Gilolo; Homonym junior secondary of *Lipotriches clavata* Smith, 1853 (*Halictus*).

Nomia dimidiata Vachal, 1897: 92, ♀. **Holotype:** ♀, Ile Sula; MCSN. Synonymied by Pauly (2009: 178).

Nomia aureobalteata Cameron, 1902: 250, ♂. **Holotype:** ♂, Bengal, Rothney, OUMNH. Synonymied by Pauly (2009: 178).

Nomia halictella var. *triangularis* Cockerell, 1905a: 307, ♀. **Holotype:** ♀, Australie (Australia), Queensland; BMNH. Synonymied by Pauly (2009: 178).

Nomia pseudoceratina Cockerell, 1910c: 222, ♂. **Holotype:** ♂, Australie (Australia), Queensland; BMNH. Synonymied by Pauly (2009: 178).

Nomia halictura Cockerell, 1911d: 228, ♀. Type: Western India, Nasik; BMNH. Synonymied by Pauly (2009: 178).

Nomia levicauda Cockerell, 1919b: 5, ♀, ♂. **Lectotype:** ♂, Philippines: Luzon, Laguna Prov., Los Banos; USMW. Synonymied by Pauly (2009: 178).

Rhopalomelissa xanthogaster Alfken, 1926: 267, ♀. **Lectotype:** ♀, Buru, station 5; RMNH. Synonymied by Pauly (2009: 178).

Nomia wallacei Cockerell, 1939: 123, replacement name of *Nomia clavata* Smith, 1862 (*nec* Smith, 1853). Synonymied by Pauly (2009: 178).

Rhopalomelissa (*Trichorhopalomelissa*) *hainanensis* Wu, 1985b: 59, ♀, ♂. **Holotype:** ♂, China: Guangdong, Hainan, Tongshi; IZB. Synonymied by Pauly (2009: 178).

Rhopalomelissa (*Trichorhopalomelissa*) *zeae* Wu, 1985b: 61, ♀. **Holotype:** ♀, China: Hunan, I-chang; IZB. Synonymied by Pauly (2009: 178).

分布（Distribution）：甘肃（GS）、湖南（HN）、福建（FJ）、广东（GD）、广西（GX）、海南（HI）；印度、斯里兰卡、尼泊尔、越南、老挝、泰国、巴布亚新几内亚、菲律宾、马来西亚、印度尼西亚、澳大利亚、所罗门群岛

其他文献（Reference）：Wu, 1985b: 64 [*Rhopalomelissa* (*Trichorhopalomelissa*) *levicauda* (Ckll.)], ♂ (*additional reds.*); Wu, 1997: 1673 (*Rhopalomelissa zeae* Wu, 1985); Huang 2008: 38 [(*Lipotriches* (*Lipotriches*) *hainanensis* (Wu, 1985)), ♀, ♂, Figs. 91-102; Huang, 2008: 45 [(*Lipotriches* (*Lipotriches*) *zeae* (Wu, 1985)], ♀, ♂, Figs. 136-141; Pauly, 2009: 178 [*Lipotriches pulchriventris* (Cameron, 1897)]; Pauly, 2014b: 72 [*Lipotriches* (*Rhopalomelissa*) *pulchriventris* (Cameron, 1897)], Figs. 64-66.

（256）水社棒腹蜂 *Lipotriches* (*Rhopalomelissa*) *suisharyonis* (Strand, 1914)

Halictus suisharyonis Strand, 1914: 149, ♂, ♀. **Lectotype:** ♂, Formose (China: Taiwan): Suisharyo; designated by Pauly (2009: 178); DEI.

异名（Synonym）：

Nomia lautula Cockerell, 1919b: 6, ♂. **Lectotype:** ♂, Philippines, Mindanao; designated by Pauly (2009: 178); USNM. Synonymied by Pauly (2009: 178).

Nomia incensa Cockerell, 1920b: 620, ♀. **Holotype:** ♀, Philippines, Luzon, Montalban; USMW. Synonymied by Pauly (2009: 178).

分布（Distribution）：台湾（TW）；越南、老挝、泰国、马来西亚、菲律宾、印度尼西亚

其他文献（Reference）：Pauly, 2009: 178 [*Lipotriches suisharyonis* (Strand, 1913)] (incorrect subsequent time); Pauly, 2014b: 79 [*Lipotriches* (*Rhopalomelissa*) *suisharyonis* (Strand, 1913)] (incorrect subsequent time), Figs. 67-70.

（257）安棒腹蜂 *Lipotriches* (*Rhopalomelissa*) *yasumatsui* (Hirashima, 1961)

Rhopalomelissa yasumatsui Hirashima, 1961: 263, ♀, ♂. Holoyype: ♂, Japan: Wajiro (Kyushu); KUF.

异名（Synonym）：

Rhopalomelissa yasumatsui koreana Hirashima, 1961: 269, ♀, ♂. **Holotype:** ♂, Korean Peninsula: Suigen (Suwon); KUF.

分布（Distribution）：黑龙江（HL）、河北（HEB）、山东（SD）、安徽（AH）、江苏（JS）、浙江（ZJ）、江西（JX）、湖南（HN）、四川（SC）、福建（FJ）、台湾（TW）、广西（GX）；印度、日本、越南、韩国

其他文献（Reference）：Ebmer, 1978a: 214 (*Rhopalomelissa yasumatsui* Hirashima); Ebmer, 1980: 504 (*Rhopalomelissa yasumatsui* Hirashima, 1961); Wu, 1985b: 58 [*Rhopalomelissa* (*Trichorhopalomelissa*) *yasumatsui* Hirashima], ♂ (key); Wu, 1997: 1672 (*Rhopalomelissa yasumatsui* Hirashima, 1961); Huang, 2008: 42 [*Lipotriches* (*Lipotriches*) *yasumatsui yasu-*

matsui (Hirashima, 1961)], ♀, ♂, Figs. 121-129; Astafurova *et* Pesenko, 2005: 10 [*Lipotriches* (*Lipotriches*) *yasumatsuii* (Hirashima, 1961)], [*Lipotriches* (*Lipotriches*) *yasumatsui yasumatsui* (Hirashima, 1961)], [*Lipotriches* (*Lipotriches*) *yasumatsui koreanai* (Hirashima, 1961)]; Astafurova *et* Pesenko, 2006: 75 [*Lipotriches* (*Lipotriches*) *yasumatsui yasumatsui* (Hirashima)], [*Lipotriches* (*Lipotriches*) *yasumatsui koreanai* (Hirashima)]; Astafurova, 2008: 82, ♀ (key), ♂ (key) [*Lipotriches* (*Lipotriches*) *yasumatsui yasumatsui* (Hirashima, 1961)], [*Lipotriches* (*Lipotriches*) *yasumatsui koreanai* (Hirashima, 1961)]; Pauly, 2009: 179 [*Lipotriches yasumatsui* (Hirashima, 1961)]; Pauly, 2014: 89 [*Lipotriches* (*Rhopalomelissa*) *yasumatsui* (Hirashima, 1961)], Figs. 77-78.

（258）云南棒腹蜂 *Lipotriches* (*Rhopalomelissa*) *yunnanensis* (He *et* Wu, 1985)

Rhopalomelissa (*Trichorhopalomelissa*) *yunnanensis* He *et* Wu, 1985: 185-186, ♀, ♂.

分布（Distribution）：云南（YN）

其他文献（Reference）：Huang, 2008: 44 [*Lipotriches* (*Lipotriches*) *yunnanensis* (He *et* Wu, 1985)], ♀, ♂, Figs. 130-135.

8. 彩带蜂属 *Nomia* Latreille, 1804

Nomia Latreille, 1804: 182. **Type species:** *Andrena curvipes* Fabricius, 1781, monobasic. *Nomia diversipes* Latreille, 1806, designated by Blanchard, 1849: pl. 125 (1847), was not originally included.

Nomia (*Acunomia*) Cockerell, 1930, in Cockerell *et* Blair, 1930: 11. **Type species:** *Nomia nortoni* Cresson, 1868, by original designation.

Crocisaspidia Ashmead, 1899: 68. **Type species:** *Crocisaspidia chandleri* Ashmead, 1899, by original designation.

Hoplonomia Ashmead, 1904b: 4. **Type species:** *Hoplonomia quadrifasciata* Ashmead, 1904, by designation of Cockerell, 1910d: 289.

Nomia (*Leuconomia*) Pauly, 1980: 124. **Type species:** *Nomia candida* Smith, 1875, by original designation.

Nomia (*Maculonomia*) Wu, 1982a: 275. **Type species:** *Nomia terminata* Smith, 1875, by original designation.

Nomia (*Paulynomia*) Michener, 2000: 326. **Type species:** *Nomia aurantifer* Cockerell, 1910, by original designation.

Gnathonomia Pauly, 2005, in Karunaratne *et al.*, 2005: 28. **Type species:** *Nomia nasicana* Cockerell, 1911, by original designation.

其他文献（Reference）：Michener, 1997, 2000, 2007; Huang, 2008; Ascher *et* Pickering, 2014; Pauly, 2008a, 2009.

锯齿彩带蜂亚属 *Nomia* / Subgenus *Acunomia* Cockerell, 1930

Nomia (*Acunomia*) Cockerell, 1930, in Cockerell *et* Blair, 1930: 11. **Type species:** *Nomia nortoni* Cresson, 1868, by original designation.

异名（Synonym）：

Nomia (*Paranomia*) Friese, 1897: 48, not Conrad, 1860. **Type species:** *Nomia chalybeata* Smith, 1875, by designation of Cockerell, 1910d: 290.

Nomia (*Paranomina*) Michener, 1944: 251, not Hendel, 1907, replacement for *Paranomia* Friese, 1897. **Type species:** *Nomia chalybeata* Smith, 1875, by original designation and autobasic.

Nomia (*Curvinomia*) Michener, 1944: 251. **Type species:** *Nomia californiensis* Michener, 1937 = *Nomia tetrazonata* Cockerell, 1910, by original designation.

其他文献（Reference）：Michener, 1997, 2000, 2007; Huang, 2008; Ascher *et* Pickering, 2014; Pauly, 2009.

（259）蓝彩带蜂 *Nomia* (*Acunomia*) *chalybeata* Smith, 1875

Nomia chalybeata Smith, 1875b: 59, ♀, ♂. **Lectotype:** ♂, China: Shanghai; designated by Baker (1993: 266); BML.

异名（Synonym）：

Nomia pavonura Cockerell, 1912: 11, ♀, ♂. **Holotype:** ♂, Formosa (China: Taiwan). Synonymied by Baker (1993: 226).

分布（Distribution）：河北（HEB）、天津（TJ）、北京（BJ）、山东（SD）、河南（HEN）、安徽（AH）、江苏（JS）、上海（SH）、浙江（ZJ）、四川（SC）、福建（FJ）、台湾（TW）、广西（GX）；日本、韩国、印度、印度尼西亚、缅甸

其他文献（Reference）：Astafurova *et* Pesenko, 2005: 11; Astafurova *et* Pesenko, 2006: 75 [*Nomia* (*Acunomia*) *chalybeata* Smith]; Astafurova, 2008: 80, ♀ (key), ♂ (key) [*N.* (*Acunomia*) *chalybeata* Smith, 1875]; Huang, 2008: 50, ♀, ♂, Figs. 142-150; Pauly, 2009: 159 [*Curvinomia chalybeata* (Smith, 1875)].

（260）台湾彩带蜂 *Nomia* (*Acunomia*) *formosa* Smith, 1858

Nomia formosa Smith, 1858b: 5, ♀, ♂. **Lectotype:** ♀, Célèbes (Sulawezi, Makasar district); designated by Baker (1993); OUMNH.

分布（Distribution）：四川（SC）、台湾（TW）；印度、缅甸、印度尼西亚、斯里兰卡、新加坡

其他文献（Reference）：Huang, 2008: 53, ♀, Figs. 151-153; Pauly, 2009: 159 [*Curvinomia formosa* (Smith, 1858)].

（261）虹彩带蜂 *Nomia* (*Acunomia*) *iridescens* Smith, 1857

Nomia iridescens Smith, 1857: 43, ♀. **Lectotype:** ♀, MAL 75 (Malacca); designated by Baker (1993: 193); OUMNH.

异名（Synonym）：

Nomia (*Paranomia*) *zebrata* Cameron, 1902: 248, ♂. **Holotype:** ♂, Barrackpore, Bengal; OUMNH. Synonymied by Pauly (2009: 159).

Nomia (*Paranomia*) *frederici* Cameron, 1902: 248, ♂. **Holotype:** ♂, Barrackpore, Bengal; OUMNH. Synonymied by Pauly (2009: 159).
Nomia iridescens var. *rhodochlora* Cockerell, 1919b: 5, ♀, ♂. **Syntypes:** 1♂, Philippines, Mindanao, Dapitan (Type locality); 1♀, Negros, Cuernos Mountains; 1♀, USMW. Synonymied by Pauly (2009: 159).
Nomia subpurpurea Cockerell, 1920b: 616, ♀. **Holotype:** ♀, Singapour; USMW. Synonymied by Pauly (2009: 159).
分布（Distribution）：云南（YN）、香港（HK）；印度、泰国、斯里兰卡、新加坡、菲律宾
其他文献（Reference）：Huang, 2008: 55, ♂, Figs. 163-165; Pauly, 2009: 159 [*Curvinomia iridescens* (Smith, 1857)].

（262）黄绿彩带蜂 *Nomia* (*Acunomia*) *strigata* (Fabricius, 1793)

Andrena strigata Fabricius, 1793: 311, ♀. **Neotype:** ♀, Java; designated by Pauly (2009: 159); in Museum Copenhagen.
异名（Synonym）：
Nomia varibalteata Cameron, 1902: 132, ♂. **Holotype:** ♂, Bornéo; BMNH. Synonymied by pauly (2009: 159).
Nomia iridescens var. *ridleyi* Cockerell, 1910b: 503, ♂. **Holotype:** ♂, Singapore; BMNH. Synonymied by Pauly (2009: 159).
Nomia selangorensis Cockerell, 1920b: 617, ♀. **Holotype:** ♀, Malaisia: Selangor; USMW. Synonymied by Pauly (2009: 159).
Nomia mimosae Cockerell *et* Leveque, 1925: 170, ♀. **Lectotype:** ♀, Philippines: Wriglet Samar; BMNH. Synonymied by Pauly (2009: 160).
Nomia oryzae Cockerell, 1929a: 135, ♂. **Holotype:** ♂, Thailand; BMNH. Synonymu by Pauly (2009: 160).
分布（Distribution）：江苏（JS）、湖南（HN）、湖北（HB）、四川（SC）、云南（YN）、福建（FJ）、广东（GD）、海南（HI）；斯里兰卡、泰国、印度、新加坡、印度尼西亚、马来西亚、菲律宾
其他文献（Reference）：Dalla Tore, 1896: 170 [*Nomia strigata* (Fabr.)]; Michener, 1965: 156 [*Nomia* (*Hoplonomia*) *strigata* (Fabricius, 1793)]; Huang, 2008: 60, ♀, ♂, Figs. 198-206; Pauly, 2009: 159 [*Curvinomia strigata* (Fabricius, 1793)].

（263）绿彩带蜂 *Nomia* (*Acunomia*) *viridicinctula* Cockerell, 1931

Nomia viridicinctula Cockerell, 1931a: 10, ♀. **Holotype:** ♀, China: Anhwei (Anhui), Yue Wan Kiai, Ningkwo; AMNH.
分布（Distribution）：甘肃（GS）、安徽（AH）、浙江（ZJ）、江西（JX）、湖南（HN）、湖北（HB）、四川（SC）、贵州（GZ）、云南（YN）、福建（FJ）、广西（GX）、海南（HI）
其他文献（Reference）：Wu, 1982a: 276, ♀ (key), ♂ (key), 278 [*Nomia* (*Maculonomia*) *viridicinctula* Ckll.], ♂ (nov.); Huang, 2008: 67, ♀, ♂, Figs. 232-243; Pauly, 2009: 163 [*Maculonomia viridicinctula* (Cockerell, 1931)].

颚彩带蜂亚属 *Nomia* / Subgenus *Gnathonomia* Pauly, 2005

Gnathonomia Pauly, 2005, in Karunaratne *et al.*, 2005: 28. **Type species:** *Nomia nasicana* Cockerell, 1911, by original designation.
其他文献（Reference）：Pauly, 2009.

（264）皮氏彩带蜂 *Nomia* (*Gnathonomia*) *pieli* (Cockerell, 1931)

Nomia pieli Cockerell, 1931a: 9, ♀. **Holotype:** ♀, China: Kiangsu (Jiangsu), Ihing; AMNH.
分布（Distribution）：江苏（JS）、上海（SH）、浙江（ZJ）
其他文献（Reference）：Huang, 2008: 58 [*Nomia* (*Acunomia*) *pieli* Cockerell, 1931], ♀, ♂, Figs. 178-189; Pauly, 2009: 155 [*Gnathonomia pieli* (Cockerell, 1931)].

（265）黄胸彩带蜂 *Nomia* (*Gnathonomia*) *thoracica* Smith, 1875

Nomia thoracica Smith, 1875a: 45, ♀, ♂. **Lectotype:** ♂, Calcutta; designated by Baker (1993: 259); BMNH.
异名（Synonym）：
Nomia albofasciata Smith, 1875b: 57, ♀. **Holotype:** ♀, Java; designated by Baker (1993: 259); BMNH. Synonymied by Baker (1993: 259).
Paranomia stantoni Ashmead, 1904b: 4, ♂. **Holotype:** ♂, Philippines: Manila; USMW. Synonymied by Pauly (2009: 155).
Nomia thoracica excellens Cockerell, 1931b: 40, ♂ (*nec* Cockerell, 1929; *nec* Friese, 1930). **Holotype:** ♂, China: Foochow (Fuzhou); USMW. Synonymied by Pauly (2009: 155).
Nomia melior Cockerell, 1931d: 281, replacement name of *N. excellens*.
分布（Distribution）：内蒙古（NM）、河北（HEB）、北京（BJ）、山东（SD）、青海（QH）、安徽（AH）、浙江（ZJ）、湖南（HN）、湖北（HB）、四川（SC）、广西（GX）、江西（JX）、江苏（JS）、上海（SH）、福建（FJ）、海南（HI）、云南（YN）、台湾（TW）；印度、缅甸、泰国、老挝、菲律宾、马来西亚、印度尼西亚
其他文献（Reference）：Huang, 2008: 64 [*Nomia* (*Acunomia*) *thoracica thoracica* Smith, 1875], ♀, ♂, Figs. 214-225; Huang, 2008: 67 [*Nomia* (*Acunomia*) *thoracica excellens* Cockerell, 1931], ♀, ♂, Figs. 226-231; Pauly, 2009: 155 [*Gnathonomia thoracia* (Smith, 1875)].

齿彩带蜂亚属 *Nomia* / Subgenus *Hoplonomia* Ashmead, 1904

Hoplonomia Ashmead, 1904b: 4. **Type species:** *Hoplonomia quadrifasciata* Ashmead, 1904, by designation of Cockerell, 1910d: 289.
其他文献（Reference）：Michener, 1997, 2000, 2007; Huang, 2008; Pauly, 2009.

（266）埃彩带蜂 *Nomia (Hoplonomia) elliotii* Smith, 1875

Nomia elliotii Smith, 1875a: 44, ♀, ♂. **Syntypes:** ♀, ♂, Madras, Barrackpore et Nischiudipore; BML.

异名（Synonym）：

Nomia simplicipes Friese, 1897: 73, ♂ (non. ♀). **Lectotype:** ♂, China: Kaulun (near Hongkong); designated by Cockerell (1919b: 3). Synonymied by Pauly (2009: 167).

分布（Distribution）：北京（BJ）、浙江（ZJ）、湖南（HN）、四川（SC）、云南（YN）、西藏（XZ）、台湾（TW）、香港（HK）；泰国、缅甸、印度、巴布亚新几内亚

其他文献（Reference）：Wu, 1992: 1384 (*Nomia ellitoii* Smith, 1853) (incorrect subsequent time); Huang, 2008: 71 [*Nomia (Hoplonomia) elliotii* Smith, 1853] (incorrect subsequent time), ♀, ♂, Figs. 253-261; Pauly, 2009: 167 [*Hoplonomia elliotii* (Smith, 1875)].

（267）疑彩带蜂 *Nomia (Hoplonomia) incerta* Gribodo, 1894

Nomia incerta Gribodo, 1894: 129, ♀, ♂. **Lectotype:** ♀, Java; designated by Pauly (2009: 167); MCSN.

异名（Synonym）：

Nomia punctata Westwood, 1875: 213, ♀, ♂ (*nec* Smith, 1858). **Syntypes:** ♀, ♂, China: no locality; BMNH. Synonymied by Pauly (2009: 167).

Nomia punctulata Dalla Torre, 1896: 169, replacement name for *Nomia punctata* Westwood, 1875. Synonymied by Pauly (2009: 167).

Nomia pilosella Cameron, 1904: 211, ♂. **Holotype:** ♂, India: Khasia Hills; OUMNH. Synonymied by Pauly (2009: 167).

分布（Distribution）：辽宁（LN）、河北（HEB）、北京（BJ）、山东（SD）、江苏（JS）、江西（JX）、四川（SC）、云南（YN）、福建（FJ）、台湾（TW）、广西（GX）；印度、韩国、日本、新加坡、马来西亚、印度尼西亚

其他文献（Reference）：Ebmer, 1978a: 213 [*Nomia (Hoplonomia) punctulata* Dalla Torre]; Wu, 1992: 1384 (*Nomia punctulata* Westwood, 1875); Astafurova *et* Pesenko, 2005: 11 [*Nomia (Hoplonomia) punctulata* Dalla Torre, 1896]; Astafurova *et* Pesenko, 2006: 76 [*Nomia (Hoplonomia) punctulata* Dalla Torre]; Astafurova, 2008: 79, ♂ (key), 80, ♀ (key) [*N. (Hoplonomia) punctulata* Dalla Torre, 1896]; Pauly, 2009: 167 [*Hoplonomia incerta* (Gribodo, 1894)].

（268）宽黄彩带蜂 *Nomia (Hoplonomia) maturans* Cockerell, 1912

Nomia maturans Cockerell, 1912: 10, ♀. **Holotype:** ♀, Formosa (China: Taiwan): Takao; USMW.

分布（Distribution）：北京（BJ）、浙江（ZJ）、四川（SC）、台湾（TW）、香港（HK）；菲律宾

其他文献（Reference）：Huang, 2008: 72, ♀, Figs. 262-264; Pauly, 2009: 167 (? Syn. nov. of *Nomia incerta* Gribodo, 1894).

斑翅彩带蜂亚属 *Nomia* / Subgenus *Maculonomia* Wu, 1982

Nomia (Maculonomia) Wu, 1982a: 275. **Type species:** *Nomia terminata* Smith, 1876, by original designation.

其他文献（Reference）：Michener, 2000, 2007; Huang, 2008; Pauly, 2009.

（269）陀螺彩带蜂 *Nomia (Maculonomia) apicalis* Smith, 1857

Nomia apicalis Smith, 1857: 43, ♂. **Holotype:** ♂, Singaopour (Singapore); OUMNH.

异名（Synonym）：

Nomia fuscipennis Smith, 1875b: 57, ♀. **Holotype:** ♀, Sumatra; BMNH. Synonymied by Baker (1993: 192).

Nomia robusta Cameron, 1902: 114, ♀. **Holotype:** ♀, Borneo; BMNH. Synonymied by Pauly (2009: 161).

Nomia violaceipennis Cameron, 1903b: 176, ♀. **Holotype:** ♀, Borneo, Kuching; BMNH. Synonymied by Baker (1993: 192).

Nomia megasoma nitidata Strand, 1913a: 105, ♀. **Holotype:** ♀, Sud China: Pingshiang (Jiangxi, Pingxiang); SDEI. Synonymied by Pauly (2009: 161).

Nomia nitens Cockerell, 1931b: 41, ♀. **Holotype:** ♀, China: Foochow (Fuzhou); BMNH. Synonymied by Baker (1993: 192).

分布（Distribution）：江西（JX）、四川（SC）、云南（YN）、西藏（XZ）、福建（FJ）、广西（GX）；印度、新加坡、印度尼西亚

其他文献（Reference）：Wu, 1982a: 276, ♀ (key), ♂ (key), 277 [*Nomia (Maculonomia) fuscipennis*], ♂ (nov.); Huang, 2008: 53 [*Nomia (Acunomia) fuscipennis* Smith, 1875], ♀, ♂, Figs. 154-159; Pauly, 2009: 161 [*Maculonomia apicalis* (Smith, 1857)].

（270）金毛彩带蜂 *Nomia (Maculonomia) aureipennis* (Gribodo, 1894)

Nomia aureipennis Gribodo, 1894: 133, ♀, ♂. **Lectotype:** ♂, Perak (Malacca); MCSN.

分布（Distribution）：西藏（XZ）；马来西亚

其他文献（Reference）：Pauly, 2009: 162 [*Maculonomia aureipensis* (Gribodo, 1894)].

（271）广西彩带蜂 *Nomia (Maculonomia) guangxiensis* Wu, 1983

Nomia (Acunomia) guangxiensis Wu, 1983b: 274, ♀. **Holotype:** China: Guangxi, Lingui; IZB.

分布（Distribution）：云南（YN）、广西（GX）

其他文献（Reference）：Huang, 2008: 54 [*Nomia (Acunomia) guangxiensis* Wu, 1983], ♀, Figs. 160-162; Pauly, 2009: 163 [*Maculonomia guangxiensis* (Wu, 1983)].

（272）墨脱彩带蜂 *Nomia (Maculonomia) medogensis* Wu, 1988

Nomia (*Maculonomia*) *medogensis* Wu, 1988: 546, ♀. **Holotype:** ♀, China: Xizang, Medog; IZB.

分布（Distribution）：西藏（XZ）

其他文献（Reference）：Huang, 2008: 57 [*Nomia* (*Acunomia*) *medogensis* Wu, 1988], ♀, Figs. 175-177; Pauly, 2009: 162 [*Maculonomia medogensis* (Wu, 1988)].

（273）槟城彩带蜂 *Nomia (Maculonomia) penangensis* Cockerell, 1920

Nomia leucozonata penangensis Cockerell, 1920b: 617, ♀. **Holotype:** ♀, Malaisia: Island Penang; USMW.

异名（Synonym）：

Nomia (*Paranomia*) *rufoclypeata* Wu, 1983b: 276, ♂. **Holotype:** China: Yunnan, Xishuangbanna, Xiaomengyang; IZB. Synonymied by Pauly (2009: 163).

分布（Distribution）：云南（YN）；马来西亚

其他文献（Reference）：Huang, 2008: 59 [*Nomia* (*Acunomia*) *ryfoclypeata* Wu, 1983], ♂, Figs. 190-195; Pauly, 2009: 162 [*Maculonomia penangensis* (Cockerell, 1920)].

（274）近彩带蜂 *Nomia (Maculonomia) proxima* Friese, 1911

Nomia proxima Friese, 1911: 125, ♂. **Holotype:** ♂, China: Canton (Guangdong, Guangzhou); ?MNB.

异名（Synonym）：

Nomia megasoma Cockerell, 1912: 11, ♀. **Holotype:** ♀, Formosa (China: Taiwan): no speciasl locality; DEI.

分布（Distribution）：河北（HEB）、安徽（AH）、浙江（ZJ）、江西（JX）、湖南（HN）、湖北（HB）、四川（SC）、贵州（GZ）、云南（YN）、福建（FJ）、台湾（TW）、广东（GD）、广西（GX）、海南（HI）

其他文献（Reference）：Wu, 1982a: 276, ♀ (key), ♂ (key), 278 [*Nomia* (*Maculonomia*) *megasoma* Ckll.]; Huang, 2008: 55 [*Nomia* (*Acunomia*) *megasoma* Cockerell, 1912], ♀, ♂, Figs. 166-174; Pauly, 2009: 163 [*Maculonomia proxima* (Friese, 1911)].

（275）红尾彩带蜂 *Nomia (Maculonomia) rufocaudata* Wu, 1988

Nomia (*Maculonomia*) *rufocaudata* Wu, 1988: 546, ♀. **Holotype:** ♀, China: Xizang, Medog; IZB.

分布（Distribution）：西藏（XZ）

其他文献（Reference）：Wu, 2004: 122 [*Nomia* (*Maculonomia*) *rufocaudata* Wu, 1988]; Huang, 2008: 60 [*Nomia* (*Acunomia*) *rufocaudata* Wu, 1988], ♀, Figs. 196-197; Pauly, 2009: 163 [*Maculonomia rufocaudata* (Wu, 1988)].

（276）斑翅彩带蜂 *Nomia (Maculonomia) terminata* Smith, 1875

Nomia terminata Smith, 1875b: 56, ♀. **Holotype:** ♀, Birmah; BMNH.

异名（Synonym）：

Nomia megaera Gribodo, 1894: 130, ♂. **Holotype:** ♂, Sumatra, Marang; MCSN. Synonymied by Pauly (2009: 163).

Nomia tuberculata Cameron, 1904: 215, ♀. **Holotype:** ♀, Khasia; OUMNH. Synonymied by Pauly (2009: 163).

Nomia maculipennis Friese, 1914b: 28, ♂. **Holotype:** ♂, Java, Babakan, Banjumas; MNB. Synonymied by Pauly (2009: 163).

Nomia anthracoptera Cockerell, 1918a: 103, ♀. **Holotype:** ♀, Singapore: no special locality; USMW. Synonymied by Pauly (2009: 163).

分布（Distribution）：湖南（HN）、湖北（HB）、四川（SC）、贵州（GZ）、云南（YN）、西藏（XZ）、福建（FJ）、广东（GD）、广西（GX）、海南（HI）；缅甸、印度、印度尼西亚、新加坡

其他文献（Reference）：Wu, 1982a: 275 [*Nomia* (*Maculonomia*) *terminata*], ♀, ♂ (key), 277; Wu, 1997: 1673 (*Nomia terminata* Smith, 1875); Huang, 2008: 62 [*Nomia* (*Maculonomia*) *terminata* Smith, 1875], ♀, ♂; Pauly, 2009: 163 [*Maculonomia terminata* (Smith, 1875)].

（277）云南彩带蜂 *Nomia (Maculonomia) yunnanensis* Wu, 1983

Nomia (*Acunomia*) *yunnanensis* Wu, 1983b: 274, ♀, ♂. **Holotype:** ♂, China: Yunnan, Xishuangbanna, Damenglon; IZB.

分布（Distribution）：云南（YN）

其他文献（Reference）：Huang, 2008: 69 [*Nomia* (*Acunomia*) *yunnanensis* Wu, 1983], ♀, ♂, Figs. 242-252; Pauly, 2009: 160 [*Curvinomia yunnanensis* (Wu, 1983)].

彩带蜂亚属 *Nomia* / Subgenus *Nomia* Latreille s. str., 1804

Nomia Latreille, 1804: 182. **Type species:** *Andrena curvipes* Fabricius, 1781, monobasic. *Nomia diversipes* Latreille, 1806, designated by Blanchard, 1849: pl. 125 (1847), was not originally included.

异名（Synonym）：

Nitocris Rafinesque-Schmaltz, 1815: 123, unnecessary replacement for *Nomia* Latreille, 1804. **Type species:** *Andrena curvipes* Fabricius, 1781, autobasic.

其他文献（Reference）：Michener, 1997, 2000, 2007; Huang, 2008; Pauly, 2008a, 2009.

（278）弯足彩带蜂 *Nomia (Nomia s. str.) crassipes* (Fabricius, 1798)

Eucera crassipes Fabricius, 1798: 278, ♂. **Lectotype:** ♂, India: Tranquebar; designated by Pauly (2008a: 214); UZMC.

异名（Synonym）：

Nomia megasomioides Strand, 1913c: 31, ♂. **Syntypes:** 2♂, China: Taiwan, Anping. Synonymied by Pauly (2008a: 214).

分布（Distribution）：江苏（JS）、云南（YN）、福建（FJ）、

台湾（TW）、广东（GD）、海南（HI）；印度、斯里兰卡、泰国、不丹

其他文献（Reference）：Huang, 2008: 76 [*Nomia* (*Nomia*) *crassipes* (Fabricius, 1793)] (incorrect subsequent time), ♀, ♂, Figs. 271-279; Pauly, 2008a: 214 [*Nomia crassipes* (Fabricius, 1798)]; Pauly, 2009: 154 [*Nomia crassipes* (Fabricius, 1798)].

9. 毛带蜂属 *Pseudapis* Kirby, 1900

Pseudapis W. F. Kirby, 1900: 15. **Type species:** *Pseudapis anomala* W. F. Kirby, 1900, monobasic.

Nomia (*Nomiapis*) Cockerell, 1919a: 208. **Type species:** *Nomia diversipes* Latreille, 1806, by original designation.

Nomia (*Pachynomia*) Pauly, 1980: 124. **Type species:** *Nomia amoenula* Gerstaecker, 1870, by original designation.

其他文献（Reference）：Ebmer, 1988; Michener, 1997, 2000, 2007; Astafurova, 2008; Huang, 2008; Pauly, 2009.

彩毛带蜂亚属 *Pseudapis* / Subgenus *Nomiapis* Cockerell, 1919

Nomia (*Nomiapis*) Cockerell, 1919a: 208. **Type species:** *Nomia diversipes* Latreille, 1806, by original designation.

其他文献（Reference）：Warncke, 1976; Michener, 1997; Astafurova *et* Pesenko, 2005, 2006; Huang, 2008; Pauly, 2009.

（279）红角毛带蜂 *Pseudapis* (*Nomiapis*) *bispinosa* (Brullé, 1832)

Nomia bispinosa Brullé, 1832: 348, ♂. **Syntype**: ♂, Greece: Mistra; MNHNP. Type lost (see Warncke, 1976: 109; Baker, 2002: 34).

异名（Synonym）：

Nomia rufiventris Spinola, 1839: 514, ♀. **Syntype(s):** ♀, Egypt: no special locality; MRT. Synonymied by Warncke (1976: 109 = *N. unidentata* sensu Warncke, *nec* Olivier, 1811). see Baker, 2002: 35.

Nomia ruficornis Spinola, 1839: 514, ♂. **Syntype(s):** ♀, Egypt: no special locality; MRT. Synonymied by Vachal (1897: 73 = *N. bispinosa*), Alfken (1926: 99 = *N. rufiventris*). see Baker, 2002: 35.

Nomia perforata Lucas, 1849: 185, ♂. **Syntypes:** ♂, Algeria: Tonga, Lacalle; MNP. Synonymied by Gerstäecker (1872: 306 = *N. ruficornis*).

Nomia albocincta Lucas, 1849: 187, ♀. **Syntype(s):** ♀, Algeria: Lacalle; MNP. Synonymied by Gerstäecker (1872: 306 = *N. ruficornis*).

Nomia aureocincta Costa, 1861: 8, ♀, ♂. **Syntype(s):** ♀, ♂, Italy: Calabria, S. Luca; IEAN. Synonymied by Gerstäecker (1872: 306 = *N. ruficornis*).

Nomia polita Costa, 1861: 11, ♀. **Syntype(s):** ♀, Italy: Naples; IEAN. Synonymied by Warncke (1976: 109 = *N. unidentata* sensu Warncke, *nec* Oliver, 1811).

Nomia basalis Smith, 1875b: 55, ♀. **Holotype:** ♀, India: no special locality; BML. Synonymied by Baker (2002: 35).

Nomia albocincta var. *basirubra* Magretti, 1884: 624, ♀. **Syntype**: ♀, Kassala, Aikota. Baker, 2005: 35 (?synonym of *N. bispinosa*).

Nomia aureocincta var. *turcomanica* Radoszkowski, 1893: 54, ♀, ♂. **Lectotype:** ♀, Seraks (southern Turkmenistan); designated by Astafurova *et* Pesenko (2006: 76); ZISP. Synonymied by Popov (1935: 368 = *N. rufiventris*).

Nomia fletcheri Cockerell, 1920a: 206, ♀. **Holotype:** ♀, India: Tarnab, Peshawar District; USMW. Synonymied by Pauly (2009: 172).

Nomia basalicincta Cockerell, 1922b: 663, replacement name of *Nomia basalis* Smith, 1875 [*nec Nomia basalis* (Smith, 1857) = *Lipotriches basalis* (Smith, 1857), Cockerell (1922b: 662) transferred *Halictus basalis* Smith, 1857 to *Nomia*].

分布（Distribution）：新疆（XJ）；葡萄牙、意大利、斯洛文尼亚、匈牙利、希腊、乌克兰、罗马尼亚、土耳其、以色列、伊拉克、伊朗、土库曼斯坦、哈萨克斯坦、印度、巴基斯坦、俄罗斯、阿尔及利亚、利比亚、埃及

其他文献（Reference）：Radoszkowski, 1867: 79 (*Nomia aureocincta*); Gerstäecker, 1872: 306 (*Nomia ruficornis*); Morawitz, 1876: 260 (*Nomia ruficornis*); Costa, 1886 (*Nomia aureocincta*); Friese, 1897: 50 (key), 51 (key), 61 (*Nomia ruficornis*), 63 (*Nomia rufiventris*); Alfken, 1938b: 104 (*Nomia valga*); Warncke, 1976: 96, ♀ (key), 98, ♂ (key), 109 (*Nomia unidentata* Oliver, 1811), Figs. 15, 36; Baker, 2002: 35 [*Nomiapis bispinosa* (Brullé, 1832)], 56 (key); Astafurova *et* Pesenko, 2006: 76 [*Nomiapis bispinosa* (Brullé)]; Wu, 1996: 298 (*Pseudapis ruficornis* Spin., 1842); Huang, 2008: 84 [*Pseudapis* (*Pseudapis*) *bispinosa* (Brullé, 1832)], ♀, ♂, Figs. 301-309; Pauly, 2009: 171 [*Nomiapis bispinosa* (Brullé, 1832)].

（280）苜蓿毛带蜂 *Pseudapis* (*Nomiapis*) *diversipes* (Latreille, 1806)

Nomia diversipes Latreille, 1806: 14, ♂. **Syntype(s):** ♂, **type locality:** not indicated; lost.

异名（Synonym）：

Andrena humeralis Jurine, 1807: 231, ♀. **Syntype(s):** ♀, Switzerland; lost. Synonymied by Gerstäecker (1872: 304).

Nomia hungarica Förster, 1853: 356, ♂. **Syntype(s):** ♂, Hungary: no special locality; ZSM. Synonymied by Gerstäecker (1872: 304).

分布（Distribution）：新疆（XJ）；蒙古国、西班牙、法国、瑞士、德国、斯洛文尼亚、克罗地亚、捷克、斯洛伐克、波兰、匈牙利、亚美尼亚、罗马尼亚、保加利亚、希腊、乌克兰、土耳其、黎巴嫩、塞浦路斯、伊朗、巴基斯坦、土库曼斯坦、乌兹别克斯坦、吉尔吉斯斯坦

其他文献（Reference）：Warncke, 1976: 96, ♀ (key), 98, ♂ (key), 110 (*Nomia diversipes* Latreille, 1806), Figs. 16, 37; Pesenko *et al.*, 2000: 137, ♀ (key), ♂ (key), 138 [*Nomiapis*

diversipes (Latreille, 1806)], Figs. 182, 184, 186; Baker, 2002: 34 [*Nomiapis diversipes* (Latreille, 1806)], 58, ♂ (key); Astafurova *et* Pesenko, 2005: 4, ♀ (key), ♂, (key), 12 [*Nomiapis diversipes* (Latreille, 1806)], Figs. 1, 7, 14, 25; Astafurova *et* Pesenko, 2006: 77 [*Nomiapis diversipes* (Latreille)]; Astafurova, 2008: 71, ♂ (key), 72, ♀ (key) [*Nomiapis diversipes* (Latreille)]; Huang, 2008: 79 [*Pseudapis* (*Pseudapis*) *diversipes* (Latreille, 1806)], ♀, ♂, Figs. 280-288; Pauly, 2009: 172 [*Nomiapis diversipes* (Latreille, 1806)]; Straka *et al.*, 2007: 268 [*P. diversipes* (Latreille, 1806)].

（281）粗腿毛带蜂 *Pseudapis* (*Nomiapis*) *femoralis* (Pallas, 1773)

Apis femoralis Pallas, 1773: 731, ♂. **Holotype:** ♂, in deserto ad Iaikum (in a desert on bank of Ural River; western Kazakhstan); MNB.

异名（Synonym）：

Lasius difformis Panzer, 1805: 15, ♂. **Syntype(s):** ♂, Germany: Mannheim; MNB. Synonymied by Mocsáry (1879: 25).

Andrena brevitarsis Eversmann, 1852: 18, ♀. in promontoriis Uralensibus australibus. **Lectotype:** ♀, Spassk (Orenburg Province; designated by Astafurova *et* Pesenko (2005: 12); ZISP. Synonymied by Warncke (1976: 111).

分布（Distribution）：山西（SX）、新疆（XJ）；蒙古国、希腊、西班牙、德国、奥地利、捷克、斯洛伐克、波兰、匈牙利、罗马尼亚、乌克兰、俄罗斯、哈萨克斯坦、土库曼斯坦、乌兹别克斯坦、塔吉克斯坦、吉尔吉斯斯坦

其他文献（Reference）：Warncke, 1976: 96, ♀ (key), 98, ♂ (key), 111 [*Nomia femoralis* (Pallas, 1773)], Figs. 21, 42; Pesenko *et al.*, 2000: 137, ♀ (key), ♂ (key), 149 [*Nomiapis femoralis* (Pallas, 1773)], Figs. 183, 185, 187; Baker, 2002: 34 [*Nomiapis femoralis* (Pallas, 1773)], 58, ♂ (key); Astafurova *et* Pesenko, 2005: 7, ♂ (key), 12 [*Nomiapis femoralis* (Pallas, 1773)], Figs. 2, 8, 18, 26; Astafurova *et* Pesenko, 2006: 78 [*Nomiapis femoralis* (Pallas)]; Astafurova, 2008: 72, ♂ (key), 73, ♀ (key), [*Nomiapis femoralis* (Pallas)]; Huang, 2008: 81 [*Pseudapis* (*Pseudapis*) *femoralis* (Pallas, 1773)], ♀, ♂, Figs. 289-291; Pauly, 2009: 172 [*Nomiapis femoralis* (Pallas, 1773)]; Straka *et al.*, 2007: 268 [*P. femoralis* (Pallas, 1773)].

（282）逃毛带蜂 *Pseudapis* (*Nomiapis*) *fugax* (Morawitz, 1879)

Nomia fugax Morawitz, 1879: 93, ♀, ♂. **Lectotype:** ♂, Azerbaijan: Kurgulutschaiskaya; designated by Astafurova *et* Pesenko (2005: 12); ZISP.

分布（Distribution）：甘肃（GS）、新疆（XJ）；埃及、阿塞拜疆、哈萨克斯坦、伊朗、巴基斯坦、俄罗斯

其他文献（Reference）：Morawitz, 1895: 70 (*Nomia fugax*, *"fallax"* [lapsus]); Friese, 1897: 50 (key), 51 (key), 56 (*Nomia fugax*); Warncke, 1976: 96, ♀ (key), 98, ♂ (key), 110 (*Nomia fugax* Morawitz, 1878) (incorrect subsequent time), Figs. 17, 38; Baker, 2002: 37, 58 (key) [*Nomiapis fugax* (Morawitz, 1877)] (incorrecr subsequent time); Astafurova *et* Pesenko, 2005: 5 (key), 12-14 [*Nomiapis fugax* (Morawitz, 1877)] (incorrect subsequent time), Figs. 5, 15, 27; Astafurova *et* Pesenko, 2006: 78 [*Nomiapis fugax* (Morawitz)]; Pauly, 2009: 172 [*Nomiapis fugax* (Morawitz, 1877)] (incorrect subsequent time).

（283）北方毛带蜂 *Pseudapis* (*Nomiapis*) *mandschurica* (Hedicke, 1940)

Nomia (*Nomiapis*) *mandschurica* Hedicke, 1940: 336, ♀, ♂. **Holotype:** ♂, China: Umgebung von Kintschou, Provinz Liauhsi (Liaoning, Jinzhou); MNB.

分布（Distribution）：黑龙江（HL）、吉林（JL）、辽宁（LN）、内蒙古（NM）、河北（HEB）、北京（BJ）、山西（SX）、山东（SD）、新疆（XJ）、江苏（JS）、上海（SH）、四川（SC）；俄罗斯、蒙古国、韩国、日本

其他文献（Reference）：Hirashima, 1961: 248, Figs. 1, 6-14; Baker, 2002: 38 [*Nomiapis mandschurica* (Hedicke, 1940)], 57, ♂ (key); Ebmer, 1978a: 214 [*Pseudapis mandschurica* (Hedicke)]; Astafurova *et* Pesenko, 2005: 6, ♀ (key), ♂ (key), 13 [*Nomiapis mandschurica* (Hedicke, 1940)], Figs. 4, 16, 17; Astafurova *et* Pesenko, 2006: 79 [*Nomiapis mandschurica* (Hedicke)]; Astafurova, 2008: 72, ♀ (key), ♂ (key) [*Nomiapis mandschurica* (Hedicke, 1940)]; Huang, 2008: 82 [*Pseudapis* (*Pseudapis*) *mandschurica* (Hedicke, 1940)], ♀, ♂, Figs. 292-300; Pauly, 2009: 172 [*Nomiapis mandschurica* (Hedicke, 1940)].

（284）鳞毛带蜂 *Pseudapis* (*Nomiapis*) *squamata* (Morawitz, 1895)

Nomia squamata Morawitz, 1895: 70, ♀, ♂. **Lectotype:** ♂, Lake Cheleken, VII (Uzbekistan); designated by Astafurova *et* Pesenko (2006: 79); ZISP.

分布（Distribution）：新疆（XJ）；希腊、西班牙、马其顿、捷克、亚美尼亚、阿塞拜疆、以色列、塞浦路斯、土耳其、哈萨克斯坦、土库曼斯坦、乌兹别克斯坦、塔吉克斯坦、伊朗、巴基斯坦

其他文献（Reference）：Friese, 1897: 49 (key), 52 (key), 70 (*Nomia squamata*); Warncke, 1976: 96, ♀ (key), 98, ♂ (key), 111 (*Nomia squamata* Morawitz, 1895), Figs. 19, 40; Pauly, 1990: 101 [*Pseudapis squamata* (Morawitz)]; Baker, 2002: 38 [(*Nomiapis squamata* (Morawitz, 1895)], 58, ♂(key); Astafurova *et* Pesenko, 2006: 79 [*Nomiapis squamata* (Morawitz)]; Astafurova, 2008: 72, ♂ (key), 74, ♀ (key) [*Nomiapis squamata* (Morawitz, 1894)] (incorrect subsequent time); Huang, 2008: 87 [*Pseudapis* (*Pseudapis*) *squamata* (Morawitz, 1895)], ♀, ♂, Figs. 319-330; Pauly, 2009: 172 [*Nomiapis squamata* (Morawitz, 1895)].

（285）三角胫毛带蜂 *Pseudapis* (*Nomiapis*) *trigonotarsis* (He *et* Wu, 1990)

Nomia (*Lobonomia*) *trigonotarsis* He *et* Wu, 1990: 217, ♂.

Holotype: ♂, China: Yunnan, Lijiang Naxi Aut. County; IZB.
分布（**Distribution**）：云南（YN）
其他文献（**Reference**）：Baker, 2002: 38 [*Pseudapis trigonotarsis* (He *et* Wu, 1990)]; Huang, 2008: 88 [*Pseudapis* (*Pseudapis*) *trigonotarsis* (He *et* Wu, 1990)], ♀, ♂, Figs. 331-333; Pauly, 2009: 172 [*Nomiapis trigonotarsis* (He *et* Wu, 1990)].

毛带蜂亚属 *Pseudapis* / Subgenus *Pseudapis* Kirby s. str., 1900

Pseudapis W. F. Kirby, 1900: 15. **Type species:** *Pseudapis anomala* W. F. Kirby, 1900, monobasic.
异名（**Synonym**）：
Stictonomia Cameron, 1905a: 192. **Type species:** *Stictonomia punctata* Cameron, 1905, monobasic.
Nomia (*Lobonomia*) Warncke, 1976: 99. **Type species:** *Nomia lobata* Olivier, 1811, by original designation.
Ruginomia Pauly, 1990: 103. **Type species:** *Nomia rugiventris* Friese, 1930, by original designation.
其他文献（**Reference**）：Michener, 1997, 2000, 2007; Astafurova *et* Pesenko, 2005; Astafurova, 2008; Huang, 2008; Pauly, 2009.

（286）暹罗毛带蜂 *Pseudapis* (*Pseudapis* s. str.) *siamensis* (Cockerell, 1929)

Nomia siamensis Cockerell, 1929a: 133, ♀, ♂. **Holotype:** ♂, Siam, Csjun; BMNH.
异名（**Synonym**）：
Nomia umesaoi Sakagami, 1961: 43, ♀, ♂. **Holotype:** ♂, Thailand: Mae Hoi; HYAS. Synonymied by Baker (2002: 31).
Nomia (*Lobonomia*) *megalobata* Wu, 1983b: 277, ♀, ♂. **Holotype:** ♂, China: Guangdong, Ledong, Hainan; IZB. Synonymied by Baker (2002: 31).
分布（**Distribution**）：广东（GD）、海南（HI）；日本、马来西亚、泰国、越南
其他文献（**Reference**）：Baker, 2002: 31 [*Pseudapis siamensis* (Cockerell, 1929)]; Huang, 2008: 86 [*Pseudapis* (*Pseudapis*) *siamensis* (Cockerell, 1929)], ♀, ♂ Figs. 310-318; Pauly, 2009: 171 [*Pseudapis siamensis* (Cockerell, 1929)].

10. 密彩带蜂属 *Steganomus* Ritsema,1873

Steganomus Ritsema, 1873: 224. **Type species:** *Steganomus javanus* Ritsema, 1873, monobasic.
异名（**Synonym**）：
Cyathocera Smith, 1875a: 47. **Type species:** *Cyathocera nodicornis* Smith, 1875, monobasic.
Nomia (*Dinomia*) Hirashima, 1956: 29. **Type species:** *Nomia taiwana* Hirashima, 1956, by original designation.
其他文献（**Reference**）：Michener, 1997, 2000, 2007; Huang, 2008; Pauly, 2009.

（287）台湾密彩带蜂 *Steganomus taiwanus* (Hirashima, 1956)

Nomia (*Dinomia*) *taiwana* Hirashima, 1956: 29, ♀. **Holotype:** ♀, China: Taiwan, Sôzan-Tikusiko; KUF.
分布（**Distribution**）：台湾（TW）
其他文献（**Reference**）：Huang, 2008: 89 [*Steganomus taiwana* (Hirashima, 1956)]; Pauly, 2009: 174.

小彩带蜂亚科 Nomioidinae Börner, 1919

Nomioidini Börner, 1919: 181.
其他文献（**Reference**）：Michener, 1986; Alexander *et* Michener, 1995; Pesenko, 1996, 2000; Pesenko *et* Pauly, 2005, 2009.

11. 艳小彩带蜂属 *Ceylalictus* Strand, 1913

Halictus (*Ceylalictus*) Strand, 1913b: 137. **Type species:** *Halictus horni* Strand, 1913, monobasic.
Ceylalictus (*Atronomioides*) Pesenko, 1983: 186. **Type species:** *Ceylalictus warnckei* Pesenko, 1983, by original designation.
Ceylalictus (*Meganomioides*) Pesenko, 1983: 183. **Type species:** *Nomioides karachensis* Cockerell, 1911, by original designation.
其他文献（**Reference**）：Michener, 2000, 2007; Pesenko *et* Pauly, 2005, 2009.

黑艳小彩带蜂亚属 *Ceylalictus* / Subgenus *Atronomioides* Pesenko, 1983

Ceylalictus (*Atronomioides*) Pesenko, 1983: 186. **Type species:** *Ceylalictus warnckei* Pesenko, 1983, by original designation.
其他文献（**Reference**）：Michener, 2000, 2007; Pesenko *et* Pauly, 2005, 2009.

（288）海南艳小彩带蜂 *Ceylalictus* (*Atronomioides*) *hainanicus* Pesenko *et* Wu, 1991

Ceylalictus (*Atronomioides*) *hainanicus* Pesenko *et* Wu, 1991: 456, ♀. **Holotype:** ♀, China: Hainan, Sanya; IZB.
分布（**Distribution**）：海南（HI）

艳小彩带蜂亚属 *Ceylalictus* / Subgenus *Ceylalictus* Strand s. str., 1913

Halictus (*Ceylalictus*) Strand, 1913b: 137. **Type species:** *Halictus horni* Strand, 1913, monobasic.
异名（**Synonym**）：
Nomioides (*Eunomioides*) Blüthgen, 1937: 3, nomen nudum. **Type species:** *Andrena variegata* Olivier, 1789, by original designation.
其他文献（**Reference**）：Michener, 2000, 2007; Pesenko *et*

Pauly, 2005, 2009.

（289）艳小彩带蜂 *Ceylalictus* (*Ceylalictus* s. str.) *variegatus* (Olivier, 1789)

Andrena variegata Olivier, 1789: 139, ♀. **Holotype:** ♀, Southern France; lost.

异名（Synonym）:

Andrena pulchella Jurine, 1807: 231, ♀, ♂. **Syntypes:** Europe; lost. Synonymied by Handlirsch (1888: 402).

Allodape syrphoides Walker, 1871: 50, ♀. **Syntypes:** Tadjura, French Somaliland; lost.

Andrena flavopicta Dours, 1873: 284, ♀, ♂. **Syntypes:** Algeria, MNHN. Synonymied by Handlirsch (1880: 403).

Nomioides jucunda Morawitz, 1874: 161, ♀. **Lectotype:** ♀, ZISP, designated by Pesenko, 1983; synonymied by Handlirsch (1888: 403).

Nomioides fasciatus Friese, 1898: 307, ♀, ♂. **Lectotype:** ♂, HNB, designated by Pesenko (1983: 180); synonymied by Pesenko (1983: 180).

Nomioides fasciatus var. *intermedius* Alfken, 1924: 250, ♂. **Holotype:** ♂, MNB; synonymied by Blüthgen (1925: 54).

Nomioides variegata var. *simplex* Blüthgen, 1925: 51, ♀. **Syntypes:** Libya: Bengasi-Guiliana, MNB; synonymied by Pesenko (1983: 180).

Nomioides variegata var. *unifasciata* Blüthgen, 1925: 53, ♂. No indication of type material.

Nomioides labiatarum Cockerell, 1931c: 204, ♀, ♂. **Holotype:** ♀, Morocco: Asni; MCZC; synonymied by Blüthgen (1934c: 255).

Nomioides variegata var. *nigrita* Blüthgen, 1934c: 257, ♀. **Holotype:** ♀, Turkmenistan, Farab; ZISP; synonymied by Pesenko (1983: 181).

Nomioides variegata var. *nigriventris* Blüthgen, 1934c: 258, ♂. **Holotype:** ♂, Algeria, La Guëtna; MNB; synonymied by Pesenko (1983: 181).

Nomioides variegata var. *pseudocerea* Blüthgen, 1934c: 257, ♀, ♂. **Syntypes:** India, Deesa; BMNH; synonymied by Pesenko (1983: 181).

分布（Distribution）：河北（HEB）、北京（BJ）、山东（SD）、宁夏（NX）、甘肃（GS）、新疆（XJ）；安纳托利亚、中东、阿联酋；非洲（南至纳米比亚、西达佛得角）、欧洲、亚洲（中部、东至巴基斯坦、亚洲最北达北纬60°的俄罗斯地区）

其他文献（Reference）：Ebmer, 1988b: 676 [*Nomioides variegatus* (Olivier, 1789)]; Pesenko *et* Wu, 1991: 456 [*Ceylalictus* (*Ceylalictus*) *variegatus* (Olivier, 1789)]; Pesenko *et al.*, 2000: 145 [*Ceylalictus* (*Ceylalictus*) *variegatus* (Olivier, 1789)], Fig. 194; Pesenko, 2005a: 3, ♀ (key), ♂ (key), 7 [*Ceylalictus* (*Ceylalictus*) *variegatus* (Olivier, 1789)]; Pesenko *et* Pauly, 2005: 160 [*Ceylalictus* (*Ceylalictus*) *variegatus* (Olivier, 1789)], ♀, ♂, Figs. 13a-13n, 14a-14e; Pl. II: 62-63 (total view), VI: 130-131 (head), XIII: 210-211 (male genitalia), XVI: 231 (map); Pesenko *et* Pauly, 2009: 219 [*Ceylalictus* (*Ceylalictus*) *variegatus* (Olivier, 1789)]; Straka *et al.*, 2007: 268 [*C. variegatus* (Olivier, 1789)].

12. 小彩带蜂属 *Nomioides* Schenck, 1867

Nomioides Schenck, 1867: 333. **Type species:** *Apis minutissima* Rossi, 1790, designated by the Commission, Opinion 1319, 1985. see Michener, 1997, and Pesenko *et* Kerzhner, 1981.

Nomioides (*Erythronomioides*) Pesenko, 1983: 176. **Type species:** *Nomioides socotranus* Blüthgen, 1925, by original designation.

Nomioides (*Paranomioides*) Pesenko, 1983: 175. **Type species:** *Nomioides steinbergi* Pesenko, 1983, by original designation.

其他文献（Reference）：Ebmer, 1988b; Michener, 2000, 2007; Pesenko *et* Pauly, 2005, 2009; Pesenko, 2005c.

（290）古氏小彩带蜂 *Nomioides gussakovskiji* Blüthgen, 1933

Nomioides gussakovskiji Blüthgen, 1933d: 121, ♀, ♂. **Lectotype:** ♂, Uzbekistan: Khiva; designated by Pesenko (1983: 158); MNB.

分布（Distribution）：甘肃（GS）、新疆（XJ）；土耳其、约旦、亚美尼亚、阿联酋、阿富汗、土库曼斯坦、乌兹别克斯坦、哈萨克斯坦、塔吉克斯坦、蒙古国、俄罗斯

其他文献（Reference）：Pesenko *et* Wu, 1991: 454 [*Nomioides* (*Nomioides*) *gussakovskiji* Blüthgen]; Pesenko, 2005c: 6, ♀ (key), ♂ (key), 7 [*Nomioides* (*Nomioides*) *gussakovskiji* Blüthgen].

（291）微小彩带蜂 *Nomioides minutissimus* (Rossi, 1790)

Apis minutissima Rossi, 1790: 109-110, ♂. **Syntypes:** Etrusca; lost.

异名（Synonym）:

Halictus pulchellus Giraud, 1861: 460, ♂.

Nomioides minutissima var. *schencki* Blüthgen, 1925b: 10, ♂.

Nomioides minutissima var. *obscurata* Blüthgen, 1925b: 9, ♀. **Syntypes:** Karlowitz bei Breslau und Ungarn; NMW.

Nomioides minutissima var. *versicolor* Blüthgen, 1925b: 9, ♀. **Syntypes:** Palma, Mallorca und Krim; MNB.

Nomioides minutissima var. *violascens* Blüthgen, 1925b: 9, ♀. **Holotype:** ♀, Austria: Wien; NMW.

Nomioides minutissima var. *fusca* Blüthgen, 1934c: 241, ♀. **Holotype:** ♀, Uzbekistan: Iskander-Kul; ZISP.

Nomioides minutissima var. *tristis* Blüthgen, 1934c: 241, ♀. **Holotype:** ♀, Uzbekistan: Khiva; MNB.

Nomioides maura Blüthgen, 1925b: 14, ♀, ♂. **Lectotype:** ♀, designated by Pesenko (1983: 135); MNB.

Nomioides campanulae Cockerell, 1931c: 206, ♀, ♂. **Syntypes:** Morocco: Ifrane; BMNH, MCZC. Synonymied by Blüthgen (1933e: 63).

Nomioides senecionis Cockerell, 1931c: 208, ♀, ♂. **Holotype:** ♀, Mogador (Morocco); BMNH. Synonymied by Pesenko *et*

Pauly (2005: 193).

Nomioides maura var. *tingitana* Blüthgen, 1933e: 63, ♀. **Holotype:** ♀, Tanger (Morocco). Synonymied by Pesenko *et* Pauly (2005: 193).

分布（Distribution）：甘肃（GS）、新疆（XJ）；蒙古国、印度、安纳托利亚、中东、亚洲（北部至北纬60°的俄罗斯地区）；欧洲、北非

其他文献（Reference）：Ebmer, 1988b: 677; Pesenko *et* Wu, 1991: 455 [*Nomioides* (*N.*) *minutissimus* (Rossi, 1790)]; Pesenko *et al.*, 2000: 141 [*Nomioides* (*Nomioides*) *minutissimus* (Rossi, 1790)], Figs. 11, 129, 133, 135, 137, 138, 191-193; Pesenko, 2005c: 4, ♀ (key), ♂ (key), 9 [*Nomioides* (*Nomioides*) *minutissimus* (Rossi, 1790)], [*Nomioides* (*Nomioides*) *minutissimus minutissimus* (Rossi, 1790)]; Pesenko *et* Pauly, 2005: 193 [*Nomioides* (*Nomioides*) *minutissimus maurus* Blüthgen, 1925], Figs. 31a-31j, Pl. IV: 88-89 (total view), 103 (mesosoma), VI: 140-141 (head), X: 186 (mesoscutum), XIV: 219 (male genitalia), XIX: 246 (map); Straka *et al.*, 2007: 268 [*N. minutissimus* (Rossi, 1790)].

（292）黑足小彩带蜂 *Nomioides nigriceps* Blüthgen, 1934

Nomioides nigriceps Blüthgen, 1934c: 270, ♀, ♂.

分布（Distribution）：新疆（XJ）；俄罗斯、哈萨克斯坦、吉尔吉斯斯坦、乌兹别克斯坦、巴基斯坦、伊朗、土库曼斯坦

其他文献（Reference）：Pesenko *et* Wu, 1991: 455 [*Nomioides* (*N.*) *nigriceps* Blüthgen, 1934] (incorrect subsequent time).

（293）饰小彩带蜂 *Nomioides ornatus* Pesenko, 1983

Nomioides (*Nomioides*) *ornatus* Pesenko, 1983: 150, ♀, ♂. **Holotype:** ♀, Turkmenistan, Dzhebel; ZISP.

分布（Distribution）：甘肃（GS）、新疆（XJ）；尼日尔、乍得、以色列、阿联酋、塔吉克斯坦、乌兹别克斯坦、土库曼斯坦、哈萨克斯坦

其他文献（Reference）：Pesenko *et* Wu, 1991: 455 [*Nomioides* (*N.*) *ornatus* Pesenko, 1983]; Pesenko, 2005c: 4, ♀ (key), ♂ (key), 10 [*Nomioides* (*Nomioides*) *ornatus* Pesenko, 1983]; Pesenko *et* Pauly, 2005: 195, ♀, ♂, Figs. 33a-33k, Pl. II: 71 (total view), VI: 142 (head), XIX: 248 (map); Pesenko *et* Pauly, 2009: 225 [*Nomioides* (*Nomioides*) *ornatus* Pesenko, 1983].

（294）亚饰小彩带蜂 *Nomioides subornatus* Pesenko, 1983

Nomioides (*Nomioides*) *subornatus* Pesenko, 1983: 147, ♀, ♂.

分布（Distribution）：新疆（XJ）；哈萨克斯坦、乌兹别克斯坦

其他文献（Reference）：Pesenko *et* Wu, 1991: 456 [*Nomioides* (*N.*) *subornatus* Pesenko, 1983].

无沟隧蜂亚科 Rophitinae Schenck, 1867

Rhophitidae Schenck, 1867: 322.

其他文献（Reference）：Michener, 1986; Alexander *et* Michener, 1995; Pesenko, 1999; Niu *et al.*, 2005; Pesenko *et* Astafurova, 2006.

13. 杜隧蜂属 *Dufourea* Lepeletier, 1841

Dufourea Lepeletier, 1841: 227. **Type species:** *Dufourea minuta* Lepeletier, 1841, by designation of Richards, 1935: 172.

Halictoides Nylander, 1848: 195. **Type species:** *Halictoides dentiventris* Nylander, 1848, by designation of Cockerell and Porter, 1899: 420.

Dufourea (*Trilia*) Vachal, 1899: 534. **Type species:** *Dufourea muoti* Vachal, 1899, monobasic.

Halictoides (*Parahalictoides*) Cockerell *et* Porter, 1899: 420. **Type species:** *Halictoides campanulae* Cockerell, 1897, by original designation.

Halictoides (*Epihalictoides*) Cockerell *et* Porter, 1899: 420. **Type species:** *Panurgus marginatus* Cresson, 1878, monobasic.

Conohalictoides Viereck, 1904a: 245 [also described as new in 1904b: 261]. **Type species:** *Conohalictoides lovelli* Viereck, 1904 = *Panurgus novaeangliae* Robertson, 1897, by original designation.

Neohalictoides Viereck, 1904b: 261. **Type species:** *Panurgus maurus* Cresson, 1878, by original designation.

Cryptohalictoides Viereck, 1904b: 261. **Type species:** *Cryptohalictoides spiniferus* Viereck, 1904, by original designation.

Mimulapis Bridwell, 1919: 162. **Type species:** *Mimulapis versatilis* Bridwell, 1919, by original designation.

Betheliella Cockerell, 1924d: 169. **Type species:** *Betheliella calocharti* Cockerell, 1924, monobasic.

Halictoides (*Cephalictoides*) Cockerell, 1924c: 244. **Type species:** *Halictoides paradoxus* Morawitz, 1867, by original designation.

Rophites (*Dentirophites*) Warncke, 1979a: 130. **Type species:** *Dufourea gaullei* Vachal, 1897, by original designation.

Rophites (*Merrophites*) Warncke, 1979a: 133. **Type species:** *Dufourea merceti* Vachal, 1907, by original designation.

Rophites (*Microrophites*) Warncke, 1979a: 133. **Type species:** *Rophites quadridentatus* Warncke, 1979, by original designation.

Rophites (*Cyprirophites*) Warncke, 1979a: 135. **Type species:** *Dufourea caeruleocephala cypria* Mavromoustakis, 1952, by original designation.

Rophites (*Carinorophites*) Warncke, 1979a: 136. **Type species:** *Dufourea rufiventris* Friese, 1898, by original designation.

Dufourea (*Alpinodufourea*) Ebmer, 1984: 360. **Type species:** *Dufourea alpina* Morawitz, 1865, by original designation.

Dufourea (*Atrodufourea*) Ebmer, 1984: 360. **Type species:** *Rophites atrata* Warncke, 1979, by original designation.

Dufourea (*Minutodufourea*) Ebmer, 1984: 361. **Type species:**

Dufourea minutissima Ebmer, 1976, by original designation.
Dufourea (*Afrodufourea*) Ebmer, 1984: 362. **Type species:** *Dufourea punica* Ebmer, 1976, by original designation.
Dufourea (*Glossadufourea*) Ebmer, 1993: 32. **Type species:** *Dufourea longiglossa* Ebmer, 1993, by original designation.
其他文献(Reference): Ebmer, 1984, 1987a, 1988b; Michener, 1997, 2000, 2007; Pesenko, 1998; Pesenko *et* Astafurova, 2006; Wu, 1982b, 1983a, 1986, 1987, 1990b; Niu *et al.*, 2005; Dumesh *et* Sheffield, 2012.

(295) 青海杜隧蜂 *Dufourea armata* Popov, 1959

Dufourea armata Popov, 1959: 226, ♂. **Holotype:** ♂, China: northern Qaidam (Govi) (northern Qinghai); ZISP.
分布(Distribution): 青海(QH)、四川(SC)、西藏(XZ)
其他文献(Reference): Wu, 1982b: 393 (*Dufourea armata* Popov), ♀, (nov.), Fig. 17; Wu, 1990b: 471 (*Dufourea armata* Popov, 1959) (erroneous new description of ♀); Ebmer, 1984: 358 [*Dufourea* (*Dufourea*) *armata* Popov, 1959]; Niu *et al.*, 2005: 49; Pesenko *et* Astafurova, 2006: 324, ♀ (key), 328, ♂ (key), 332 [*Dufourea* (*Dufourea*) *armata* Popov, 1959]; Mohamed *et* Li, 2013: 91.

(296) 马踢刺杜隧蜂 *Dufourea calcarata* (Morawitz, 1887)

Halictoides calcaratus Morawitz, 1887: 213, ♀, ♂. **Lectotype:** ♀, China: Bassin des gelben Flusses (Ordos Historical Terr., Neimenggu); designated by Ebmer (1984: 369); ZISP.
分布(Distribution): 内蒙古(NM)、新疆(XJ)、西藏(XZ)
其他文献(Reference): Wu, 1982b: 397 [*Halictoides* (*Cephalictoides*) *calcaratus* Mor.], ♂, Fig. 20; Ebmer, 1984: 369 [*Dufourea* (*Cephalictoides*) *calcarata* (Morawitz, 1886)] (incorrect subsequent time); Wu, 1987: 189 [*Halictoides* (*Cephalictoides*) *calcaratus* Mor.], 191, ♂ (key); Wu, 1996: 298 [*Halictoides calcaratus* Morawitz, 1886] (incorrect subsequent time); Niu *et al.*, 2005: 49 [*Dufourea calcaratus* (Morawitz, 1886)] (incorrect subsequent time); Pesenko *et* Astafurova, 2006: 323, ♀ (key), 327, ♂ (key), 331 [*Dufourea* (*Cephalictoides*) *calcarata* (Morawitz, 1887)]; Mohamed *et* Li, 2013: 91 [*Dufourea calcarata* (Morawitz, 1886)] (incorrect subsequent time).

(297) 黑毛杜隧蜂 *Dufourea carbopilus* (Wu, 1986)

Halictoides (*Cephalictoides*) *carbopilus* Wu, 1986: 213, ♀. **Holotype:** ♀, China: Sichuan, Zoige; IZB.
分布(Distribution): 四川(SC)
其他文献(Reference): Wu, 1987: 189 [*Halictoides* (*Cephalictoides*) *carbopilus* Wu], 192, ♀ (key); Wu, 1992: 1383 [*Halictoides* (*Cephalictoides*) *carbopilus* Wu, 1986]; Niu *et al.*, 2005: 49 [*Dufourea carbopilus* (Wu, 1986)]; Mohamed *et* Li, 2013: 92.

(298) 脊杜隧蜂 *Dufourea carinata* (Popov, 1959)

Halictoides (*Halictoides*) *carinatus* Popov, 1959: 230, ♀, ♂. **Lectotype:** ♂, Mongolia: Hingan (Major Hingan Mt. Range; China: Neimenggu); designated by Pesenko (1998: 681); ZISP.
分布(Distribution): 黑龙江(HL)、内蒙古(NM)、北京(BJ);蒙古国、俄罗斯
其他文献(Reference): Ebmer, 1978a: 215 [*Dufourea* (*Halictoides*) *carinata* (Popov)]; Ebmer, 1984: 367 [*Dufourea* (*Halictoides*) *carinata* (Popov, 1959)]; Wu, 1987: 188 [*Halictoides* (*Halictoides*) *carinatus* Popov], 191, ♂ (key); Pesenko, 1998: 681 [*Dufourea* (*Halictoides*) *carinata* (Popov, 1959)]; Niu *et al.*, 2005: 49 [*Dufourea carinata* (Popov, 1959)]; Pesenko *et* Astafurova, 2006: 324, ♀ (key), 328, ♂ (key), 333 [*Dufourea* (*Halictoides*) *carinata* (Popov, 1959)]; Mohamed *et* Li, 2013: 92.

(299) 绿光杜隧蜂 *Dufourea chlora* Wu, 1990

Dufourea chlora Wu, 1990b: 468, ♀. **Holotype:** ♀, China: Sichuan, Kangdingluba; IZB.
分布(Distribution): 四川(SC)
其他文献(Reference): Wu, 1992: 1382; Niu *et al.*, 2005: 49; Mohamed *et* Li, 2013: 92.

(300) 山杜隧蜂 *Dufourea clavicra* (Morawitz, 1890)

Halictoides clavicrus Morawitz, 1890: 360, ♂. **Lectotype:** ♂, Mongolia mer[idionalis]: Dshin-Tasy (China: Gansu); designated by Ebmer (1984: 369); ZISP.
异名(Synonym):
Halictoides montanus Morawitz, 1890: 362, ♀. **Lectotype:** ♀, China: Tschatshaku (Sichuan); designated by Ebmer (1984: 369). Synonymied by Ebmer (1984: 369); ZISP.
分布(Distribution): 甘肃(GS)、青海(QH)、四川(SC)、西藏(XZ)
其他文献(Reference): Ebmer, 1984: 369 [*Dufourea* (*Cephalictoides*) *clavicra* (Morawitz, 1889)] (incorrect subsequent time); Wu, 1982b: 395 [*Halictoides* (*Cephalictoides*) *montanus* Mor.]; Wu, 1987: 188 [*Halictoides* (*Cephalictoides*) *clavicrus* Mor.]; Wu, 1992: 1383 [*Halictoides* (*Cephalictoides*) *montanus* Morawitz, 1890]; Niu *et al.*, 2005: 49 [*Dufourea clavicrus* (Morawitz, 1889)] (incorrect subsequent time); Pesenko *et* Astafurova, 2006: 323, ♀ (key), 327, ♂ (key), 331 [*Dufourea* (*Cephalictoides*) *clavicra* (Morawitz, 1890)]; Mohamed *et* Li, 2013: 92 [*Dufourea-clavicra* (Morawitz, 1889)] (incorrect subsequent time).

(301) 唇杜隧蜂 *Dufourea clypeata* (Wu, 1983)

Halictoides (*Halictoides*) *clypeatus* Wu, 1983a: 344, ♀. **Holotype:** ♀, China: Yunnan, Decen, Adong; IZB.
分布(Distribution): 四川(SC)、云南(YN)
其他文献(Reference): Wu, 1987: 188 [*Halictoides* (*Halictoides*) *clypeatus* Wu], 192, ♀ (key); Wu, 1992: 1383 [*Halictoides* (*Halictoides*) *clypeatus* Wu, 1983]; Niu *et al.*, 2005: 49 [*Dufourea clypeatus* (Wu, 1983)]; Mohamed *et* Li, 2013: 92.

（302）腹齿杜隧蜂 *Dufourea dentiventris* (Nylander, 1848)

Halictoides dentiventris Nylander, 1848: 195, ♀, ♂. **Lectotype:** ♀, Finland: Tavastia, Kekoni; designated by Ebmer (1976c: 1); ZMUH.

异名（**Synonym**）：

Dufourea dejeanii Lepeletier, 1841: 228, ♂. **Lectotype:** ♂, no locality label; designated by Baker (1994: 1199); FSF. Nomen oblitum. The name suppressed by the ICZN for the purposes of the principle of priority (Ebmer, 2001; Opinion 2001).

Rophites bispinosa Eversmann, 1852: 60, ♂, non ♀ (= *Rophites cana* Eversmann). **Lectotype:** ♂, Russia: Irkutsk Prov.: Irkutsk; designated by Pesenko (1998: 68); ZISP. Synonymied by Morawitz (1866: 28)

Dufourea putoniana Dours, 1873: 291, ♀, ♂. **Syntypes:** France: Hospenthal (St. Gotthardt), 1♀; Lautaret (?Vogesen), 3♂♂; MNB (only 1♂ retained). Synonymied by Warncke (1979a: 140).

Dufourea (*Halictoides*) *odontogastra* Ebmer, 1978c: 317, ♂. **Holotype:** ♂, North Korea: Pektusan Mt.; HMB. Synonymied by Ebmer (1984: 364).

分布（**Distribution**）：青海（QH）；俄罗斯（西伯利亚）、朝鲜；欧洲

其他文献（**Reference**）：Ebmer, 1976c: 1 [*Dufourea* (*Halictoides*) *dentiventris*]; Ebmer, 1988b: 682 [*Dufourea* (*Halictoides*) *dentiventris* (Nylander, 1848)]; Ebmer, 1999: 205 [*Dufourea* (*Halictoides*) *dentiventris* (Nylander, 1848)]; Baker, 1994: 1199 (*Halictoides dejeanii* Lep., 1841); Pesenko, 1998: 682 [*Dufourea* (*Halictoides*) *dentiventris* (Nylander)]; Pesenko *et al.*, 2000: 115 (key), 118 [*Dufourea* (*Halictoides*) *dentiventris* (Nylander, 1848)], Figs. 141, 144, 151; Pesenko *et* Astafurova, 2006: 324 (key), 329 (key), 334 [*Dufourea* (*Halictoides*) *dentiventris* (Nylander, 1848)]; Straka *et al.*, 2007: 267 [*D. dentiventris* (Nylander, 1848)]; Proshchalykin *et* Lelej, 2013: 319 (*Rophites bispinosa* Eversmann, 1852); Mohamed *et* Li, 2013: 92.

（303）黄带杜隧蜂 *Dufourea flavozonata* (Wu, 1990)

Halictoides (*Halictoides*) *flavozonatus* Wu, 1990a: 243, ♀. **Holotype:** ♀, China: Inner Mongolia, Dong Ujimqin; IZB.

分布（**Distribution**）：内蒙古（NM）

其他文献（**Reference**）：Pesenko *et* Astafurova, 2006: 335 [*Dufourea* (*Halictoides*) *flavozonata* (Wu, 1990)]; Mohamed *et* Li, 2013: 92.

（304）光腹杜隧蜂 *Dufourea glaboabdominalis* (Wu, 1986)

Halictoides (*Cephalictoides*) *glaboabdominalis* Wu, 1986: 213, ♀. **Holotype:** ♀, China: Sichuan, Dege Manigago; IZB.

分布（**Distribution**）：四川（SC）、云南（YN）

其他文献（**Reference**）：Wu, 1987: 189 [*Halictoides* (*Cephalictoides*) *glaboabdominalis* Wu], 192, ♀ (key); Wu, 1992: 1383 [*Halictoides* (*Cephalictoides*) *glaboabdominalis* Wu, 1986]; Niu *et al.*, 2005: 49; Mohamed *et* Li, 2013: 92.

（305）泛杜隧蜂 *Dufourea inermis* (Nylander, 1848)

Halictoides inermis Nylander, 1848: 197, ♂. **Lectotype:** ♂, Siberia orientalis (Khabarovsk territory); designated by Ebmer (1976c: 2); ZMUH.

分布（**Distribution**）：黑龙江（HL）、青海（QH）；俄罗斯；中亚、欧洲

其他文献（**Reference**）：Schenck, 1869: 284 (*Halictoides inermis*), ♀ (nov.); Ebmer, 1976c: 2 [*Dufourea* (*Halictoides*) *innermis*]; Ebmer, 1984: 330, ♀ (key), 340, ♂ (key), 365 [*Dufourea* (*Halictoides*) *innermis innermis* (Nylabder, 1848)]; Ebmer, 1988b: 683 [*Dufourea* (*Halictoides*) *innermis* (Nylabder, 1848)]; Ebmer, 1999: 206 [*Dufourea* (*Halictoides*) *innermis* (Nylabder, 1848)]; Wu, 1987: 188 [*Halictoides* (*Halictoides*) *innermis* (Nyl.)]; Pesenko *et al.*, 2000: 115 (key), 119 [*Dufourea* (*Halictoides*) *innermis* (Nylabder, 1848)], Figs. 145, 152; Niu *et al.*, 2005: 49; Pesenko *et* Astafurova, 2006: 324, ♀ (key), 329, ♂ (key), 335 [*Dufourea* (*Halictoides*) *innermis* (Nylabder, 1848)]; Mohamed *et* Li, 2013: 92.

（306）粗腿杜隧蜂 *Dufourea latifemurinis* (Wu, 1982)

Halictoides (*Cephalictoides*) *latifemurinis* Wu, 1982b: 394, ♀, ♂. **Holotype:** ♂, China: Xizang, Markam; IZB.

分布（**Distribution**）：青海（QH）、四川（SC）、云南（YN）、西藏（XZ）

其他文献（**Reference**）：Wu, 1987: 189 [*Halictoides* (*Cephalictoides*) *latifemurinis* Wu], 191, ♂ (key), 192, ♀ (key); Wu, 1992: 1383 [*Halictoides* (*Cephalictoides*) *latifemurinis* Wu, 1982]; Niu *et al.*, 2005: 49; Mohamed *et* Li, 2013: 92.

（307）丽江杜隧蜂 *Dufourea lijiangensis* Wu, 1990

Dufourea lijiangensis Wu, 1990b: 469, ♂. **Holotype:** ♂, China: Lijiang, Lameirong; IZB.

分布（**Distribution**）：云南（YN）

其他文献（**Reference**）：Wu, 1992: 1382; Niu *et al.*, 2005: 49; Mohamed *et* Li, 2013: 92.

（308）长距杜隧蜂 *Dufourea longispinis* (Wu, 1987)

Halictoides (*Cephalictoides*) *longispinis* Wu, 1987: 194, ♀. **Holotype:** ♀, China: Xizang, Changmu; IZB.

分布（**Distribution**）：西藏（XZ）

其他文献（**Reference**）：Niu *et al.*, 2005: 49; Mohamed *et* Li, 2013: 92.

（309）大颚杜隧蜂 *Dufourea mandibularis* (Popov, 1959)

Halictoides (*Cephalictoides*) *mandibularis* Popov, 1959: 235, ♂. **Holotype:** ♂, China: southern slopes of South Tetung Mt. Range (Gansu); ZISP.

异名（Synonym）：

Rophites (*Cephalictoides*) *tridentata* Warncke, 1979a: 155. Unnecessary new name for *Halictoides mandibularis* Popov, 1959, preoccupied in the genus *Rophites*.

分布（Distribution）：甘肃（GS）、西藏（XZ）

其他文献（Reference）：Ebmer, 1984: 370 [*Dufourea* (*Cephalictoides*) *mandibularis* (Popov, 1959)]; Wu, 1982b: 396 [*Halictoides* (*Cephalictoides*) *mandibularis* Popov]; Wu, 1987: 189 [*Halictoides* (*Cephalictoides*) *mandibularis* Popov], 191, ♂ (key); Niu *et al.*, 2005: 49; Pesenko *et* Astafurova, 2006: 327, ♂ (key), 331 [*Dufourea* (*Cephalictoides*) *mandibularis* (Popov, 1959)]; Mohamed *et* Li, 2013: 92.

（310）宽颚杜隧蜂 *Dufourea megamandibularis* (Wu, 1983)

Halictoides (*Cephalictoides*) *megamandibularis* Wu, 1983a: 345, ♀, ♂. **Holotype:** ♂, China: Yunnan, Zhongdian, Daxueshanyaco; IZB.

分布（Distribution）：四川（SC）、云南（YN）、西藏（XZ）

其他文献（Reference）：Wu, 1987: 189 [*Halictoides* (*Cephalictoides*) *megamandibularis* Wu], 191, ♂ (key), 192, ♀ (key); Wu, 1992: 1383 [*Halictoides* (*Cephalictoides*) *megamandibularis* Wu, 1983]; Niu *et al.*, 2005: 49; Mohamed *et* Li, 2013: 92.

（311）高原杜隧蜂 *Dufourea metallica* Morawitz, 1890

Dufourea metallica Morawitz, 1890: 359, ♀. **Lectotype:** ♀, China: Kansu (Gansu), Atu-Lunva; designated by Ebmer (1984: 357); ZISP.

分布（Distribution）：甘肃（GS）、西藏（XZ）

其他文献（Reference）：Ebmer, 1984: 357 [*Dufourea* (*Dufourea*) *metallica* Morawitz, 1889] (incorrect subsequent time); Wu, 1990b: 466 (*Dufourea metallica* Mor); Wu, 1992: 1382; Niu *et al.*, 2005: 49; Pesenko, 1998: 672 [*Dufourea* (*Dufourea*) *metallica* Morawitz], ♂ (nov.), Figs. 1-8; Mohamed *et* Li, 2013: 92.

（312）小杜隧蜂 *Dufourea minuta* Lepeletier, 1841

Dufourea minuta Lepeletier, 1841: 228, ♀, ♂. **Lectotype:** ♀, sine loco (southern France or northern Spain); designated by Baker (1994: 1199); ZMUO.

异名（Synonym）：

Dufourea vulgaris Schenck, 1861: 206, ♀, ♂. **Lectotype:** ♀, Germany: Hessen; designated by Ebmer (1975d: 240); FSF. Synonymied by Baker (1994: 1199).

分布（Distribution）：青海（QH）；俄罗斯（西伯利亚）；欧洲

其他文献（Reference）：Baker, 1994: 1199 (*Dufourea vulgaris* Schenck, 1859) (incorrect subsequent time); Ebmer, 1979: 141 [*Dufourea* (*Dufourea*) *vulgaris* (Schenck, 1859)] (incorrect subsequent time); Ebmer, 1988b: 681 [*Dufourea* (*Dufourea*) *minuta* (Lepeletier, 1841)], [*Dufourea* (*Dufourea*) *vulgaris* (Schenck, 1861)]; Ebmer, 1989: 194 [*Dufourea* (*Dufourea*) *minuta* (Lepeletier, 1841)], 199 [*Dufourea* (*Dufourea*) *vulgaris* (Schenck, 1861)]; Ebmer, 1999: 185 [*Dufourea* (*Dufourea*) *vulgaris* (Schenck, 1861)]; Pesenko, 1998: 672 [*Dufourea* (*Dufourea*) *minuta* (Lepeletier)], Figs. 9, 10; Pesenko *et al.*, 2000: 115, ♀ (key), ♂ (key), 117 [*Dufourea* (*Dufourea*) *minuta* (Lepeletier, 1841)], Figs. 143, 147-150; Pesenko *et* Astafurova, 2006: 324 (key), 328 (key), 333 [*Dufourea* (*Dufourea*) *minuta* (Lepeletier, 1841)]; Straka *et al.*, 2007: 267 (*D. minuta* Lepeletier, 1841); Mohamed *et* Li, 2013: 92.

（313）奇异杜隧蜂 *Dufourea paradoxa* (Morawitz, 1868)

Halictoides paradoxus Morawitz, 1868: 46, ♂. **Holotype:** ♂, Schweiz, Ober-Engadin; ZISP.

异名（Synonym）：

Rophites atrocoeruleus Morawitz, 1876: 74, ♀. **Holotype:** ♀, Ferghana, Isfarjram; ZISP.

Rhophites (*Halictoides*) *pamirensis* Morawitz, 1893: 430, ♀. **Holotype:** ♀, Pamir; ZISP. Synonymied by Ebmer (1984: 368).

Halictoides (*Cephalictoides*) *xinjiangensis* Wu, 1985a: 143, ♂. **Holotype:** ♂, China: Xijiang, Wensu, Tomort; IZB. Synonym by Wu (1987: 189).

Dufourea (*Halictoides*) *paradoxa mesembria* Ebmer, 1979: 142, ♀, ♂. **Holotype:** ♂, Spanien (Spain): Pyrenäen, Port de la Bonaigua, Westseite, 1800m; coll. Ebmer.

Rophites paradoxus zolotasi Warncke, 1988: 95, ♀, ♂. **Holotype:** ♀, Griechenland, Olymp; coll. Warncke.

Dufourea (*Cephalictoides*) *paradoxa nivalis* Ebmer, 1989: 205-209, ♀, ♂. **Holotype:** ♂, Spanien, Sierra Nevada, westlich des Veleta-Gipfels, 2700-3100m; coll. Ebmer.

Dufourea (*Cephalictoides*) *paradoxa sibirica* Pesenko, 1998: 680, ♀, ♂. **Holotype:** ♀, Russia: Yakutia: Balagannakh (30km ESE Ust-Nera); ZISP.

Dufourea (*Cephalictoides*) *paradoxa nepalensis* Ebmer, 1999: 209-210, ♀. **Holotype:** ♀, Zentral-Nepal, [Provinz] Langtang Khola, Sherpagaon, Ghora Tabela, 2800-3200m; BZ.

分布（Distribution）：新疆（XJ），帕米尔高原；西班牙、法国、意大利、德国、瑞士、波兰、希腊、俄罗斯（西伯利亚）、蒙古国、吉尔吉斯斯坦、尼泊尔；北非

其他文献（Reference）：Morawitz, 1872a: 364 (*Halictoides paradoxus*), ♀ (nov.); Popov, 1958: 47 [*Halictoides* (*Cephalictoides*) *atrocoeruleus*], ♂ (nov.); Ebmer, 1979: 142 [*Dufourea* (*Halictoides*) *paradoxa mesembria* n. ssp.]; Ebmer, 1984: 368 [*Dufourea* (*Cephalictoides*) *paradoxa paradoxa* (Morawitz, 1868)], [*Dufourea* (*Cephalictoides*) *paradoxa mesembria* Ebmer, 1979], [*Dufourea* (*Cephalictoides*) *paradoxa atrocoerulae* (Morawitz, 1876), comb. nov.]; Ebmer, 1988b: 684 [*Dufourea* (*Cephalictoides*) *paradoxa paradoxa* (Morawitz, 1867)] (incorrect subsequent time); Ebmer, 1989: 201 [*Dufourea* (*Cephalictoides*) *paradoxa paradoxa* (Morawitz, 1867)] (incorrect subsequent time), 205 [*Dufourea*

(*Cephalictoides*) *paradoxa mesembria* Ebmer, 1979], [*Dufourea* (*Cephalictoides*) *paradoxa zolotasi* (Warncke, 1988)], [*Dufourea* (*Cephalictoides*) *paradoxa nivalis* n. ssp.]; Ebmer, 1999: 209 [*Dufourea* (*Cephalictoides*) *paradoxa paradoxa* (Morawitz, 1867)] (incorrect subsequent time), [*Dufourea* (*Cephalictoides*) *paradoxa nivalis* Ebmer, 1989], [*Dufourea* (*Cephalictoides*) *paradoxa nepalensis* n. ssp.]; Ebmer, 2011b: 929 [*Dufourea* (*Halictoides*) *paradoxa mesembria* Ebmer, 1979], 931 [*Dufourea* (*Cephalictoides*) *paradoxa nepalensis* Ebmer, 1999], [*Dufourea* (*Cephalictoides*) *paradoxa nivalis* Ebmer, 1989]; Pesenko, 1998: 679 [*Dufourea* (*Cephalictoides*) *paradoxa paradoxa* (Morawitz)], Fig. 37; Pesenko, 1998: 680 [*Dufourea* (*Cephalictoides*) *paradoxa atrocoerulae* (Morawitz)], [*Dufourea* (*Cephalictoides*) *paradoxa sibirica* Pesenko, subsp. n.]; Pesenko *et* Astafurova, 2006: 331 [*Dufourea* (*Cephalictoides*) *paradoxa sibirica* Pesenko, 1998]; Pesenko *et al.*, 2000: 114, ♀ (key), ♂ (key), 120 [*Dufourea* (*Cephalictoides*) *paradoxa* (Morawitz, 1867)] (incorrect subsequent time); Wu, 1987: 189 [*Halictoides* (*Cephalictoides*) *atrocoeruleus* Mor.], 191, ♂ (key); Mohamed *et* Li, 2013: 91 [*Doufourea atrocoerulea* (Morawitz, 1876)].

（314）毛胫杜隧蜂 *Dufourea pilotibialis* (Wu, 1987)

Halictoides (*Cephalictoides*) *pilotibialis* Wu, 1987: 193, ♀, ♂. **Holotype:** ♂, China: Xizang, Gyirong (erroneonus spelling as Quilongbin Wu, 1987); IZB.

分布（Distribution）： 西藏（XZ）

其他文献（Reference）： Niu *et al.*, 2005: 49; Mohamed *et* Li, 2013: 92.

（315）拟高原杜隧蜂 *Dufourea pseudometallica* Wu, 1990

Dufourea pseudometallica Wu, 1990b: 472, ♂. **Holotype:** ♂, China: Xizang, Markam, Haitong; IZB.

分布（Distribution）： 西藏（XZ）

其他文献（Reference）： Niu *et al.*, 2005: 49; Mohamed *et* Li, 2013: 92.

（316）中华杜隧蜂 *Dufourea sinensis* (Wu, 1982)

Halictoides (*Halictoides*) *sinensis* Wu, 1982b: 398, ♂. **Holotype:** ♂, China: Xizang, Qabdo; IZB.

分布（Distribution）： 四川（SC）、西藏（XZ）

其他文献（Reference）： Wu, 1987: 188 [*Halictoides* (*Halictoides*) *sinensis* Wu], 191, ♂ (key); Wu, 1992: 1384 [*Halictoides* (*Halictoides*) *sinensis* Wu, 1982]; Niu *et al.*, 2005: 49; Mohamed *et* Li, 2013: 92.

（317）针腹杜隧蜂 *Dufourea spiniventris* (Popov, 1959)

Halictoides (*Cephalictoides*) *spiniventris* Popov, 1959: 232, ♂. **Lectotype:** ♂, China: Pin-Fan-Chen (Gansu); designated by Pesenko (1998: 681); ZISP.

分布（Distribution）： 甘肃（GS）、四川（SC）

其他文献（Reference）： Ebmer, 1984: 370 [*Dufourea* (*Cephalictoides*) *spiniventris* (Popov, 1959)]; Wu, 1987: 188 [*Halictoides* (*Cephalictoides*) *spiniventris* Popov]; Wu, 1992: 1383 [*Halictoides* (*Cephalictoides*) *spiniventris* Popov, 1959]; Pesenko, 1998: 681 [*Dufourea* (*Cephalictoides*) *spiniventris* (Popov)], ♀ (nov.), Figs. 40-42; Niu *et al.*, 2005: 49; Pesenko *et* Astafurova, 2006: 323, ♀ (key), 326, ♂ (key), 332 [*Dufourea* (*Cephalictoides*) *spiniventris* (Popov, 1959)]; Mohamed *et* Li, 2013: 92.

（318）扁胫杜隧蜂 *Dufourea subclavicrus* (Wu, 1982)

Halictoides (*Cephalictoides*) *subclavicrus* Wu, 1982b: 395, ♀, ♂. **Holotype:** ♂, China: Xizang, Nyalam; IZB.

分布（Distribution）： 西藏（XZ）

其他文献（Reference）： Wu, 1987: 189 [*Halictoides* (*Cephalictoides*) *subclavicrus* Wu]; Niu *et al.*, 2005: 49; Mohamed *et* Li, 2013: 92.

（319）西藏杜隧蜂 *Dufourea tibetensis* Wu, 1990

Dufourea tibetensis Wu, 1990b: 470, ♀, ♂. **Holotype:** ♀, China: Xizang, Zogang; IZB.

分布（Distribution）： 西藏（XZ）

其他文献（Reference）： Wu, 1992: 1382; Niu *et al.*, 2005: 49; Mohamed *et* Li, 2013: 92.

（320）三齿杜隧蜂 *Dufourea tridentata* (Wu, 1987)

Halictoides (*Cephalictoides*) *tridentatus* Wu, 1987: 195, ♀. **Holotype:** ♀, Xizang, Rinbung, Shada; IZB.

分布（Distribution）： 西藏（XZ）

其他文献（Reference）： Niu *et al.*, 2005: 49; Mohamed *et* Li, 2013: 92.

（321）变色杜隧蜂 *Dufourea versicolor* Alfken, 1936

Dufourea versicolor Alfken, 1936: 17, ♀. **Holotype:** ♀, China: S. Gansu: Tan-chang; NRS.

分布（Distribution）： 甘肃（GS）

其他文献（Reference）： Wu, 1990b: 466 (*Dufourea versicolor* Alfken); Ebmer, 1993: 39, ♀ (key) [*Dufourea* (*Cyprirophites*) *versicolor* Alfken]; Niu *et al.*, 2005: 49; Pesenko *et* Astafurova, 2006: 324, ♀ (key), 327, ♂ (key), 332 [*Dufourea* (*Cyprirophites*) *versicolor* Alfken, 1936]; Mohamed *et* Li, 2013: 92.

（322）吴氏杜隧蜂 *Dufourea wuyanruae* Astafurova, 2012

Dufourea wuae Astafurova, 2012: 623, replacement name of *Dufourea longicornis* Wu, 1982.

异名（Synonym）：

Halictoides (*Halictoides*) *longicornis* Wu (*nec Dufourea longicornis* Warncke, 1979) 1982: 398, ♂. **Holotype:** ♂, China: Xizang, Xigazê; IZB.

Dufourea wuae Mohamed *et* Li, 2013: 85, ♀, ♂, replacement

name of *Dufourea longicornis* Wu, 1982.
分布（**Distribution**）：内蒙古（NM）、西藏（XZ）
其他文献（**Reference**）：Wu, 1987: 188 [*Halictoides* (*Halictoides*) *longicornis* Wu], 190, ♂ (key); Wu, 1992: 1384 [*Halictoides* (*Halictoides*) *longicornis* Wu, 1982]; Ebmer, 1999: 212; Niu *et al.*, 2005: 49; Astafurova, 2012: 623; Mohamed *et* Li, 2013: 86 (*Dufourea wuae* Mohamed *et* Li), ♂ (nov.).

（323）云南杜隧蜂 *Dufourea yunnanensis* Wu, 1990

Dufourea yunnanensis Wu, 1990b: 466, ♀, ♂. **Holotype:** ♂, China: Yunnan, Xiaozhongdian; IZB.
分布（**Distribution**）：云南（YN）
其他文献（**Reference**）：Wu, 1992: 1382; Niu *et al.*, 2005: 49; Mohamed *et* Li, 2013: 92.

14. 小莫蜂属 *Morawitzella* Popov, 1957

Morawitzella Popov, 1957: 916. **Type species:** *Epimethea nana* Morawitz, 1880, by original designation.
其他文献（**Reference**）：Ebmer, 1987b; Michener, 1997, 2000, 2007; Niu *et al.*, 2005; Pesenko *et* Astafurova, 2006.

（324）小莫蜂 *Morawitzella nana* (Morawitz, 1880)

Epimethea nana Morawitz, 1880: 357, ♂. **Lectotype:** ♂, China: Bassin des gelben Flusses (Ordos, Shaanxi); designated by Pesenko *et* Astafurova (2006: 337); ZISP.
异名（**Synonym**）：
Panurginus nanus Dalla-Torre, 1896: 171, ♂.
分布（**Distribution**）：内蒙古（NM）、陕西（SN）；中亚
其他文献（**Reference**）：Popov, 1957: 916, Fig. 1, 918 [*Morawitzella nana* (F. Mor.)], ♂; Niu *et al.*, 2005: 48, 51, ♂, Fig. 2; Pesenko *et* Astafurova, 2006: 337.

15. 软隧蜂属 *Rophites* Spinola, 1808

Rophites Spinola, 1808: 8, 72. **Type species:** *Rophites quinquespinosus* Spinola, 1808, monobasic.
Dufourea (*Flavodufourea*) Ebmer, 1984: 373. **Type species:** *Dufourea flavicornis* Friese, 1913, by original designation.
Rhophitoides Schenck, 1861: 69 [for the date, see Michener, 1968a]. **Type species:** *Rhophitoides distinguendus* Schenck, 1861 = *Rhophites cana* Eversmann, 1852, monobasic.
其他文献（**Reference**）：Ebmer, 1987b; Ebmer *et* Schwammberger, 1986; Michener, 1997, 2000, 2007; Niu *et al.*, 2005; Pesenko *et* Astafurova, 2006; Astafurova, 2011.

软隧蜂亚属 *Rophites* / Subgenus *Rophites* Spinola s. str., 1808

Rophites Spinola, 1808: 8, 72. **Type species:** *Rophites quinquespinosus* Spinola, 1808, monobasic.
异名（**Synonym**）：
Rhophites Agassiz, 1847: 29, unnecessary emendation.
其他文献（**Reference**）：Michener, 1997, 2000, 2007; Niu *et al.*, 2005.

（325）中华软隧蜂 *Rophites* (*Rophites* s. str.) *gruenwaldti* Ebmer, 1978

Rophites gruenwaldti Ebmer, 1978a: 217, ♀, ♂. **Holotype:** ♂, China: Charbin (Heilongjiang, Harbin); coll. Ebmer.
分布（**Distribution**）：黑龙江（HL）、内蒙古（NM）、河北（HEB）；俄罗斯、蒙古国
其他文献（**Reference**）：Ebmer, 2011b: 924; Ebmer *et* Schwammberger, 1986: 278, ♀ (key), 280, ♂ (key), 291 (*Rophites gruenwaldti* Ebmer, 1978), Abb. 56-61, 125; Niu *et al.*, 2005: 48, ♀ (key), ♂ (key), 53 (*Rophites gruenwaldti* Ebmer, 1978), ♀, ♂, Fig. 4; Pesenko *et* Astafurova, 2006: 325, ♀ (key), 330, ♂ (key), 339 (*Rophites gruenwaldti* Ebmer, 1978), Figs. 10, 45, 64, 83, 98, 113; Astafurova, 2011: 1042 (*Rophites gruenwaldti* Ebmer).

（326）刺软隧蜂 *Rophites* (*Rophites* s. str.) *quinquespinosus* Spinola, 1808

Rophites quinquespinosus Spinola, 1808: 72, ♂. **Lectotype:** ♂, Italy: Liguria (in montibus Orerii); designated by Schwammberger (1971: 579); in Mus. Turin.
异名（**Synonym**）：
Rhophites pilichi Moczár, 1967: 114, ♀, ♂. **Syntypes:** Hungary, HMB. Synonymied by Warncke (1980b: 42).
Rhophites moeschleri Schwammberger, 1971: 579, ♀, ♂. **Holotype:** ♂, Sweden: Lindholmen; ZML. Synonymied by Warncke (1980b: 41).
Rophites bluethgeni Benedek, 1973: 272, ♀, ♂. **Holotype:** ♂, Hungary: Simontornya; HMB. Synonym (*Rophites quinquespinosus bluethgeni*) by Warncke (1980b: 42).
分布（**Distribution**）：新疆（XJ）；古北区
其他文献（**Reference**）：Wu, 1985a: 139 (*Rophites quinquespinosus* Spin.); Ebmer, 1988b: 686 (*Rophites quinquespinosus* Spinola, 1808); Pesenko *et al.*, 2000: 125 (*Rophites quinquespinosus* Spinola, 1808), ♀ (key), ♂ (key), Figs. 116, 159, 161-163; Ebmer *et* Schwammberger, 1986: 278, ♀ (key), 280, ♂ (key), 281 (*Rophites quinquespinosus* Spinola, 1808), Abb. 1-18, 41-44, 48, 119, 120, 122, 123; Niu *et al.*, 2005: 48, ♀ (key), ♂ (key), 55 (*Rophites quinquespinosus* Spinola, 1808), ♀, ♂, Fig. 5; Pesenko *et* Astafurova, 2006: 325, ♀ (key), 330, ♂ (key), 339 (*Rophites quinquespinosus* Spinola, 1808), Figs. 11, 21, 35, 39, 46, 65, 84, 99, 114; Straka *et al.*, 2007: 267 (*R. quinquespinosus* Spinola, 1808); Astafurova, 2011: 1042 (*Rophites quinquespinosus* Spinola).

拟软隧蜂亚属 *Rophites* / Subgenus *Rhophitoides* Schenck, 1861

Rhophitoides Schenck, 1861: 69 [for the date, see Michener,

1968]. **Type species:** *Rhophitoides distinguendus* Schenck, 1861 = *Rhophites cana* Eversmann, 1852, monobasic.

其他文献（Reference）：Michener, 1997, 2000, 2007; Niu *et al.*, 2005; Pesenko *et* Astafurova, 2006.

（327）灰拟软隧蜂 *Rophites* (*Rhophitoides*) *canus* Eversmann, 1852

Rophites cana Eversmann, 1852: 60, ♂. **Lectotype:** ♂, Russia: Spassk (Orenburg Prov.: Spasskoe; designated by Pesenko *et* Astafurova (2006: 338); ZISP.

异名（Synonym）：

Rhophites bifoveolatus Sichel, 1854: lxxiv, ♀, ♂. **Syntypes:** environs of Paris; ?MNP. Synonymied by Morawitz (1872b: 63).

Rhophitoides distinguendus Schenck, 1861: 208, ♂. **Syntypes:** 3♂♂, Germany: Wiesbaden und Hüchst; FSF. Synonymied by Dalla Torre (1896: 175).

分布（Distribution）：新疆（XJ）；亚美尼亚、土耳其、吉尔吉斯斯坦、乌兹别克斯坦、伊朗、蒙古国、朝鲜；欧洲

其他文献（Reference）：Ebmer, 1988b: 685 [*Rophitoides canus* (Eversmann, 1852)]; Niu *et al.*, 2005: 48, ♀ (key), ♂ (key), 52 [*Rophitoides canus* (Eversmann, 1852)], ♀, ♂, Fig. 3; Pesenko *et* Astafurova, 2006: 338 [*Rhophitoides canus* (Eversmann, 1852]; Pesenko *et al.*, 2000: 121 [*Rhophitoides canus* (Eversmann, 1852)], Figs. 13, 117, 153-157; Straka *et al.*, 2007: 267 [*Rhophitoides canus* (Eversmann, 1852)].

16. 卷须蜂属 *Systropha* Illiger, 1806

Systropha Illiger, 1806: 145. **Type species:** *Andrena spiralis* Olivier, 1789 = *Eucera curvicornis* Scopoli, 1770, monobasic.

Systropha (*Systrophidia*) Cockerell, 1936b: 477. **Type species:** *Systropha* (*Systrophidia*) *ogilviei* Cockerell, 1936, monobasic.

Systropha (*Austrosystropha*) Patiny, 2006 in Patiny *et* Michez, 2006: 39. **Type species:** *Systropha norae* Patiny, 2004, by original designation.

其他文献（Reference）：Ebmer, 1987b; Michener, 1997, 2000, 2007; Niu *et al.*, 2005; Patiny *et* Michez, 2006.

卷须蜂亚属 *Systropha* / Subgenus *Systropha* s. str. Illiger, 1806

Systropha Illiger, 1806: 145. **Type species:** *Andrena spiralis* Olivier, 1789 = *Eucera curvicornis* Scopoli, 1770, monobasic.

其他文献（Reference）：Ponomareva, 1967; Batra *et* Michener, 1966; Baker, 1996; Michener, 1997, 2000, 2007; Niu *et al.*, 2005; Patiny *et* Michez, 2006.

（328）平腹卷须蜂 *Systropha* (*Systropha* s. str.) *curvicornis* (Scopoli, 1770)

Eucera curvicornis Scopoli, 1770: 9, ♂. **Holotype:** ♂, Hungary: Circa Cremnizium (Slovakia, Kremnica); lost (see Baker, 1996).

异名（Synonym）：

Tenthredo convolvuli Pallas, 1773: 731, ♂. **Syntypes:** ♂, Russia; lost. Synonymied by Baker (1996: 1529).

Andrena spiralis Olivier, 1789: 135, ♂. **Syntypes:** ♂, France: Provence; lost.

Andrena labrosa Eversmann, 1852: 22, ♀. **Syntypes:** ♀, Russia: Orenburg; ZISP.

分布（Distribution）：新疆（XJ）；土耳其；欧洲

其他文献（Reference）：Ponomareva, 1967: 681 [*Systropha curvicornis* (Scop.)]; Ebmer, 1988b: 689 [*Systropha curvicornis* (Scopoli, 1770)]; Baker, 1996: 1529 [*Systropha curvicornis* (Scopoli, 1770)]; Pesenko *et al.*, 2000: 131, ♀ (key), ♂ (key), 132 [*Systropha curvicornis* (Scopoli, 1770)], Figs. 168, 170, 172, 174-176; Niu *et al.*, 2005: 48, ♀ (key), ♂ (key), 50 [*Systropha curvicornis* (Scopoli, 1770)], ♀, ♂, Fig. 1; Patiny *et* Michez, 2006: 30 [*Systropha* (*Systropha*) *curvicornis* (Scopoli, 1770)]; Straka *et al.*, 2007: 268 [*S. curvicornis* (Scopoli, 1770)].

参 考 文 献

Agassiz L. 1847. *Nomenclatoris Zoologici Index Universalis*....viii + 393 pp. Solduri: Jent and Gassmann. [This work is usually dated 1846, but the wrapper was dated 1847, according to D. B. Baker.]

Alexander B A, Michener C D. 1995. Phylogenetic studies of the families of short-tongued bees (Hymenoptera: Apoidea). *University of Kansas Science Bulletin*, 55(11): 377-424.

Alfken J D. 1904. Beitrag zur Synonymie der Apiden. (Hym.). *Zeitschrift für systematische Hymenopterologie und Dipterologie*, 4(1): 1-3; Leipzig.

Alfken J D. 1907. Neue paläarktische *Halictus*-Arten. *Zeitschrift für systematische Hymenopterologie und Dipterologie*, 7: 202-206.

Alfken J D. 1912. Die Bienenfauna von Westpreuben. *Bericht des Westpreussischen Botanisch—Zoologischen Vereins* [Danzig], 34: 1-96, pls. I-II.

Alfken J D. 1914. Beitrag zur Kenntnis der Bienenfauna von Algerien. *Mémoires de la Socit Royale d'Entomologie de Belgique*, 22: 185-237.

Alfken J D. 1924. Wissenschaftliche Ergebnisse der mit Unterstutzung der Akademie der Wissenschaft in Wien aus der Erbschaft Treitl von F. Werner unternommenen zoologischen Expedition nach dem angloagyptischen Sudan (Kordofan) 1914. XVI. Hymenoptera. F. Apidae. *Denkschriften der Akademie der Wissenschaften in Wien, mathematische -naturwissenschaftliche Klasse*, 99: 247-253.

Alfken J D. 1926. Fauna Buruana, Hymenoptera, Fam. Apidae. *Treubia*, 7 (3): 259-275.

Alfken J D. 1936. Schwedisch-chinesische wissenschaftliche Expedition nach den nord westlichen Provinzen Chinas, under Leitung von Dr. Sven HEDIN und Frof. SÜ PINGCHANG. Insekten gesammelt vom schwedischen Artz der Expedition Dr. David HUMMEL 1927-1930. 55. Hymenoptera. 9. *Apidae mit Ausnahme der Bombus-, Halictus- und Sphecodes*-Arten. *Arkiv för Zoologi* (A), 37: 1-24.

Alfken J D. 1938a. Beitrag zur Kenntnis der Bienenfauna von Mittel-Italien. II. *Bollettino del Laboratorio di Entomologia Bologna*, 10: 31-34.

Alfken J D. 1938b. Contributi alla conoscenza della fauna entomologica della Sardegna. *Memorie della Società Entomologica Italiana*, 16 (4): 97-114.

Alfken J D. 1939. Hymenoptera, Apidae, pp. 111-122. *In*: *Missione Biologica nel Paese dei Borana*, Vol. 3, Raccolte Zoologiche, Parte 2. Roma: Reale Accademia d'Italia.

Armbruster L. 1938. Versteinerte Honigbienen aus dem obermiocänen Randecker Maar. *Archiv für Bienenkunde*, 19: 1-48, 97-133.

Ascher J S, Pickering J. 2014. http://www.discoverlife.org/mp/20q?guide=Apoidea_species

Ashmead W H. 1899. Classification of the bees, or the superfamily Apoidea. *Transactions of the American Entomological Society*, 26: 49-100.

Ashmead W H. 1904a. Description of new genera and species of Hymenoptera from the Philippine Islands. *Proceeding of the United States National Museum* No., 1387: 127-158.

Ashmead W H. 1904b. A list of the Hymenoptera of the Philippine Islands, with descriptions of new species. *Journal of the New York Entomological Society*, 12: 1-22.

Astafurova Yu V, Pesenko Yu A. 2005. Contribution to the halictid fauna of the Eastern Palaearctic Region: subfamily Nominae (hymenoptera: Halictidae). *Far Estern Entomoligst*, 154: 1-16.

Astafurova Yu V, Pesenko Yu A. 2006. Bees of the Subfamily Nomiinae (Hymenoptera: Halictidae) in Russia and Adjacent Countries: an Annotated List. *Entomological Review*, 86(1): 74-84.

Astafurova Yu V. 2008. Bees of the subfamily Nomiinae (Hymenoptera, Halictidae) of Russia and adjacent countries: keys to genera and species. *Entomological Review*, 88(1): 68-82.

Astafurova Yu V. 2011. Bees of the Genus *Rophites* Spinola (Hymenoptera, Halictidae, Rophitinae) of Russia and Adjacent Territories. *Entomological Review*, 91(8): 1031-1045.

Astafurova Yu V. 2012. Geographical distribution of the halictid bees subfamilies Rophitinae and Nominae (Hymenoptera, Halictidae) in the Palaearctic region. *Entomologicheskoe Obozrenie*, 91(3): 604-623.

Astafurova Yu V, Proshchalykin M Yu. 2014. The bees of the genus *Sphecodes* Latreille 1804 of the Russian Far East, with key to species (Hymenoptera: Apoidea: Halictidae). *Zootaxa*, 3887(5): 501-528.

Astafurova Yu V, Proshchalykin M Yu, Shlyakhtenok A S. 2014. Contribution to the knowledge of bee fauna of the genus *Sphecodes* Latreille (Hymenoptera: Halictidae) of the republic of Belarus. *Far Eastern Entomologist*, 280: 1-8.

Baker D B. 1993. *The type material of the nominal species of exotic bees described by Frederick Smith* (*Hymenoptera, Apoidea*). Pp. [i]-vi, 1-312, 14 pls. D. Phil. Thesis, University of Oxford.

Baker D B. 1994. Type material in the University Museum, Oxford, of bees described by Comte Amédée Lepeletier de Saint-Fargeau and Pierre André Latreille (Hymenoptera: Apoidea). *Journal of Natural History*, 28 (5): 1189-l204.

Baker D B. 1996. Notes on some palaearctic and oriental *Systropha*, with descriptions of new species and a key to the species (Hymenoptera: Apoidea: Halictidae). *Journal of Natural History*, 30 (10): 1527-1547.

Baker D B. 2002. On Palaearctic and Oriental species of the genera *Pseudapis* W.F. Kirby, 1900, and *Nomiapis* Cockerell, 1919. *Beiträge zur Entomologie, Keltern*, 52 (1): 1-83.

Batra S W T, Michener C D. 1966. The nest and description of a new bee, *Systropha* punjabensis from India (Hymenoptera: Halictidae). *Journal of the Kansas Entomological Society*, 39: 650-658.

Benedek O. 1973. An undescribed dufoureine bee from the Carpathian Basin (Hymenoptera: Apoidea, Halictidae). *Acta Zoologica Academiae Scientiarum Hungaricae*, 19 (3/4): 271-276.

Benoist R. 1941. Recoltes de R. Paulian et A. Villiers dans le Haut Atlas marocain, 1938 (XVIII note). Hyménoptères Apidés. *Annales de la Société entomologique de France*, 110: 79-82.

Bingham C T. 1897. *The Fauna of British India Including Ceylon and Burma, Hymenoptera, Vol. I. Wasps and Bees*. London: Taylor and Francis: xxix+577 pp., 4 pls.

Bingham C T. 1898. On some new species of Indian Hymenoptera. *Journal of Bombay Natural History Society*, 12: 115-129.

Bingham C T. 1903. Diagnoses of aculeate Hymenoptera. *Fasciculi Malayenses Zoology*, 1. Appendix: ii-vii.

Bingham C T. 1908. Notes on Aculeate Hymenoptera in the Indian Museum. *Records of the Indian Museum*, 2(4): 361-368.

Blanchard E. 1849. Hyménoptères, pp. 113-227, pls. 107-129. *In:* Cuvier G L C F D. *Le Règne Animal* ..., ed. 3, Vol. 2. Paris: Fortin, Masson.

Blüthgen P. 1919a. Die Bienenfauna Pommerns. *Stettiner Entomologische Zeitung*, 80: 65-131.

Blüthgen P. 1919b (1918). Die *Halictus* Arten der Sammlung von Prof. Kirschbaum (Wiesbaden). Zwei neue deutsche *Halictus* (*H. Kirschbaumi* und *oblongatulus* nov. spec.) (Hym.). Anhang: Neue oder wenig bekannte deutsche *Halictus* Arten. *Jahrbücher des Nassauischen Vereins für Naturkunde*, 71: 191-225.

Blüthgen P. 1920. Die deutschen Arten der Bienengattung *Halictus* Latr. (Hym.). *Deutsche entomologische Zeitschrif*, 1920/1921(1/2): 81-132.

Blüthgen P. 1921a. Die deutschen Arten der Bienengattung *Halictus* Latr. (Hym.) (Schluss). *Deutsche entomologische Zeitschrif*, 1920/1921(3/4): 267-302.

Blüthgen P. 1921b. Die schweizerischen *Halictus*-Arten der FREY-GESSNER'schen Sammlung (Hym., Apidae). *Mitteilungen der Schweizerischen Entomologischen Gesellschaft*, 13(3/4): 122-143.

Blüthgen P. 1922a. Beiträge zur Synonymie der Bienengattung *Halictus* Latr. I. *Deutsche entomologische Zeitschrift*, 1922: 46-66.

Blüthgen P. 1922b. Beiträge zur Synonymie der Bienengattung *Halictus* Latr. II. *Deutsche entomologische Zeitschrift*, 1922: 316-321.

Blüthgen P. 1923a. Beiträge zur Kenntnis der Bienengattung *Halictus* Latr. *Archiv für Naturgeschichte. Abteilung A*, 89(5): 232-332.

Blüthgen P. 1923b. Beiträge zur Systematik der Bienengattung *Halictus* Latr. (Hym.). I. Die Binden-*Halictus* (Gruppe des *sexcinctus* F.). *Konowia*, 2(1-2): 65-81; (3-4): 123-142.

Blüthgen P. 1923c. Beiträge zur Synonymie der Bienengattung *Halictus* Latr. III. *Deutsche entomologische Zeitschrift*, 1923: 239-242.

Blüthgen P. 1924a. Contribución al conocimiento de las especies españolas de "*Halictus*" (Hymenoptera, Apidae). *Memorias de la Real Sociedad Española de Historia Natural*, 11(9): 332-544.

Blüthgen P. 1924b. Beiträge zur Systematik der Bienengattung *Halictus* Latr. (Hym.). II. Die Gruppe des *Hal. Albipes F. Konowia*, 3 (1): 53-64; (2-3): 76-95; (4-6): 253-284.

Blüthgen P. 1924c. Beiträge zur Synonymie der Bienengattung *Halictus* Latr. III. *Deutsche entomologische Zeitschrift*, 1923: 239-242.

Blüthgen P. 1924d. *Bulletin de la Société d'histore naturelle de I'Afrique du Nord* XV. *Heft*, 6: 306.

Blüthgen P. 1924e. Beiträge zur Synonymie der Bienengattung *Sphecodes* Latr. II. *Deutsche entomologische Zeitschrift*, 1924: 457-516.

Blüthgen P. 1925a. Beiträge zur Kenntnis der Bienengattung *Halictus* Latr. II. *Archiv für Naturgeschichte. Abteilung A* (1924), 90(10): 86-136.

Blüthgen P. 1925b. Die Bienengattung *Nomioides* Schenck. *Stettiner Entomologische Zeitung*, 86(1): 1-100.

Blüthgen P. 1926a. Beiträge zur Kenntnis der indo-malayischen *Halictus*- und *Thrinchostoma*-Arten (Hym. Apidae. Halictini). *Zoologische Jahrbücher, Abteilung für Systematik, Geographie und Biologie der Tiere*, 51(4/6): 375-698, pls. 4-5.

Blüthgen P. 1926b. Beiträge zur Synonymie der Bienengattung *Halictus* Latr. IV. *Deutsche entomologische Zeitschrift*, 1925(5): 385-419.

Blüthgen P. 1926c. Beiträge zur Synonymie der Bienengattung *Halictus* Latr. V. (Hym. Apid.). *Deutsche entomologische Zeitschrift*, 1926(4): 348-352.

Blüthgen P. 1927. Beitrage zur Systematik der Bienengattung *Sphecodes* Latr. III. *Zoologische Jahrbuecher Jena Abteilungen f Systematik*, 53: 23-112.

Blüthgen P. 1928a. Beiträge zur Kenntnis der indo-malayischen *Halictus*- und *Thrincostoma*-Arten (Hym., Apidae, Halictinae). 1. Nachtrag. *Zologische Jahrbücher, Abteilung für Systematik, Geographie und Biologische der Tiere*, 54(4): 343-406.

Blüthgen P. 1928b. Beiträg zur Kenntnis der äthiopischen Halictinae. *Deutsche Entomologische Zeitschrift*, 1928: 49-72.

Blüthgen P. 1929a. Neue turkestanische *Halictus*-Arten (Hym. Apidae). *Konowia*, 8(1): 51-86.

Blüthgen P. 1929b. Anmerkungen zu dem Strand'schen Artikel "Kritisches über P. Blüthgens Behandlung einiger *Halictus*-Arten". *Entomologisches Nachrichtenblatt*, 3(3): 105-108.

Blüthgen P. 1930a. Beiträge zur Synonymie der Bienengattung *Halictus* Latr. VI. *Mitteilungen der Münchner Entomologischen Gesellschaft*, (1930): 70-79.

Blüthgen P. 1930b. Neue oder wenig bekannte *Halictus*-Arten aus Nordafrika, insbesondere aus der Cyrenaica (Hym. Apidae). *Memorie della Societa Entomologica Italiana Genoa*, 9(2): 215-227.

Blüthgen P. 1930c. *Halictus eidmanni* n. sp., in Herman Eidmann: Entomologische Ergebnisse einer Reise nach Ostasien. *Verhandlungen der Zoologisch-Botanischen Gesellschaft in Wien*, 79: 333-335.

Blüthgen P. 1930d. *Halictus* LATR., pp. 729-767. *In:* Schmiedeknecht O. *Die Hymenopteren Nord- und Mitteleuropas*. Jena: Fischer.

Blüthgen P. 1930e. Beitrag zur Kenntnis der athiopischen Halictinae. *Mitteilungen aus dem Zoologischen Museum in Berlin*, 15: 495-542.

Blüthgen P. 1931a. Beiträge zur Synonymie der Bienengattung *Halictus* Latr. VII. (Hym. Apid.). *Deutsche entomologische Zeitschrift*, 1930(4): 209-215.

Blüthgen P. 1931b. Beiträge zur Kenntnis der indo-malayischen *Halictus*- und *Thrinocostoma* -Arten. *Zologische Jahrbücher, Abteilung für Systematik, Geographie und Biologische der Tiere*, 61: 285-346.

Blüthgen P. 1931c. Beiträge zur Kenntnis der Bienengattung *Halictus* Latr. III. *Mitteilungen aus dem Zoologischen Museum in Berlin*, 17(3): 319-398.

Blüthgen P. 1933a. Ein Beitrag zur Kenntnis der Bienenfauna Ägyptens (Hymenoptera-Apidae-Halictidae-Halictinae). *Bulletin de la Societe Royale Entomologique des Egypte*, 17(1-3): 14-27.

Blüthgen P. 1933b. Beitrag zur Kenntnis der athiopischen Halictinae. *Mitteilungen aus dem Zoologischen Museum in Berlin*, 18: 363-394.

Blüthgen P. 1933c. Neue paläarktische *Halictus*-Arten (Hym., Apidae). I. Grüne Binden *Halictus*. *Deutsche Entomologisch Zeitschrift*, 1933: 72-80.

Blüthgen P. 1933d. Neue Arten aus der Gattung *Nomioides* Schenck (Hym. Apidae Halictinae Nomioidini C. B.). *Memorie della Societa Entomologica Italiana*, 12(1): 114-127.

Blüthgen P. 1933e. *Halictus* Latr., *Sphecodes* Latr., *Nomioides* Schenck, pp. 52-63. *In*: Nadig A. Beitrag zur Kenntnis der Hymenopterenfauna von Marokko und Westalgerien. Erster Teil: Apidae, Sphegidae, Vespidae. *Jahresberichte der naturforschender Gesellschaft in Graubünden*, 71: 37-107.

Blüthgen P. 1934a. Schwedisch-chinesische wissenschaftliche Expedition nach den nordwestlichen Provinzen Chinas unter Leitung von Dr. Sven Hedin und Prof. Sü Ping-chang: Insekten, gesammelt vom schwedischen Arzt der Expedition. Dr. David Hummel 1927-1930. 27. Hymenoptera. 5. *Halictus*- und *Sphecodes*-Arten (Hym.; Apidae; Halictini). *Arkiv för Zoologi*, 27A(13): 1-23.

Blüthgen P. 1934b. Beiträge zur Synonymie der Bienengattung *Halictus* Latr. IX. *Deutsche entomologische Zeitschrif*, 1933(2/3): 299-304.

Blüthgen P. 1934c. Nachtrag zur Monographie der Bienengattung *Nomioides* Schck. (Hym., Apidae, Halictinae.). *Stettiner entomologische Zeitung*, 95(2): 238-283.

Blüthgen P. 1934d. Neue turkestanische *Halictus*-Arten. II. (Hym. Apidae). *Konowia*, 13(3): 145-159.

Blüthgen P. 1935a. Neue paläarktische *Halictus*-Arten (Hym., Apidae). [II]. *Deutsche entomologische Zeitschrif*, 1935(1/2): 111-120.

Blüthgen P. 1935b. *Halictus, Nomioides* und *Sphecodes*. *In*: Popov V B. *K faune pchelinykh Tadzhikistana [A contribution to the bee fauna of Tajikistan]. Trudy Tadzhikskoi Bazy AN SSSR*, 5: 360-367.

Blüthgen P. 1936. Neue paläarktische Binden-*Halictus* (Hym. Apidae). *Mitteilungen aus den zoologischen Museum in Berlin*, 21(2): 270-313.

Blüthgen P. 1938. Neue Halictini aus Cypern (Hym., Apidae, Halictinae). *Konowia*, 16(1): 41-54.

Blüthgen P. 1955. The Halictinae (Hymen., Apoidea) of Israel. I. Genus *Halictus* (subgenera *Halictus* s. str. and *Thrincohalictus*). *Bulletin of the Research Council of Israel. Ser. B*, 5(1): 5-23.

Blüthgen P. 1961. Ergebnisse der Deutschen Afghanistan-Expedition 1956 der Landessammlungen fur Naturkunde Karlsruhe. *Beitrage zur Naturkundlichen Forschung in Sudwestdeutschland*, 19: 277-287.

Bogusch P, Straka J. 2012. Review and identification of the cuckoo bees of central Europe (Hymenoptera: Halictidae: *Sphecodes*). *Zootaxa*, 3311: 1-41.

Börner C. 1919. Stammesgeschichte der Hautflügler. *Biologisches Zentralblatt*, 39: 145-185.

Bridwell J C. 1919. Miscellaneous notes on Hymenoptera. *Proceedings of the Hawaiian Entomological Society*, 4: 109-165.

Brullé G A. 1832. Tome III. 1re Partie/Zoologie/Deuxième Section–Des animaux articulés. Pp [1]-400, [i-ii, Errata]. *In* : [Bory de Saint Vincent]. *Expédition scientifique de Morée, Section des Sciences physiques*. Paris; Levrault [Hymenoptera pp. 326-395, Apoidea pp. 327-360]

Buysson R du. 1900. Sur quelques hymenopteres de Madagascar. *Annales de la Societe Entomologique de France*, 69: 177-180.

Cameron P. 1897. Hymenoptera Orientalia, or contributions to a knowledge of the Hymenoptera of the Oriental Zoological Region. Part V. *Memoirs and Proceedings of the Manchester Literary & Philosophical Society*, 41(4): 87-144.

Cameron P. 1898. Hymenoptera Orientalia, or contributions to a knowledge of the Hymenoptera of the Oriental zoological region, Part VII. *Memoirs, Manchester Literary and Philosophical Society*, 42(11): 1-84, pl. 4.

Cameron P. 1902. Descriptions of new genera and species of Hymenoptera from the Oriental Zoological Region (Ichneumonidae, Fossores and Anthophila). *Annals of Natural History*, (7) 9: 145-155, 204-215, 245-255.

Cameron P. 1903a. On some new genera and species of parasitic and fossorial Hymenoptera from the Khasia Hills, Assam. *Annals and Magazine of Natural History*, (7) 11: 313-331.

Cameron P. 1903b. Descriptions of new genera and species of Hymenoptera taken by Mr. Robert Shelford at Sarawak, Borneo. *Journal of the Straits Branch of the Royal Asiatic Society*, 39: 89-181.

Cameron P. 1904. Descriptions of new species of aculeate and parasitic Hymenoptera from Northern India. *Annals and Magazine of Natural History*, 13: 211-233.

Cameron P. 1905a. On the Hymenoptera of the Albany Museum, Grahamstown, South Africa. *Records of the Albany Museum*, 1: 185-265.

Cameron P. 1905b. A third contibution to the knowledge of the Hymenoptera of Sarawak. *Journal of the straits Branch of the Royal Asiatic Society*, 44: 93-168.

Cameron P. 1907. Description of a new genus and some new species of Hymenoptera captured by Lieut.-Col. C.G. Nurse at Deesa, Matheran and Ferozepore. *Journal of the Bombay Natural History Society*, 17: 1001-1012.

Cameron P. 1908. A contribution to the aculeate Hymenoptera of the Bombay Presidency. *Journal of the Bombay Natural History Society*, 18(2): 300-311.

Christ J L. 1791. *Naturgeschichte Classification und Nomenclatur der Insecten vom Bienen, Wespen, und Ameisengeschlecht; als der fünften Klasse fünften Ordnung des Linneischen Natursystems von den Insecten: Hymenoptera*. Frankfurt a. M.: Hermann: 535 pp., 60 col. pls.

Cockerell T D A. 1897. On the generic position os some bees hitherto referred to *Panurgus* and *Calliopsis*. *Canadian Entomologist*, 29: 287-290.

Cockerell T D A. 1898a. New and little-known bees. *Canadian Entomologist*, 30(3): 50-53.

Cockerell T D A. 1898b. Another yellow *Perdita*. *Entomological News*, 9: 215-216.

Cockerell T D A. 1905a. Descriptions and Records of Bees——III. *Annals and Magazine of Natural History*, (7): 16: 301-308.

Cockerell T D A. 1905b. New Australian bees in the collection of the British Museum. *Entomologist*, 38: 270-273, 302-304.

Cockerell T D A. 1906. Descriptions and records of Bees——IX. *Annals and Magazine of Natural History*, (7)17: 306-316.

Cockerell T D A. 1909. Descriptions and records ob Bees——XX. *Annals and Magazine of Natural History*, (8)2: 323-334.

Cockerell T D A. 1910a. Descriptions and records of Bees——XXVII. *Annals and Magazine of Natural History*, (8)5: 361-369.

Cockerell T D A. 1910b. Descriptions and records of Bees——XXIX. *Annals and Magazine of Natural History*, (8) 5: 496-506.

Cockerell T D A. 1910c. New and little known bees. *Transactions of the American Entomological Society*, 36: 199-249.

Cockerell T D A. 1910d. The North American bees of the genus *Nomia*. *Proceedings of the United States National Museum*, 38: 289-298.

Cockerell T D A. 1911a. Descriptions and records of Bees——XXXIV. *Annals and Magazine of Natural History*, (8)7: 225-237.

Cockerell T D A. 1911b. Descriptions and records of Bees——XXXVII. *Annals and Magazine of Natural History*, (8)8: 179-192.

Cockerell T D A. 1911c. Descriptions and records of Bees——XXXIX. *Annals and Magazine of Natural History*, (8)8: 660-673.

Cockerell T D A. 1911d. New and little-known bees. *Transactions of the American Entomological Society*, 37: 217-241.

Cockerell T D A. 1911e. Bees in the collection of the United States National Museum. 2. *Proceedings of the United States National Museum*, 40(1818): 241-264.

Cockerell T D A. 1912. Some Bees from Formosa. II. *The Entomologist*, 45: 9-13.

Cockerell T D A. 1913. The bee genus *Thrinchostoma* in Asia. *The Canadian Entomologist*, 45: 35-36.

Cockerell T D A. 1915. The bee genus *Nomia* in the Philippine Islands. *Entomologist*, 48: 177-179.

Cockerell T D A. 1917. New records of bees from Natal. *Annals of the Durban Museum*, 1: 460-468.

Cockerell T D A. 1918a. Bees from the Malay Peninsula. *Entomologist*, 51: 103-104.

Cockerell T D A. 1918b. Some halictine bees. *Entomologist London*, 51: 201-262.

Cockerell T D A. 1919a. Bees in the collection of the United State National Museum——3. *Proceeding of the United States National Museum*, 55(2264): 167-221.

Cockerell T D A. 1919b. Philippine bees of the genus *Nomia*. *Philippines Journal of Sciences*, 15(1): 1-8.

Cockerell T D A. 1919c. The metallic-colored halictine bees of the Philippine Islands. *Philippines Journal of Sciences*, 15(1): 9-13.

Cockerell T D A. 1919d. The black halictine bees of the Philippine Islands. *Philippines Journal of Sciences*, 15(3): 269-281.

Cockerell T D A. 1919e. Descriptions and records of Bees——LXXXIII. *Annals and Megazine of Natural History*, (9)3: 118-125.

Cockerell T D A. 1920a. Descriptions and records of Bees——LXXXIX. *Annals and Magazine of Natural History*, (9) 6: 201-211.

Cockerell T D A. 1920b. Malayan Bees. *Philippine Journal of Science*, 16: 615-625.

Cockerell T D A. 1920c. On South African bees, chiefly collected in Natal. *Annals of the Durban Museum*, 2: 286-318.

Cockerell T D A. 1922a. Bees in the collection of the United States National Museum——4. *Proceedings of the United States National Museum*, 60: 1-20.

Cockerell T D A. 1922b. Descriptions and records of Bees——XCIV. *Annals and Magazine of Natural History*, (9) 9: 660-668.

Cockerell T D A. 1922c. Descriptions and records of bees——XCVI. *Annals and Magazine of Natural History*, (9)10: 544-550.

Cockerell T D A. 1924a. Descriptions and records of Bees——CI. *Annals and Magazine of Natural History*, (9)14: 179-185.

Cockerell T D A. 1924b. Descriptions and records of Bees——CIII. *Annals and Magazine of Natural History*, (9)14: 577-585.

Cockerell T D A. 1924c. A new bee from Oregon. *Psyche*, 31: 243-244.

Cockerell T D A. 1925. Some halictine bees from the maritime province of Siberia. *Proceeding of the United States National Museum*, 68(2): 1-12.

Cockerell T D A. 1929a. Descriptions and records of Bees——CXVII. *Annals and Magazine of Natural History*, (10)4: 132-141.

Cockerell T D A. 1929b. Descriptions and records of Bees——CXX. *Annals and Magazine of Natural History*, (10)4: 584-594.

Cockerell T D A. 1930. Australian bees in the Museum of Comparative Zoology. *Psyche (Camb.)*, 37: 141-154.

Cockerell T D A. 1931a. Bees collected by the Reverend O. Piel in China. *American Museum Novitates*, 466: 1-16.

Cockerell T D A. 1931b. Description and record of Hymenoptera. *Annals and Magazine of Natural History*, (10)7: 37-41.

Cockerell T D A. 1931c. Descriptions and records of Bees——CXXV. *Annals and Magazine of Natural History*, (10)7: 201-212.

Cockerell T D A. 1931d. Descriptions and records of Bees——CXXVI. *Annals and Magazine of Natural History*, (10)7: 273-281.

Cockerell T D A. 1931e. Descriptions and records of Bees——CXXVII. *Annals and Magazine of Natural History*, (10)7: 529-536.

Cockerell T D A. 1935. Scientific results of the Vernay-Lang Kalahari expedition, March to September, 1930, Hymenoptera (Apoidea). *Annals of the Transvaal Museum*, 17: 63-94.

Cockerell T D A. 1936a. Bees from northern California. *Pan-Pacific Entomologist*, 12: 133-164.

Cockerell T D A. 1936b. Descriptions and records of Bees——CLIV. *Annals and Magazine of Natural History*, (10)17: 477-483.

Cockerell T D A. 1937a. Siberian bees of the genera *Halictus*, *Sphecodes* and *Hylaeus*. *American Museum Novitates*, 949: 1-6.

Cockerell T D A. 1937b. Bees from Morocco. *American Museum Novitates*, 960: 1-9.

Cockerell T D A. 1937c. Bees of the genera *Halictus* and *Ceratina* from Siam. *American Museum Novitates*, 950: 1-12.

Cockerell T D A. 1938a. Descriptions and records of Bees——CLXVI. *Annals and Magazine of Natural History*, (11)1: 79-85.

Cockerell T D A. 1938b. Halictine bees from Morocco. *American Museum Novitates*, 997: 1-9.

Cockerell T D A. 1939. African bees of the genus *Nomia* (Hymen). *Proceedings of the Royal Entomological Society of London* (B), 8: 123-132.

Cockerell T D A. 1945. Descriptions and records of bees——CXCVII. *Annals and Magazine of Natural History*, (11)12: 350-356.

Cockerell T D A, Blair B H. 1930. Rocky Mountain bees, I. *American Museum Novitates*, 433: 1-19.

Cockerell T D A, Leveque N. 1925. Bees from Samar, Philippine Islands. *Philippine Journal of Sciences*, 27: 169-175.

Cockerell T D A, Porter W. 1899. Contributions from the New Mexico Biological Station——VII. Observations on bees, with descriptions of new genera and species. *Annals and Magazine of Natural History*, (7)4: 403-421.

Costa A. 1861. Imenotteri Aculeati Famiglia degli Andrenidea, pp. 1-16, pl. XXXI, XXXIa, XXXIbis, XXXII. *In*: Costa O G, Costa A. *Fauna del Regno di Napoli ossia enumerazione di tutti gli animali che abitano le diverse regioni di questo regno e le acque che le bagnano e descrizione de'nuovi o poco esattamente consosciuti con figure ricavate di originali viventi e dipinte al naturale.* Napoli; Antonio Cons.

Costa A. 1886. Notizie ed osservazioni sulla geo-fauna Sarda. Memoria sesta. Risultamento della ricerche fatte in Sardegna nella state del 1885. *Atti della Reale Accademia delle Scienze Fisiche e Matematiche di Napoli*, Serie 2ª [1888], Vol. II, [fasc. 8]: 1-40.

Covell C V. 1972. A catalog of the J.H. Lovell types of Apoidea with lectotype designations (Hymenoptera). *Proceedings of the Entomological Society of Washington*, 74(1): 10-18.

Crawford J C. 1910. New Hymenoptera from the Philippine Islands. *Proceedings of the United States National Museum*, 38: 119-133.

Crawford J C. 1918. New Hymenoptera. *Proceedings of the Entomological Society of Washington*, (1917) 19(1/4): 165-172.

Curtis J. 1833. *British Entomology ...*, Vol. 10, pls. 434-481. London: privately published.

Dalla Torre C G de. 1896. *Catalogus Hymenopterorum Hucusque Descriptorum Systematicus et Synonymicus. Vol. X. Apidae (Anthophila)*. Engelmann (Lipsiae): viii + 643 pp.

Dalla Torre K W. 1877. Die Apiden Tirols, Fortsetzung und Schluß. *Zeitschrift des Ferdinandeums für Tirol und Vorarlberg*, (3) 21: 159-196.

Dawut A, Tadauchi O. 2000. A Systematic Study of the Subgenus *Seladonia* of the Genus *Halictus* in Asia (Hymenoptera, Apoidea, Halictidae) I. *ESAKIA*, (40): 63-79.

Dawut A, Tadauchi O. 2001. A Systematic Study of the Subgenus *Seladonia* of the Genus *Halictus* in Asia (Hymenoptera, Apoidea, Halictidae) II. *ESAKIA*, (41): 161-180.

Dawut A, Tadauchi O. 2002. A Systematic Study of the Subgenus *Seladonia* of the Genus *Halictus* in Asia (Hymenoptera, Apoidea, Halictidae) III. *ESAKIA*, (42): 121-150.

Dawut A, Tadauchi O. 2003. A Systematic Study of the Subgenus *Seladonia* of the Genus *Halictus* in Asia (Hymenoptera, Apoidea, Halictidae) IV. *ESAKIA*, (43): 97-131.

Dikmen F, Aytekin A M. 2011. Notes on the *Halictus* Latreille (Hymenoptera: Halictidae) fauna of Turkey. *Turkish Journal of Zoology*, 35(4): 537-550.

Dours A. 1873. Hymenopteres du bassin mediterraneen: *Andrena* (suite), *Biareolina*, *Eucera*. *Revue et Magasin de Zoologie*, (Ser. 3) 1: 274-324.

Dours L. 1872. Hymenopteres nouveaux du bassin mediterraneen. *Revue et Magasin de Zoologie*, (2)23: 293-311, 349-359, 396-399, 419-434, pl. 28.

Ducke A. 1902. Ein neues subgenus von *Halictus* Latr. *Zeitschrift fur Systematische Hymenopterologie und Dipterologie*, 2: 102-103.

Dumesh S, Sheffield C S. 2012. Bees of the Genus *Dufourea* Lepeletier (Hymenoptera: Halictidae: Rophitinae) of Canada. *Canadian Journal of Arthropod Identification*, (20): 1-36.

Ebmer A W. 1969. Die Bienen des Genus *Halictus* LATR. S. L. im Großraum von Linz (Hymenoptera, Apidae), Teil I. *Naturkundliches Jahrbuch der Stadt Linz*, 1969: 133-184.

Ebmer A W. 1970. Die Bienen des Genus *Halictus* LATR. S. L. im Großraum von Linz (Hymenoptera, Apidae), Teil II. *Naturkundliches Jahrbuch der Stadt*

Linz, 1970: 19-82.

Ebmer A W. 1971. Die Bienen des Genus *Halictus* Latr. S. L. im Großraum von Linz (Hymenoptera, Apidae), Teil III. *Naturkundliches Jahrbuch der Stadt Linz*, 1971: 63-156.

Ebmer A W. 1972a. Neue westpaläarktische Halictidae (Halictinae, Apoidea). *Mitteilungen aus dem Zoologischen Museum in Berlin*, 48(2): 1-263.

Ebmer A W. 1972b. Revision der von Brullé, Lucas und Pérez beschriebenen westpaläarktischen *Halictus*-Arten (Halictidae, Halictinae, Apoidae), sowie Festlegung des Lectotypus von *Lasioglossum* (*Evylaeus*) *angustifrons* (VACHAL). *Polskie Pismo Entomologiczne, Wroclaw*, 42: 589-636.

Ebmer A W. 1974a. Die Bienen des Genus *Halictus* LATR. S. L. im Großraum von Linz (Hymenoptera, Apoidea). Nachtrag und zweiter Anhang. *Naturkundliches Jahrbuch der Stadt Linz*, 1974["1973"]: 123-158.

Ebmer A W. 1974b. Von Linné bis Fabricius beschriebene westpaläarktische Arten der Genera *Halictus* und *Lasioglossum* (Halictidae, Apoidea). *Nachrichtenblatt der Bayerischen Entomologen*, 23(6): 111-127.

Ebmer A W. 1974c. Beiträge zur Kenntnis der Fauna Afghanistans. *Halictus* LATR. *et Lasioglossum* CURT., Halictidae, Apoidea, Hymenoptera. *Casopis Moravskeho Musea, acta Musei Moraviae*, 59: 183-210.

Ebmer A W. 1975a. Neue westpaläarktische Halictidae (Halictinae, Apoidea), Teil II. Die Gruppe des *Halictus* (*Vestitohalictus*) *mucoreus* (Ev.). *Mitteilungen aus den Zoologischen Museum in Berlin*, 51(2): 161-177.

Ebmer A W. 1975b. Neue westpaläarktische Halictidae. (Halictinae, Apoidea). Teil III. *Linzer biologische Beiträge*, 7(1): 41-118.

Ebmer A W. 1975c. Revision der von Brullé, Lucas und Pérez beschriebenen westpaläarktischen *Halictus*-Arten (Halictidae, Halictinae, Apoidea). *Nachtrag. Polskie Pismo Entomologiczne* (Wroclaw), 45: 267-278.

Ebmer A W. 1975d. Die Typen und Typoide des Natur-Museums Senckenberg, 54. Von Schenck beschriebene Halictidae (Ins.: Hymenoptera: Apoidea). *Senckenbergiana Biologica*, 56: 233-246.

Ebmer A W. 1976a. *Halictus* und *Lasioglossum* aus Marokko. *Linzer Biologische Beiträge*, 8(1): 205-266.

Ebmer A W. 1976b. Liste der mitteleuropäischen *Halictus*-und *Lasioglossum*-Arten. *Linzer Biologische Beiträge*, 8(2): 393-405.

Ebmer A W. 1976c. Revision der von W. Nylander und J. Kriechbaumer beschriebenen Halticidae (Apoidea) S. 1. *Nachrichtenblatt der Bayerischen Entomologen*, 25: 1-6.

Ebmer A W. 1976d. *Lasioglossum discum* (Smith)——a Westpalaearctic rather than a Nearctic species (Hymenoptera: Halictidae). *Journal of the Kansas Entomological Society*, 49(1): 141.

Ebmer A W. 1976e. Revision der von W. Nylander und J. Kriechbaumer beschriebenen Halictidae (Apoidea). *Nachrichtenblatt der Bayerischen Entomologen*, 25(1): 1-6.

Ebmer A W. 1978a. Die halictidae der Mandschurei. *Bonner Zoologische Beitraege*, 29(1-3): 183-221.

Ebmer A W. 1978b. *Halictus*, *Lasioglossum*, *Rophites* und *Systropha* aus dem Iran (Halictidae, Apoidea) sowie neue Arten aus der Paläarktis. *Linzer Biologische Beiträge*, 10(1): 1-109.

Ebmer A W. 1978c. Die Bienen der Gattungen *Halictus* Latr., *Lasioglossum* Curt und *Dufourea* Lep. (Hymenoptera, Halictidae) aus Korea. *Annales Historico-Naturales Musei Nationalis Hungarici*, 70: 307-319.

Ebmer A W. 1979. Ergänzungen zur Bienenfauna Iberiens. Die Gattungen *Halictus*, *Lasioglossum* und Dufourea (Apoidea, Hymenoptera). *Linzer Biologische Beiträge*, 11(1): 117-146.

Ebmer A W. 1980. Asiatische Halictidae (Apoidea, Hymenoptera). *Linzer Biologische Beiträge*, 12(2): 469-506.

Ebmer A W. 1981. *Halictus* und *Lasioglossum* aus KRETA. *Linzer Biologische Beiträge*, 13(1): 101-127.

Ebmer A W. 1982. Zur Bienenfauna der Mongolei. Die Arten der Gattungen *Halictus* Latr. und *Lasioglossum* Curt. (Hymenoptera: Halictidae). Ergebnisse der mongolisch-deutschen biologischen Expeditionen seit 1962, Nr. 108. *Mitteilungen aus dem Zoologischen Museum in Berlin*, 58(2): 199-227.

Ebmer A W. 1983. Asiatische Halictidae, II. (Apoidea, Hymenoptera). *Annales Historico-Naturales Musei Nationalis Hungarici* (Bundapest), 75: 313-325.

Ebmer A W. 1984. Die westpaläarktischen Arten der Gattung *Dufourea* LEPELETIER 1841 mit illustrierten Bestimmungstabellen (Insecta: Hymenoptera: Apoidea: Halictidae: Dufoureinae). *Senckenbergiana Biologica*, 64(4/6): 313-379.

Ebmer A W. 1985a. Neue wespaläarktische Halictidae V. (Hymenoptera, Apoidea) sowie Festlegung von Lectrotypen von Morawitz beschriebener, bisher ungeklärter *Halictus*-Arten. *Linzer Biologische Beiträge*, 17(1): 197-221.

Ebmer A W. 1985b. *Halictus* und *Lasioglossium* aus Marokko. *Linzer Biologische Beiträge*, 17(2): 271-293.

Ebmer A W. 1987a. Die westpaläarktischen Arten der Gattung *Dufourea* Lepeletier 1841 mit illustrierten Bestimmungstabellen. *Linzer Biologische Beiträge*, 19: 43-56.

Ebmer A W. 1987b. Die europäischen Arten der Gattungen *Halictus* LATREILLE 1804 and *Lasioglossum* CURTIS 1833 mit illustrierten Bestimmungstabellen (Insecta: Hymenoptera: Apoidea: Halictidae: Halictinae). 1. Allgemeiner Teil, Tabelle der Gattungen. *Senckenbergiana Biologica*, 68: 59-148.

Ebmer A W. 1988a. Die europäischen Arten der Gattungen *Halictus* Latreille 1804 und *Lasioglossum* Curtis 1833 mit illustrierten Bestimmungstabellen (Insecta: Hymenoptera: Apoidea: Halictidae: Halictinae). 2. Die Untergattung *Seladonia* Robertson 1918. *Senckenbergiana Biologica* (1987), 68(4/6): 323-375.

Ebmer A W. 1988b. Kritische Liste der nicht-parasitischen Halictidae Österreichs mit Berücksichtigung aller mitteleuropäischen Arten (Insecta: Hymenoptera: Apoidea: Halictidae). *Linzer Biologische Beiträge*, 20(2): 527-711.

Ebmer A W. 1989. Die westpaläarktischen Arten der Gattung *Dufourea* LEPELETIER 1841 mit illustrierten Bestimmungstabellen. (Insecta: Hymenoptera: Apoidea: Halictidae: Dufoureinae). Zweiter Nachtrag. *Linzer biologische Beiträge*, 21(1): 193-210.

Ebmer A W. 1993. Die westpaläarktischen Arten der Gattung *Dufourea* LEPELETIER 1841 mit illustrierten Bestimmungstabellen (Insecta: Hymenoptera: Halictidae: Dufoureinae). Dritter Nachtrag. *Linzer biologische Beiträge*, 25 (1): 15-42.

Ebmer A W. 1995. Asiatische Halictidae, 3. Die Artengruppe der *Lasioglossum* carinate-*Evylaeus* (Insecta: Hymenoptera: Apoidea: Halictinae). *Linzer biologische Beiträge*, 27(2): 525-652.

Ebmer A W. 1996a. Asiatische Halictidae, 4. Zwei neue und außergewöhnliche *Lasioglossum* carinate-Evylaeus Arten aus China (Insecta: Hymenoptera: Apoidea: Halictidae: Halictinae). *Linzer biologische Beiträge*, 28(1): 237-246.

Ebmer A W. 1996b. Asiatische Halictidae, 5. Daten zur Aculeaten-Fauna der Ussuri-Region unter Berücksichtigung der angrenzenden Gebiete (Insecta: Hymenoptera: Apoidea: Halictidae: Halictinae). *Linzer biologische Beiträge*, 28(1): 261-304.

Ebmer A W. 1997. Asiatische Halictidae, 6. *Lasioglossum* carinaless-*Evylaeus*: Ergänzungen zu den Arten gruppen von *L. nitidiusculum* and *L.*

Punctatissimum s. l., sowie die Artengruppe des *L. marginellum* (Insecta: Hymenoptera: Apoidea: Halictidae: Halictinae). *Linzer biologische Beiträge*, 29(2): 921-982.

Ebmer A W. 1998. Asiatische Halictidae - 7. Neue *Lasioglossum*-Arten mit einer Übersicht der *Lasioglossum* s. str.-Arten der nepalischen und yunnanischen Subregion, sowie des nördlichen Zentral-China (Insecta: Hymenoptera: Apoidea: Halictidae: Halictinae). *Linzer biologische Beiträge*, 30(1): 365-430.

Ebmer A W. 1999. Die westpaläarktischen Arten der Gattung *Dufourea* LEPELETIER 1841 (Insecta: Hymenoptera: Apoidea: Halictidae: Rophitinae). Vierter Nachtrag. *Linzer biologische Beiträge*, 31(1): 183-228.

Ebmer A W. 2001. Case 3157. *Halictoides dentiventris* NYLANDER, 1848 (currently *Dufourea dentiventris*; Insecta, Hymenoptera): proposed conservation of the specific name. *Bulletin of Zoological Nomenclature*, 58 (1): 32-33.

Ebmer A W. 2002. Asiatische Halictidae - 10. Neue halictidae aus China sowie diagnostische Neubeschreibungen der von Fan & Ebmer 1992 beschriebenen *Lasioglossum*-Arten (Insecta: Hymenoptera: Apoidea: Halictidae: Halictinae). *Linzer biologische Beiträge*, 34(2): 819-934.

Ebmer A W. 2004. Zur Bienenfauna Nepals: Arten der Gattungen *Halictus*, *Lasioglossum* und *Dufourea* (Insecta: Hymenoptera: Apoidea: Halictidae). *Veroeffentlichungen des Naturkundemuseums Erfurt*, 23: 123-150.

Ebmer A W. 2005. Zur Bienenfauna der Mongolei Die Arten der Gattungen *Halictus* LATR. und *Lasioglossum* CURT. (Insecta: Hymenoptera: Apoidea: Halictidae: Halictinae) Ergänzungen und Korrekturen. *Linzer biologische Beiträge*, 37(1): 343-392.

Ebmer A W. 2006. Daten zur Aculeaten-Fauna der Ussuri-Region unter Berücksichtigung der angrenzenden Gebiete - 2 Arten der Gattungen *Halictus*, *Lasioglossum*, *Dufourea*, *Macropis* aus dem Lazovski Zapovednik - Naturreservat Laso (Insecta: Hymenoptera: Apoidea: Halictidae, Melittidae). *Linzer biologische Beiträge*, 38(1): 541-593.

Ebmer A W. 2008. Neue Taxa der Gattungen *Halictus* LATREILLE 1804 und *Lasioglossum* CURTIS 1833 (Hymenoptera, Apoidea, Halictidae) aus den Vereinigten Arabischen Emiraten. *Linzer biologische Beiträge*, 40(1): 551-580.

Ebmer A W. 2011a. Holarktische Bienenarten - autochthon, eingeführt, eingeschleppt. *Linzer biologische Beiträge*, 43(1): 5-83.

Ebmer A W. 2011b. Pater Andreas Werner Ebmer - ständig von Bienen begleitet. Eine autobiografische Skizze anlässlich des 70. Geburtstages. *Linzer biologische Beiträge*, 43(2): 905-1017.

Ebmer A W, Bytinski-Salz H. 1974. The Halictidae of Israel (Hymenoptera, Apoidea). II. Genus *Lasioglossum*. *Israel Journal of Entomology*, 9: 175-217.

Ebmer A W, Maeta Y. 1999. Asiatische Halictidae-8. Zwei neue *Lasioglossum* s. str.-Arten von den südlichsten Inseln (Nansei-Shot) Japans (Insecta: Hymenoptera: Apoidea: Halictidae: Halictinae). *Linzer biologische Beiträge*, 31(1): 229-248.

Ebmer A W, Maeta Y, Sakagami S F. 1994. Six new Halictine bee species from Southwestern Archipelago, Japan (Hymenoptera, Halictinae). B*ulletin of the Faculty of Agriculture*, *Shimane University*, 28: 23-36.

Ebmer A W, Murao R, Tadauchi O. 2006. Taxonomic Notes on *Lasioglossum* (*Evylaeus*) *vulsum* (Vachal, 1903) (Hymenoptera, Halictidae). *ESAKIA*, 46: 31-33.

Ebmer A W, Sakagami S F. 1985a. Taxonomic notes on the Palearctic species of the *Lasioglossum nitidiusculum*-group, with description of *L. allodalum* sp. nov. (Hymenoptera, Halictidae). *Kontyû*, 53(2): 297-310.

Ebmer A W, Sakagami S F. 1985b. *Lasioglossum* (*Evylaeus*) *hirashimae* n. sp. ein Vertreter einer paläotropischen Artgruppe in Japan (Hymenoptera, Apoidea). *Nachrichtenblatt der Bayerischen Entomologen*, 34: 124-130.

Ebmer A W, Sakagami S F. 1990. *Lasioglossum* (*Evylaeus*) *algirum pseudannulipes* (Blüthgen) erstmals in Japan gefunden, mit Notizen über die *L.* (*E.*) *leucopus*-Grrupe (Hymenoptera, Halictidae). *Japanese Journal of Entomology*, 58: 835-838.

Ebmer A W, Schwammberger K H. 1986. Die Bienengattung *Rophites* SPINOLA 1808 (Insecta: Hymenoptera: Apoidea: Halictidae: Dufoureinae). Illustrierte Bestimmungstabellen. *Senckenbergiana Biologica*, 66 (4/6): 271-304.

Enderlein G. 1903. Drei neue Bienen mit russelartiger Verlangerung des Kopfes. *Berliner Entomologische Zeitschrift*, 48: 35-40.

Eversmann E F. 1852. Fauna hymenopterologica Volgo-Uralensis (Continuatio). *Bulletin de la Société Imperiale des naturalistes de Moscou*, 25, Pt.2, no. 3:1-137.

Fabricius J C. 1775. *Systema Entomologiae, Sistens Insectorum Classes, Ordines, Genera, Species, Adiectis Synonymis, Locis, Descriptionibus, Observationibus*. Korte: Flensburgi et Lipsiae: xxviii + 832 pp.

Fabricius J C. 1776. *Genera insectorum, eorumque characteres naturales, secundum numerum, figuram, situm et proportionem, omnium partium oris adjecta mantissa specierum nuper detectarum*. Chilonii: M. F. Bartsch: 14 + 310 pp.

Fabricius J C. 1781. *Species Insectorum Exibentes Eorum Differentias Specificas, Synonyma, Auctorum, Loca Natalia, Metamorphosin, Adjectis Observationibus, Descriptionibus. T. 1.* C. E. Bohn (Hamburgi and Kilonii): vii + 552 pp.

Fabricius J C. 1787. *Mantissa insectorvm sistens eorvm species nvper detectas adiectis characteribvs genericis, differentiis specificis, emendationibvs, observationibvs*. Tom. I. xx + 348. Hafniae: Proft.

Fabricius J C. 1793. *Entomologia Systematica Emendata et Aucta: Secundun classes, ordines, genera, species, adjectis synonimis, locis, observationibus, descriptionibus*. Vol. 2. Hafniae: Proft: viii + 519 pp.

Fabricius J C. 1794. *Entomologia Systematica Emendata et Aucta*. Vol. 4. Apoidea: 460-461. Hafniae: Proft.

Fabricius J C. 1798. *Supplementum Entomologiae Systematicae* (Apoidea: 272-278). Hafniae: Proft.

Fabricius J C. 1804. *Systema Piezatorum secundum ordines, genera, species adiectis Synonymyis, locis, observationibus, descriptionibus*. Brunsvigae: Reichard: xiv+[15]-[440]+[1]-30 pp.

Fahringer J, Friese H. 1921. Eine Hymenopteren-Ausbeute aus dem Amanusgebirge (Kleinasien und Nordsyrien, südl. Armenien). *Archiv für Naturgeschichte*, Abteilung A, 87(3): 150-176.

Fan J G. 1990. A study on Chinese *Halictus* (*Halictus*) with description of three new species (Hymenoptera: Halictidae). *Acta Zootaxonomica Sinica*, 15(1): 92-96. [范建国. 1990. 中国隧蜂亚属的研究及新种记述(蜜蜂总科: 隧蜂科). 动物分类学报, 15(1): 92-96.]

Fan J G. 1991. A study on Chinese subgenera *Vestituhalictus* and *Seladonia* with descriptions of new species (Apoidea: Halictidae). *Acta Entomologica Sinica*, 34(4): 478-482. [范建国. 1991.中国绒毛隧蜂亚属和光隧蜂亚属的研究及新种记述(蜜蜂总科: 隧蜂科). 昆虫学报, 34(4): 478-482.]

Fan J G, Ebmer A W. 1992a. Nine new species of *Lasioglossum* (*Evylaeus*) from China (Hymenoptera: Apoidea: Halictidae). *Acta Entomologica Sinaca*, 35(2): 234-240. [范建国, Ebmer. 1992a. 中国胫淡脉隧蜂亚属九新种(膜翅目: 蜜蜂总科: 隧蜂科). 昆虫学报, 35(2): 234-240.]

Fan J G, Ebmer A W. 1992b. Three new species of *Lasioglossum* (*Lasioglossum*) from China (Hymenoptera: Apoidea: Halictidae). *Acta Entomologica Sinaca* 35(3): 346-349. [范建国, Ebmer. 1992b. 中国淡脉隧蜂属指名亚属三新种(膜翅目: 蜜蜂总科: 隧蜂科). 昆虫学报, 35(3): 346-349.]

Fan J G, Wu Y R. 1991. Three newe species of *Lasioglossum* (*Lasioglossum*) from China (Hymenoptera: Halictidae). *Acta Entomologica Sinica*, 34(1): 89-93. [范建国, 吴燕如. 1991. 中国淡脉隧蜂属三新种(膜翅目: 隧蜂科). 昆虫学报, 34(1): 89-93.]

Förster A. 1853. Eine Centurier neuer Hymenopteren. *Verhandlungen des naturhistorischer Vereins der preußischen Rheinlande und Westfallens*, 10(3-4): 266-362.

Förster A. 1860. Eine [Zweite] Centurie neuer Hymenopteren. *Verhandlungen des naturhistorischer Vereins der preußischen Rheinlande und Westfallens* (N. F.), 7: 93-153.

Frey-Gessner E. 1901. Bemerkungen über die Imhoff'-schen Apiden-Arten in der "Isis" von Oken 1832, 1834. *Mitteilungen der Schweizerischen Entomologischen Gesellschaft*, (10) 8: 311-332.

Friese H. 1897. Monographie der Bienengattung *Nomia* Latr. (Palaearctische Formen), pp. 45-84. *In: Festschriftzur feier des fünfzigjährigen Bestehens des vereins für schlesische Insektenkunde in Breslau*. Breslau: Verein für Schlesische Insektenkunde.

Friese H. 1898. Beitrage zur Bienenfauna von Aegypten. *Természetrajzi Füzetek*, 21(3-4): 303-313.

Friese H. 1901. *Die Bienen Europas* (*Apidae europaeae*). *Bd. VI. Subfamilien Panurginae, Melittinae, Xylocopinae*. Innsbruck (Selbstverlag, Druck C. Lampe): 284 pp.

Friese H. 1909a. Die Bienen Afrikas nach dem Stande unserer heutigen Kenntnisse, pp. 83-476, pls. ix-x. *In*: Schultz L. *Zoologische und Anthropologische Ergebnisse einer Forschungsreise im westlichen und zentralen Südafrika ausgefuhrt in den Jahren 1903-1905*, Band 2, Lieferung 1, X Insecta (ser. 3) [Jenaische Denkschriften Vol. 14]. Jena: Fischer.

Friese H. 1909b. Die Bienenfauna von Neu-Guinea. *Annales Historico Naturales Musei Nationalis Hungarici*, 7: 179-288.

Friese H. 1910. Neue Bienenarten aus Japan. *Verhandlungen der Zoologisch-Botanischen Gesellschaft in Wien*, 60: 404-410.

Friese H. 1911. Neue Bienenarten von Formosa und aus China (Kanton). *Verhandlungen der Zoologisch-Botanischen Gesellschaft in Wien*, 61: 123-128.

Friese H. 1914a (1913). Vorläufige Diagnosen von neuen Bienenarten, die von den Expeditionen Roborovsky-Kozlov (1893-95) und von Kozlov (1899-1901) aus Centralasien mitgebracht wurden und im Zoologischen Museum der Kaiserl. Akademie der Wissenschaften in St. Petersburg aufbewahrt werden. *Annuaire du Musée Zoologique de l'Académie Impériale des Sciences de St. Pétersbourg*, 18: LIX-LXI [=59-61].

Friese H. 1914b. Die Bienenfauna von Java. *Tijdschrift voor Entomologie*, 57: 1-61, 2 pls.

Friese H. 1916. Die Formen des *Halictus quadricinctus* F., sowie einige neue *Halictus* Arten der paläarktischen Region (Hym.). *Deutsche entomologische Zeitschrift*, 1916(1): 25-34.

Friese H. 1918. Wissenschaftliche Ergebnisse einer Forschungsreise nach Ostindien, ausgeführt im Auftrage der Kgl. Preuß. Akademie der Wissenschaften zu Berlin von H. v. Buttel-Reepen. VII. Bienen aus Sumatra, Java, Malakka und Ceylon. Gesammelt von Herrn Prof. Dr. v. Buttel-Reepen in den Jahren 1911-1912. *Zoologische Jahrbücher, Abteilung für Systematik, Geographie und Biologie der Tiere*, 41: 489-520.

Geoffroy M. 1785. *In:* Fourcroy A F. *Entomologia parisiensis. Sive catalogus insectorum quae in agro parisiensi reperiuntur*. T. 2. Paris: pp. 233-544.

Gerstäecker A. 1858. Bees and wasps collected in Mozambique. *Monatsberichte, Akademie der Wissenschaften, Berlin*, 29 October 1857, pp. 460-464.

Gerstäecker A. 1872. Hymenopterologische Beitrage. *Stettiner Entomologische Zeitung*, 33: 250-308.

Gibbs J. 2011. Revision of the metallic *Lasioglossum* (*Dialictus*) of eastern North America (Hymenoptera: Halictidae: Halictini). *Zootaxa*, 3073: 1-216.

Giraud J. 1861. Fragmentes entomologiques. I. Description de plusieurs Apides nouvelles et obervationes sur quelques espèces connues. *Verhandelungen der kaiserlich-königlichen zoolgisch-botanischen Gesellschaft in Wien* (*Abhandlungen*), 11: 447-470.

Gribodo G. 1894. Note Imenotterologiche, Nota II. Nuovi generi e nuove specie di Imenotteri antofili ed osservazioni sobra alcune specie gia conosciute. *Bollettino della Società Entomologica Italiana* [Firenze], 26 (1894): 76-135, 262-314.

Handlirsch A. 1888. Die Bienengattung *Nomioides* Schenck. *Verhandlungen der zoologish-botanischen Gesellschaft in Wien* (*Abhandlungen*), 38: 395-406, 1 pl.

He W, Wu Y R. 1985. A new species of *Rhopalomelisa* from Yunnan, China (Apoidea, Halictidae). *Zoological Reaearch*, 6(2): 185-187. [何琬, 吴燕如. 1985. 云南棒腹蜂属一新种(蜜蜂总科: 隧蜂科). 动物学研究, 6(2): 185-187.]

He W, Wu Y R. 1990. Two new species of bees from Yunnan, China (Hymenoptera: Apoidea). *Sinozoologia* no., 7: 217-220. [何琬, 吴燕如. 1990. 云南蜜蜂另新种(膜翅目:蜜蜂总科). 动物学集刊, 7: 217-220.]

Hedicke H. 1940. Ueber paläarktische Apiden (Hym.). II. *Sitzungsberichte der Gesellschaft naturforschender Freund zu Berlin*, 1939(3): 335-350.

Herrich-Schäffer G. 1840a. *Nomenclator entomologicus. Verzeichniss der europäischen Insekten. 2. Heft. Coleoptera, Orthoptera, Dermatoptera und Hymenoptera*. Regensburg: Pustet: viii+40+244 pp.

Herrich-Schäffer G. 1840b. Fauna ratisbonensis oder Uebersicht der in der Gegend von Regensburg einheimischen Thiere. II. Animalia articulata. Classis I. Insecta. *In*: Förnhorn A E. *Naturhistorische Topographie von Regensburg*, Bd 3. Regensburg: G.J. Manz: pp. 45-386.

Hirashima Y. 1953. The Insect Fauna of Mt. Ishizuchi and Omogo Valley, Iyo, Japan. Four new species of Apoidea (Hymenoptera). *Transactions of the Shikoku Entomological Society*, 3: 132-158.

Hirashima Y. 1956. Some bees of the genus *Nomia* Latreille from Formosa. *Insecta Matsumurana*, 20 (1-2): 29-33.

Hirashima Y. 1957. A tentative catalogue of the genus *Halictus* Latreille of Jaoan, and her adjacent territories (Hymenoptera, Halictidae). *Journal of Faculty of Agriculture, Kyushu University*, 16(1): 1-30.

Hirashima Y. 1961. Monographic study of the subfamily Nomiinae of Japan (Hymenoptera, Apoidea). *Acta Hymenopterologica*, 1 (3): 241-303.

Hirashima Y. 1978. Some Asian species of *Austronomia*, a subgenus of *Nomia*, with descriptions of three new species from Sri Lanka (Hymenoptera, Halictidae). *ESAKIA*, 12: 89-101.

Huang H R. 2008. A taxonomic study of the subfamily Nomiinae (Hymenoptera: Apoidea: Halictidae) from China. Beijing Forestry University Becholor Dissertation: i-vii+135 pp. [黄海荣. 2008. 中国彩蜂亚科(膜翅目: 蜜蜂总科: 隧蜂科)系统分类研究. 北京林业大学硕士学位论文: 135页.]

Illiger J C. 1806. William Kirby's Familien der Bienenartigen Insekten mit Zusätzen, Nachweisungen und Bemerkungen. *Magazin für Insektenkunde*, 5: 28-175.

Imhoff L. 1832. Entomologica. *Isis* (Oken), 1832: 1198-1208.

Jurine L. 1807. *Nouvelle Méthode de Classer les Hyménoptères et les Diptères, Vol. 1, Hyménoptères*. Geneva: Paschoud: iv+320+4 pp, 14 pls.

Karunaratne W A I P, Edirisingle J P, Pauly A. 2005. An updated checklist of Bees of Sri Lanka with new records. *MAB Checklist and Hand Books Series*, 23: 1-40. The National Man and the Biosphere, National Science Foundation, Sri Lanka.

Kim M R. 1997. Systematic study of genus *Halictus* (Halictidae: Hymenoptera) in Korea. *Korean Journal of Apiculture*, 12(1): 1-6.

Kirby W. 1802. *Monographia Apum Angliae*. Vol. 2: 388 pp. Ipswich, U. K.: privately published.

Kirby W F. 1900. Descriptions of the new species of Hymenoptera, *in* The Expedition to Sokotra. *Bulletin of the Liverpool Museums*, 3: 13-24.

Klug F. 1817. *Hylaeus*, pp. 265-266. *In*: Germar E F. *Reise nach Dalmatien II*. Leipzig: Altenburg.

Kriechbaumer J. 1873. Hymenopterologische Beiträge III. *Verhandlungen der Zoologisch -Botanischen Gesellschaft in Wien*, 23: 49-68.

Latreille P A. 1804. Tableau méthodique des insects, pp. 129-200 *In*: *Noveau Dictionnaire d'Histoire naturelle*. Vol. 24. Paris: Déterville.

Latreille P A. 1805. *Histoire naturelle, genérale et particuliere, des crustacés et des insectes. T. 13*. Paris: F. Dufart, 432 pp., pls. 98-103.

Latreille P A. 1806. *Genera crustaceorum et insectorum, secundum ordinem naturalem in familias disposita, iconibus exemplisque plurimis explicata. T. 1*. Parjsiis: A Koenig: xviii + 302 pp, 16 pls.

Lepeletier de Saint-Fargeay A L M. 1841. *Histoire Naturelle des Insects Hyménoptères. Vol. 2*. Paris: Roret: 1-680.

Linnaeus C. 1758. *Systema Naturae. Vol. 1*. ed. 10. Holmiae: Salvii: 824 pp.

Lovell J H. 1908. The Halictidae of southern Main. *Psyche*, 15(2): 32-40.

Lucas P H. 1849. Cinquième Ordre. Les Hyménoptères. Pp. 141-344, pl. 1-31. *In: Exploration scientifique de l'Algérie pendant les Années 1840, 1841, 1842 publiée par Ordre du Gouvernement et avec le Concours d'une Comission Académique. Sciences physiques, Zoologie*, 3 (3). *Histoire naturelle des Animaux Articulés. Cinquième Classe – Insectes*. Paris: Imprimerie Royale.

Magretti P. 1884. Risultati di raccolte imenotterologiche nell'Africa Orientale. *Annali del Museo Civico di Storia Naturale di Genova*, 21: 523-636, pl. 1.

Matsumura S. 1912. *Thousand Insects of Japan. Supplement IV*. Tokyo: 247 pp., 14 pls.

Matsumura S, Uchida T. 1926. Die Hymenopteren-Fauna von den Riukiu-Inseln. *Insecta Matsumurana*, 1: 63-77.

Mavromoustakis G A. 1949. On the bees (Hymenoptera, Apoidea) of Cyprus, Part I. *Annals and Magazine of Natural History*, (12)1: 541-587.

McGinley R J. 1999. *Eickwortia* (Apoidea: Halictidae), a new genus of bees from Mesoamerica. *University of Kansas Natural History Museum Special Publication*, 24: 111-120.

McGinley R J. 2003. Studies of Halictinae (Apoidea: Halictidae), II: Revision of *Sphecodogastra* Ashmead, floral specialists of Onagraceae. *Smithsonian Contributions to Zoology*, 610: i-iii, 1-55.

Meyer R. 1920 (1919). Apidae-Sphecodinae. *Archiv für Naturgeschichte* Abt. A, 85(1-2): 79-242.

Meyer R. 1922. Nachtrag I Zur Bienengattung *Sphecodes* Latr. *Archiv für Naturgeschichte* Abt. A, 88(8): 165-174.

Meyer R. 1925. Zur Bienengattung *Sphecodes*. *Archiv für Naturgeschichte* Abt. A, 90: 1-12.

Michener C D. 1944. Comparative external morphology, phylogeny, and a classification of the bees. *Bulletin of the American Museum of Natural History*, 82: 151-326.

Michener C D. 1965. A classification of the bees of the Australian and South Pacific regions. *Bulletin of the American Museum of Natural History*, 130: 1-362, pls. 1-15.

Michener C D. 1968. Nests of some African megachilid bees, with description of a new *Hoplitis*. *Journal of the Entomological Society of Southern Africa*, 31: 337-359.

Michener C D. 1978a. The parasitic groups of Halictidae (Hymenoptera, Apoidea). *University of Kansas Science Bulletin*, 51(10): 291-339.

Michener C D. 1978b. The classification of halictine bees: Tribes and old world nonparasitic genera with strong venation. *University of Kansas Science Bulletin*, 51(16): 501-538.

Michener C D. 1980. The large species of *Homalictus* and related Halictinae from the New Guinea area. *American Museum Novitates* no., 2693: 1-21.

Michener C D. 1986. Family-Group Names among Bees. *Journal of the Kansas Entomological Society*, 59(2): 219-234.

Michener C D. 1993. The status of *Prosopalictus*, a halictine bee from Taiwan. *Japanese Journal of Entomology*, 61(1): 67-72.

Michener C D. 1997. Genus-group names of bees and supplemental family group names. *Scientific Papers, Natural History Museum, University of Kansas* no., 1: 1-81.

Michener C D. 2000. *The bees of the world* (1st edition). Baltimore & London: Johns Hopkins University Press: xiv + 913 pp.

Michener C D. 2007. *The bees of the world* (2nd edition). Baltimore & London: Johns Hopkins University Press: xvi + 953 pp.

Michener C D, Engel M S. 2010. The bee genus *Thrinchostoma* Saussure in the Southern Asian Region (Hymenoptera: Halictidae). *Proceedings of the Entomological Society of Washington*, 112(1): 129-139.

Móczár M. 1967. *Fauna hungarica*. Vol. XII. Hymenoptera III, Pt II. Halictidae. Budapest (Akad. Kiado; in Series "Fauna hung.", no. 85). [In Hungarian], 116 pp.

Mohamed S, Li Q. 2013. *Dufourea wuae*——a new name and first description of the female (Hymenoptera: Halictidae: Rophitinae), with an updated checklist of the genus *Dufourea* in China. *Polish Journal of Entomology*, 82: 82-93.

Morawitz F. 1865. Ueber einige Andrenidae aus der Umgegend von St.-Petersburg. *Horae Societatis Entomologicae Rossicae*, 3 (1): 61-79.

Morawitz F. 1866. Bemerkungen über einige vom Prof. Eversmann beschriebene Andrenidae, nebst Zusätzen. *Horae Societatis Entomologicae Rossicae*, 4 (1): 3-28.

Morawitz F. 1868. Ein Beitrag zur Hymenopteren-Fauna des Ober-Engadins. *Horae Societatis Entomologicae Rossicae*, 5 (1867-1868): 39-71.

Morawitz F. 1872. Ein Beitrag zur Bienenfauna Deutshlands. *Verhandlungen der Zoologisch-Botanischen Gesellschaft in Wien*, 22: 355-388.

Morawitz F. 1874. Die Bienen Daghestans. *Horae Societatis Entomologicae Rossicae*, 10(1873-1874): 129-189.

Morawitz F. 1876. Bees (Mellifera). II. Andrenidae In *Travel to Turkestan by ... A.P. Fedchenko*. No. 13, t. 2. Zool. Res. Pt 5, book 2. *Izvestia Imp. Obshchestva Lyubitelei Estestvoznania, Etnographii i Antropologii*, 21(3), 2: 161-304.

Morawitz F. 1879. Nachtrag zur Beinenfauna Caucasiens. *Horae Societatis Entomologicae Rossicae*, 14(1): 3-112.

Morawitz F. 1880. Ein Beitrag zur Bienen-Fauna Mittel-Asiens. *Bulletin de l'Académie Impériale des Sciences de Saint-Pétersbourg*, 26: 337-389.

Morawitz F. 1887. Insecta in itinere cl. N. Przewalskii in Asia centrali novissime lecta. I. Apidae. *Horae Societatis Entomologicae Rossicae*, 20 (1886): 195-229.

Morawitz F. 1890. Insecta a Cl. G. N. Potanin in China et in Mongolia Novissime Lecta. XIV. Hymenoptera Aculeata, II. *Horae Societatis Entomologicae Rossicae*, 24: 349-385.

Morawitz F. 1892. Hymenoptera aculeate Rossica nova. *Horae Societatis Entomologicae Rossicae*, 26: 132-181.

Morawitz F. 1894. Supplement zur Bienenfauna Turkestans. *Horae Societatis Entomologicae Rossicae*, 28: 1-87.

Morawitz F. 1895. Beitrag zur Bienenfauna Turkmeniens. *Horae Societatis Entomologicae Rossicae*, 29: 1-76.

Morice F D. 1921. Annotated lists of aculeate Hymenoptera (except Heterogyna) and chrysids recently collected in Mesopotamia and North-West Persia.

Journal of the Bombay Natural History Society, 27(4): 816-828.

Moure J S. 1940. Apoidea neotropica. *Arquivos de Zoologia do Estado de Sao Paulo*, 2: 39-64, pls. I-III. [Also *Revista do Museu Paulista* 25: 39-64.]

Moure J S. 1947. Novos agrupamentos genericos e algumas especies novas de abelhas sulamericanas. *Museu Paranaense Publicacoes Avulsas*, 3: 1-37.

Moure J S, Hurd Jr H D. 1982. On two new groups of neotropical halictine bees. *Dusenia*, 13: 46.

Moure J S, Hurd Jr H D. 1987. *An Annotated Catalog of the Halictid Bee of the Western Hemisphere*. Washington, D.C.: Smithsonian Institution Press: Vii + 405 pp.

Murao R. 2011. Taxonomic notes on *Lasioglossum* (*Lasioglossum*) *subopacum* (Smith) and *L.* (*L.*) *okinawa* Ebmer et Maeta (Hymenoptera, Halictidae) from Asia. *Zookeys*, 143: 83-92.

Murao R, Ebmer A W, Tadauchi O. 2009. Taxonomic Position of *Lasioglossum* (*Evylaeus*) *algirum pseudannulipes* (Insecta: Hymenoptera: Halictidae). *Species Diversity*, 14(3): 165-171.

Murao R, Ebmer A W, Tadauchi O. 2006. Three New Species of the Subgenus *Evylaeus* of the Genus *Lasioglossum* from Eastern Asia (Hymenoptera, Halictidae). *ESAKIA*, 46: 35-51.

Murao R, Tadauchi O. 2005. Taxonomic Notes on the Apristum Species Group Belonging to the Subgenus *Evylaeus* of the Genus *Lasioglossum* with Redescription of Two Species (Hymenoptera: Halictidae). *ESAKIA*, (45): 41-54.

Murao R, Tadauchi O, Xu H L. 2013. *Seladonia* (*Pachyceble*) *henanensis* sp. n. (Hymenoptera, Halictidae) from China. *Zookeys*, 305: 21-32.

Murao R, Tadauchi O, Yamauchi T. 2009. Taxonomic Revision of the Subgenus *Ctenonomia* of the Genus *Lasioglossum* (Hymenoptera, Halictidae) in Japan. *ESAKIA*, 49: 75-94.

Niu Z Q, Oremerk P, Zhu C D. 2013. First record of the bee genus *Homalictus* Cockerell for China with description of a new species (Hymenoptera: Halictidae: Halictini). *Zootaxa*, 3746(2): 393-400.

Niu Z Q, Wu Y R, Huang D W. 2004. A Taxonomic Study on the Subgenus *Seladonia* (Hymenoptera, Halictidae, *Halictus*) in China with Description of One New Species. *Zoological Studies*, 43(4): 647-670.

Niu Z Q, Wu Y R, Huang D W. 2005. A Taxonomic Study on the four Genera of Subfamily Rophitinae from China (Hymenoptera: Halictidae). *The Raffles Bulletin of Zoology*, 53(1): 47-58.

Niu Z Q, Zhu C D, Zhang Y Z, *et al.* 2007a. A Taxonomic Study of the subgenus *Vestitohalictus* of the genus *Halictus* (Hymenoptera, Halictidae, Halictinae) from China. *Acta Zootaxonomica Sinica*, 32(1): 90-108.

Niu Z Q, Zhu C D, Zhang Y Z, *et al.* 2007b. The name alteration of related taxa and the current classification status of *Halictus* Latreille (Hymenoptera: Halictidae). *Acta Zootaxonomica Sinica*, 32(2): 376-384. [牛泽清, 朱朝东, 张彦周, 等. 2007. 隧蜂属 (膜翅目: 隧蜂科)相关类元名称的变动及隧蜂属的分类研究现状. 动物分类学报, 32(2): 376-384.]

Noskiewicz J. 1926 (1925). Neue euro-paische Bienen. *Polskie Pismo Entomologiczne*, 4: 230-237.

Nurse C G. 1902. New species of Indian Hymenoptera. *Journal of the Asiatic Society of Bengal*, 70 (2): 146-154.

Nurse C G. 1903. New species of Indian aculeate Hymenoptera. *Annals and Magazine of Natural History* (London), (7) 11: 528-549.

Nurse C G. 1904. New species of Indian aculeate Hymenoptera. *Journal of the Bombay Natural History Society*, 16: 19-26.

Nylander W. 1848. Adnotationes in expositionem monographicam apum borealium. *Notiser ur Sallskapets pro Fauna et Flora Fennica Forhandlingar*, 1: 165-282, pl. III.

Olivier A. 1789. Abeille. *In*: *Encyclopédie méthodique. Histoire naturelle T. 4, Insectes*. Pankoucke, Paris, CCLXXXVII + CCCLXXIII + 331 p.

Pagliano G. 1988. Prospetto sistematico degli Apoidea italiani. *Annali della Facolta di Scienze Agrarie della Universita degli Studi di Torino*, 15: 97-128.

Pallas P S. 1773. *Reise durch verschiedene Provinzen des Russischen Reiches, zweiter Theil, Erstes Buch vom Jahr 1770*. St. Petersburg: Kaiserlichen Akademie der Wissenschaften: vi + 744 pp.

Panzer G W F. 1797. *Faunae Insectorum Germanicae, initia. Deutschlands Insecten*. Vol. 40. pp. I-XIV [= 1-14], [1-286], pl. [1-286]. Nürnberg: Felssecker.

Panzer G W F. 1798. *Kritische Revision der Insektenfauna Deutschlands nach dem System bearbeitet. Faunae insectorum germaniae*, Heft 5: Tafeln 49-60. Nürnberg: Felssecker.

Panzer G W F. 1805. *Faunae insectorum Germanicae initia oder Deutschlands lnsecten*. Jg. 8, H. 89, Taf. 15. Nürnberg: Felssecker.

Patiny S, Michez D. 2006. Phylogenetic analysis of the *Systropha* Illiger 1806 (Hymenoptera: Apoidea: Halictidae) and description of a new subgenus. *Annales de la Société Entomologique de France* (n.s.), 42(1): 27-44.

Pauly A. 1980. Descriptions preliminaires de quelque sousgenres afrotropicaux nouveaux dans la famille des Halictidae. *Revue de Zoologie Africaine*, 94: 119-125.

Pauly A. 1981. *Lasioglossum* (*Labrohalictus*) *saegeri*, nouveau sous-genre et nouvelle espece de Halictidae du Parc National de la Garamba (Zaire). *Revue de Zoologie Africaine*, 95: 717-720.

Pauly A. 1984a. Classification des Halictidae de Madagascar et des iles voisines, I. Halictinae. *Verhandlungen der Naturforschenden Gesellschaft in Basel*, 94: 121-156.

Pauly A. 1984b. *Paradialictus*, un nouveau genre cleptoparasite recolte au Parc National des Virungas (Zaire). *Revue de Zoologie Africaine*, 98: 689-692.

Pauly A. 1984c. Contribution a l'etude des genres afrotropicaux de Nomiinae. *Revue de Zoologie Africaine*, 98: 693-702.

Pauly A. 1990. Classification des Nomiinae Africains. *Annales Musee Royal de l'Afrique Central* [Tervuren], *Sciences Zoologiques*, 261: 1-206.

Pauly A. 1991. Classification des Halictidae de Madagascar, II. Nomiinae. *Annales de la Societe Entomologique de France* (n.s.), 27: 287-321.

Pauly A. 1997. *Paraseladonia*, noveau genre cleptoparasite afrotropical. *Bulletin et Annales de la Societe Royale Belge d'Entomologie*, 133: 91-99.

Pauly A. 1999. Classification des Halictini de la region Afrotropicale. *Bulletin de l'Institute Royal des Sciences Naturelles de Belgique, Entomologie*, 69: 137-196.

Pauly A. 2008a. Révision du genre *Nomia* sensu stricto Latreille, 1804 et désignation du lectotype de l'espèce-type *Nomia curvipes* Fabricius, 1793, non 1781 (Hymenoptera: Apoidea: Halictidae). *Bulletin de l'Institut Royal des Sciences Naturelles de Belgique, Entomologie*, 78: 211-223.

Pauly A. 2008b. Catalogue of the sub-Saharan species of the genus *Seladonia* Robertson, 1918, with description of two new species (Hymenoptera: Apoidea: Halictidae). *Zoologische Mededelingen Leiden*, 82(36): 391-400.

Pauly A. 2009. Classification des Nomiinae de la Région Orientale, de Nouvelle-Guinée et des îles de l'Océan Pacifique (Hymenoptera: Apoidea: Halictidae). *Bulletin de l'Institut Royal des Sciences Naturelles de Belgique, Entomologie*, 79: 151-229.

Pauly A. 2014a. Les Abeilles des Graminées ou *Lipotriches* Gerstaecker, 1858, sensu stricto, (Hymenoptera: Apoidea: Halictidae: Nomiinae) de l'Afrique subsaharienne. *Belgian Journal of Entomology*, 20: 1-393.

Pauly A. 2014b. Les Abeilles des Graminées ou *Lipotriches* Gerstaecker, 1858, sensu stricto (Hymenoptera: Apoidea: Halictidae: Nomiinae) de la Région Orientale. *Belgian Journal of Entomology*, 21: 1-94.

Pauly A, Brooks R W. 2001. Genres *Sphecodes* et *Eupetersia*, pp 122-143. *In*: Pauly A, Brooks R W, Nilsson L A, *et al. Hymenoptera Apoidea de Madagascar et des îles voisines*. Annales Sciences zoologiques, Musée royal de l'Afrique centrale, Tervuren, 286: 390 pp + 16 pl. couleurs.

Pauly A, Pesenko Y A, Roche F L. 2002. The Halictidae of the Cape Verde Islands (Hymenoptera Apoidea). *Bulletin de l'Institut Royal des Sciences naturelles de Belgique, Entomologie*, 72: 201-211.

Pérez J. 1895. *Espèces nouvelles de mellifères de Barbarie* (*Diagnoses préliminaires*). Bordeaux: Gounouihou: 64 pp.

Pérez J. 1903. Espèces nouvelles de mellifères (palearctiques). *Procès-Verbaux des Séances de la Société Linnéenne de Bordeaux*, 58: ccviii-ccxxxvi.

Pérez J. 1905. Hyménoptères recueillis dans le Japon central, par M. Harmand, ministre plénipotentiaire de France à Tokio. *Bulletin du Muséum d'Histoire Naturelle* (Paris), 11(1): 23-39.

Pérez J. 1907. Mission J. Bonnier et Ch. Pérez (Golfe Persique, 1901). II. Hyménoptères. *Bulletin Scientifique de la France et de la Belgique*, 41: 485-505.

Pérez J. 1911. Espèces nouvelles Mellifères recueillies en Syrie, en 1908, par M. Henri Gadeau de Kerville. *Bulletin de la Société des Amis Sciences Naturelles de Rouen*, (1910) 46: 30-47.

Perkins R C L. 1921. Two new species of bees of the genus *Sphecodes*. *Entomologist's Monthly Magazine*, 57: 9-11.

Perkins R C L. 1922. *Sphecodes scabricollis* Wesm. In Somerset, and description of *S. kershawi* Perk. *Entomologist's Monthly Magazine*, 58: 89-91.

Pesenko Yu A. 1983. Tribe Nomioidini (in the palearctic fauna), pp. 1-198 *In: Fauna of the USSR, Insecta-Hymenoptera, Halictid Bees (Halictidae), subfamily Halictinae*, 17(1). Leningrad: Nauka. (In Russian).

Pesenko Yu A. 1984a. A subgeneric classification of bees of the genus *Halictus* Latreille sensu stricto. *Entomologicheskoe Obozrenie*, 63: 340-357. [In Russian, English translation in *Entomological Review*, 63(3): 1-20.]

Pesenko Yu A. 1984b. A synonymical annotated catalogue of species-group names of bees of the genus *Halictus* LATREILLE sensu stricto (Hymenoptera, Halictidae) in the World fauna. *Trudy Zoologicheskova Instituta, Akademii Nauk SSSR* (Leningrad), 128: 16-32. (In Russian).

Pesenko Yu A. 1984c. Systematics of the bees of the genus *Halictus* Latreille (Hymenoptera, Halictidae) with a description of the 7th and 8th metasomal sterna of males: Subgenus *Platyhalictus*. *Trudy Zoologicheskova Instituta, Akademii Nauk SSSR*, 128: 33-48.

Pesenko Yu A. 1984d. The bees of the genus *Halictus* Latreille sensu stricto (Hymenoptera, Halictidae) of Mongolia and north-western China, with a review of publications on Halictini of this region and a revision of the subgenus *Prohalictus* of the world fauna, pp. 446-481. *In*: Korotyaev B A. *Insects of Mongolia*, no. 9. Leningrad: Nauka.

Pesenko Yu A. 1985. Systematics of the bees of the genus *Halictus* Latreille (Hymenoptera, Halictidae) with a description of 7th and 8th metasomal sterna of males: Subgenus *Monilapis* Cockerell. *Trudy Zoologicheskova Instituta, Akademii Nauk SSSR*, 132: 77-105.

Pesenko Yu A. 1986a. An annotated key to females of the palaeartic species of the genus *Lasioglossum* sensu stricto (Hymenoptera, Halictidae), with descriptions of new subgenera and species. Pp. 113-151. *In*: Pesenko Y A. *Systematics of Hymenopterous Insects*. *Trudy Zoologicheskova Instituta, Akademii Nauk SSSR*, 159.

Pesenko Yu A. 1986b. Systematics of bees of the genus *Halictus* LATREILLE (Hymenoptera, Halictidae) with description of 7th and 8th metasomal stema of males: subgenus *Tytthalictus* PESENKO. *Entomologicheskoe Obozrenie*, 65 (3): 618-632 [In Russian, English translation in *Entomological Review* (Washington) 1987, 66 (2): 114-127].

Pesenko Yu A. 1996. Madagascan bees of the tribe Nomioidini. *Entomofauna*, 17: 493-516.

Pesenko Yu A. 1998. New and Little Known Bees of the Genus *Dufourea* (Hymenoptera, Halictidae) from the Palaearctic. *Entomologicheskoe Obozrenie*, 77 (3): 670-685. [In Russian, English translation in *Entomological Review*, 78 (5): 98-612 (1998)].

Pesenko Yu A. 1999. Phylogeny and classification of the family Halictidae revised (Hymenoptera: Apoidea). *Journal of the Kansas Entomological Society*, 72(1): 104-123.

Pesenko Yu A. 2000. Phylogeny and classification of bees of the tribe Nomioidini. *Entomologicheskoe Obozrenie*, 79: 210-226 [In Russian; English translation (2000) in *Entomological Review*, 80: 171-184.]

Pesenko Yu A. 2004. The phylogeny and classification of the tribe Halictini with Special reference to the *Halictus* genus-group (Hymenoptera: Halictidae). *Zoosystematica Rossica* (St Petersburg), 13 (1): 83-113.

Pesenko Yu A. 2005a. Contributions to the halictid fauna of the eastern palaearctic region: genus *Halictus* Latreille (Hymenoptera: Halictidae: Halictinae). *Far Estern Entomoligst*, 150: 1-24.

Pesenko Yu A. 2005b. New data on the taxonomy and distribution of the Palaearctic halictids: genus *Halictus* LATREILLE (Hymenoptera: Halictidae). *Entomofauna* Band 26, Heft, 18: 313-348.

Pesenko Yu A. 2005c. Contribution to the halictid fauna of the Eastern palaearctic region: subfamily Nomioidinae (Hymenoptera: Halictidae). *Far Estern Entomoligst*, 152: 1-12.

Pesenko Yu A. 2006a. Contributions to the Halictid Fauna of the Eastern Palaearctic Region: Genus *Seladonia* Robertson (Hymenoptera: Halictidae, Halictinae). *ESAKIA*, 46: 53-82

Pesenko Yu A. 2006b. Contributions to the halictid fauna of the Eastern Palaearctic Region: genus *Lasioglossum* Curtis (Hymenoptera: Halictidae, Halictinae). *Zoosystematica Rossica*, 15(1): 133-166.

Pesenko Yu. A. 2007a. A taxonomic study of the bee genus *Evylaeus* Robertson of Eastern Siberia and the Far East of Russia (Hymenoptera: Halictidae). *Zoosystematica Rossica*, 16(1): 79-123.

Pesenko Yu A. 2007b. Subfamily Halictinae. *In*: Lelej A S. *Key to the insects of Russian Far East. Vol.4. Pt.5*. Vladivostok: Dal'nauka: P. 824-878. (In Russian).

Pesenko Yu A. 2007c. Subgeneric classification of the Palaearctic bees of the genus *Evylaeus* Robertson (Hymenoptera: Halictidae). *Zootaxa*, 1500: 1-54.

Pesenko Yu A, Astafurova Yu V. 2006. Contributions to the halictid fauna of the eastern Palaearctic region: subfamily Rophitinae (Hymenoptera: Halictidae). *Entomofauna*, 27(27): 317-356.

Pesenko Yu A, Banaszak J, Radchenko V G, *et al.* 2000. *Bees of the family Halictidae* (*excluding Sphecodes*) *of Poland*: *taxonomy, ecology, bionomics*. Poland: Bydgoszcz Press: 348 pp.

Pesenko Yu A, Davydova N G. 2004. Bee fauna (Hymenoptera, Apoidea) of Yakutia. 2. *Entomologicheskoe Obozrenie*, 83(3): 684-703. [In Russian; English translation: *Entomological Review*, 2006, 15(1): 133-166.]

Pesenko Yu A, Kerzhner I M. 1981. *Nomioides* Schenck, 1966: Proposed designation of type species. *Bulletin of Zoological Nomenclature*, 38: 225-227.

Pesenko Yu A, Pauly A. 2005. Monograph of the bees of the subfamily Nomioidinae (Hymenoptera: Halictidae) of Africa (excluding Madagascar). *Annales de la Société Entomologique de France* (n.s.), 41(2): 129-236.

Pesenko Yu A, Pauly A. 2009. A contribution to the fauna of the Nomioidine bees of the Arabian Peninsula (Hymenoptera: Halictidae). *Fauna of Arabia*, 24: 217-236.

Pesenko Yu A, Wu Y R. 1991. A study on Chinese Nomioidini, with description of a new species of *Ceylalictus* (Hymenoptera: Apoidea: Halictidae). *Acta Zootaxonomica Sinica*, 16(4): 454-458. [尤. 阿. 皮森科, 吴燕如. 1991. 中国小彩带蜂族的研究及艳小彩带蜂属一新种记述(膜翅目: 蜜蜂总科: 隧蜂科). 动物分类学报, 16(4): 454-458.]

Pesenko Yu A, Wu Y R. 1997a. A study on Chinese bees of the genus *Halictus* s. str. with description of a new species and a new subspecies (Hymenoptera: Halictidae). *Acta Entomolgica Sinica*, 40(2): 202-206. [尤. 阿. 皮森科, 吴燕如. 1997. 中国隧蜂属研究及新种新亚种记述(膜翅目: 隧蜂科). 昆虫学报, 40(2): 202-206.]

Pesenko Yu A, Wu Y R. 1997b. Chinese bees of genus *Pachyhalictus* (Hymenoptera: Halictidae). *Zoosystetnntica Rossica*, 6(1/2): 287-296.

Ponomareva A A. 1967. Notes sur les espèces paléarctiques du genre *Systropha* III. (Hymenoptera, Apoidea, Halictidae). *Polskie Pismo Entomologiczne*, 37: 677-698.

Popov V B. 1957. On the genera *Morawitzella*, gen. nov. and *Trilia* Vach. (Hymenoptera, Halictidae). *Entomologicheskoe Obozrenie*, 36: 916-924.

Popov V B. 1958. Zoogeographical peculiarities of central Asiatic species of the genus *Halictoides*. *Doklady Akademii Nauk tadzhikskoe SSR*, 1: 47-51.

Popov V B. 1959. New species of the genera *Dufourea* and *Halictoides* from eastern Asia (Hymenoptera, Halictidae). *Entomologicheskoe Obozrenie*, 38(1): 225-237. (In Rissian).

Proshchalykin M Yu. 2003. The bees (Hymenoptera, Apoidea) of the Kuril Islands. *Far Eastern Entomologist*, 132: 1-21.

Proshchalykin M Yu. 2004. A checklist of the bees (Hymenoptera, Apoidea) of the southern part of the Russian Far East. *Far Eastern Entomologist*, 143: 1-17.

Proshchalykin M Yu. 2014. The species-group names of bees (Hymenoptera: Apoidea, Apiformes) described from the Russian Far East. Part II. Families Halictidae, Megachilidae and Apidae. *Euroasian Entomological Journal*, 13(6): 527-534.

Proshchalykin M Yu, Lelej A S. 2013. The species-group names of bees (Hymenoptera: Apoidea, Apiformes) described from Siberia. *Euroasian Entomological Journal*, 12(4): 315-327.

Proshchalykin M Yu, Lelej A S, Kupyanskaya A N. 2004. Fauna pchel (Hymenoptera, Apoidea) ostrova Sakhalin [The bee fauna (Hymenoptera, Apoidea) of Sakhalin Island]. *In*: Storozhenko S Yu. *The flora and fauna of Sakhalin Island. Proceedings of the International Project. Part 1*. Vladivostok: Dalnauka: pp. 154-192. (In Russian).

Provancher L. 1882. Faune Canadienne. *Le Naturaliste Canadien*, 13(151): 193-224.

Radoszkowski O. 1867. Matériaux pour servir a l'étude des insectes de la Russie. IV. Notes sur quelques Hyménoptères de la tribu des Apides. *Horae Societatis Entomologicae Rossicae*, 5 (3): 73-90.

Radoszkowski O. 1876. Matériaux pour servir à une faune hyménoptérologoque de la Russie. *Horae Societatis Entomologicae Rossicae*, 12: 82-110.

Radoszkowski O. 1893. Fauna hyménoptèrologique transcaspienne (Suite et fin). *Horae Societatis Entomologicae Rossicae*, 27(1-2): 38-81.

Rafinesque-Schmaltz C S. 1815. *Analyse de la Nature*. Palermo: privately printed: 224 pp.

Rasmussen C. 2012. Joseph Vachal (1838-1911): French entomologist and politician. *Zootaxa*, 3342: 1-52.

Rasmussen C, Ascher J S. 2008. Heinrich Friese (1860-1948): Names proposed and notes on a pioneer melittologist (Hymenoptera, Anthophila). *Zootaxa*, 1833: 1-118.

Richards O W. 1935. Notes on the nomenclature of the aculeate Hymenoptera, with special reference to the British genera and species. *Transactions of the Royal Entomological Society of London*, 83: 143-176.

Ritsema C. 1873. Beschrijving van een nieuw Hymenopteren genus uit de onder-familie der Andrenidae Acutilingues. *Tijdschrift voor Entomologie*, 16: 224-228, pl. 10 (part).

Roberstson C. 1901. Some new or little-known bees. *Canadian Entomologist*, 33: 229-231.

Roberstson C. 1902a. Some new or little-known bees——II. *Canadian Entomologist*, 34: 48-49.

Roberstson C. 1902b. Synopsis of Halictinae. *Canadian Entomologist*, 34: 243-250.

Roberstson C. 1903. Synopsis of Sphecodinae. *Entomological News*, 14: 103-107.

Roberstson C. 1904. Synopsis of Anthophila. *Canadian Entomologist*, 36: 37-43.

Roberstson C. 1918. Some genera of bees. *Entomological News*, 29: 91-92.

Roberts F B. 1973. Bees of Northwestern America: *Halictus* (Hymenoptera: Halictidae). *Oregon Agricultural Experimental Staation Bulletin*, 126: 1-23.

Rossi P. 1790. *Fauna Etrusca, sitens insecta quae in provinciis Florentina et Pisana praesertim collegit. T. 2.* T. Masi: Liburni: 348 pp.

Rossi P. 1792. *Mantissa insectorum exhibens species nuper in Etruria collectas a Petro Rossio*: *adiectis faunae Etruscae illustrationibus, acemendationibus*. Polloni, Pisa: 148 pp.

Saini M S, Rathor V S. 2012. A species checklist of family Halictidae (Hymenoptera: Apoidea) along with keys to its subfamilies, genera & subgenera from India. *International Journal of Environmental Sciences*, 3(1): 134-166.

Sakagami S F, Ebmer A W. 1979. *Halictus* (*Seladonia*) *tumulorum higashi* ssp. nov. from the northeastern Palaearctics (Hymenoptera: Apoidea: Halictidae). *Kontyû*, 47(4): 543-549.

Sakagami S F, Ebmer A W. 1987. Taxonomic notes on oriental halictine bees of the genus *Halictus* (Subgen. *Seladonia*) (Hymenoptera, Apoidea). *Linzer biologische Beiträge*, 19(2): 301-357.

Sakagami S F, Ebmer A W, Matsumura T, *et al*. 1982. Bionomics of the halictine bees in northern Japan. II. *Lasiogiossum* (*Evylaeus*) *sakagamii* (Hymenoptera: Apoidea, Halictidae), with taxonomic notes on allied species. *Kontyû*, 50(2): 198-211

Sakagami S F. 1961. *Nomia umesaoi* sp. nov., an aberrant bee from Thailand (Hymenoptera: Apoidea). *Insecta Matsumurana*, 24: 43-51.

Sakagami S F. 1989. Taxonomic notes on a Malesian bee *Lasioglossum carinatum*, the type species of the subgenus *Ctenonomia*, and its allies (Hymenoptera: Halictidae). *Journal of the Kansas Entomological Society*, 62 (4): 496-510.

Sakagami S F, Hirashima Y, Ohé Y. 1966. Bionomics of two new Japanese halictine bees (Hymenoptera, Apoidea). *Journal of the Faculty of Agriculture, Kyushu University*, 13(4): 673-703.

Sakagami S F, Munakata M. 1990. *Lasioglossum blakistoni* sp. nov., the northernmost representative of the palaeotropic subgenus *Ctenonomia* (Insecta, Hymenoptera, Halictidae). *Zoogical Science*, 7: 985-987.

Sakagami S F, Tadauchi O. 1995a. Taxonomic studies on the halictine bees of *Lasioglossum* (*Evylaeus*) *lucidulum* subgroup in Japan with comparative notes on some Palaearctic species (Hymenoptera, Apoidea). *ESAKIA*, 35: 141-176.

Sakagami S F, Tadauchi O. 1995b. Three New Halictine Bees from Japan (Hymenoptera, Apoidea). *ESAKIA*, 35: 177-200.

Sandhouse G A. 1933. Notes on some North American species of *Halictus* with the description of an apparently new species (Hymenoptera: Apoidea). *Proceedings of the Entomological Society of Washington*, 35(5): 78-83.

Sandhouse G A. 1941. The American bees of the subgenus *Halictus*. Entomologica Americana. *New Series*, 21 (1): 23-39.

Saussure H de. 1890. Histoire Naturelle des Hymenopteres, vol. 20, xxi + 590 pp., 27 pls. *In* : Grandidier A. *Histoire Physique, Naturelle et Politique de Madagascar.* Paris: Imprimerie Nationale.

Schenck A. 1853. Nachtrag zu der Beschreibung nassauischer Bienenarten. *Jahrbücher des Vereins für Naturkunde im Herzogthum Nassau*, 9: 141-170.

Schenck A. 1861. Die nassauischen Bienen. Revision und Ergänzung der früheren Bearbeitungen. *Jahrbücher des Vereins für Naturkunde im Herzogthum Nassau* (1859), 14: 1-414.

Schenck A. 1867. Verzeichnis der nassauischen Hymenoptera Aculeata mit Hinzufugung der ubrigen deutschen Arten. *Berliner Entomologische Zeitschrift*, 10(4) [1866]: 317-369.

Schenck A. 1869. Beschreibung der nassauischen Bienen. Zweiter Nachtrag, enthaltend Zusätze zu nassauischen Arten und die Beschreibung der übrigen deutschen Arten. *Jahrbücher des Vereins für Naturkunde im Herzogthum Nassau*, (1867/1868) 21/22: 269-382.

Schenck A. 1874. Aus der Bienen-Fauna Nassau's. *Berliner Entomologische Zeitschrift*, 18: 161-173, 337-347.

Schenck A. 1875. Aus der Bienen-Fauna Nassau's. *Deutsche Entomologische Zeitschrift*, 19(1): 321-332.

Schrank F. 1781. *Enumeratio insectorum Austriae indigenorum*. Augustae Vindelicorum: E. Klett & Frank.: ix + 548 pp., 4 pls.

Schrottky C. 1911. Descripcao de abelhas novas do Brazil e de regioes visinhas. *Revista do Museo Paulista*, 8: 71-88.

Schulz W A. 1906. *Spolia Hymenopterologica*. Paderborn: Pape: 356 pp.

Schulz W A. 1911. Zweihundert alte Hymenopteren. *Zoologische Annalen Wurzburg*, 4: 1-220.

Schwammberger K H. 1971. Beitrag zur Kenntnis der Bienengattung *Rhophites* SPINOLA (Hymenoptera, Apoidea, Halictidae). *Bulletin des Recherches Agronomiques de Gembloux* (n. s.), 6 (3/4): 578-584.

Scopoli J A. 1763. *Entomologia Carniolica*; *Exhibens Insecta Carnioliae Indigena et Distributa in Ordines, Genera, Species, Varietates. Methodo Linnaeana*. J.T. Trattner: Wien: xxxvi + 420 pp.

Scopoli J A. 1770. Dissertatio de Apibus, pp. 7-47. *In: Annus IV Historico- Naturalis*. Lipsiae: Christ. Gottlob. Hilscher: 152 pp.

Sichel J. 1854. *Rhophites bifoveolatus*, espèce nouvelle des environs de Paris. *Annales de la Société Entomologique de France*, (3)2, Bull. 6: p. lxxiv.

Sichel J. 1860. Faune de Sicile.— Hyménoptères. *Annales de la Société Entomologique de France*, 3(8): 763-764.

Sladen F W L. 1915. The bee genus *Thrinchostoma* in India. *The Canadian Entomologist*, 47(7): 213-215.

Smith F. 1845. Descriptions of the British species of Bees belonging to the genus *Sphecodes* of Latreille. *Zoologist*, 3: 1011-1015.

Smith F. 1848. Descriptions of the British species of bees belonging to the genus *Halictus* of Latreille. *Zoologist*, 6: 2037-2044, 2100-2108, 2167-2175.

Smith F. 1849. Description of new species of British bees. *Zoologist*, 7(App.): 58.

Smith F. 1853. *Catalogue of Hymenopterous Insects in the collections of the British Museum. Part I. Andrenidae and Apidae*. Pp. [i-iii], [1]-197, pl. I-VI. London: Trustees of the British Museum.

Smith F. 1854. *Catalogue of hymenopterous insects in the collection of the British Museum. Part II. Apidae*: 199-465, pls. VII-XII. London: British Museum of Natural History.

Smith F. 1857. Catalogue of the hymenopterous insects collected at Sarawak, Borneo; Mount Ophir, Kalacca; and at Singapore by A. R. Wallace. *Journal ot the Proceedings of the Linnean Society of London, Zoology*, 2: 42-88.

Smith F. 1858a. Catalogue of the hymenopterous insects collected at Sarawak, Borneo; Mount Ophir, Kalacca; and at Singapore by A. R. Wallace. *Journal ot the Proceedings of the Linnean Society of London, Zoology*, 2(7): 89-130.

Smith F. 1858b. Catalogue of the hymenopterous insects collected at Sarawak, Borneo; Mount Ophir, Kalacca; and at Singapore by A. R. Wallace. *Journal ot the Proceedings of the Linnean Society of London, Zoology*, 3(9): 4-27.

Smith F. 1862. Catalogue of Hymenopterous Insects collected by Mr. A.R. Wallace in the Islands of Ceram, Celebes, Ternate and Gilolo. *Journal of the Proceedings of the Linnean Society of London, Zoology*, 6 (22): 49-66.

Smith F. 1869. A revision of the characters and synonymes of British bees. (Continued from vol. iv, p. 9). *Zoologist*, 4(64): 241-249.

Smith F. 1870. Notes on Hymenoptera. *Entomologist's Annual*, 1870: 19-30.

Smith F. 1873. Descriptions of aculeate Hymenoptera of Japan, collected by Mr. George Lewis at Nagasaki and Hiogo. *Transactions of the entomological Society of London*, 1873(2):181-206.

Smith F. 1875a. Descriptions of new species of Indian Aculeate Hymenoptera, collected by Mr. G. R. James Rothney, Member of the Entomological Society. *Transactions of the entomological Society of London*, 1875: 33-51.

Smith F. 1875b. V. Descriptions of new species of Bees belonging to the genus *Nomia* of Latreille. *Transactions of the entomological Society of London*, 1875: 53-70.

Smith F. 1879. *Descriptions of New Species of Hymenoptera in the Collection of the British Museum*. London: British Museum: xxi + 240 pp.

Spinola M. 1806. *Insectorum Liguriæ species novae aut rariores, quas in agro Ligustico nuper detexit, descripsit et iconibus illustravit*. Tom. I. Fasc. I. I-XVII [= 1-17], 1-159. Genuae: Gravier.

Spinola M. 1808. *Insectorum Liguriae species novae aut rariores, quas in agro ligustico nuper detexit, descripsit, et iconibus illustravit Maximilianus Spinola, adjecto catalogo specierum auctoribus jam enumeratarum, quae in eadem regione passim occurrunt*. Vol. 2, fasc. 2-4. Genuae: Printed for the author: 262 pp.

Spinola M. 1839. Compte-rendu des hyménoptères, recueillis par M. Fischer pendant son voyage en Egypte, et communiqués par. M. le Docteur Waltl. *Annales de la Société Entomologique de France*, 7 (1838): 437-546.

Straka J, Bogusch P, Pidal A. 2007. Apoidea: Apiformes (včely). *Acta Entomologica Musei Nationalis Pragae* (Supplementum), 11: 241-299.

Strand E. 1909. Die paläarktischen *Halictus*-Arten des Kgl. Zoologischen Museums zu Berlin, z. T. nach Bestimmungen von J. D. Alfken. *Archiv für Naturgeschichte*, 75A: 1-62.

Strand E. 1910a. Neue süd- und ostasiatische *Halictus*-Arten in Kgl. Zoologischen Museum zu Berlin (Hym., Apidae). *Berliner Entomologische Zeitschrift*, (1909) 54(3/4): 179-211.
Strand E. 1910b. Neue Beiträge zur Arthropodenfauna Norwegens nebst gelegentlichen Bemerkungen über deutschen Arten, III. Hymenoptera Anthophila und Fossores. *Nyt Magazin for Naturvidenskaberne*, 48: 336-338.
Strand E. 1913a. Apidae aus Pingshiang (Süd-China), gesammelt von Herrn Dr. Kreyenberg. *Archiv für Naturgeschichte*, A. 3: 103-108.
Strand E. 1913b. Apidae von Ceylon, gesammelt 1899 von Herrn. Dr. W. Horn. *Archiv für Naturgeschichte, Abt. A*, 79 (Heft1-4): 135-150.
Strand E. 1913c. H. Sauter's Formosa-Ausbeute. Apidae I. *Supplementa Entomologica Berlin*, 2: 23-67.
Strand E. 1914. H. Sauter's Formosa-Ausbeute. Apidae II. (Die *Halictus*-Arten von Formosa). *Archiv für Naturgeschichte*, 79A: 147-171.
Strand E. 1915. Apidae von Tsingtau (Hym.), gesammelt von Herrn Prof. Dr. W.H. Hoffmann. *Entomologische Mitteilungen*, 4(1-3): 62-78.
Strand E. 1921. Apidologisches, insbesondere über paläarktische *Halictus*-Arten, auf Grund von Material des Deutschen entomologischen Museums. *Archiv für Naturgeschichte, Abteilung A*, 87(3): 305-322.
Strand E, Yasumatsu K. 1938. Two new species of the genus *Sphecodes* Latreille from the Far East (Hymenoptera: Apoidea). *Mushi*, 11(1): 78-82.
Tadauchi O. 1994. Bees of the Mariana Islands, Micronesia, collected by the expedition of the Natural History Museum & Institute, Chiba (Hymenoptera, Apoidea). *Esakia*, (34): 215-225.
Takahashi H, Sakagami S F. 1993. Notes on the halictine bees (Hymenoptera, Apoidea) of the Izu Islands: *Lasioglossum kuroshio* sp. nov., life cycles in Hachijo-jima Is., and a preliminary list of the species in the Izu Islands. *Japanese Journal of Entomology*, 61(2): 267-278.
Thomson C G. 1869. *Opuscula entomologica*. Fasc. 1. Lund: Lundbergska: 88 pp.
Vachal J. 1892. Parmi les hyménoptères recueillis au Soudan oriental par. M. le Dr. Paul Magretti: quelques *Halictus* et une espèce de *Prosopis*. *Bulletin de la Société Entomologique de France*: cxxxv-cxxxvii.
Vachal J. 1894. Viaggo di Leonardo Fea in Birmania e regioni vicini LXII. Nouvelles espèces d'Hyménoptères des genres *Halictus*, *Prosopis*, *Allodape* et *Nomioides* raportées par M. Fea de la Birmanie et décrites par M. J. Vachal. *Annali Museo Civico di Storia Naturale Genova*, (2)14: 428-499.
Vachal J. 1895. *Halictus* nouveaux de la collection Medina. *Anales de la Sociedad Española de Historia Natural*, 24: 147-150.
Vachal J. 1897. Quelques espèces nouvelles, douteuses ou peu connues du genre *Nomia* Latr. (Hym.). *Miscellanea Entomologica*, 5(6): 72-75, 87-88, 89-93.
Vachal J. 1899.Contributions hyménoptériques, I. — Nouveau sous-genre et nouvelle espèce du genre *Dufourea* Lep.; II. — Nouveau genre de la famille Sphecidae, sous-famille des Stizinae; III. — *Prosopis* nouvelles de l'Afrique équatoriale occidentale; IV. — Quelques autres *Prosopis*; V. — Deux nouveaux Hyménoptères d'Algèrie. *Annales de la Société Entomologique de France*, 68: 534-539.
Vachal J. 1900. Contributions Hymenopteriques. *Annales de la Societe Entomologique de France*, 68(1899): 534-539.
Vachal J. 1902. *Halictus nouveaux* ou *litigieux* de la collection Radoszkovski (Hymenoptera, Apidae). *Russkoe Entomologicheskoe Obozrenie*, 2(4): 225-231.
Vachal J. 1903a. Hyménoptères du Congo français rapportés par l'ingénieur J. Bouyssou. Mellifera. *Annales de la Société Entomologique de France*, 72: 358-400.
Vachal J. 1903b. Hyménoptères rapportés du Japon par M. Harmand. Mellifères (Quatrième mémoire). *Bulletin du Muséum d'Histoire Naturelle (Paris)*, 9: 129-132.
Vachal J. 1904. *Halictus* nouveaux ou présumés nouveaux d'Amérique (Hym.). *Bulletin de la Société Scientifique, Historique et Archéologique de la Corrèze*, 1904: 469-486.
Vachal J. 1907. Sur les *Dufourea* propres á l'Espagne. *Boletín de la Sociedad Española de Historia Natural*, 7: 362-363.
Vachal J. 1910. Collections recueillies par M. le baron Maurice de Rotschild dans l'Afrique orientale. Insectes hyménoptères: ellifères. *Bulletin du Muséum d'Histoire Naturelle (Paris)*, 15: 529-534.
Verhoeff C. 1890. Ein Beitrag zur deutschen Hymenopteren-Fauna. *Entomologische Nachrichten*, 16(21): 321-336.
Viereck H L. 1904a. A bee visitor of *Pontederia* (pickerelweed). *Entomological News*, 15: 244-246.
Viereck H L. 1904b. American genera of the bee family Dufoureidae. *Entomological News*, 15: 261-262.
Walckenaer C A. 1802. *Fauna Parisienne. Ou histoire abrégée des insectes des environs de Paris*. T. 2. Paris: Dentu: xxii + 438 pp.
Walckenaer C A. 1817. *Mémoires pour servir à l'histoire naturelle des abeilles solitaires qui composent le genre Halicte*. Paris: Didot: iv + 95 pp.
Walker F A. 1871. *A list of Hymenoptera collected by J. K. Lord, esq., in Egypt, in the neighbourhood of the Red Sea, and in Arabia; with descriptions of the new species*. London: Janson: 59 pp.
Walker K L. 1986. Revision of the Australian species of the genus *Homalictus* Cockerell (Hymenoptera: Halictidae). *Memoirs of The National Museum of Victoria*, 47: 105-200.
Warncke K. 1973a. Die unter dem Gattungsnamen Apis beschriebenen Bienen der Gattung *Halictus* (Apoidea, Hymenoptera) und Fixierung von Lectotypen weiterer von Fabricius beschriebener *Halictus*-Arten. *Nachrichtenblatt der bayerischen Entomologen*, 22(2): 23-26.
Warncke K. 1973b. Zur Systematik und Synonymie der mitteleuropäischen Furchenbienen *Halictus* Latreille (Hymenoptera, Apoidea, Halictidae). *Bulletin de la Societé Royale des Sciences de Liège*, 42(7-8): 277-295.
Warncke K. 1975. Beitrag zur Systematik und Verbreitung der Furchenbienen in der Türkei (Hymenoptera, Apoidea, *Halictus*). *Polskie Pismo Entomologiczne Tom*, 45: 81-128.
Warncke K. 1976. Zur Systematik und Verbreitung der Bienengattung *Nomia* Latr. in der Westpaläarktis und dem turkestanischen Becken (Hymenoptera, Apoidea). *Reichenbachia, Staatliches Museum für Tierkunde in Dresden*, 16(7): 93-120.
Warncke K. 1979a. Beiträge zur Bienenfauna des Iran: 3. Die Gattung *Rophites* SPIN., mit einer Revision der westpaläarktischen Arten der Bienengattung *Rophites* SPIN. *Bollettino del Museo Civico di Storia Naturale di Venezia*, 30: 111-155.
Warncke K. 1979b. Beiträge zur Bienenfauna des Iran: 7. Die Gattung Nomia Latr. *Bolletino del Museo di Storia Naturale di Venezia*, 30: 167-172.
Warncke K. 1980a. Die Bienengattungen *Nomia* and *Systropha* im Iran mit Erganzungen zu den *Nomia*-Arten der Westpaläarktis. *Linzer Biologische Beitrage*, 12(2): 363-384.
Warncke K. 1980b. *Rophites quinquespinosus* SPINOLA und *R. trispinosus* PÉREZ eine oder zwei Bienenarten ? (Apidae, Halictinae). *Entomofauna*, 1: 37-52.
Warncke K. 1982. Beitrag zur Bienenfeuna des Iran: 14. Die Gattung *Halictus* LATR., mit Bemerkungen über bekannte und neue *Halictus-Aiten* in der Westpaläarktis und Zentralasien. *Bolletino del Museo Civico di Storia Naturale di Venezia*, 32 (1981): 67-166.
Warncke K. 1984. Ergänzungen zur Verbreitung der Bienengattung *Halictus* LATR. in der Türkei (Hymenoptera, Apidae). *Linzer biologische Beitrage*, 16(2): 277-318.

Warncke K. 1988. Isolierte Bienenvorkommen auf dem Olymp in Griechenland (Hymenoptera, Apidae). *Linzer biologische Beiträge*, 20: 83-117.

Warncke K. 1992. Die westpaläarktischen Arten der Bienengattung *Sphecodes* Latr. (Hymenoptera, Apidea, Halictinae). *Bericht der Naturforschenden Gesellschaft Augsburg*, 52: 9-64

Westwood J O. 1875. Descriptions of some new species of short-tongued bees belonging to the genus *Nomia* of Latreille. *Transactions of the Entomological Society of London*: 207-222, pls. 4-5.

Wijesekara A. 2001. An Annotated List of Bees (Hymenoptera: Apoidea: Apiformis) of Srilanka. *Tijdschrift voor Entomologie*, 144: 144-158.

Wu Y R. 1965. *Hymenoptera Apoidea, Chinese Economic Insect Fauna*, Vol. 9, i-ix + 1-83, pls. i-vii. Beijing: Science Press. [吴燕如. 1965. 中国经济昆虫志. 第九册. 膜翅目, 蜜蜂总科. 北京: 科学出版社: 83 页, 彩色图版 1-7.]

Wu Y R. 1982a. Description of a new subgenus of *Nomia* (Apoidea, Halictidea). *Zoological Research*, 3(3): 275-279. [吴燕如. 1982a. 彩带蜂属一新亚属记述(蜜蜂总科, 隧蜂科). 动物学研究, 3(3): 275-279.]

Wu Y R. 1982b. Hymenoptera: Apoidea, pp. 379-426. *In*: Huang F S. *Insects of Xizang. Vol. II.* Beijing: Science Press. [吴燕如. 1982b. 膜翅目: 蜜蜂总科, 379-426. //黄复生. 西藏昆虫. 第二册. 北京: 科学出版社.]

Wu Y R. 1983a. Two new species of *Halictoides* from Yunnan, China (Hymenoptera: Apoidea: Halictidae). *Acta Entomologica Sinica*, 26(3): 344-347. [吴燕如. 1983a. 云南拟隧蜂属两新种(膜翅目: 蜜蜂总科: 隧蜂科). 昆虫学报, 26(3): 344-347.]

Wu Y R. 1983b. Four new species of the genus *Nomia* from China Apoidea: Halictidae. *Acta Zootaxonomica Sinica*, 8: 274-279. [吴燕如. 1983b. 中国彩带蜂属四新种(蜜蜂总科: 隧蜂科). 动物分类学报, 8: 274-279.]

Wu Y R. 1985a. Hymenoptera: Apoidea, pp. 137-150. *In*: Cheng S X. *Living Things of Tianshan Tomurfeng Region of Xinjiang*. Urumqi: Xinjiang People Press. [吴燕如. 1985a. 膜翅目: 蜜蜂总科, 137-150. //陈世骧. 天山托木尔峰地区的生物. 天山托木尔峰地区的昆虫名录. 乌鲁木齐: 新疆人民出版社.]

Wu Y R. 1985b. A study on the genus *Rhopalomelissa* of China with descriptions of new subgenus and new species (Apoidea, Halictidae). *Zoological Reaserch*, 6(1): 57-68.[吴燕如. 1985b. 中国棒腹蜂属（*Rhopalomelissa*）的研究及新亚属、新种记述(蜜蜂总科, 隧蜂科). 动物学研究, 6(1): 57-68.]

Wu Y R. 1986. Four new species of bees from Hengduan Mountain of China (Hymenoptera: Apoidea). *Sinozoologia* No., 4: 213-217. [吴燕如. 1986. 横断山蜜蜂四新种记述(膜翅目: 蜜蜂总科). 动物学集刊, 4: 213-217.]

Wu Y R. 1987. A study on Chinese *Halictoides* with descriptions of 3 new species (Halictidae: Dufoureinae). *Sinozoologia* No., 5: 187-201. [吴燕如. 1987. 中国拟隧蜂属的研究及三新种记述(隧蜂科: 杜隧蜂亚科). 动物学集刊, 5: 187-201.]

Wu Y R. 1988. Hymenoptera: Apoidea, pp. 545-552. *In*: Huang F S. *Insects of Mt Namjagbarwa Region of Xizang*: 545-552. Beijing: Science Press. [吴燕如. 1988. 膜翅目: 蜜蜂总科, 545-552. //黄复生. 西藏南迦巴瓦峰地区昆虫. 北京: 科学出版社.]

Wu Y R. 1990a. Descriptions of nine new species of Apoidea from Inner Mongolia. *Entomotaxonomica*, 12 (3/4): 243-251. [吴燕如. 1990a. 内蒙蜜蜂九新种记述(膜翅目: 蜜蜂总科). 昆虫分类学报, 12(3/4): 243-251.]

Wu Y R. 1990b. A study on Chinese *Dufourea* with descriptions of five new species (Hymenoptera: Apoidea, Halictidae). *Acta Entomologica Sinica*, 33 (4): 466-475. [吴燕如. 1990b. 中国杜隧蜂属研究及新种记述(膜翅目: 蜜蜂总科: 隧蜂科). 昆虫学报, 33(4): 466-475.]

Wu Y R. 1992. Hymenoptera: Apoidea (I), pp. 1378-1421. *In*: Cheng S X. *Insects of the Hengduan Mountains Region*. Vol. II. Beijing: Science Press. [吴燕如. 1992. 膜翅目: 蜜蜂总科 (I), 1378-1421.//陈世骧. 横断山区昆虫. 第二册. 北京: 科学出版社.]

Wu Y R. 1996. Hymenoptera: Apoidea, pp. 298-302. *In*: Huang F S. *Insects of the Kararorum-KunlunMountains*. Beijing: Science Press. [吴燕如. 1996. 膜翅目: 蜜蜂总科, 298-302. //黄复生. 喀喇昆仑山—昆仑山地区昆虫. 北京: 科学出版社.]

Wu Y R. 1997. Hymenoptera: Apoidea: Andrenidae, Halictidae, Melittidae, Megachilidae, Anthophoridae and Apidae, pp. 1669-1685. *In*: Yang X K. *Insects of the Three Gorge Reservoir Area of Yangtze River, Part. 2*. Chongqing: Chongqing Publishing House. [吴燕如. 1997. 膜翅目: 蜜蜂总科: 地蜂科, 隧蜂科, 准蜂科, 切叶蜂科, 条蜂科, 蜜蜂科, 1669-1685.//杨星科. 长江三峡库区昆虫. 重庆: 重庆出版社.]

Wu Y R. 2004. Hymenoptera: Apoidea, pp.122-123. *In*: Yang X K. *Insects of the Great Yarlung Zangbo Canyon of Xizang, China*. Beijing: China Science and Technology Press. [吴燕如. 2004. 膜翅目: 蜜蜂总科, 122-123. //杨星科. 西藏雅鲁藏布大峡谷昆虫. 北京: 中国科学技术出版社.]

Wu Y R, He W, Wang S F. 1988. *Bee Fauna of Yunnan*. Kunming: Yunnan Science and Technology Press: viii + 131pp., vi pls. [吴燕如, 何琬, 王淑芳. 1988. 云南蜜蜂志. 昆明: 云南科技出版社: 131 页, 彩版图版 1-6.]

Yasumatsu K. 1940. Contributions to the hymenopterous fauna of Inner Mongolia and North China. *Transactions from the Sapporo Natural History Society*, 16(2): 90-95.

Zetterstedt J W. 1838. *Insecta Lapponica descripta. Sectio II. Hymenoptera*. Lipsiae: Voss: pp. 315-476.

Zhang R. 2012. Taxonomy and phylogeny of *Lasioglossum* (Hymenoptera: Apoidea: Halictidae) from China. Yunnan Agricultural University Ph. D. Dissertation: i-x + 289 pp. [张睿. 2012. 中国淡脉隧蜂属分类及系统发育研究. 云南农业大学博士学位论文: 289页.]

Zhang R, Li Q, Niu Z Q, *et al.* 2011. A newly recorded subgenus *Sudila* from China with description of two new species (Hymenoptera: Halictidae: *Lasioglossum*). *Zootaxa*, 2937: 31-36.

Zhang R, Niu Z Q, Zhu C D, *et al.* 2012. Two new species of subgenus *Lasioglossum* (Hymenoptera, Halictidae). *Acta Zootaxonomica Sinica*, 37(2): 370-373. [张睿, 牛泽清, 朱朝东, 等. 2012. 中国淡脉隧蜂亚属二新种记述(膜翅目: 隧蜂科). 动物分类学报, 37(2): 370-373.]

中文名索引

D

E

F

G

H

J

K

L

M

Y

Z

学名索引

C

D

E

M

T

V

X

Z

附录　模式标本保存地缩写与全称对照

AMNH: American Museum of Natural History, New York, USA.
ASF: Academy of Natural Sciences, San Francisco, USA.
BML: British Museum of Natural History, London, United Kingdom.
BZ: Biologiezentrum Linz, Oberösterreichisches Landesmuseum, Österreich.
CAUB: China Agricultural University, Beijing, China.
CHUT: Chung Hsing University, Taichung, Taiwan, China.
DEI: Deutsches Entomologisches Institut, Eberswalde (at present in Müncheberg), Germany.
DEM: Deutschen Entomologischen Museum, Berlin, Germany.
ELKU: Entomological Laboratory, Faculty of Agriculture, Kyushu University, Japan.
ELMAC: Entomological Laboratory, Matsuyama Agriculture College, Japan.
FSF: Forschungsinstitut Senckenberg, Frankfurt an Main, Germany.
GEM: Faculté universitaire des Sciences agronomiques de Gembloux, Belgien.
HMB: Hungarian Natural History Museum, Budapest, Hungary.
HUS: Faculty of Agriculture, Entomological Institute, Hokkaido University, Sapporo, Japan.
ISZP: Institute of Systematic Zoology, Polish Academy of Sciences, Krakow, Poland.
IZB: Institute of Zoology, Chinese Academy of Sciences, Beijing, China.
IZK: Institute of Systematic and Experimental Zoology, Polish Academy of Sciences, Krakow, Poland.
KUF: Entomological Laboratory, Kyushu University, Fukuoka, Kyushu, Japan.
MAK: Museum Alexander Koenig, Bonn, Deutschland.
MC: Museum of Calcutta, India.
MCSN: Museo Civico di Storia Naturale, Genova, Italy.
MCZC: Museum of Compare Zoology, Harvard University, Cambridge, USA.
ML: Rijksmuseum van Natuurlijke Historie, Leiden.
MNB: Museum für Naturkunde an der Humboldt Universität zu Berlin, Germany.
MNP: Museum National d'Histoire Naturelle, Paris, France.
NMNH: National Museum of Natural History, Washington, USA.
NMW: Naturhistorisches Museum, Wien, Austria.
NHML: Natural History Museum, London, United Kingdom.
NRS: Naturhistoriska Riksmuseet, Stockholm, Sweden.
OLML: Oberösterreichisches Landesmuseum/Biologiezentrum, Linz, Austria.
OUMNH: Oxford University Museum of Natural History, Oxford, United Kingdom.
SEMC: Division of Entomology, University of Kansas Natural History Museum, Lawrence, USA.
SUM: Laboratory of Insect Management, Shimane University Matsue, Y. Maeta, Japan.
TARI: Taiwan Agricultural Research Institute, Wufeng (Taichung), Taiwan, China.
UHA: Universität Halle, Deutschland.
USMW: U. S. National Museum of Natural History, Smithsonian Institution, Washington, DC, USA.
UZMC: Universitetets Zoologiske Museum, Copenhagen, Denmark.
ZCK: Zoological Collection, Kyoto University, Japan.
ZFMK: Zoologisches Forschungsmuseum Alexander Koenig, Bonn, Germany.

ZISP: Zoological Institute, Russian Academy of Sciences, St. Petersburg, Russia.
ZML: Zoologiska Museet, Lunds Universitet, Lund, Sweden.
ZMMU: Zoological Museum, Moscow University, Moscow, Russia.
ZMUC: Zoological Museum, Calcutta University, Calcutta, India.
ZMUH: Zoological Museum, Helsinki University, Helsinki, Finland.
ZMUO: Zoological Museum, Oxford University, Oxford, United Kingdom.
ZSM: Zoologische Staatssammlung, München, Germany.